COLLECTION D'OUVRAGES CLASSIQUES

RÉDIGÉS EN COURS GRADUÉS
CONFORMÉMENT AUX PROGRAMMES OFFICIELS

NOTIONS

DE

SCIENCES PHYSIQUES

ET

NATURELLES

A L'USAGE

DES ASPIRANTS AU BREVET ÉLÉMENTAIRE

AVEC 530 FIGURES ET 140 EXERCICES

PAR UNE RÉUNION DE PROFESSEURS

TOURS

MAISON A. MAME ET FILS

IMPRIMEURS-ÉDITEURS

PARIS

J. DE GIGORD

RUE CASSETTE, 15

ET CHEZ LES PRINCIPAUX LIBRAIRES

N° 201

NOTIONS

SUR LES

SCIENCES PHYSIQUES

ET

NATURELLES

À L'USAGE

DES ASPIRANTS AU BREVET ÉLÉMENTAIRE

N° 201

SCIENCES PHYSIQUES ET NATURELLES

LIVRES CLASSIQUES POUR L'ENSEIGNEMENT SECONDAIRE
PROGRAMMES DE 1902

Classe de Quatrième : Éléments de Physique. — Éléments de Chimie. — Géologie.

Classe de Troisième : Éléments de Physique. — Éléments de Chimie. — Anatomie et Physiologie de l'Homme.

Classe de Seconde : Cours de Physique. — Cours de Chimie. — Anatomie et Physiologie animales.

Classe de Première : Cours de Physique. — Cours de Chimie.

Classe de Mathématiques : Physique. — Chimie.

COLLECTION D'OUVRAGES CLASSIQUES
RÉDIGÉS EN COURS GRADUÉS
CONFORMÉMENT AUX PROGRAMMES OFFICIELS

NOTIONS

SUR LES

SCIENCES PHYSIQUES

ET

NATURELLES

PHYSIQUE — CHIMIE (notation atomique) — HISTOIRE NATURELLE

A L'USAGE

DES ASPIRANTS AU BREVET ÉLÉMENTAIRE

AVEC 530 FIGURES ET 140 EXERCICES

PAR UNE RÉUNION DE PROFESSEURS

<table>
<tr><td>TOURS</td><td>PARIS</td></tr>
<tr><td>MAISON A. MAME ET FILS</td><td>J. DE GIGORD</td></tr>
<tr><td>IMPRIMEURS-ÉDITEURS</td><td>RUE CASSETTE, 15</td></tr>
</table>

ET CHEZ LES PRINCIPAUX LIBRAIRES

INTRODUCTION

Sous la dénomination générale de **Sciences physiques et naturelles**, on comprend toutes les sciences qui se partagent l'étude du *Monde physique.*

Le Monde physique *est l'ensemble de tous les* corps; c'est-à-dire de tous les êtres capables d'impressionner nos sens.

Il y a deux sortes de corps : les êtres vivants ou *corps organisés*, comprenant les *animaux* et les *végétaux;* et les êtres inanimés ou *corps inorganiques*, tels que les *minéraux.*

L'étude du monde physique se partage donc naturellement en deux grandes branches : celle des *Sciences naturelles*, qui s'occupe principalement des êtres organisés, et celle des *Sciences physiques*, qui étudie surtout les corps inorganiques.

Chacune de ces branches se subdivise en plusieurs sciences distinctes :

Les **Sciences naturelles** comprennent : la Géologie, la Minéralogie, la Botanique et la Zoologie, qui ont respectivement pour objet le globe terrestre, les matériaux qui le composent et les êtres vivants qui l'habitent,

Les Sciences physiques comprennent la **Chimie** et la **Physique**, qui ont pour objet commun l'étude des corps bruts; c'est-à-dire des corps considérés en eux-mêmes, abstraction faite du rôle qu'ils ont pu jouer dans l'histoire de la terre, et de leur aptitude à entrer dans la composition des organismes vivants.

La Physique et la Chimie envisagent les corps bruts à deux points de vue différents : elles ne s'attachent pas au même genre de *propriétés* des corps ni à la même catégorie de *phénomènes*, et, sur un terrain commun, elles ont fini par se constituer deux domaines distincts.

Dans le langage scientifique, on donne le nom de phénomène à tout changement, à toute modification qui survient dans un corps ou un système de corps. Tout phénomène suppose *des corps* qui en sont le théâtre, et *des forces* qui en sont les agents.

On distingue de nombreuses espèces de corps; mais comme tous ces corps jouissent d'un certain nombre de propriétés communes, on leur attribue à tous un même principe que l'on nomme la matière.

On distingue aussi plusieurs espèces de forces ou d'agents : les forces mécaniques, la chaleur, la lumière, l'électricité; mais toutes ces forces présentent une corrélation étroite qui permet de les transformer à volonté les unes dans les autres. On est donc conduit à les considérer comme les manifestations diverses d'un même principe auquel on donne le nom d'énergie.

Ces notions permettent d'assigner d'une manière précise les objets respectifs des deux sciences : on peut dire que la *Chimie est la science de la matière*, tandis que la *Physique est la science de l'énergie.*

Le présent manuel ne contient que les premiers éléments des sciences physiques et naturelles. Il se divise en trois parties : la *Physique*, la *Chimie* et l'*Histoire naturelle*, cette dernière comprenant la *Zoologie*, la *Botanique* et la *Géologie.*

TABLE ANALYTIQUE DES MATIÈRES

PHYSIQUE

NOTIONS PRÉLIMINAIRES

PREMIÈRE PARTIE
NOTIONS DE MÉCANIQUE

CHAPITRE I
GÉNÉRALITÉS SUR LE MOUVEMENT ET LES FORCES

CHAPITRE II

CHAPITRE III

CHAPITRE IV

CHAPITRE V

DEUXIÈME PARTIE
HYDROSTATIQUE

CHAPITRE I

CHAPITRE II

CHAPITRE III

CHAPITRE IV

CHAPITRE V

CHAPITRE VI

CHAPITRE VII

CHAPITRE VIII

CHAPITRE IX

CHAPITRE X

CHIMIE

NOTIONS PRÉLIMINAIRES

PREMIÈRE PARTIE
MÉTALLOÏDES

DEUXIÈME PARTIE

MÉTAUX

TROISIÈME PARTIE
CHIMIE ORGANIQUE

HISTOIRE NATURELLE
ZOOLOGIE

PREMIÈRE PARTIE
ANATOMIE ET PHYSIOLOGIE

GÉOLOGIE

NOTIONS GÉNÉRALES D'AGRICULTURE

PHYSIQUE

NOTIONS PRÉLIMINAIRES

I. Définitions.

1. Objet de la physique. — *La* PHYSIQUE *est la science des corps bruts, au point de vue des phénomènes qui n'altèrent pas la nature de ces corps.*

Elle étudie ces phénomènes par l'*observation* et l'*expérimentation*, dans le but de découvrir leurs *causes* et les *lois* qui les régissent.

2. Corps. — *On appelle* CORPS *ou* OBJETS MATÉRIELS *tous les êtres qui peuvent impressionner nos sens et qui occupent une place dans l'espace.*

Les agents physiques tels que la chaleur, la lumière, l'électricité, ne sont pas des corps ; ils n'impressionnent nos sens que par l'intermédiaire des corps sur lesquels ils agissent.

3. Phénomènes. — *On appelle* PHÉNOMÈNE *tout changement qui se manifeste dans les propriétés des corps.*

1o Un *phénomène chimique* est celui qui altère la nature du corps et modifie ses propriétés d'une façon permanente.

Exemples : la combustion du soufre, l'oxydation du fer.

Le fer changé en rouille n'a plus les mêmes propriétés que le fer. Le soufre qui a brûlé n'est plus du soufre, mais un corps gazeux, dont les propriétés sont toutes différentes.

2o Un *phénomène physique* est celui qui ne change pas la nature du corps, et qui ne fait subir à ses propriétés que des modifications passagères.

Exemples : la chute d'une pierre, l'ascension d'un ballon, les variations de température, l'ébullition de l'eau, etc.

4. Observation. — **Expérience.** — *Observer* un phénomène c'est examiner attentivement et en détail toutes les phases de ce phénomène, tel qu'il se produit dans la nature.

Faire une *expérience*, c'est provoquer la reproduction d'un phénomène pour l'observer à loisir, et reconnaître l'influence de toutes les circonstances qui le préparent ou qui l'accompagnent.

5. Lois physiques. — *Les* lois *d'un phénomène sont les règles invariables d'après lesquelles ce phénomène se produit.*

Une loi physique s'énonce tantôt comme un fait général; exemple : *Dans le vide, tous les corps tombent avec la même vitesse;* tantôt comme une relation de causalité; exemple : *La cause d'un son est un mouvement vibratoire du corps sonore;* tantôt enfin sous la forme d'une relation numérique entre diverses circonstances d'un même phénomène; exemple : *Les espaces parcourus par un corps qui tombe librement sont proportionnels aux carrés des temps de chute.*

6. Théories et hypothèses. — *Une* théorie physique *est l'explication systématique de tous les phénomènes que l'on peut rattacher à un même principe ou à une même hypothèse.* Exemple : la théorie des phénomènes sonores, la théorie du magnétisme...

Un principe *est une proposition fondamentale d'où l'on peut déduire comme conséquences un grand nombre de faits particuliers.* Exemple : le *principe de Pascal*, d'où l'on peut déduire toute l'hydrostatique.

Une hypothèse *est une supposition concernant la cause d'un groupe de phénomènes.* Exemple : l'hypothèse des molécules, l'hypothèse des fluides électriques... Les hypothèses adoptées dans l'enseignement de la physique ont été suggérées par des observations et des expériences qui les rendent plausibles, mais qui ne suffisent pas pour en démontrer rigoureusement l'exactitude. Ces hypothèses sont très utiles parce qu'elles permettent de grouper et d'expliquer simplement les phénomènes connus, et qu'elles conduisent souvent à en découvrir de nouveaux. D'ailleurs la plupart des grandes découvertes ont commencé par des hypothèses, qui se sont transformées ensuite en principes bien démontrés.

II. Les trois états des corps.

7. L'hypothèse moléculaire. — On admet que la matière ou substance des corps n'est pas continue, mais qu'elle est formée d'une infinité de particules extrêmement petites, tenues à distance les unes des autres et laissant entre elles des vides.

Ces petits éléments matériels isolés se nomment des *molécules,* et les vides qui les séparent, des *intervalles intermoléculaires*.

Cette manière de concevoir les corps est fondée principalement sur l'étude des phénomènes chimiques; mais elle explique aussi fort bien les propriétés générales de la matière et les trois états des corps.

8. États des corps. — Les corps se présentent à nous sous trois états : l'état *solide*, l'état *liquide* et l'état *gazeux*.

1º LES CORPS SOLIDES, tels que le fer, la pierre, le bois, *sont ceux qui possèdent une forme et un volume déterminés*. Ils sont caractérisés par une grande COHÉSION.

La *cohésion* est la force qui lie entre elles les molécules d'un corps et s'oppose à leur séparation.

C'est à cause de leur cohésion que les corps solides opposent de la résistance quand on essaye de les rompre ou de les déformer.

2º LES CORPS LIQUIDES, comme l'eau, l'alcool, le mercure, *sont ceux qui possèdent un volume propre, mais qui n'ont pas de forme déterminée*.

Leurs molécules n'offrent qu'une cohésion très faible ; elles sont très mobiles et roulent facilement les unes sur les autres. C'est pourquoi, tout en conservant un volume invariable, les liquides n'opposent pas de résistance aux changements de forme : ils se moulent sur les vases qui les contiennent et en adoptent exactement la forme.

La mobilité des molécules varie suivant les liquides ; elle est très grande dans l'éther et dans l'alcool, un peu moindre dans l'eau, beaucoup moindre dans l'huile.

3º LES CORPS GAZEUX, tels que l'air, le gaz d'éclairage, *sont ceux qui ne possèdent ni forme ni volume déterminés*.

Ils sont EXPANSIBLES ; c'est-à-dire que leurs molécules, loin d'avoir entre elles de la cohésion, semblent se repousser les unes les autres.

C'est pourquoi les gaz envahissent tout l'espace qui leur est offert et exercent même une pression sur les parois des vases qui les renferment. Un gaz introduit dans un vase fermé en adopte exactement le volume aussi bien que la forme.

FLUIDES. On réunit sous le nom commun de *fluides* tous les corps dénués de forme propre, c'est-à-dire les liquides et les gaz.

9. Changements d'état. — Un même corps peut exister successivement sous les trois états, solide, liquide ou gazeux, suivant les conditions dans lesquelles il se trouve.

Ainsi l'eau, que nous voyons le plus souvent à l'état liquide, peut se solidifier sous forme de glace, ou s'évaporer en un gaz invisible.

Il en est de même de la plupart des autres corps.

Transitions entre les trois états. — 1° Entre l'état solide le plus dur et l'état liquide le plus fluide, on peut rencontrer tous les états intermédiaires. Quand on chauffe graduellement l'acier trempé jusqu'à une température très élevée, il se détrempe, se ramollit de plus en plus et finit par devenir tout à fait fluide.

Certains corps existent naturellement à l'état de LIQUIDES VISQUEUX ou de SOLIDES PATEUX. Exemples : l'huile, le beurre, la mélasse, le goudron.

2° On donne le nom de VAPEURS aux corps gazeux qui sont très voisins de l'état liquide, et que l'on rencontre à l'état liquide à des températures peu élevées. On dit, par exemple : de la vapeur d'eau, de la vapeur de soufre, quand on veut désigner ces mêmes corps à l'état gazeux.

L'espèce de nuage qui s'échappe d'une chaudière d'eau bouillante n'est pas encore à l'état gazeux : ce qui le rend visible, c'est la multitude des petites bulles liquides entraînées avec lui ; il ne passe réellement à l'état de vapeur qu'en disparaissant complètement à nos yeux dans l'air.

III. Propriétés générales des corps.

10. Définition. — *On entend par* PROPRIÉTÉS GÉNÉRALES *des corps, celles qui sont communes à tous les corps, solides, liquides ou gazeux.* Elles se divisent en trois catégories :

1° Les propriétés générales d'ordre *géométrique :* étendue et impénétrabilité ;

2° Les propriétés générales d'ordre *mécanique :* mobilité et inertie. (Voir n°⁵ 18, 20.)

3° Les propriétés générales d'ordre *physique :* divisibilité, porosité, compressibilité, dilatabilité, élasticité, etc.

D'autres, comme la solidité, la couleur, l'odeur, sont des propriétés *particulières* à certains corps, c'est-à-dire appartenant à tel corps et non à tel autre.

11. Étendue. — *L'ÉTENDUE est la propriété que possède tout corps matériel d'occuper une place dans l'espace.*

On appelle aussi *étendue* ou *volume* d'un corps la portion de l'espace occupée par ce corps. Dans ce sens, l'étendue a trois dimensions : longueur, largeur, hauteur (ou épaisseur, ou profondeur).

12. Impénétrabilité. — *L'IMPÉNÉTRABILITÉ est la propriété que possède un corps d'exclure tous les autres de la place occupée par lui-même.*

Deux corps ne peuvent occuper en même temps la même portion de l'espace : une pierre introduite dans un vase plein d'eau chasse un volume d'eau égal au sien ; une pointe ne s'enfonce dans une planche qu'en écartant autour d'elle les fibres du bois.

PÉNÉTRATION APPARENTE. — Quand un vase est rempli de sable, on peut encore y introduire une certaine quantité d'eau, parce que les grains de sable laissent entre eux des vides que l'eau peut combler.

C'est d'une manière analogue que l'eau passe à travers le grès, que l'huile pénètre dans le marbre, etc.

Le sucre fond dans l'eau et se répand dans toute la masse liquide, parce que les molécules du sucre s'intercalent entre les molécules de l'eau.

Quand on introduit deux gaz différents dans un même ballon de verre, chacun d'eux envahit tout l'espace comme s'il était seul; parce que les molécules de l'un circulent librement entre les molécules de l'autre.

13. Divisibilité. — LA DIVISIBILITÉ *est la propriété que possède tout corps matériel de pouvoir être partagé en fragments.*

Ces fragments à leur tour peuvent être partagés en d'autres plus petits, et ainsi de suite, jusqu'à des fragments d'une excessive petitesse.

La poussière de noir de fumée est formée de grains dont le diamètre n'a pas un millième de millimètre; certaines feuilles d'or ont une épaisseur encore dix fois moindre. On aperçoit au microscope des particules matérielles tellement petites, qu'il en tiendrait quinze mille sur une longueur d'un millimètre et plus de trois milliards dans un millième de millimètre cube.

Mais la divisibilité de la matière se poursuit encore beaucoup plus loin. Un petit grain de fuchsine (prononcez *fuksine*) colore plusieurs litres d'eau, c'est-à-dire des milliards de gouttelettes ; or chacune de ces gouttelettes contient un nombre prodigieux de corpuscules de fuchsine isolés. Un grain de musc remplit de son odeur une vaste chambre, pendant plusieurs années, sans changer sensiblement de poids. Dans cet état de division extrême, les corps conservent donc leurs propriétés physiques et chimiques.

14. Particules, molécules, atomes. — Cependant, d'après l'étude approfondie des phénomènes chimiques, on admet que la divisibilité des corps ne se continue pas indéfiniment. Il existe une certaine limite qui ne peut être dépassée sans que le corps change de nature.

1° On appelle MOLÉCULE *d'un corps la plus petite particule de ce corps qui puisse exister à l'état libre.*

Ainsi, une molécule d'eau est le plus petit volume d'eau qui puisse subsister avec les propriétés de l'eau.

Toutes les molécules d'un même corps sont semblables entre elles.

2° On distingue des corps *composés* et des corps *simples*.

Chaque molécule d'un corps composé est constituée par un groupe de molécules appartenant à deux ou plusieurs corps simples. Ainsi l'eau est une combinaison d'oxygène et d'hydrogène. Si une molécule d'eau vient à être divisée en deux parties, ce n'est plus de l'eau, mais un mélange d'oxygène et d'hydrogène.

Chaque molécule d'un corps simple est un groupe de particules indivisibles que l'on appelle des ATOMES.

Tous les atomes d'un même corps simple sont identiques.

3° En résumé, les atomes sont les derniers éléments de la matière; ils sont insécables et impénétrables. Les atomes se groupent pour former les molécules des corps simples; celles-ci se combinent pour former les molécules des corps composés. Enfin les molécules d'un corps quelconque, réunies en nombre immense, forment des particules plus ou moins volumineuses.

15. Porosité. — La *porosité* des corps consiste en ce que leurs molécules ne sont jamais contiguës. Il ne faut pas la confondre avec la perméabilité, qui résulte des *pores* ou interstices visibles à l'œil nu ou au microscope, dans les corps vulgairement appelés corps poreux (éponge, pierre ponce, charbon de bois). Tous les corps sont *poreux*, même ceux que l'on appelle *imperméables*, comme le caoutchouc, etc.

Les vides intermoléculaires échappent entièrement à nos sens, ils ne se révèlent que par la possibilité d'y introduire d'autres molécules, ainsi que nous l'avons déjà constaté à propos des pénétrations apparentes (12).

L'eau comprimée suffisamment traverse le plomb, la fonte, l'or.

Le fer, le platine, se laissent facilement traverser par certains gaz.

Le papier n'oppose, pour ainsi dire, aucun obstacle au passage de l'hydrogène.

La porosité des liquides est mise en évidence par la contraction de certains mélanges. Un litre d'eau et un litre d'alcool ne donnent pas deux litres de mélange, parce que les molécules d'alcool se logent en partie dans les vides intermoléculaires de l'eau.

Les corps poreux se gonflent par imbibition. C'est pourquoi les fenêtres s'ouvrent et se ferment difficilement par les temps humides. Les douves d'un tonneau se disjoignent en se desséchant, et se rejoignent quand on les mouille.

Le papier mouillé s'étend; les cordes mouillées se raccourcissent en grossissant.

On fend un bloc de pierre au moyen d'un coin de bois sec introduit dans une entaille et mouillé ensuite.

16. Compressibilité. — Dilatabilité. — 1° La *compressibilité* est la propriété des corps de diminuer de volume quand on les comprime. Cette propriété est une conséquence naturelle de la porosité.

Les corps solides sont tous compressibles, même ceux qui paraissent les plus compacts : c'est ce que prouve la compression des alliages dans la frappe des monnaies.

Les liquides sont à peu près incompressibles.

2° La *dilatabilité* est la propriété que possèdent tous les corps de se contracter sous l'action du froid et de se dilater par la chaleur.

On admet que ces phénomènes sont dus au rapprochement ou à l'écartement des molécules, mais que ces dernières ne changent pas de volume propre.

17. Élasticité. — *L'ÉLASTICITÉ est la propriété que possèdent un grand nombre de corps de reprendre leur forme et leur volume primitifs, dès qu'ils ne sont plus soumis à l'action de la force qui les en avait fait changer.*

Cette force (pression ou traction) ne doit pas dépasser certaines limites, sans quoi le corps se brise ou reste déformé.

L'élasticité des métaux est utilisée dans les pincettes, les sommiers, les ressorts de montre, les ressorts de voitures, les dynamomètres (34).

QUESTIONNAIRE[1]. — Qu'est-ce que la physique ? — Qu'appelle-t-on corps ? — Qu'est-ce qu'un phénomène, physique, chimique ? — Qu'est-ce qu'une observation ? une expérience ? — Qu'est-ce qu'une loi physique ? — *Qu'est-ce qu'une théorie, un principe, une hypothèse ?* — En quoi consiste l'hypothèse moléculaire ? — Quels sont les trois états des corps ? — Qu'appelle-t-on solide, liquide, gaz ? Donnez des exemples. — Qu'entend-on par la cohésion, la mobilité des liquides, l'expansibilité des gaz ? — Qu'appelle-t-on fluide ? — corps visqueux ou pâteux ? — vapeurs ? — Qu'entend-on par propriétés générales des corps ? — Comment classe-t-on ces propriétés, et quelles sont-elles ? — Qu'est-ce que l'étendue ? l'impénétrabilité ? — Citez et expliquez un phénomène de pénétration apparente. — Qu'est-ce que la divisibilité ? Exemples. — *Les corps sont-ils divisibles à l'infini ?* — *Qu'est-ce qu'une molécule ? un atome ?* — Qu'est-ce que la perméabilité ? la porosité ? — Qu'arrive-t-il lorsqu'on mélange des volumes égaux d'eau et d'alcool ? — Qu'arrive-t-il à un corps qui s'imbibe d'eau ? Exemples. — Qu'est-ce que la compressibilité ? la dilatabilité ? l'élasticité ?

---

[1] Les questions *en italiques* se rapportent à la partie du texte qui est imprimée en caractères fins.

PREMIÈRE PARTIE

NOTIONS DE MÉCANIQUE

CHAPITRE I

GÉNÉRALITÉS SUR LE MOUVEMENT ET SUR LES FORCES

I. Mobilité et inertie.

18. Mobilité. — *La* MOBILITÉ *est la propriété que possède un corps quelconque de pouvoir changer de place sous l'influence de causes étrangères à ce corps.*

19. Repos et mouvement. — *Un corps est* EN REPOS *lorsqu'il ne change pas de position ; il est* EN MOUVEMENT *quand il occupe successivement diverses positions.*

Pour juger de l'état de repos ou de mouvement d'un corps, on compare sa position, en divers instants, à celles d'un ou plusieurs autres corps pris comme *points de repère*.

Le repos ou le mouvement ainsi constaté est *absolu* ou *relatif :* absolu, si les points de repère sont en repos ; relatif, si les points de repère sont en mouvement.

Nous ne pouvons constater qu'un repos ou un mouvement relatif, car tous nos points de repère sont en mouvement.

20. Principe de l'inertie. — *La matière est* INERTE, *c'est-à-dire qu'elle ne peut pas modifier par elle-même son état de repos ou de mouvement.*

1° Un corps en repos ne se met pas de lui-même en mouvement. 2° Un corps en mouvement ne s'arrête pas sans cause extérieure : il ne peut modifier de lui-même ni la vitesse ni la direction de son mouvement.

On admet sans peine la première partie de l'énoncé, c'est-à-dire l'*inertie dans le repos* ; mais l'*inertie dans le mouvement* semble en contradiction avec l'expérience, puisque tous les corps que nous mettons en mouvement finissent par s'arrêter.

Mais cela tient à des causes étrangères à ces corps, comme les frottements, la résistance des milieux, etc. Plus on diminue ces résistances, plus on augmente la durée du mouvement. Une bille lancée sur un chemin raboteux s'arrête presque aussitôt, elle va plus loin sur un sol bien uni, plus loin encore sur la glace d'un étang. On est conduit à admettre que si le frottement n'existait pas, le mouvement se continuerait indéfiniment.

L'inertie de la matière explique un grand nombre de faits :

Si, tenant à la main un vase plein d'eau, on vient à le dépla·cer brusquement, le liquide tend à rester en place, et il se déverse en sens contraire du déplacement.

Quand une voiture s'élance, le voyageur prend un mouvement en arrière, parce que ses pieds sont entraînés par la voiture, tandis que le haut de son corps reste en place un instant. Au contraire, quand la voiture s'arrête d'une manière brusque, le voyageur se sent projeté en avant.

Le projectile lancé par une arme à feu continue à se mouvoir avec la vitesse acquise, bien qu'il ne soit plus soumis à aucune action propulsive.

Quand une pierre tombe du haut du mât d'un navire en marche, elle vient frapper le pont sensiblement au pied du mât, parce qu'elle ne cesse pas, en tombant, de participer au mouvement du navire.

21. Force. — *On appelle* FORCE *toute cause capable de produire ou de modifier un mouvement.*

La matière étant inerte par elle-même, tout changement dans la forme d'un corps, dans son état, dans sa position, dans sa vitesse, dans la direction de son mouvement, etc., doit être attribué à une cause étrangère à ce corps.

Parmi les causes de mouvement, on peut citer : l'action musculaire des hommes et des animaux, la pesanteur, la chaleur, l'électricité, le magnétisme, etc.

22. Puissance et résistance. — On appelle *puissances,* toutes les forces qui produisent ou accélèrent un mouvement; *résistances,* celles qui tendent à l'arrêter ou à le retarder.

Parmi ces dernières on distingue :

1° *La résistance des milieux.* — La résistance de l'air retarde la chute des corps : une plume d'oiseau tombe moins vite qu'une balle de plomb, parce qu'elle éprouve de la part de l'air une plus grande résistance.

2° *Le frottement.* — Les freins des voitures et des wagons utilisent cette propriété.

Une même force peut agir tantôt comme puissance, tantôt comme résistance. Quand on lance une pierre de bas en haut, la pesanteur commence par retarder et par annuler son mouvement; puis, après l'avoir fait changer de sens, elle l'accélère de plus en plus, à mesure que la pierre retombe.

23. Action et réaction. — PRINCIPE. — *Toutes les fois qu'un corps agit sur un autre, celui-ci réagit sur le premier.*

La réaction est égale à l'action et dirigée en sens contraire.

Quand on appuie la main sur une table, on sent que la table résiste : elle exerce contre la main une pression d'autant plus forte que l'on appuie davantage.

Quand on exerce une pression sur un gaz, celui-ci acquiert une force élastique égale et de sens contraire à la pression qu'on lui fait subir.

Si une balle de fusil s'aplatit contre un mur, c'est qu'elle a subi de la part du mur un choc équivalent à celui qu'elle a produit elle-même contre ce mur.

Si d'un bateau, à l'aide d'une corde, on exerce une traction sur un objet fixe du rivage, le bateau se rapproche du rivage, comme si du rivage on avait tiré le bateau. Cette force, qui agit sur le bateau par l'intermédiaire de la corde, est une réaction égale et contraire à l'action que l'on a exercée sur l'objet fixe, par l'intermédiaire de cette même corde.

C'est grâce à la réaction du sol que nous pouvons marcher : il est difficile d'avancer sur un terrain glissant.

C'est la réaction de l'eau sur l'appareil propulseur d'un navire ou l'adhérence des roues d'une locomotive avec les rails, qui donne un point d'appui à la machine et lui permet de se déplacer.

24. Force d'inertie. — *On appelle* FORCE D'INERTIE *la réaction exercée par un corps sur toute action qui tend à le faire sortir du repos ou à modifier la vitesse ou la direction de son mouvement.*

Pour mettre en marche une voiture, il faut un effort plus grand que pour entretenir ensuite la vitesse acquise. Dans ce dernier cas, il suffit de vaincre les frottements et les résistances passives ; dans le premier cas, il faut vaincre en outre la force d'inertie.

Quand un lourd véhicule est lancé à grande vitesse, il faut une force considérable pour l'arrêter en peu de temps.

C'est la force d'inertie qui explique les désastres produits par la rencontre de deux trains ou de deux navires lancés à grande vitesse.

Pour emmancher un marteau, on frappe le manche contre un obstacle fixe, la tête continue à se mouvoir, parce que la force d'inertie l'emporte sur la résistance des fibres du bois.

25. Force centrifuge. — *On appelle* FORCE CENTRIFUGE *la réaction exercée par un corps contre la force qui l'oblige à se mouvoir sur une circonférence.*

Quand on fait tourner une pierre avec une fronde, la main exerce une traction pour retenir la pierre sur une circonférence, et la pierre réagit avec une force égale, qui sollicite la main. Cette dernière est la force centrifuge. Ces deux forces opposées grandissent rapidement quand la vitesse augmente ; elles tendent le cordon de plus en plus et peuvent même le rompre.

C'est la force centrifuge qui détache la boue des roues d'une voiture, quand celle-ci marche vite.

C'est elle qui tend à renverser la voiture quand celle-ci décrit rapidement une courbe de faible rayon. Aussi, dans la construction des chemins de fer, on n'admet pas de courbes trop accentuées, et l'on surélève le rail extérieur d'autant plus que le rayon de la courbe est plus petit.

II. Mouvements.

26. Définition. — Il y a deux choses à considérer dans le mouvement d'un mobile : la *trajectoire* et la *loi* du mouvement.

La TRAJECTOIRE est le chemin suivi par le mobile. La longueur du chemin parcouru au bout d'un certain *temps* s'appelle l'*espace*. En physique, on prend pour unité d'espace le *centimètre*, et pour unité de temps la *seconde*.

La trajectoire est *rectiligne, circulaire, elliptique, etc.,* suivant que le mobile décrit une ligne droite, un cercle, une ellipse, etc.

Au point de vue de la LOI du mouvement, celui-ci peut être *uniforme* ou *varié*.

27. Mouvement uniforme. — 1° *Un mouvement est* UNIFORME *quand les espaces parcourus sont proportionnels aux temps employés à les parcourir.*

Alors le mobile parcourt des espaces égaux dans des temps égaux, et la vitesse est constante.

2° *On appelle* VITESSE *du mouvement uniforme, l'espace parcouru pendant l'unité de temps,* c'est-à-dire pendant une seconde.

Par exemple, si une locomotive parcourt des chemins égaux en des temps égaux, et si elle avance de 15 mètres pendant chaque seconde, on dira qu'elle se meut d'un mouvement uniforme avec une vitesse de 15 mètres par seconde.

Formule du mouvement uniforme. — Soit à calculer l'espace e parcouru pendant un temps t par un corps qui se meut d'un mouvement uniforme avec une vitesse v.

L'espace est proportionnel au temps. Or, pendant chaque seconde, le corps parcourt un espace v. Donc, pendant t secondes, le corps parcourt un espace t fois plus grand. C'est-à-dire que l'on a : $e = vt$.

Telle est la formule de l'espace parcouru dans le mouvement uniforme.

28. Mouvement uniformément varié. — *Un mouvement est uniformément varié quand il jouit de l'une des deux propriétés suivantes, qui sont d'ailleurs équivalentes et qui s'entraînent mutuellement :*

1° *Quand la vitesse varie proportionnellement au temps ;*

2° *Quand l'espace varie proportionnellement au carré du temps.*

Dans le mouvement uniformément varié, la vitesse varie de quantités égales dans des temps égaux. *On appelle* ACCÉLÉRATION *la quantité dont la vitesse varie pendant chaque seconde.*

Si la vitesse *augmente*, on dit que le mouvement est *uniformément accéléré* (pierre qui tombe).

Si la vitesse *diminue*, le mouvement est *uniformément retardé* (pierre lancée de bas en haut).

Formules du mouvement uniformément accéléré. — Un corps partant du repos se meut d'un mouvement uniformément accéléré avec une accélération b. Proposons-nous d'exprimer la vitesse v qu'il possédera au bout du temps t et l'espace e qu'il aura parcouru pendant ce même temps t.

1° La vitesse est proportionnelle au temps. Or, pendant chaque seconde, la vitesse augmente de b. Donc, au bout de t secondes, elle sera t fois plus grande. C'est-à-dire que l'on aura :

$$v = bt \tag{1}$$

2° L'espace est proportionnel au carré du temps. On démontre qu'il est donné par la formule :

$$e = \frac{bt^2}{2} \tag{2}$$

29. Mouvement produit par une force constante. — *Une force constante, appliquée seule à un corps, lui communique un mouvement uniformément accéléré.*

En effet, pendant la première seconde, la force imprime au corps une certaine vitesse v ; si à cet instant la force cessait d'agir, le corps, en vertu de l'inertie (20), continuerait à se mouvoir d'un mouvement uniforme de vitesse *v*. Mais, continuant à agir pendant la deuxième seconde, la force imprime au corps une nouvelle vitesse *v* qui s'ajoute à la première, de sorte qu'au bout de la deuxième seconde la vitesse est 2*v*. De même après trois secondes la vitesse est 3*v*. Et ainsi de suite.

Donc la vitesse croît proportionnellement au temps, c'est-à-dire (28) que le mouvement est uniformément accéléré.

30. Vitesse à un instant donné. — *Dans le mouvement produit par une force appliquée à un corps, on appelle* VITESSE A UN INSTANT QUELCONQUE *la vitesse du mouvement uniforme qui succéderait au mouvement varié, si, à cet instant, la force cessait d'agir.*

Si, à l'instant voulu, on supprime la force accélératrice, le corps continue à se mouvoir, mais d'un mouvement uniforme, et avec la vitesse même qu'il possédait à l'instant considéré. Pour obtenir cette vitesse, il suffit de mesurer l'espace parcouru en une seconde dans le mouvement uniforme qui a succédé au mouvement varié.

31. Conditions dans lesquelles se produit un mouvement uniforme. — Le mouvement uniforme ne se produit que dans deux circonstances :

1° *Quand la force motrice a cessé d'agir.* Alors le corps continue à se mouvoir d'un mouvement uniforme avec la vitesse acquise, et *uniquement en vertu de l'inertie.*

2° *Quand la force motrice est constamment détruite par une résistance égale et directement opposée.* Ainsi, pour qu'un train se mette en marche avec une vitesse croissante, il faut que la locomotive exerce une traction supérieure à toutes les résistances passives et à la force d'inertie que lui oppose le train ; mais une fois que le convoi est lancé avec sa vitesse réglementaire, il continue à se mouvoir en vertu de l'inertie, et la locomotive n'aurait plus d'effort à exercer si elle n'avait pas à vaincre les divers frottements et la résistance de l'air.

Pour entretenir le mouvement uniforme, il faut que la machine développe une force qui soit constamment égale à la somme de toutes les résistances passives.

32. Équilibre des forces. — *On dit que plusieurs forces appliquées à un même corps sont* EN ÉQUILIBRE *lorsqu'elles n'ont aucune influence sur l'état de repos ou de mouvement de ce corps.*

Ainsi, quand le corps est en repos, elles le laissent au repos. Quand le corps est en mouvement, elles ne modifient ni l'intensité ni la direction de sa vitesse.

III. Forces.

33. Définitions. — *On appelle* FORCE *toute cause capable de produire ou de modifier un mouvement* (21).

Dans une force, il y a trois choses à considérer : le *point d'application*, la *direction* et l'*intensité*.

LE POINT D'APPLICATION d'une force est le point sur lequel agit cette force.

LA DIRECTION D'UNE FORCE est la ligne droite sur laquelle cette force tend à déplacer son point d'application.

L'INTENSITÉ d'une force est le rapport de cette force à une autre force prise pour unité.

L'unité usuelle est le *kilogramme*. Alors l'intensité d'une force est le nombre qui mesure cette force en kilogrammes.

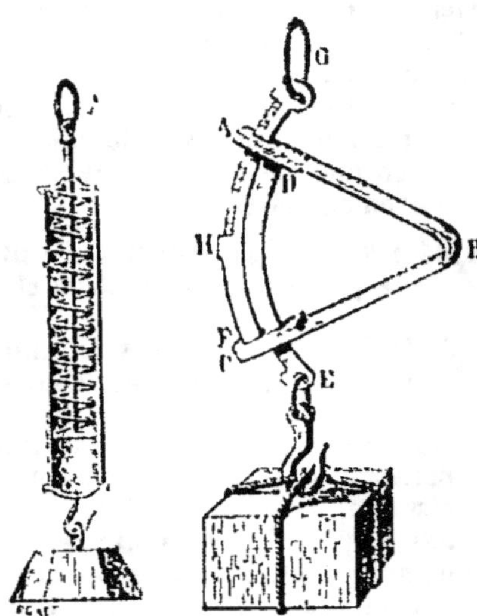
Fig. 1. — Dynamomètres.

On dit, par exemple, une force de 3 kilogrammes, une force de 75 kilogrammes, etc.

Aujourd'hui l'unité de force adoptée en physique est une force très petite appelée *dyne* (d'un mot grec qui veut dire force). Un gramme vaut 981 dynes à Paris, une dyne vaut donc $\frac{1}{981}$ ou $1^{\text{mg}},010$, soit un milligramme environ.

34. Mesure de l'intensité des forces. — On mesure les forces à l'aide d'instruments appelés *dynamomètres*. La force appliquée au dynamomètre fait subir à un ressort une flexion plus ou moins grande. L'intensité se lit sur une échelle graduée. Les dynamomètres les plus communs sont les pesons (fig. 1).

35. Représentation des forces. — On représente une force par une flèche : l'extrémité opposée à la pointe est le *point d'application* de la force. Le sens de la flèche indique la *direction* de la force. Enfin, la longueur de la flèche est proportionnelle à l'*intensité* de la force; par exemple, chaque centimètre ou chaque millimètre peut représenter un kilogramme.

36. Composition des forces. — COMPOSER *des forces, c'est trouver leur résultante.*

On appelle RÉSULTANTE *de plusieurs forces la force unique qui peut les remplacer toutes;* c'est-à-dire la force qui produit à elle seule le même effet que toutes les autres ensemble.

1° FORCES CONCOURANTES. — *La résultante de deux forces*

*concourantes est représentée par la diagonale du parallélo-
gramme construit sur ces deux
forces.*

Ainsi (fig. 2), la résultante
des forces AF, AF, est la diagonale AR.

2º FORCES PARALLÈLES DE MÊME
SENS. — *La résultante de deux
forces parallèles de même sens
est parallèle à ces forces, de
même sens qu'elles, et égale à leur somme.*

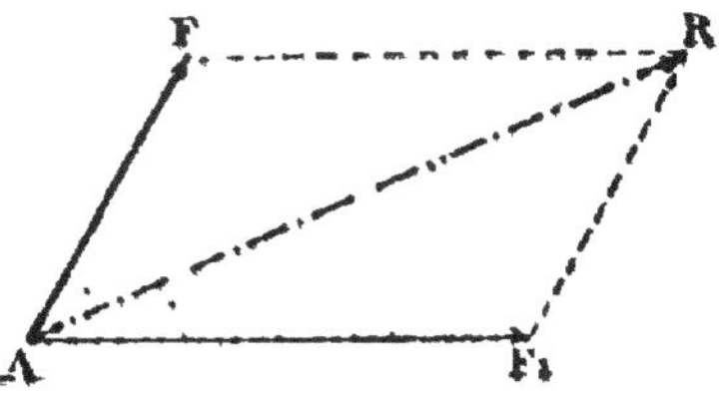

Fig. 2.
Parallélogramme des forces.

*Son point d'application divise la droite qui joint les points d'ap-
plication des deux autres, en raison inverse de leurs intensités.*

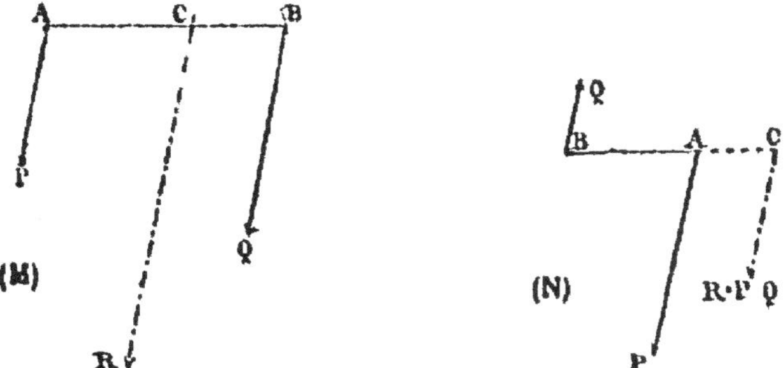

Fig. 3. — Composition des forces parallèles.

Soient deux forces parallèles et de même sens P, Q (fig. 3, M).
Leur résultante R est parallèle à ces forces, elle est dirigée dans le
même sens, et l'on a : $R = P + Q$,

et
$$\frac{CA}{CB} = \frac{Q}{P}.$$

3º FORCES PARALLÈLES DE SENS CONTRAIRES. —*La résultante de deux
forces parallèles de sens contraires est parallèle à ces forces, du
sens de la plus grande et égale à leur différence.*

*Son point d'application est situé sur le prolongement de la droite
qui joint les points d'application des deux autres forces, du côté de
la plus grande. Enfin, ses distances aux points d'application des
composantes sont en raison inverse de leurs intensités.*

Soient les forces parallèles et de sens contraires P, Q (fig. 3, N).
Leur résultante R est parallèle à ces forces du sens de la plus grande,
et l'on a : $R = P - Q$,

et
$$\frac{CA}{CB} = \frac{Q}{P}.$$

4° COUPLE. — *On appelle* COUPLE *un système de deux forces parallèles, égales, de sens contraires et non directement opposées.*

Un couple n'a pas de résultante.

Il tend à produire un mouvement de rotation.

37. Travail d'une force. — 1° *On appelle* TRAVAIL *d'une force le produit de l'intensité de cette force par le chemin décrit par son point d'application dans la direction de la force.*

Soit une force F, dont le point d'application s'est déplacé d'une longueur e dans la direction même de la force. Le travail $\mathfrak{E}$ effectué par cette force est :

$$\mathfrak{E} = F \cdot e \qquad (1)$$

Ainsi, le travail d'une force est proportionnel à cette force et au chemin qu'elle fait parcourir à son point d'application.

2° Si un corps est sollicité par une puissance (ou force motrice) et par une résistance (ou force résistante), la première force produit un *travail moteur*, la seconde un *travail résistant*. On suppose que le corps se déplace dans la direction de la puissance, et en sens contraire de la résistance.

3° *L'unité de travail est le travail effectué par l'unité de force sur l'unité de longueur.*

Dans la pratique, on prend pour unité de travail le KILOGRAMMÈTRE.

Le kilogrammètre est le travail effectué par une force de 1 kilogramme sur une longueur de 1 mètre.

Énergie. — *On appelle* ÉNERGIE *toute capacité de produire du travail.* Les principales formes de l'énergie sont : l'énergie *mécanique*, la *chaleur*, la *lumière* et l'*électricité*.

L'énergie d'un corps ou d'un système de corps est mesurée par la quantité de travail qu'il est capable de produire.

La loi la plus générale du monde physique et la plus utile pour l'étude approfondie de la physique moderne est le PRINCIPE DE LA CONSERVATION DE L'ÉNERGIE. On peut le formuler comme il suit :

Quels que soient les phénomènes qui se produisent dans un système de corps, l'énergie perdue par les uns est toujours égale à l'énergie gagnée par les autres; de sorte que *l'énergie totale du système est absolument invariable.*

Ainsi, rien ne se perd et rien ne se crée en fait d'énergie. Il y a seulement des transformations d'énergie. Quand une forme d'énergie diminue, une ou plusieurs autres grandissent dans la même proportion; mais l'énergie totale reste constante.

QUESTIONNAIRE. — Qu'est-ce que la mobilité, le repos, le mouvement ? — Comment constate-t-on le mouvement d'un corps ? — Le mouvement constaté est-il absolu ou relatif ? — Qu'est-ce que l'inertie ? — Énoncez le principe de l'inertie. — L'inertie dans le mouvement n'est-elle pas contraire à l'expérience ? — *Citez des exemples d'inertie dans le repos, d'inertie dans le mouvement.* — Qu'est-ce qu'une force ? — Qu'appelle-t-on puissance ? résistance ? Exemples de résistance. — Énoncez le principe de la réaction. — Citez des exemples de réaction. — *Qu'appelle-t-on force d'inertie ? Exemples.* — Qu'est-ce que la force centrifuge? Exemples de force centrifuge. — Combien de choses y a-t-il à considérer dans un mouvement? — Qu'est-ce que la trajectoire? — Qu'est-ce qu'un mouvement uniforme? — Qu'appelle-t-on vitesse d'un mouvement uniforme? — Qu'appelle-t-on mouvement uniformément varié? — Qu'appelle-t-on accélération d'un mouvement uniformément varié? — *Quel est l'effet d'une force constante?* — *Dans quelles circonstances un mouvement uniforme peut-il se produire?* — *Qu'appelle-t-on vitesse à un instant donné?* — Quels sont les éléments d'une force? — Qu'est-ce que l'intensité d'une force?—Quelle est l'unité de force? — Comment mesure-t-on l'intensité d'une force? — Comment représente-t-on les forces? — Qu'est-ce que la résultante de plusieurs forces? — Comment trouve-t-on la résultante de deux forces concourantes? de deux forces parallèles de même sens? *de deux forces parallèles de sens contraires?* — *Qu'est-ce qu'un couple?* — *Qu'est-ce que le travail d'une force?* — *Quelle est l'unité de travail?* — *Qu'est-ce que l'énergie?* — *Quelles sont les principales formes de l'énergie?* — *Énoncez le principe de la conservation de l'énergie.*

EXERCICES. — 1. Une locomotive a parcouru 315 km en 10 heures, quelle est sa vitesse par seconde?

2. Un chasseur tire un coup de fusil, au loin dans la plaine ; on n'entend la détonation que 5 secondes après. A quelle distance se trouve-t-on du chasseur, sachant que le son parcourt 340ᵐ par seconde?

3. L'accélération d'un mouvement uniformément varié est 25 cm. Le corps partant du repos, quelle sera sa vitesse au bout de 2 minutes?

4. Deux forces égales sont appliquées au même point. Déterminer, par une construction géométrique, puis par le calcul, la valeur de leur résultante, en supposant l'angle qu'elles forment successivement égal à 0°, — 60°, — 90°, — 120°, — 180°.

5. Les intensités de deux forces sont représentées par 8 et 12 kilog., l'angle qu'elles forment égale 90°. Trouver leur résultante.

6. Deux forces parallèles de même sens ont des intensités représentées par 5 et par 9, la distance de leur point d'application est de 2ᵐ,25. Déterminer l'intensité et le point d'application de leur résultante.

7. Sur une droite, à une distance de 1ᵐ, sont appliquées des forces parallèles de 5ᵏ et de 3ᵏ, trouver la résultante et son point d'application. 1° Les forces sont de même sens ; 2° elles sont de sens contraires.

CHAPITRE II

CHUTE DES CORPS

38. Attraction universelle. — *L'ATTRACTION est la propriété que semblent posséder tous les corps de s'attirer mutuellement.*

LOI DE NEWTON. — *Deux corps matériels quelconques s'attirent en raison directe de leurs masses, et en raison inverse du carré de leur distance* [1].

---

[1] Le mot *attraction* n'est qu'une expression figurée servant à désigner la cause inconnue d'un *effet* connu.

En réalité, les corps ne s'attirent pas, puisque la matière est inerte.

39. Pesanteur. — *La pesanteur est la force qui sollicite tous les corps vers le centre de la terre.* Ce n'est qu'un cas particulier de l'attraction universelle.

La pesanteur d'un corps est caractérisée, comme toute autre force, par son *point d'application*, sa *direction* et son *intensité*.

1° *Son point d'application* se nomme le CENTRE DE GRAVITÉ du corps. (Voir n° 45.)

2° *La direction de la pesanteur* est la ligne droite suivant laquelle un corps tombe librement. On la nomme VERTICALE.

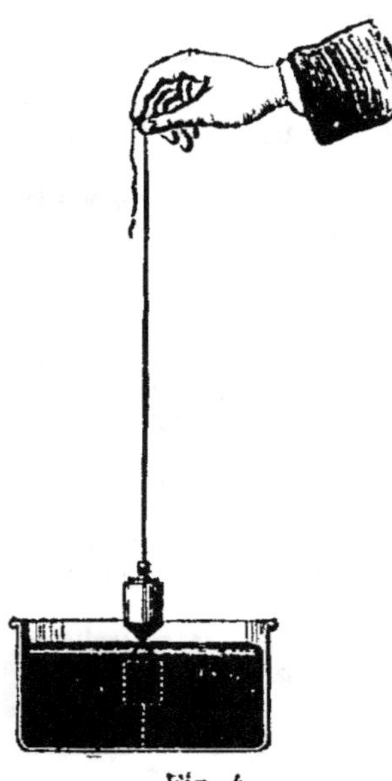

Fig. 4.
Direction de la pesanteur.

La verticale d'un lieu est déterminée par la direction du fil à plomb. Elle est perpendiculaire à la surface des eaux tranquilles. C'est ce que l'on vérifie en tenant un fil à plomb au-dessus d'un vase contenant du mercure (fig. 4). On constate que l'image du fil coïncide avec le prolongement de ce fil.

La propriété du fil à plomb est utilisée en maçonnerie pour vérifier si un mur est vertical. Le *niveau de maçon*, qui permet de vérifier si un plan est horizontal, est fondé aussi sur l'emploi du fil à plomb.

Les verticales de deux lieux éloignés ne sont pas parallèles, car elles vont se rencontrer au centre de la terre. Les verticales d'un point quelconque et de son antipode sont directement opposées. Mais les verticales de deux points voisins sont sensible-

---

Quand nous voyons la limaille de fer se précipiter sur un aimant, nous constatons un *fait expérimental* dont la cause nous échappe.

Il semblerait rationnel d'attribuer simplement un nom à l'effet connu ; mais, en personnifiant pour ainsi dire la cause ignorée, on obtient des énoncés qui font mieux image et qui sont plus commodes pour relier entre eux les faits. Toutefois, pour que ce langage conventionnel ne prête à aucune équivoque, il faut toujours rétablir mentalement les sous-entendus.

Dire que *l'aimant attire le fer*, cela signifie simplement que *tout se passe* COMME *si l'aimant attirait le fer*.

Il en est de même pour toute autre hypothèse explicative. Par exemple, l'existence des *molécules* et des *atomes* est hypothétique ; mais *tout se passe* COMME *si les atomes et les molécules* existaient réellement, avec les propriétés qu'on leur attribue.

ment parallèles, car la distance de leur point de concours est égale au rayon de la terre, c'est-à-dire à 6366 kilomètres ; distance immense comparée à celle de deux points voisins.

3° *Intensité de la pesanteur d'un corps.* On appelle POIDS *d'un corps la résultante de toutes les actions que la pesanteur exerce sur ce corps.*

Chaque molécule est sollicitée verticalement par une petite force ; toutes ces petites forces, sensiblement parallèles, ont une résultante dont le point d'application est le *centre de gravité* et dont l'intensité est appelée le *poids* du corps.

On mesure le poids d'un corps au moyen de la balance (56), du dynamomètre (34) ou d'un autre instrument de pesage (60).

40. Lois de la chute des corps dans le vide. — Un corps entraîné par la pesanteur éprouve de la part de l'air une résistance très variable suivant les circonstances. Pour étudier l'effet de la pesanteur seule, il faut éliminer la résistance de l'air ou opérer dans le vide.

1re LOI. — *Dans le vide, tous les corps tombent avec la même vitesse.*

2e LOI. — *Le mouvement de la chute d'un corps est uniformément accéléré,* c'est-à-dire qu'il satisfait aux lois suivantes :

a) LOI DES ESPACES. — *Les espaces parcourus sont proportionnels aux carrés des temps employés à les parcourir.*

b) LOI DES VITESSES. — *Les vitesses acquises à divers instants sont proportionnelles aux temps de chute.*

On vérifie la première loi au moyen d'un long tube de verre appelé *tube de Newton* (fig. 5).

On introduit dans ce tube des objets de densités très différentes, comme une plume d'oiseau et une balle de plomb, puis on fait le vide dans le tube. L'expérience étant ainsi préparée, on place le tube dans une position verticale, puis on le retourne brusquement : les deux objets tombent, et l'on constate qu'ils arrivent ensemble au fond du tube.

La seconde loi se vérifie au moyen de la machine d'Atwood (prononcez *Atoude*).

Fig. 5.
Tube de Newton.

41. Machine d'Atwood. — La *machine d'Atwood* a pour but de ralentir la chute d'un corps pour en étudier plus facilement les lois. La vitesse est ainsi modifiée, mais la nature du mouvement reste la même. Cette machine se compose essentiellement d'une poulie très mobile A (fig. 6), sur laquelle passe un fil, aux extrémités duquel

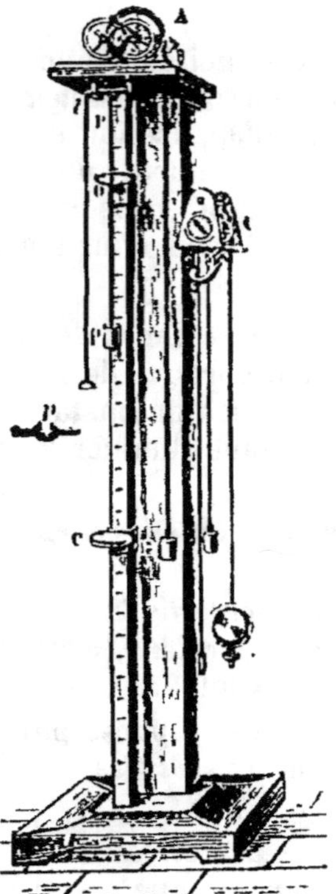

Fig. 6. — Machine d'Atwood.

A. Poulie dont l'axe repose sur le point de croisée de deux couples de roues mobiles. — **C.** Chronomètre, avec son pendule. — **O.** Curseur annulaire; *c*, curseur plein. — **P.** Grande masse; *p*, masse additionnelle.

sont attachés deux poids égaux P, P qui se font équilibre dans toutes les positions. Un petit poids additionnel *p* entraîne, d'un mouvement lent, le poids P le long d'une règle divisée, et l'on cherche où il faut placer le curseur C pour arrêter la chute après une seconde, deux secondes, etc.

Vérification de la loi des espaces. — Supposons que pendant la première seconde le poids P, chargé de la masse additionnelle *p*, ait parcouru dix divisions; on trouvera, pour les espaces parcourus pendant deux secondes, trois secondes, etc., les nombres consignés dans le tableau suivant :

TEMPS DE CHUTE	1^s	2^s	3^s	4^s
Position du curseur.	10	40	90	160
Espaces.	ou 10×1	ou 10×2^2	ou 10×3^2	ou 10×4^2

On voit ainsi que les espaces parcourus sont proportionnels aux carrés des temps de chute.

Vérification de la loi des vitesses. — La vitesse à un instant donné étant l'espace parcouru d'un mouvement uniforme pendant une seconde, après que la force a cessé d'agir (30), il suffit, pour en connaître la valeur, de placer le long de la règle un curseur annulaire O qui enlève le poids additionnel après une, deux, trois… secondes de chute, et de chercher où il faut placer le curseur plein pour arrêter le poids P une seconde après l'enlèvement de la masse additionnelle. Si l'espace parcouru avec la masse additionnelle pendant la première seconde est représenté par 10 divisions de l'échelle, on obtient les résultats indiqués dans le tableau suivant :

TEMPS DE CHUTE	1^s	2^s	3^s	4^s
Position du curseur annulaire	10	40	90	160
— — plein	30	80	150	240
Espace compris entre les deux curseurs.	20	40	60	80
Vitesses. . . .	ou 20×1	ou 20×2	ou 20×3	ou 20×4

On voit ainsi que la vitesse acquise après une, deux, trois secondes de chute, est proportionnelle au temps de chute.

Formules. — A Paris, l'accélération due à l'action de la pesanteur est 981^{cm} ; on la représente ordinairement par la lettre g.

La vitesse acquise et l'espace parcouru par un corps après un certain temps t de chute sont donnés par les deux formules (28) :

$$v = gt$$

$$e = \frac{gt^2}{2}$$

Il suffit donc, pour avoir cette vitesse ou cet espace en centimètres, de remplacer, dans ces formules, g par 981^{cm} et t par sa valeur en secondes.

42. Chute des corps dans l'air. — Dans l'air, la chute des corps n'est plus soumise aux lois générales. Elle s'en éloigne d'autant plus que les corps sont plus légers ; cela tient à la résistance de l'air. Un disque de papier et un disque de métal de mêmes dimensions tombent, séparément, avec des vitesses très différentes ; si on les superpose, le papier en dessus, ils tombent avec la même vitesse, parce que, dans cette seconde expérience, le papier est soustrait à la résistance de l'air.

Pour les corps légers, le mouvement de chute est d'abord accéléré, puis il devient uniforme, parce que la résistance de l'air augmente avec la vitesse et qu'elle finit par annuler l'accélération due à la pesanteur.

C'est la résistance de l'air qui sert de point d'appui à l'oiseau pour voler et à l'aéronaute pour effectuer sa descente en parachute.

On l'utilise dans certains régulateurs à ailettes.

43. Pendule. Le *pendule simple* est constitué par une masse pesante suspendue à un point fixe par un fil de poids négligeable.

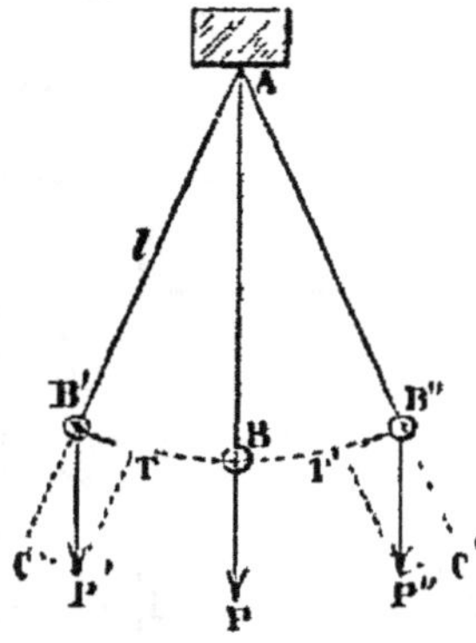

Fig. 7. — Pendule.

Si on écarte le pendule AB (fig. 7) de sa direction verticale, qu'on l'amène en B', par exemple, et qu'on l'abandonne ensuite à lui-même, il se met à osciller. En effet, son poids est une force P' qui peut se décomposer en deux autres : l'une B C, qui a pour effet de tendre le fil, et l'autre B''T, tangente à l'arc B B'' et qui tend à le ramener dans la position AB. En vertu de la vitesse acquise dans ce mouvement, il dépasse le point B et remonte en B', puis revient sur lui-même, et ainsi de suite. Il en résulte une série d'*oscillations* de part et d'autre de la verticale AB. On appelle *amplitude* des oscillations l'angle BAB' = BAB'' formé par la verticale et une position extrême du fil.

On constate que, pour un même pendule, la durée des oscillations reste la même quelle que soit l'amplitude, pourvu que celle-ci ne dépasse pas 2 ou 3 degrés. C'est la raison de l'emploi du pendule pour régulariser le mouvement des horloges. La durée d'oscillation varie avec la longueur du pendule, c'est pourquoi les horloges retardent ou avancent suivant que le pendule s'allonge ou se raccourcit.

C'est au moyen du pendule que l'on a déterminé la valeur de l'accélération g due à la pesanteur.

44. Lois du pendule. — Pour les petites oscillations, dont l'amplitude ne dépasse pas 2 ou 3 degrés, la durée t de chaque oscillation est donnée par la formule :

$$t = \pi \sqrt{\frac{l}{g}}$$

dans laquelle π désigne le rapport de la circonférence au diamètre, *l* la longueur du pendule, et *g* l'accélération due à la pesanteur (c'est-à-dire le nombre 981).

D'après cette formule :

1° Les petites oscillations sont *isochrones* (d'égale durée).

2° La durée de l'oscillation est proportionnelle à la racine carrée de la longueur du pendule, et inversement proportionnelle à la racine carrée de l'accélération de la pesanteur.

3° La durée de l'oscillation est indépendante de la substance du pendule (autrement la formule contiendrait la densité de cette substance).

QUESTIONNAIRE. — Qu'entendez-vous par attraction ? Énoncez la loi de la gravitation universelle. — Qu'est-ce que la pesanteur ? Quelle est sa direction ? Qu'appelle-t-on poids d'un corps ? Énoncez les lois de la chute des corps. — Avec quels appareils les vérifie-t-on ? — *Quel avantage présente la machine d'Atwood ? — La décrire et dire comment on vérifie : 1° la loi des espaces ; 2° la loi des vitesses.*

Quelles sont les formules relatives à la chute des corps ? — Pourquoi les corps ne tombent-ils pas également vite dans l'air ?

Qu'est-ce que le pendule ? — Qu'appelle-t-on amplitude des oscillations ? — Quelles sont les lois du pendule ?

EXERCICES. — 1. Quel temps mettra un corps pour tomber au fond d'un puits de 400ᵐ de profondeur ? ($g = 9^m,8$.)

2. Quelle est la vitesse d'un corps qui est tombé en chute libre d'une hauteur égale à celle de la flèche de la cathédrale de Rouen (150ᵐ) ?

3. Une pierre, tombant dans un puits, n'atteint la surface de l'eau qu'après 7,5 secondes. Trouver la profondeur du puits ($g = 9,808$).

4. Une pierre tombe au fond d'un puits de mine, calculer les espaces qu'elle parcourt pendant la première, la deuxième, la troisième et la quatrième seconde. Trouver la valeur de l'accroissement constant de l'espace qu'elle parcourt pendant chaque unité de temps ($g = 9,8$).

5. Dans une expérience faite avec la machine d'Atwood, l'espace parcouru pendant la première seconde est mesuré par 8 divisions. Faire le tableau des valeurs que l'on devra trouver pour les espaces parcourus et pour les vitesses acquises au bout de 1, 2, 3, 4 secondes de chute, dans les expériences à l'aide desquelles on vérifie la loi des espaces et celles des vitesses.

6. La masse pesante d'une machine d'Atwood parcourt 20 divisions dans la première seconde. Combien parcourra-t-elle dans la troisième, la cinquième et la septième seconde ?

7. Dans une expérience de Foucault, la longueur du pendule était de 60 mètres. Quelle était la durée des oscillations ?

8. Quelle longueur faut-il donner à un pendule pour qu'il fasse 7 oscillations par secondes ?

CHAPITRE III

ÉQUILIBRE DES SOLIDES

45. Centre de gravité. — *Le* CENTRE DE GRAVITÉ *d'un corps est le point d'application de la résultante de toutes les actions que la pesanteur exerce sur ce corps.*

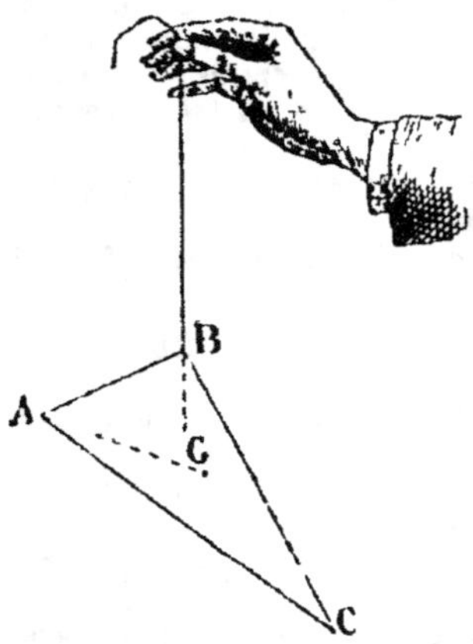

Fig. 8. — Détermination expérimentale du centre de gravité.

Pour déterminer expérimentalement le centre de gravité d'un corps ABC (fig. 8), on le suspend successivement à l'extrémité d'un fil par deux de ses points, A et B; la rencontre des prolongements du fil, dans les deux expériences, donne le centre de gravité G.

1º Le centre de gravité d'une ligne droite est en son milieu; celui du périmètre d'un polygone régulier, d'un cercle, d'une ellipse, est à leur centre de figure; celui du périmètre d'un parallélogramme est au point de rencontre de ses diagonales.

2º Le centre de gravité de la surface d'un polygone régulier, d'un cercle, d'une ellipse, d'une sphère, d'un parallélépipède, coïncide avec le centre de figure.

3º Le centre de gravité du volume d'une sphère, d'un parallélépipède, est à leur centre de figure.

46. Condition d'équilibre d'un corps mobile autour d'un point fixe ou d'un axe fixe.

Pour qu'un corps pesant, mobile autour d'un point ou d'un axe, soit en équilibre, il faut que la verticale du centre de gravité rencontre ce point ou cet axe.

L'équilibre de ce corps peut être *stable*, *instable* ou *indifférent*.

47. Équilibre stable. — L'équilibre est *stable* si le corps légèrement dévié de sa position y est ramené par la pesanteur. Dans ce cas, le centre de gravité est *au-dessous* du point ou de l'axe de suspension et le plus bas possible. *Ex. :* un pendule, un fil à plomb, une cloche suspendue.

Le petit équilibriste de la figure 9 est en équilibre stable, grâce aux sphères pesantes p et p', dont le poids doit être suffisant pour que le centre de gravité de tout le système mobile soit plus bas que la plateforme qui sert de point d'appui.

48. Équilibre instable. — L'équilibre est *instable* lorsque le corps, légèrement dévié de sa position, en est écarté davantage par la pesanteur. Dans ce cas, le centre de gravité est au-dessus du point ou de l'axe de suspension (fig. 10). *Ex. :* un cône reposant sur sa pointe.

49. Équilibre indifférent. — L'équilibre est *indifférent* lorsque le corps, dérangé de sa position, demeure en

Fig. 9. — Équilibriste.

équilibre (fig. 10). Dans ce cas, le centre de gravité est situé exactement au point de suspension ou sur l'axe fixe. *Ex. :* une roue de voiture mobile autour de son essieu.

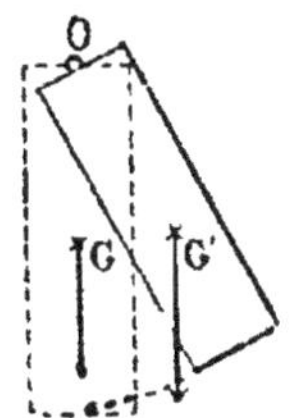

Équilibre stable.

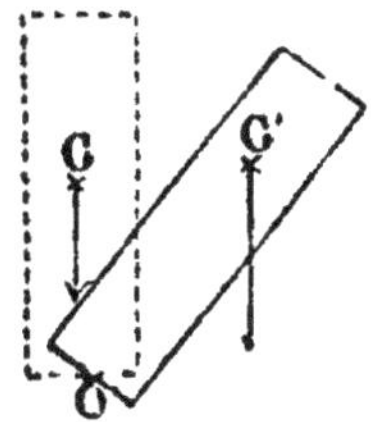

Équilibre instable.

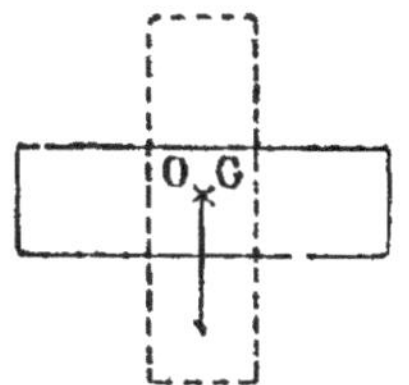

Équilibre indifférent.

Fig. 10. — Différentes sortes d'équilibre.

Il y a encore équilibre indifférent lorsque, pendant les changements de position du corps, son centre de gravité reste sur un même plan horizontal : par exemple, une sphère placée sur un plan horizontal.

L'équilibre indifférent est recherché dans la plupart des machines animées d'un mouvement de rotation : dans les roues, les volants, les balanciers, le centre de gravité doit être situé exactement sur l'axe de rotation.

50. Conditions d'équilibre d'un corps reposant sur un plan.

Pour qu'un corps reposant sur un plan soit en équilibre, il faut que le plan soit horizontal, et que la verticale du centre de gravité tombe à l'intérieur du polygone d'appui.

Le *polygone d'appui*, ou *base de sustentation* d'un corps, est un polygone convexe, enveloppant tous les points communs au corps et au plan, et dont chaque sommet est l'un de ces points. La tour penchée de Pise ne tombe pas, parce que la verticale de son centre de gravité passe à l'intérieur de la base. C'est pour une raison analogue qu'un homme chargé modifie sa station suivant la position du fardeau. Un bille est en équilibre sur un plan horizontal, car la verticale de son centre de gravité passe toujours par le point de contact

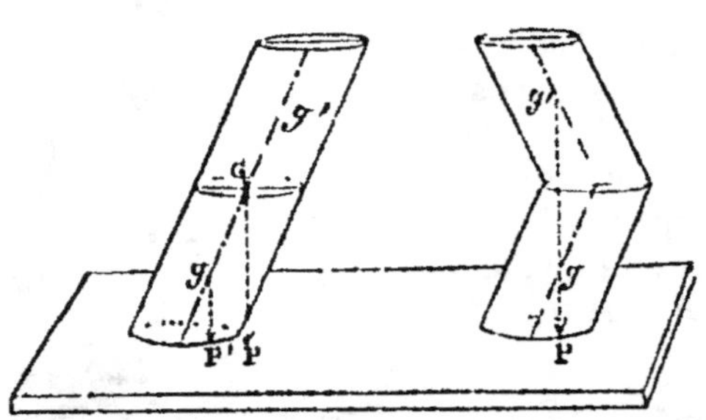

Fig. 11. — Conditions d'équilibre d'un corps reposant sur un plan.

avec le plan.

Dans la figure 11, les deux cylindres de gauche, superposés de manière que leurs axes soient sur le prolongement l'un de l'autre, ne peuvent être en équilibre, car la verticale GP du centre de gravité tombe en dehors de la base de sustentation. Les mêmes cylindres, disposés comme à droite de la figure, se tiennent en équilibre.

La stabilité d'un corps est d'autant plus grande, que le contour du polygone d'appui est plus éloigné de la verticale du centre de gravité, et que celui-ci est moins élevé au-dessus du plan horizontal. Une voiture est d'autant plus stable, que les roues sont plus écartées et que le centre de gravité est plus bas ; c'est pourquoi les voitures de foin, les diligences chargées de bagages ont peu de stabilité.

QUESTIONNAIRE. — Qu'est-ce que le centre de gravité d'un corps ? — Comment le détermine-t-on expérimentalement ? — Où se trouve le centre de gravité d'une ligne droite, d'un cercle, d'une sphère, d'un parallélépipède ? — Quand l'équilibre d'un corps est-il stable ? Instable ? Indifférent ? Donnez-en des exemples. — Quelles sont les conditions d'équilibre d'un corps reposant sur un plan ? — De quoi dépend la stabilité de ce corps ? — Qu'entend-on par polygone d'appui ?

CHAPITRE IV

MACHINES

51. But des machines. — *Les* MACHINES *sont des instruments destinés à transmettre l'action des forces.*

A l'aide d'une machine convenablement choisie, on peut *modifier* à volonté les *forces* et les *vitesses*. Ainsi, au moyen d'une machine appropriée, un homme peut soulever un poids 10, 100, 1 000 fois plus grand que sa force musculaire; d'autre part, il peut communiquer, à une roue par exemple, un mouvement 10, 100, 1 000 fois plus rapide que le mouvement de son bras.

On conçoit donc que les machines rendent possibles beaucoup de travaux que l'homme ne pourrait pas effectuer sans elles. Dans l'emploi des machines, le but à atteindre est toujours le même : obtenir un effet déterminé, le plus simplement possible, avec les moyens dont on dispose.

TRANSMISSION DU TRAVAIL. — *Dans toute machine, le travail moteur est égal au travail résistant.*

D'après ce qui précède, une machine peut multiplier à volonté les forces et les vitesses, mais elle transmet toujours intégralement le travail; c'est-à-dire que le travail total, effectué par une machine, est exactement égal au travail que l'on a dépensé pour la mettre en mouvement. Par exemple, pour effectuer un travail total de 75 kilogrammètres, à l'aide d'une machine quelconque, il faut toujours dépenser un travail de 75 kilogrammètres pour mettre la machine en mouvement.

Le *travail résistant* comprend le *travail utile*, c'est-à-dire celui auquel la machine est destinée, et le *travail passif*, absorbé par les frottements et autres résistances passives. Comme le travail passif n'est jamais nul, même dans les machines les plus parfaites, il s'ensuit que le *travail utile* est toujours plus petit que le travail moteur.

Le principe de la transmission du travail dans les machines n'est qu'un cas particulier du principe de la *conservation de l'énergie* (37) : l'énergie dépensée pour produire le travail moteur est équivalente à l'énergie emmagasinée dans la machine et qui produira le travail résistant

52. Équilibre d'une machine. — Quand une machine est sollicitée par deux forces, par exemple un poids et un effort musculaire, l'une de ces forces prend le nom de PUISSANCE, l'autre celui de RÉSISTANCE.

On dit qu'une machine est EN ÉQUILIBRE *sous l'action de plusieurs forces :*

1° *Quand elle demeure en repos (équilibre statique) :*

2° *Quand elle est animée d'un mouvement uniforme (équilibre dynamique).*

On appelle CONDITION D'ÉQUILIBRE d'une machine, sous l'action de deux forces, *le rapport qui doit exister entre la puissance et la résistance pour que la machine soit en équilibre.*

La condition d'équilibre est la même pour l'équilibre statique et pour l'équilibre dynamique; mais tandis que les forces ne produisent aucun travail dans le premier cas, elles travaillent l'une et l'autre dans le second cas.

53. Levier. — Le LEVIER *est une barre rigide mobile autour d'un point fixe.* Le point se nomme POINT D'APPUI.

Fig. 12. — Levier (pince de maçon).
A, puissance; C, point d'appui; B, résistance.

On appelle BRAS DE LEVIER *d'une force, la distance de cette force au point d'appui ;* c'est-à-dire la perpendiculaire abaissée du point d'appui sur la direction de la force.

POUR QU'UN LEVIER SOIT EN ÉQUILIBRE, *il faut que la puissance et la résistance soient en raison inverse de leurs bras de levier;* c'est-à-dire *que le produit de la puissance par son bras de levier soit égal au produit de la résistance par son bras de levier.*

Par exemple, si le bras de levier de la puissance est 2, 3, 4 fois plus grand que celui de la résistance, la puissance est 2, 3, 4 fois plus petite que la résistance.

Si les bras de levier sont égaux, les deux forces sont égales.

En effet, si le levier est en équilibre, le travail moteur est égal au travail résistant (51); c'est-à-dire que le produit de chaque force par le chemin de son point d'application est constant (37). Or, si le bras de levier de la puissance est *n* fois plus grand que celui de la résistance, le chemin de la première force est *n* fois plus grand que celui de la seconde. Donc la première force est *n* fois plus petite que la seconde.

54. Genres de leviers. — On distingue trois genres de leviers, suivant la position du point d'appui relativement aux forces.

1er genre. *Le point d'appui est entre la puissance et la résistance.*

Exemples : La pince du maçon (fig. 12), les balances. Les ciseaux et les tenailles présentent un double levier du premier genre.

2e genre. *Le point d'appui est extérieur aux forces et du côté de la résistance.* Alors la résistance est entre la puissance et le point d'appui.

Exemples : le couteau de boulanger, la brouette, une poutre que l'on soulève par une extrémité, une rame qui fait mouvoir une barque. Le casse-noisette est un double levier du second genre.

Ordinairement, dans les leviers du second genre, le bras de levier de la puissance est plus grand que celui de la résistance, ce qui favorise la puissance.

3e genre. *Le point d'appui est extérieur aux forces et du côté de la puissance.* Alors la puissance est entre la résistance et le point d'appui.

Exemples : la pédale, les membres de l'homme et des animaux, les pincettes (levier double).

QUESTIONNAIRE. — Qu'entend-on par machines? Quel est leur but ? — Qu'est-ce qu'un levier? — Qu'appelle-t-on bras de levier ? — Dans quel rapport sont la puissance et la résistance dans un levier en équilibre? — Quels sont les différents genres de levier ? Donnez-en des exemples.

EXERCICES. — 1. Un poids de trois kilogr. est attaché à l'extrémité d'un bras de levier qui a 25 cent. Quelle longueur faut-il donner à l'autre bras pour faire équilibre à deux kilogr. ?

2. Un levier a 1m de long. Le point fixe est à 0m,33 d'une extrémité. Quelle force faudra-t-il appliquer à l'extrémité du petit bras pour équilibrer 100 kilogr. à l'extrémité du grand bras ?

3. Un levier à bras égaux, mobile autour de son milieu, est divisé en dix segments égaux: on suspend d'un côté une bille à une distance 1, deux à une distance double, trois à une distance triple. Combien de billes faut-il suspendre à l'extrémité de l'autre bras du levier pour obtenir l'équilibre ?

CHAPITRE V

LA BALANCE

55. Mesure des poids. — *Mesurer le poids d'un corps, c'est trouver le rapport qui existe entre le poids de ce corps et le poids d'un autre corps, choisi pour unité de poids.*

On prend pour unité de poids le GRAMME, c'est-à-dire le poids d'un centimètre cube d'eau pure à 4°.

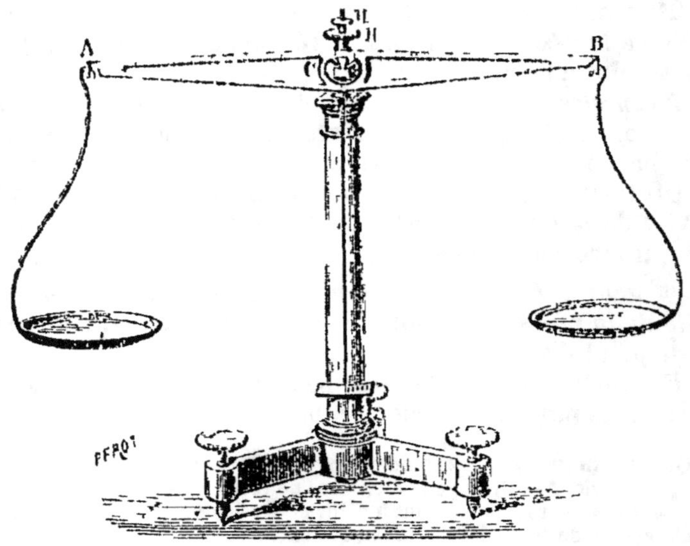

Fig. 13. — Balance.

A proprement parler, le poids d'un corps en grammes est ce que l'on appelle la MASSE de ce corps ; elle est mesurée avec la balance.

Le *poids* proprement dit est évalué en *dynes* (33) avec le dynamomètre.

Il suffit de se rappeler qu'un gramme vaut 981 dynes (nombre que l'on représente toujours par la lettre g et que l'on nomme indifféremment l'*accélération* de la pesanteur ou l'*intensité* de la pesanteur).

Soient P le poids d'un corps (en dynes), M sa masse (en grammes), g l'intensité de la pesanteur (valeur du gramme en dynes).

On a
$$P = Mg$$

En résumé : *La* MASSE *d'un corps est son poids en grammes.*

L'intensité de la pesanteur est la valeur du gramme en dynes ; un gramme vaut *g* dynes.

Le poids d'un corps est le produit de la masse de ce corps par l'intensité de la pesanteur.

56. Balance. — La *balance* (fig. 13) est un instrument qui sert à déterminer la masse des corps. C'est un levier du premier genre ; par conséquent, ses conditions d'équilibre sont celles du levier (n° 53).

Le levier AB, appelé *fléau*, repose, par un couteau d'acier trempé C, sur deux plans d'acier trempé ou d'agate, appelés *coussinets*.

Les plateaux sont suspendus par des crochets d'acier à des couteaux à vive arête. Les arêtes des trois couteaux A, C, B, sont sur une ligne droite que l'on nomme *axe* du fléau.

Le fléau porte une longue aiguille, qui lui est perpendiculaire et dont l'extrémité se meut sur un arc gradué ; le zéro de la graduation correspond à la position horizontale du fléau.

Trois vis calantes servent à rendre la *colonne* parfaitement verticale.

La balance est accompagnée d'une série de *poids marqués*, à l'aide desquels on peut réaliser un poids total d'un nombre quelconque de grammes.

Pour peser un corps, on le place sur l'un des plateaux de la balance, et on cherche par tâtonnement à lui faire équilibre en mettant des poids marqués sur l'autre plateau.

Le *poids du corps* est donné par la somme des poids marqués qui lui font équilibre.

57. Conditions de justesse. — On dit qu'une balance est juste lorsque le fléau reste horizontal, quels que soient les poids égaux que l'on mette dans les plateaux.

Pour qu'une balance soit juste, il faut : 1° *que les bras du fléau soient égaux en poids et en longueur ;* 2° *que la verticale du centre de gravité rencontre l'axe de suspension lorsque le fléau est horizontal.*

58. Conditions de sensibilité. — Une balance est d'autant plus sensible, qu'un petit poids, ajouté dans l'un des plateaux, produit un plus grand angle d'inclinaison du fléau. On augmente la sensibilité en rendant très mobiles les pièces à frottement.

Pour qu'une balance soit sensible, il faut : 1° *que le fléau soit long et léger ;* 2° *que le centre de gravité soit très près de l'axe de suspension et un peu au-dessous.*

Pour que la sensibilité demeure constante, quelle que soit la charge, *il faut que les trois couteaux restent toujours en ligne droite.*

Remarque. — Si le centre de gravité du fléau était au point même de suspension, le fléau serait en équilibre dans toutes les positions sous l'action de poids égaux, et la moindre différence entre les deux poids produirait un renversement complet; alors la balance serait dite *indifférente.* S'il était au-dessus du point d'appui, on ne pourrait mettre la balance en équilibre; elle serait dite *folle.* S'il était au-dessous, mais trop loin du point d'appui, la balance serait peu sensible; elle serait dite *paresseuse.*

Les conditions de sensibilité sont plus faciles à réaliser que les conditions de justesse : c'est pourquoi l'on trouve aisément une balance très sensible, tandis qu'il est presque impossible de rencontrer une balance parfaitement juste.

59. Méthode de la double pesée ou de Borda. — *La méthode de Borda* permet de peser exactement un corps avec une balance sensible, quoique non juste.

Pour cela on met le corps dans l'un des plateaux, et on lui fait équilibre avec de la tare placée dans l'autre ; puis on remplace le corps par des poids marqués qui indiquent le poids cherché.

Faire la *tare* d'un corps, c'est placer ce corps dans un des plateaux d'une balance et rétablir l'équilibre en mettant dans l'autre plateau des corps quelconques, grenailles, sable, etc.

60. Principaux instruments de pesage. — Outre la *balance*

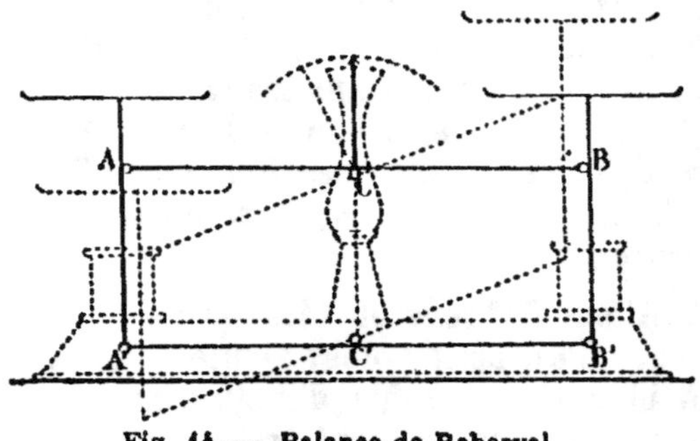

Fig. 14. — Balance de Roberval.

ordinaire on se sert aussi, pour déterminer le poids des corps,

de la *balance de Roberval* (fig. 14), de la *bascule* (fig. 15),
du *peson*, de la *romaine*, etc.

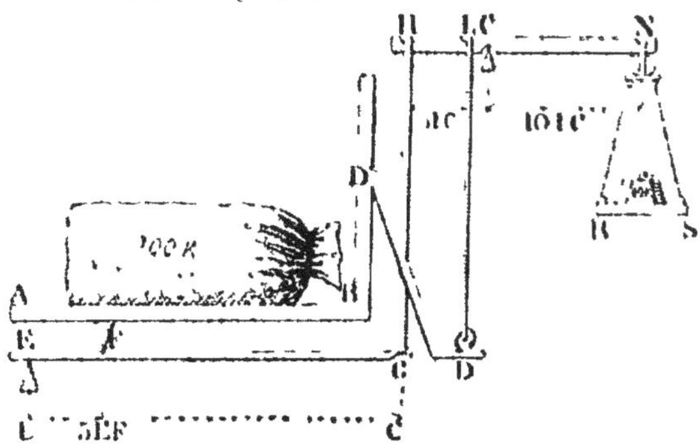

Fig. 15. — Bascule.

La *bascule* se compose essentiellement de deux leviers EG et HCN,
reliés entre eux par une tige articulée GII, et mobiles, le premier
autour du point E, l'autre autour du point C.

A ce système de leviers sont suspendus un vaste *tablier* ABD' destiné à recevoir le fardeau, et un petit *plateau* RS où se mettent les
poids marqués qui feront équilibre au fardeau et en indiqueront le
poids.

Le poids du fardeau se divise en deux parties, qui agissent sur le
bras de levier CLH : l'une par l'intermédiaire du levier EG et de la
tige verticale GH, l'autre par le bras D'D et la tringle DL.

Pour faire équilibre au poids total, qui appuie sur le bras de levier
CIII, on met des poids marqués sur le plateau RS, qui est suspendu
à l'extrémité du bras de levier CN.

Les longueurs des divers bras de levier sont combinées de telle
sorte qu'une fois l'équilibre établi, les poids marqués représentent
le dixième du poids du fardeau.

QUESTIONNAIRE. — Qu'est-ce qu'une balance ? — Quelles sont les pièces qui la
composent ? — Quand dit-on qu'une balance est juste ? qu'une balance est sensible ? — Que faut-il pour qu'une balance soit juste ? pour qu'elle soit sensible ?
Quand une balance est-elle indifférente ? Quand est-elle paresseuse ? —
En quoi consiste la méthode de la double pesée ? Qu'est-ce que faire la tare d'un
corps ? — Quels sont les principaux instruments de pesage ?

EXERCICES. — 1. Deux poids de 600 et de 602 gr., placés dans les plateaux
d'une balance à bras inégaux, se font équilibre. Déterminer la longueur des bras
de la balance, si l'un d'eux a 2 cent. de plus que l'autre.

2. Un même corps, placé successivement dans les deux plateaux d'une balance,
a fait équilibre à 285 et à 301 gr. Calculer : 1° le rapport des longueurs des bras
du fléau ; 2° le poids du corps.

DEUXIÈME PARTIE

HYDROSTATIQUE

CHAPITRE I

PRESSIONS EXERCÉES PAR LES LIQUIDES

61. Objet de l'hydrostatique. — L'*hydrostatique* est l'étude des conditions d'équilibre des liquides.

62. Transmission des pressions dans les liquides. — **Principe de Pascal.** — *Toute pression exercée sur la surface d'un liquide en équilibre se transmet intégralement, et dans tous les sens, à toute portion de paroi égale à la surface pressée.*

1º Il s'ensuit qu'une surface 2, 3, 4 fois plus grande supporte une pression 2, 3, 4 fois plus grande ; c'est-à-dire que la *pression supportée par une surface quelconque est proportionnelle à l'étendue de cette surface.*

Soient deux pistons A, B qui ferment hermétiquement deux cylindres communiquants remplis d'eau (fig. 16). Si la surface du second est 25 fois plus grande que la surface du premier, par exemple, un poids de 1 kil. placé sur celui-ci fera équilibre à un poids de 25 kil. placé sur celui-là.

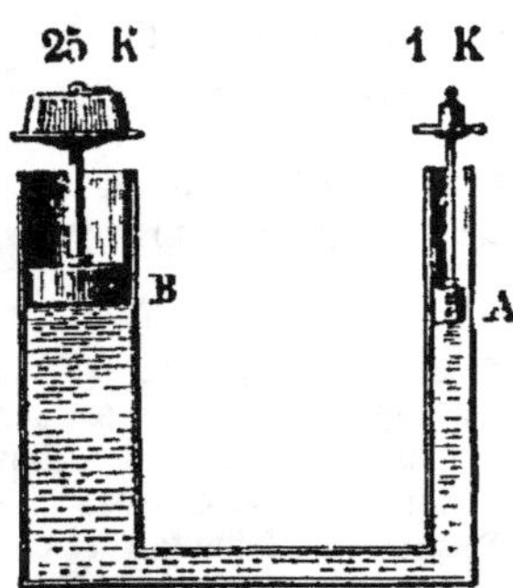

Fig. 16. — Principe de Pascal.

2º La pression exercée sur la surface d'un liquide se transmet non seulement aux parois de l'enveloppe, mais encore à toute surface considérée dans l'intérieur du liquide. De sorte que, dans l'expérience indiquée par la figure 16, un disque de papier, ayant dix fois la surface du petit piston et plongé dans le liquide, éprouverait une pression de 10 kil. sur chacune de ses deux faces.

63. Presse hydraulique. — La *presse hydraulique* est un appareil basé sur le principe de Pascal. Deux corps de pompe A et B (fig. 17) communiquent par un tube. Au moyen du levier *l*, on fait mouvoir le piston p, qui, en descendant, chasse dans le cylindre A l'eau puisée en R. Si le piston p a une section 1000 fois moindre, par exemple, que le piston P, un effort de 1 kgr. exercé en b se traduira par une force de 1000 kgr. qui soulèvera le piston P, et pressera ainsi les corps

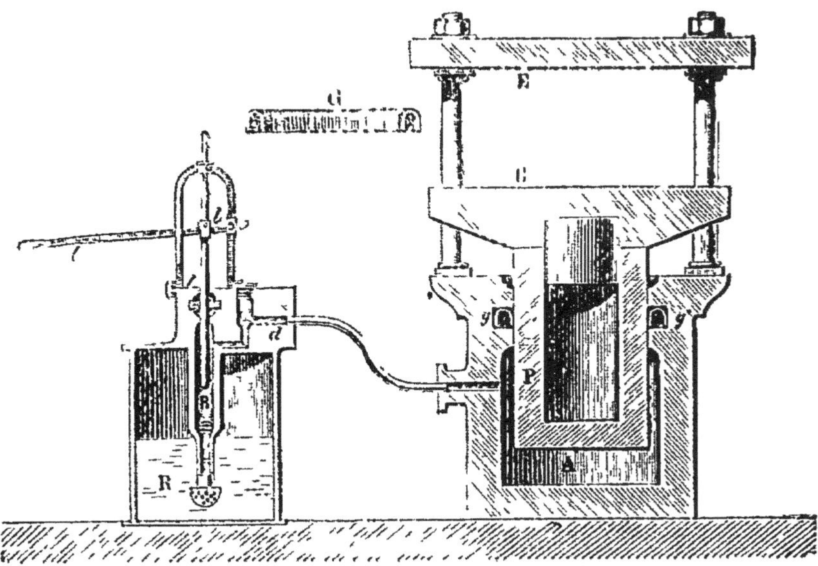

Fig. 17. — Coupe d'une presse hydraulique.

A, grand cylindre avec son piston P; C, plate-forme mobile; E, plate-forme fixe; B, petit corps de pompe; p, son piston; l, levier du piston; b, bielle articulée; a, d, soupapes.

placés entre la partie supérieure G du piston P et le plateau fixe E.

L'emploi de la presse hydraulique est tout indiqué chaque fois qu'il s'agit d'exercer une pression considérable de laquelle ne résultera qu'un faible déplacement. C'est ainsi que la presse hydraulique est utilisée pour la fabrication des huiles, l'extraction du jus de betterave, la mise en balle du coton, du foin, la réunion des roues de locomotive à leur essieu, l'essai des chaudières à vapeur, etc.

Les *ascenseurs hydrauliques*, qui servent à soulever des poids considérables, reposent sur le même principe.

64. La surface libre d'un liquide en équilibre est horizontale. — Elle est perpendiculaire à la direction du fil à plomb. On utilise cette propriété dans le *niveau à bulle d'air* (fig. 18), qui sert à vérifier si une surface est horizontale.

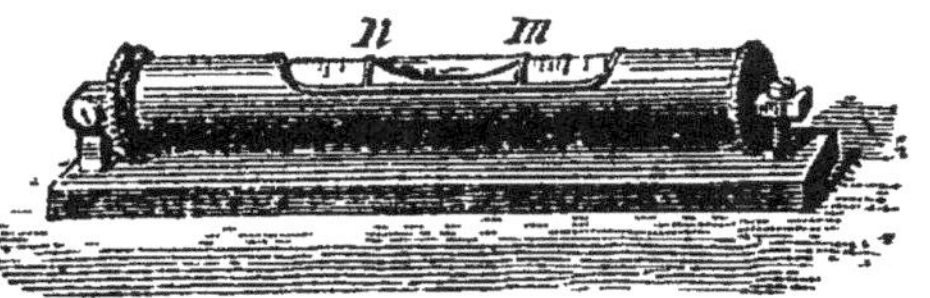

Fig. 18. — Niveau à bulle d'air.

Le niveau à bulle d'air se compose d'un tube de verre fermé à ses deux extrémités, et renfermant un liquide qui ne le remplit pas complètement. Ce tube, légèrement bombé, est fixé sur une tablette en cuivre, travaillée de telle sorte que, lorsqu'elle est posée sur un plan parfaitement horizontal, la bulle d'air *mn* est tangente à deux traits marqués sur le tube de verre.

Dès que la tablette n'est plus horizontale, la bulle d'air quitte le milieu du tube et se dirige vers l'extrémité la plus élevée.

65. Pression sur le fond des vases. — *La pression exercée par un liquide sur le fond horizontal du vase qui le contient est égale au poids d'une colonne de liquide ayant pour base le fond du vase et pour hauteur sa distance à la surface libre.*

On vérifie cette loi avec l'appareil de Masson ou avec l'appareil de Haldat.

Appareil de Masson (fig. 19). — On visse successivement

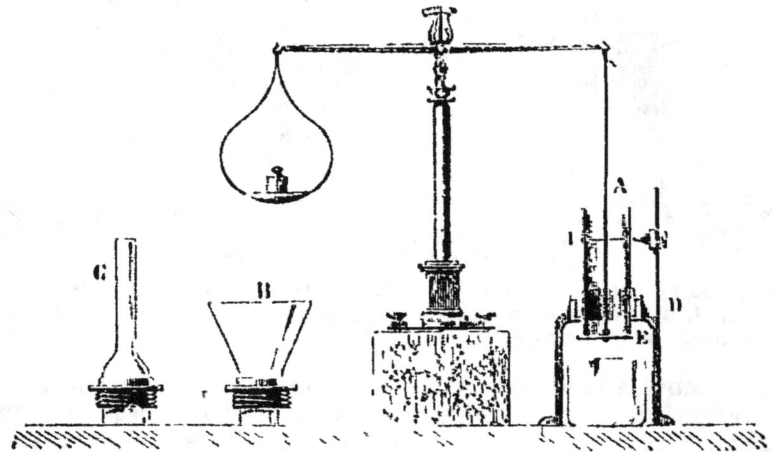

Fig. 19. — Appareil de Masson.

en D les trois vases A, B, C de volumes différents, mais de même ouverture inférieure. Un disque plan (obturateur), fermant cette ouverture, est maintenu par un fil au moyen d'un poids placé dans le plateau de la balance. On constate que l'obturateur mobile E se détache, dans les trois cas, lorsque l'eau atteint le même niveau I dans les trois vases; donc la pression sur le fond d'un vase dépend de la hauteur du liquide et non de son volume.

Appareil de Haldat (fig. 20). — Cet appareil se compose de deux tubes communiquants remplis de mercure. On constate que si l'on visse successivement en M trois vases analogues

à ceux de l'expérience précédente, une même hauteur d'eau MH détermine une même différence de niveaux dans les deux colonnes de mercure.

D'après ce principe, la pression exercée par un liquide sur le fond d'un vase est égale au poids du liquide si le vase est cylindrique; elle est supérieure au poids du liquide si le vase va en se rétrécissant de bas en haut, et elle est inférieure à ce poids s'il va en s'élargissant.

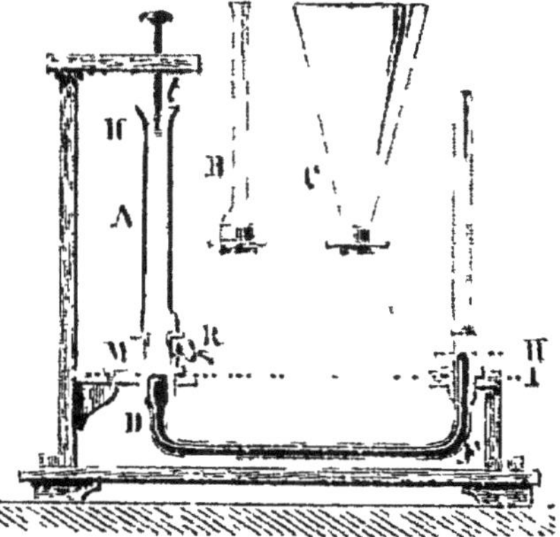

Fig. 20. — Appareil de Haldat.

66. Pressions latérales. —
La pression exercée en un point quelconque de la paroi d'un vase est *normale* à la surface ; on le constate en pratiquant en ce point une petite ouverture ; le liquide jaillit d'abord normalement à la surface, puis, sous l'action de la pesanteur, le jet prend ensuite une autre direction.

La pression sur une portion quelconque de la paroi est égale au poids d'une colonne de liquide ayant pour base la surface considérée, et pour hauteur la distance du centre de gravité de cette surface à la surface libre du liquide.

En réalité, ce n'est pas le centre de gravité qu'il faut considérer ici, mais un autre point qui est situé un peu plus bas que le centre de gravité, et que l'on nomme le *centre de poussée.*

L'existence des pressions latérales peut être mise en évidence au moyen du *tourniquet hydraulique* (fig. 21).

Le tourniquet hydraulique se compose d'un vase V, mobile autour de son axe vertical, et contenant de l'eau qui peut s'écouler par deux tubulures *a* et *b* dirigées en sens contraires. Quand l'eau s'écoule, la pression du liquide contre la paroi du tube située en face de l'orifice d'écoulement fait prendre à l'appareil un mouvement de rotation. Cette rotation

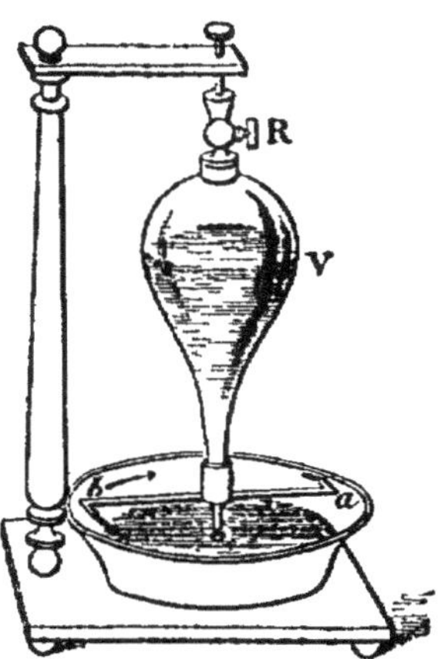

Fig. 21. — Tourniquet hydraulique.

se fait évidemment en sens inverse de l'écoulement du liquide.

Expérience du crève-tonneau. — L'expérience du crève-tonneau est une application du principe de Pascal; elle montre, d'une manière frappante, l'existence des pressions latérales. On surmonte un tonneau plein d'eau d'un long tube étroit dans lequel on verse de l'eau. Si le tube a seulement 3 mètres de haut et 1 centim. carré de section, chaque centim. carré des parois du tonneau supporte une pression d'au moins 300 grammes; ce qui donne, pour une barrique ordinaire, une pression totale de 7 à 8000 kilogr. Sous une telle pression, les douves se disjoignent, et l'eau jaillit de toutes parts.

Remarque. — La pression sur le fond d'un vase peut être beaucoup plus grande ou beaucoup plus petite que le poids du liquide contenu dans ce vase. Elle est d'autant plus grande que le vase se rétrécit davantage à la partie supérieure, ou d'autant plus petite que la partie supérieure est plus évasée. Cette contradiction apparente a reçu le nom de *paradoxe hydrostatique*. Elle s'explique en remarquant que la pression sur le fond est égale au poids du liquide augmenté ou diminué d'une partie des pressions latérales.

67. Pression dans l'intérieur d'un liquide. — *Toute surface plane horizontale, considérée dans l'intérieur d'un liquide en équilibre, subit sur ses deux faces des pressions égales.* — Par conséquent, la face inférieure subit une poussée verticale de bas en haut, égale au poids d'une colonne de liquide ayant pour base cette surface et pour hauteur sa distance au niveau du liquide.

On le vérifie aisément au moyen d'un tube droit (fig. 22) ouvert à ses deux extrémités. Un disque de verre ab, assez léger, est d'abord maintenu contre l'ouverture inférieure au moyen d'un fil qui passe dans l'intérieur du tube, et que l'on tient à la main. On plonge ensuite le tube verticalement dans l'eau; si l'on abandonne alors le fil, on constate que le disque reste appliqué contre l'ouverture; c'est donc qu'il est soumis à une pression dirigée de bas en haut.

Pour mesurer la valeur de cette pression, on verse de l'eau dans le tube et l'on constate que le disque ab se détache lorsque l'eau atteint le niveau de l'eau dans le vase.

La loi est encore vraie si la surface considérée n'est pas horizontale. Dans ce cas, *la pression exercée sur une surface quelconque est égale au poids d'une colonne de liquide ayant pour base cette surface, et pour hauteur la distance du centre de gravité de cette surface au niveau du liquide.*

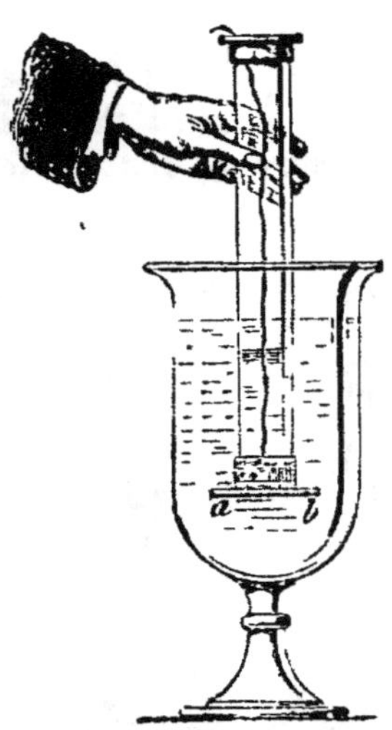
Fig. 22.— Pression verticale de bas en haut.

Cette pression est appliquée en un point appelé *centre de pression*, situé un peu plus bas que le centre de gravité de la surface pressée.

Les pressions sont toujours normales aux surfaces pressées.

QUESTIONNAIRE. — Quel est l'objet de l'hydrostatique ? — Énoncez le principe de Pascal. — *De quoi se compose la presse hydraulique ?* — *Qu'est-ce que le niveau à bulle d'air ?* — A quoi est égale la pression exercée par un liquide sur le fond plan et horizontal d'un vase ? Comment peut-on le vérifier ? — Sur quel principe repose le tourniquet hydraulique ? — *En quoi consiste l'expérience du crève-tonneau ?* — *La pression exercée par un liquide sur le fond d'un vase est-elle toujours égale au poids du liquide ? — Comment met-on en évidence la pression qui s'exerce sur une surface plane considérée dans l'intérieur d'un liquide ?*

EXERCICES. — 1. Les rayons de base de deux pistons qui se meuvent dans deux vases communiquants sont 7 centim. et 1 centim. 5. Quelle charge faut-il placer sur le grand piston pour faire équilibre à un poids de 565 gr. placé sur le petit ? Les poids des pistons sont de 8 kilogr. et 2 kilogr.

2. Dans une presse hydraulique, les bras du levier ont respectivement 12 et 130 centim. Les sections des pistons mesurent $0^{mq},483$ et $0^{mq},0007$; la pression exercée par la main à l'extrémité du grand bras est de 24 kilogr. Déterminer le poids du fardeau qu'on peut soulever.

3. Dans une expérience faite avec l'appareil de Masson, trouver la valeur de la pression exercée sur le fond d'un tube conique de 25 centim. carrés, la hauteur de la colonne d'eau étant de 85 centim. Calculer le poids qu'il a fallu placer dans le plateau de la balance, sachant que l'obturateur pèse 50 gr.

4. Au fond supérieur d'un tonneau, haut de 90 centim. et dressé verticalement, on adapte un tube de 3^m75 qu'on remplit d'eau. Déterminer la pression exercée par le liquide sur chacune des bases du tonneau. (Rayon des bases $=15$ centim.)

5. Dans un réservoir d'eau, une ouverture de 2 centim. carrés s'est produite à 8^m86 de profondeur. Déterminer la valeur de la force qui chasse l'eau à travers cet orifice.

6. Un manchon vide et fermé par un obturateur est immergé dans un bain de mercure, la distance de la surface libre à la surface pressée est de 0^m760, la densité de mercure 13,59 ; l'obturateur est un cercle de 8 centim. de diamètre. Quel effort faut-il développer pour le séparer des bords du tube ? Quelle colonne d'eau faut-il verser dans le tube pour faire tomber l'obturateur ?

CHAPITRE II

VASES COMMUNIQUANTS

68. **Principe.** — *Pour qu'un liquide soit en équilibre dans un système de vases communiquants, il faut que toutes les surfaces libres soient dans un même plan horizontal.*

La distribution de l'eau dans les villes, les jets d'eau, les puits ordinaires, les puits artésiens, reposent sur ce principe.

Dans les jets d'eau (fig. 23), l'eau est amenée d'un réservoir M à un ajutage R, situé plus bas, au moyen du conduit T. Si le jet qui s'échappe en *d* ne monte pas jusqu'en *c*, cela tient à la résistance de l'air et aux gouttelettes d'eau qui retombent sur celles qui montent.

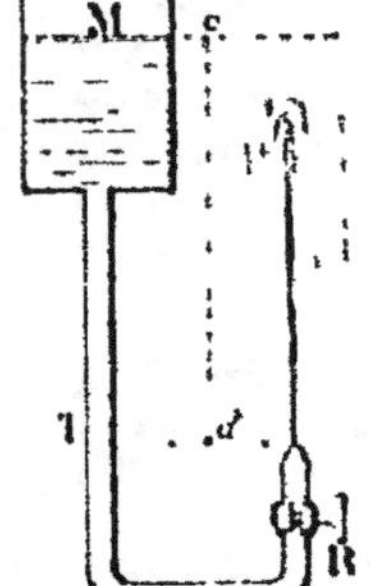

Fig. 23. — Jet d'eau.

La manœuvre des écluses dans les rivières, la construction des anciennes lampes à huile appelées quinquets, l'emploi du niveau d'eau, reposent sur le même principe.

Le *niveau d'eau* (fig. 24) se compose d'un tube coudé à chacune de ses extrémités, auxquelles sont adaptées deux fioles de verre, M et N.

On y verse assez d'eau pour qu'elle remplisse en partie les deux fioles. Tout rayon visuel mené par les deux surfaces libres est horizontal.

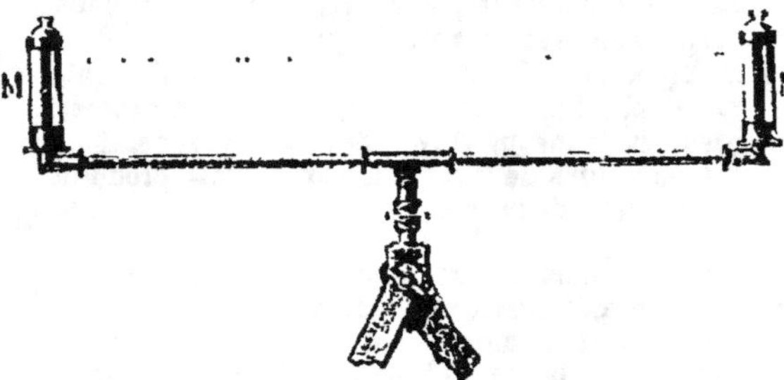

Fig. 24. — Niveau d'eau.

L'appareil peut donc servir, dans les opérations de nivellement, pour déterminer les directions horizontales.

Soit, par exemple, à mesurer la différence des hauteurs du sol en deux points A et B (fig. 25). On dispose d'abord le niveau dans le plan vertical qui passe par les deux points A et B.

Fig. 25. — Emploi du niveau d'eau.

Alors le niveau détermine une ligne horizontale AB. On vise une mire placée au point A; on fait glisser cette mire le long d'une règle verticale de manière à l'amener sur la ligne de visée AB, puis on lit sur la règle la hauteur de la mire A au-dessus du sol. Ensuite on transporte la règle au point B; on amène de nouveau la mire sur la ligne de visée, et on lit sur la règle la hauteur de la mire B au-dessus du sol.

La différence des deux hauteurs mesurées donne la différence des hauteurs du sol aux points A et B.

69. Équilibre dans le cas de deux liquides. — *Pour que deux liquides de densités différentes soient en équilibre dans deux vases communiquants, il faut que les hauteurs des deux surfaces libres au-dessus de la surface de séparation soient inversement proportionnelles aux densités des liquides.*

Si, dans les deux tubes communiquants représentés dans la figure 26, on verse de l'eau et du mercure, les hauteurs h et h' de l'eau et du mercure, au-dessus de leur surface de séparation BB', sont en raison inverse de leurs densités respectives. En mesurant ces hauteurs, on constate que l'on a :

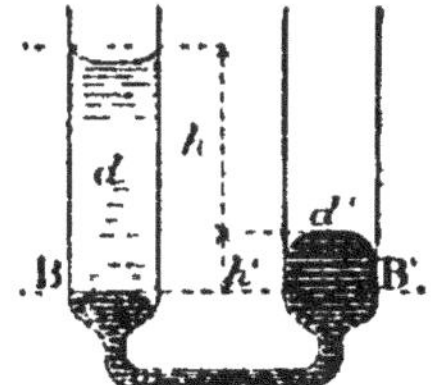

Fig. 26.

$$\frac{h}{h'} = \frac{d'}{d}.$$

70. Capillarité. — On appelle tubes *capillaires* (de *capillus*, cheveu) des tubes qui ont un diamètre très petit. Dans ces tubes, les liquides ne suivent pas exactement les lois des vases communiquants.

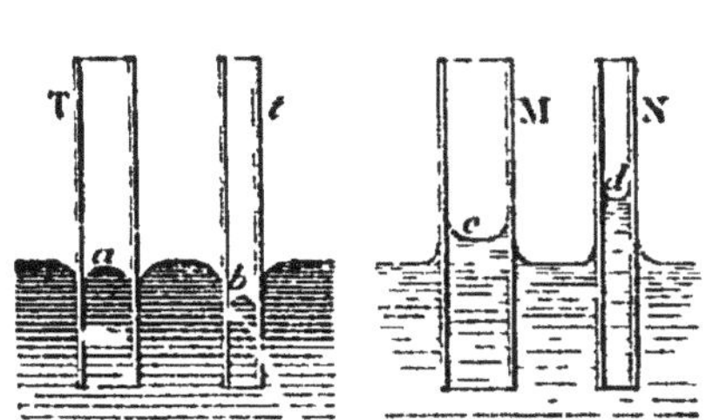

Fig. 27. — Tubes capillaires.

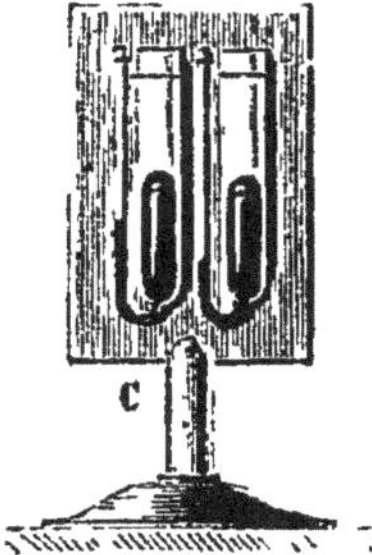

Fig. 28.

Prenons un tube en verre et plongeons-le en partie dans un liquide en le tenant verticalement (fig. 27).

Si le liquide ne mouille pas le tube (mercure), le niveau intérieur est moins élevé que le niveau extérieur; c'est ce qu'on appelle une *dépression capillaire*. La surface libre présente un ménisque convexe, *a*, *b*.

Si le liquide mouille le tube (eau), le niveau à l'intérieur du tube est plus élevé qu'à l'extérieur ; c'est ce qu'on appelle une *ascension capillaire*. La surface est alors concave, *c, d*.

C'est par suite des phénomènes capillaires qu'un même liquide monte à des hauteurs différentes dans des tubes communiquants étroits, de diamètres différents (fig. 28).

La capillarité joue un rôle important dans la circulation du sang et de la sève, l'élévation de l'huile dans les lampes par les mèches, l'imbibition des corps poreux (éponge, sucre, tas de sable).

QUESTIONNAIRE. — Énoncez le principe des vases communiquants. Donnez-en des applications. — Qu'est-ce que le niveau d'eau ? A quoi sert-il ? — Comment sont entre elles les hauteurs des liquides de densités différentes dans deux vases communiquants ? — Qu'appelle-on tubes capillaires ? — Quels phénomènes observe-t-on quand on les plonge dans un liquide qui les mouille ou ne les mouille pas ? Citez des exemples de capillarité.

EXERCICES. — 1. L'une des branches de deux vases communiquants renferme une colonne d'eau de 36 cent. Déterminer la hauteur de la colonne de sulfure de carbone ($d = 1,293$) qui lui fait équilibre. Les hauteurs sont mesurées à partir de la surface de séparation.

2. Une colonne de 432 millim. d'eau fait équilibre, dans un tube en U, à une colonne de 500 millim. d'essence de térébenthine. Trouver la densité de ce liquide.

3. Dans une éprouvette contenant du mercure on plonge un tube ouvert à ses deux extrémités, et dans celui-ci on verse 250 cent. cubes d'eau. Le tube ayant 1 cent. carré de section, on demande la différence de niveau des surfaces du mercure dans le tube et dans l'éprouvette.

CHAPITRE III

PRINCIPE D'ARCHIMÈDE

71. Énoncé du principe d'Archimède. — *Tout corps plongé dans un liquide subit une poussée verticale de bas en haut, égale au poids du liquide qu'il déplace.*

72. Démonstration expérimentale du principe d'Archimède. — On démontre le principe d'Archimède à l'aide de la balance hydrostatique et de deux cylindres métalliques de même volume, l'un plein, l'autre creux (fig. 29).

Pour cela, on suspend les deux cylindres l'un au-dessous de l'autre, le cylindre plein D en bas, au plateau A de la balance hydrostatique, et l'on met dans le plateau B les poids nécessaires pour établir l'équilibre. On place alors un vase V plein d'eau sous le plateau, de manière que le cylindre plein D soit complètement immergé. L'équi-

libre se trouve rompu, en faveur du plateau B, et, pour le rétablir,
il faut remplir d'eau complètement le cylindre creux C. Le cylindre
D est donc soulevé avec une force égale au poids de cette eau, c'est-
à-dire au poids d'un volume égal à son propre volume.

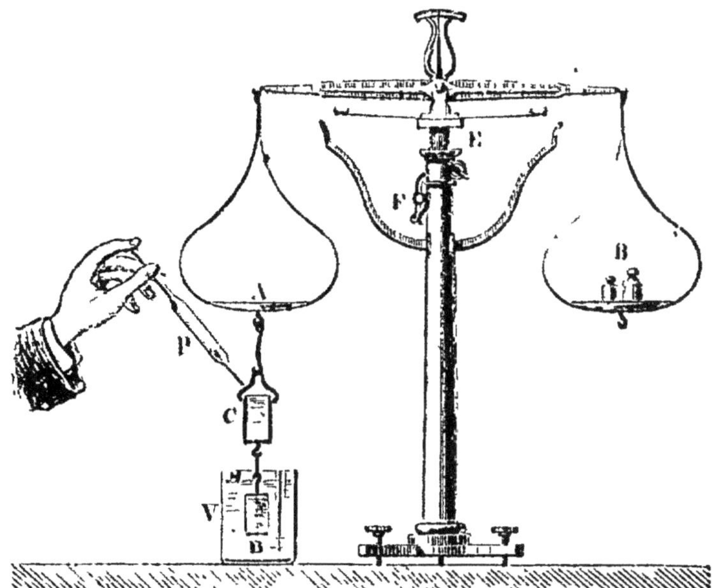

Fig. 29. — Démonstration expérimentale du principe d'Archimède

Réciproque. — La réciproque du principe d'Archimède consiste en
ce fait que, si le liquide exerce sur le corps une poussée verticale
dirigée de bas en haut, celui-ci, de son côté, réagit sur le liquide,
et exerce sur lui une poussée verticale de même valeur, mais dirigée
de haut en bas.

Pour mettre ce fait en évidence, on place le vase V avec l'eau qu'il
contient sur le plateau d'une balance ordinaire, et on en fait la tare.
On descend ensuite dans l'eau le cylindre plein, et on l'y maintient
entièrement plongé, sans cependant qu'il touche le fond du vase. Il
y a rupture de l'équilibre, et, pour le rétablir, il faut retirer du vase
un volume d'eau qui remplit exactement le cylindre creux. Le vase
éprouvait donc une poussée, dirigée de haut en bas, égale au poids
de cette eau, dont le volume est précisément égal à celui du cylindre
plein.

Cette poussée est une conséquence du principe de l'égalité de l'action
et de la réaction exercées par deux corps l'un sur l'autre (n° 23).

73. Poids apparents des corps plongés dans les liquides. —
Un corps plongé dans un liquide paraît moins lourd que dans
l'air, parce que le poids qu'on lui trouve est égal à son poids

dans l'air diminué de la poussée que lui fait subir le liquide. C'est ce que l'on exprime en disant qu'un corps plongé dans un liquide perd de son poids; mais cette locution conventionnelle n'est pas vraie à la lettre; elle signifie simplement que le poids *apparent* d'un corps immergé est inférieur à son poids *réel*.

Si le poids du corps est plus grand que celui du liquide déplacé, le corps s'enfonce. *Ex.:* le fer, le cuivre, le plomb immergés dans l'eau.

Fig. 30. — Ludion.

Si le poids du corps est égal au poids du liquide déplacé, le corps reste en suspension dans le liquide. *Ex.:* un poisson immobile dans l'eau.

Si le poids du corps est plus faible que le poids de son volume de liquide, le corps flotte. *Ex.:* le liège et le bois dans l'eau, le fer dans le mercure.

On réalise expérimentalement ces trois cas à l'aide du *ludion*.

Le ludion (fig. 30) est une figurine de verre ou de porcelaine suspendue à un petit ballon rempli d'air, qui lui permet de flotter sur l'eau. Ce ballon est percé d'une petite ouverture située à sa partie inférieure. L'appareil est placé dans une éprouvette complètement remplie d'eau, et hermétiquement fermée par une membrane de caoutchouc. Une pression exercée sur celle-ci fait pénétrer une petite quantité d'eau dans le ballon, dès lors le poids de l'appareil augmente, et le ludion s'enfonce; si la pression cesse, l'air du ballon chasse une partie de l'eau, et l'appareil remonte.

74. Corps flottants. — *Un corps flottant est en équilibre lorsqu'il déplace un volume de liquide dont le poids est égal au sien.* Pour faire flotter un corps plus dense que l'eau, il suffit donc de lui donner une forme qui lui permette de déplacer un volume d'eau suffisant (bateaux, bouées métalliques).

Il faut en outre que le centre de gravité se trouve sur la verticale qui passe par le centre de poussée. Le corps flottant est sollicité par deux forces : son poids, appliqué au centre de gravité, et la poussée, appliquée au centre de poussée. Pour qu'il y ait équilibre, il faut que ces deux forces soient égales et directement opposées.

Dans la figure 31, les deux tubes de gauche, qui remplissent cette condition, sont en équilibre, tandis que celui de droite ne l'est pas.

Le centre de poussée O est le centre de gravité de la masse du liquide que le corps flottant déplace.

Le balancement qui se produit, quand on marche dans une barque, résulte de ce que le centre de gravité change de position avec la place que l'on occupe; la barque s'incline alors pour ramener le centre de gravité sur la verticale du centre de poussée.

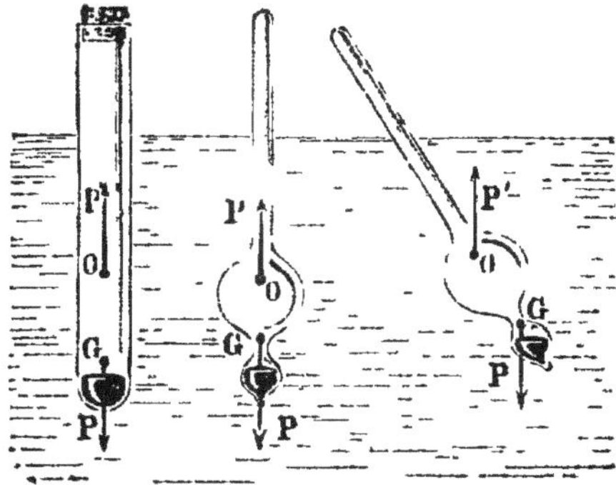

Fig. 31. — Équilibre des corps flottants.
G, centre de gravité; O, centre de poussée.

C'est pour maintenir la stabilité des bateaux que l'on place au fond des corps très lourds (*lest*), et que, dans le chargement des navires, on met à fond de cale les marchandises les plus pesantes.

75. Détermination du volume d'un corps à l'aide du principe d'Archimède. — Pour trouver le volume d'un corps, il suffit de le suspendre sous le plateau de la balance hydrostatique, et de chercher son poids dans l'air, puis dans l'eau. La différence de ces poids donne le poids de l'eau déplacée, et par suite son volume, qui est égal à celui du corps.

Si le corps est soluble ou poreux, on l'enduit préalablement d'une mince couche de collodion ou de vernis.

76. Équilibre des liquides superposés. — Quand on introduit plusieurs liquides non miscibles, et de densités différentes, dans un même vase, ils se superposent par ordre de densité, le plus lourd au fond.

Lorsqu'on agite dans un même flacon du mercure, une dissolution concentrée de carbonate de soude, du pétrole et de l'alcool, ces liquides se mélangent momentanément; mais ils ne tardent pas à se séparer dès qu'on les laisse en repos.

Si deux liquides peuvent se mélanger, on peut encore les superposer dans un même vase; mais alors il faut les verser les uns sur les autres en commençant par le plus dense et en prenant de grandes précautions pour éviter leur mélange. C'est ainsi que l'on peut recouvrir l'eau d'une couche de vin; c'est ce qui explique pourquoi l'eau douce des fleuves, moins dense que l'eau salée, s'étend sur la mer dans le voisinage de leur embouchure.

QUESTIONNAIRE. — Énoncez le principe d'Archimède. — *Comment le démontre-t-on expérimentalement ? — En quoi consiste sa réciproque ?* — Pourquoi un corps paraît-il moins lourd dans l'eau que dans l'air ? — Que faut-il pour qu'un corps flotte sur un liquide ? pour qu'il s'enfonce ? — Expliquez l'expérience du ludion. — Quand un corps flottant sur un liquide est-il en équilibre ? — *Qu'appelle-t-on centre de poussée ?* — Comment peut-on, par le principe d'Archimède, déterminer le volume d'un corps ? — Comment se superposent les liquides de densités différentes placés dans un même vase ?

EXERCICES. — 1. Un dé en fer a 3 cent. d'arête. Quelle perte de poids éprouve-t-il dans l'eau ? Quel est son poids apparent dans l'alcool ? De combien plongerait-il dans le mercure ?

(Densité du fer = 7,70 ; de l'alcool = 0,795 ; du mercure = 13,5.)

2. Un morceau de liège pèse 73 gr. dans l'air. Quel volume d'eau déplacera-t-il ? (Densité du liège = 0,24.)

3. Quelle est la capacité intérieure d'une boule de verre du poids de 12 gr. 60 qui flotte dans l'eau ? (Densité du verre = 2,52.)

4. Un bloc de marbre de 895 décim. cubes est tombé dans l'eau. Quel effort faut-il développer pour l'en tirer ? (Densité du marbre = 2,837.)

5. Quelle est l'épaisseur du disque de plomb qu'il faut coller à un cylindre en liège de même base, et dont la hauteur est 8 cent. pour qu'il se tienne en suspension dans l'eau ? (Densité de plomb = 11 ; du liège = 0,24.)

CHAPITRE IV

DENSITÉS

77. Définition. — On appelle *densité* ou *poids spécifique* d'un corps le rapport du poids de ce corps au poids d'un égal volume d'eau.

Le poids de cette eau est numériquement égal au volume du corps. En effet, chaque centimètre cube d'eau pèse un gramme ; par conséquent, le poids de l'eau évalué en grammes représente aussi son volume mesuré en centimètres cubes.

Soient P le poids du corps, V son volume, qui exprime aussi le poids du même volume d'eau, et D la densité du corps. On a :

$$D = \frac{P}{V}.$$

2° *La densité d'un corps représente le poids d'un centimètre cube de ce corps.* En effet, si le volume V pèse P, chaque centimètre cube pèse V fois moins, c'est-à-dire $\frac{P}{V}$. Or ce rapport du poids au volume n'est autre que la densité du corps.

3° Connaissant la densité d'un corps, on peut calculer le

poids de ce corps quand on connaît son volume, ou son volume
quand on connaît son poids ; on a

$$P = VD \text{ ou } V = \frac{P}{D}.$$

78. Recherche des densités. — Pour déterminer la densité
d'un corps on cherche : 1° le poids du corps ; 2° son volume, ou
le poids de son volume d'eau ; 3° le quotient
du poids du corps par le poids du même volume d'eau. Ce quotient est la densité du corps.

79. Densité des solides. — 1° Si le corps a une
forme géométrique, on cherche son volume et
son poids ; le quotient de ces deux nombres donne
la densité.

2° Si le corps a une forme quelconque, on se
sert de la *balance hydrostatique*, de l'*aréomètre
de Nicholson* ou du *flacon de densité*.

Méthode de la balance hydrostatique. — 1° On
cherche le poids du corps par double pesée
(n° 59). 2° On le suspend au-dessous du plateau F
de la balance (fig. 32), et on le plonge dans l'eau.
Les poids qu'il faut ajouter dans ce même plateau
pour rétablir l'équilibre donnent le poids de l'eau
déplacée par le corps, et par conséquent son volume. 3° Le quotient de ces deux poids est la densité.

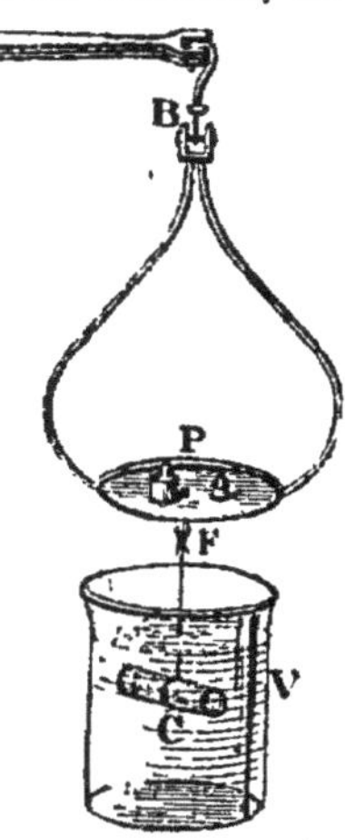

Fig. 32. — Recherche
de la densité.

Méthode de l'aréomètre de Nicholson (fig. 33). — 1° On place le
corps sur le plateau C, avec la tare né-
cessaire pour que l'aréomètre s'enfonce
dans l'eau jusqu'à un trait marqué en A
sur la tige. On enlève le corps, et on le
remplace par les poids marqués nécessaires pour rétablir le même affleurement
en A ; on a ainsi le poids du corps. 2° On
retire ces poids marqués, et on place le
corps dans la corbeille B ; les poids qu'il
faut ajouter en C pour rétablir de nouveau l'affleurement représentent le poids de
l'eau déplacée par le corps. 3° Le quotient
de ces deux nombres est la densité.

Méthode du flacon. — 1° Le corps est
placé sur le plateau d'une balance, à côté
du flacon A (fig. 34), rempli d'eau jusqu'au trait O du bouchon à entonnoir C.
On fait la tare, puis on enlève le corps et
on le remplace par des poids marqués ;
on a ainsi son poids par double pesée. 2° On retire ces poids

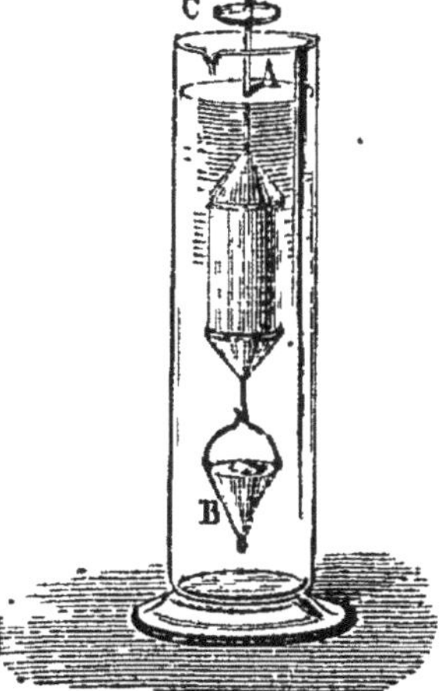

Fig. 33.
Aréomètre de Nicholson.

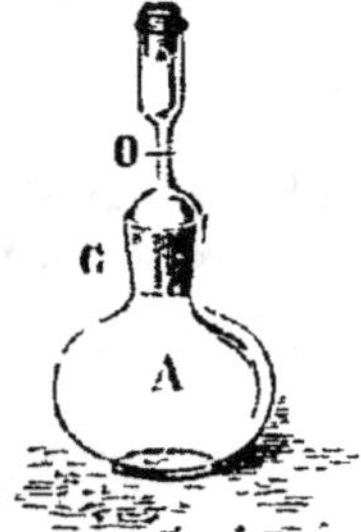

Fig. 34.
Flacon de densité.

marquée, et on introduit le corps dans le flacon; il sort une certaine quantité d'eau, et l'on replace le flacon sur le plateau. Les poids qu'il faut ajouter du côté du flacon pour rétablir l'équilibre donnent le poids de l'eau déplacée, et par suite le volume du corps. 3° Le quotient de ces deux nombres est la densité.

Remarques. — 1° Si le corps est poreux, on l'enduit d'une mince couche de collodion pour éviter l'imbibition.

2° Lorsque le corps est soluble dans l'eau, on cherche sa densité par rapport à un autre liquide dans lequel il est insoluble; puis on multiplie cette densité par celle du liquide dont on s'est servi.

80. Densité des liquides. — La densité des liquides se détermine par la *balance hydrostatique,* par le *flacon de densité* ou par l'*aréomètre de Fahrenheit.*

Méthode de la balance hydrostatique. — On suspend sous le plateau de la balance un corps insoluble dans l'eau et dans le liquide (fig. 35), puis on fait la tare. On plonge ensuite le corps successivement dans le liquide et dans l'eau; le quotient des poids qu'il faut ajouter, pour rétablir l'équilibre dans les deux cas, est la densité.

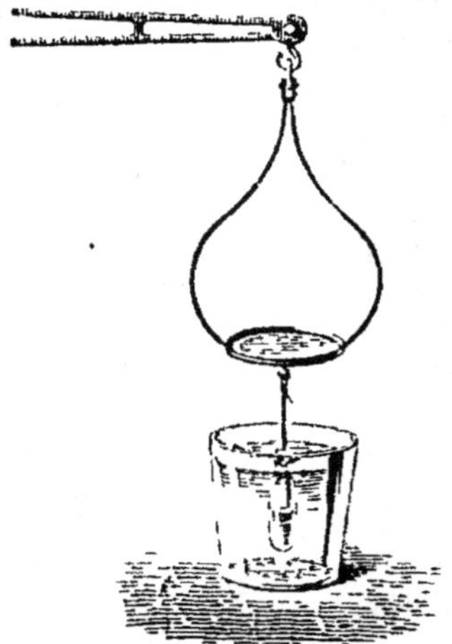

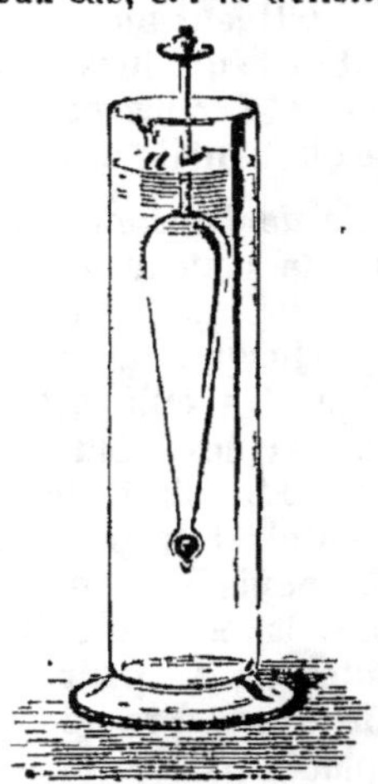

Fig. 35. — Densité d'un liquide.   Fig. 36. — Aréomètre de Fahrenheit.

Méthode du flacon. — Le flacon, après avoir été taré, est rempli successivement avec le liquide et avec de l'eau, puis pesé chaque fois. Les poids qu'il faut ajouter à la tare représentent le poids des deux liquides introduits. Le quotient de ces poids est la densité cherchée.

Méthode de l'aréomètre de Fahrenheit (fig. 36). — 1° Il faut faire affleurer l'instrument dans le liquide à l'aide de poids marqués; le poids du liquide déplacé égale le poids *p* de l'instrument, plus les poids marqués P. 2° On remplace le liquide par de l'eau; les mêmes opérations fournissent le poids du même volume d'eau. 3° Le quotient de ces poids donne la densité.

81. Aréomètres à poids constant. — Les *aréomètres à poids constant* sont des appareils qui indiquent le degré de concentration des liqueurs, des dissolutions salines et des acides. Ces instruments ne diffèrent que par la graduation; ils s'enfoncent d'autant plus, que les liquides sont moins denses.

82. Aréomètres pour les liquides plus denses que l'eau (pèse-sels, pèse-acides, pèse-sirops, fig. 37). — On leste l'appareil de manière que, dans l'eau pure, il s'enfonce jusque vers le sommet du tube; on marque 0° à l'affleurement. On le plonge ensuite dans une dissolution de quinze parties de sel marin dans quatre-vingt-cinq parties d'eau; on marque 15° au nouvel affleurement. L'espace de 0 à 15, divisé en quinze parties égales, donne les degrés de l'instrument; on prolonge les divisions jusqu'au bas du tube. Ces appareils n'indiquent pas les densités des liquides, ils fournissent seulement des points de comparaison pour le commerce.

Fig. 37.
Pèse-acides.

83. Aréomètres pour les liquides moins denses que l'eau (pèse-liqueurs, pèse-esprits, etc., fig. 38). — On leste l'appareil de manière qu'il enfonce jusqu'à la naissance du tube dans un mélange de dix parties de sel pour quatre-vingt-dix d'eau, et l'on marque 0°. On le plonge ensuite dans l'eau pure, et l'on marque 10° à l'affleurement. L'espace de 0 à 10, divisé en dix parties égales, fournit les degrés de l'appareil.

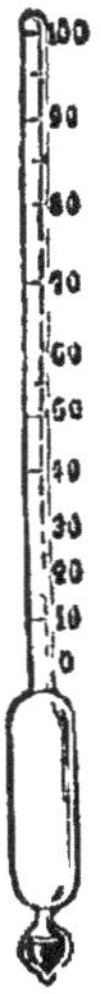

84. Graduation de l'alcoomètre centésimal de Gay-Lussac. — On fait des mélanges d'eau et d'alcool contenant successivement, en volume, 95, 90, 85... parties d'alcool, pour 100 volumes de mélange; en plongeant l'instrument dans ces mélanges, on obtient les principaux points de l'échelle; il suffit alors de diviser l'espace compris entre deux points consécutifs en cinq parties égales (fig. 39).

Les divisions de l'alcoomètre ne sont pas égales entre elles. Leurs longueurs vont en augmentant depuis le bas jusqu'en haut de l'échelle.

Fig. 38.
Pèse-liqueurs.

Fig. 39.
Alcoomètre.

Le *pèse-esprits de Cartier* et l'*alcoomètre centésimal de Gay-Lussac* servent tous deux à trouver le degré de concentration d'un mélange d'alcool et d'eau ; mais le second a sur le premier l'avantage d'indiquer en centièmes la proportion d'alcool contenu dans la liqueur.

Les liqueurs et les vins sont essayés, après distillation, à l'aide de ces instruments, qui indiquent la *richesse alcoolique* des liquides étudiés.

85. Pèse-lait, pèse-vin. — Ces instruments reposent sur le même principe que les appareils précédents ; ils font connaître approximativement les quantités d'eau qu'on a pu introduire dans le liquide à étudier. Les renseignements qu'ils donnent sur la nature des liquides sont peu certains, puisque la densité de ces liquides peut varier, suivant leur provenance, sans qu'on les ait falsifiés.

QUESTIONNAIRE. — Qu'appelle-t-on densité ou poids spécifique ? — Comment peut-on trouver le poids d'un corps, connaissant son volume et sa densité ? — En général, comment trouve-t-on la densité d'un corps ? — *Décrire les opérations à faire pour déterminer la densité d'un solide par la balance hydrostatique, par le flacon de densité, par l'aréomètre de Nicholson.* — Comment procède-t-on quand le corps est poreux ou soluble dans l'eau ? — *Comment détermine-t-on la densité d'un liquide ? — Qu'appelle-t-on aréomètres à poids constant ? Quels sont les principaux ? Comment les gradue-t-on ?* — *Qu'est-ce que l'alcoomètre centésimal ? Comment procède-t-on pour le graduer ?*

EXERCICES. — 1. Le poids d'un corps est de 125 gr. 15, son volume de 80 cent. cubes. Trouver sa densité.

2. Quel est le poids d'un cylindre de fonte dont le diamètre est de 0ᵐ568, et la hauteur 3ᵐ,397 ? (La densité de la fonte est 7,27.)

3. Trouver la densité de l'acide sulfurique, sachant qu'il faut 55 gr. 8 d'acide ou 50 gr. d'eau pour remplir le même flacon.

4. Quel est le volume du plomb qui, dans une balance, fait équilibre à 565 cent. cubes de fer ? (Densité du fer = 7,29 ; du plomb = 11,35.)

5. Dans une expérience faite avec l'aréomètre de Nicholson, un morceau d'étain placé dans la capsule supérieure représente un poids de 15 gr. 4 ; introduit dans la corbeille, il a subi une perte de poids de 2 gr. Quelle est sa densité ?

6. Le poids d'un aréomètre de Fahrenheit est de 29 gr. 50 ; il faut placer dans sa capsule 10 gr. pour produire l'affleurement dans l'acide sulfurique et 5 gr. 5 pour l'affleurement dans l'eau. Quelle est la densité de l'acide ?

7. La densité de l'acide chlorhydrique est de 1,21. Quel est le poids d'un aréomètre de Fahrenheit, sachant qu'il a dû être chargé de 8, puis de 2 gr. pour affleurer successivement dans cet acide et dans l'eau ?

CHAPITRE V

PROPRIÉTÉS DES GAZ

86. Élasticité des gaz. — Les gaz sont *compressibles et élastiques*, c'est-à-dire qu'ils changent de volume quand on fait varier la pression qu'ils supportent, et qu'ils reprennent leur volume initial quand on ramène la pression à sa valeur primitive.

Si l'on comprime de l'air dans un tube au moyen d'un piston (fig. 40) et qu'on abandonne ensuite la tige à elle-même, le piston est aussitôt repoussé par l'air, comme par un ressort. Cet appareil a reçu le nom de *briquet à air*, parce que, si la compression est brusque, l'air s'échauffe et sa température peut s'élever suffisamment pour enflammer un morceau d'amadou placé à l'intérieur du tube.

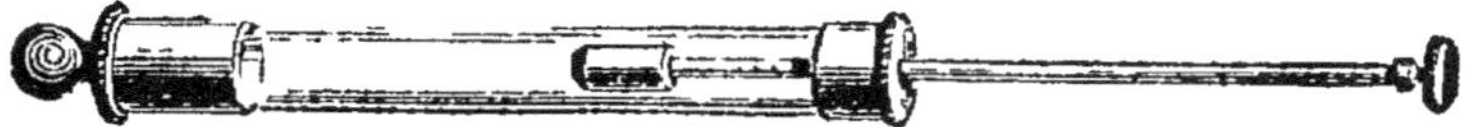

Fig. 40. — Briquet à air.

On appelle *force élastique* ou *force d'expansion* d'un gaz la pression exercée par ce gaz sur les parois du vase qui le contient. La force élastique d'un gaz diminue à mesure que son volume augmente, mais elle ne devient jamais nulle. C'est pourquoi une masse gazeuse quelconque remplit toujours complètement le volume qui lui est offert. On explique la force élastique du gaz par une répulsion que ses molécules exerceraient les unes sur les autres.

On met en évidence l'élasticité des gaz en introduisant sous la cloche de la machine pneumatique une vessie renfermant un peu d'air (fig. 41). A mesure qu'on fait le vide, la vessie augmente de volume; si on laisse rentrer l'air dans la cloche, la vessie reprend son volume initial.

87. Pesanteur des gaz. — *Tous les gaz sont pesants.* Pour le démontrer, on place sur un plateau de la balance un ballon dans lequel on a fait le vide, puis on fait la tare; quand on laisse rentrer l'air, l'équilibre est rompu en faveur du plateau qui supporte le ballon.

Fig. 41.
Expansibilité des gaz.

Un litre d'air (à la température de 0° et sous la pression de 76 cm) pèse 1 gr. 293. Ainsi, à volume égal, l'air est 773 fois moins lourd que l'eau.

Remarque. — La densité des gaz est rapportée à celle de l'air, que l'on prend pour unité. *Le poids du litre d'un gaz quelconque est égal au produit de la densité de ce gaz par le poids du litre d'air, 1 gr. 293.* En effet, soit x le poids du litre d'un gaz de densité d. Les poids d'un même volume de gaz et d'air étant proportionnels à leurs densités respectives, on aura

$$\frac{x}{1,293} = \frac{d}{1} ;$$

d'où :
$$x = d \times 1,293.$$

Fig. 42. — Transmission
des pressions dans les gaz.

88. Transmission des pressions par les gaz. — Les gaz transmettent les pressions, et le principe de Pascal (n° 62) leur est applicable aussi bien qu'aux liquides.

Pour le constater, on prend une vessie en caoutchouc que l'on charge d'un poids, puis on y introduit de l'air avec un soufflet ; la pression se transmet aux parois de la vessie, et le poids est soulevé.

On peut encore employer un ballon portant deux tubulures horizontales auxquelles sont adaptés deux tubes recourbés, comme l'indique la figure 42. On verse un peu d'eau colorée dans ces tubes, puis on adapte au bouchon une poire en caoutchouc. En comprimant la poire avec la main, on refoule dans le ballon l'air qu'elle renferme, ce qui augmente la pression du gaz contenu dans le ballon ; alors on constate que l'eau monte dans les deux tubes et qu'elle s'y élève à la même hauteur. C'est donc que la pression s'exerce dans tous les sens et avec la même intensité.

89. Pression atmosphérique. — L'atmosphère est la couche d'air qui enveloppe la terre ; son épaisseur n'est pas connue d'une manière certaine, mais il est probable qu'elle n'a pas moins d'une centaine de kilomètres. L'air étant pesant, cette couche de gaz exerce sur les corps qu'elle enveloppe une pression qu'on appelle *pression atmosphérique*.

On démontre l'existence de la pression atmosphérique par les expériences de la pluie de mercure, du crève-vessie et des hémisphères de Magdebourg.

Pluie de mercure (fig. 43). — Un tube de verre T, vissé sur la machine pneumatique, est fermé à son extrémité supérieure par un disque en bois recouvert d'une couche de mercure. Quand on fait le vide, le mercure, comprimé par la pression atmosphérique, traverse le bois et tombe à l'intérieur du tube. Cette expérience démontre aussi la porosité des corps (n° 18).

Crève-vessie (fig. 44). — Un large cylindre de verre, reposant sur la platine d'une machine pneumatique, est fermé à la partie supérieure par une membrane bien tendue. Lorsqu'on y fait le vide, la pression atmosphérique fait fléchir la membrane et finit par la crever.

Fig. 43.
Pluie de mercure.

Fig. 44.
Crève-vessie.

Fig. 45.
Hémisphères de Magdebourg.

Hémisphères de Magdebourg (fig. 45). — Ces hémisphères sont faciles à séparer lorsque la pression atmosphérique s'exerce à l'intérieur; mais, si l'on fait le vide dans la cavité formée en les réunissant, il faut un effort considérable pour les séparer de nouveau.

Autres expériences. — Si l'on chauffe l'air contenu dans un verre ordinaire, par exemple, en y brûlant un peu de papier, et que l'on applique la paume de la main sur l'ouverture, l'air intérieur se refroidissant diminue de pression; alors on voit la paume de la main faire saillie à l'intérieur du verre, en même temps qu'elle devient rouge, parce que le sang tend à sortir des tissus. C'est ainsi que l'on attire vers la peau les humeurs qui troublent les organes (*ventouses*).

Un œuf cuit dur, dépouillé de sa coquille et placé sur l'ouverture d'une carafe dans laquelle on vient de brûler un peu de papier, traverse le goulot et se précipite à l'intérieur du vase.

90. Mesure de la pression atmosphérique. — Expérience de Torricelli. — Pour mesurer la *pression atmosphérique*, on prend un tube de verre de 1 mètre environ, fermé à l'une de ses extrémités et rempli de mercure. Après l'avoir bouché avec le doigt (fig. 46), on le renverse sur la cuve à mercure ; le liquide descend d'abord dans le tube, puis s'arrête à environ 76 cm au-dessus du niveau du mercure dans la cuvette.

Cette expérience est fondée sur le principe des vases communiquants pour le cas de deux liquides de densités différentes. Dans le cas actuel, la pression exercée par l'atmosphère sur la surface libre du mercure, à l'extérieur du tube, est équilibrée par la pression exercée par la colonne de mercure soulevée à l'intérieur du tube. Donc la pression atmosphérique est égale à la *pression barométrique*, c'est-à-dire à la pression qu'exercerait une couche de mercure dont l'épaisseur serait égale à la hauteur de la colonne mercurielle soulevée dans le baromètre. Voilà pourquoi la pression atmosphérique est toujours évaluée en centimètres, c'est-à-dire en hauteur de mercure.

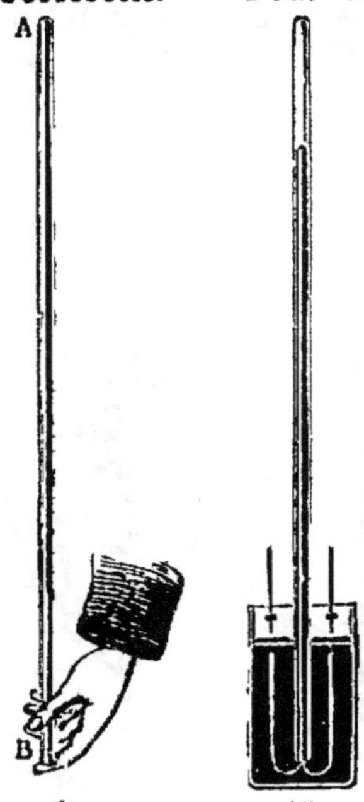

Fig. 46. — Expérience de Torricelli.

1. Préparation du tube.
2. Équilibre de pression.

L'espace libre qui surmonte la colonne de mercure est vide d'air ; on lui donne le nom de *chambre barométrique.*

Le tube dont on se sert dans cette expérience est appelé *tube de Torricelli,* nom du physicien qui, le premier, détermina ainsi la mesure de la pression atmosphérique.

Par hauteur de la colonne de mercure, il faut entendre la distance verticale mesurée entre les niveaux du liquide dans le tube et dans la cuvette, et non la longueur mesurée le long du tube. Cette hauteur ne change pas quand on incline le tube, c'est-à-dire que le niveau du mercure reste toujours dans le même plan horizontal (fig. 47) ; d'autre part, elle est indépen-

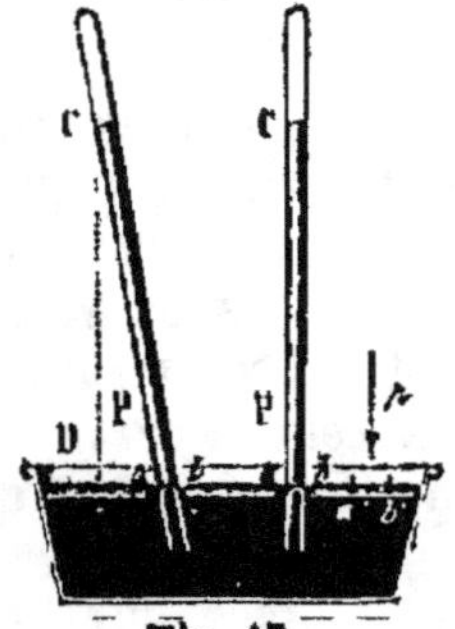

Fig. 47.

Mesure de la hauteur barométrique.

dante du diamètre du tube, il n'est donc pas nécessaire que celui-ci soit cylindrique.

La colonne mercurielle, faisant équilibre à la pression atmosphérique, doit diminuer avec elle. C'est ce que Pascal vérifia en répétant l'expérience de Torricelli successivement au pied, sur les flancs et au sommet du puy de Dôme, c'est-à-dire à des altitudes croissantes depuis 400 mètres jusqu'à 1465 mètres. La pression atmosphérique diminue évidemment à mesure qu'on s'élève dans l'atmosphère. Pascal vit qu'en effet le mercure baissait dans le tube à mesure qu'on s'élevait au-dessus de la plaine et qu'on approchait du sommet de la montagne.

Si l'ouverture du tube est d'un centimètre carré et la hauteur du mercure 76 cm, le volume de la colonne est de 76 cm³; le poids de ce mercure est de $13^{gr},6 \times 76 = 1033^{gr},6$. Ainsi la pression de l'air est de $1^{kg},033$ par cm²; c'est ce qu'on appelle la *pression d'une atmosphère*.

Cette pression n'augmente pas le poids des corps, parce qu'elle agit dans tous les sens. Elle ne nous incommode pas, parce que l'air qui remplit les cavités du corps humain est à une pression qui fait équilibre à la pression extérieure.

Remarque. — On peut remplacer le mercure dans le tube par des liquides quelconques, mais les hauteurs seront inversement proportionnelles aux densités de ces liquides. Ainsi, le mercure pesant 13,6 fois plus que l'eau, il faudra 13,6 fois plus d'eau que de mercure pour faire équilibre à la pression atmosphérique, c'est-à-dire une colonne d'eau d'environ $0^m,76 \times 13,6$ ou $10^m,33$ de hauteur.

QUESTIONNAIRE. — Qu'entend-on en disant que les gaz sont élastiques? — Par quelle expérience montre-t-on cette élasticité? — Qu'appelle-t-on force élastique? Comment la met-on en évidence? — Les gaz sont-ils pesants? — Quel est le poids d'un litre d'air? — A quoi rapporte-t-on la densité des gaz? — Comment trouve-t-on le poids d'un litre de gaz? — Comment montre-t-on que le principe de Pascal est applicable aux gaz? — Qu'est-ce que l'atmosphère? — Par quelles expériences démontre-t-on l'existence de la pression atmosphérique? — Comment la mesure-t-on? — Que faut-il entendre par hauteur barométrique? — Dans l'expérience de Torricelli, pourrait-on remplacer le mercure par de l'eau? Quelle serait alors la hauteur de la colonne d'eau?

EXERCICES. — 1. Quelle tare faut-il ajouter ou retrancher à un ballon de 6 lit. 250 pour répéter l'expérience qui prouve que l'air est pesant? (1 litre d'air pèse 1 gr. 293.)

2. La variation de poids d'un ballon plein ou vide d'air est de 5 gr. 750. Quel est le volume du ballon?

3. La densité du sulfure de carbone est de 1,292; celle de l'acide sulfurique 1,84; de l'alcool 0,793. A quelle hauteur s'élèveraient les colonnes de ces liquides qui feraient équilibre à la pression atmosphérique?

4. La pression qu'exerce l'atmosphère sur 1 cent. carré est de 1 kilog. 033. Quelle est la somme des pressions que supporte le corps humain, dont la surface est évaluée à 1 mètre carré 50 ?

5. Un tube de Torricelli est incliné; la distance du point où il pénètre dans le mercure à la projection du niveau supérieur sur la surface du bain est de 8 cent Quelle est la longueur de la colonne mercurielle ? (Pression 76ᶜᵐ.)

6. Un tube barométrique repose sur un bain de mercure placé dans l'air raréfié; la colonne mercurielle a une hauteur de 25 millim Quelle fraction d'atmosphère représente-t-elle ?

CHAPITRE VI

BAROMÈTRES

91. Usage des baromètres. — Les *baromètres* sont des instruments qui servent à mesurer la pression atmosphérique. Il existe des baromètres à mercure et des baromètres métalliques.

92. Construction du baromètre à mercure. — Pour construire cet instrument, on prend un tube de verre de 1 mètre de longueur, fermé à l'une de ses extrémités, et on le remplit de mercure. Le tube est ensuite placé sur une grille inclinée, et entouré de charbons incandescents, de manière à porter le mercure à l'ébullition. en commençant par la partie

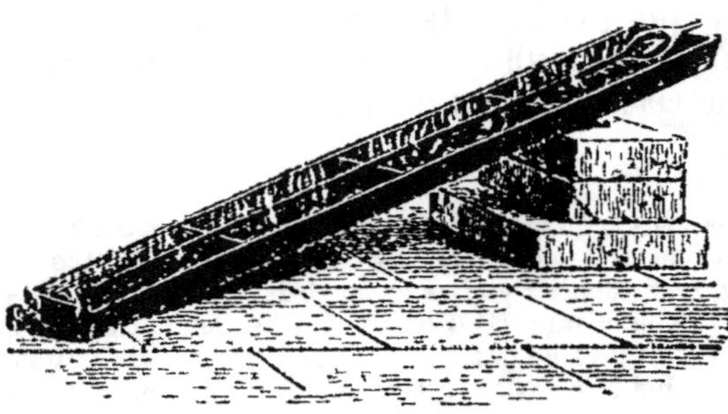

Fig. 49.
Ébullition du mercure dans un tube barométrique.

inférieure. Quand le mercure est refroidi, on détache l'ampoule qui a servi à l'introduire, et le tube, ainsi débarrassé de l'air et de la vapeur d'eau qui seraient restés adhérents aux parois, est renversé sur une cuvette contenant du mercure, et fixé le long d'une règle verticale divisée.

Le zéro de l'échelle correspond au niveau du mercure dans la cuvette.

Si le tube est assez large, on peut faire abstraction du ménisque (n° 70), car l'action capillaire est alors négligeable; mais, si le tube est étroit, on prend pour niveau le plan qui passe par le milieu de la flèche *ab* du ménisque convexe (fig. 49).

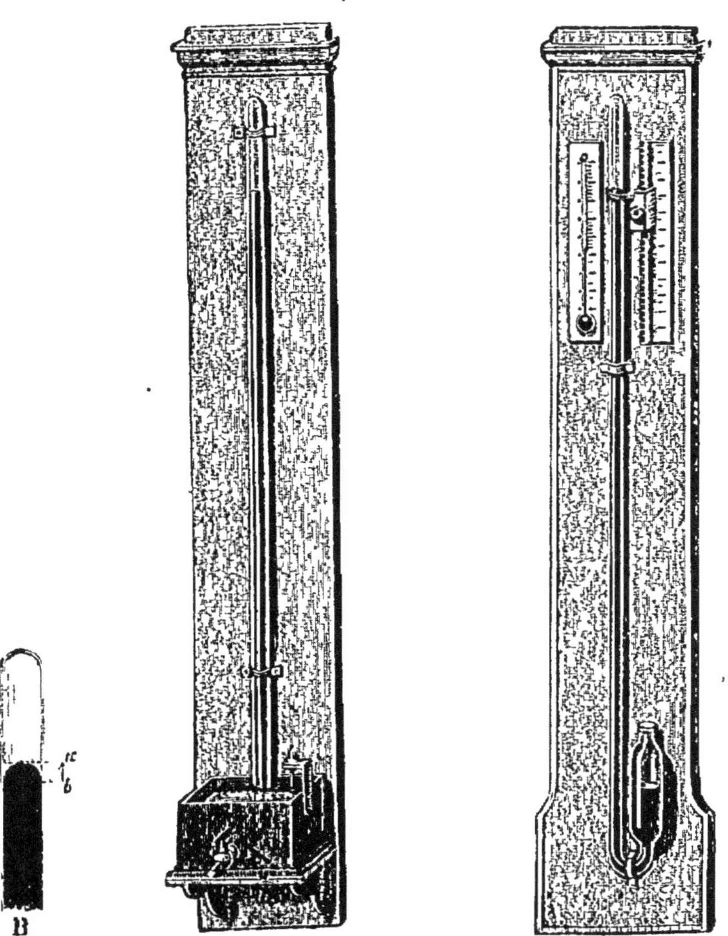

Fig. 49.   Fig. 50. — Baromètre normal.   Fig. 51. — Baromètre à siphon

Le zéro du baromètre ainsi construit est variable; car le niveau du mercure dans la cuvette, surtout si celle-ci est étroite, monte ou descend suivant la hauteur de la colonne mercurielle. Pour obvier à cet inconvénient on utilise une cuvette assez large, ou bien on dispose verticalement contre la paroi de la cuvette, une vis qui peut se mouvoir dans un écrou fixe. Au moment de l'observation, on amène l'extrémité inférieure de la vis en contact avec le mercure, et on mesure la distance qui sépare son extrémité supérieure du niveau du mercure dans le

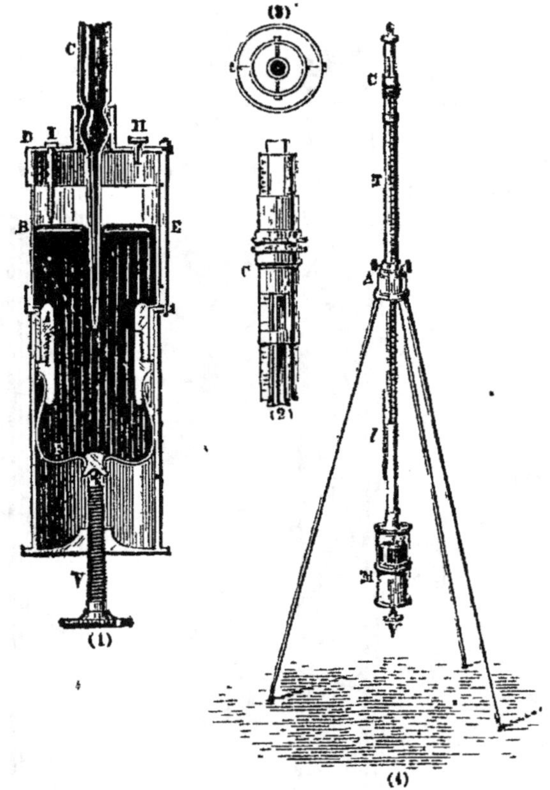

Fig. 52. — Baromètre de Fortin.

1. Détail de la cuvette : A, anneau en buis. — F, fond en peau. — V, vis pour le soulever. — B, anneau en verre. — I, repère en ivoire. — H, prise d'air. — C, tube barométrique. — 2. Curseur du baromètre. — 3. Suspension du baromètre. — 4. Disposition pour une observation.

tube. Il suffit alors d'ajouter à la hauteur trouvée la longueur de la vis, déterminée une fois pour toutes.

Cet instrument prend alors le nom de *baromètre normal* (fig. 50); il est peu transportable, et généralement fixe.

Pour rendre cet appareil plus usuel, on donne à la cuvette la forme d'un flacon dont l'ouverture est incomplètement fermée par une membrane ou par un bouchon (fig. 51). Le tube barométrique recourbé à sa partie inférieure vient aboutir au fond de cette cuvette. C'est alors un *baromètre à siphon*.

93. Baromètre Fortin. — Le *baromètre Fortin* est un baromètre dont le fond de la cuvette est formé par une peau de chamois F, qu'une vis V peut faire monter ou descendre (fig. 52). Au moment de l'observation, le baromètre étant vertical, on fait mouvoir la vis de manière que le niveau BE du mercure dans la cuvette affleure une pointe d'ivoire I. C'est donc un baromètre à niveau fixe.

Cet appareil est transportable et offre une assez grande précision.

Un mode particulier de suspension permet de lui donner une position rigoureusement verticale.

94. Baromètre à cadran. — Le baromètre à cadran est un

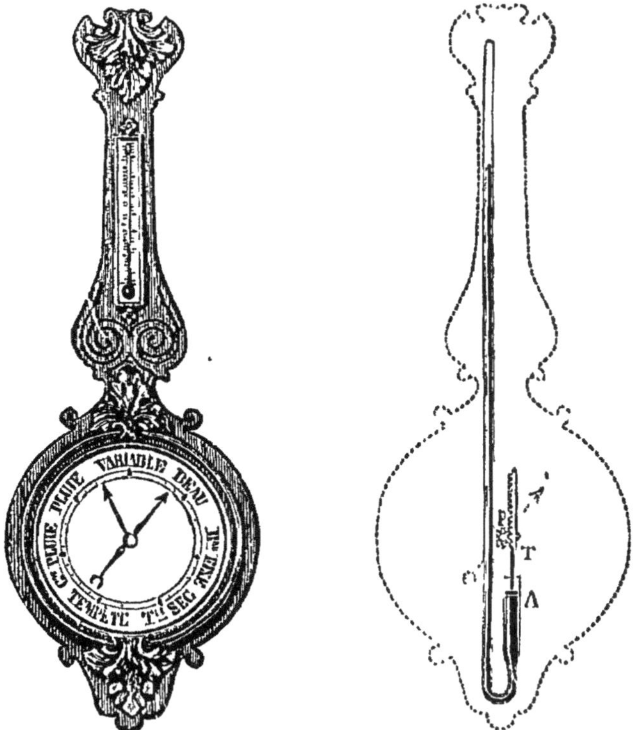

Fig. 53. — Baromètre à cadran.

baromètre à siphon dissimulé derrière une planchette portant un cadran (fig. 53). Un flotteur ou une crémaillère fait mouvoir une petite poulie, dont l'axe, traversant la planchette, porte une aiguille mobile sur le cadran.

Fig. 54. — Baromètre de Vidi.

95. Baromètres métalliques ou anéroïdes (sans liquide). — Les *baromètres métalliques* utilisent les variations de volume qu'éprouvent des enveloppes métalliques closes et vides, sous l'influence des variations de la pression atmosphérique. Ils n'ont pas une sensibilité constante. On les gradue par comparaison avec le baromètre à mercure.

Le plus connu est le baromètre de Vidi (fig. 54).

QUESTIONNAIRE. — A quoi servent les baromètres ? — Comment construit-on un baromètre à mercure ? — Pourquoi porte-t-on le mercure à l'ébullition ? — Où est le zéro du baromètre à cuvette ? — Que prend-on comme niveau dans le tube, quand la surface du mercure est un ménisque convexe ? — Pourquoi le zéro du baromètre à cuvette est-il variable ? — Quel avantage présente le baromètre normal ? — *Décrivez la cuvette du baromètre Fortin.* — Expliquez le fonctionnement du baromètre à cadran. — *Sur quel principe repose la construction des baromètres métalliques ?*

EXERCICES. — 1. Les diamètres intérieurs d'une cuvette cylindrique et d'un tube barométrique sont égaux à 125 et 8 millim. Quelle variation de niveau dans la cuvette correspond à une dépression barométrique de 1 cent. ?

2. La hauteur barométrique varie de 9 millim. Quel changement de niveau se produit à chacune des surfaces du mercure dans un baromètre à siphon dont le diamètre est constant ?

3. Exprimer en grammes la différence des pressions supportées par une surface de 1 mètre carré soumise successivement à des pressions de 722 et de 782 millim., limites extrêmes des oscillations barométriques à Paris.

4. A quelle pression par centimètre carré sont soumis les câbles télégraphiques reposant sur le fond des mers à une profondeur de 3700 mètres ?

CHAPITRE VII

LOI DE MARIOTTE. — MANOMÈTRES

96. Loi de Mariotte. — *A une température constante, les volumes d'une même masse gazeuse sont inversement proportionnels aux pressions qu'elle supporte.*

Si la pression devient 2, 3, 4 fois plus grande, le volume devient 2, 3, 4 fois plus petit.

1° Pour les pressions *supérieures à une atmosphère*, on vérifie cette loi au moyen du *tube de Mariotte.*

Le tube de Mariotte est un tube recourbé (fig. 55) à branches inégales. La petite branche est fermée, et la grande est ouverte.

Au moyen d'une colonne de mercure dont les deux niveaux sont dans un même plan horizontal, on isole en A un certain volume d'air sous la pression atmosphérique. Si l'on verse du mercure en B jusqu'à ce que le volume de l'air soit réduit de moitié (fig. 55, 2), la différence des niveaux N'C est égale à la hauteur du mercure dans le baromètre; donc l'air intérieur a une tension de deux atmosphères, l'une fournie par la colonne mercurielle N'C, et l'autre par l'atmosphère, dont la pression s'exerce librement en C.

Si l'on réduit le volume d'air au tiers (fig. 55, 3), la différence

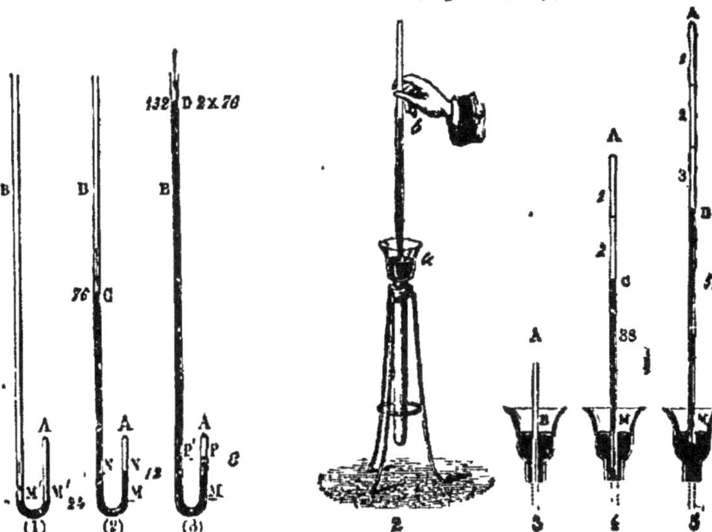

Fig. 55. — Vérification de la loi de Mariotte pour les pressions supérieures à la pression atmosphérique.

(1) 1re expérience : 1 vol. — 1 atmosph.
(2) 2e   —   1/2 — 2   —
(3) 3e   —   1/3 — 3   —

Fig. 56. — Vérification de la loi de Mariotte pour les pressions inférieures à la pression atmosphérique.

1re expérience : 1 vol. — 1 atmosph.
2e   —   2 —   1/2   —
3e   —   3 —   1/3   —

des niveaux P'D devient égale au double de la hauteur barométrique, ce qui prouve que la masse d'air AP est soumise à une pression de 3 atmosphères ; et ainsi de suite.

2° Pour les pressions *inférieures à la pression atmosphérique*, on vérifie la loi de Mariotte au moyen du tube de Torricelli et de la *cuvette profonde* (fig. 56).

On verse du mercure dans le tube de manière à le remplir presque entièrement; puis on le renverse sur la cuvette profonde, et on l'enfonce jusqu'à ce que le mercure soit au même niveau dans le tube et dans la cuvette. On isole ainsi en A un volume d'air à la pression atmosphérique. Ensuite on soulève le tube jusqu'à ce que le volume de l'air soit double ; la différence MC des niveaux du mercure égale la moitié de la hauteur du mercure dans le baromètre ; donc l'air intérieur a une tension d'une demi-atmosphère.

On soulève davantage le tube de manière à tripler le volume, la colonne de mercure est alors les deux tiers de la hauteur barométrique ; l'air intérieur est donc sous une pression égale au tiers de la pression atmosphérique ; et ainsi de suite.

En appelant V et V′ les volumes successifs occupés par la même masse d'air, H et H′ les pressions correspondantes, on a :

$$\frac{V}{V'} = \frac{H'}{H} ; \quad \text{d'où} : \quad VH = V'H'.$$

Donc, pour une même masse gazeuse, le produit VH, du volume par la pression, est une quantité constante.

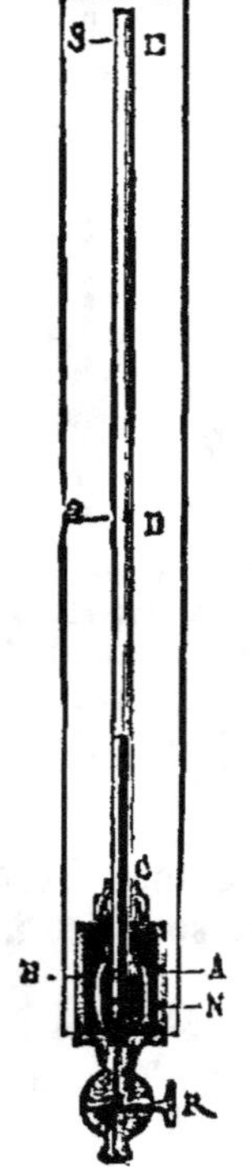

Fig. 57.
Manomètre à air libre.

97. Manomètres. — Les *manomètres* sont des instruments qui servent à mesurer la *pression* ou *force élastique* des gaz et des vapeurs.

On les divise en deux classes : les *manomètres à liquides* et les *manomètres métalliques*.

98. Manomètres à mercure. — Les manomètres à mercure peuvent être *à air libre* ou *à air comprimé*.

Le *manomètre à air libre* se compose d'un long tube en verre CE (fig. 57), ouvert à ses deux extrémités et plongeant dans une cuvette A, contenant du mercure et renfermée dans une boîte métallique hermétiquement close, communiquant, par le robinet R, avec le gaz ou la vapeur. La pression de ce gaz agit sur la surface du mercure dans la cuvette, et fait monter le mercure dans le tube à une hauteur d'autant plus grande que la pression est plus forte.

Quand on fait une observation, il faut tenir compte de la pression atmosphérique qui s'exerce au-dessus du mercure dans le tube et ajouter sa valeur à la hauteur mesurée.

Le manomètre à air libre fournit des résultats exacts ; il est assez sensible, mais la longueur qu'il faut donner au tube en fait un appareil encombrant, et par suite peu employé.

On a installé à la tour Eiffel un manomètre à air libre pouvant mesurer près de 400 atmosphères.

Dans le *manomètre à air comprimé* (fig. 58), l'extrémité supérieure du tube est fermée. L'air est comprimé par l'ascension de la colonne mercurielle ; on gradue cet instrument par comparaison, avec un manomètre à air libre.

On pourrait aussi le graduer par une application directe de la loi de Mariotte. Il est bien plus commode que

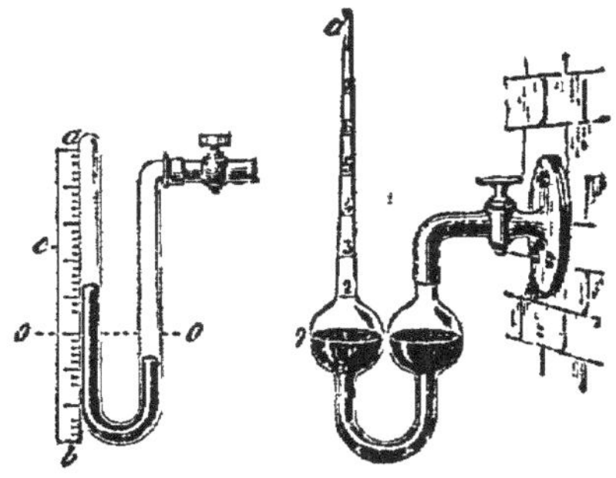

Fig. 58. — Manomètre à air comprimé.

le précédent, mais il a l'inconvénient d'être de moins en moins sensible à mesure que la pression augmente; car les variations de niveau, pour une même augmentation de pres-

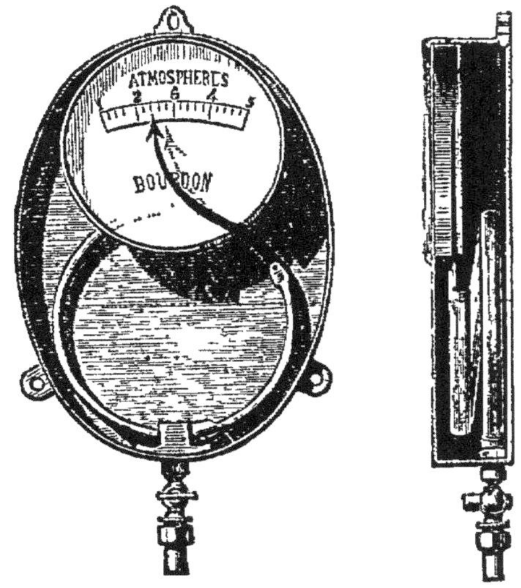

Fig. 69. — Manomètre métallique de Bourdon (face et profil).

sion, sont d'autant plus petites que la pression est plus forte. On corrige en partie cet inconvénient en donnant au tube une forme effilée, comme l'indique la figure 58.

99. Manomètre de Bourdon. — Le *manomètre métallique de*

Bourdon (fig. 57) se compose d'un tube de cuivre aplati et contourné en spirale; une extrémité de ce tube est fixe; l'autre est libre et porte une aiguille mobile devant un cadran. Ce tube se déroule ou s'enroule suivant que la pression intérieure augmente ou diminue, et fait ainsi mouvoir l'aiguille sur le cadran.

QUESTIONNAIRE. — Énoncez la loi de Mariotte. — Comment la vérifie-t-on : 1° pour les pressions supérieures à la pression atmosphérique; 2° pour les pressions inférieures? — *Par quelle formule se traduit cette loi ?* — À quoi servent les manomètres? — En combien de classes les divise-t-on? Décrivez le manomètre à air libre. Quels avantages et quels inconvénients offre-t-il? — Mêmes questions pour le manomètre à air comprimé. — Quelle forme donne-t-on quelquefois à la branche fermée du manomètre à air comprimé? Pourquoi? — *Décrivez le manomètre de Bourdon.*

EXERCICES. — 1. Dans les expériences destinées à vérifier la loi de Mariotte, on réduit le volume de l'air au 1/4, au 1/5, au 1/6 du volume primitif; ou bien on amène le volume à valoir 4, 5, 6 fois le volume initial. Indiquer, pour chaque série d'expériences, les hauteurs de mercure que l'on obtient et les pressions que l'on en déduit.

2. Une éprouvette renferme 52 cent. cubes d'air sous la pression 760. Que deviendra ce volume sous les pressions 742 et 781 ?

3. Un tube reposant sur un bain de mercure renferme 46 cent. cubes d'azote, le baromètre marque 755 millim , la distance des deux niveaux de mercure est de 48 millim. Que deviendra la tension du gaz, si le mercure monte de 35 millim. dans le tube ?

4. Dans un manomètre à air libre, la différence des niveaux du liquide est de 78 millim.; exprimer la tension du gaz, en supposant que la pression atmosphérique est égale à 700 millim., et que le liquide versé dans le tube est d'abord de l'eau, puis de l'acide sulfurique. Densité de l'acide sulfurique $=1,84$.

5. La différence des niveaux de mercure dans un manomètre à air libre est de 1,82. Quelle est la pression du gaz qui a soulevé cette colonne liquide ?

6. Le tube cylindrique d'un manomètre à air comprimé renferme 32 cent. cubes d'air sous la pression normale 760. Quelles sont les pressions du gaz qui réduisent ce volume à la moitié, au quart, au dixième du volume primitif?

CHAPITRE VIII

PRINCIPE D'ARCHIMÈDE APPLIQUÉ AU GAZ

100. Baroscope. — Le principe d'Archimède est applicable aux gaz : *tout corps plongé dans un fluide quelconque subit une poussée de bas en haut égale au poids du fluide déplacé.* C'est ce que l'on vérifie au moyen du *baroscope* (fig. 60).

Le baroscope se compose de deux sphères inégales, de densités très différentes, et se faisant équilibre dans l'air. Si on place l'appareil sous le récipient de la machine pneumatique et qu'on fasse le vide, la grosse sphère l'emporte sur la petite; car la poussée de bas en haut qu'elle éprouvait dans l'air était supérieure à celle qu'éprouvait la petite sphère, puisque les volumes d'air déplacé sont différents. Ces poussées étant supprimées dans le vide, l'équilibre est rompu.

On peut donc appliquer aux gaz ce qui a été dit au sujet des corps plongés dans les liquides. Tout corps plongé dans un gaz tombe, flotte ou monte, suivant que son propre poids est supérieur, égal ou inférieur au poids du gaz dont il tient la place. Ainsi, les bulles de savon gonflées avec de l'hydrogène ou du gaz de l'éclairage s'élèvent dans l'air, parce que le poids total d'une de ces bulles (c'est-à-dire le poids de l'enveloppe, plus le poids du gaz intérieur), est plus petit que le poids du volume d'air qu'elle déplace.

C'est pour la même raison que la fumée, l'air chaud, s'élèvent dans l'atmosphère.

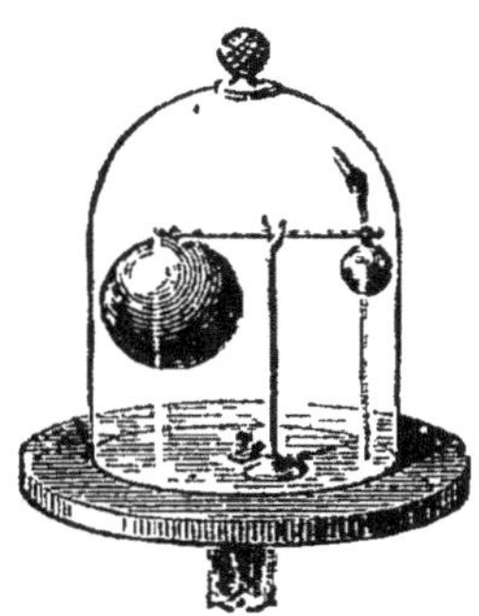

Fig. 60. — Baroscope.

101. Pesées faites dans l'air. — Les pesées faites dans l'air ne fournissent que le poids apparent du corps.

Soient P le poids réel du corps à peser et p la poussée qu'il éprouve dans l'air, M le poids réel des poids marqués qui lui font équilibre, m la poussée qu'ils éprouvent de la part de l'air.

Quand la balance est en équilibre, c'est que le poids apparent du corps est égal au poids apparent de la tare, c'est-à-dire que l'on a :

$$P - p = M - m$$

d'où

$$P = M + p - m$$

Donc le poids réel du corps est égal au poids réel de la tare, plus la différence qui existe entre la poussée du corps et la poussée de la tare.

Pour les solides et les liquides, on néglige généralement cette correction; pour les gaz, il faut en tenir compte.

102. Aérostats. — Un *aérostat* (fig. 61) est formé d'une enveloppe légère et imperméable capable de contenir un gaz plus léger que l'air (l'hydrogène ou le gaz de l'éclairage), et d'une nacelle suspendue au filet qui retient l'enveloppe. Lorsque le poids de l'air déplacé est supérieur à celui de l'appareil, le ballon s'élève avec une *force ascensionnelle* égale à la différence des deux poids.

On remplit incomplètement l'enveloppe, parce que, à mesure que l'on s'élève, la pression atmosphérique diminue, et le gaz intérieur augmente de volume.

Pour monter, lorsque le ballon est en équilibre dans l'atmosphère, les aéronautes jettent du *lest* (sable). Lorsqu'ils veulent descendre, ils laissent échapper du gaz par une soupape ménagée à la partie supérieure du ballon.

En cas d'accident, le parachute sert à la descente ; il a la forme d'un vaste parapluie portant une nacelle à la partie inférieure ; le sommet est percé d'une ouverture pour l'écoulement de l'air.

Les premiers ballons furent construits en 1783, par les frères Montgolfier ; ces ballons, nommés *montgolfières*,

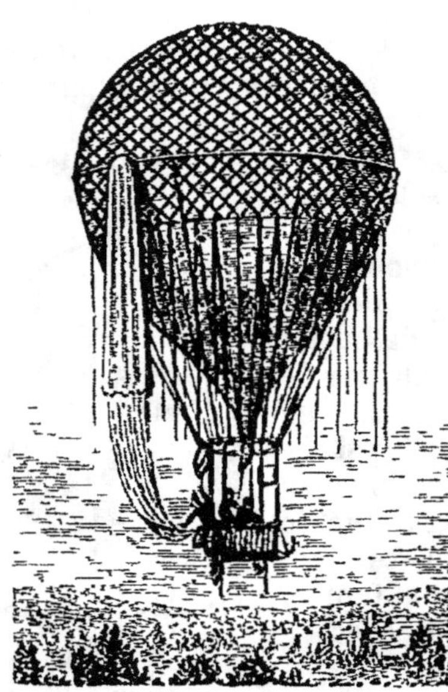

Fig. 61.

Aérostat avec sa nacelle et son parachute.

étaient en papier et gonflés avec de l'air chaud.

Calcul de la force ascensionnelle. — Pour calculer la force ascensionnelle d'un aérostat, il suffit de retrancher du poids total de l'air déplacé par l'enveloppe, le gaz, les agrès, etc., le poids de tous ces corps.

Ainsi un aérostat qui déplace 600 m. cubes d'air, et dont le poids total est de 770 kilogr., aura une force ascensionnelle de 5 kilogr.

$$F = 600 \times 1 \text{ kg. } 293 - 770 = 5 \text{ kgr.}$$

103. Navigation aérienne. — Au moyen du lest et de la soupape, l'aéronaute peut monter ou descendre à volonté : mais ne pouvant se donner aucun mouvement dans le sens horizontal, il est entraîné au gré du vent.

On cherche depuis longtemps le moyen de faire manœuvrer un ballon dans l'air, comme on dirige un navire à la surface de l'eau.

En 1884, à l'aide d'un ballon de forme allongée dans le sens horizontal, muni d'une hélice pour faire progresser l'appareil et d'un gouvernail pour en régler la direction, MM. Renard et Krebs sont parvenus à se mouvoir dans l'air avec une vitesse de 6m,50 par seconde.

Depuis lors de nombreuses expériences, en France et à l'étranger, sur différents types de dirigeables actionnés par des moteurs de plus en plus parfaits, paraissent devoir donner une solution pratique au problème de la navigation aérienne.

Plusieurs nations possèdent même déjà une flottille de dirigeables militaires.

104. Usage des ballons. — Les ballons, montés ou non, peuvent rendre de grands services en temps de guerre, surtout si l'on parvient à les diriger.

Au point de vue scientifique, ils permettent d'étudier les hautes régions de l'atmosphère, en ce qui concerne notamment la composition de l'air, son état hygrométrique, la diminution de sa densité, de sa température, etc.

De hardis explorateurs ont effectué, dans ce but scientifique, des ascensions fort remarquables : Gay-Lussac (en 1804), puis Barral et Bixio (1850), s'élevèrent à plus de 7^{km} ; Glaisher et Coxwell (1863) faillirent mourir de froid à 8100^m ; Tissandier (1875), avec deux compagnons, qui périrent asphyxiés, atteignit 8600^m.

Aujourd'hui on explore sans danger l'atmosphère à l'aide de *ballons sondes*, munis d'appareils enregistreurs et d'instruments automatiques. L'*Aérophile*, ballon explorateur employé par MM. Hermite et Besançon, parvint, en 1896, à une hauteur de 15^{km}, où il eut à subir un froid de — 63°. En 1897, un sondage atteignit 17^{km} ; d'après la pression enregistrée par le baromètre témoin, l'*Aérophile* avait traversé plus des $\frac{9}{10}$ de la masse de l'atmosphère.

QUESTIONNAIRE. — En quoi consiste l'expérience du baroscope ? Que démontre-t-elle ? — Pourquoi les bulles de savon gonflées avec de l'hydrogène s'élèvent-elles dans l'air ? — Les pesées faites dans l'air donnent-elles le poids réel des corps ? De quoi se compose un aérostat ? — Qu'est-ce que le lest ? A quoi sert-il ? — Comment fait-on descendre un aérostat ? — *A quoi est égale la force ascensionnelle ? Comment la calcule-t-on ?* — *Est-on parvenu à diriger les ballons ?* — *Quel est le but des ascensions scientifiques ?* — *Cites les plus célèbres.* — *Qu'appelle-t-on ballons sondes ?*

EXERCICES. — 1. Dans une expérience faite avec le baroscope, le rayon de la sphère creuse est de 7 cent. A l'aide de quel poids maintiendrait-on l'équilibre dans le vide ?

2. Le volume d'un ballon en taffetas est de 23 mètres cubes 750. Calculer le poids de l'air qu'il déplace.

3. Un ballon de baudruche vide pèse 5 gr., son volume est de 7 litres. Calculer sa force ascensionnelle en le supposant rempli d'hydrogène, puis de gaz d'éclairage. (Densité de l'hydrogène, 0,069 ; densité du gaz d'éclairage, 0,63).

CHAPITRE IX

POMPES

105. Usage des pompes. — Les *pompes* sont des appareils qui servent à élever les liquides sous l'influence de la pression atmosphérique.

Elles peuvent être : *aspirantes, foulantes, aspirantes et foulantes.*

Dans toutes les pompes, le jeu du piston a pour but de diminuer la pression atmosphérique qui s'exerce sur le liquide, à l'intérieur de l'appareil ; la pression atmosphérique extérieure, n'étant plus équilibrée, fait monter le liquide dans la pompe.

Le piston de la pompe aspirante est traversé par le liquide ; celui de la pompe foulante est plein, et refoule le liquide dans le tube d'élévation.

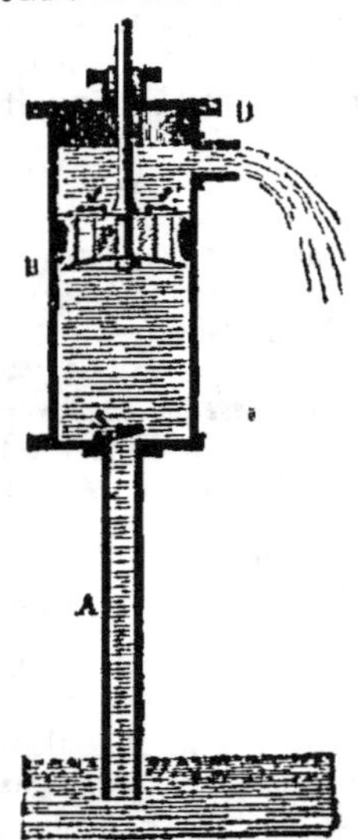

Fig. 62.
Pompe aspirante.

106. Pompe aspirante. — La *pompe aspirante* (fig. 62) se compose d'un tuyau d'aspiration A muni d'une soupape S, d'un cylindre B renfermant un piston P portant une ou deux soupapes s et s', et d'un tuyau de déversement D.

Au commencement, quand le piston monte, les soupapes s et s' sont fermées, le volume de l'air du tuyau d'aspiration augmente, et par suite sa pression diminue (n° 91); la pression atmosphérique qui s'exerce à la surface de l'eau dans le réservoir fait monter celle-ci dans le corps de pompe.

Quand le piston descend, la soupape S se ferme, et l'air, qui se trouve comprimé dans le cylindre, s'échappe en traversant le piston.

Le même phénomène se renouvelant à chaque coup de piston, le liquide arrive bientôt dans le cylindre, passe au-dessus du piston quand celui-ci descend, puis est soulevé jusqu'au tuyau de déversement par l'ascension du piston.

Remarque. — Comme c'est la pression atmosphérique qui fait monter l'eau dans le tuyau d'aspiration, et qu'une colonne d'eau de 10^{m}33 (n° 85, *Remarque*) fait équilibre à cette pression, il s'ensuit que, si la longueur du tuyau d'aspiration, supposé vertical, était supérieure à $10^m,33$, l'eau ne pourrait pas s'élever jusqu'à la hauteur de la pompe.

107. Pompe foulante. — La *pompe foulante* (fig. 63) est une pompe à piston plein dont le cylindre plonge dans l'eau, au moins en partie. La soupape *m* s'ouvre au dedans, et la soupape *m'* en dehors du cylindre. Un raisonnement identique au précédent montre que lorsque le piston P monte, *m'* se ferme et *m* s'ouvre, l'eau passe dans le cylindre. Quand le piston

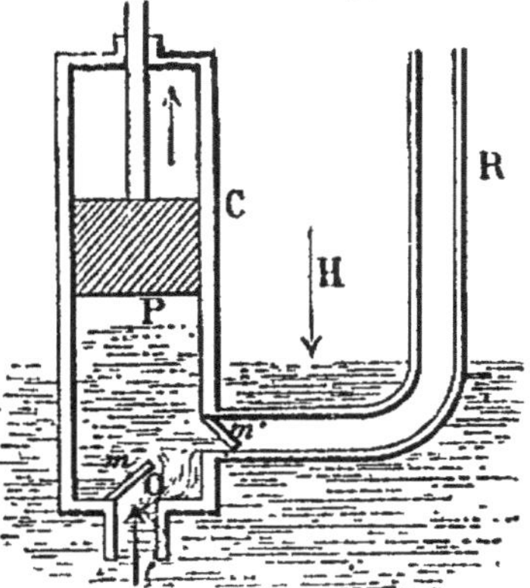

Fig. 63. — Pompe foulante.

descend, *m* se ferme, *m'* s'ouvre, et l'eau est refoulée dans le tuyau d'élévation R.

La *pompe à incendie* (fig. 64) est une pompe foulante munie d'un réservoir à air comprimé R qui régularise la sortie de l'eau par le tuyau d'écoulement. L'eau, versée en A et A', passe en C et C' sous l'action des pistons pleins, dont les tiges T et T' sont

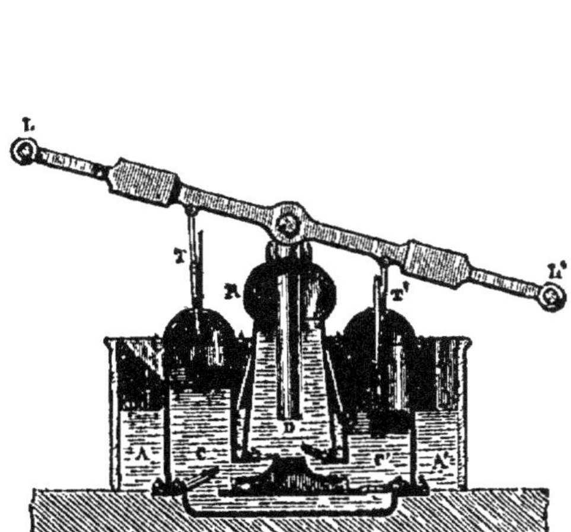

Fig. 64. — Pompe à incendie.

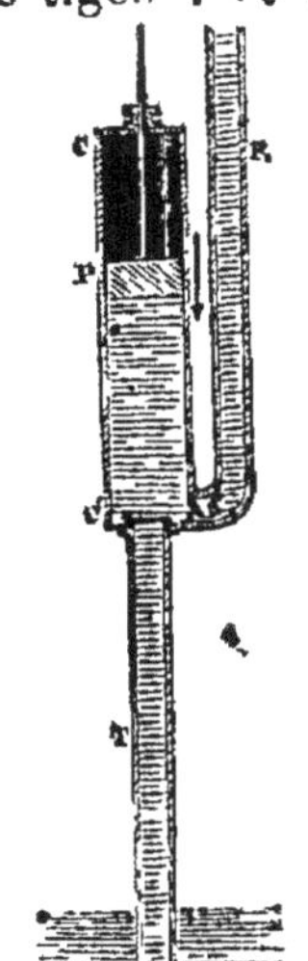

Fig. 65. — Pompe aspirante et foulante.

mues par les leviers L et L'; la descente des pistons la refoule ensuite dans le récipient central, d'où elle est chassée dans le tuyau d'échappement D.

108. Pompe aspirante et foulante. — Comme son nom l'indique, cette pompe (fig. 65) est une pompe foulante munie d'un tuyau d'aspiration. Son jeu est identique à celui des deux précédentes.

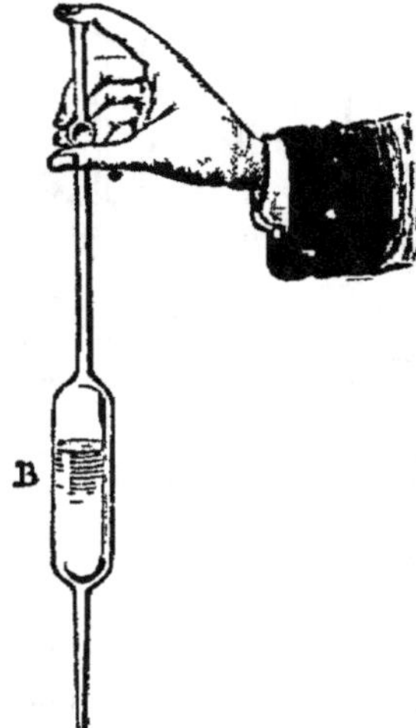

Fig. 66. — Pipette.

109. Pipette. — La *pipette* est un tube en verre (fig. 66) renflé dans sa partie moyenne et terminé en haut par une ouverture que l'on peut boucher avec le doigt, en bas par une pointe effilée. La pipette sert à puiser une petite quantité de liquide. Pour cela on la plonge verticalement dans le liquide. Celui-ci pénètre à l'intérieur. Alors on bouche l'orifice supérieur avec le doigt, et l'on retire l'instrument. Le liquide est maintenu dans l'appareil par la pression atmosphérique qui s'exerce à l'orifice inférieur.

110. Siphon. — Le *siphon* est un tube recourbé, à branches inégales, ouvert à ses extrémités. Il sert à transvaser les liquides sans déplacer les vases qui les contiennent (fig. 67). Le siphon commence à fonctionner quand il est amorcé, c'est-

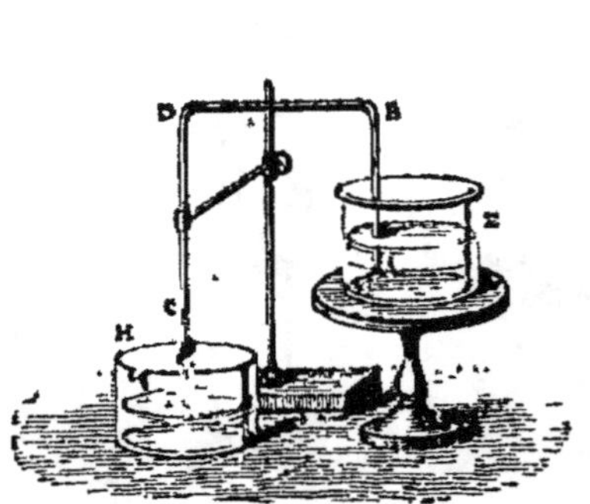

Fig. 67. — Siphon ordinaire.

Fig. 68. — Amorçage du siphon.

à-dire rempli de liquide. On l'amorce ordinairement en aspirant le liquide avec la bouche par l'une des extrémités, l'autre extrémité plongeant dans le liquide.

Pour les liquides corrosifs, on ajoute au siphon ordinaire une branche latérale (fig. 68), qui permet d'amorcer l'instrument sans s'exposer à introduire du liquide dans la bouche. Pour cela on ferme l'ouverture inférieure du siphon, on plonge une extrémité dans le liquide et on aspire avec la bouche jusqu'à ce que le siphon soit rempli; on ouvre alors la branche inférieure en même temps que l'on cesse l'aspiration, le siphon est *amorcé*, et l'écoulement se produit.

Théorie du siphon. — La pression qui s'exerce de bas en haut, à l'intérieur du tube en ab (fig.69), est égale à la pression atmosphérique H, qui dans ce cas serait représentée

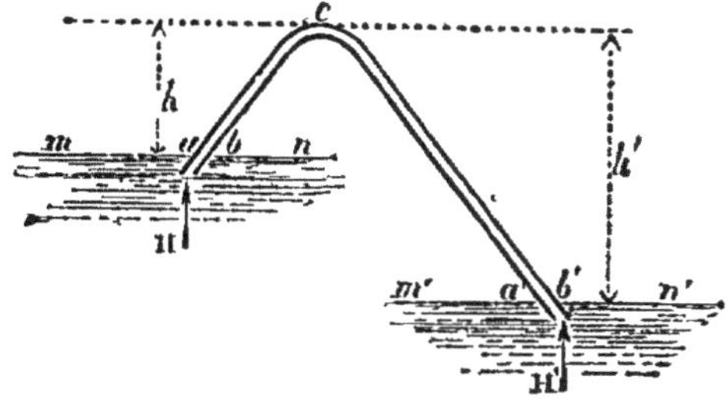

Fig. 69. — Théorie du siphon.

par une colonne d'eau de 10 m. 33 (n° 90, *Remarque*). Or l'élément ab supporte aussi de haut en bas une pression égale au poids d'une colonne d'eau de hauteur h. La tranche ab subit donc de bas en haut une poussée représentée par $H - h$.

On démontrerait de même que la poussée qui s'exerce de bas en haut en $a'b'$, est représentée par $H - h'$. Or, comme $H - h$ est plus grand que $H - h'$, l'eau s'écoulera dans le sens HcH'.

111. Fontaines intermittentes. — Les *fontaines intermittentes*, comme leur nom l'indique, ne coulent que par intervalles. C'est ce qui arrive quand un réservoir intérieur communique au dehors par un conduit en forme de siphon (fig. 70).

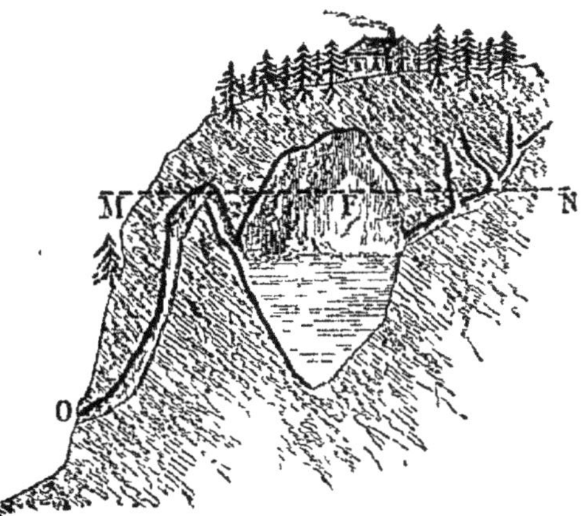

Fig. 70. — Fontaine intermittente.

L'eau, s'accumulant peu à peu dans le réservoir, finit par atteindre le niveau MN ; alors le siphon est amorcé, et l'eau s'échappe par l'orifice O jusqu'à ce que la surface libre soit descendue au niveau de l'orifice intérieur.

QUESTIONNAIRE. — A quoi servent les pompes ? — Quel est le but du jeu du piston dans les pompes ? De quoi se compose la pompe aspirante ? Expliquez son jeu. — Peut-on, au moyen de la pompe aspirante, élever l'eau à une grande hauteur ? Pourquoi ? — Qu'est-ce qu'une pompe foulante ? — Que présente de particulier la pompe à incendie ? — A quoi sert la pipette ? Qu'est-ce qui empêche le liquide de s'écouler quand on la ferme en haut avec le doigt? — Qu'est-ce que le siphon? A quoi sert-il? — *Expliquez son fonctionnement.* — Qu'appelle-t-on fontaines intermittentes? — Expliquez l'intermittence de leur écoulement.

EXERCICES. — 1. Dans une pompe foulante, le diamètre du corps de pompe est de 15 cent., la course du piston est de 35 cent. Combien de coups de piston faut-il pour que l'eau sorte du tuyau de refoulement, qui a 3 mètres de longueur et 4 cent. de diamètre intérieur?

2. Quelle force faut-il exercer pour soulever le piston d'une pompe aspirante amorcée, quand le piston a une surface de 1dmq. et le tuyau d'aspiration une hauteur de 5 mètres?

3. La base du piston d'un pompe foulante est un cercle de 10 cent. de diamètre; la section horizontale du tuyau de refoulement a 3 cent. de diamètre. Calculer la pression qu'il faut exercer sur le piston pour soulever l'eau à 10 mètres au-dessus de la base du piston.

4. Dans une pompe à incendie, le volume du récipient est réduit au tiers de son volume primitif. Avec quelle force l'eau est-elle lancée? Jusqu'à quelle hauteur peut-elle s'élever?

5. La branche courte d'un siphon mesure 25 cent. Quel doit être, en fractions d'atmosphère, l'excès de pression atmosphérique nécessaire pour produire l'amorcement, d'abord avec de l'eau, puis avec de l'acide sulfurique dont la densité égale 1,84?

6. Une petite pipette de 27 cent. de longueur est remplie d'acide sulfurique. (D = 1,84.) Jusqu'à quelle valeur faudra-t-il que descende la pression extérieure de l'air pour que l'acide s'écoule du tube?

CHAPITRE X

MACHINE PNEUMATIQUE

112. Principe de la machine pneumatique. — La *machine*

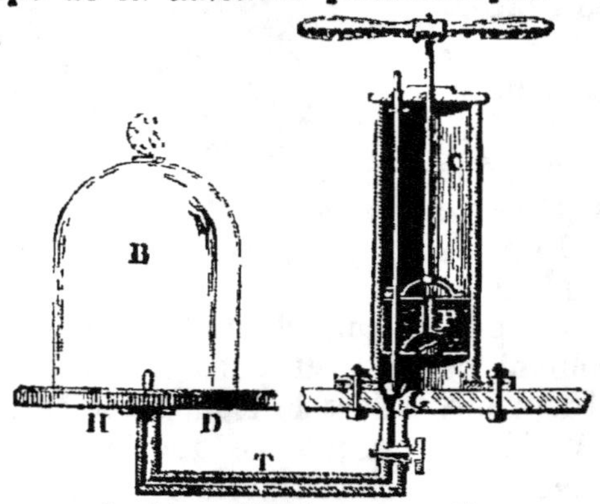

Fig. 71. — Machine pneumatique.

C, corps de pompe. — B, récipient. — T, tube de communication. — HD, platine sur laquelle repose la cloche. — P, piston avec sa soupape. — O, ouverture et soupape conique du corps de pompe.

pneumatique est une pompe aspirante qui a pour but d'extraire les gaz contenus dans un récipient.

Elle se compose essentiellement : 1° d'un corps de pompe C (fig. 71) dans lequel se meut un piston P, traversé par un canal muni d'une soupape ; 2° d'un récipient B communiquant avec le corps de pompe par un tube T fermé au moyen de la soupape O. Les deux soupapes s'ouvrent de bas en haut. Le jeu de l'appareil est analogue à celui de la pompe aspirante.

Quand le piston monte, il soulève la tige qui le traverse à frottement dur ; la soupape conique s'ouvre, et une partie de l'air du récipient passe dans le corps de pompe.

Quand le piston descend, il abaisse la tige et ferme ainsi la soupape ; l'air comprimé par le piston s'échappe par l'ouverture qui traverse le piston. Les mêmes phénomènes se reproduisent à chaque coup de piston.

113. Machine pneumatique ordinaire. — La *machine pneu-*

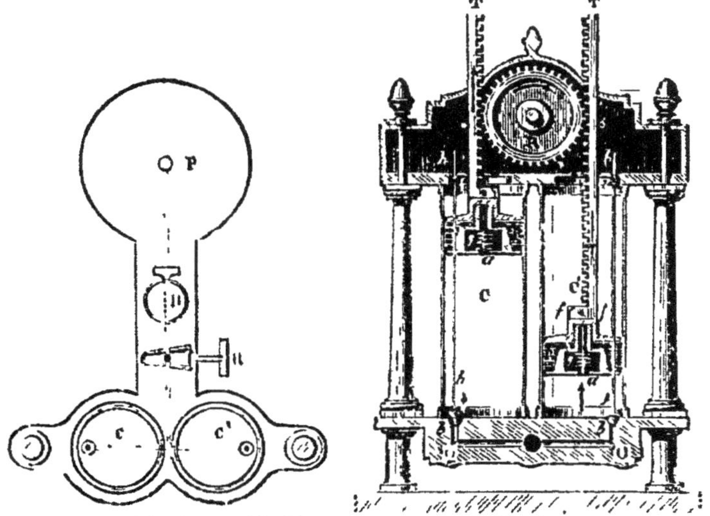

Fig. 72. — Machine pneumatique ordinaire.

1. Coupe verticale des corps de pompe et des pistons. — C, C' corps de pompe ; P, P, pistons ; *a, a*, soupapes du piston ; *b, b*, soupapes des corps de pompe avec leur tige *h, h* et leur taquet *i, i* ; R, roue dentée avec ses deux crémaillères T, T' ; O, O, canal de communication entre les corps de pompe et le récipient.
2. Plan de la machine ; — P, platine ; *c, c'*, corps de pompe ; PCC', tuyau de communication ; H, baromètre tronqué ; R, clef.

matique ordinaire est une machine à deux cylindres (fig. 72). Les deux pistons sont accouplés et mus au moyen de crémaillères T, T, de manière que l'un monte quand l'autre descend.

Cette disposition a pour but de détruire l'effet de la pression atmosphérique qui s'exerce sur la face supérieure des pistons.

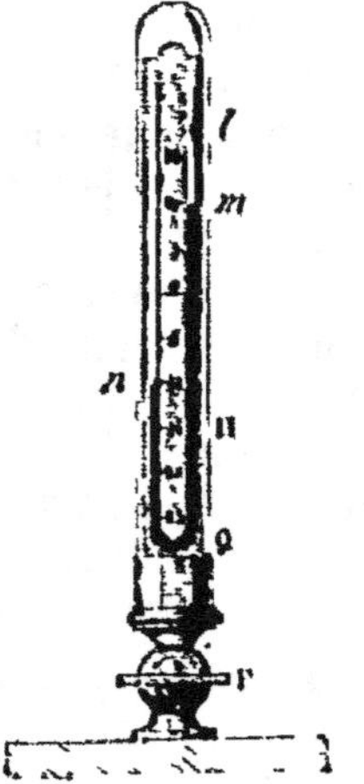
Fig. 73. — Baromètre tronqué.

Une clef permet d'intercepter la communication entre les corps de pompe et le récipient, ou de mettre celui-ci en communication avec l'extérieur. Un baromètre tronqué (fig. 73), en communication avec l'air du récipient, indique à chaque instant la pression intérieure. Ce baromètre est un simple tube en U, dont l'une des branches est fermée et l'autre ouverte. Le mercure remplit complètement la branche fermée, tandis qu'il ne s'élève qu'à une faible hauteur dans l'autre. Ce tube est fixé contre une planchette graduée, et renfermé dans une éprouvette qui communique avec le récipient. Le mercure ne commence à descendre dans la branche fermée que lorsque le vide est déjà fait en partie. La pression du gaz renfermé dans le récipient est alors donnée par la différence des niveaux du mercure dans les deux branches.

Remarque. — La machine pneumatique ne fait pas le vide absolu pour deux raisons : 1° parce que chaque coup de piston n'enlève qu'une fraction de l'air contenu dans le récipient ; 2° parce que les espaces (*espaces nuisibles*) dans lesquels le piston ne pénètre pas, recèlent toujours une certaine quantité d'air.

114. Machine de compression. — La *machine de compression* sert à comprimer les gaz dans les récipients. Elle ne diffère de la machine pneumatique que par le jeu des soupapes : au lieu de s'ouvrir de bas en haut, c'est-à-dire vers l'extérieur, les deux soupapes s'ouvrent de haut en bas, c'est-à-dire vers l'intérieur.

La machine de compression la plus employée est la *pompe à main*, qui se réduit à une simple pompe aspirante et foulante.

APPLICATIONS. — 1° On emploie pour travailler sous l'eau, notamment pour la fondation des piles de ponts, une grande cloche en tôle sous laquelle l'air est constamment renouvelé par une machine de compression.

Les ouvriers s'y introduisent par un vestibule, sans mettre l'air de la cloche en communication directe avec l'atmosphère. Dans ce vestibule, ou écluse fermée, ils sont soumis progressivement à la pression qui règne sous la cloche ; après quoi ils peuvent descendre impunément dans ce caisson et y travailler trois ou quatre heures de suite.

2• Le scaphandre est un appareil qui permet à l'homme de travailler sous l'eau. Il se compose essentiellement d'un casque vitré, hermétiquement fixé sur les épaules, et dans lequel on envoie de l'air au moyen d'un tube flexible qui le relie à une pompe de compression.

3° C'est l'air comprimé qui fait fonctionner les horloges pneumatiques et lance les·dépêches dans les tubes formant le réseau télégraphique intérieur de Paris. C'est encore lui qui, agissant sur les pistons des freins Westinghouse, employés aujourd'hui sur les lignes de chemin de fer, permet d'arrêter en quelques secondes un train marchant à grande vitesse.

115. Soufflet. — Le *soufflet* est un appareil qui sert à injecter un courant d'air dans un foyer pour activer la combustion. Il fonctionne comme une pompe foulante.

Au moyen de la corde MP (fig. 74), on met en mouvement le levier MN, mobile autour du point A. Ce mouvement fait alternativement monter et descendre la face inférieure du soufflet, laquelle porte une soupape S, qui s'ouvre de bas en haut, et fonctionne comme celle de la pompe foulante.

Une cloison portant également ment une soupape S', s'ouvrant

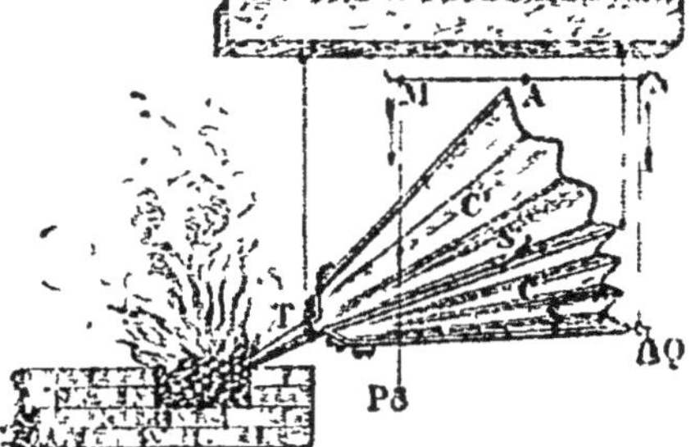
Fig. 74. — Soufflet.

dans le même sens, partage le soufflet en deux compartiments superposés C et C'. L'air du compartiment inférieur passe, par cette soupape, dans le compartiment supérieur, d'où il s'échappe par la tuyère T.

QUESTIONNAIRE. — A quoi sert la machine pneumatique ? Quels en sont les organes essentiels ? — Décrivez la machine pneumatique ordinaire. — Comment est constitué le baromètre tronqué ? — *Pourquoi la machine pneumatique ne peut-elle faire le vide absolu dans un récipient ? — Qu'appelle-t-on espace nuisible ? — En quoi la machine de compression diffère-t-elle de la machine pneumatique ? — Citez des applications de l'air comprimé. — A quoi sert le soufflet ? — Comment fonctionne-t-il ?*

EXERCICE. — 1. Dans une machine pneumatique, le récipient mesure 8 litres, le corps de pompe 2 litres ; la pression initiale est de 754 millim. Trouver la tension de l'air dans le récipient après deux coups de piston.

2. Le corps de pompe d'une machine pneumatique mesure 1 litre. Quel doit être le volume du récipient avec lequel on le fait communiquer, pour que, dès le premier coup de piston, la tension du gaz soit réduite à la moitié de sa valeur primitive ? Quelle sera alors la pression du gaz raréfié après trois coups de piston ?

3. Dans une machine pneumatique, les volumes du récipient et du corps de pompe sont respectivement égaux à 4 litres et à 1 litre. Trouver le volume qu'occuperait l'air qui reste dans le récipient après 2 coups de piston, si on le ramenait à la pression initiale.

TROISIÈME PARTIE

CHALEUR

CHAPITRE I

DILATATION DES CORPS

116. Action de la chaleur sur les corps. — La *chaleur* est la cause à laquelle nous rapportons nos sensations de chaud et de froid.

Les principaux effets de la chaleur sur les corps sont : 1° de les dilater ; 2° de les faire changer d'état.

117. — La chaleur est une forme de l'énergie. On suppose qu'elle se réduit à un mode de mouvement. Dans cette hypothèse, la chaleur consiste en un mouvement vibratoire très rapide dont seraient animées les molécules matérielles. Quand la vitesse des molécules augmente, le corps s'échauffe ; quand elle diminue, le corps se refroidit.

118. Dilatation des solides. — Sous l'action de la chaleur, les solides subissent plusieurs sortes de dilatations : la dilatation linéaire ou en longueur, et la dilatation cubique ou en volume.

119. Dilatation linéaire. — La *dilatation linéaire* peut être mise en évidence à l'aide du *pyromètre à cadran* (fig. 75).

Une tige métallique, fixée en A, vient buter en B contre une aiguille E, mobile sur un cadran. En s'échauffant, la tige s'allonge et déplace l'aiguille.

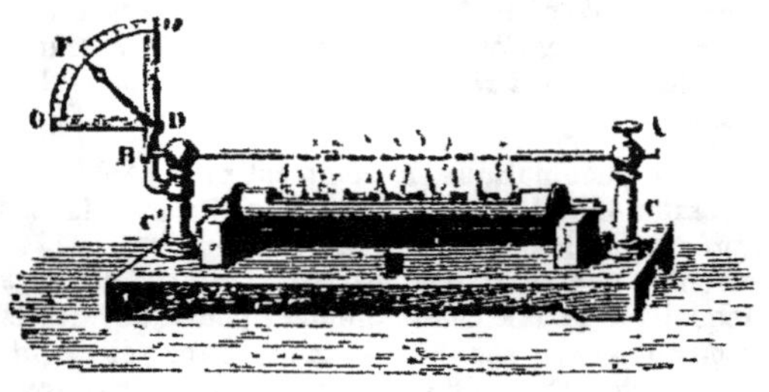

Fig. 75. — Pyromètre à cadran.

Quand la tige se refroidit, l'aiguille revient à sa position initiale.

Applications. — On fait chauffer les cercles des roues de voiture avant de les poser. Le cercle chauffé entoure exactement les jantes de la roue; lorsqu'il se refroidit, sa contraction serre les assemblages et les consolide.

Dans la construction des voies ferrées, on laisse un petit intervalle entre deux rails consécutifs, afin qu'ils puissent s'allonger librement quand la température augmente.

On ne soude pas les feuilles métalliques des toitures; on les maintient seulement en place par des clous spéciaux, passant dans des trous assez larges pour ne pas gêner la dilatation.

Le *pendule compensateur* est un système de tiges, de deux métaux différents, qui se dilatent en sens opposés; il a pour but de maintenir constante la longueur des balanciers des horloges.

En été, les fils télégraphiques sont moins tendus qu'en hiver.

120. Dilatation cubique. — La *dilatation cubique* est mise en évidence au moyen de l'anneau de S'Gravesande (fig. 76). Cet appareil se compose d'une boule de cuivre passant exactement, quand elle est froide, dans un anneau de même métal.

Si l'on chauffe la sphère seule, elle ne passe plus dans l'anneau; donc son volume a augmenté. En chauffant l'anneau seul, la sphère passe sans frottement; donc l'espace annulaire s'est accru.

Si on chauffe la sphère et l'anneau, les dimensions des parties en contact restent égales entre elles ; *donc les espaces vides des corps s'accroissent comme s'ils étaient pleins.*

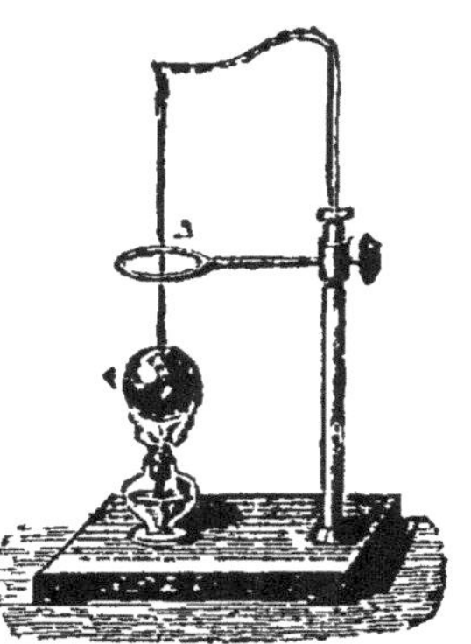

Fig. 76.
Anneau de S'Gravesande.

Applications. — Pour enlever un bouchon à l'émeri qui résiste aux efforts ordinaires, on chauffe avec précaution le col du flacon; l'ouverture se dilate seule, et l'on peut extraire le bouchon.

L'échauffement ou le refroidissement brusque des corps mauvais conducteurs produit une dilatation inégale, qui peut amener leur rupture. C'est pourquoi un verre épais casse quand on y verse de l'eau très chaude, tandis qu'un verre mince ne casse pas.

121. Dilatation des liquides. — *Les liquides se dilatent plus que les solides;* on le démontre de la manière suivante:

Un ballon B, complètement rempli d'eau colorée, est terminé par un long tube; le liquide s'élève dans le tube jusqu'à une certaine hauteur que l'on marque sur une petite feuille de papier collée à la paroi du tube. Si l'on plonge alors le ballon dans l'eau chaude (fig. 77), on voit le niveau de l'eau baisser immédiatement dans le tube. Ce phénomène est dû à ce que la paroi du ballon s'est d'abord échauffée seule; sa capacité ayant ainsi augmenté, le niveau du liquide dans le tube a dû nécessairement s'abaisser. Mais, à son tour, l'eau du ballon s'échauffe peu à peu, et, comme elle se dilate plus que le verre, le niveau remonte bientôt à sa position initiale, qu'il dépasse ensuite de plus en plus, à mesure que la température s'élève davantage.

Les thermomètres usuels reposent sur la dilatation des liquides.

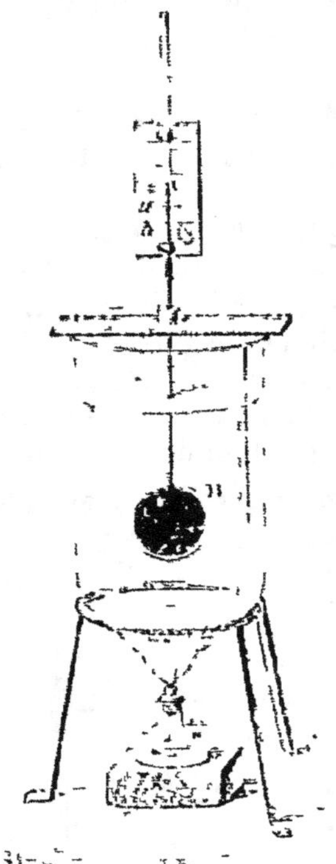

Fig. 77. — Dilatation des liquides.

122. Dilatation des gaz. — *Les gaz sont très dilatables.*

1° Si la pression ne change pas, c'est-à-dire si le gaz peut se dilater librement, son volume s'accroît rapidement avec la température; c'est ce que l'on met en évidence en chauffant dans un ballon une masse d'air séparée de l'atmosphère par un index de liquide coloré (fig. 78). Il suffit de chauffer le ballon simplement avec la main pour que l'index se déplace aussitôt.

2° Si le volume ne change pas, c'est-à-dire si on empêche le gaz de se dilater, sa tension augmente avec la température.

123. Variation de la densité suivant la température. — Un corps chauffé conserve le même poids tout en augmentant de volume; donc sa densité diminue.

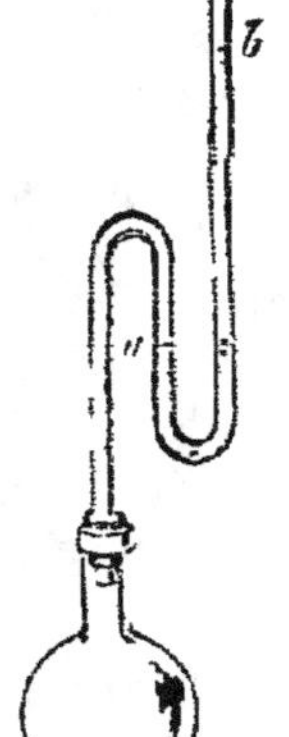

Fig. 78. Dilatation des gaz.

C'est pourquoi la fumée et l'air chaud s'élèvent dans l'atmosphère. Les vents sont produits par les mouvements des couches atmosphériques, causés par l'ascension de l'air chauffé au contact de la terre.

C'est l'ascension de l'air chaud qui produit le tirage des cheminées.

QUESTIONNAIRE. — Quels sont les principaux effets de la chaleur? — Combien de sortes de dilatation éprouvent les solides? — Comment montre-t-on qu'une tige métallique s'allonge quand on la chauffe? — Citez des applications de la dilatation linéaire. — Comment met-on en évidence la dilatation cubique? — Pourquoi un verre épais casse-t-il quand on y verse de l'eau bouillante? — Comment montre-t-on que la chaleur dilate les liquides? — Pourquoi le liquide baisse-t-il d'abord dans le tube au moment où on plonge le ballon dans l'eau chaude? — Comment démontre-t-on que les gaz se dilatent quand on les chauffe? — Sont-ils très dilatables? — Comment varie la densité d'un corps quand on le chauffe? — Pourquoi les cheminées tirent-elles plus énergiquement lorsqu'on y fait du feu?

CHAPITRE II

THERMOMÈTRES

124. Usage des thermomètres. — Les *thermomètres* sont des instruments qui servent à déterminer la température des corps.

La *température* d'un corps est cette qualité que nous exprimons en disant qu'il est plus chaud ou moins chaud qu'un autre corps.

Les changements de température d'un corps se mesurent par les variations qu'éprouve son volume sous l'influence de la chaleur.

Tant que le volume reste le même, la température est *stationnaire;* suivant que le volume augmente ou diminue, on dit que la température *s'élève* ou *s'abaisse.*

Le meilleur corps thermométrique est le mercure, car : 1° on peut l'obtenir très pur ; 2° il se met rapidement en équilibre de température avec les corps environnants ; 3° sa dilatation est assez régulière et relativement grande ; 4° toutes les températures usuelles sont comprises entre son point de solidification (— 40°) et son point d'ébullition (350°).

Pour les températures très basses, on se sert du thermomètre à alcool ; mais cet instrument ne peut servir au-dessus de 50°, à cause des vapeurs d'alcool qui se forment et qui pourraient briser le tube.

Les solides ont l'inconvénient d'être trop peu dilatables, et les gaz de l'être beaucoup trop.

Les *thermomètres à gaz* sont très sensibles ; mais, comme ils exigent une manipulation délicate, on ne les emploie que dans les recherches scientifiques qui exigent une très grande précision.

123. Construction du thermomètre à mercure. — *1° Préparation du tube.* — Il faut vérifier d'abord si le calibre est régulier, c'est-à-dire si la section intérieure du tube est la même dans toute la longueur. Pour cela on fait glisser un index de mercure tout le long du tube, et l'on examine si cet index conserve la même longueur. S'il diminue de longueur dans une certaine position, c'est qu'un renflement existe en cet endroit ; s'il s'allonge, c'est qu'il y a un étranglement. Dans l'un et l'autre cas, le tube doit être rejeté.

Quand on a trouvé un tube bien calibré, on soude à l'une de ses extrémités un réservoir, et à l'autre une ampoule terminée en pointe effilée. D'ailleurs on trouve dans le commerce des enveloppes thermométriques toutes préparées.

2° Remplissage du tube. — On chauffe le réservoir R ; une partie de l'air sort du tube ; on plonge alors la pointe dans le mercure (fig. 79), le refroidissement produit une contraction de l'air intérieur, et la pression atmosphérique

Fig. 79.
Remplissage d'un thermomètre à mercure.

fait monter du mercure dans l'ampoule. Il suffit alors de redresser le tube et de chauffer de nouveau le réservoir pour faire sortir une nouvelle quantité d'air qui est remplacé, après refroidissement, par quelques gouttes de mercure. On fait ensuite bouillir le mercure dans le tube ; les vapeurs chassent les dernières traces d'air, et leur condensation permet au mercure d'envahir toute la longueur du tube. On porte l'instrument à la température la plus haute qu'il doit marquer, on enlève alors l'ampoule, puis on ferme le tube à la lampe.

3° *Graduation*. — Pour graduer un thermomètre, on commence par déterminer le point zéro et le point 100.

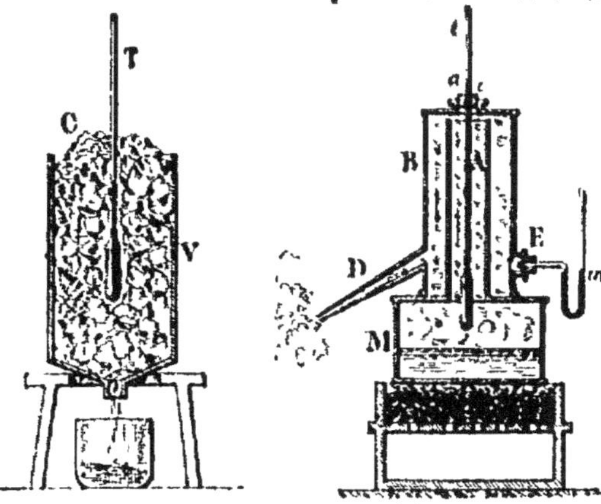

Fig. 80. — Détermination du zéro.   Fig. 81. — Détermination du point 100.

Le premier de ces points correspond à la température de la glace fondante, et l'autre à celle de la vapeur d'eau bouillante.

Pour obtenir le point zéro, on plonge le thermomètre dans un vase renfermant de la glace fondante (fig. 80), et ouvert à la partie inférieure, afin de laisser l'eau de fusion s'écouler librement. Quand le niveau du mercure cesse de descendre, on marque 0° au point où il s'est arrêté.

Pour déterminer le point 100, on met ensuite l'instrument dans une étuve à vapeur d'eau bouillante (fig. 81) ; le niveau du mercure monte, puis s'arrête ; on marque 100° si la pression atmosphérique est 760^{mm} ; dans le cas contraire, on ajoute ou on retranche 1° pour 27^{mm} de différence. Un petit manomètre à eau, en communication avec la vapeur au moyen de la tubulure E, permet de constater si la tension de cette vapeur reste égale à celle du milieu ambiant.

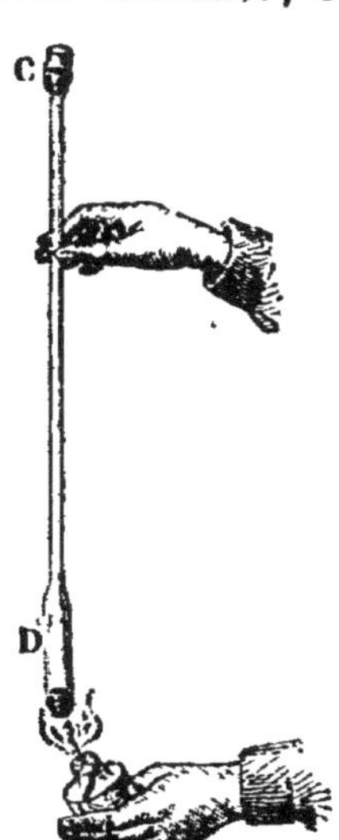

Fig. 82. — Remplissage d'un thermomètre à alcool.

On divise l'espace de 0° à 100° en cent parties égales, ce sont les *degrés* du thermomètre ; puis on prolonge l'échelle au delà des points extrêmes. Les degrés au-dessous de zéro sont affectés du signe — (moins).

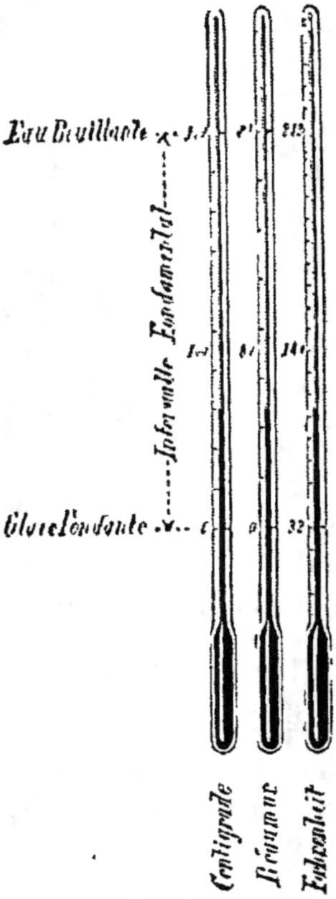

126. Construction du thermomètre à alcool. — On introduit de l'alcool dans l'entonnoir (fig. 82), puis on chauffe légèrement le réservoir. Quand l'air se refroidit, le liquide descend dans le tube sous l'action de la pression atmosphérique. On gradue par comparaison avec le thermomètre à mercure.

127. Échelles diverses (fig. 83). — Les principales graduations thermométriques en usage sont :

1° L'*échelle centigrade*, dont le 0° correspond à la température de la glace fondante, et le 100° à celle de la vapeur d'eau bouillante ;

2° L'*échelle Réaumur* : le 0° correspond aussi à la température de la glace fondante, le 80° à celle de l'eau bouillante ;

3° L'*échelle Fahrenheit*, dont le 32° degré correspond à la glace fondante, et le 212° à celle de l'eau bouillante ; cette échelle est surtout employée dans les pays de langue anglaise.

100° centigrades valent donc 80° Réaumur ou 180° Fahrenheit ; donc 1° centigrade vaut $\frac{4}{5}$ de degré Réaumur et $\frac{9}{5}$ de degré Fahrenheit.

Fig. 83.
Échelles thermométriques.

128. Remarque. — Pour qu'un thermomètre soit sensible, il faut que le réservoir soit grand et le tube très fin. Pour qu'il se mette rapidement en équilibre de température, il faut, au contraire, que le volume du réservoir soit petit. A ces deux points de vue, on construit divers thermomètres, les uns à indications précises, les autres à indications rapides, suivant les usages auxquels on les destine.

129. Thermomètre à maxima. — Le *thermomètre à maxima* indique la plus haute température à laquelle l'instrument a été porté. C'est un thermomètre à mercure, à tube recourbé horizontalement (fig. 83). L'index A est poussé vers la droite du tube à mesure que la température s'élève, il reste en place lorsqu'elle s'abaisse. Sa position indique donc la plus haute température qu'a marquée l'instrument.

180. Thermomètre à minima. — *Le thermomètre à minima* indique, au contraire, la plus basse température à laquelle il a été porté. C'est un thermomètre à alcool, à branche recourbée horizontalement (fig. 81). Quand la température diminue, l'index est entraîné par le liquide. Quand elle s'élève, l'index reste en place.

Lorsque les deux

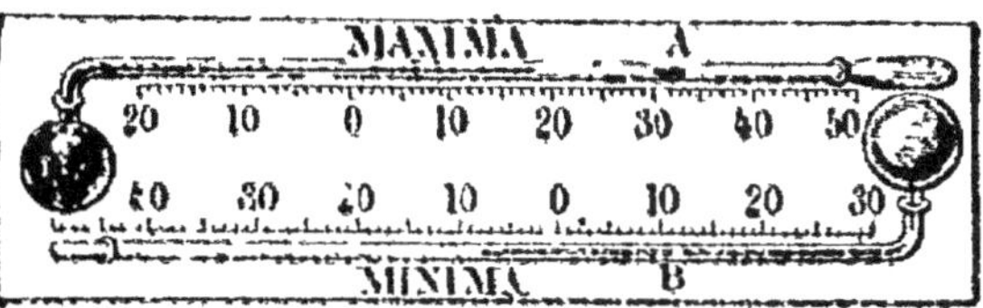

Fig. 81.

Thermomètre à maxima et à minima. — A, index en acier.
— B, index en émail, dans l'intérieur du liquide.

instruments sont fixés sur la même planchette, comme dans la figure ci-dessus, il suffit de soulever la droite de l'appareil pour ramener chaque index à l'extrémité de la colonne liquide correspondante, et mettre ainsi les thermomètres en état de servir.

QUESTIONNAIRE. — A quoi servent les thermomètres ? — Quel est le meilleur corps thermométrique, et pourquoi ? — Dans quel cas emploie-t-on l'alcool ? — Pourquoi n'emploie-t-on généralement pas les solides ou les gaz ? — Comment vérifie-t-on qu'une tige thermométrique est bien calibrée ? — Comment remplit-on de mercure une enveloppe thermométrique ? — Comment s'y prendrait-on pour la remplir d'alcool ? — Indiquez comment on détermine la graduation du thermomètre à mercure. — Comment désigne-t-on les degrés inférieurs à la température zéro ? — Quelles différences existe-t-il entre la graduation des thermomètres centigrade, Réaumur et Fahrenheit ? — *Que faut-il pour qu'un thermomètre soit sensible ? — Que faut-il pour qu'il donne rapidement la température cherchée ? — A quoi servent les thermomètres à maxima et minima ? Comment sont-ils construits ?*

EXERCICES. — 1. Les réservoirs de deux thermomètres à mercure ont la même capacité, les diamètres intérieurs de leur tige sont dans le rapport de 1 à 10. Trouver le rapport des longueurs d'un degré dans ces deux instruments.

2. Les réservoirs de deux thermomètres ont le même volume ; les longueurs que l'intervalle fondamental occupe sur leur tige sont dans le rapport de 1 à 2. Trouver le rapport des sections et des rayons intérieurs de ces deux tiges.

3. A combien de degrés centigrades correspondent 45, 50, 25, 8 degrés Réaumur ?

4. Convertir 45, 60, 40, 23 degrés Réaumur en degrés Fahrenheit.

5. Un thermomètre de Fahrenheit est plongé dans un bain, à côté d'un thermomètre centigrade. Quelles indications donnera-t-il quand le thermomètre centigrade marquera 50°, 75°, 10° ?

CHAPITRE III

COEFFICIENTS DE DILATATION

131. Définitions. — On appelle *coefficient de dilatation linéaire* d'un corps l'allongement que subit l'unité de longueur de ce corps, pour une élévation de température de 1 degré.

Le *coefficient de dilatation cubique* est l'augmentation que subit l'unité de volume dans les mêmes conditions.

Les coefficients de dilatation varient d'un corps à un autre; mais pour un même corps, le coefficient de dilatation cubique est toujours sensiblement le triple du coefficient de dilatation linéaire.

Pour les liquides et les gaz, on ne considère évidemment que le coefficient de dilatation cubique.

132. Coefficients de dilatation linéaire des solides. — *Méthode de Lavoisier et Laplace.* On prend une barre AB (fig. 85) de la

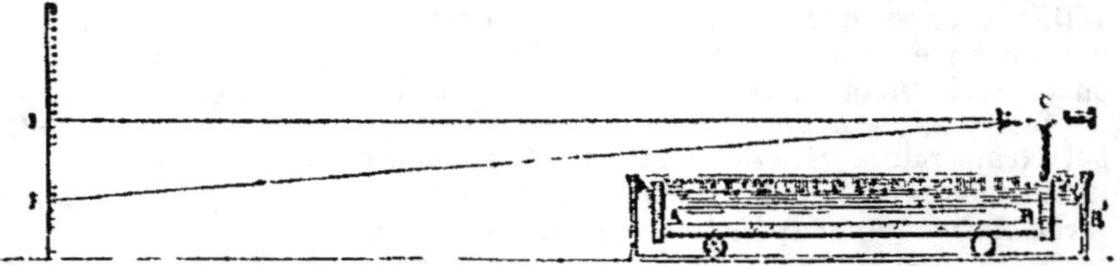

Fig. 85. — Principe de la méthode Lavoisier et Laplace.

substance dont on cherche le coefficient de dilatation ; et on la place sur des rouleaux, au fond d'une cuve dans laquelle on met de la glace fondante. L'extrémité A vient buter contre un arrêt, tandis que l'extrémité B s'appuie contre un levier BO dont le mouvement se transmet à une lunette mobile autour du point O.

Quand la barre a pris la température de la glace fondante, c'est-à-dire qu'elle est à 0°, on vise, avec la lunette, une mire éloignée, et on note la division correspondante E.

On remplace ensuite la glace par de l'eau ou de l'huile, que l'on porte à une température déterminée *t;* l'extrémité B vient alors en B', par exemple, la lunette s'incline et prend la direction OE'. On note la division E', et on mesure EE'.

L'allongement BB' est à la longueur du levier BO, comme la longueur EE' est à la distance OE. Or BO et OE peuvent se mesurer; une simple proportion donnera donc BB'.

Si la longueur de la barre à 0° est L et si la deuxième expérience a été faite à la température *t*, le coefficient de dilatation linéaire sera :

$$d = \frac{BB'}{L \times t}.$$

La cuve est disposée entre quatre piliers en maçonnerie (fig. 86) qui assurent la fixité des différentes pièces. Le jeu de l'appareil rappelle

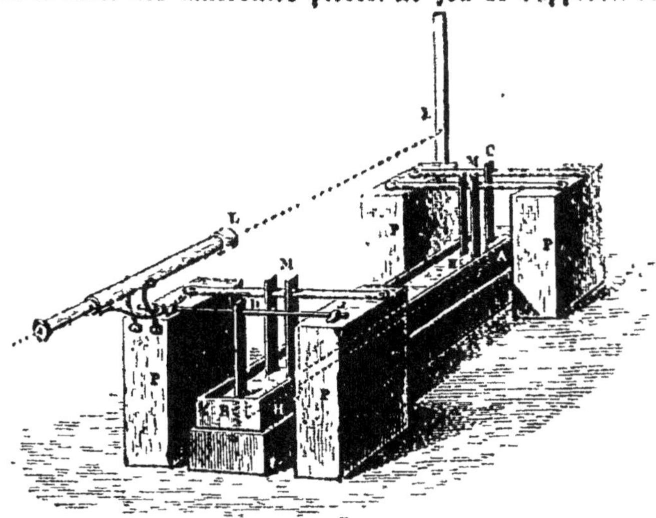

Fig. 86 — Dilatation linéaire des solides (Lavoisier et Laplace).
AB, tige métallique. — D, bras du levier coudé. — xy, son axe. — L, lunette. — E, mire divisée. — P, dés en pierre.

celui du pyromètre à cadran (n° 119); mais l'aiguille est ici remplacée par la direction de la lunette.

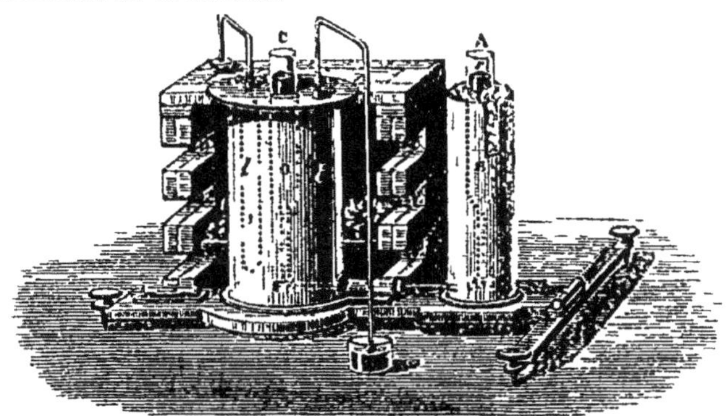

Fig. 87. — Dilatation absolue de mercure (Dulong et Petit).
CD, AB, tubes communiquants. — FE, tube capillaire. — t, thermomètre à poids.

Les coefficients de dilatation linéaire sont toujours très petits; celui du verre, par exemple, est 0,0000086; celui du zinc, 0,000029.

133. Coefficients de dilatation des liquides — 1° *Méthode de Dulong et Petit*. L'appareil de Dulong et Petit, pour déterminer le coefficient de dilatation du *mercure*, se compose de deux tubes communicants A et C (fig. 87) maintenus à des températures différentes, mais connues. La température des deux branches étant différente, le mercure n'a pas la même densité dans l'une et dans l'autre (n° 123); par conséquent, les deux niveaux ne sont pas dans le même plan horizontal. C'est de cette différence de niveau que l'on déduit le coefficient de dilatation du mercure.

2° Pour déterminer le coefficient de dilatation des autres liquides, on est obligé d'avoir recours à des procédés indirects; car on ne peut les chauffer sans dilater l'enveloppe qui les renferme. Dans la méthode précédente, il n'y a pas à tenir compte de la dilatation des enveloppes; car, dans les vases communiquants, la hauteur des liquides est indépendante de la forme et de la dimension des vases (n° 65).

Le coefficient de dilatation cubique du mercure est 0,000179; celui de l'alcool, 0,001049; celui de l'éther, 0,001515.

134. Coefficients de dilatation des gaz. — *Méthode de Gay-Lussac.* Le gaz est introduit dans un petit ballon muni d'un long tube et séparé de l'atmosphère par un index de mercure. Le ballon est introduit dans une cuve (fig. 88) et amené à la température zéro au moyen de glace fondante; l'index de mercure s'arrête dans une position que l'on note. On remplace ensuite la glace par de l'eau ou de l'huile que l'on porte à une température connue; la dilatation de la masse gazeuse est alors mesurée par le déplacement de l'index. Connaissant cette dilatation, le volume du gaz à 0°, et la température à laquelle il a été porté, on en déduit le coefficient de dilatation.

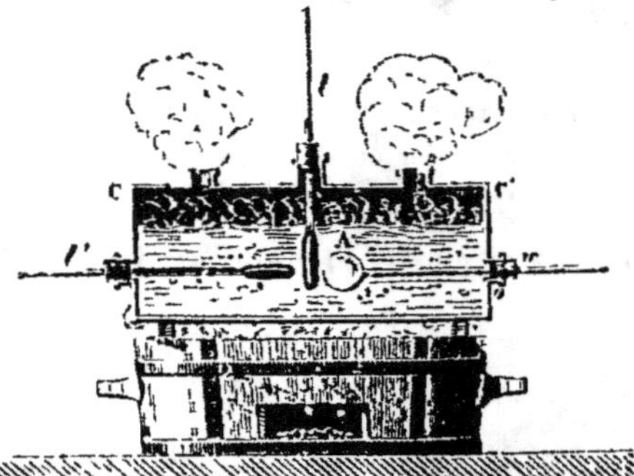
Fig. 88. — Dilatation des gaz (Gay-Lussac).
A m, ballon contenant l'air. — *m*, index mercuriel. — *t*, *t'*, thermomètres donnant la température du bain CC'.

Il faut tenir compte ici de la dilatation de l'enveloppe et faire une correction relative à la pression, si la hauteur barométrique a varié entre les deux observations.

Le coefficient de dilatation de l'air est 0,003670; celui de l'hydrogène, 0,003666; celui du gaz carbonique, 0,003710.

135. Formules de dilatation. — *Dilatation linéaire.* Prenons une règle de 1 mètre de longueur à la température zéro, soit d son coefficient de dilatation linéaire; si nous la portons à la température t, son accroissement de longueur sera dt, et si, au lieu d'un mètre, la règle avait une longueur de l mètres, son accroissement serait ldt (n° 131).

La nouvelle longueur L de cette règle est égale à sa longueur primitive l, augmentée de l'accroissement ldt, et l'on aura :

$$L = l + ldt$$

ou
$$L = l(1 + dt) \qquad (1).$$

Pour une autre température t', on aurait de même :

$$L = l(1 + dt') \qquad (2)$$

En divisant membre à membre les égalités (1) et (2), on trouve une troisième formule :

$$\frac{L}{L'} = \frac{1 + dt}{1 + dt'}$$

d'où
$$L = L' \frac{1 + dt}{1 + dt'} \qquad (3).$$

136. Dilatation cubique. — En désignant par v le volume d'un corps à la température zéro, par K son coefficient de dilatation cubique, et par t ou t' la température à laquelle on le porte, un raisonnement identique au précédent donne les trois formules :

$$V = v(1 + Kt)$$
$$V' = v(1 + Kt')$$
$$V = V' \frac{1 + Kt}{1 + Kt'}.$$

Remarque. — Dans le cas des liquides et des gaz, il faut tenir compte de la dilatation des enveloppes qui les contiennent; et, pour les gaz, il faut, en outre, tenir compte de la pression à laquelle ils sont soumis.

QUESTIONNAIRE. — *Qu'appelle-t-on coefficient de dilatation linéaire? cubique? — Indiquez sommairement le procédé de Lavoisier et Laplace pour la détermination des coefficients de dilatation linéaire. — En quoi consiste la méthode de Dulong et Petit pour la détermination du coefficient de dilatation des liquides? — Pourquoi dans cette méthode ne tient-on pas compte de la dilatation des enveloppes? — Comment Gay-Lussac a-t-il déterminé le coefficient de dilatation des gaz? Indiquez et expliquez les formules relatives aux dilatations linéaire et cubique.*

EXERCICES. — 1. Quel accroissement de longueur prennent 100 kilom. de rails en acier, en passant de 0° à 25? (Coefficient de la dilatation de l'acier = 0,0000115.)

2. Une tige de cuivre mesure 3 mètres à la température de 0° et 3^m,0052 à 100° Trouver le cofficient de dilatation de ce métal.

3. Quel accroissement de longueur prend, en passant de 100° à 200°, une tige de fer qui, à 0°, mesure deux mètres ? (Coefficient du métal = 0,0000122.)

4. Ramener à 0° la hauteur d'un baromètre qui est 762 millim. à 25°. (Coefficient de dilatation du mercure $= \frac{1}{5.550}$.)

5. Un ballon de verre gradué à 0° porte deux traits de repère correspondant aux volumes 50 et 100 cent. cubes. Trouver le volume vrai qu'indiquent ces traits à 100°. (Coefficient de dilatation cubique du verre = 0,000025.)

CHAPITRE IV

PROPAGATION DE LA CHALEUR

137. Mode de propagation de la chaleur. — Quand la chaleur se propage de proche en proche à travers les corps, on dit qu'elle se transmet par *conductibilité*. Au contraire, si elle se propage à distance, d'un corps à un autre, sans échauffer les milieux intermédiaires, on dit qu'elle se transmet par *rayonnement*.

138. Corps conducteurs. — On appelle corps *bons conducteurs* de la chaleur les substances qui se laissent facilement traverser par la chaleur. *Ex.:* le fer, le cuivre, et en général tous les métaux.

Les corps *mauvais conducteurs* se laissent difficilement traverser par la chaleur. *Ex.:* le charbon, la mousse, les cendres, le bois, le verre.

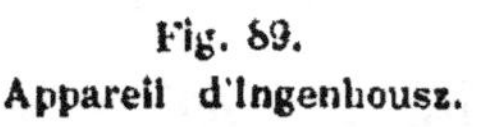

Fig. 89.
Appareil d'Ingenhousz.

On met en évidence la différence de conductibilité des corps, au moyen de l'*appareil d'Ingenhousz* (fig. 89). C'est une caisse métallique dans laquelle pénètrent des tiges de différentes substances enduites de cire. La caisse étant remplie d'eau bouillante, les tiges s'échauffent par conductibilité, et la cire fond sur une longueur d'autant plus grande que la substance est plus conductrice.

139. Conductibilité des liquides et des gaz. — Les liquides conduisent peu la chaleur. On peut brûler de l'alcool sur de l'eau sans que celle-ci s'échauffe; on peut aussi porter à l'ébullition de l'eau contenue à la partie supérieure d'un tube, sans faire fondre un morceau de glace maintenu au fond du tube (fig. 90).

Fig. 90. — Ébullition de l'eau au-dessus de la glace.

Les gaz sont encore plus mauvais conducteurs que les

liquides. Aussi les corps qui renferment de l'air immobilisé, comme les tissus, la paille, conduisent-ils mal la chaleur.

140. Applications. — La braise mal éteinte se conserve sous la cendre, car celle-ci conduit mal la chaleur. Le charbon de bois chauffé à l'une de ses extrémités s'allume, tandis que l'autre extrémité ne s'échauffe même pas.

On peut faire bouillir de l'eau dans une boîte en papier mince, sans brûler le papier, qui cède la chaleur à l'eau. On peut même faire fondre de l'étain dans les mêmes conditions, sans que le papier soit carbonisé (fig. 91).

Fig. 91. — Fusion de l'étain sur une feuille de papier.

Les laines, les tissus, le duvet, la ouate, protègent contre

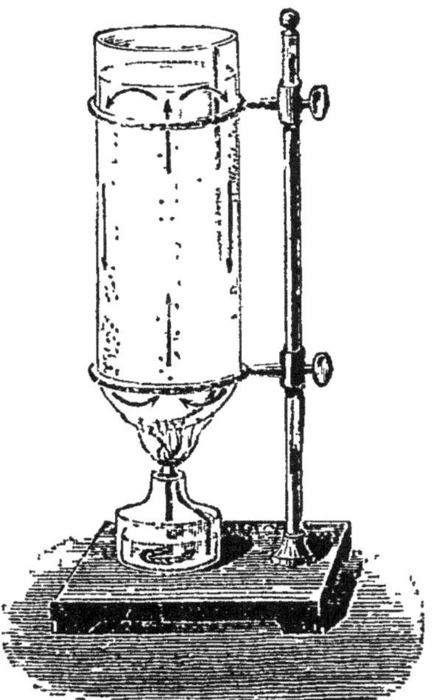

Fig. 92.
Mouvement dans un liquide chauffé.

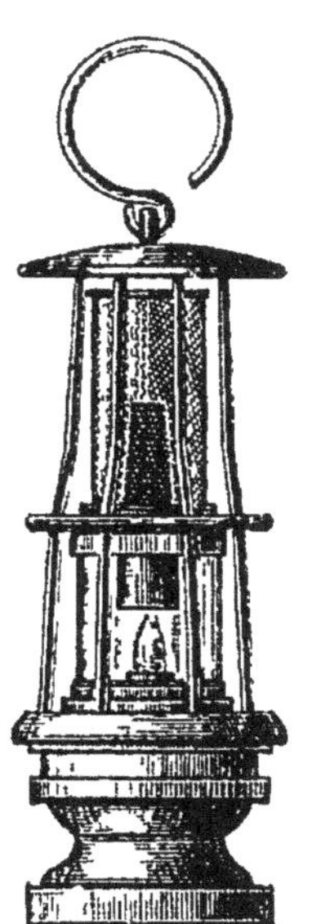

Fig. 93.
Lampe de mineur.

le froid, parce qu'ils renferment et immobilisent beaucoup d'air; ils conservent ainsi la chaleur du corps.

Les oiseaux résistent à l'action du froid, grâce à leur plumage épais. Les aliments se conservent chauds si l'on enveloppe dans une étoffe de laine le vase qui les contient. Les maisons en briques creuses, les doubles portes, les doubles fenêtres et les doubles cloisons protègent contre le froid. La glace se conserve sous un lit de paille, dans des glacières en briques.

Les liquides ne s'échauffent qu'à la faveur des courants qui s'y produisent sous l'action de la chaleur. Quand un vase plein d'eau est placé sur un foyer, les couches inférieures deviennent plus légères en s'échauffant, et montent à la surface, pendant que les couches froides descendent au fond du vase (fig. 92). Une cause analogue produit les courants marins.

Une toile métallique posée sur une flamme en éteint la partie supérieure, parce qu'elle refroidit les gaz qui la traversent.

La *lampe de Davy* (fig. 93), employée par les mineurs, est une application de cette propriété des toiles métalliques de ne pouvoir être traversées par une flamme.

141. Rayonnement. — Les corps chauds envoient de la chaleur dans toutes les directions. Cette chaleur, appelée *chaleur rayonnante*, se propage en ligne droite.

On appelle *diathermanes* les corps qui se laissent traverser aisément par la chaleur. *Ex. :* le sel gemme, les gaz, l'air (ces derniers, pour la chaleur lumineuse seulement).

Les corps *athermanes* sont ceux qui ne se laissent pas facilement traverser par la chaleur. *Ex. :* le bois, la pierre, l'alun solide ou en dissolution.

Certains corps, tels que le verre, laissent passer la chaleur lumineuse, mais non la chaleur obscure; ils sont donc diathermanes pour la chaleur lumineuse, et athermanes pour la chaleur obscure. Cette propriété est utilisée dans les cloches en verre des jardiniers, dans les serres couvertes en verre.

Remarque. — Le froid ne rayonne pas; mais deux corps placés l'un à côté de l'autre rayonnent de la chaleur; le plus chaud en rayonne davantage et se refroidit, le moins chaud en reçoit plus qu'il n'en rayonne, et s'échauffe.

142. Pouvoir rayonnant ou émissif. — Le *pouvoir émissif* d'un corps est la propriété qu'il a de rayonner de la chaleur autour de lui. Le pouvoir émissif dépend de la nature du corps, de sa couleur, etc. Une couleur noire ou foncée, une surface rugueuse, favorisent le pouvoir émissif. Les métaux polis ont un pouvoir émissif faible; c'est pourquoi les substances contenues dans des vases en métal poli conservent plus longtemps leur chaleur que celles qui sont dans des vases en terre.

Le *noir de fumée* et le *blanc de céruse* sont les substances qui possèdent le plus grand pouvoir émissif.

143. Pouvoir absorbant. — On appelle *pouvoir absorbant* la propriété qu'ont les corps de se laisser pénétrer par la chaleur rayonnante. Le pouvoir émissif d'un corps est égal à son pouvoir absorbant. Les corps rugueux et de couleur foncée ont un grand pouvoir absorbant.

144. Pouvoir réflecteur. — Le *pouvoir réflecteur* est la propriété qu'ont les corps, de *réfléchir* ou *renvoyer* les rayons calorifiques qui rencontrent leur surface. Les corps blancs ou à surface polie sont ceux qui ont le plus grand pouvoir réflecteur.

Les miroirs ardents (fig. 94) sont des miroirs concaves jouissant

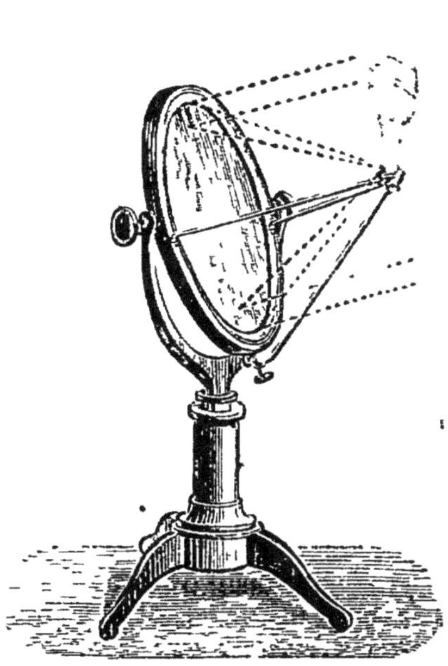

Fig. 94. — Miroir ardent.

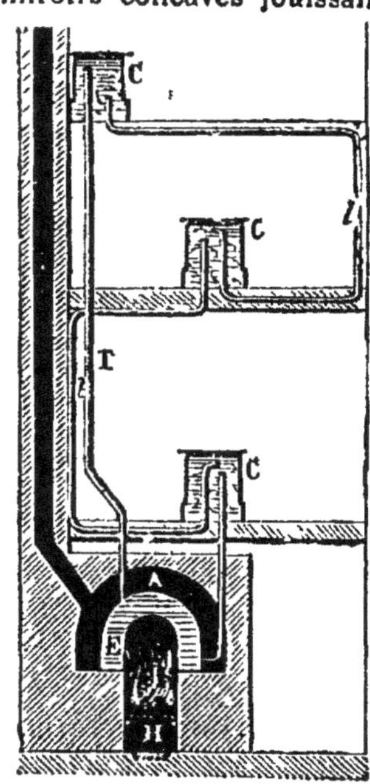

Fig. 95.
Calorifère à eau chaude.

de la propriété de réfléchir la chaleur du soleil et de la concentrer en un point qui est dit le *foyer* du miroir. A l'aide d'un miroir ardent exposé au soleil, on peut enflammer un corps combustible placé au foyer.

145. Appareils de chauffage. — *Cheminées.* — Une bonne cheminée doit avoir une *section assez grande* pour l'écoulement complet des produits gazeux et de la fumée du foyer, mais pas trop grande à cause des courants descendants qui pourraient ramener une partie de la fumée dans les appartements ; une *élévation suffisante* pour activer le tirage ; des *prises d'air* pour alimenter le foyer.

Le mouvement ascendant se produit par l'air chaud, qui a une densité moindre que l'air extérieur. — Le tirage dépend de la *température du foyer*, de la *hauteur de la cheminée* et de *l'état de l'atmosphère*.

Poêles ordinaires. — Les poêles sont des foyers entourés d'un corps plus ou moins conducteur, qui échauffe par rayonnement l'air et les corps environnants. Ils exigent un bon tirage, une bonne cheminée et des prises d'air suffisantes au-dessous du foyer. Ce système de chauffage est plus économique, mais moins hygiénique que le précédent

Calorifères à air chaud. — Les calorifères à air chaud comprennent un foyer central échauffant une grande quantité d'air, qui est conduit par des tuyaux distributeurs dans tous les appartements, où il pénètre par des *bouches de chaleur;* l'air chaud doit être humide. Des *prises d'air* ou *bouches de départ,* s'ouvrant à l'extérieur, assurent le renouvellement de l'air des appartements.

Calorifères à eau chaude. — Ces calorifères se composent d'un foyer contenant un bouilleur plein d'eau (fig. 95); un système de tubes emmène l'eau chaude, qui monte à cause de sa densité plus faible; cette eau traverse des enveloppes métalliques placées dans les appartements; refroidie, elle descend dans le bouilleur par un autre tube. Ces calorifères donnent une température constante, douce; on les utilise dans les serres.

QUESTIONNAIRE. — Comment se propage la chaleur? — Qu'appelle-t-on corps bons conducteurs et corps mauvais conducteurs de la chaleur? Donnez-en des exemples et des applications. — Quelle propriété présentent les toiles métalliques? — *Qu'appelle-t-on corps diathermanes et corps athermanes ? Citez-en des exemples. — Pourquoi les serres sont-elles vitrées? — Définissez le pouvoir émissif, le pouvoir absorbant et le pouvoir réflecteur. — Quels sont les principaux appareils de chauffage, et comment fonctionnent-ils ?*

CHAPITRE V

FUSION — SOLIDIFICATION — DISSOLUTION

I. — Fusion.

146. Définition. — La *fusion* est le passage d'un corps de l'état solide à l'état liquide sous l'action de la chaleur.

Presque tous les corps sont fusibles ; ceux qui résistent aux plus hautes températures sont dits *réfractaires* (chaux, plombagine, etc.).

Les plus puissants foyers calorifiques que nous possédions sont le chalumeau à gaz oxyhydrique, et l'arc voltaïque.

Certains corps, comme la chair, le bois, ne fondent pas, mais se décomposent sous l'action de la chaleur.

147. Lois de la fusion. — 1re Loi. — *Un même corps entre toujours en fusion à la même température.*

2e Loi. — *La température d'un corps reste la même pendant toute la durée de sa fusion.*

La température à laquelle se produit la fusion d'un corps s'appelle le *point de fusion* de ce corps.

La constance de la température pendant la fusion de la glace est mise à profit pour la détermination du zéro, dans la graduation des thermomètres centigrade et Réaumur.

La première loi suppose que le corps est soumis à une pression constante. Le point de fusion varie, en effet, sous l'influence des variations de pression. En général, les corps se dilatent en fondant. Alors la pression fait obstacle à la fusion, et à mesure que la pression augmente, le point de fusion s'élève.

Certains corps, tels que la glace, font exception à cette règle; ils se contractent en fondant. Alors la pression favorise la fusion; et quand la pression augmente, le point de fusion s'abaisse.

D'après la seconde loi, un corps ne peut fondre sans absorber une certaine quantité de chaleur; mais cette chaleur employée à la fusion d'un corps n'élève pas la température; elle perd sa qualité de chaleur et devient, pour ainsi dire, *latente*.

148. Regel. — Quand on presse fortement l'un contre l'autre deux morceaux de glace, ils se soudent l'un à l'autre; c'est ce phénomène qui porte le nom de *regel*.

Sous l'influence de la pression, il se produit, aux points de contact, un commencement de fusion; mais dès que la pression cesse, l'eau de fusion se solidifie de nouveau, et les deux morceaux de glace n'en forment plus qu'un.

Quand on comprime fortement de la glace pilée, dans un moule formé de deux calottes sphériques, on en retire une lentille de glace homogène, transparente. Il y a donc eu fusion, puis solidification.

Les glaciers sont produits par l'agglomération des neiges. Comprimée sous son propre poids, cette neige fond en partie, puis elle se solidifie en une masse compacte. C'est par le phénomène du regel qu'on explique la marche des glaciers.

II. — Solidification.

149. Définition. — On nomme solidification le phénomène inverse de la fusion, c'est-à-dire le passage d'un corps de l'état liquide à l'état solide.

1re Loi. — *Un corps se solidifie toujours à la même température, et le point de solidification est le même que le point de fusion.*

2e Loi. — *La température d'un corps reste la même pendant toute la durée de la solidification.*

La première loi n'est vraie que si le corps est pur. L'eau de mer, qui contient des matières étrangères, ne se solidifie qu'au-dessous de 0°.

Comme on ne peut fondre un corps qu'en le chauffant, ou mieux en lui fournissant de la chaleur, de même on solidifie un corps en le refroidissant, c'est-à-dire en lui retirant de la chaleur. Le corps restitue pendant sa solidification la chaleur qu'il avait absorbée pendant sa fusion. La seconde loi de la solidification signifie que cette chaleur qui se dégage doit être enlevée, pour ainsi dire, au fur et à mesure par l'effet du réfrigérant; la température ne pouvant pas s'abaisser tant qu'une partie du corps n'est pas solidifiée.

Changements de volume qui accompagnent le changement d'état. — Les corps en se solidifiant diminuent de volume; par conséquent, leur densité augmente. Cependant quelques-uns, l'eau par exemple, augmentent de volume par la solidification. La glace a une densité de 0,92; c'est pourquoi elle flotte sur l'eau.

L'accroissement de volume qu'éprouve l'eau en se congelant peut produire des effets mécaniques d'une puissance extraordinaire. Si on expose à la gelée un vase à col étroit complètement rempli d'eau, la partie supérieure gèle d'abord, forme bouchon, et la solidification du reste de la masse produit une expansion qui détermine inévitablement la rupture du vase. Cette dilatation de l'eau par la gelée peut causer la pulvérisation de pierres dites *gélives*, et le déchirement des vaisseaux des plantes, des conduites d'eau.

180. Maximum de densité de l'eau. — L'eau, à 4° au-dessus de zéro, est à son maximum de densité, c'est-à-dire à son minimum de volume. Quand l'eau se refroidit jusqu'à 4°, son volume diminue; si elle continue à se refroidir au-dessous de 4°, son volume augmente.

L'appareil de Hope (fig. 96), qui permet de constater ce fait, se compose d'une éprouvette entourée à sa partie moyenne d'un manchon M, et munie de deux thermomètres t et t' dont la tige traverse la paroi, l'un à la partie supérieure de l'éprouvette, l'autre à sa partie inférieure.

L'éprouvette étant pleine d'eau à la température ordinaire, on remplit le manchon d'un mélange de glace et de sel marin. On voit alors le thermomètre inférieur baisser rapidement, tandis que l'autre reste stationnaire; c'est donc que l'eau devient plus dense en se refroidissant, puisqu'elle tombe au fond.

Quand le thermomètre inférieur est arrivé à 4°, il reste à cette température; le thermomètre supérieur commence à descendre et marque successivement 4°, 3°, 2°, 1° et enfin zéro. Les couches liquides étant placées par ordre de densité (n° 76), c'est donc à 4° que l'eau atteint son maximum de densité.

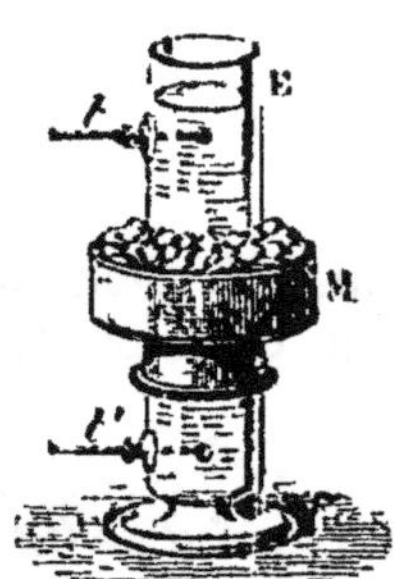

Fig. 96.
Maximum de densité
de l'eau.

C'est pour cette raison que l'eau du fond des lacs et des rivières n'est jamais à une température inférieure à 4°, ce qui permet aux poissons de se soustraire aux froids rigoureux de l'hiver. C'est encore ce qui explique pourquoi les couches supérieures de l'eau d'une carafe se congèlent toujours les premières, même quand on refroidit la carafe par le fond.

III. — Dissolution.

151. Définition. — On appelle *dissolution* la fusion d'un corps solide sous l'influence d'un liquide auquel il se mélange.

Ainsi un morceau de sucre se *dissout* dans l'eau. Le résultat est une *dissolution*. On dit que le sucre est *soluble* dans l'eau, ou que l'eau est un *dissolvant* du sucre.

L'eau est le dissolvant ordinaire ; mais certains corps, tels que le fer, la craie, ne se dissolvent pas dans l'eau. Les graisses, insolubles dans l'eau, sont solubles dans l'ammoniaque et dans la benzine. Le soufre se dissout dans le sulfure de carbone.

Les corps ne se dissolvent pas également à toute température ; en général, la chaleur favorise la dissolution. Aussi l'eau à 100° dissout 10 fois plus de salpêtre qu'à 20°.

152. Saturation. — Lorsqu'un liquide contient tout ce qu'il peut dissoudre d'un corps, on dit qu'il est *saturé* de ce corps.

Saturé d'un premier corps, le liquide reste néanmoins capable d'en dissoudre un second.

153. Mélanges réfrigérants. — En général, les dissolutions absorbent de la chaleur et refroidissent les corps environnants ; elles prennent le nom de *mélanges réfrigérants* quand ce refroidissement est considérable.

Ainsi l'azotate d'ammoniaque mélangé avec un poids égal d'eau froide abaisse la température de 26° ; huit parties d'acide chlorhydrique et cinq de sulfate de soude produisent un abaissement de température de 27° ; une partie de sel marin et deux de neige ou de glace pilée donnent une température de — 20° ; un mélange d'éther et de gaz carbonique solide l'abaisse à — 110°.

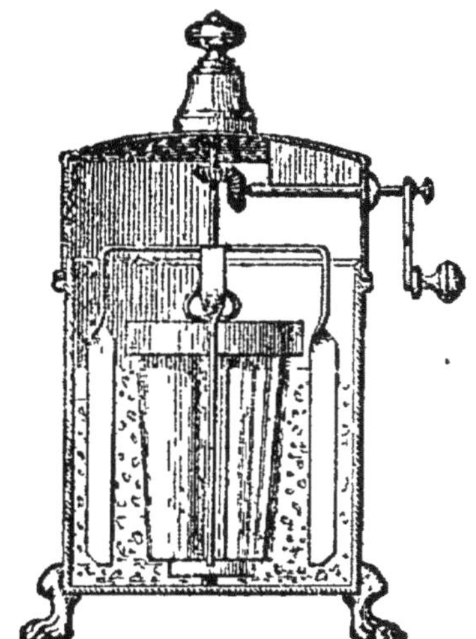

Fig. 97. — Glacière.

154. Glacière des familles. — La *glacière des familles* (fig. 97) se compose de deux vases concentriques ; on met dans le vase intérieur l'eau ou le liquide à congeler; dans le vase extérieur, un mélange de 3 parties de sulfate de soude et de 2 parties d'acide chlorhydrique. Il suffit alors d'agiter le mélange réfrigérant, à l'aide d'une manivelle, pour déterminer la congélation du liquide contenu dans le vase central.

155. Dissolution des gaz et des liquides. — 1° On donne encore le nom de dissolution à l'absorption d'un gaz par un liquide. Ainsi, l'eau de Seltz artificielle est une dissolution de gaz carbonique dans l'eau.

La quantité de gaz qu'un liquide peut dissoudre varie en sens inverse de la température. Ainsi, sous la pression ordinaire, l'eau à 15 degrés centigrades dissout un peu moins de 800 fois son volume de gaz ammoniac, tandis qu'elle en dissout plus de 1 000 fois son volume à 0°. Il suffit de chauffer une dissolution gazeuse pour chasser tout le gaz qu'elle renferme.

A une même température, la quantité de gaz qui se dissout augmente avec la pression.

2° Le mélange de deux liquides prend aussi quelquefois le nom de dissolution. Ainsi, on dit que le sulfure de carbone est insoluble dans l'eau, mais soluble dans l'éther; que l'essence de térébenthine dissout les huiles.

156. Cristallisation. — La *cristallisation* est le passage à l'état solide d'un corps dissous ou fondu, lorsqu'il prend une forme géométrique régulière (Chimie, n° 16).

QUESTIONNAIRE. — Qu'est-ce que la fusion ? — Qu'appelle-t-on corps réfractaires ? — Énoncez les lois de la fusion. — *A quoi est dû le phénomène du regel ?*

Qu'est-ce que la solidification ? Quelles en sont les lois ? — Pourquoi la congélation de l'eau brise-t-elle les vases ? — Qu'entend-on en disant que l'eau est à son maximum de densité ? A quelle température atteint-elle ce maximum ? *Comment le vérifie-t-on ? — Quelle est en hiver la température du fond des lacs ? et donnez-en la raison.*

Qu'appelle-t-on dissolution ? — La température a-t-elle quelque influence sur la dissolution ? — *Quand un liquide est-il saturé d'un corps ? — Qu'est-ce qu'un mélange réfrigérant ? — Exemples. — Les gaz sont-ils solubles dans les liquides ? — Quelle est l'action de la chaleur sur les dissolutions des gaz ? — Qu'est-ce que la cristallisation ?*

CHAPITRE VI

FORMATION DES VAPEURS — ÉVAPORATION

I. — Formation des vapeurs dans le vide.

157. Expérience. — Lorsqu'on introduit une goutte de liquide dans la chambre barométrique, le liquide se vaporise instantanément, et le niveau du mercure baisse aussitôt. On peut donc formuler cette loi : *Dans le vide, un liquide se vaporise instantanément, et sa vapeur acquiert une force élastique, comme un gaz.*

La tension de la vapeur est mesurée par la dépression de la colonne barométrique.

158. Tension maximum. — 1° La force élastique de la vapeur n'augmente pas indéfiniment. Quand l'espace *vide* en est *saturé*, la vapeur ne se forme plus, et il reste un excès de liquide au-dessus du mercure (fig. 98).

A ce moment, la vapeur a une *tension* ou *force élastique maximum*, qu'elle ne peut dépasser si la température reste la même. La vapeur est dite alors *saturante*. Mais si on chauffe le tube, le liquide donne encore des vapeurs, et la tension augmente. La tension maximum dépend donc de la température.

2° La tension maximum n'est pas la même pour toutes les vapeurs. Ainsi, trois tubes barométriques étant disposés les uns à côté des autres, si l'on introduit dans l'un de l'eau, dans le second de l'alcool et dans le troisième de l'éther, on constate que la force élastique de la vapeur d'éther est plus grande que celle de l'alcool, et celle-ci plus grande que celle de l'eau.

D'une manière générale, à une température donnée, la tension de la vapeur est d'autant plus grande que le liquide est plus volatil.

Fig. 98.
Vapeur saturante.

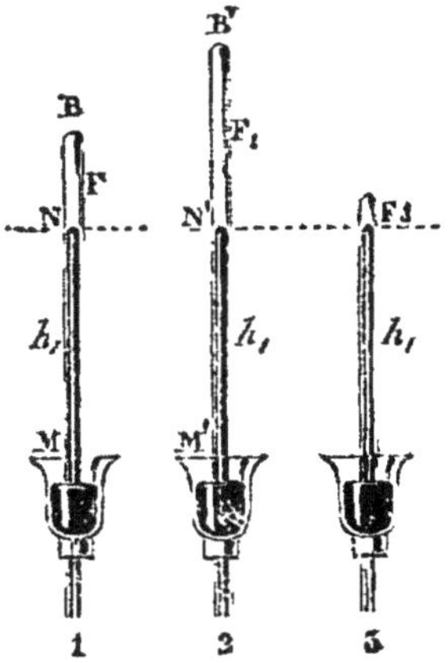

Fig. 99.
Maximum de tension d'une vapeur saturante.

3° Quand la vapeur est saturante, si on soulève le tube de manière à augmenter le volume de la vapeur, une partie du liquide se vaporise aussitôt. Si, au contraire, on enfonce le tube, une partie de la vapeur repasse à l'état liquide, de sorte que dans les deux cas la hauteur de la colonne mercurielle conserve la même valeur (fig. 99). Le tube semble glisser simplement sur la colonne de mercure.

4° Si la vapeur n'est pas saturante, ses variations de volume et de pression suivent sensiblement la loi de Mariotte (n° 96).

II. — Évaporation.

159. Définition. — L'*évaporation* est la transformation d'un liquide en vapeur, à la température ordinaire. Un liquide s'évapore d'autant plus rapidement qu'il est plus *volatil*. L'eau est moins volatile que l'alcool; celui-ci l'est moins que l'éther.

Si la vapeur se forme dans un espace illimité, l'évaporation se continue jusqu'à ce que tout le liquide soit transformé en vapeur ; mais si l'espace est limité, l'évaporation s'arrête quand le milieu ambiant est saturé de vapeur.

160. Causes qui favorisent l'évaporation. — Ces causes sont :

1º L'*étendue* de la surface du liquide. L'évaporation est d'autant plus rapide que la surface est plus grande. On utilise cette propriété dans les séchoirs, dans les marais salants, les bâtiments de graduation pour l'extraction du sel.

2º L'*élévation* de la température. Le séchage des tissus et du papier se fait à l'aide d'un cylindre chauffé intérieurement par un courant de vapeur d'eau.

3º L'*agitation de l'air*, qui renouvelle les couches déjà saturées. Un vent sec et chaud sèche rapidement le linge.

4º La *diminution de pression*. Un liquide s'évapore d'autant plus rapidement que la pression qui s'exerce à sa surface est plus faible.

5º L'*état de sécheresse* ou d'*humidité de l'air*. Le linge mouillé sèche difficilement par un temps humide. La transpiration cutanée est abondante quand l'atmosphère est sèche, et presque nulle par les temps humides.

La vapeur d'eau atmosphérique n'a d'influence que sur l'évaporation de l'eau, et non sur celle de tout autre liquide ; l'éther, le sulfure de carbone, par exemple, s'évaporent aussi facilement par un temps humide que par un temps sec.

161. L'évaporation refroidit les corps. — Quand un liquide s'évapore, il emprunte de la chaleur aux corps environnants.

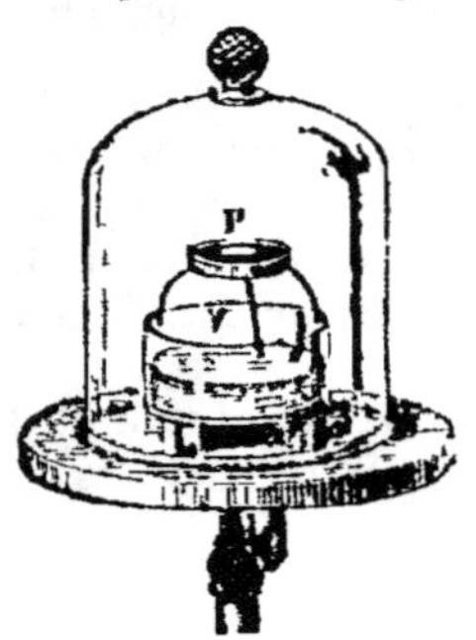
Fig. 100. — Congélation de l'eau dans le vide.

L'expérience de Leslie, qui met ce fait en évidence, consiste à placer, sous le récipient de la machine pneumatique, une rondelle de liège enduite de noir de fumée, sur laquelle on a versé un peu d'eau, et placée au-dessus d'un récipient contenant de l'acide sulfurique (fig. 100).

Quand on fait le vide, l'évaporation s'effectue rapidement, et le froid qu'elle produit ne tarde pas à congeler ce qui reste d'eau non évaporée.

L'acide sulfurique absorbe la vapeur d'eau qui se forme, et empêche ainsi la saturation de l'espace limité par la cloche.

Les vases poreux conservent l'eau fraîche en été, parce que le liquide qui suinte à travers leurs parois s'évapore à l'air, et emprunte de la chaleur au vase et à l'eau (*alcarazas*).

Lorsque le corps humain est en sueur, il faut éviter les courants d'air, qui amèneraient un refroidissement brusque, par l'évaporation rapide de la sueur, et pourraient ainsi exercer une funeste influence sur l'appareil respiratoire. C'est pour se garantir contre ces refroidissements que l'on fait usage de vêtements de flanelle.

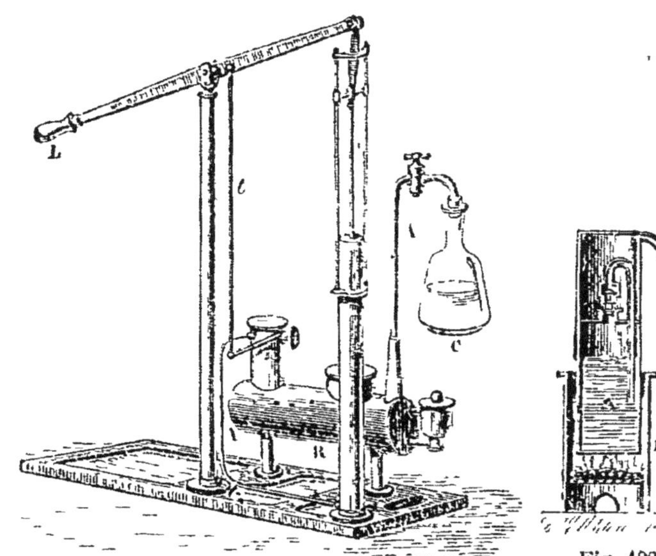

Fig. 101. — Production de la glace par évaporation de l'eau (app. Carré).

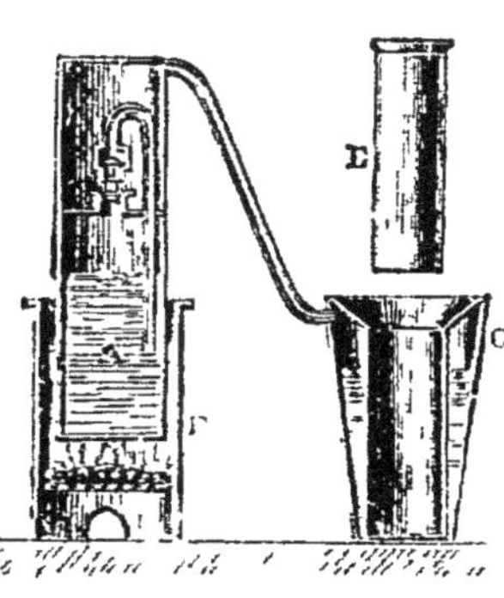

Fig. 102. — Production de la glace par évaporation de l'ammoniaque.

L'appareil Carré, qui sert à la production artificielle de la glace, est une application de l'expérience de Leslie.

Un levier L (fig. 101) actionne le piston d'une machine pneumatique à un seul cylindre P qui fait le vide dans une carafe C renfermant de l'eau, et adaptée au conduit A. Un récipient en plomb R contient de l'acide sulfurique sans cesse agité par le levier *t*, et destiné à absorber la vapeur d'eau qui se produit.

Quand la pression est suffisamment basse, l'eau de la carafe entre en ébullition et ne tarde pas à se congeler.

M. Carré a imaginé un autre appareil, dit *appareil à gaz ammoniac*, qui se compose d'un réservoir à paroi solide, renfermant une dissolution aqueuse de gaz ammoniac A (fig. 102). Ce réservoir communique avec un récipient C, hermétiquement clos, ayant la forme d'un manchon, au centre duquel on peut placer un vase E contenant le liquide à congeler.

Quand on chauffe la dissolution A, le gaz ammoniac se dégage de la dissolution (n° 155) et vient se liquéfier dans le récipient C; puis, quand on cesse de chauffer, ce gaz liquéfié s'évapore rapidement, se redissout dans l'eau en A, et produit un froid considérable qui fait congeler le liquide placé dans le vase central.

QUESTIONNAIRE. — Qu'arrive-t-il quand on introduit une goutte de liquide dans la chambre barométrique ? — *La dépression de la colonne de mercure augmente-t-elle toujours à mesure qu'on introduit de nouvelles gouttes de liquide?* — *Cette dépression dépend-elle de la température?* — *Pour une même température, la dépression varie-t-elle avec la nature du liquide ? Comment le vérifie-t-on?* — *Quand dit-on que la vapeur est saturante?* — *Par quelle expérience montre-t-on que pour une température déterminée une vapeur saturante a une tension invariable ?* — Qu'est-ce que l'évaporation ? — L'évaporation d'un liquide se continue-t-elle indéfiniment ? — Quelles sont les causes qui favorisent l'évaporation? — Donnez-en des applications. — En quoi consiste l'expérience de Leslie ? Que prouve-t-elle ? — *Décrivez les deux appareils Carré pour la fabrication de la glace.*

CHAPITRE VII

ÉBULLITION. — CONDENSATION

I. — Ébullition.

162. Définition. — L'*ébullition* est le passage tumultueux d'un liquide à l'état de vapeur, par l'effet de la chaleur, sous forme de grosses bulles de vapeur qui naissent au contact de la paroi chauffée, et viennent crever à la surface du liquide.

163. Lois de l'ébullition. — Le phénomène de l'ébullition est soumis aux trois lois suivantes :

1re Loi. — *Un liquide, placé dans des conditions invariables, commence toujours à bouillir à la même température.* Cette température est ce qu'on appelle son *point d'ébullition.*

2e Loi. — *La température d'un liquide reste constante pendant toute la durée de l'ébullition.*

3e Loi. — *Un liquide commence à bouillir quand la tension de sa vapeur est égale à la pression qu'il supporte.*

164. Influence de la pression. — Il résulte de la troisième loi que, si la pression diminue, le point d'ébullition s'abaisse. C'est ce que l'on démontre au moyen du *ballon de Franklin.*

On fait bouillir de l'eau dans un ballon, de manière à en chasser l'air; puis on le bouche et on le renverse comme l'indique la figure 102. Si on verse alors de l'eau froide sur la partie supérieure, la vapeur qui surmonte le liquide se condense et détermine une diminution de pression ; on voit aussitôt l'ébullition recommencer.

Quand un liquide bout à l'air libre, la force élastique de sa vapeur est égale à la pression atmosphérique. On le constate au moyen d'un petit tube A' (fig. 104) analogue à celui de Mariotte (n° 96). On intro-

Fig. 103.
Ballon de Franklin.

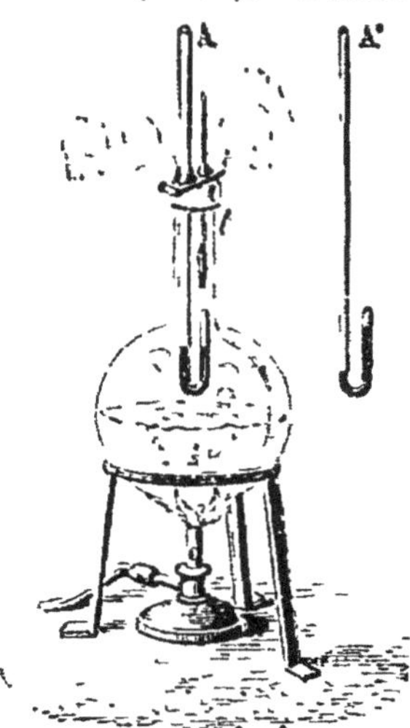

Fig. 104. — Pression
de la vapeur d'eau bouillante.

duit un peu d'eau à la partie supérieure de la branche fermée, et on le place dans la vapeur d'eau bouillante. L'eau du tube entre elle-même en ébullition, et la tension de sa vapeur fait descendre le mercure dans la branche fermée, jusqu'à ce que les niveaux soient à la même hauteur dans les deux branches; ce qui prouve que la vapeur emprisonnée dans la branche fermée exerce, à la surface du mercure, une pression égale à celle que supporte le mercure dans la branche ouverte, c'est-à-dire égale à la pression atmosphérique.

L'eau froide entre toujours en ébullition, quelle que soit sa température, pourvu qu'on réduise suffisamment la pression qui s'exerce à sa surface. C'est ce que l'on observe dans le fonctionnement de l'appareil Carré (n° 161).

Quand la pression augmente, le point d'ébullition s'élève. Ainsi, sous la pression de deux atmosphères, l'eau n'entre en ébullition qu'à 120°. L'eau des générateurs des machines à vapeur peut donc n'être pas en ébullition, même à une température supérieure à 100°, à cause de la pression que la vapeur exerce à sa surface.

Dans les laboratoires on constate ce fait au moyen de la *marmite de Papin* (fig. 105); réservoir clos, à parois très solides, dans lequel l'eau peut être portée à plus de 100° sans bouillir.

La marmite de Papin sert dans l'industrie, sous le nom d'*autoclave* ou de *digesteur*, à extraire la gélatine des os.

165. Causes qui modifient le point d'ébullition. — 1° *L'épaisseur de la couche liquide.* — La vapeur formée au fond du vase a besoin, pour soulever le liquide et s'échapper, d'acquérir une tension égale à la pression atmosphérique augmentée de la pression exercée par la couche liquide.

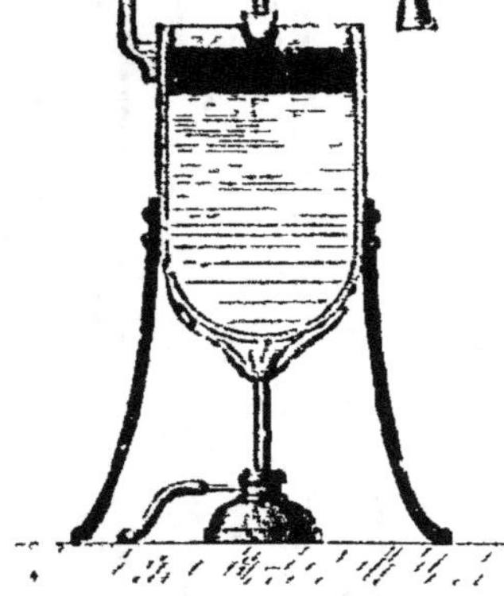

Fig. 105. — Marmite de Papin.

2° *La présence de bulles de gaz au sein du liquide.* — L'eau qui a bouilli pendant un certain temps et qui, par conséquent, a perdu tout l'air qu'elle renfermait, bout à une température supérieure à 100°. C'est encore pour cette raison que, dans certains vases, comme les ballons en verre, par exemple, l'ébullition se fait moins facilement que dans d'autres, parce qu'ils retiennent moins d'air contre leurs parois.

3° *Les substances dissoutes.* — Les sels en dissolution retardent l'ébullition. L'eau de mer bout à 103°; l'eau saturée de carbonate de potasse ne bout qu'à 135°.

166. Bain-marie. — La constance de la température pendant l'ébullition est utilisée dans le chauffage au *bain-marie*. Ainsi, pour maintenir constante la température d'un liquide, il suffit de plonger le vase qui le contient dans un autre liquide convenablement choisi, que l'on maintient en ébullition.

II. — Condensation et liquéfaction.

167. Définitions. — La *condensation* est le retour d'une vapeur à l'état liquide; la *liquéfaction* est le passage d'un gaz à l'état liquide.

On donne plus spécialement le nom de *vapeurs* aux corps gazeux qui existent ordinairement à l'état liquide ou solide (eau, soufre), et on réserve le nom de *gaz* pour ceux qui existent ordinairement à l'état gazeux (hydrogène, gaz carbonique). On emploiera de préférence le mot *condensation* pour les premiers, et celui de *liquéfaction* pour les seconds.

Le passage d'un liquide à l'état gazeux étant généralement le résultat d'une élévation de température ou d'une diminution de pression, le retour à l'état liquide s'obtiendra, le plus souvent, par une augmentation de pression, par un abaissement de température, ou par les deux moyens combinés.

Point critique. — Il est à remarquer qu'au-dessus d'une température déterminée pour chaque gaz, et appelée *point critique* de ce gaz, aucune pression, si forte qu'elle soit, ne peut déterminer la liquéfaction.

Liquéfaction des gaz. — La plupart des gaz se liquéfient aisément quand on les refroidit ou qu'on les comprime. Quelques-uns cependant, l'hydrogène, l'azote, l'oxygène, ont résisté pendant longtemps à toutes les tentatives de liquéfaction, parce qu'on s'appliquait moins à les refroidir qu'à leur faire subir des pressions énormes. On finit par admettre qu'ils ne pouvaient pas être liquéfiés, et on leur donna le nom de *gaz permanents.*

Mais, en 1877, Cailletet et Pictet parvinrent à réaliser des températures inférieures aux points critiques de ces gaz : (— 118°) pour l'oxygène, (— 145°) pour l'azote, (— 234°) pour l'hydrogène. Dès lors tous les gaz purent être liquéfiés sans difficulté.

168. Distillation. — La *distillation* a pour but d'isoler les produits volatils des corps. Cette opération s'effectue en vase clos, et sous l'action de la chaleur.

On distille l'eau pour l'avoir pure, le vin pour en extraire l'alcool, le bois pour avoir l'esprit de bois et le vinaigre de bois, la houille pour obtenir le gaz de l'éclairage.

Lorsqu'on soumet à la distillation un mélange de plusieurs liquides, ceux-ci se vaporisent suivant l'ordre de leur température de vaporisation ; c'est pourquoi on peut séparer l'alcool de l'eau que contient le vin. (*Distillation fractionnée.*)

169. Alambic. — L'*alambic* (fig. 106), qui sert surtout à la

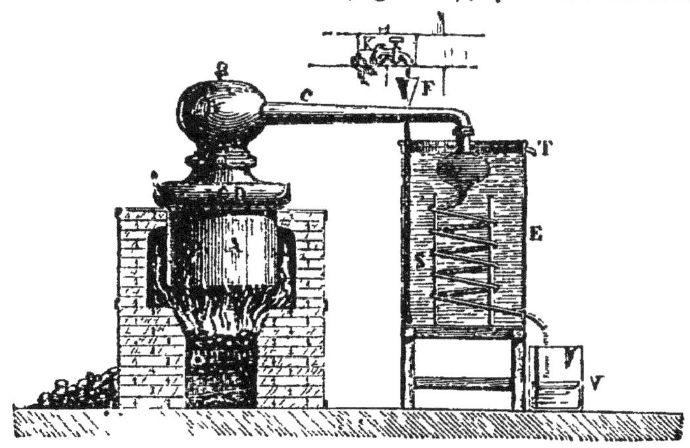

Fig. 106. — Alambic.

distillation de l'alcool, se compose essentiellement d'une chaudière ou *cucurbite* A, d'un *chapiteau* B et d'un *serpentin* S, refroidi dans un vase E rempli d'eau froide (*réfrigérant*) ; un tube F amène l'eau froide au fond du *réfrigérant*. Le tube extérieur T laisse écouler l'eau chaude, qui monte à la partie supérieure de l'appareil.

QUESTIONNAIRE. — Qu'est-ce que l'ébullition ? — Quelles en sont les lois ? — Quelle est l'influence de la pression sur la température d'ébullition ? — Que démontre l'expérience du ballon de Franklin ? — *Quelle est la force élastique de la vapeur d'un liquide qui bout à l'air libre ? Pourquoi l'eau ne bout-elle pas dans la marmite de Papin aussitôt que la température dépasse 100° ? — Pourquoi l'ébullition devient-elle de plus en plus difficile à mesure qu'elle se produit ? — Quelles sont les causes qui modifient le point d'ébullition ? — Qu'est-ce qu'un bain-marie ? A quoi sert-il ?*

Qu'est-ce que la condensation ? — Dans quel cas emploie-t-on le mot liquéfaction ? — Par quels moyens obtient-on généralement le retour d'un corps gazeux à l'état liquide ? — Qu'appelle-t-on point critique d'un gaz ? — *Qu'appelait-on autrefois gas permanents ?* — Qu'est-ce que la distillation ? — Quelles sont les différentes parties d'un alambic ?

CHAPITRE VIII

HYGROMÉTRIE

170. Objet de l'hygrométrie. — L'*hygrométrie* a pour but de déterminer l'état de sécheresse ou d'humidité de l'atmosphère.

Quand l'air est saturé de vapeur, tout abaissement de température ou toute augmentation de pression amène la condensation d'une partie de cette vapeur.

En général, l'air n'est pas saturé; il n'est pas non plus complètement sec. C'est ce que l'on observe en exposant à l'air des *substances hygrométriques*, c'est-à-dire capables d'absorber la vapeur d'eau.

Par exemple, si l'on équilibre sur le plateau d'une balance une assiette renfermant du sel de cuisine ou mieux de la potasse caustique, cette substance s'imprègne d'eau empruntée à l'atmosphère, et l'équilibre ne tarde pas à être rompu en faveur du plateau qui la supporte.

On appelle *fraction de saturation* ou *état hygrométrique* de l'air le *rapport de la tension actuelle* de la vapeur d'eau à la *tension maximum* correspondant à la même température :

$$e = \frac{f}{F}.$$

L'état hygrométrique est égal au rapport du poids p de la vapeur d'eau contenue dans un certain volume d'air, au poids P qui saturerait ce même volume à la même température,

Pour obtenir l'état hygrométrique, il suffit donc de déterminer
f ou p; les tables de tension donnent F; le calcul donne P.

L'état hygrométrique dépend non seulement de la quantité de vapeur
d'eau contenue dans l'air, mais encore de la température.

171. Hygroscopes. — Les *hygroscopes* sont des instruments qui
indiquent approximativement l'état d'humidité ou de sécheresse de
l'air; ils sont basés sur la propriété qu'ont les cordes et les boyaux
tordus, de se détordre sous l'action de l'humidité.

172. Hygromètres. — On appelle *hygromètres* des instruments qui
servent à déterminer l'état hygrométrique de l'air. Les principaux
hygromètres sont l'hygromètre à cheveu ou de Saussure, l'hygromètre
chimique et les hygromètres à condensation.

L'*hygromètre de Saussure* (fig. 107) se compose d'un cheveu soi-
gneusement dégraissé, fixé en a, enroulé sur la gorge d'une poulie b,

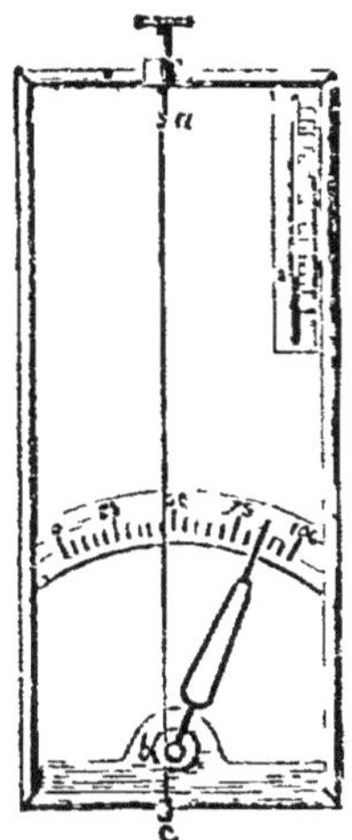

Fig. 107.
Hygromètre à cheveu.

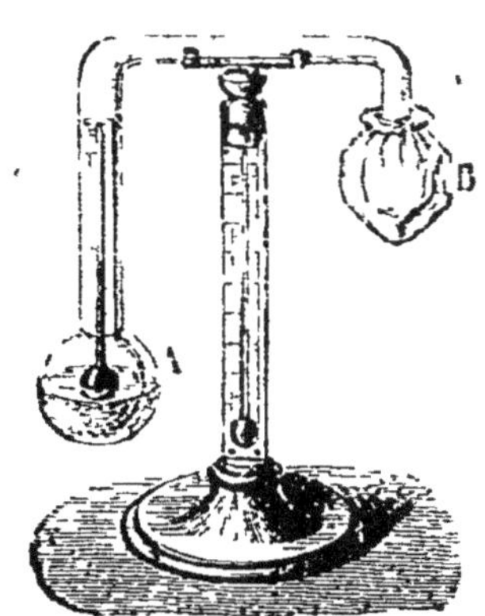

Fig. 108.
Hygromètre de Daniell.

et tendu par un petit poids c. L'allongement ou le raccourcissement
du cheveu sous l'action de l'humidité ou de la sécheresse de l'air fait
mouvoir une aiguille sur un cadran.

Le zéro de la graduation correspond à la sécheresse extrême; le
100ᵉ degré, à la saturation. On les obtient de la manière suivante :

Pour obtenir le *point* 0°, ou de sécheresse extrême, on fait séjourner
l'instrument sous une cloche, avec un vase ouvert contenant de l'acide
sulfurique concentré, qui absorbe toute la vapeur d'eau de l'air de la
cloche. Le *point* 100°, ou d'humidité extrême, s'obtient en remplaçant
sous la cloche l'acide sulfurique par de l'eau, et en mouillant les

parois intérieures de la cloche. On divise ensuite l'arc de 0° à 100° en 100 parties égales.

L'hygromètre chimique comprend un aspirateur d'une quinzaine de litres, des tubes desséchants qui, pesés avant et après l'aspiration, fournissent le poids de la vapeur d'eau contenue dans le volume d'air qui les a traversés. Connaissant le poids et le volume de cette vapeur on peut calculer sa tension f; les tables donnent F.

Les *hygromètres à condensation* ont pour but de refroidir une petite couche d'air, de façon à rendre saturante la vapeur d'eau qu'elle contient; ce que l'on reconnaît au dépôt de gouttelettes de rosée sur la partie refroidie. L'hygromètre de Daniell (fig. 108) se compose d'une boule de verre A, renfermant de l'éther dans lequel plonge un thermomètre, et d'une seconde boule de verre B enveloppée de gaze humectée d'éther qui, en se vaporisant, refroidit cette boule.

L'éther distille de A vers B, en refroidissant A et son thermomètre. Il se dépose bientôt à la surface du verre une légère buée. On note la température intérieure; c'est le *point de rosée*. Elle fournit f, qui est égal à la tension maximum correspondant à cette température dans les tables; la température extérieure, marquée par l'autre thermomètre, fait connaître F.

CHAPITRE IX

MACHINES A VAPEUR

173. Principes des machines à vapeur. — Les *machines à vapeur* utilisent comme force motrice la force élastique de la vapeur d'eau. Quand on chauffe de l'eau dans un vase d'où la vapeur ne peut s'échapper entièrement à mesure qu'elle se produit, la température s'élève bientôt au-dessus de 100 degrés, et la force élastique de la vapeur croît très rapidement à mesure que la température s'élève.

174. Construction d'une machine à vapeur. — Toute machine à vapeur comprend un *générateur*, pour la production de la vapeur, et la *machine proprement dite.*

175. Générateur. — Dans les machines fixes, le *générateur* se compose ordinairement d'une chaudière cylindrique horizontale renfermant l'eau, et communiquant avec deux *bouilleurs* B (fig. 109) en contact direct avec la flamme du foyer. Quand la dépense de vapeur doit être considérable, comme dans les locomotives par exemple, la chaudière est traversée par une série

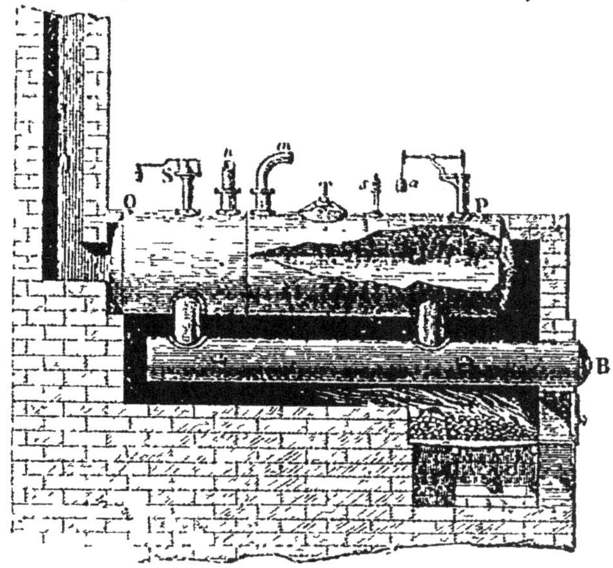

Fig. 109. — Générateur de la vapeui.

B, bouilleurs; E, flotteur rattaché au sifflet d'alarme; P, flotteur indiquant le niveau de l'eau dans la chaudière; S, soupape de sûreté; *t*, trou d'homme pour le nettoyage du générateur; *m*, prise de vapeur de la machine; *n*, tube amenant l'eau d'alimentation au générateur.

de tubes que la chaleur du foyer traverse pour se rendre dans la cheminée (*chaudière tubulaire*). On augmente ainsi considérablement la *surface de chauffe*.

Le générateur porte divers appareils accessoires, dont les principaux sont les soupapes de sûreté, l'indicateur du niveau de l'eau et le manomètre métallique.

176. Soupapes. — Les *soupapes* sont des ouvertures fermées au moyen d'un levier maintenu par un ressort ou un contrepoids. Le ressort ou le contrepoids est choisi de telle sorte, que la vapeur soulève le levier et s'échappe librement, dès que sa force élastique atteint une limite au delà de laquelle il pourrait arriver des accidents.

Un manomètre métallique marque du reste, à chaque instant, la pression qui règne à l'intérieur de la chaudière.

177. Indicateur de niveau. — *L'indicateur du niveau de l'eau* est un flotteur qui fait monter ou descendre un contrepoids, suivant que le niveau de l'eau baisse ou s'élève dans la chaudière.

On le remplace souvent par un tube vertical en verre, à parois résistantes, communiquant par sa partie supérieure avec le haut de la chaudière, et par sa partie inférieure avec l'eau qu'elle renferme. Le niveau de l'eau dans ce tube est le même que dans la chaudière (principe des vases communiquants).

Une *pompe d'alimentation* introduit dans la chaudière, suivant le besoin, l'eau destinée à remplacer celle qui disparaît sous forme de vapeur. Dans la plupart des machines, cette pompe est remplacée par un injecteur particulier (*injecteur Giffard*).

178. Cylindre et tiroir. — L'organe principal de la machine proprement dite est un *cylindre* C (fig. 110), dans lequel se meut un *piston* P, dont la tige s'articule avec un système bielle et manivelle, qui transmet son mouvement à un arbre de couche. La vapeur arrive dans la *boîte à vapeur* T par le conduit A ; de là elle vient agir sur l'une ou l'autre face du piston, en passant par celle des ouvertures *a* ou *b* qui se trouve libre. Ces ouvertures sont alternativement ouvertes ou fermées par le *tiroir*, sorte de boîte à 5 faces appliquée sur la surface du cylindre par sa face ouverte, et animée d'un mouvement de va-et-vient qui lui est communiqué par la tige E. Le piston prend donc lui-même un mouvement de va-et-vient.

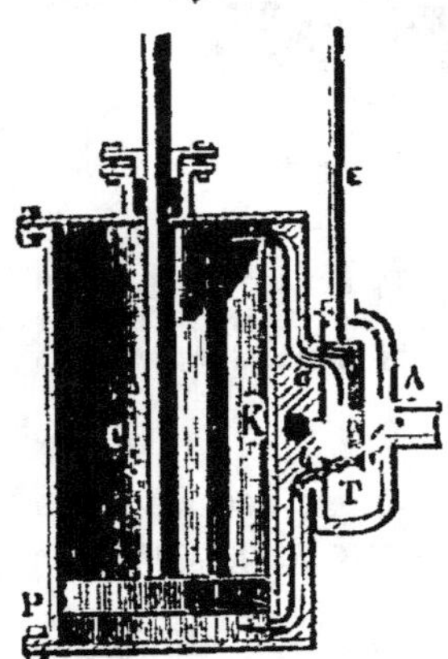

Fig. 110. — Appareil distributeur de la vapeur.

La vapeur qui vient d'agir se dégage, en repassant par celle des ouvertures qui se trouve sous le tiroir, et qui communique avec l'extérieur par le conduit K.

Par l'intermédiaire de la bielle et de la manivelle, le mouvement rectiligne alternatif du piston est transformé en un mouvement circulaire continu, imprimé à l'arbre de couche.

Dans la *machine de Watt* (fig. 111), le *balancier* BB' est mobile autour de son axe O. L'extrémité B est reliée à la tige du piston *t* par un parallélogramme articulé BH; l'extrémité B' est reliée à l'arbre de couche K par un système bielle et manivelle ML.

179. Détente. — La *détente* consiste dans une disposition particulière du tiroir qui ne laisse pénétrer la vapeur dans le cylindre que pendant une partie de la course du piston. Celui-ci continue

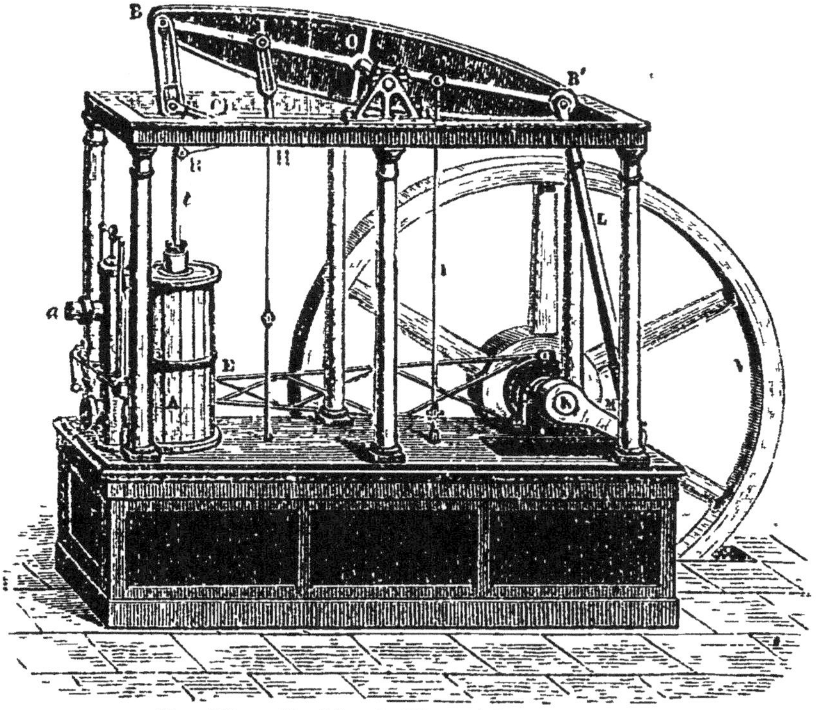

Fig. 111. — Machine de Watt (à basse pression)

A, cylindre dans lequel la vapeur entre en *a*; *t*, tige de piston; BB', balancier; L, bielle; M, manivelle; K, arbre de couche; V, volant; H, pompe d'épuisement du condenseur; F, pompe à eau froide.

ensuite à être poussé par la *détente* de la vapeur, qui agit sur lui à la manière d'un ressort.

La quantité de vapeur dépensée à chaque coup de piston étant moindre que s'il n'y avait pas de détente, il en résulte une économie de vapeur.

180. Machines à haute et basse pression. — On appelle machines à *haute pression* celles dans lesquelles la tension de la vapeur dépasse 5 atmosphères; machines à *basse pression,* celles dans lesquelles la tension n'atteint pas 2 atmosphères; machines à *moyenne pression,* celles dans lesquelles la tension est comprise entre 2 et 5 atmosphères.

La puissance d'une machine ne dépend pas seulement de la force élastique de la vapeur, mais encore de la surface du piston; une machine à basse pression peut donc être plus puissante qu'une machine à haute pression, si son piston a une surface suffisamment grande.

181. Condenseur. — La force qui pousse le piston dans le cylindre est égale à la différence des pressions qui s'exercent sur ses deux faces. Or, quand la vapeur s'échappe librement du cylindre, la face sur laquelle elle vient d'agir supporte au moins la pression atmosphérique. Pour diminuer cette pression, on fait arriver cette vapeur

Fig. 112. — Locomotive (machine à haute pression).

a,a,a,a, réservoir de vapeur; B, bielle; c, cylindre; D, D' chaudière tubulaire; e, tube d'échappement; F, foyer; H, prise de vapeur; N, boîte à fumée; P, piston; R, R, roues; r, clef pour la prise de vapeur; s, sifflet; t, tiroir et sa tige.

dans un espace clos, où elle se *condense* sous une pluie d'eau froide; il se produit alors un vide partiel qui favorise l'action de la vapeur sur l'autre face. L'eau du condenseur, échauffée par la vapeur qui vient s'y condenser, sert à l'alimentation de la chaudière.

Les condenseurs ne sont utiles que dans les machines à basse pression, où la dépense de vapeur est peu considérable.

182. Locomotive. — Une *locomotive* est une machine à haute pression, munie de deux cylindres, et portée sur des roues (fig. 112).

Les tiges des pistons actionnent deux de ces roues (*roues motrices*), et la machine se meut elle-même sur des *rails* qui guident sa course.

183. Travail des machines. — La *puissance* d'une machine se mesure par le travail qu'elle effectue en une seconde.

L'unité de puissance est le *cheval-vapeur*.

On appelle *cheval-vapeur* un travail de 75 kilogrammètres par seconde (37).

Une machine de dix chevaux peut donc produire à la seconde 75×10, ou 750 kilogrammètres, c'est-à-dire le travail nécessaire pour élever 750 kgr. de un mètre. Une machine de un cheval-vapeur produit plus de travail que cinq chevaux ordinaires.

Parmi les forces qui agissent sur une machine, les unes la mettent en mouvement : elles sont dites *motrices*, leur travail se nomme *travail moteur;* les autres tendent à ralentir, à arrêter le mouvement : on les nomme *forces résistantes*, leur travail est le *travail résistant*

QUESTIONNAIRE. — Qu'arrive-t-il quand on chauffe de l'eau en vase clos ? — Qu'est-ce qu'un générateur ? Comment est-il construit ? — Qu'est-ce qu'une chaudière tubulaire ? Quel avantage présente-t-elle sur les chaudières à bouilleurs ? — A quoi servent les soupapes de sûreté ? Comment fonctionnent-elles ? — Comment sont disposés les appareils qui indiquent le niveau de l'eau dans la chaudière ? — Comment remplace-t-on l'eau qui s'est évaporée ? — Décrivez le cylindre, et expliquez le jeu du tiroir.

En quoi consiste la détente? Quel avantage présente-t-elle ? — Qu'appelle-t-on machine à haute et à basse pression ? — Qu'est-ce que le condenseur? Quel est son but ? — Qu'est-ce qu'une locomotive?

Quelle est l'unité de travail pour les machines? La définir. — Qu'appelle-t-on forces motrices et forces résistantes ?

CHAPITRE X

CALORIMÉTRIE. — ÉQUIVALENCE DU TRAVAIL ET DE LA CHALEUR

I. Calorimétrie.

184. But de la calorimétrie. — La *calorimétrie* a pour but de mesurer les quantités de chaleur qui correspondent à des effets déterminés : variations de température, changement d'état d'un corps, etc.

L'unité de chaleur s'appelle *calorie*. La calorie est la quantité de chaleur nécessaire pour élever de 1 degré centigrade la température de 1 gr. d'eau. Autrefois l'unité adoptée était la quantité de chaleur nécessaire pour élever de 1 degré centigrade la température de 1 kg. d'eau ; on l'appelle la grande calorie ou kilocalorie.

185. Chaleur spécifique. — On appelle *chaleur spécifique* d'un corps la quantité de chaleur nécessaire pour élever de 1 degré la température de 1 gramme de ce corps. La calorie est donc la chaleur spécifique de l'eau.

Des poids égaux de différents corps exigent, pour s'échauffer d'un même nombre de degrés, des quantités de chaleur différentes. C'est ce qui résulte de l'expérience suivante. On chauffe dans un bain d'huile des sphères de métaux différents, ayant toutes le même poids, et on les pose ensuite sur un gâteau de cire (fig. 113) d'épaisseur uniforme. On constate alors que la boule de fer, par exemple, traverse le gâteau de cire plus rapidement que la boule de cuivre, et qu'une sphère de plomb y reste engagée. Comme la quantité de cire fondue par chacune des sphères est proportionnelle à la quantité de chaleur que dégage cette sphère en se refroidissant, et par suite à la quantité de chaleur qu'elle absorbe en s'échauffant, on en conclut que, pour porter ces sphères à une même température, il a fallu leur fournir des quantités de chaleur différentes.

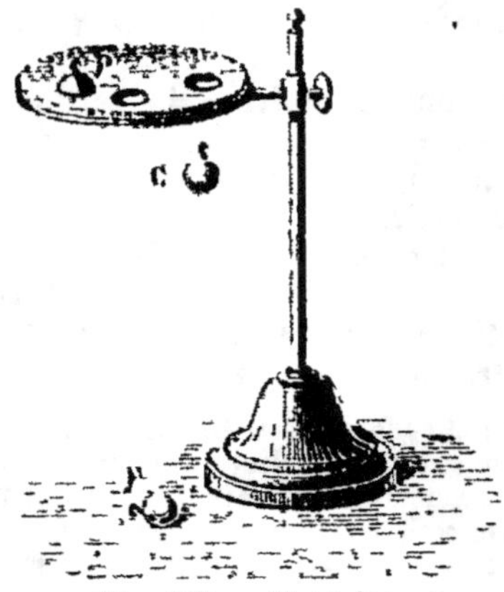

Fig. 113. — Expérience sur les chaleurs spécifiques.

D'après la définition même de la chaleur spécifique, pour élever la température d'un corps pesant P gr., de la température t à la température t', c étant sa chaleur spécifique, il faut lui fournir une quantité de chaleur ayant pour expression

$$Q = Pc(t' - t).$$

186. Détermination des chaleurs spécifiques. — La chaleur spécifique d'un corps peut se déterminer par la méthode du puits de glace ou par celle des mélanges.

Fig. 114. — Puits de glace.

Méthode du puits de glace. — Un poids P du corps est porté à une température connue T, et introduit dans une cavité creusée dans un bloc de glace à la température zéro (fig. 114). Le corps se refroidit et fait fondre une certaine quantité de glace, jusqu'à ce que sa température soit elle-même descendue à zéro. On recueille l'eau de fusion et on la pèse. Or on sait que, pour fondre 1 gramme de glace à zéro, il faut

80 calories; on aura donc, si le corps a fondu p gr. de glace,

$$p \times 80 = PcT$$

d'où :

$$c = \frac{80p}{P.T}.$$

Méthode des mélanges. — Au lieu d'être placé dans un bloc de glace, le corps est plongé dans l'eau d'un *calorimètre.*

Le calorimètre est un vase en laiton C (fig. 115), contenant un poids connu d'eau à une température donnée, et isolé aussi bien que possible au point de vue de la conductibilité calorifique. Le corps se refroidit, et échauffe l'eau du calorimètre. Quand il y a équilibre de température, on écrit que la quantité de chaleur perdue par le corps est égale à celle qui a été gagnée par l'eau et le calorimètre. On obtient ainsi une équation de laquelle on déduit la chaleur spécifique cherchée.

Soient P le poids du corps et T sa température; M le poids de l'eau, p celui du calorimètre, c sa chaleur spécifique, t leur température commune; et t' est la température finale; on aura :

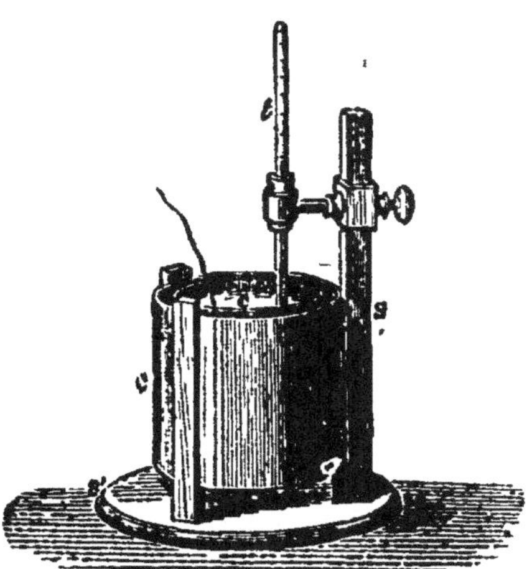
Fig. 115. — Calorimètre.

$$Px(T - t') = M(t' - t) + pc(t' - t)$$

d'où :

$$x = \frac{(M + pc)(t' - t)}{P(T - t')}.$$

187. Chaleur latente. — *On appelle chaleur latente de fusion ou de vaporisation* d'un corps la quantité de chaleur nécessaire au changement d'état de 1 gr. de ce corps, *sans élévation* de température. Cette chaleur est insensible au thermomètre; c'est pourquoi on l'appelle *latente.*

1 gramme de glace absorbe, pour fondre, 80 calories.

II. Équivalence du travail et de la chaleur.

188. Transformation du travail en chaleur. — *Toutes les fois qu'un mouvement est arrêté ou seulement ralenti par des résistances, il se produit un dégagement de chaleur.* Ainsi, un boulet de canon tiré contre une plaque de blindage éprouve, au moment du choc, une élévation de température qui le porte à l'incandescence. Quand on serre

5

les freins d'une voiture ou d'un train en marche, le mouvement s'arrête, mais les freins s'échauffent.

Le travail mécanique est donc une source de chaleur; il peut être produit par le choc, le frottement, la compression; nous allons en donner quelques exemples. Dans tous les cas, la quantité de chaleur dégagée est proportionnelle à la valeur du travail disparu.

189. Chaleur développée par le choc. — Si on laisse tomber une bille d'ivoire sur un plan de marbre, elle rebondit; on ne constate aucune élévation de température, parce que le mouvement se conserve. Mais si au lieu d'une bille d'ivoire on prend une balle de plomb, celle-ci s'aplatit, son mouvement s'annule, on constate qu'elle s'est échauffée. En la martelant sur une enclume, on l'échaufferait rapidement à une haute température.

Les corps explosifs s'enflamment sous le choc.

190. Chaleur développée par le frottement. — Le frottement

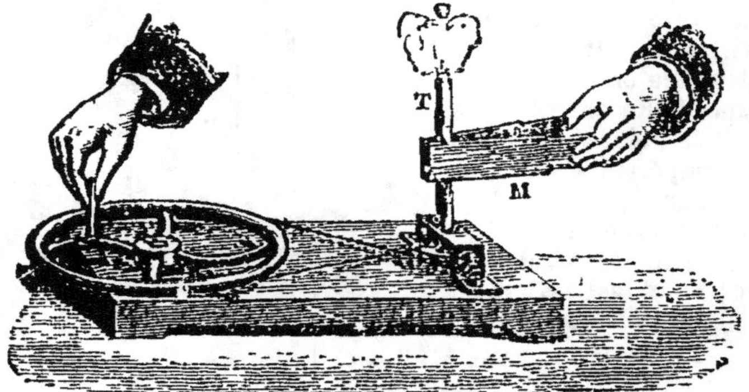

Fig. 116. — Chaleur dégagée par le frottement (Tyndall).

d'une allumette suffit pour enflammer le phosphore. Une corde qui glisse rapidement entre les mains devient brûlante.

La production de chaleur par le frottement est mise en évidence au moyen de l'appareil de Tyndall (fig. 116). Un tube métallique T, contenant un peu d'éther, est fermé par un bouchon; on le serre modérément avec une pince en bois M, et, au moyen d'une roue et d'une courroie, on lui imprime un mouvement de rotation rapide. Le frottement de la pince contre le tube dégage assez de chaleur pour vaporiser l'éther, et bientôt la force élastique de la vapeur est assez grande pour faire sauter le bouchon.

191. Chaleur développée par la compression. — Si on enfonce brusquement le piston du briquet à air (n° 80), la compression de l'air produit une élévation de température, capable d'enflammer un morceau d'amadou au fond du tube. Les pièces de monnaie deviennent brûlantes sous l'effort de la presse monétaire. Les barres métalliques fortement chauffées restent longtemps incandescentes sous l'action répétée du laminoir.

192. Équivalent mécanique de la chaleur. — Des expériences nombreuses et variées (exp. de Joule, de Hirn, etc.) ont montré que, dans la transformation du travail en chaleur, la quantité de chaleur dégagée est proportionnelle à la quantité de travail disparu ; c'est-à-dire qu'il existe un rapport constant entre la quantité de travail T et la quantité de chaleur correspondante C.

On a :
$$\frac{T}{C} = 0,425.$$

Si, pour dégager C calories, il faut dépenser un travail de T kilogrammètres, pour dégager une calorie il faut :
$$\frac{T}{C} = 0,425 \text{ kilogrammètre.}$$

Donc une calorie équivaut à 0,425 kilogrammètre. Ce nombre 0,425 est ce qu'on appelle l'*équivalent mécanique de la chaleur*. Un poids de 0,425 kilogr. qui tombe d'une hauteur de 1 mètre dégage, par suite du choc, une quantité de chaleur capable d'élever de 1 degré la température d'un gramme d'eau.

193. Transformation de la chaleur en travail. — *Réciproquement, toute disparition de chaleur produit un travail équivalent. Pour chaque calorie dépensée, on recueille 0,425 kilogrammètre.* Les machines à vapeur, par exemple, transforment en travail la chaleur dégagée par le combustible. Elles sont d'autant plus parfaites qu'elles opèrent cette transformation avec moins de perte ; aussi a-t-on soin d'éviter, autant qu'on le peut, les chocs, les frottements de toutes sortes qui se produisent nécessairement dans le jeu des pièces.

QUESTIONNAIRE. — *Qu'est-ce que la calorimétrie ? — Quelle est l'unité de chaleur ? Définissez-la. — Qu'appelle-t-on chaleur spécifique ? — Un même poids de différents corps absorbe-t-il la même quantité de chaleur, pour atteindre une même température ? — Comment détermine-t-on la chaleur spécifique d'un corps par la méthode du puits de glace ? — Qu'est-ce qu'un calorimètre ? — A quoi sert-il ? — Indiquez comment on procède pour déterminer une chaleur spécifique par la méthode des mélanges. — Qu'appelle-t-on chaleur latente ?*

Donnez des exemples de la transformation du travail en chaleur. — Qu'arrive-t-il quand on martelle un morceau de plomb ? — Décrivez l'expérience de Tyndall. — Quelle quantité de chaleur produirait la transformation de 0,425 kilogrammètre ? Quel nom donne-t-on à ce nombre 0,425 ? — Réciproquement, la chaleur peut-elle se transformer en travail ?

EXERCICES. — **1.** Quelle quantité de chaleur faut-il dépenser pour élever de 100° les 35 gr. de mercure que renferme un thermomètre ? (C = 0,033.)

2. 35 gr. de mercure à 10° sont versés dans 80 gr. d'eau à 15°. Trouver la température finale du mélange. (C = 0,033.)

3. La chaleur spécifique du fer est 0,114. Quelle chaleur dégage 5235 gr. de ce métal, en descendant de 341° à 26° ? A quelle température seront portés 658 gr. d'eau pris à 12°, qui absorbent la chaleur perdue par le fer ?

4. Dans 180 gr. d'eau à 19°, on jette 60 gr. de fer à 100°. Quand l'équilibre de température s'est produit, la température du mélange est de 22°. Trouver, d'après cette expérience, la chaleur spécifique du fer.

5. Une sphère de cuivre du poids de 315 gr. est plongée dans 1 kilogr. d'eau ; la température s'élève de 15° à 20°. Trouver la température initiale de la boule de cuivre. (C = 0,095)

6. Un boulet en fer du poids de 500 gr. et chauffé à 125° est plongé dans une cavité pratiquée dans un bloc de glace fondante. On demande quelle est la quantité d'eau de fusion que l'on pourra recueillir dans le puits de glace.

7. Quelle quantité de chaleur produit en se congelant 1 mètre cube d'eau ?

CHAPITRE XI

NOTIONS DE CLIMATOLOGIE ET DE MÉTÉOROLOGIE

104. Climats. — On appelle *climat* d'un pays l'ensemble des conditions atmosphériques qui lui sont propres : température, humidité, vents, pression atmosphérique.

Les *climats constants* sont ceux dont la variation de température entre l'été et l'hiver ne dépasse pas 8°. *Ex. :* Les climats marins, les climats insulaires.

Les *climats variables* présentent, entre ces saisons, une différence de 20°. *Ex. :* Le climat de Paris.

Les *climats excessifs* sont ceux dont la différence entre les températures extrêmes de l'hiver et de l'été est de 30° et plus : tels sont, en général, les climats continentaux. *Ex. :* Le climat de New-York, de Pékin, de Moscou.

105. Température moyenne. — On appelle *température moyenne* d'un jour le quotient, par 24, de vingt-quatre observations faites d'heure en heure ; elle est sensiblement égale à la moyenne de la température maxima et de la température minima du jour et de la nuit ; ou encore à la moyenne de trois températures prises à 6 heures du matin, à 2 heures de l'après-midi et à 10 heures du soir.

106. Causes qui influent sur la température. — 1° *La latitude.* La température moyenne diminue de l'équateur au pôle. Cette diminution provient en grande partie de l'obliquité des rayons solaires ;

2° *L'altitude,* qui produit une diminution moyenne de 1° pour 180ᵐ d'élévation ; à une certaine hauteur, la température se maintient constamment au-dessous de 0° ; c'est la cause des neiges perpétuelles (limites : dans les Alpes, 2700 m. ; à Quito, 4800 m.) ;

3° *La direction des vents.* — En France, le vent du Sud est chaud, celui du Nord est froid ;

4° *La proximité de la mer,* qui rend la température plus uniforme.

197. Météorologie. — La *météorologie* est l'étude des phénomènes atmosphériques. On appelle *météore* tout phénomène qui se produit dans l'atmosphère.

198. Vents. — Les vents sont des courants aériens produits par la différence de densité, conséquence de la différence de température des couches atmosphériques.

On observe la *direction* des vents au moyen des girouettes que l'on place en haut des toits; la direction des nuages donne le sens des courants supérieurs. Pour évaluer la vitesse du vent, on se sert de l'*anémomètre;* c'est une espèce de petit moulin à vent, qui inscrit le nombre de tours qu'il exécute dans un temps donné.

Les *vents alizés* soufflent régulièrement dans la zone torride, des pôles vers l'équateur, en obliquant vers l'est, par suite de la rotation de la terre.

La *mousson* souffle dans l'océan Indien, six mois dans un sens, et six mois dans le sens opposé.

On donne le nom de *cyclone* à une masse d'air animée d'un mouvement de rotation et de translation (*tornados* des pays équatoriaux).

Une *trombe* est une énorme quantité de vapeur d'eau, animée d'une grande vitesse giratoire, et qui renverse tout ce qu'elle rencontre.

Les *bourrasques*, les *orages*, résultent de variations brusques de la pression atmosphérique, qui produisent des vents violents, généralement accompagnés de pluie et d'éclairs.

199. Nuages. — Les *nuages* sont des amas de gouttelettes d'eau très petites, en suspension dans l'atmosphère. Ils proviennent de la condensation de la vapeur d'eau dans l'air.

Relativement à la forme des nuages, on distingue les *stratus*, les *cirrus*, les *cumulus* et les *nimbus*.

Les *stratus* sont des nuages horizontaux, parallèles, minces en apparence; ils se forment au coucher du soleil en automne. Le soir ils annoncent le beau temps du lendemain; le matin ils annoncent la pluie dans la journée.

Les *cumulus* sont des nuages arrondis, entassés, à contours nets; surmontés le soir par les cirrus, ils annoncent la pluie ou l'orage; ils se tiennent à 2 ou 3 km. de hauteur.

Les *cirrus* sont des nuages blancs, petits, d'aspect filamenteux, formés d'aiguilles de glace; ils précèdent souvent un changement de temps et stationnent de 9 à 10 km. de hauteur.

Les *nimbus*, masses sombres, sans forme, sont des nuages à pluie; ils sont moins élevés que tous les autres.

Les *brouillards* sont des nuages formés, à la surface de la terre, par la condensation des vapeurs émises par le sol. On appelle *brume* un brouillard épais.

200. Pluie. — La *pluie* est la chute de gouttes d'eau provenant de la condensation des vapeurs de l'atmosphère, causée par un abaissement de température ou une augmentation de pression.

Quand les gouttes sont très fines, la pluie prend le nom de *bruine* ou *brouillasse*. La bruine qui se produit quelquefois après le coucher du soleil s'appelle *serein*.

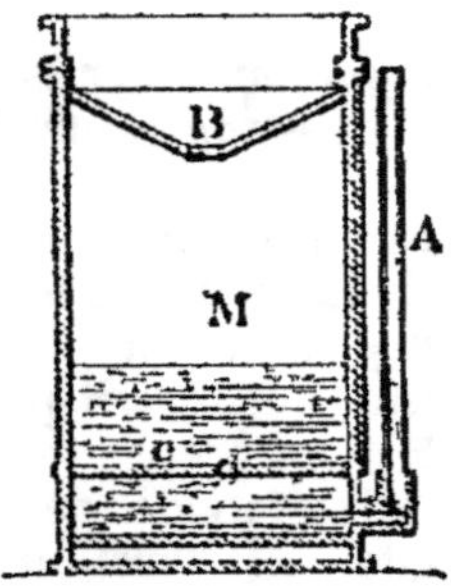

Fig. 117. — Pluviomètre.

La quantité de pluie qui tombe annuellement dans une contrée a une certaine influence sur le climat; on la mesure à l'aide du *pluviomètre* (fig. 117). A Paris, par exemple, il tombe annuellement une couche d'eau de 0 m. 56, tandis que cette couche atteint 1 m. 40 à Bayonne, 2 m. 70 à la Havane, 4 m. 20 à l'île de la Réunion.

201. Rosée. — Pendant la nuit, les corps se refroidissent, par rayonnement, *plus vite* que l'air ambiant; il se produit à leur surface une condensation de vapeur d'eau, d'autant plus active que leur pouvoir émissif (refroidissement) est plus grand; c'est pourquoi on observe de la rosée sur le bois, la terre, les arbres, le verre, etc., et non sur les métaux polis. Le refroidissement, et par conséquent la rosée augmente par un ciel serein, favorable au rayonnement. Les nuages, les toitures, empêchent le refroidissement, et par conséquent la rosée; un vent léger la favorise en renouvelant les couches d'air; un vent fort l'empêche de se former.

La *gelée blanche* provient d'un dépôt de rosée qui s'est congelée par suite d'un abaissement de température.

202. Neige. — La neige est produite par la solidification, dans l'atmosphère, de gouttes d'eau qui donnent naissance à de petits cristaux; ces cristaux, groupés régulièrement, forment les *flocons de neige*.

On appelle *grésil* de petits grains formés d'aiguilles de glace enchevêtrées, produits par la congélation des gouttes de pluie dans un air agité.

203. Grêle. — La *grêle* provient de nodules formés d'un glaçon central blanc, analogue à un grain de grésil, enveloppé d'une couche de glace transparente.

Les grêlons prennent naissance dans les *cirrus* à plus de 10000 m. de hauteur et à une température inférieure à —20°; ils traversent, en tombant, des *nimbus* froids en *surfusion*, c'est-à-dire qui restent liquides à une température inférieure à 0°. Ces grains s'enveloppent de couches de glace concentriques et prennent parfois la dimension du poing.

204. Prévision du temps. — Le vent du sud-ouest, chaud et humide, amène généralement la pluie.

Le vent du nord-est, continental, froid et sec, est ordinairement le précurseur d'une période sèche. Les orages, les tourbillons prolongés, amènent presque toujours la pluie.

Le vent chaud du sud a une faible densité, il détermine la baisse du baromètre: or, ce vent se refroidissant dans nos régions, la vapeur d'eau qu'il contient devient saturante, se condense en partie et amène la pluie.

Le vent du nord, froid et sec, est très dense : il fait monter le baromètre. S'échauffant dans nos climats, la vapeur qu'il contient s'éloigne de son point de saturation; l'atmosphère devient alors très sèche et amène le beau temps.

Une variation brusque correspond généralement à un orage suivi d'un changement de temps. Une hausse lente et régulière précède le beau temps; une baisse, dans les mêmes circonstances, est suivie de la pluie.

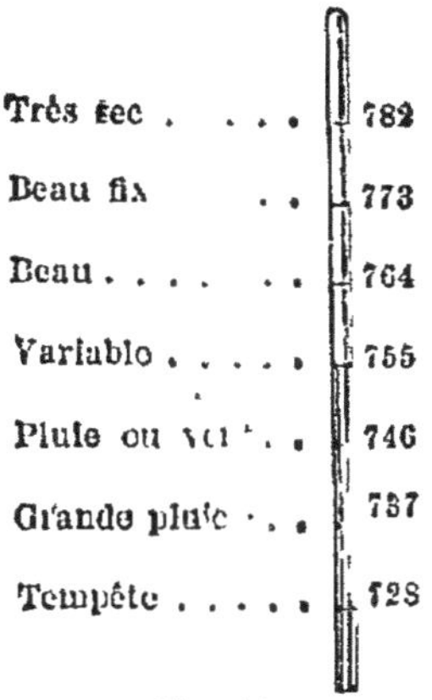

Pour prévoir le temps à l'aide du baromètre, il vaut mieux suivre les variations de la hauteur mercurielle que de se fier aux indications écrites sur la plupart des baromètres ordinaires; ces indications sont purement conventionnelles; elles ne se rapportent qu'à la France, et varient même, dans ce pays, pour les localités d'altitudes différentes.

Très sec	782
Beau fix . .	773
Beau	764
Variable	755
Pluie ou vent . .	746
Grande pluie . . .	737
Tempête	728

Fig. 118.
Indication barométrique.

Les points *très sec, beau fixe, beau,* etc., sont séparés par une hauteur barométrique de 9 mm.

QUESTIONNAIRE. — *Qu'appelle-t-on climat ? — Quels noms donne-t-on aux différents climats suivant leur température ? — Qu'appelle-t-on température moyenne ? — Quelles sont les causes qui influent sur la température ?*

Qu'est-ce que la météorologie ? Par quoi sont produits les vents ? — Comment observe-t-on la direction du vent ? Comment détermine-t-on sa vitesse ? — Quels sont les vents qui ont reçu des noms particuliers ? Qu'est-ce qu'une trombe ? — A quoi sont dus les ouragans, les bourrasques ? — D'où proviennent les nuages ? Quelles sont leurs formes principales ? — Que sont les brouillards ? — Qu'est-ce que la pluie ? la rosée ? — Pourquoi la rosée ne se forme-t-elle que dans les endroits découverts ? — Qu'est-ce que la neige ? le grésil ? — Comment est formé un grêlon ?

Comment peut-on prévoir le temps qu'il fera : 1° par la direction du vent ; 2° par l'observation de la hauteur barométrique ?

QUATRIÈME PARTIE

ACOUSTIQUE

—

CHAPITRE I

PRODUCTION ET PROPAGATION DU SON

205. Objet de l'acoustique. — *L'acoustique est l'étude des sons*, c'est-à-dire des phénomènes que nous percevons par le sens de l'ouïe.

Un *son* quelconque est la sensation produite par les vibrations d'un corps, transmises à l'oreille par un milieu élastique.

Le *bruit* résulte d'un ensemble de plusieurs sons confus, qu'il est difficile d'analyser; tel est le clapotement des vagues, le roulement des voitures sur le pavé.

206. Mouvement vibratoire. — Un corps *vibre* lorsqu'il oscille rapidement autour de sa position d'équilibre.

Quand on serre dans un étau l'extrémité d'une lame d'acier CD (fig. 119), qu'on l'écarte de sa position d'équilibre, et qu'on l'abandonne à elle-même, cette lame se met à osciller. Si les oscillations sont rapides, on dit qu'elle vibre.

L'écartement des deux positions D'D ou DD″ est appelé *amplitude des vibrations*. Le mouvement qui transporte la lame vibrante de D' en D″ s'appelle *vibration simple* ; le passage de D' en D″ et son retour en D' constituent une *vibration double*.

Fig. 119.
Vibration d'une tige élastique.

207. Production du son. — *Le son résulte toujours du mou-*

vement vibratoire d'un corps élastique. Si l'on frotte un archet A (fig. 120) sur le bord d'une cloche de verre, cette cloche rend un son, et son mouvement vibratoire peut être mis en évidence par les soubresauts qu'éprouve, au contact de la cloche, une petite bille suspendue par un fil P.

Un coup donné sur un timbre, le frottement d'un archet sur une corde tendue, le battement rapide des ailes d'un insecte font naître des mouvements vibratoires qui se traduisent par des sons. Quand on pince une corde tendue, on voit vibrer cette corde, et l'on perçoit un son aussi longtemps qu'on la voit vibrer.

Le mouvement vibratoire ne se traduit par un son qu'à la condition d'être suffisamment rapide. Il faut que le corps élastique effectue au moins 32 vibrations simples par seconde.

Un *diapason* est une tige d'acier recourbée en forme de pince (fig. 121) ; on la fait vibrer à l'aide d'un archet, ou en passant

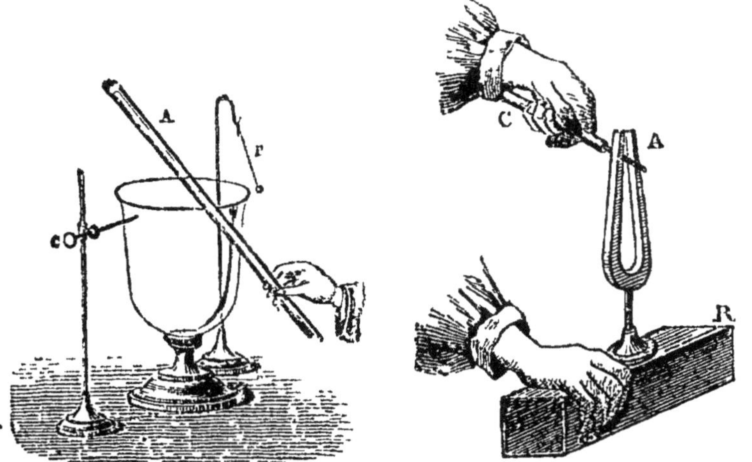

Fig. 120. — Vibration d'une cloche en verre   Fig. 121. — Diapason.

vivement un cylindre entre ses deux branches ; le son obtenu est renforcé par une petite caisse servant de *résonateur.*

208. Transmission du son. — *Le son se transmet dans un milieu élastique, et non dans le vide.*

Si l'on introduit une clochette dans un ballon, ou un timbre sous la cloche de la machine pneumatique (fig. 122), le son diminue de plus en plus à mesure qu'on fait le vide, et il finit par ne plus être perceptible.

Dans un milieu élastique, le mouvement vibratoire se transmet de proche en proche par l'ébranlement successif des molécules. On peut se faire une idée de ce mode de propagation, au moyen d'une série de billes d'ivoire (fig. 123) suspendues de manière que leurs centres

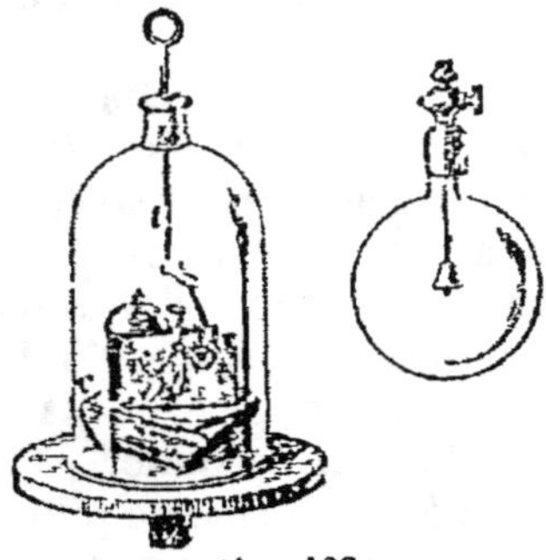

Fig. 122.

Production du son dans le vide.

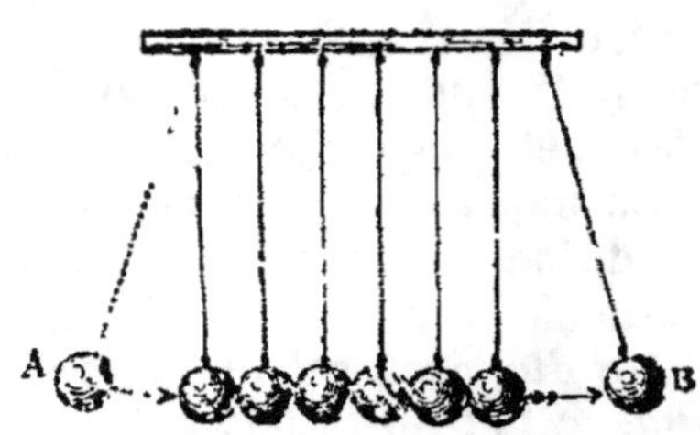

Fig. 123 — Transmission du choc.

soient en ligne droite. Ces billes nous représentent alors une file de molécules. Si on écarte la première A de sa position d'équilibre, et qu'on l'abandonne ensuite à elle-même, elle frappe la deuxième, qui transmet son mouvement à la troisième ; celle-ci ébranle la quatrième, et ainsi de suite, de sorte que finalement la dernière B est repoussée vers la droite. Après s'être élevée à une certaine hauteur, cette bille B retombe, et les mêmes phénomènes se reproduisent en sens inverse.

Dans le mouvement de propagation du son, il y a transmission rapide du mouvement, mais non transport des molécules ; chacune d'elles n'oscille que dans des limites restreintes, autour de sa position d'équilibre.

Dans l'air et les milieux homogènes, le son se propage dans tous les sens autour du centre de vibration, à la manière des ondes que l'on voit se propager à la surface d'une eau tranquille, autour du point où l'on a jeté une pierre.

209. Vitesse du son dans l'air. — Le son parcourt environ 340 mètres par seconde, à la température ordinaire (12°) ; cette vitesse diminue avec la température ; elle n'est plus que de 331 mètres à 0°. Elle est la même pour tous les sons, aigus ou graves ; sans quoi, la musique exécutée par un orchestre ne pourrait pas être écoutée à distance.

Expérience du Bureau des longitudes entre Montlhéry et Villejuif. — De chacune des stations de Montlhéry et Villejuif, on tirait un coup de canon à cinq minutes d'intervalle ; la lumière se transmettait instantanément, le son s'entendait un certain temps après l'apparition de la lumière ; en divisant l'espace qui sépare Villejuif de Montlhéry (18613 mètres) par le temps que met le son à parcourir cette distance (55 secondes), on trouve à peu près 340 mètres par seconde.

APPLICATION. — Pour calculer la distance à laquelle on se trouve d'un nuage orageux, il suffit de multiplier 340 mètres par le nombre de secondes qui s'écoulent entre l'apparition de l'éclair et le moment où l'on entend le tonnerre.

210. Vitesse du son dans les liquides et les solides. — Dans les *liquides*, la vitesse du son est plus grande que dans l'air. Dans l'eau à 8° (lac de Genève), elle est de 1435 mètres par seconde.

Dans les *solides*, cette vitesse est encore plus grande que dans les liquides. L'expérience faite sur les fils télégraphiques de Paris à Versailles a fourni 3485 mètres par seconde.

Les solides transmettent les vibrations sonores avec plus d'intensité que les gaz. Si l'on tient à la main des pincettes que l'on frappe avec le doigt, le son perçu est faible; mais que l'on suspende les pincettes par un fil de métal tenu entre les dents, on croira entendre le bourdonnement d'une grosse cloche.

211. Réflexion du son. — Lorsque le son rencontre un obstacle, il se réfléchit, c'est-à-dire change de direction. Les

Fig. 124. — Concentration des sons par réflexion.

lois de la réflexion du son sont analogues à celles de la réflexion de la chaleur et de la lumière.

1re Loi. — *Le rayon sonore incident et le rayon réfléchi sont dans le même plan, perpendiculaire à la surface réfléchissante.*

2e Loi. — *L'angle d'incidence est égal à l'angle de réflexion.*

Les miroirs concaves (n° 144) peuvent concentrer à leur foyer les rayons sonores aussi bien que les rayons lumineux ; c'est ce que montre l'expérience représentée par la figure 124.

212. Écho. — L'écho est la répétition d'un son qui s'est réfléchi contre un obstacle. Un son émis entre deux murs parallèles, situés à une certaine distance, est réfléchi plusieurs fois ; mais l'écho s'affaiblit de plus en plus, il semble alors que le son s'éloigne. L'écho s'observe dans les salles acoustiques, dans les grandes églises, au-dessous des nuages, etc.

Pour obtenir un écho, il faut que l'on soit placé au moins à 34 mètres de la surface réfléchissante. A cette distance minimum, on n'obtient qu'un écho monosyllabique.

QUESTIONNAIRE. — Qu'est-ce que l'acoustique ? — Qu'est-ce que le son ? — Qu'appelle-t-on bruit ? — Quand dit-on qu'un corps vibre ? — Qu'est-ce que l'amplitude d'une vibration ? — Comment peut-on produire un son ? — Qu'est-ce qu'un diapason ? Le son se transmet-il dans le vide ? — *Expliquez le mécanisme de la transmission du son, en vous servant comme exemple de l'appareil d billes d'ivoire.* — Comment a-t-on déterminé la vitesse du son dans l'air ? — Suivant quelles lois se réfléchit un rayon sonore ? — Expliquez le phénomène de l'écho.

EXERCICES. — 1. Neuf secondes se sont écoulées entre le moment où l'on a vu la fumée sortir d'un canon et celui où le son a été entendu. A quelle distance se trouve-t-on du canon ?

2. Une batterie est placée sur une hauteur distante de 9 208 mètres du point que l'on occupe. Après combien de temps entendra-t-on ses décharges ?

3. Une pierre tombe au fond d'un puits de mine qui a 326 mètres de profondeur. Quel temps s'écoule entre le moment où l'on abandonne la pierre et celui où l'on entend le son ?

4. Un régiment en marche sur une chaussée rectiligne s'avance par rangs, tambours en tête. La distance qui sépare les rangs est de 3 mètres, et il faut une 1/2 seconde à chaque homme pour faire un pas. Les hommes se mettent en marche au premier son du tambour. Cela posé, on demande quels sont les rangs qui commenceront leur premier pas, quand les premiers soldats commenceront leur deuxième, troisième et quatrième pas ?

5. Un observateur et le corps sonore dont il veut entendre les sons par réflexion, sont aux extrémités de la base d'un triangle isocèle dont le sommet est sur la muraille qui produit l'écho. La base du triangle mesure 10 mètres, sa hauteur 25 mètres. Déterminer le temps qui s'écoulera entre la perception du son direct et celle du son réfléchi.

CHAPITRE II

QUALITÉS DU SON

213. Définition. — On entend par *qualités* des sons les propriétés particulières d'après lesquelles nous les distinguons les uns des autres.

Ces qualités sont : la *hauteur*, l'*intensité* et le *timbre*.

214. Hauteur du son. — La *hauteur* d'un son est la place plus ou

moins élevée qu'il occupe dans l'échelle musicale entre les sons les
plus graves et les sons les plus aigus. Elle dépend de la rapidité des
vibrations exécutées par le corps sonore. Suivant que le corps vibre
plus ou moins rapidement, il produit des *sons aigus* ou des *sons graves*.

On mesure la hauteur d'un son par le nombre des vibrations que
le corps sonore exécute pendant une seconde. Cette détermination se
fait au moyen de la sirène, ou par la méthode des compteurs graphiques.

Sirène de Cagniard-Latour. — La sirène (fig. 125) se compose
d'une boîte cylindrique H dans laquelle on insufle de l'air par le

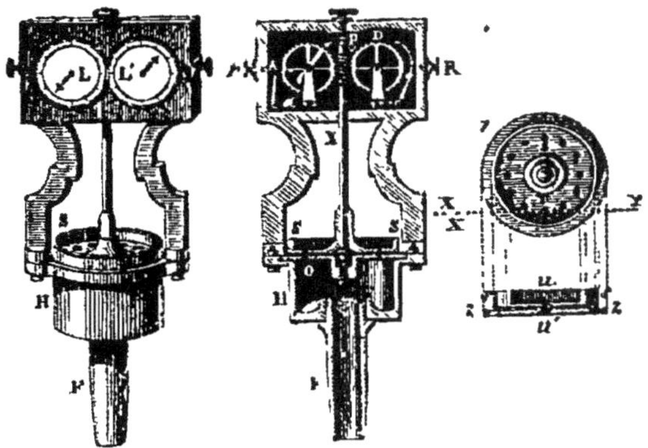

Fig. 125. — Sirène de Cagniard-Latour.

1. Vue extérieure. — 2. Coupe ; F, prise d'air. — H, chambre à air. — OO, ouverture du plateau inférieur et du plateau supérieur SS. — X, axe avec sa vis sans
fin V. — A, roue des tours. — D, roue des centaines de tours. — *l*, doigt qui
fait avancer d'une dent la roue D. — 3. Plateau : face et section, *x*, *y* des
deux plateaux et des trous *uu'*.

conduit F. La face supérieure de cette boîte présente, vers sa circonférence, une série d'ouvertures équidistantes, qui traversent obliquement la paroi, et qui sont situées dans des plans perpendiculaires aux
rayons de la circonférence.

Tout près de ces ouvertures, se trouve un disque S mobile autour
de l'axe X, et portant un nombre égal d'ouvertures, inclinées en sens
inverse, et situées en regard des premières pour une position convenable du disque.

Au moyen d'un levier R on peut amener l'axe X à faire mouvoir un
système de roues qui permet de lire sur les cadrans L et L' le nombre
de tours effectués par le disque mobile.

L'air qui arrive dans la sirène s'échappe par les ouvertures du
disque fixe, et vient frapper obliquement celles du disque mobile qui,
sous cette impulsion, prend un mouvement de rotation plus ou moins
rapide suivant la force du courant d'air. Il en résulte une série d'interruptions dans la sortie de l'air. Ces interruptions se produisent

chaque fois que les ouvertures des deux disques cessent d'être en coïncidence. Comme elles se répètent à des intervalles de temps égaux et très courts, ces interruptions impriment à l'air un mouvement vibratoire, qui produit un son plus ou moins élevé suivant la rapidité de la rotation.

On règle le courant d'air de manière que la sirène soit à l'unisson avec le son dont on cherche la hauteur. On met alors en mouvement le compteur pendant un temps déterminé, t secondes, par exemple. Si le disque a n trous, et s'il a fait N tours pendant ce temps, le nombre des interruptions, c'est-à-dire le nombre des vibrations de l'air pendant une seconde, aura pour expression :

$$\frac{n \times N}{t}$$

Cet appareil est peu précis, car il est difficile de maintenir le son de la sirène à une hauteur constante pendant un temps un peu long ; d'autre part, il faut une oreille très exercée pour juger si le corps sonore et la sirène sont bien à l'unisson.

Méthode des compteurs graphiques. — Cette méthode est facilement applicable aux diapasons. On fixe à l'une des branches un style très léger, un crin de brosse, par exemple, et, pendant que le diapason vibre, on promène devant lui une plaque de verre recouverte de noir de fumée. Le style trace sur le noir de fumée une ligne sinueuse dont chaque sinuosité correspond à une vibration. Il suffit donc de compter ces sinuosités, et de diviser le nombre trouvé par le nombre de secondes employées pour les tracer.

215. Intervalles. — On appelle *intervalle* de deux sons le rapport de leurs nombres de vibrations, le numérateur correspondant au son le plus aigu. Lorsque ce rapport est simple, les sons, entendus simultanément, produisent une impression agréable à l'oreille : on dit qu'il y a *consonance*.

La consonance est d'autant plus parfaite, que le rapport qui mesure l'intervalle est plus simple. Les intervalles les plus consonants son les suivants :

Unisson	$\frac{1}{1}$	Quarte	$\frac{4}{3}$
Octave	$\frac{2}{1}$	Tierce majeure	$\frac{5}{4}$
Quinte	$\frac{3}{2}$	Tierce mineure	$\frac{6}{5}$

On dit qu'un son est l'*octave aiguë* d'un autre, lorsqu'il correspond à un nombre double de vibrations par seconde. Inversement, le deuxième son est l'*octave grave* du premier.

Quand on fait entendre simultanément plus de deux sons, dont les nombres de vibrations présentent des rapports simples, on obtient un *accord multiple*. Les accords les plus remarquables sont l'*accord parfait majeur* et l'*accord parfait mineur*. Pour le premier, les nombres de vibrations sont entre eux comme les nombres 4, 5 et 6, et, pour le second, comme les nombres 10, 12 et 15.

En prenant le plus grave pour son fondamental, les intervalles de l'accord parfait majeur seront 1, ⁵/₄ et ³/₂; il se compose donc du son fondamental, de la tierce majeure et de la quinte. Les intervalles de l'accord parfait mineur seront 1, ⁶/₅ et ³/₂; il est donc formé du son fondamental, de la tierce mineure et de la quinte.

216. Gamme. — La *gamme* est une série de sept sons, formant une suite d'intervalles qui semblent dictés par la nature de notre oreille; ces intervalles sont les mêmes pour toutes les gammes.

Les notes de la gamme d'*ut* sont : *ut, ré, mi, fa, sol, la, si.* Ces noms leur viennent des syllabes qui commencent les premiers hémistiches de l'hymne de saint Jean-Baptiste.

Les intervalles de la gamme sont, par rapport à la note fondamentale ou *tonique* :

ut	ré	mi	fa	sol	la	si	ut₂
1	$\frac{9}{8}$	$\frac{5}{4}$	$\frac{4}{3}$	$\frac{3}{2}$	$\frac{5}{3}$	$\frac{15}{8}$	2

On accorde les instruments sur une note invariable, le *la normal*, donné par le diapason normal; il correspond à 870 vibrations simples par seconde.

217. Intensité du son. — L'*intensité* du son est l'énergie avec laquelle les vibrations sonores sont transmises à notre tympan.

L'*intensité* du son dépend : 1° de l'amplitude des vibrations du corps sonore; 2° de la distance comprise entre ce corps et l'oreille de l'observateur. *L'intensité du son est inversement proportionnelle au carré de la distance du corps sonore à l'oreille de l'observateur.*

D'après cette loi, l'intensité diminue quand on s'éloigne du corps sonore, à moins cependant que l'on oblige les ondes sonores à suivre une direction déterminée : par exemple, dans un tube à surface lisse. C'est ce que l'on obtient au moyen du porte-voix, du cornet acoustique (fig. 126).

On utilise les *tubes acoustiques* dans certaines maisons, à bord des navires, ou pour communiquer d'un étage à l'autre. Il est vrai qu'aujourd'hui le téléphone a remplacé presque partout les tubes acoustiques.

Les corps mous, comme la ouate, les étoffes, affaiblissent considérablement les sons. Un tapis moelleux étouffe le bruit des pas; d'épaisses tentures rendent une salle sourde, comme des tentures noires l'assombrissent. Un piano perd de sa sonorité dans une pièce garnie de tapis et de draperies.

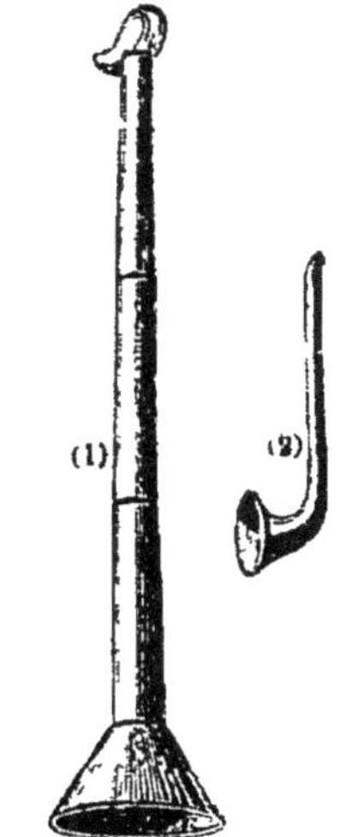

Fig. 126. — 1. Porte-voix.
2. Cornet acoustique.

218. Timbre du son. — Le *timbre* est la qualité qui différencie entre eux les sons qui ont la même hauteur et la même intensité; il permet de distinguer les différents instruments, les voix. Le timbre est dû à un système de sons secondaires (*harmoniques*) qui se produisent en même temps que le son fondamental.

On appelle *harmoniques* d'un son une série de sons dont les nombres de vibrations par seconde sont proportionnels à la suite des nombres entiers 1, 2, 3... Le premier harmonique est donc l'octave ; le second, la quinte de l'octave ; le troisième, la deuxième octave, etc.

Le timbre d'un son provient des intensités relatives de ses divers harmoniques.

QUESTIONNAIRE. — Qu'entend-on par les qualités du son ? Quelles sont ces qualités ? — *Qu'est-ce que la hauteur du son ? De quoi dépend-elle ? — Donnez la description de la sirène. Pourquoi rend-elle un son quand un courant d'air la traverse ? A quoi sert-elle ? Décrivez la marche d'une expérience — Comment mesure-t-on la hauteur d'un son par la méthode des compteurs graphiques ? — Qu'appelle-t-on intervalle de deux sons ? — Quels sont les intervalles les plus consonants ? — Quels sont les intervalles qui composent les accords parfaits ? — Qu'est-ce que la gamme ? — Quels sont les intervalles des notes de la gamme ?*

Qu'est-ce que l'intensité du son ? De quoi dépend-elle ? Quel est l'effet des corps mous sur l'intensité ? — De quoi dépend le timbre des sons ? — Qu'appelle-t-on harmoniques ?

EXERCICES. — 1. Calculer la hauteur du son rendu par une sirène et soutenu pendant 30 secondes, sachant que l'aiguille des tours du plateau s'est déplacée de 90 divisions, et l'aiguille des centaines de tours de 40. Le plateau porte 15 ouvertures.

2. La tonique d'une gamme correspond à 520 vibrations par seconde. Calculez le nombre de vibrations correspondant à l'octave aiguë, à la quinte et à la tierce majeure.

3. Une roue porte 180 dents sur sa circonférence et fait 4 tours par seconde. Quel devrait être le nombre des dents d'une seconde roue qui fait 5 tours par seconde, pour qu'en appuyant une carte sur les dents de ces deux roues l'intervalle des sons rendus soit une quinte ?

CHAPITRE III

VIBRATION DES CORDES. — TUYAUX SONORES

I. Vibrations transversales des cordes.

219. Cordes vibrantes. — On appelle *cordes*, en acoustique, des fils en métal ou en boyaux, tendus entre deux points fixes. On les fait vibrer transversalement en les pinçant avec les doigts (guitare), en les frottant avec un archet (violon) ou en les frappant avec un petit marteau (piano).

220. Lois des vibrations transversales des cordes. — Le nombre des vibrations effectuées par une corde en une seconde, est :

1° *Inversement proportionnel au diamètre de la corde;*
2°   »   »   *à la longueur*   »
3°   »   »   *à la racine carrée de la densité;*
4° *Directement proportionnel à la racine carrée du poids tenseur*
Toutes ces lois sont résumées dans la formule :

$$N = \frac{1}{2RL} \sqrt{\frac{gP}{\pi d}}$$

N étant le nombre de vibrations par seconde; R, l. et *d*, le rayon, la longueur et la densité de la corde; P, le poids tenseur; *g*, l'accélération de la pesanteur, et π le rapport de la circonférence au diamètre.

On vérifie ces lois au moyen du sonomètre (fig. 127).

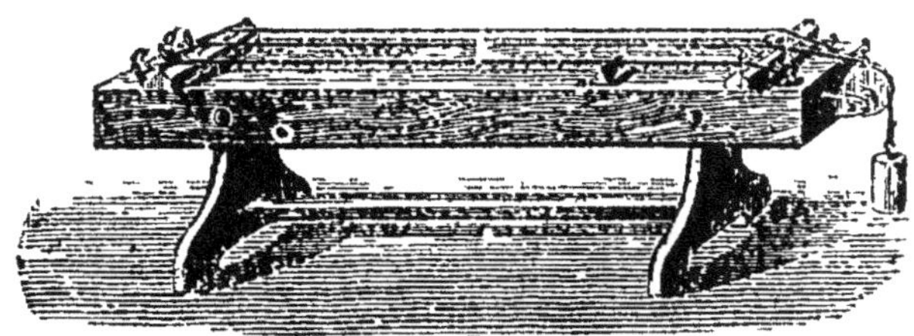

Fig. 127. — Sonomètre.

Le *sonomètre* est une caisse sonore, portant sur sa longueur une règle divisée, et deux cordes tendues, l'une au moyen d'une clef, l'autre par des poids qu'on y suspend.

221. Instruments à cordes. — Les *instruments à cordes* se composent d'un système de cordes, tendues sur une caisse sonore destinée à renforcer l'intensité des sons. Les uns ont un nombre de cordes égal au nombre des sons qu'ils doivent rendre; tels sont le piano, la harpe. La longueur des cordes est alors fixe et d'autant plus petite, que le son rendu est plus aigu. Les autres n'ont qu'un petit nombre de cordes; mais alors, au moyen des doigts convenablement placés, on raccourcit la longueur de la partie vibrante, de manière à produire des sons plus élevés; tels sont le violon, le violoncelle, la contrebasse.

Pour augmenter le diamètre en même temps que la densité des cordes qui doivent rendre les sons les plus graves, on entoure ces cordes d'une gaine métallique constituée par un fil de cuivre enroulé en spirale.

II. Tuyaux sonores.

222. Définition. — Les *tuyaux sonores* sont des tubes dans lesquels le son est produit par la vibration de la colonne d'air qu'ils renferment. On distingue les *tuyaux à bouche* et les *tuyaux à anche.*

La hauteur du son est indépendante de la matière du tube ; le timbre seul en dépend.

223. Tuyaux à bouche. — Dans les tuyaux à bouche, l'air pénètre par une fente (fig. 128), vient se briser contre un biseau, et produit un sifflement formé d'un grand nombre de sons discordants, parmi lesquels le tuyau en choisit un pour le renforcer.

On trouve des *tuyaux à bouche* dans le sifflet, la flûte, le flageolet.

224. Tuyaux à anche. — Une anche est une petite lame métallique fixée par l'une de ses extrémités, et fermant incomplètement une ouverture que l'air doit traverser (fig. 129).

Le timbre des tuyaux à anche est éclatant et nasillard ; il n'a pas le moelleux des sons rendus par les tuyaux à bouche. On peut modifier la hauteur du son au moyen d'une *rasette*, qui règle la longueur de la partie vibrante de la lame.

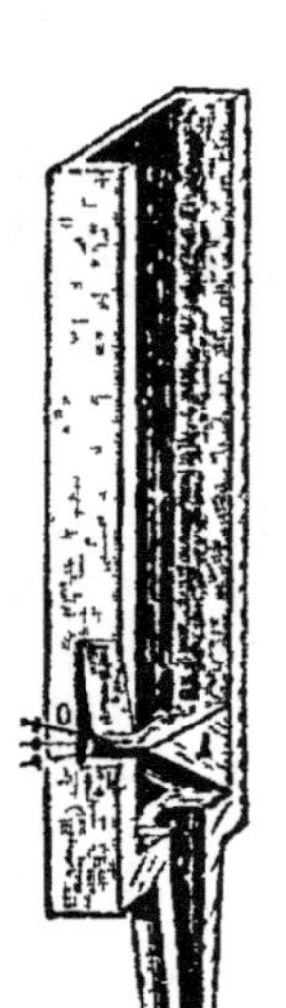

Fig. 128.

Tuyau à bouche.

Fig. 129. — Tuyau à anche.
a, anche ; *r*, rasette ;
C, cornet de résonance ;
p, porte-vent ou pied.

Les tuyaux à anche sont utilisés dans les *harmoniums*, les *clarinettes*, les *hautbois*, les *bassons*. Dans les instruments à *embouchure de cor*, les lèvres font l'office d'*anche*. *Ex. :* l'ophicléide, le cornet à pistons.

225. Mouvement vibratoire dans un tuyau. — Quand un tuyau rend un son, la colonne d'air qu'il renferme se partage en segments vibrants ou *ventres*, séparés par des tranches appelées *nœuds*, où le mouvement vibratoire est nul. Deux ventres consécutifs sont toujours séparés par un nœud.

Pour constater la présence des nœuds et des ventres, il suffit de faire descendre dans le tuyau une petite membrane horizontale saupoudrée de sable (fig. 130). On voit celui-ci sautiller dans les régions correspondant aux ventres, et demeurer immobile à chacun des nœuds.

Fig. 130.
Vibration de l'air.

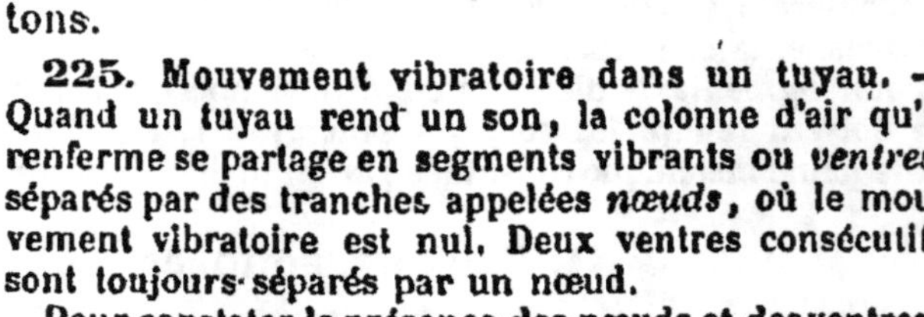

En augmentant la puissance du courant d'air qui fait vibrer l'air du tuyau, on peut modifier le nombre des nœuds et des ventres, et lui faire rendre des sons de plus en plus élevés, qui sont les harmoniques du son fondamental.

226. Lois des tuyaux. — La hauteur du son fondamental rendu par un tuyau est en raison inverse de sa longueur.

Un tuyau dont l'extrémité est fermée rend un son qui est l'octave grave du son rendu par un tuyau ouvert de même longueur.

Les harmoniques rendus par un tuyau ouvert sont entre eux comme la suite naturelle des nombres entiers, tandis que, pour les tuyaux fermés, ils sont entre eux comme la suite naturelle des nombres impairs.

227. Instruments à vent. — Certains instruments, comme le clairon, le cor, sont des tuyaux de longueur fixe. Les sons qu'ils rendent sont donc des harmoniques du son fondamental. D'autres sont des tuyaux de longueur variable. Les variations de longueur sont obtenues au moyen de pistons, comme dans le cornet, la basse; ou par une coulisse, comme dans le trombone. Dans la flûte, le hautbois, la clarinette, le basson, l'ophicléide, les variations de hauteur s'obtiennent en ouvrant ou en fermant de petites ouvertures, qui modifient le nombre et la position des nœuds et des ventres de la colonne d'air en vibration.

QUESTIONNAIRE. — *Qu'appelle-t-on cordes vibrantes ? — Écrivez la formule générale qui exprime le nombre de vibrations rendues par une corde, et donnez-en l'explication. — Qu'est-ce que le sonomètre ? A quoi sert-il ? — Comment modifie-t-on la hauteur du son rendu par une corde dans le violon ? — Pourquoi entoure-t-on d'un fil métallique certaines cordes d'instruments de musique ?*

Par quoi est produit le son dans les tuyaux sonores ? — Comment se fait l'ébranlement de l'air dans les tuyaux à bouche et dans les tuyaux à anche ? — *A quoi sert la rasette ? — Comment se subdivise la colonne d'air en vibration dans un tuyau ? — Énoncez la loi des longueurs. — Dans quels rapports sont les harmoniques rendus par un tuyau ouvert ? — Comment produit-on les variations de hauteur dans les instruments à vent ?*

EXERCICES. — 1. Deux cordes de même diamètre et de même densité ont respectivement 30 et 45 cent. de longueur. Quel est l'intervalle musical des deux notes ?

2. Une corde, de 1m20, donne le *la* normal; de combien faut-il la raccourcir pour qu'elle donne la tierce majeure, puis la quinte ?

3. Quelles sont les longueurs des tuyaux ouverts qui rendent les différentes notes d'une gamme, sachant que celui qui donne le son fondamental a 1m,20 de longueur ?

4. Dans quel rapport sont les longueurs de deux tuyaux ouverts, qui sont à un intervalle d'une quarte ?

CINQUIÈME PARTIE

ÉLECTRICITÉ STATIQUE ET MAGNÉTISME

CHAPITRE I

PHÉNOMÈNES FONDAMENTAUX

228. Électricité. — 1° L'*électricité* est un agent physique, qui se manifeste dans une classe nombreuse de phénomènes, appelés *phénomènes électriques*.

L'électricité est une forme de l'énergie. Sa nature est inconnue ; mais il est probable que l'électricité, comme la chaleur, se réduit à un mode de mouvement. La théorie la plus simple pour exposer et expliquer les phénomènes électriques est fondée sur *l'hypothèse de deux fluides :* on adopte un langage conventionnel, dans lequel l'électricité est assimilée à un fluide invisible et sans poids, auquel on attribue des propriétés spéciales. Ce fluide n'a qu'une existence hypothétique, ou même purement nominale ; mais tout se passe comme s'il existait réellement, avec les propriétés qu'on lui attribue.

2° On appelle encore ÉLECTRICITÉ cette branche de la physique qui a pour objet l'étude des phénomènes électriques. Elle comprend deux parties : *l'électricité statique*, qui s'occupe de l'électricité *en équilibre*, et *l'électricité dynamique*, qui étudie l'électricité *en mouvement*.

I. Développement de l'électricité statique par le frottement.

229. Électrisation par le frottement. — Corps mauvais conducteurs. — 1° Un bâton de verre, frotté avec de la laine, acquiert la propriété d'attirer les corps légers : petits morceaux de papier, moelle de sureau, barbes de plume, feuilles d'or, etc. La cause de ce phénomène est inconnue, on lui donne le nom d'*électricité*, et, afin de pouvoir en parler commodément, on convient de la faire consister en un fluide spécial, que le frottement aurait la propriété de faire apparaître sur les corps.

Un grand nombre de corps *s'électrisent* aussi bien que le *verre*, quand on les frotte en les tenant simplement à la main; tels sont la *résine*, la *gomme-laque*, le *caoutchouc*, le *soufre*, la *soie*, etc.

Fig. 131. — Attraction électrique.

Sur tous ces corps l'électricité reste *localisée*, c'est-à-dire que les points frottés ont seuls la propriété d'attirer les corps légers.

On exprime ce fait en disant que les corps de cette catégorie sont *mauvais conducteurs* de l'électricité, ou qu'ils opposent un obstacle au déplacement du fluide électrique.

230. Corps conducteurs. — Les autres corps, tels que les *métaux*, ne s'électrisent pas lorsqu'on les frotte en les tenant simplement à la main; mais ils s'électrisent lorsqu'on les tient par un manche de verre, de caoutchouc durci, ou de tout autre mauvais conducteur; de plus, la propriété attractive ne s'y manifeste pas seulement aux points frottés, mais en tous les points de la surface.

C'est ce qu'on exprime en disant qu'ils sont CONDUCTEURS de l'électrité, ou qu'ils n'opposent aucune résistance au déplacement du fluide électrique.

Les *métaux*, le *bois*, le *chanvre*, le *corps humain*, le *sol*, etc., sont *bons conducteurs*.

Un conducteur électrisé, mis en communication avec le sol par un fil métallique, par le corps humain ou par tout autre conducteur, perd immédiatement toute trace d'électricité. On dit que le fluide électrique se répand sur les conducteurs et s'écoule dans le sol.

231. Isolants. — Les corps mauvais conducteurs prennent aussi le nom d'ISOLANTS.

Si l'on ne peut pas électriser un corps conducteur en le tenant simplement a la main, c'est parce que le fluide électrique s'en échappe par le corps de l'expérimentateur. Il faut donc l'isoler en le tenant par un manche mauvais conducteur, qui oppose une barrière au fluide et l'empêche de s'écouler dans le sol.

L'air est un corps isolant, sans quoi l'électricité se répandrait dans l'atmosphère, et il nous serait impossible de constater aucun phénomène électrique.

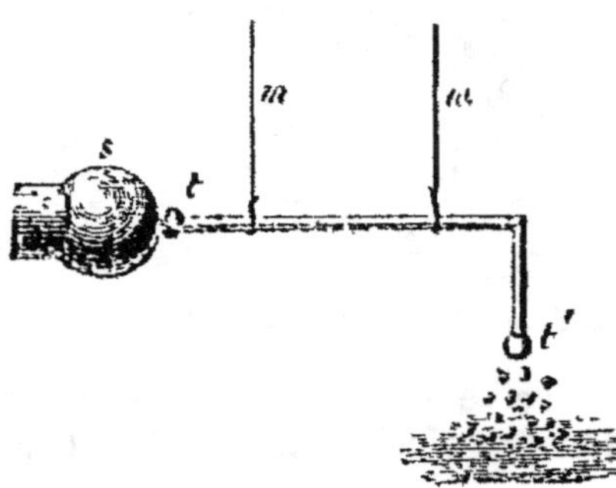

Fig. 132.

S, source d'électricité; m, m, fils de soie (mauvais conducteurs); tt', tige de cuivre (bon conducteur).

232. Communication de l'électricité par le contact. — Au contact d'un corps électrisé, un conducteur isolé s'électrise lui aussi. Le conducteur tt' (fig. 132), isolé par des fils de soie m, m, et en contact avec un corps électrisé s, acquiert la propriété d'attirer les corps légers.

C'est-à-dire que le fluide électrique passe librement d'un conducteur à un autre, mis en contact avec le premier.

233. Pendule électrique. — Le *pendule électrique* (fig. 133)

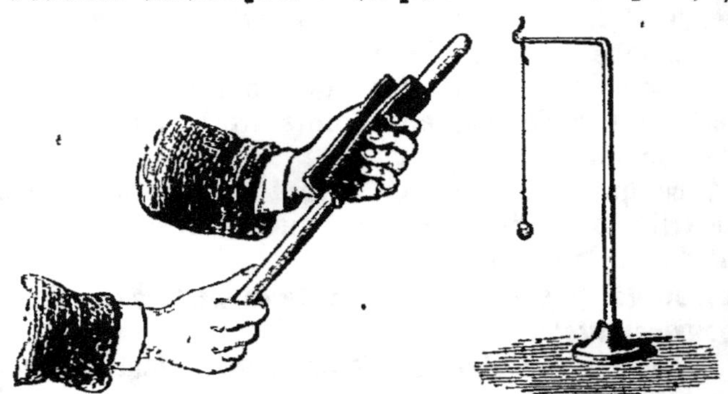

Fig. 133 — Pendule électrique. — Électricité positive.

est une petite balle de sureau suspendue par un fil de soie, c'est-à-dire un conducteur isolé, léger et très mobile. Ce petit appareil est très commode pour reconnaître les attractions ou les répulsions électriques, et pour juger approximativement de leur intensité.

234. Électricité positive et électricité négative. — *Il y a deux électricités différentes : l'ÉLECTRICITÉ VITRÉE ou positive (+) et l'ÉLECTRICITÉ RÉSINEUSE ou négative (—).*

Les électricités de même nom se repoussent; les électricités de noms contraires s'attirent.

On démontre ces propositions par les trois expériences suivantes : à l'aide d'un bâton de verre, d'un bâton de résine et d'un pendule électrique :

1° On frotte le bâton de verre, et on l'approche du pendule électrique (fig. 133). La balle de sureau est vivement attirée; mais si elle vient à toucher le bâton, elle s'électrise à son contact et est aussitôt repoussée.

2° La même expérience réussit avec un bâton de résine : la balle de sureau est d'abord attirée (fig. 134); mais dès qu'elle a touché le bâton, elle est vivement repoussée.

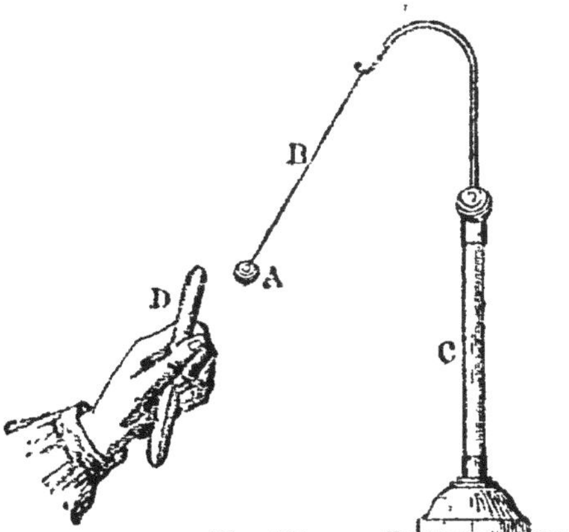

3° Après avoir électrisé la balle de sureau au contact avec l'un quelconque des bâtons, on constate qu'elle est fortement attirée par l'autre bâton.

Fig. 134

Pendule électrique. — Électricité négative.

On résume ces faits en disant que le verre et la résine se chargent de deux électricités différentes, la première *positive*, la seconde *négative;* que deux corps chargés de la même électricité se repoussent, et que deux corps chargés d'électricités différentes s'attirent.

IL N'Y A QUE DEUX ÉLECTRICITÉS; car deux pendules étant électrisés l'un positivement, l'autre négativement, tout corps électrisé attire l'un et repousse l'autre; donc il est chargé soit positivement, soit négativement.

235. Développement simultané des deux électricités. — *Les deux électricités apparaissent toujours ensemble, et en quantités égales.*

Si l'on frotte l'un contre l'autre deux disques formés de substances différentes et tenus par des manches isolants :

1° Chacun de ces disques attire la balle de sureau électrisée au contact de l'autre. Donc ils sont chargés d'électricités contraires.

2° Si l'on applique les disques l'un contre l'autre, ils n'ont pas d'action sur le pendule électrique. Donc ils contiennent les électricités contraires en quantités égales.

236. État naturel. Fluide neutre. — Tout corps non électrisé est dit à l'état *naturel*; il contient en quantités égales du fluide positif et du fluide négatif, qui neutralisent mutuellement leurs effets et constituent ce qu'on appelle le *fluide neutre.*

Le frottement de deux corps l'un contre l'autre fait passer sur l'un une partie du fluide positif de l'autre, et sur celui-ci une partie du fluide négatif du premier; après quoi, l'un manifeste uniquement les propriétés du fluide positif en excès, l'autre celles du fluide négatif.

Un corps électrisé contient une quantité indéfinie de fluide neutre avec un excès d'électricité positive ou d'électricité négative *à l'état libre.* On fait complètement abstraction du fluide neutre pour s'occuper uniquement de l'*électricité libre,* qui intervient seule dans les attractions ou les répulsions électriques.

On peut classer les corps dans un ordre tel, que chacun s'électrise *positivement* quand on le frotte avec l'un quelconque de ceux qui viennent après lui, et *négativement* quand on le frotte avec l'un de ceux qui le précèdent :

1. *Peau de chat;* 2, *verre poli;* 3, *laine;* 4, *bois;* 5, *papier;* 6, *soie;* 7, *résine;* 8, *verre dépoli;* 9, *métaux.*

237. Mesure des actions électriques. — On appelle *charge* ou *masse électrique*, la quantité d'électricité dont un corps est chargé.

L'attraction ou la répulsion qui s'exerce entre deux masses électriques données se mesure au moyen d'un instrument appelé *balance de torsion,* ou balance de Coulomb, du nom de son inventeur.

Loi de Coulomb. — *L'attraction ou la répulsion électrique est proportionnelle aux masses électriques en présence, et inversement proportionnelle au carré de leur distance.*

II. Distribution de l'électricité statique sur les conducteurs.

238. L'électricité se porte à la surface des corps. — *Sur un corps conducteur électrisé, l'électricité ne se manifeste qu'à la surface; l'intérieur est à l'état neutre.*

On vérifie cette propriété à l'aide du PLAN D'ÉPREUVE.

Le plan d'épreuve est un petit disque métallique, fixé perpendiculairement au bout d'une tige isolante. Quand on l'applique sur un corps électrisé, il se charge plus ou moins, suivant la quantité d'électricité qui est accumulée au point touché.

On électrise une sphère métallique (fig. 135) isolée par un pied de verre C, et percée d'une ouverture O.

Si l'on touche cette sphère avec le plan d'épreuve en un point quelconque de la surface *extérieure*, le plan d'épreuve s'électrise, comme on peut le constater en l'approchant d'un pendule électrique.

Si l'on touche la sphère à l'*intérieur*, le plan d'épreuve ne s'électrise pas.

Donc la sphère est électrisée à l'extérieur et non à l'intérieur.

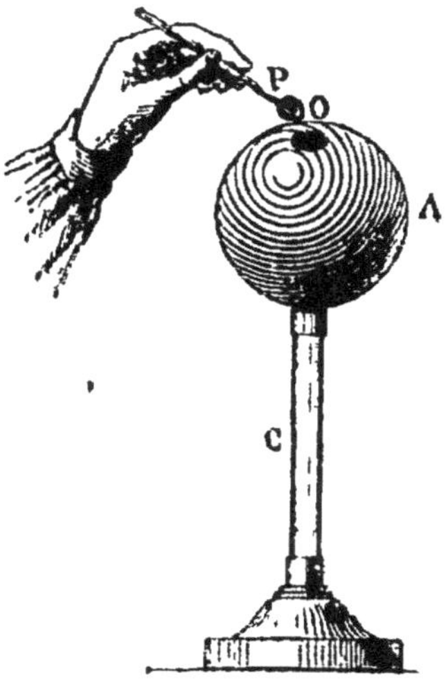

239. Répartition de l'électricité suivant la forme du conducteur.— L'ÉPAISSEUR ÉLECTRIQUE (OU DENSITÉ ÉLECTRIQUE) en chaque point se mesure par la quantité d'électricité dont se charge le plan d'épreuve appliqué en ce point; l'expérience montre qu'elle varie d'un point à un autre suivant la courbure de la surface : elle est faible aux points où la surface est aplatie, elle augmente aux points où la surface se courbe.

Sur une sphère, l'épaisseur électrique est partout la même. L'électricité est donc répartie uniformément sur toute la surface.

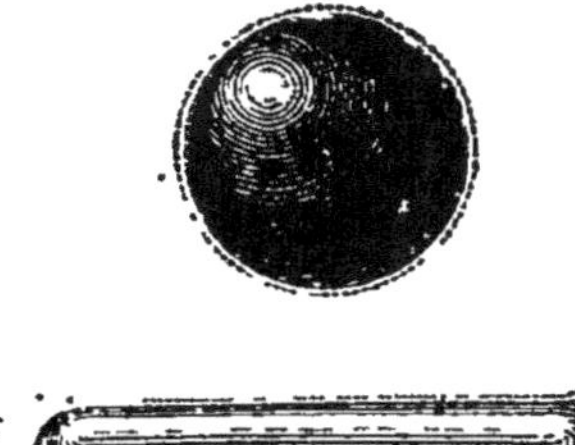

Fig. 135. — L'électricité se répand à la surface des corps

Sur un cylindre terminé par des hémisphères (fig. 136) l'épaisseur est constante le long du cylindre, mais elle augmente aux deux extrémités.

Sur un corps ovoïde *abc* (fig. 137), l'épaisseur électrique est plus grande aux deux bouts que partout ailleurs, et plus grande au point *a* qu'au point *c*. Plus l'extrémité *a* est allongée, plus le fluide s'y accumule et y acquiert d'épaisseur.

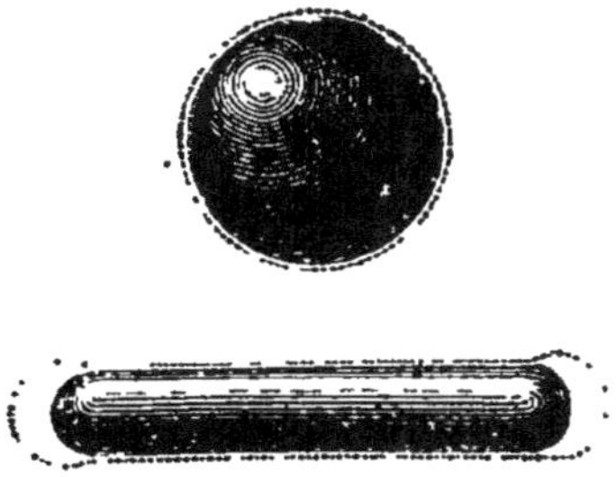

240. Tension électrique. — La *tension* en un point est proportionnelle à l'épaisseur électrique en ce point.

Fig. 136.
Distribution de l'électricité à la surface des corps.

Le fluide électrique agit sur lui-même par répulsion (234), il tend à s'échapper dans l'atmosphère. C'est la pression atmosphérique qui le retient à la surface du conducteur. Mais si l'épaisseur augmente de plus en plus, le fluide s'accumule, la tension augmente, et si elle finit par vaincre la pression atmosphérique, l'électricité s'échappe dans l'air environnant. C'est ce qui explique le *pouvoir des pointes*

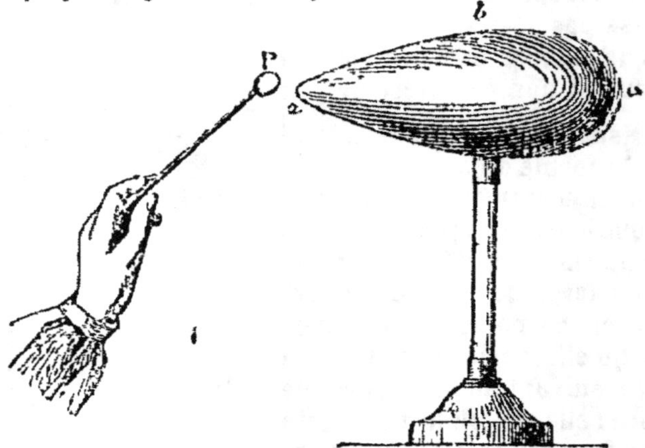

Fig. 137. — Distribution de l'électricité à la surface des corps.

241. Pouvoir des pointes. — *L'électricité s'écoule par les pointes.* Si le conducteur d'une machine électrique est armé d'une pointe, il est impossible de le charger; tout le fluide s'écoule par cette pointe. La tension étant très grandè en ce

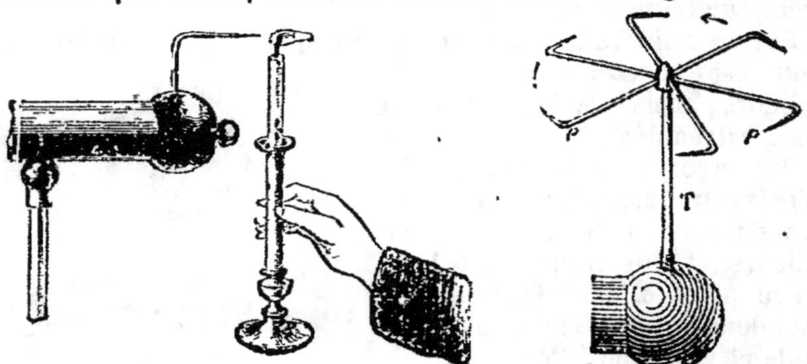

Fig. 138. — Pouvoir des pointes.　　　Fig. 139. — Tourniquet électrique.

point, les molécules d'air, s'y électrisant, sont vivement repoussées et produisent un courant d'air qui semble s'échapper de la pointe (vent électrique). C'est ce que l'on constate simplement avec la main, ou en approchant la flamme d'une bougie, qui se courbe et peut même s'éteindre (fig. 138). Si l'on dispose, sur le conducteur chargé, un système T (fig. 139) formé d'une roue armée de pointes et mobile sur un pivot, l'appareil prend un mouvement de rotation (tourniquet électrique).

Pour éviter la déperdition de l'électricité sur les conducteurs isolés, il faut leur donner une forme sphérique, cylindrique ou arrondie, et éviter dans leur construction toute arête saillante.

242. Niveau électrique (ou potentiel). — *Sur un conducteur électrisé, le niveau électrique est le même en tous les points de la surface (tous les points sont au même potentiel).*

Le NIVEAU ÉLECTRIQUE en un point se mesure par la charge que prend une sphère conductrice de 1 centimètre de rayon, mise en communication lointaine avec ce point (par un fil long et fin).

L'expérience montre que le *niveau* ainsi mesuré a la même valeur pour tous les points du conducteur. C'est ce niveau constant qui caractérise l'état électrique du conducteur. On lui donne le nom de POTENTIEL du conducteur.

243. Analogies hydrostatiques. — L'équilibre de l'électricité sur un conducteur présente des analogies remarquables avec l'équilibre d'un liquide dans un vase; de sorte que les propriétés de l'électricité statique se traduisent fort exactement dans un langage conventionnel emprunté à l'hydrostatique.

1° L'eau contenue dans un vase se moule exactement sur les parois du vase, et l'*épaisseur de la couche liquide* varie d'un point à un autre suivant la forme des parois et du fond; mais la surface libre est horizontale, c'est-à-dire que le *niveau du liquide* est le même pour tous les points.

De même, l'électricité accumulée sur un conducteur se répartit à la surface du conducteur, et l'*épaisseur électrique* varie d'un point à un autre suivant la forme de cette surface; mais le potentiel est constant, c'est-à-dire que le *niveau électrique* est le même en tous les points.

2° La profondeur du liquide dans un réservoir se mesure à l'aide d'une sonde; le niveau de l'eau dans une chaudière fermée est indiqué par un petit tube communiquant (177).

De même, l'épaisseur électrique se mesure à l'aide du plan d'épreuve; le niveau électrique s'évalue au moyen d'un petit conducteur en communication lointaine.

3° Si la quantité d'eau augmente ou diminue, le niveau s'élève ou s'abaisse, et toutes les profondeurs varient de la même quantité.

De même, si la quantité d'électricité augmente ou diminue, le potentiel s'élève ou s'abaisse, et toutes les épaisseurs électriques varient dans le même sens.

4° Quand on fait communiquer par un tube deux vases A, B, il peut se présenter deux cas : Si les surfaces libres de A et de B sont au même niveau, il ne se produit aucun mouvement de liquide; mais si le niveau est plus élevé dans A que dans B, l'eau s'écoule de A vers B jusqu'à ce que les deux surfaces libres soient au même niveau.

De même, quand on fait communiquer par un fil métallique deux conducteurs électrisés, A et B, il peut se présenter deux cas : Si les conducteurs sont au même potentiel, il ne se produit aucun déplacement d'électricité; mais si le potentiel est plus élevé en A qu'en B, l'électricité s'écoule de A vers B, de façon que les deux potentiels s'égalisent.

QUESTIONNAIRE. — Comment se manifeste l'électricité? — Qu'appelle-t-on corps mauvais conducteurs? — corps bons conducteurs? — Peut-on électriser ces derniers? — Qu'appelle-t-on corps isolants? — Qu'est-ce qu'un pendule électrique, et à quoi sert-il? — Comment constate-t-on qu'il y a deux espèces d'électricité? — Quelles sont les actions mutuelles de ces deux électricités? — Énoncez l'hypothèse des deux fluides. — Qu'est-ce que le fluide neutre? — Les deux fluides se développent-ils l'un sans l'autre? — *Avec quel instrument mesure-t-on les actions électriques? — Énoncez les lois de Coulomb.* — Y a-t-il de l'électricité à l'intérieur d'un conducteur électrisé? — Comment se mesure l'épaisseur électrique? — Comment l'électricité se distribue-t-elle sur une sphère? — sur un cylindre? — sur un corps ovoïde? — D'où vient la tension électrique? — Expliquez le pouvoir des pointes. — Comment le met-on en évidence? — Comment évite-t-on la déperdition de l'électricité? — *Par quoi évalue-t-on le niveau électrique? — Qu'est-ce que le potentiel d'un conducteur? — Connaissez-vous quelques analogies hydrostatiques de l'électricité?*

CHAPITRE II

INFLUENCE ÉLECTRIQUE

I. Développement de l'électricité par influence.

214. Expériences fondamentales. — Soit un conducteur isolé

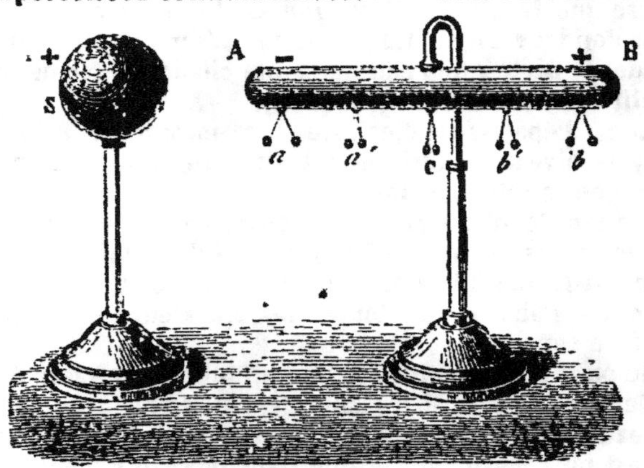

Fig. 140. — Électrisation par influence.

AB (fig. 140), à l'état neutre, et muni de pendules doubles *a*, *a'*, *b*, *b'*, formés de balles de sureau suspendues par des fils

conducteurs. Si l'on approche de ce conducteur une sphère isolée S, électrisée positivement, on peut faire les expériences suivantes, dans lesquelles on constate des phénomènes d'*influence
électrique*, très faciles à expliquer :

1° Quand on approche la sphère S, tous les pendules de AB
divergent, comme l'indique la figure 140.

C'est que le fluide positif de S décompose de loin, par influence, le fluide neutre de AB, attirant le fluide négatif en A
et repoussant le fluide positif en B. Vers le milieu de AB, une
ligne de démarcation reste à l'état neutre.

2° Si on éloigne la sphère, le cylindre revient à l'état naturel.
L'influence ayant cessé, les deux fluides de AB se recombinent
pour donner du fluide neutre.

3° La sphère étant rapprochée, si l'on touche le cylindre avec
le doigt en un point quelconque, les pendules *b, b'* retombent,
et *a, a'* divergent davantage.

Le fluide positif de B, repoussé par celui de S, s'est écoulé
dans le sol, tandis que le fluide négatif de A a été retenu par
l'attraction de la sphère.

4° Si, après avoir retiré le doigt, on éloigne la sphère, tous
les pendules divergent également.

L'électricité négative de A, rendue *libre*, s'est répandue sur
tout le conducteur AB, qui reste chargé d'électricité négative.

245. Étincelle électrique. — Si l'on rapproche de plus en
plus la sphère du cylindre (fig. 140), l'attraction du fluide positif de S et du fluide négatif de A va sans cesse en augmentant. Elle finit par vaincre la résistance de l'air, et les fluides

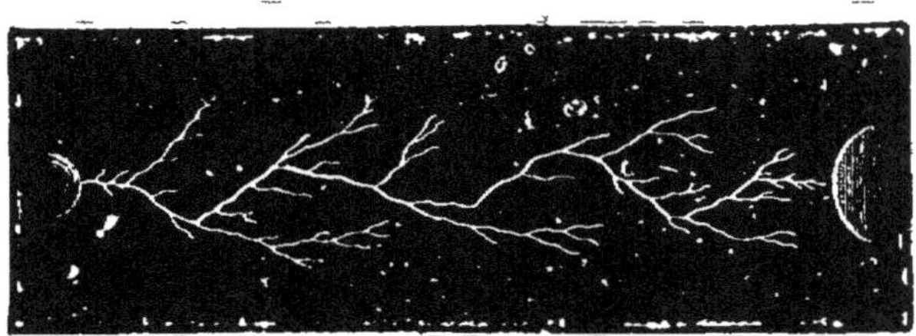

Fig. 141. — Étincelle électrique.

se combinent brusquement à travers l'espace qui les sépare,
en produisant une étincelle appelée *étincelle électrique* (fig. 141).

246. Quantité d'électricité induite. — La sphère électrisée S prend
le nom d'*inducteur*, le corps influencé AB se nomme *induit* (fig. 140).
La quantité d'électricité induite est généralement moindre que la

quantité inductrice; elle ne lui devient égale que si le corps induit entoure complètement la sphère inductrice (cylindre de Faraday).

247. Explication des attractions et des répulsions électriques. — Prenons un pendule (fig. 142) dont la balle de sureau est isolée au moyen d'un fil de soie, et approchons-en un corps chargé d'électricité positive, un bâton de verre, par exemple. Le fluide positif du bâton de verre décompose, par influence, le fluide neutre de la balle, repousse le fluide positif et attire le fluide négatif. Celui-ci étant plus rapproché du bâton que le fluide positif, l'attraction l'emporte sur la répulsion et devient de plus en plus forte à mesure que la distance diminue.

Au moment du contact, une partie du fluide positif du bâton de verre neutralise le fluide négatif de la balle de sureau; celle-ci, étant alors uniquement chargée de fluide positif, est aussitôt repoussée.

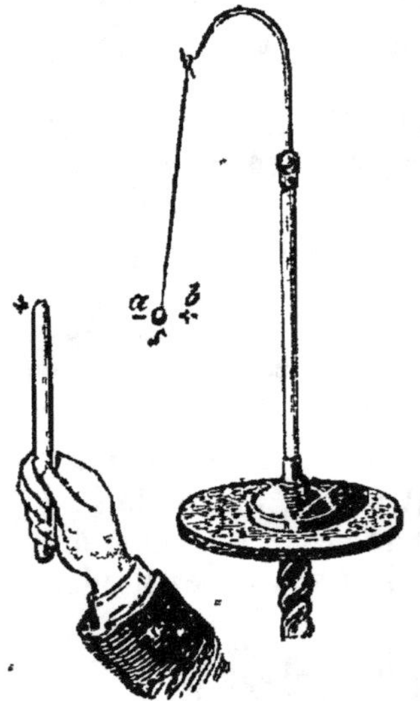

Fig. 142.
Attraction électrique.

Fig. 143. — Électroscope à feuilles d'or.

248. Électroscope à feuilles d'or. — L'*électroscope à feuilles d'or* est un appareil qui sert à reconnaître la présence et la nature de l'électricité d'un corps. Il se compose d'une tige métallique *t*, traversant la partie supérieure d'une cloche en verre et portant deux feuilles d'or *l* et *l'* (fig. 143).

On approche de la tige *t* le corps à étudier; s'il est électrisé, les feuilles divergent. En effet, le fluide neutre de la tige est décomposé par influence; le fluide de même nom que celui du corps est repoussé dans les feuilles d'or, ce qui les fait diverger.

Pour connaître de quelle électricité le corps est chargé, on charge d'abord les feuilles d'or d'une électricité connue, en procédant de la manière suivante. On frotte un bâton de résine, par exemple, et on l'approche à une petite distance de la tige; on touche alors celle-ci avec le doigt; le fluide négatif, refoulé dans les feuilles d'or, s'écoule aussitôt dans le sol, et les feuilles d'or retombent. On retire d'abord le doigt et ensuite le bâton de résine; l'électricité positive, qui était maintenue dans le haut de la tige, se répand dans les feuilles d'or et les fait diverger. L'appareil est ainsi préparé.

On approche ensuite de la tige le corps à étudier. S'il est chargé d'électricité positive, il repousse celle de l'appareil dans les feuilles d'or, alors celles-ci divergent davantage; s'il est chargé d'électricité négative, il attire celle des feuilles d'or, et par conséquent celles-ci divergent moins.

Si, par suite d'une charge trop forte, l'écart des feuilles d'or était trop grand, elles viendraient toucher deux petites bornes métalliques d, d' communiquant avec le sol, et se déchargeraient aussitôt.

II. Machines électriques.

249. Électrophore. — L'*électrophore*, inventé par Volta (fig. 144), se compose d'un gâteau de résine et d'un plateau de bois C, recouvert d'un papier métallique et muni d'un manche isolant.

Si l'on frotte le gâteau à l'aide d'une peau de chat ou d'un morceau de flanelle chaude, la résine se charge d'électricité négative, qui adhère à ce corps mauvais conducteur. On utilise cette électricité de la manière suivante :

1º On pose le plateau sur le gâteau de résine. L'électricité neutre du plateau est décomposée, par influence, en fluide positif, qui est retenu sur la face infé-

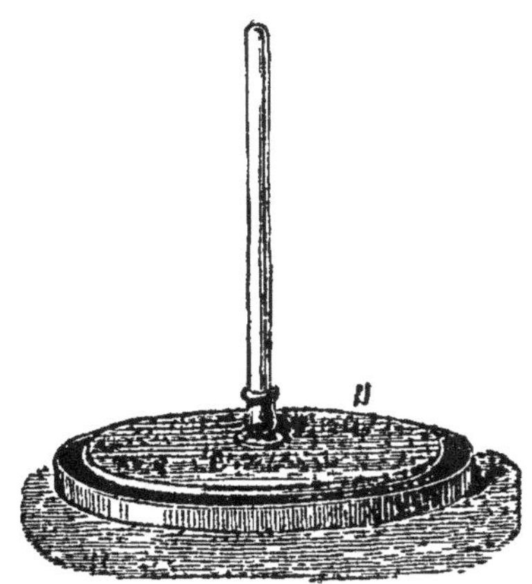

Fig. 144. — Électrophore.

rieure, et en fluide négatif, qui est repoussé à la face supérieure, où il se manifeste par l'écartement des pendules p (fig. 145, 1).

2º On touche du doigt le plateau, les pendules retombent (fig. 145, 2), car le fluide négatif *libre* s'est écoulé dans le sol, et le fluide positif est toujours maintenu à la face inférieure par l'influence de la résine, électrisée négativement.

3° On enlève le doigt, puis on soulève le plateau, les pendules divergent; car le fluide positif, devenu libre, se répand sur le conducteur (fig. 145, 3).

Alors, en touchant du doigt le plateau, on en tire une étincelle.

On peut répéter l'expérience un grand nombre de fois, sans frotter de nouveau le gâteau de résine.

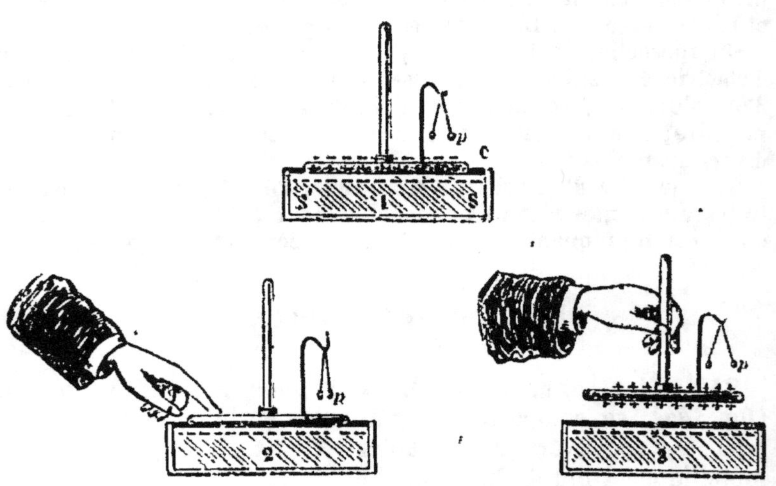

Fig. 145. — Charge de l'électrophore.

250. Machine électrique ordinaire ou machine de Ramsden (fig. 146). — La *machine de Ramsden* a pour but de produire de l'*électricité statique*, au moyen d'un disque de verre passant entre des *frotteurs*; le fluide positif, développé par le frottement, décompose par influence l'électricité neutre des conducteurs métalliques C, C'; l'électricité négative s'échappe par des pointes et vient neutraliser le plateau de verre, tandis que l'électricité positive s'accumule sur les conducteurs C, C'.

251. Fonctionnement de la machine. — Le disque passant entre les frotteurs RR' (fig. 147) s'électrise positivement. Arrivé en F, F', il décompose par influence le fluide neutre des conducteurs, dont l'électricité négative, attirée, s'écoule par les pointes et vient neutraliser l'électricité positive du plateau, tandis que leur électricité positive est repoussée en I. Il y a donc *accumulation* d'électricité positive sur les conducteurs; sa présence, et jusqu'à un certain point sa tension, est signalée par l'*électromètre de Henley*.

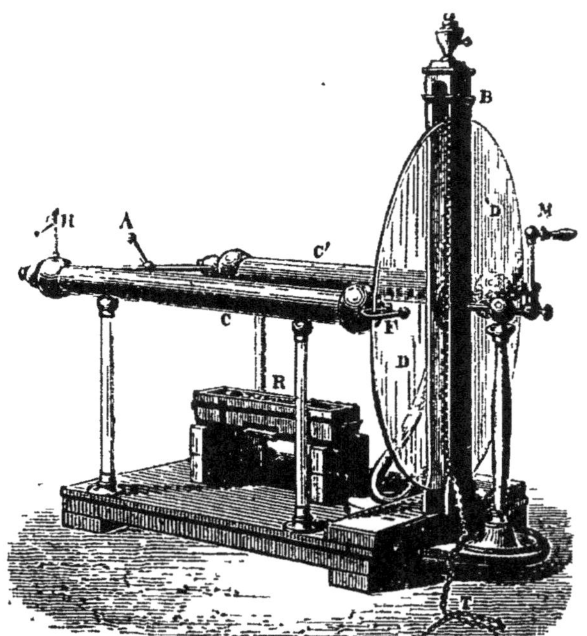

Fig. 146. — Machine électrique de Ramsden.

DD', plateau en verre; M, manivelle; B, montants; F, F', mâchoires; C, C', conducteurs; A, tige mobile du conducteur; H, pendule de Henley; T, chaîne qui rattache les montants au sol; R, réchaud pour combattre l'humidité de l'air.

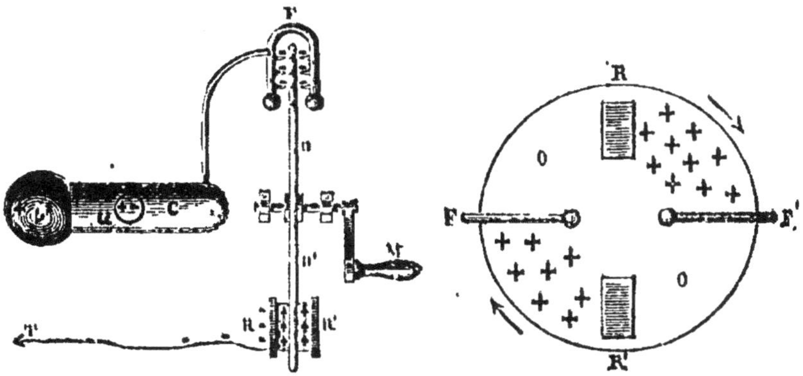

Fig. 147. — Théorie de la machine de Ramsden.
1. Phénomènes d'influence. — 3. État électrique de la roue en mouvement.

282. L'électromètre de Henley (fig. 148) est un petit pendule suspendu par un fil conducteur à une tige également conductrice. La balle de sureau s'écarte d'autant plus de la tige, que la charge électrique est plus forte. L'angle d'écart se lit sur un petit cadran, divisé en parties égales.

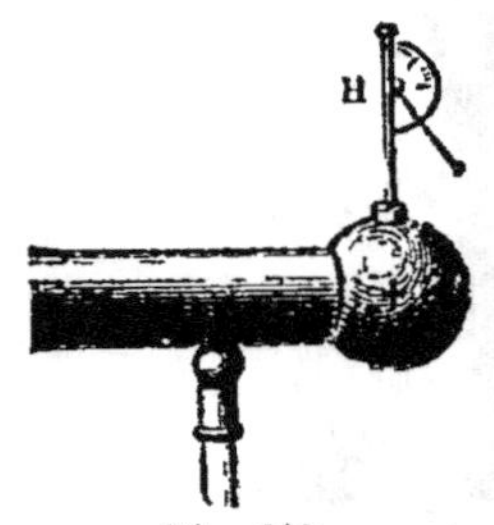

Fig. 148.
Électromètre de Henley.

ORIGINE DE L'ÉNERGIE ÉLECTRIQUE DÉVELOPPÉE DANS LA MACHINE DE RAMSDEN. — L'énergie électrique qui s'accumule sur les conducteurs pendant le fonctionnement de la machine équivaut à une partie de l'énergie mécanique que l'on dépense pour faire tourner le plateau.

La partie de cette énergie mécanique qui ne se transforme pas en énergie électrique est consommée par les frottements qui la transforment en chaleur.

253. Machines électriques de Holtz et de Wimshurst. — Dans la machine de Ramsden, le frottement absorbe en pure perte une grande partie du travail; de plus on ne recueille qu'une seule électricité. On emploie aujourd'hui des machines *à influence, sans frottement, et qui recueillent à la fois les deux électricités.*

La machine de HOLTZ se compose essentiellement d'un plateau de verre qui tourne rapidement, en face des peignes de deux conducteurs A, B. Quand la machine est amorcée, le fluide neutre de ces deux conducteurs est décomposé par un jeu d'influence. Le fluide (+) de A et le fluide (—) de B s'écoulent par les peignes et se recombinent constamment sur le plateau mobile. Le fluide (—) s'accumule donc sur le conducteur A, le fluide (+) sur le conducteur B, et l'on peut faire jaillir entre ces conducteurs de longues étincelles.

La machine de WIMSHURST repose sur les mêmes principes; elle présente sur celle de Holtz l'avantage de s'amorcer plus facilement et de fonctionner même par les temps humides.

254. Courant discontinu. Potentiel et débit. — Les décharges qui se produisent entre les conducteurs d'une machine de Holtz sont un premier exemple d'électricité en mouvement.

Quand la machine est en activité, ses deux conducteurs se chargent incessamment d'électricités contraires, qui exercent l'une sur l'autre une attraction toujours croissante, jusqu'au moment où jaillit une étincelle. Alors les deux fluides se précipitent à la rencontre l'un de l'autre et se recombinent en produisant une détonation accompagnée d'effets lumineux.

Ce mouvement d'électricité est de courte durée, parce que les fluides ne se renouvellent pas assez rapidement sur les conducteurs.

Le débit de la machine, c'est-à-dire la quantité d'électricité qu'elle produit pendant une seconde, se mesure par le nombre des étincelles qui jaillissent entre les conducteurs pour un écartement donné. Ce débit est toujours très faible par rapport à celui d'un générateur d'électricité dynamique (pile, dynamo...).

Par contre, la différence des potentiels des conducteurs d'une machine électrostatique est considérable. A chaque étincelle, la différence de potentiel tombe brusquement a zéro, puis elle augmente continuellement jusqu'à la production d'une nouvelle étincelle. Son maximum se mesure par la longueur de l'étincelle.

En résumé, les machines électrostatiques sont des sources d'électricité qui présentent un potentiel très élevé et un très faible débit.

255. Expériences. — *Carillon électrique.* — On met en communication avec les conducteurs de la machine électrique une tige métallique supportant des timbres A, B, C (fig. 149), entre lesquels sont suspendues des balles métalliques; les fils extrêmes *a, a'* sont conducteurs (fils de lin), tandis que *b, b, c* sont isolants (fils de soie); N relie métalliquement le timbre C au sol. Lorsque la machine est en activité, les balles sont attirées par les timbres A et B, puis, après le contact, repoussées contre le timbre C, où elles se déchargent; le phénomène recommence ensuite indéfiniment.

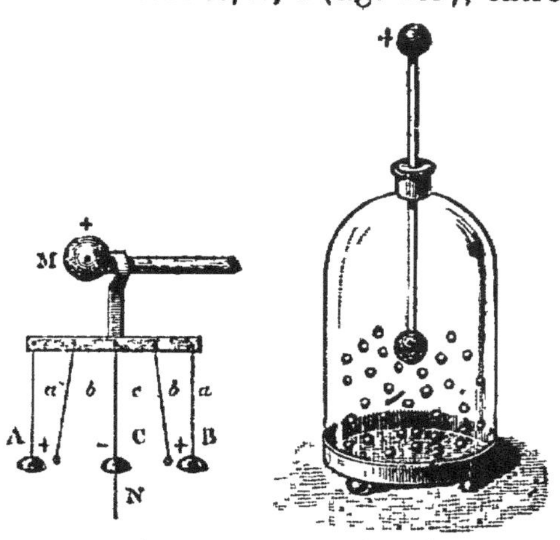

Fig. 149.
Carillon électrique.

Fig. 150.
Grêle électrique.

Grêle électrique. — Sur un plateau conducteur (fig. 150), en communication avec le sol, on met des balles de sureau sous une cloche; la tige métallique qui traverse le bouchon communique avec la machine électrique; quand la machine est en activité, on voit les balles frapper alternativement la sphère intérieure et le plateau métallique : le bruit que produisent ces chocs rappelle celui de *la grêle.*

QUESTIONNAIRE. — Qu'arrive-t-il quand on approche une sphère électrisée d'un cylindre métallique isolé? — Donnez l'explication des phénomènes qu'on observe. — *Pourquoi la balle d'un pendule électrique est-elle attirée quand on en approche un corps électrisé? Pourquoi est-elle repoussée après le contact?* — Décrivez l'électroscope à feuilles d'or. A quoi sert-il? — *Comment le charge-t-on de fluide positif, par exemple?*

Qu'est-ce que l'électrophore? — Comment s'en sert-on? — Donnez-en la théorie. — Décrivez la machine de Ramsden, et expliquez-en la marche. — Qu'est-ce que l'électromètre de Henley? — *Indiquez le principe de la machine de Holtz.* — Décrivez l'expérience du carillon électrique. — Celle de la grêle électrique.

CHAPITRE III

CONDENSATION ÉLECTRIQUE

286. Condensateurs. — Le *condensateur* a pour but d'accumuler l'électricité sur un conducteur, sous l'influence d'un autre conducteur qui se charge lui-même, par influence, d'électricité contraire à celle qui se condense sur le premier.

287. Condensateur à plateaux. — Le *condensateur à plateaux* (fig. 151), appelé aussi *condensateur d'Æpinus*, se compose de deux plateaux conducteurs parallèles isolés A et B

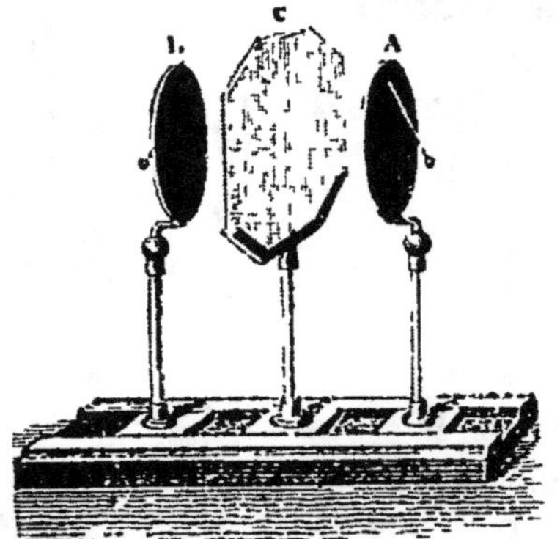

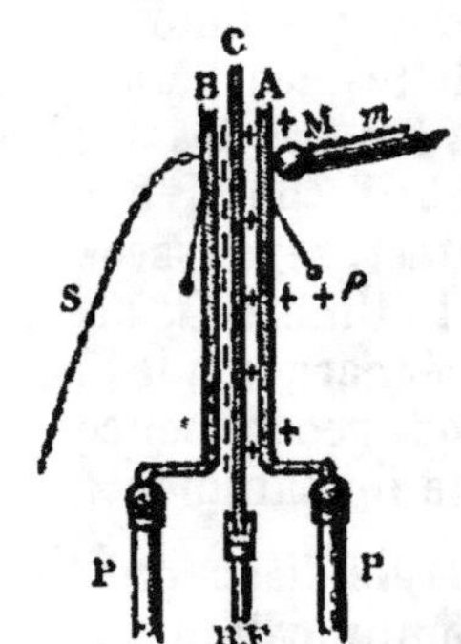

Fig. 151. — Condensateur à plateaux.   Fig. 152. — Charge d'un condensateur

séparés par une lame isolante C, dont ils peuvent se rapprocher ou s'éloigner.

288. Charge des plateaux. — Le plateau A (fig. 152) étant seul en communication avec la machine, le pendule *p* accuse une électrisation positive. Si on approche le plateau B, en communication avec le sol par la chaîne S, le pendule *p* diverge davantage; il y a donc *augmentation* ou *condensation* d'électricité positive en A. Cette condensation provient de ce que le fluide (+) de A décompose par influence le fluide neutre de B repoussant le fluide (+) dans le sol et attirant le fluide (—). Ce dernier réagit sur le fluide de la machine et l'attire en plus grande abondance sur le plateau A.

La lame de verre permet de rapprocher les plateaux sans amener la production d'étincelles.

Si l'on isole le plateau A de la machine électrique, il reste chargé d'électricité positive; de même si on isole le plateau B du sol et qu'on l'éloigne de A, il reste chargé d'électricité négative.

Le plateau A porte le nom de plateau *collecteur*, et B celui de plateau *condensateur*.

259. Condensateur à lame de verre. — Le *condensateur à lame de verre* n'est autre chose que le condensateur à plateaux, légèrement modifié. Pour le construire (fig. 153), on prend une lame de verre et

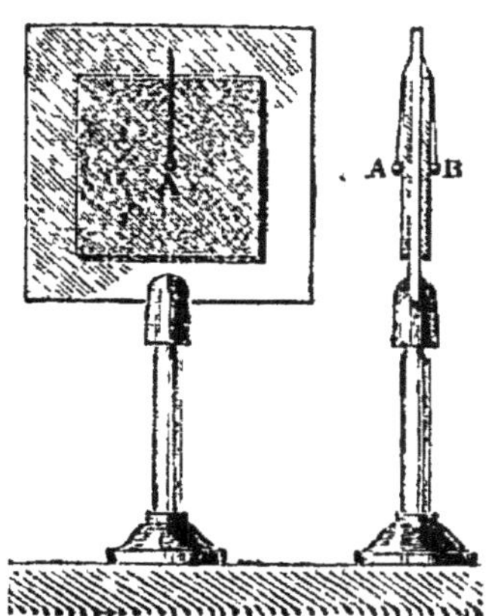

Fig. 153.
Condensateur à lame de verre.

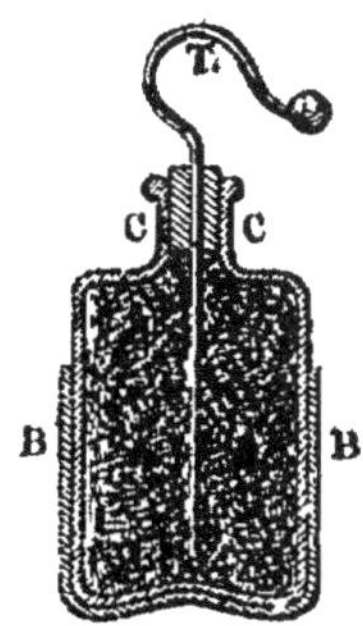

Fig. 154.
Bouteille de Leyde.

on colle sur chacune de ses faces une feuille métallique qui jouera le rôle de plateau. Cet appareil porte encore le nom de *carreau fulminant*.

260. Bouteille de Leyde. — La *bouteille de Leyde* est un simple condensateur à lame de verre, dans lequel cette lame est remplacée par le verre d'une bouteille.

Elle se compose (fig. 154) d'un flacon de verre renfermant des feuilles de clinquant (*armature intérieure*). Une tige métallique T, traversant le bouchon, plonge dans ces feuilles. Le flacon est enveloppé, jusqu'aux deux tiers de sa hauteur, par une feuille de papier d'étain B (*armature extérieure*).

Pour charger une bouteille de Leyde, on la tient avec la main par l'armature extérieure (fig. 155), et on met l'armature intérieure en communication avec une source d'électricité. L'armature intérieure A joue le rôle de plateau collecteur, et l'armature extérieure B celui de plateau condensateur.

261. Décharge de la bouteille de Leyde. — 1o *Décharge instantanée.* Pour décharger instantanément une bouteille de faible dimension, il suffit de la prendre d'une main par la *panse* B et d'approcher l'autre main de la tige T.

Pour décharger une bouteille une peu forte, il est prudent de

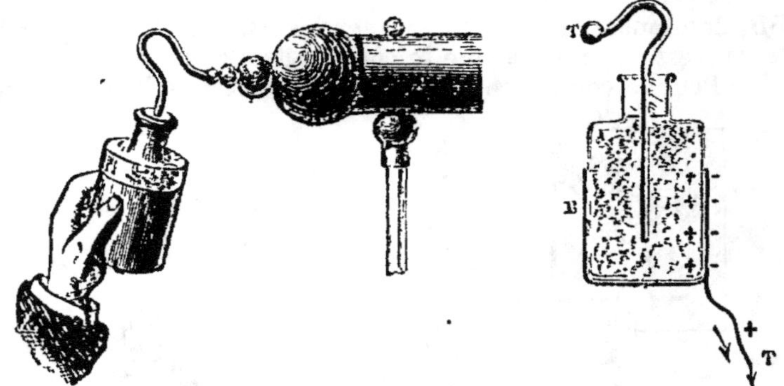

Fig. 155. — Charge de la bouteille de Leyde.

mettre les armatures en communication, non avec la main, mais à l'aide d'un *excitateur,* formé de deux tiges métalliques articulées (fig. 156).

2o *Décharges successives.* — Pour décharger la bouteille de

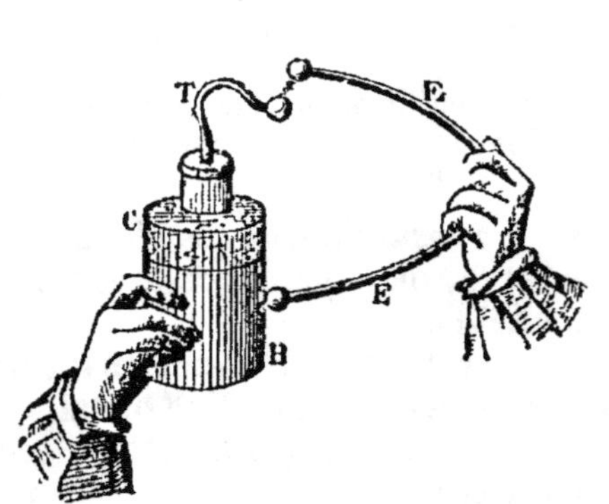

Fig. 156. — Décharge instantanée.

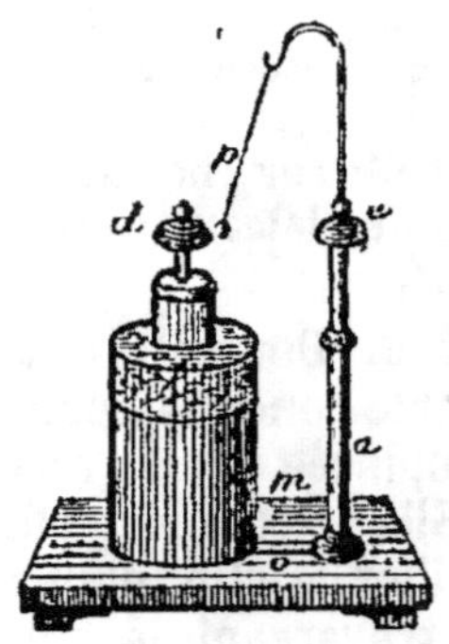

Fig. 157.
Appareil pour la décharge successive.

Leyde par décharges successives, on touche alternativement chacune des deux armatures.

On peut aussi se servir du petit appareil représenté par la fig. 157 ; *d* et *e* sont deux timbres ; le pendule *p,* à balle métallique isolée, est attiré par le timbre *d*, puis repoussé vers le timbre *e*, où il se décharge, et le phénomène recommence.

262. Bouteille de Leyde à armatures mobiles. — Quand on décharge une bouteille de Leyde au moyen de l'excitateur, on constate qu'après la décharge elle peut encore donner successivement plusieurs étincelles (*charge résiduelle*). On explique la production de ces étin-

Fig. 158. — Bouteille à armatures mobiles.

celles en disant que le fluide électrique pénètre dans l'épaisseur de la lame de verre, et qu'il lui faut un certain temps pour s'en dégager. On constate ce fait au moyen de la bouteille de Leyde à armatures mobiles (fig. 158), qui se compose d'une enveloppe métallique C, formant l'armature extérieure, d'un vase en verre S, et d'une armature intérieure D.

Les armatures étant en place, comme le représente la figure B, on charge la bouteille, puis on la pose sur un corps isolant, et, avec la main, on enlève successivement l'armature intérieure, le vase de verre, et on touche l'armature extérieure; les deux armatures sont ainsi ramenées à l'état neutre. Néanmoins, si l'on reconstitue la bouteille, en replaçant les trois pièces l'une dans l'autre, on constate que l'on peut encore en tirer une étincelle assez forte.

263. Batterie électrique. — Pour construire une batterie électrique, on réunit de grosses bouteilles de Leyde, ou *jarres* (fig. 159), de manière que leurs armatures de même nom communiquent entre elles. Pour cela, on les dispose dans une caisse doublée intérieurement d'une feuille métallique, qui réunit les armatures externes et communique avec la poignée de la caisse T; des tiges métalliques C réunissent les armatures internes.

La décharge d'une batterie produit une étincelle puissante.

Une batterie électrique joue le rôle d'une bouteille de Leyde unique dans laquelle la surface des armatures serait égale à la somme des

Fig. 159. — Batterie électrique.

surfaces des armatures de toutes les bouteilles qui forment la batterie.

Fig. 160. — Électroscope condensateur.

264. Électromètre condensateur ou électroscope de Volta (fig. 160). — L'*électromètre condensateur* est formé d'un électroscope à feuilles d'or, surmonté d'un plateau métallique A, sur lequel repose un deuxième plateau conducteur B, muni d'un manche de verre. Les plateaux sont séparés par une mince couche de gomme laque, appliquée sur le plateau A. Cet appareil sert à étudier les sources électriques faibles, mais continues. Pour cet effet, on met la source Z, par exemple, en communication avec le plateau A; le plateau B, communiquant avec le sol, joue le rôle de condensateur; on enlève ensuite le doigt, puis la source, et enfin le plateau; les feuilles d'or indiquent s'il y a électrisation; on détermine la nature de l'électricité comme avec l'électroscope à feuilles d'or (248).

CHAPITRE IV

DÉCHARGES ÉLECTRIQUES

I. Effets des décharges électriques.

265. Effets physiologiques. — Lorsqu'une décharge électrique traverse le corps humain, les muscles sont contractés brusquement ; il en résulte une *commotion électrique* qui se fait sentir au poignet ou au coude, et même, si la décharge est très forte, à l'épaule ou à la poitrine. On peut atténuer la vio-

Fig. 161. — Perce-verre.

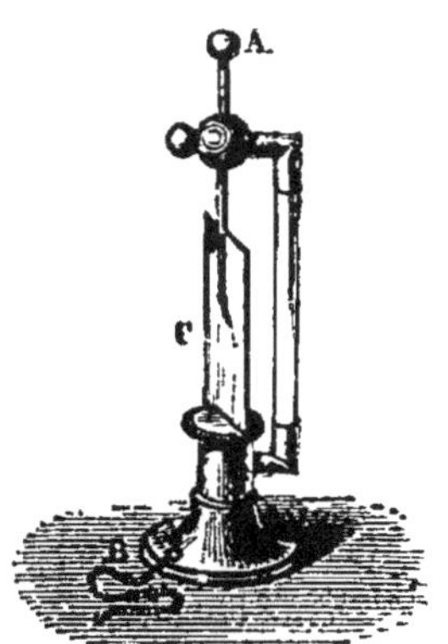

Fig. 162. — Perce-carte.

lence de la commotion en formant une chaîne de plusieurs personnes qui se tiennent par la main. La première personne tient la bouteille de Leyde par l'armature extérieure, et la dernière personne vient toucher l'armature intérieure.

La foudre n'est autre chose qu'une décharge électrique extrêmement puissante.

266. Effets mécaniques. — Les substances traversées par les décharges électriques sont percées, brisées, et quelquefois projetées à distance; c'est ainsi que l'on perce une plaque de verre (*perce-verre*, fig. 161), ou une feuille de carton (*perce-carte*, fig. 162), en disposant ces objets entre deux pointes métalliques, que l'on met en communication avec les armatures d'une bouteille de Leyde, pour faire jaillir l'étincelle électrique.

267. Effets lumineux. — Les décharges électriques qui ont lieu dans un gaz raréfié produisent des lueurs de teintes variées; on le constate au moyen de *l'œuf électrique* (fig. 163) ou des *tubes de Geissler* (fig. 164).

Si l'on dispose sur une feuille de verre une série de lamelles métalliques laissant de petits espaces entre elles, et que l'on fasse communiquer la première et la dernière respectivement

Fig. 163.
Œuf électrique.

Fig. 164.
Tube de Geissler.

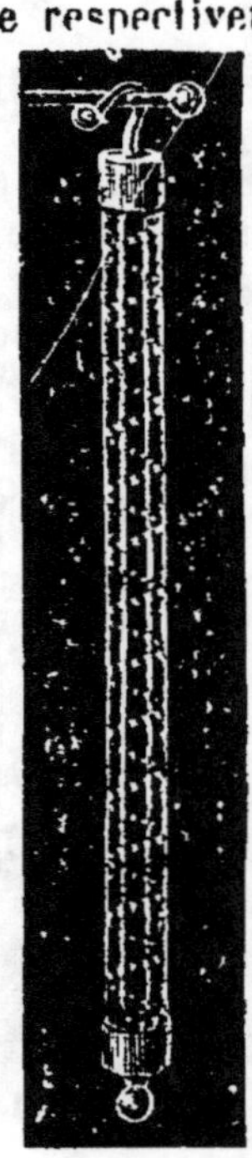

Fig. 165.
Tube étincelant.

avec les armatures d'une bouteille de Leyde, on obtient des étincelles dans tous les intervalles; c'est ce qu'on réalise avec le *tube étincelant* (fig. 165) ou avec le *carreau étincelant.*

268. Effets calorifiques. — L'étincelle électrique peut enflammer les substances volatiles, par exemple l'éther (fig. 166). Quand la décharge traverse des fils ou des feuilles métalliques très minces, elle peut les volatiliser et fixer les particules métalliques sur les objets en contact; c'est ce que l'on obtient dans l'expérience du *portrait de Franklin.*

269. Effets chimiques. — L'étincelle électrique peut provoquer certaines actions chimiques, telles que la combinaison ou la décomposition de certains corps ; on s'en sert, par exemple, dans la synthèse de l'eau à l'aide de l'*eudiomètre à mercure*. On peut donner à cette expérience la forme qu'indique la fig. 167 ; l'appareil prend alors le nom de *pistolet de Volta*. C'est un vase

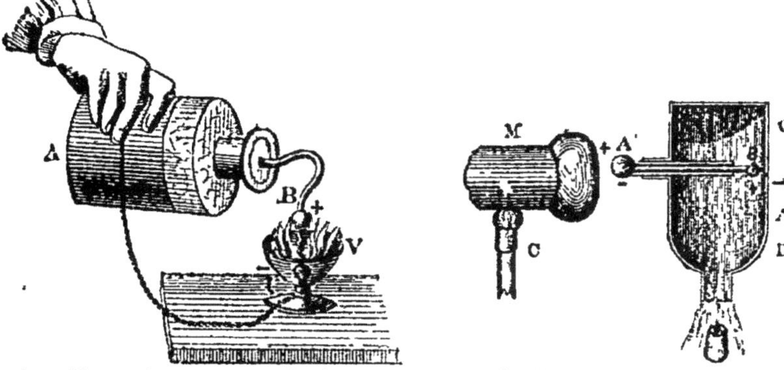

Fig. 166. — Inflammation de l'éther.   Fig. 167. — Pistolet de Volta

métallique traversé par un tube de verre contenant une tige métallique. On le remplit d'un mélange d'oxygène et d'hydrogène, et on le ferme avec un bouchon de liège, qui est chassé par l'explosion au moment où jaillit l'étincelle.

II. Électricité atmosphérique.

270. Présence de l'électricité dans l'atmosphère. — Lorsque le temps est serein, l'atmosphère est chargée d'électricité positive, et le sol d'électricité négative. C'est ce que vérifia Franklin en lançant dans l'atmosphère un *cerf-volant* retenu par une corde conductrice, de laquelle on tirait des étincelles.

Les nuages sont chargés, les uns d'électricité positive, les autres d'électricité négative. Lorsque deux nuages électrisés en sens contraires, ou un nuage et le sol, sont assez voisins, il se produit entre eux une décharge brusque, que l'on appelle la *foudre*; l'étincelle prend le nom d'*éclair* (12 à 20 km. de longueur), et le bruit celui de *tonnerre*. Les roulements qui se font entendre proviennent des réflexions successives que le bruit principal subit, soit sur les nuages environnants, soit à la surface du sol, surtout dans les régions montagneuses.

271. Choc en retour. — Les objets qui sont à proximité d'un nuage fortement électrisé sont eux-mêmes électrisés par influence. Quand le nuage passe à l'état neutre, par suite d'une décharge brusque, ces objets reviennent aussi à l'état neutre; ce phénomène, qu'on appelle le *choc en retour*, produit quelquefois des accidents aussi graves que la décharge directe.

Les effets de la foudre sont de même nature que ceux des décharges électriques, mais leur intensité est incomparablement plus grande.

272. Paratonnerre. — Les *paratonnerres* sont des appareils qui protègent les édifices contre la foudre, soit en neutralisant l'électricité des nuages orageux, soit en provoquant les décharges électriques en des points voulus.

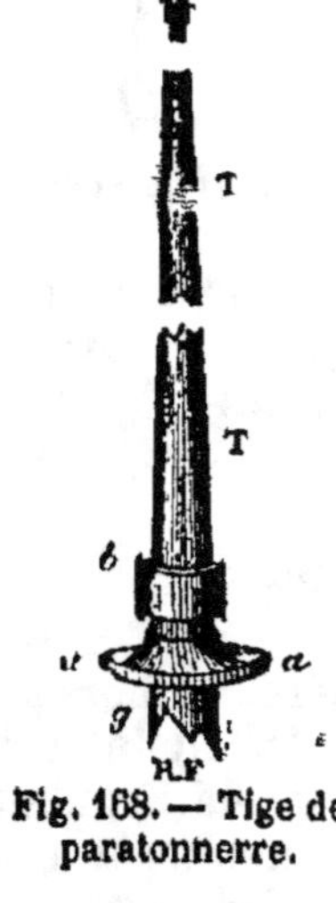

Fig. 168. — Tige de paratonnerre.

Ils sont fondés sur le *pouvoir des pointes*, qui fut utilisé ainsi pour la première fois, en 1732, par Dalibard sur les indications de Franklin.

Le *paratonnerre* (fig. 168) comprend une longue tige de fer TT, terminée par une pointe de cuivre dorée P. Cette tige communique avec le sol par une tringle ou un câble métallique, qui s'enfonce dans le sol de manière à être en contact avec une nappe d'eau, si c'est possible; sinon on entoure la partie terminale d'une grande quantité de braise de boulanger. On relie le paratonnerre, par des tiges conductrices, aux principales pièces métalliques de l'édifice.

Quand un nuage orageux passe à proximité du paratonnerre, l'électricité du sol s'écoule par la pointe (sous forme d'*aigrette*) et neutralise celle des nuages environnants. Si l'écoulement est insuffisant, la pointe provoque les décharges et garantit de la foudre les objets voisins.

On admet que l'appareil protège contre la foudre les objets situés dans un cercle dont son pied est le centre, et dont le rayon est double de la hauteur de la tige.

QUESTIONNAIRE. — Quel est l'effet d'une décharge électrique à travers les muscles? — Comment fait-on l'expérience du perce-carte ou du perce-verre? — Qu'est-ce que le tube étincelant? — Quels effets calorifiques peut produire une décharge électrique?

Existe-t-il de l'électricité dans l'atmosphère? — A quoi est dû l'éclair? — Qu'est-ce qui produit le roulement du tonnerre? — *Qu'appelle-t-on choc en retour?* — Qu'est-ce qu'un paratonnerre? — Décrivez son installation et expliquez son fonctionnement.

CHAPITRE V

MAGNÉTISME

273. Aimants. — On appelle *aimants* les corps qui ont la propriété d'attirer certains métaux, comme le fer, le nickel, le cobalt, le chrome. Ces derniers prennent le nom de *substances magnétiques*.

L'aimant naturel, ou *pierre d'aimant,* est l'oxyde salin de fer, Fe^3O^4, que l'on rencontre dans la nature. Les *aimants artificiels* sont des barreaux d'acier auxquels on a communiqué les propriétés des aimants naturels.

Lorsqu'on plonge un barreau aimanté dans la limaille de fer, on constate que l'action magnétique se manifeste surtout en deux points P,P, voisins des extrémités du

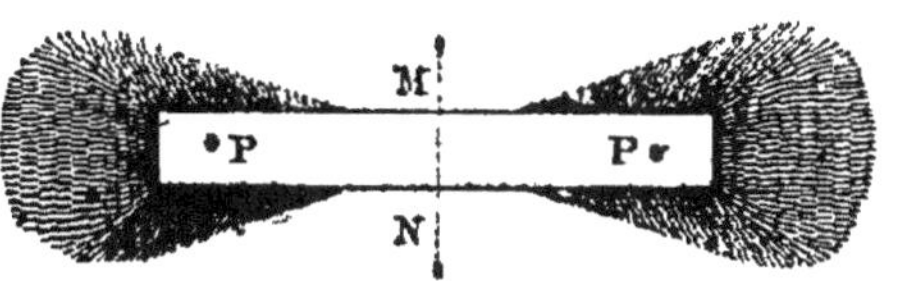

Fig. 169. — Action des pôles d'un aimant.

barreau (fig. 169); ce sont les *deux pôles* de l'aimant. La ligne moyenne MN est neutre, c'est-à-dire sans action magnétique.

L'action magnétique peut s'exercer à distance et à travers les corps. Si l'on place un aimant sous une feuille de papier, par exemple, et que l'on saupoudre cette feuille de limaille de fer, on voit la poussière métallique s'orienter sous l'action de l'aimant et former des lignes courbes dont l'ensemble constitue le *spectre magnétique* (fig. 170).

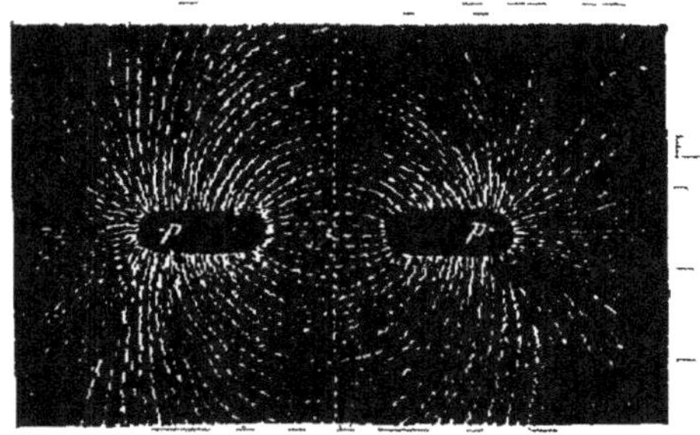

Fig. 170. — Spectre magnétique.

Lorsqu'on brise un aimant, chaque morceau devient un aimant complet. Ainsi, en brisant une aiguille à tricoter aimantée, on obtient de petits aimants complets, c'est-à-dire ayant chacun deux pôles.

274. Aiguille aimantée. — Une aiguille aimantée (fig. 171), mobile sur un pivot, s'oriente dans une direction constante, très voisine de la direction nord-sud.

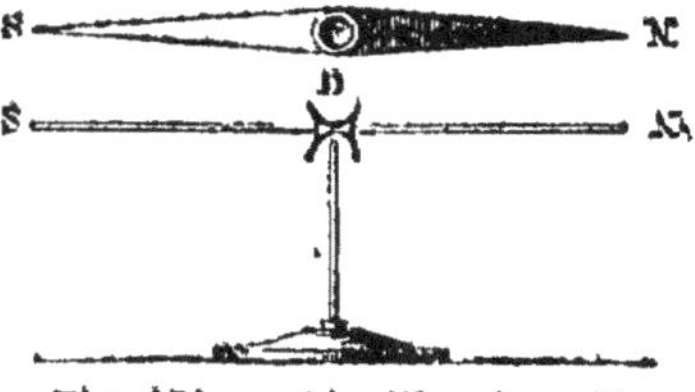

Fig. 171. — Aiguille aimantée.

Le pôle qui se dirige vers le nord prend le nom de *pôle nord*; l'autre, celui de *pôle sud*.

275. Attractions et répulsions magnétiques. — *Deux pôles de même nom se repoussent; deux pôles de noms contraires s'attirent.*

Soient N, N' les pôles nord et S, S' les pôles sud de deux

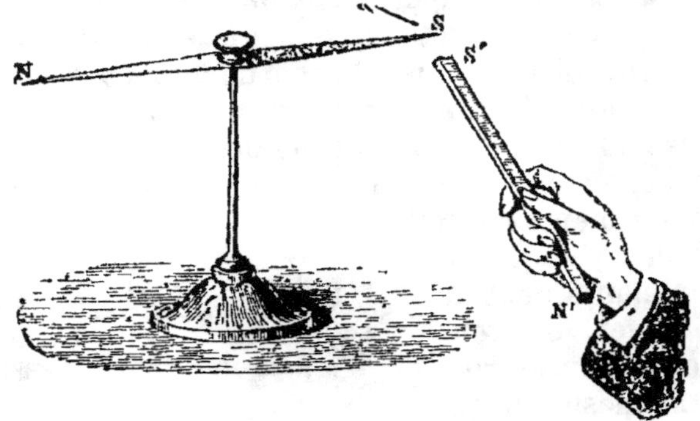

Fig. 172. — Nature différente des pôles

aiguilles aimantées (fig. 172). L'expérience montre que le pôle S' exerce une *répulsion* sur le pôle S. Au contraire, si l'on met en présence les pôles N et S', on observe une *attraction*.

La cause des propriétés attractives des aimants nous est inconnue. On lui donne le nom de *magnétisme*. D'après ce qui précède, de même qu'il y a deux électricités différentes, il y a aussi deux magnétismes distincts.

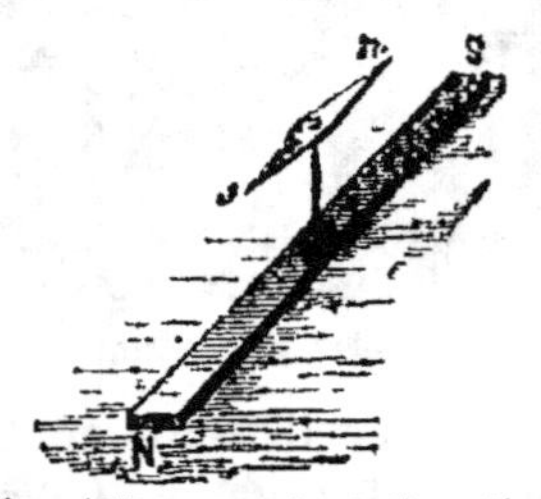

Fig. 173. — Orientation d'une aiguille aimantée dans le plan d'un aimant.

276. Aimant terrestre. — Quand une aiguille aimantée *ns* est mobile au-dessus d'un aimant fixe NS (fig. 173), l'aiguille tend à prendre la direction de l'aimant, de manière que les pôles de noms contraires soient en regard.

On peut donc expliquer l'orientation de l'aiguille aimantée, sous l'action de la terre, en considérant celle-ci comme un vaste aimant, dont les pôles (*pôles magnétiques*) seraient situés sensiblement sur la ligne des pôles géographiques. Le pôle magnétique terrestre situé dans l'hémisphère nord est dit *pôle boréal*; celui qui est dans l'hémisphère sud est appelé *pôle austral*.

Considérons actuellement une aiguille aimantée, orientée sous l'influence de la terre, et ne perdons pas de vue que les pôles

de noms contraires s'attirent tandis que les pôles de même nom
se repoussent. Le pôle *nord* de l'aiguille est attiré par le pôle
boréal de la terre; donc il est lui-même un pôle *austral*. Le
pôle *sud* de l'aiguille est attiré par le pôle *austral* de la terre;
donc c'est un pôle *boréal*. Ainsi, pour un aimant, les expressions *pôle nord* et *pôle austral* sont synonymes; et il en est
de même des expressions *pôle sud* et *pôle boréal*. Néanmoins,
pour éviter toute équivoque, il vaut mieux n'employer que les
appellations *pôle nord* et *pôle sud*.

277. Aimantation par influence. — Un barreau d'acier aimanté,
placé sur le prolongement d'un barreau de fer doux, développe
dans celui-ci, par influence, une aimantation temporaire. A l'aide
d'un aimant et de morceaux de fer doux, on peut former des
chaînes d'*aimants temporaires* (fig. 174). Mais dès qu'on éloigne
le barreau d'acier, l'aimantation disparaît aussitôt.

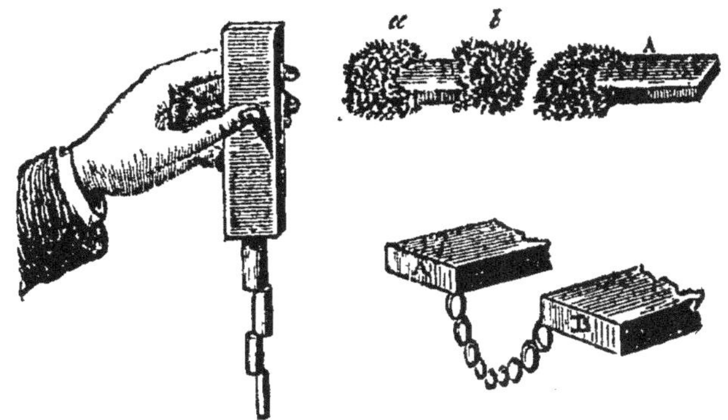

Fig. 174. — Aimantation du fer doux par influence.

Le fer doux est un fer très pur, qui s'aimante et se désaimante
instantanément. L'acier, au contraire, met un certain temps
à s'aimanter; mais il conserve ensuite son aimantation (*force
coercitive*, magnétisme *rémanent*).

278. Procédés d'aimantation. — 1° *Méthode de la simple touche.*
— On frotte une aiguille
ou un barreau d'acier,
toujours dans le même
sens, avec l'extrémité
d'un barreau aimanté; on
obtient ainsi une aiman-
tation peu énergique.

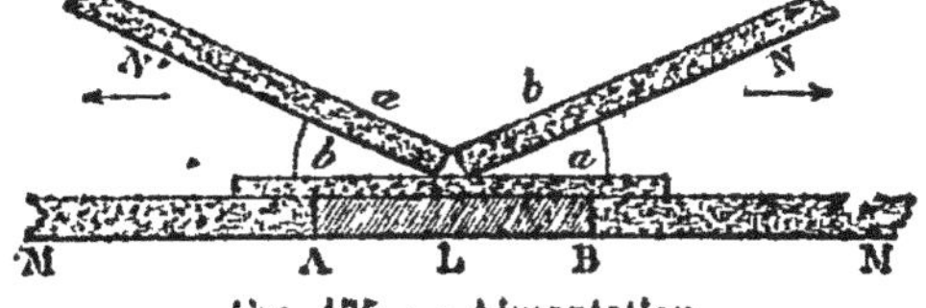

Fig. 175. — Aimantation.

2° *Méthode de la touche séparée* (fig. 175). N et N', M et M' étant des barreaux aimantés, ces deux derniers séparés par une pièce de bois L et ayant leurs pôles de noms contraires en regard, et les barreaux N et N' étant placés comme l'indique la figure, les pôles de noms contraires en contact, on fait glisser les barreaux N et N', en sens contraires, du milieu vers les extrémités du barreau à aimanter, en les séparant; puis on les rapporte au centre, et on les fait glisser de nouveau, toujours de la même façon. Cette méthode fournit une aimantation plus énergique que la précédente.

3° *Méthode de la double touche.* — Les barreaux sont disposés comme pour l'expérience précédente; mais on les fait glisser ensemble sans les séparer, de droite à gauche, puis de gauche à droite, et cela pendant un certain temps.

4° *Aimantation par les courants* (307).

279. Forme des aimants. — On donne souvent aux aimants la forme d'un fer à cheval. Une armature de fer doux réunit les deux pôles et sert à suspendre les corps que l'aimant doit supporter.

L'aimant Jamin est constitué par un faisceau de lames aimantées, réunies dans une armature (fig. 176).

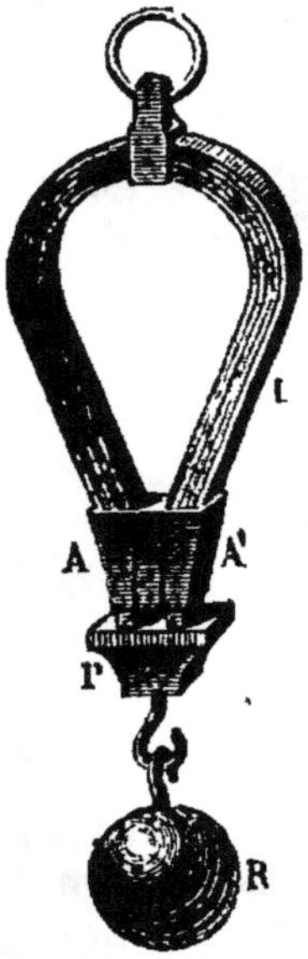

280. Boussoles. — Les *boussoles* sont des instruments qui déterminent une direction constante, *nord-sud magnétique;* elles ont pour principe l'action directrice du magnétisme terrestre sur l'aiguille aimantée.

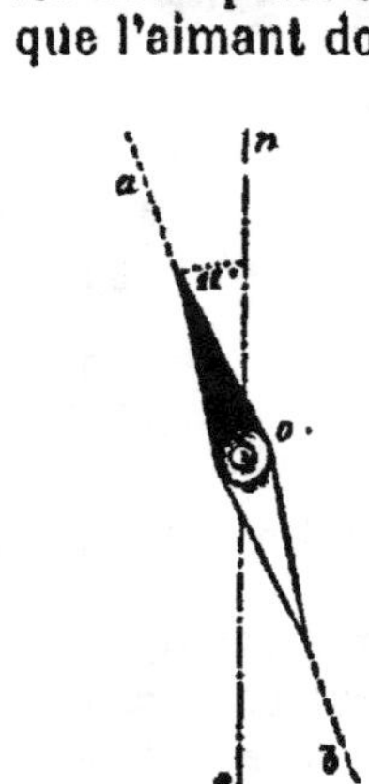

Fig. 176.
Aimant en fer à cheval (Jamin).

Fig. 177. — Déclinaison magnétique.

281. Déclinaison. — On appelle *déclinaison* d'un lieu l'angle que font entre eux les méridiens géographique et magnétique de ce lieu (fig. 177). La déclinaison varie d'un lieu à un autre, et dans un même lieu elle change lentement d'année en année.

Elle est orientale lorsque le nord magnétique se trouve à l'est du nord géographique, et occidentale dans le cas contraire. En 1900, la déclinaison à Paris était occidentale et égale à environ 15°.

On obtient la déclinaison au moyen de la *boussole* de déclinaison, formée d'une aiguille aimantée (fig. 178), mobile autour d'un pivot vertical; une lunette LL' permet de diriger la *ligne de foi* de l'appareil suivant le nord-sud géographique; l'angle que fait cette direction avec l'aiguille donne la valeur de la déclinaison.

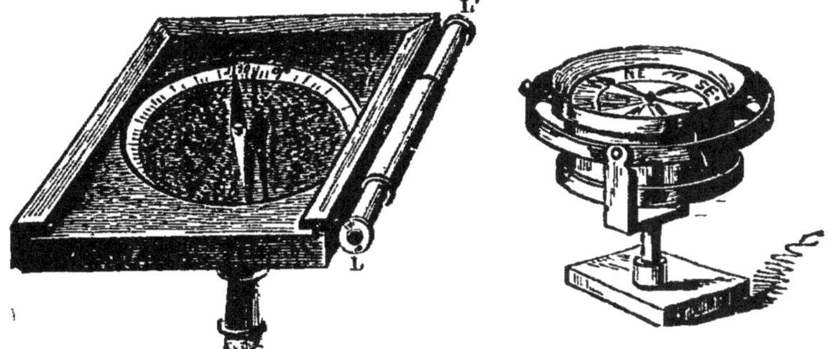

Fig. 178. — Boussole de déclinaison.   Fig. 179. — Boussole marine.

La *boussole marine* ou *compas de mer* sert à la direction des navires. C'est une boussole de déclinaison, suspendue de manière à rester toujours horizontale; son cercle, divisé en degrés, porte une *rose des vents* (fig. 179).

282. Inclinaison. — On appelle *inclinaison magnétique* l'angle que forme la pointe nord de l'aiguille aimantée, mobile dans le plan du méridien magnétique, avec l'horizontale menée par son centre. On obtient l'inclinaison à l'aide de la boussole d'inclinaison, formée d'une aiguille aimantée (fig. 180), mobile autour d'un axe horizontal. On place l'appareil de manière que l'aiguille soit mobile dans le plan du méridien magnétique.

Un moyen simple pour orienter le cercle vertical dans le plan du méridien magnétique consiste à l'orienter d'abord par tâton-

Fig. 180. — Boussole d'inclinaison.
VV', cercle vertical au centre duquel se trouve l'axe horizontal de l'aiguille; HH', cercle horizontal fixé sur son pied A.

nement, de façon que l'aiguille prenne la position verticale. Quand ce résultat est obtenu, il ne reste plus qu'à faire tourner le cercle d'un angle égal à 90°.

L'inclinaison varie d'un lieu à un autre; elle vaut 90° au pôle magnétique et 0° à l'équateur magnétique; à Paris, en 1900, elle égalait environ 65°.

QUESTIONNAIRE. — Qu'appelle-t-on aimants et substances magnétiques? — Qu'observe-t-on quand on plonge un aimant dans la limaille de fer? — *Comment se fait l'expérience du spectre magnétique?* — Comment s'oriente l'aiguille aimantée? — Quelle est la loi des attractions et des répulsions magnétiques? — Comment explique-t-on l'orientation des aimants sous l'action de la terre? — Qu'est-ce que le fer doux? — Décrivez les différents procédés d'aimantation. — Quelle forme donne-t-on aux aimants? — Qu'est-ce qu'une boussole? — Qu'est-ce que la déclinaison et l'inclinaison? — *Comment les obtient-on l'une et l'autre?*

SIXIEME PARTIE

ÉLECTRICITÉ DYNAMIQUE

CHAPITRE I

PILES ÉLECTRIQUES

283. Électricité dynamique. — L'électricité dynamique est *l'étude de l'électricité en mouvement*, ou, d'une manière plus précise, *l'étude des effets produits par les courants électriques.*

284. Pile. — *La pile est un appareil qui produit un courant d'électricité, à la faveur de certaines actions chimiques.*

Comparée aux machines électro-statiques (254), la pile est une source d'électricité dont le *potentiel est faible,* mais dont le *débit est considérable.*

285. Pile de Volta. — La pile peut être constituée par un *élément* unique, ou par plusieurs éléments semblables convenablement associés.

1° ÉLÉMENT. — L'élément de pile de Volta se compose d'une lame de cuivre C et d'une lame de zinc Z, plongées dans un vase contenant de l'eau aiguisée d'acide sulfurique.

Ces métaux, attaqués inégalement par l'acide, se chargent d'électricités contraires : le zinc, plus attaqué, se charge d'électricité *négative;* le cuivre se charge d'électricité *positive.*

Si l'on réunit le cuivre au zinc par un fil métallique, ce fil est parcouru par un courant continu d'électricité. On le constate, par exemple, en approchant ce fil parallèlement à une aiguille aimantée mobile sur un pivot. L'aiguille, aussitôt déviée de sa position d'équilibre, se met en croix avec le fil.

Le fil qui réunit le cuivre au zinc se nomme le CONDUCTEUR du courant ou le RÉOPHORE de la pile ; les points où il s'attache aux lames métalliques sont dits les PÔLES de la pile : le PÔLE POSITIF est sur le cuivre, le PÔLE NÉGATIF est sur le zinc, c'est-à-dire sur le métal le plus attaqué.

2° **Pile a plusieurs éléments.** — Les éléments de pile peuvent être associés de diverses manières, suivant les effets que l'on veut obtenir. *L'association en batterie* consiste à faire communiquer entre eux tous les pôles de même nom. *L'association en série* consiste à faire communiquer deux éléments voisins par leurs pôles de noms contraires.

Ainsi, pour grouper des éléments *en série*, on réunit par un fil métallique le pôle (—) de chaque élément au pôle (+) du suivant. Les pôles de la pile ainsi obtenue sont le pôle (+) du premier élément et le pôle (—) du dernier.

Pile ouverte. — **Circuit fermé.** — Tant que la pile reste ouverte, ses deux pôles se comportent comme deux conducteurs électrisés, dont la différence de niveaux électriques (la différence de potentiel) est constante.

Pour obtenir un courant électrique, il suffit de réunir les deux pôles par un fil conducteur. Alors ce fil interpolaire constitue avec la pile un *circuit fermé*, comprenant deux parties : le *circuit extérieur*, constitué par le réophore, et le *circuit intérieur*, formé par la pile elle-même.

286. Fonctionnement de la pile. — L'électricité neutre se décompose toujours au contact de deux substances hétérogènes; mais c'est la chaleur dégagée par les réactions chimiques, qui fournit aux électricités séparées l'énergie nécessaire pour se mettre en mouvement.

En vertu de ces principes, l'électricité neutre se décompose à l'intérieur de la pile : le fluide (+) se porte au pôle positif, le fluide (—) au pôle négatif.

Quand la pile est fermée, les deux fluides se précipitent à la rencontre l'un de l'autre, suivant le conducteur interpolaire : le fluide positif va du pôle (+) au pôle (—), le fluide négatif va du pôle (—) au pôle (+). Il se produit ainsi deux courants d'électricités contraires, qui marchent en sens opposés et se recombinent le long du conducteur. Comme les deux fluides se renouvellent instantanément à l'intérieur de la pile et affluent aux deux pôles avec la même rapidité qu'ils s'écoulent dans le réophore, celui-ci est parcouru par deux courants continus.

287. Sens du courant. — Le circuit de la pile est parcouru tout entier, intérieur et extérieur, par deux courants d'électricités contraires, qui cheminent en sens opposés.

Comme ces deux courants jouent des rôles tout à fait semblables, on convient, pour la commodité du langage, de n'en considérer qu'un seul, et *l'on parle uniquement du courant positif.*

C'est ainsi que l'on appelle SENS DU COURANT, *le sens du courant positif;* c'est-à-dire *celui qui va du pôle (+) au pôle (—) à l'extérieur de la pile,* et du pôle (—) au pôle (+) dans le circuit intérieur.

288. Analogies hydrauliques. — 1° Une machine hydraulique élève de l'eau à une certaine hauteur, d'où elle peut retomber à son niveau primitif, en formant un courant liquide continu. Le travail dépensé pour effectuer l'ascension de l'eau est restitué intégralement pendant la descente. On le retrouve, suivant le cas, dans les divers effets de la chute.

De même, une pile élève de l'électricité à un certain niveau électrique (à un certain potentiel) d'où elle retombe le long du conducteur interpolaire, en formant un courant électrique.

Les deux pôles se maintiennent à des niveaux (à des potentiels) constants $(+A)$ et $(-B)$. Le circuit extérieur est commé une pente, suivant laquelle l'électricité descend du potentiel $(+A)$ au potentiel $(-B)$. Arrivée au pôle négatif, elle remonte du niveau $(-B)$ au niveau $(+A)$ en parcourant le circuit intérieur.

L'élévation de niveau, à l'intérieur de la pile, se fait aux dépens de la chaleur dégagée par les réactions chimiques qui s'y opèrent ; puis la chute le long du réophore s'effectue en produisant un travail équivalent, qui apparaît, suivant les circonstances, sous forme de mouvement, de chaleur, de lumière, d'actions chimiques, etc.

2° Si deux réservoirs d'eau, maintenus à des niveaux différents et invariables, sont en communication par un tube, il s'établit dans ce tube un courant liquide de vitesse constante. Le DÉBIT, c'est-à-dire la quantité d'eau qui s'écoule en une seconde, dépend de la DIFFÉRENCE DE NIVEAUX des deux réservoirs et de la RÉSISTANCE que le tube oppose à l'écoulement, à cause de sa longueur et de sa section plus ou moins étroite.

De même, les pôles d'une pile se maintiennent à des niveaux électriques constants, et il s'établit entre eux, à travers le réophore, un courant continu. Le débit, ou l'INTENSITÉ du courant électrique, c'est-à-dire la quantité d'électricité qui s'écoule par seconde, dépend de la DIFFÉRENCE DE NIVEAU (de potentiel) aux deux pôles et de la RÉSISTANCE que le circuit (intérieur et extérieur) oppose au mouvement de l'électricité.

La *différence de niveau des deux pôles* prend le nom de FORCE ÉLECTRO-MOTRICE de la pile. La force électro-motrice d'un élément de pile dépend uniquement de la *nature* des métaux et du liquide en contact. Elle est complétement indépendante de la forme, de la grandeur et de la distance des lames métalliques, et du degré de concentration des liquides.

289. Unités pratiques, relatives aux grandeurs électriques. — Soient I l'intensité du courant, c'est-à-dire la quantité d'électricité qui passe en une seconde, et Q la quantité d'électricité fournie en t secondes. On a : $$Q = It.$$

Soient encore E la force électro-motrice de la pile et R la résistance totale du circuit. L'expérience a prouvé que l'on a :

$$I = \frac{E}{R} \qquad \text{(loi d'Ohm)}.$$

Pour mesurer ces diverses grandeurs, on adopte les unités suivantes :

1° L'unité de *résistance* s'appelle l'OHM : c'est la résistance d'une colonne de mercure de 1^{mm2} de section et de 106^{cm} de longueur.

2° L'unité de *force électro-motrice* s'appelle le VOLT : c'est la force électro-motrice d'un élément de Volta (formé d'un cuivre et d'un zinc plongés dans l'eau acidulée).

3° L'unité d'*intensité* se nomme l'AMPÈRE : c'est l'intensité du courant donné par une pile dont la force électro-motrice serait un volt, et la résistance totale un ohm.

4° L'unité de *quantité* se nomme le COULOMB : c'est la quantité d'électricité fournie en une seconde par un courant dont l'intensité égalerait un ampère.

Différentes espèces de piles.

290. **Piles de Volta.** — 1° PILE A COLONNE. — C'est la forme primitive de la pile de Volta. L'élément ou couple voltaïque se compose d'un disque de cuivre et d'un disque de zinc soudés ensemble. On superpose un certain nombre de ces couples, en les séparant par des rondelles de drap imbibées d'eau acidulée. Le pôle (—) est sur le dernier zinc en contact avec le liquide, le pôle (+) sur le dernier cuivre mouillé.

Le cuivre et le zinc soudés respectivement à ces pôles peuvent être supprimés, car ils jouent simplement le rôle de conducteurs.

2° LA PILE A AUGE n'est autre qu'une pile à colonne couchée dans une caisse horizontale, afin d'éviter que les rondelles de drap se dessèchent trop rapidement.

3° LA PILE A TASSES est la pile de Volta sous sa forme ordinaire, telle qu'on l'a décrite au n° 285.

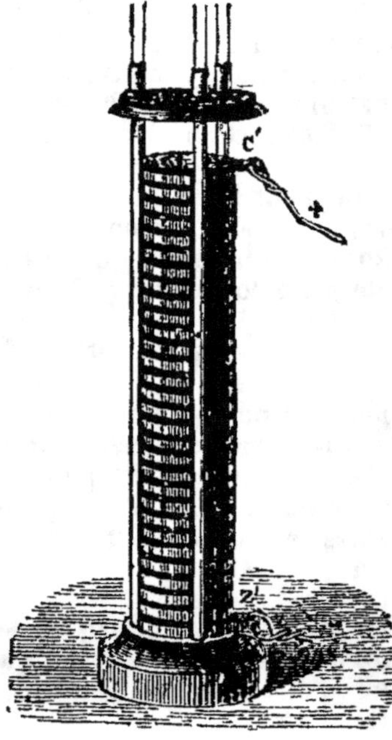

Fig. 181.
Pile à colonne, de Volta.

4° L'ÉLÉMENT DE WOLLASTON est analogue à celui des piles à tasses ; seulement les lames métalliques sont remplacées par des

feuilles de plus grande surface ; la feuille de cuivre C (fig. 182)
est repliée sur elle-même, de façon à entourer la lame de zinc Z

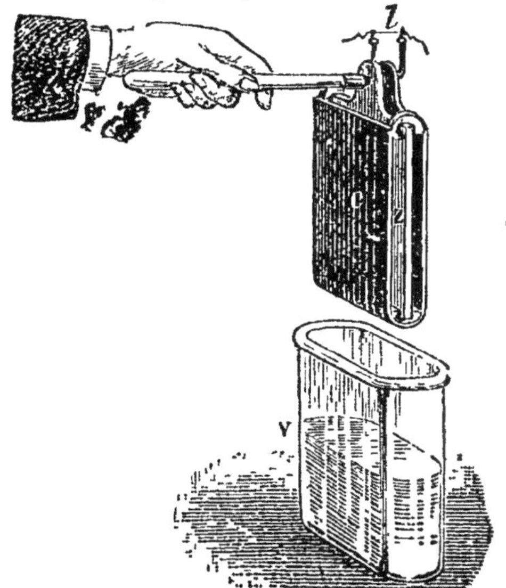

Fig 182. — Élément Wollaston.

sans la toucher. Le tout est placé dans un vase V contenant de
l'eau acidulée.

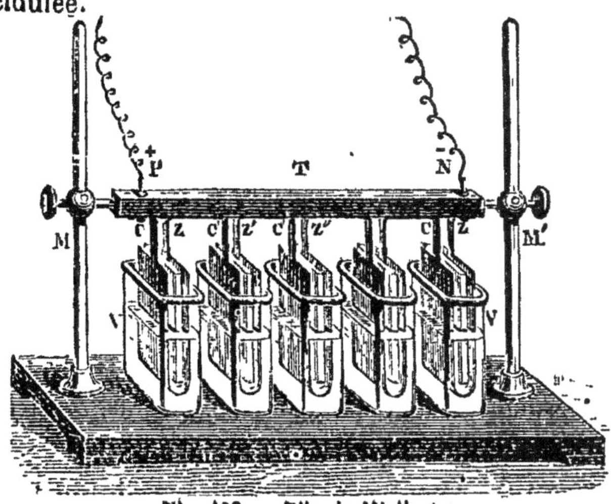

Fig. 183. — Pile de Wollaston.

En groupant ensemble plusieurs de ces éléments, on obtient
une pile de Wollaston (fig. 183).

291. Remarques. — 1° Dans toutes ces piles, le zinc est amalgamé, c'est-à-dire frotté avec du mercure. Ainsi préparé, il n'est pas attaqué par l'acide sulfurique quand le circuit n'est pas fermé.

2° La force électro-motrice du couple de Volta est 1 volt.

3° *La force électro-motrice d'une série est proportionnelle au nombre des éléments* (loi de Volta). C'est pourquoi l'on associe un grand nombre d'éléments lorsqu'on veut obtenir un courant plus intense.

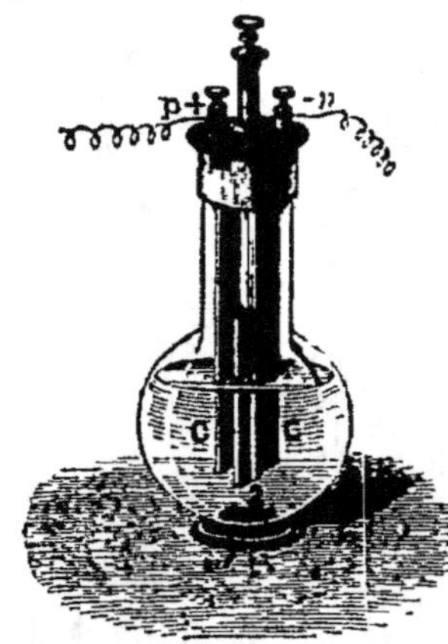

Fig. 184. — Pile au bichromate.

4° L'intensité du courant donné par une pile de Volta diminue rapidement. Cela tient à un *courant secondaire* qui s'y développe peu à peu, en sens contraire du premier. C'est ce que l'on exprime en disant que la pile se *polarise*. Pour remédier à cet inconvénient, on ajoute au liquide un corps *dépolarisant*, comme le bichromate de potasse ; ou mieux, on emploie une pile à deux liquides.

292. Pile au bichromate de potasse (fig. 184). — La pile au bichromate de potasse consiste en une bouteille en verre renfermant une dissolution de bichromate de potasse additionnée d'acide sulfurique, et dans laquelle plongent une lame de zinc Z et des lames de charbon C, C'.

293. Pile de Daniell. — La pile de Daniell (fig. 185) comprend :

1° Un vase extérieur V contenant de l'acide sulfurique étendu dans lequel plonge une lame de zinc Z ; c'est le pôle négatif de la pile.

2° Un vase poreux P, dans lequel on verse une dissolution de sulfate de cuivre ; une lame de cuivre C baigne dans cette dissolution ; c'est le pôle positif de la pile.

Lorsqu'on *ferme le circuit*, c'est-à-dire que l'on réunit les pôles par un fil métallique, l'acide sulfurique attaque le zinc et forme du sulfate de zinc : l'hydrogène résultant de la décomposition de l'eau traverse le vase poreux, prend de l'oxygène au sulfate de cuivre pour régénérer l'eau décomposée ; le métal mis en liberté se dépose sur la lame de cuivre, tandis que l'acide sulfurique libre se porte dans le vase extérieur, et remplace celui qui a disparu dans la formation du sulfate de zinc.

L'élément Daniell est très constant; sa force électro-motrice est 1ᵛ,1; mais sa résistance intérieure est assez grande.

204. Pile de Bunsen. — La *pile de Bunsen* comprend (fig. 186) un vase extérieur en grès ou en verre V, renfermant un mélange, au dixième, d'acide sulfurique et d'eau, dans lequel plonge un cylindre Z de zinc amalgamé; au centre se trouve un vase

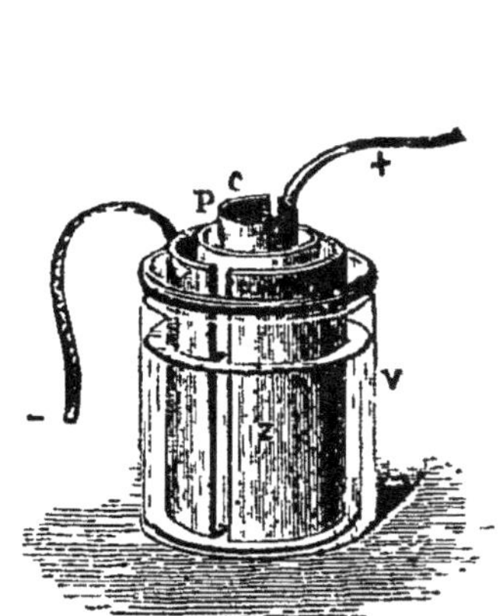

Fig. 185.
Élément de pile de Daniell.

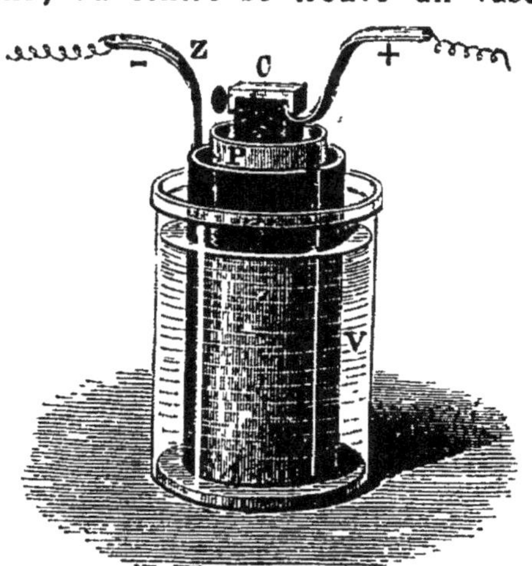

Fig. 186.
Pile de Bunsen.

poreux P, contenant de l'acide azotique et un prisme de charbon de cornue C : le charbon joue seulement le rôle de conducteur et constitue le pôle positif de la pile.

Lorsque le circuit est fermé, le zinc décompose l'eau en présence de l'acide sulfurique, et forme du sulfate de zinc; l'hydrogène se porte sur l'acide azotique pour former de l'eau et des produits azotés moins riches en oxygène, qui se dissolvent en partie dans le liquide et produisent des émanations d'anhydride hypoazotique.

Cette pile est très énergique; sa force électro-motrice est 1ᵛ,9 et sa résistance intérieure est faible; mais elle est moins constante que la précédente, à cause de la disparition rapide de l'acide sulfurique.

205. Pile Leclanché (fig. 187). — Le pôle négatif de la *pile Leclanché* est formé par un petit cylindre de zinc plongeant dans une dissolution

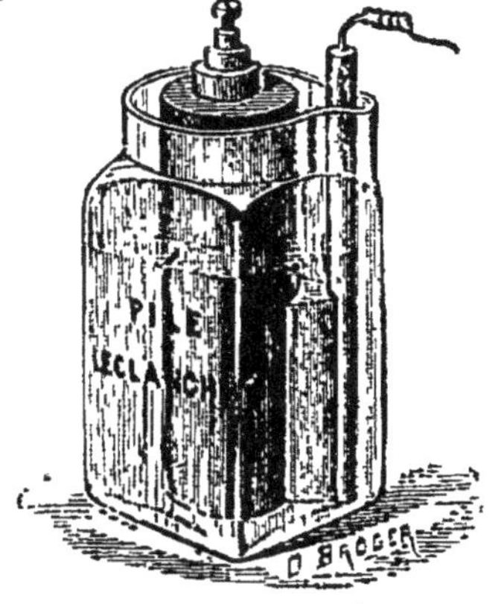

Fig. 187. — Pile Leclanché.

de chlorhydrate d'ammoniaque. Le charbon du pôle positif est entouré d'un mélange de bioxyde de manganèse et de charbon.

Cette pile est constante et de longue durée ; sa force électro-motrice est 1v,5 ; elle est généralement employée dans les télégraphes, les téléphones, les sonneries électriques.

206. Piles thermo-électriques. — Dans toutes les piles précédentes, le courant électrique se reproduit à la faveur de certaines actions chimiques. On les nomme piles *hydro-électriques*, par opposition aux piles *thermo-électriques* dont il nous reste à parler, et dans lesquelles le courant se produit sous l'influence de la chaleur.

Fig. 188. — Expérience de Seebeck.

Les *piles thermo-électriques* sont des piles dont le courant est dû, non à une action chimique, mais à l'inégal échauffement des soudures de métaux différents.

L'expérience de Seebeck (fig. 188) montre qu'en effet, si l'on prend une lame de cuivre LL' soudée à un petit cylindre de bismuth C, et que l'on chauffe l'une des soudures, il se produit un courant capable de faire dévier une aiguille aimantée AB On constate que le courant va du bismuth au cuivre en traversant la soudure chaude, et que son intensité est proportionnelle à la différence de température des deux soudures.

La pile de Melloni (fig. 189) est formée d'une suite de petits bar-

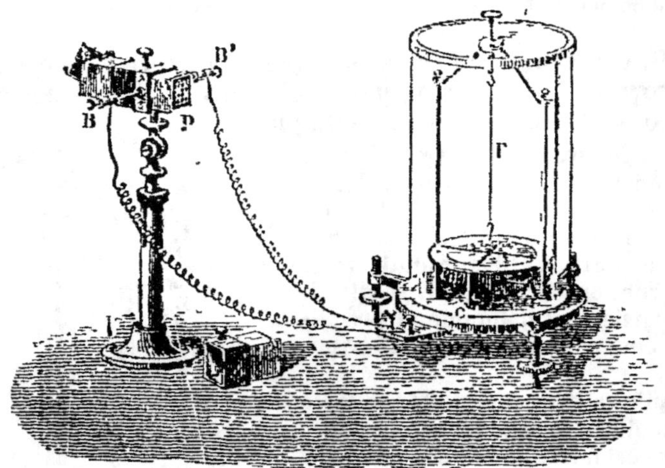

Fig. 189. — Pile de Melloni reliée à un galvanomètre (306).

reaux d'antimoine et de bismuth, alternant les uns avec les autres soudés par leurs extrémités, et repliés sur eux-mêmes de manière à former un prisme dans lequel toutes les soudures de rang pair

forment l'une des bases, et les soudures de rang impair la base
opposée. Les extrémités de la pile aboutissent à deux bornes B et B'
qui sont les deux pôles de la pile.

Il se produit un courant quand ces deux faces sont à des températures différentes.

Les courants thermo-électriques sont toujours faibles, mais conservent une intensité constante, tant que la différence de température
reste elle-même invariable.

QUESTIONNAIRE. Qu'est-ce que l'électricité dynamique? — Qu'est-ce qu'une
pile? — En quoi consiste l'élément de pile de Volta? — Comment obtient-on une
pile de plusieurs éléments associés en série? — Qu'appelle-t-on réophore d'une
pile? — pôles d'une pile? — circuit fermé, intérieur, extérieur? — *Expliquez
le fonctionnement de la pile. — Qu'appelle-t-on sens du courant? — Pourriez-
vous expliquer le fonctionnement d'une pile à l'aide de ses analogies avec une
machine hydraulique? — En quoi consiste l'intensité d'un courant? — la
différence de niveaux électriques des pôles d'une pile? — la résistance du circuit? — Qu'est-ce que la force électro-motrice d'une pile? — Nommez les unités
pratiques de résistance, de force électro-motrice, d'intensité. — Définissez
l'ohm, le volt, l'ampère, le coulomb. — Décrivez les divers éléments de pile :
à colonne, à auge, à tasses, l'élément de Wollaston. — A quoi est égale la
force électro-motrice d'une série de n éléments? — Qu'appelle-t-on courant de
polarisation? — Décrivez la pile au bichromate, — la pile de Daniell, — l'élément de Bunsen, — la pile Leclanché. — Indiquez pour chacune d'elles les
réactions chimiques qui se produisent, — Qu'est-ce qu'une pile thermo-électrique? — A quoi est dû le courant thermo-électrique? — Citez l'expérience
de Seebeck. — Décrivez la pile de Melloni.*

Problèmes. — 1° Quelle est l'intensité du courant fourni par un élément
Bunsen dont la force électro-motrice est 1,8 volt et la résistance intérieure
0,2 ohm, la résistance du réophore étant 0,7 ohm?

$$I = \frac{E}{R} = \frac{1,8}{0,2 + 0,7} = 2 \text{ ampères.}$$

2° Quelle quantité d'électricité fournit par minute un élément Leclanché dont
la force électro-motrice est 1,46 volt, la résistance totale du circuit étant de
8 ohms?

$$Q = I.t = \frac{E.t}{R} = \frac{1,46 \times 60}{8} = 10,95 \text{ coulombs.}$$

3° La force électro-motrice d'un élément de pile est 1,9 volt. Quelle est la résistance intérieure de cet élément, sachant qu'il donne un courant de 4 ampères
quand on réunit ses pôles par un fil dont la résistance est 0,275 ohm?

$$4 = \frac{1,9}{0,275 + x}; \quad \text{d'où} \quad x = 0,2 \text{ ohm.}$$

4° Quelle est la force électro-motrice d'un élément dont la résistance est
0,2 ohm, sachant qu'une série de 100 éléments semblables donne un courant de
5 ampères, dans un fil dont la résistance est 8 ohms?

$$5 = \frac{100x}{20 + 8}; \quad \text{d'où} \quad x = 1,4 \text{ volt.}$$

5° On construit une série de 10 éléments semblables, ayant chacun pour force
électro-motrice 1,5 volt et pour résistance intérieure 0,5 ohm. Le circuit extérieur
a une résistance de 25 ohms. Quelle est l'intensité du courant?

$$I = \frac{1,5 \times 10}{0,5 \times 10 + 25} = 0,5 \text{ ampère}$$

CHAPITRE II

PRINCIPAUX EFFETS DES COURANTS

207. Les effets du courant électrique se partagent en deux catégories :

1º *Ceux qui se produisent à l'*INTÉRIEUR *du courant*, c'est-à-dire les effets thermiques, lumineux, physiologiques, qui sont l'objet du chapitre actuel ;

2º *Ceux qui se produisent à l'*EXTÉRIEUR *du courant*, comme les actions électro-magnétiques et électro-dynamiques, que nous étudierons dans les deux chapitres suivants.

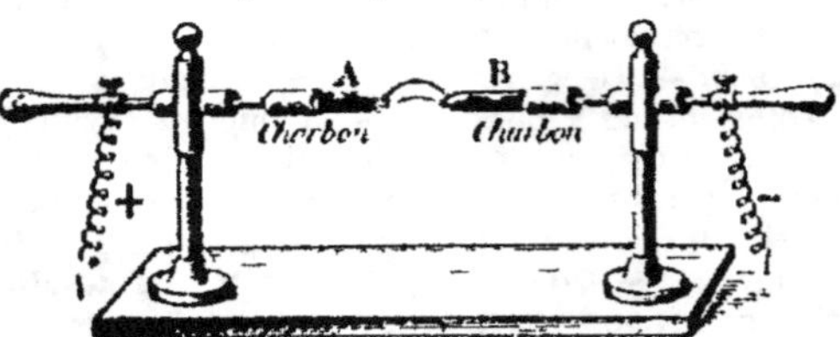

Fig. 190. — Arc voltaïque.

208. Effets caloriques et lumineux. — Si l'on introduit dans le circuit un fil métallique très fin, ce fil s'échauffe, rougit, peut être fondu et même volatilisé.

Arc voltaïque. — Si l'on termine les réophores d'une pile puissante par deux crayons de charbon de cornue A et B (fig. 190) que l'on rapproche l'un de l'autre, on voit aux parties en contact jaillir une lumière éblouissante ; si l'on éloigne un peu les charbons, le courant continue à passer en produisant un arc appelé *arc voltaïque*, constitué par l'air chaud et les parcelles incandescentes de charbon, qui tendent à s'élever dans l'air environnant.

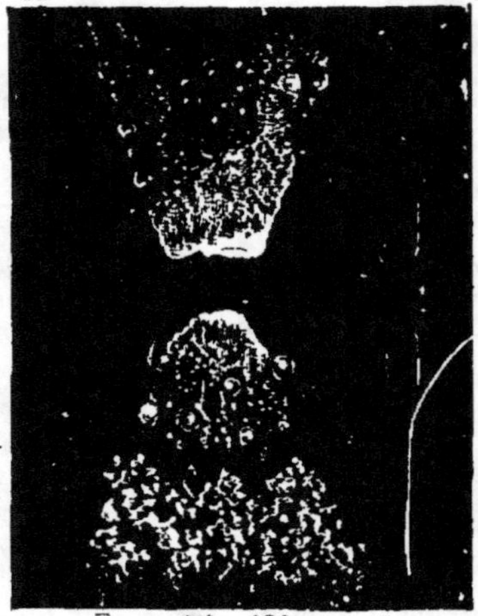

Fig. 191.
Charbons de l'arc voltaïque (grossis).

La flamme n'affecte plus la forme d'arc si les charbons sont placés verticalement.

Cet arc est à la fois très chaud et très éclairant ; ce serait le mode le plus économique d'éclairage électrique ; mais il fournit un foyer trop puissant pour les usages ordinaires, produit du gaz carbonique par la combustion du charbon, et exige un régulateur automatique.

Les *régulateurs* sont des appareils qui servent à maintenir les extrémités des deux charbons à une distance convenable ; car à mesure qu'ils s'usent leur distance augmente, et il arriverait un moment où le courant cesserait de passer.

Les régulateurs de l'arc voltaïque sont remplacés avantageusement par les *bougies Jablochkoff* (fig. 192). Ces bougies sont formées de deux crayons de charbon, séparés par une lame de plâtre ; l'arc voltaïque jaillit entre leurs extrémités et volatilise le plâtre à mesure que les charbons s'usent. Pour rendre la lumière plus douce, on place l'arc voltaïque dans un globe de verre dépoli.

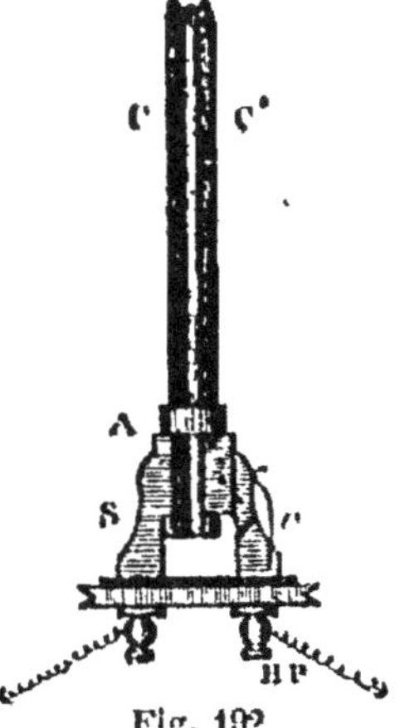

Fig. 192

Bougie Jablochkoff.

Lampes à incandescence. — Les lampes à incandescence mettent à profit l'échauffement qui se produit dans un fil fin, traversé par un courant (fig. 193).

Dans la *lampe Edison*, le circuit pénètre dans un globe de verre où l'on a fait le vide ; le circuit est fermé par un fil de charbon, de la grosseur d'un crin de cheval. Le courant, rencontrant une grande résistance pour traverser ce fil, l'échauffe et le porte à l'incandescence.

Dans ces appareils, la combustion est impossible faute d'oxygène.

L'éclairage par les lampes à incandescence donne une lumière douce et régulière, et ne produit pas de gaz carbonique, puisqu'il n'y a pas de combustion. Enfin on peut multiplier autant que l'on veut les foyers lumineux.

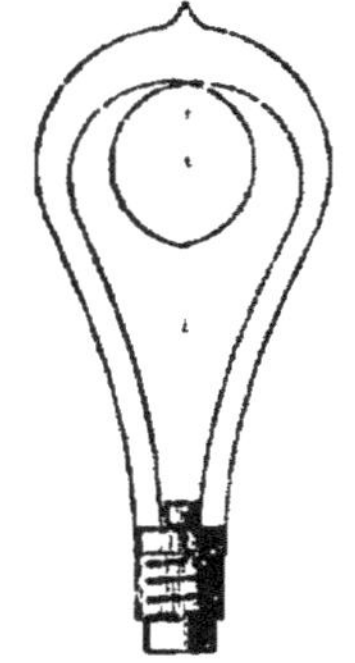

Fig. 193.

Lampe à incandescence.

299. Effets physiologiques des courants. — Lorsqu'on met les pôles d'une pile en communication avec les muscles d'un animal, on observe une contraction à la fermeture du circuit, ainsi qu'à son ouverture.

EXPÉRIENCE DE GALVANI. — L'expérience suivante, due à Galvani (Bologne, 1790), a servi de point de départ aux recherches qui conduisirent Volta (Pavie, 1800) à la découverte de la pile. On prend les membres postérieurs d'une grenouille, préalablement dépouillés de leur peau, et à l'aide d'un arc métallique, formé d'une tige de cuivre et d'une tige de zinc, on touche avec le cuivre les nerfs lombaires de l'animal (fig. 195), puis on approche le zinc des muscles de la jambe; il se produit à chaque contact une vive contraction des muscles de la cuisse.

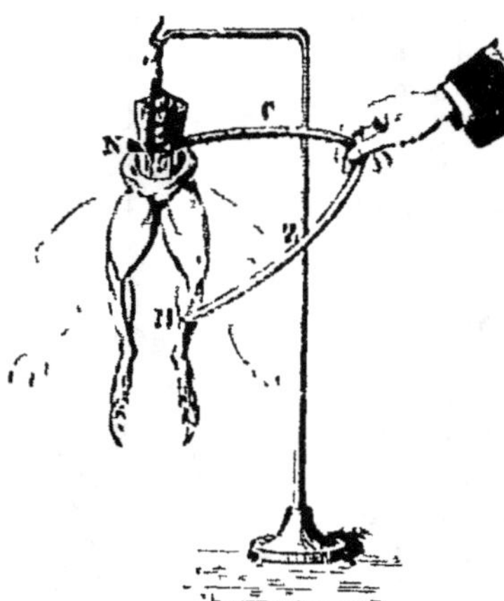

Fig 195. — Expérience de Galvani.

300. Effets chimiques. — Lorsqu'un courant assez intense traverse un composé chimique, il y a généralement décomposition. L'analyse des corps par les courants prend le nom d'*électrolyse*; le corps soumis à la décomposition, celui d'*électrolyte*.

Les produits de la décomposition apparaissent toujours sur les surfaces métalliques qui terminent les réophores de la pile, et que l'on appelle les *électrodes*. L'électrode positive est appelée l'*anode*, et l'électrode négative la *catode*.

Les produits qui se rendent à l'électrode négative sont dits *électropositifs*, et ceux qui vont à l'électrode positive *électro-négatifs*.

Par exemple, quand on décompose l'eau par la pile, l'oxygène se dégage à l'électrode positive, et l'hydrogène sur l'électrode négative.

Quand on électrolyse du sulfate de cuivre, le cuivre est transporté au pôle négatif, l'anhydride sulfurique et l'oxygène se portent sur l'électrode positive.

301. Voltamètre. Accumulateur. — Le voltamètre est l'appareil qui sert à décomposer l'eau par la pile. Il présente deux éprouvettes pleines d'eau sous lesquelles aboutissent les électrodes.

On obtient 2 volumes d'hydrogène au pôle (—) et 1 volume d'oxygène au pôle (+).

Si l'on supprime la pile et que l'on mette en communication les réophores qui aboutissent aux électrodes plongées respectivement dans l'oxygène et dans l'hydrogène, on constate que le voltamètre se comporte comme une pile dont le courant est de sens contraire à celui qui a décomposé l'eau. L'oxygène et l'hydrogène disparaissent peu à peu et restituent l'eau décomposée. Dans ces conditions, le voltamètre joue le rôle d'un ACCUMULATEUR. Tout se passe comme si l'électricité de la pile s'était emmaganisée dans le voltamètre, pour être restituée ensuite, dans un courant de sens contraire au premier.

Les ACCUMULATEURS industriels sont précisément fondés sur ce même principe.

Un accumulateur se compose essentiellement de deux vastes lames de plomb parallèles, plongées dans de l'eau acidulée.

Pour *charger* l'appareil, il suffit de relier ces plaques aux deux pôles d'une pile. L'eau s'électrolyse : l'oxygène se porte sur l'électrode positive, où se forme du bioxyde de plomb; l'hydrogène se condense sur l'électrode négative. On supprime le courant dès que l'hydrogène cesse d'être retenu par le plomb; l'accumulateur est alors parvenu à sa *limite de charge*.

Pour utiliser l'accumulateur, on réunit les deux lames de plomb par un conducteur. Il se produit un courant de sens contraire à celui de la pile de charge. L'oxygène et l'hydrogène se recombinent à travers l'eau acidulée, comme il a été dit au sujet du voltamètre.

302. GALVANOPLASTIE. — La *galvanoplastie* a pour but de déposer des couches métalliques à la surface des corps, en précipitant les métaux, de leurs dissolutions salines, à l'aide d'un faible courant électrique.

Si la pièce à recouvrir est métallique, on commence par la nettoyer de la manière suivante :

On chauffe la pièce à la flamme, puis on la plonge d'abord dans de l'eau aiguisée d'acide sulfurique, puis pendant quelques secondes dans l'acide azotique faible, et ensuite dans l'acide concentré; enfin, on la rince à l'eau pure. Alors on suspend l'objet au pôle négatif d'une pile, dont l'autre électrode est formée par une lame du métal à déposer (fig. 195). Les électrodes sont plongées dans une dissolu-

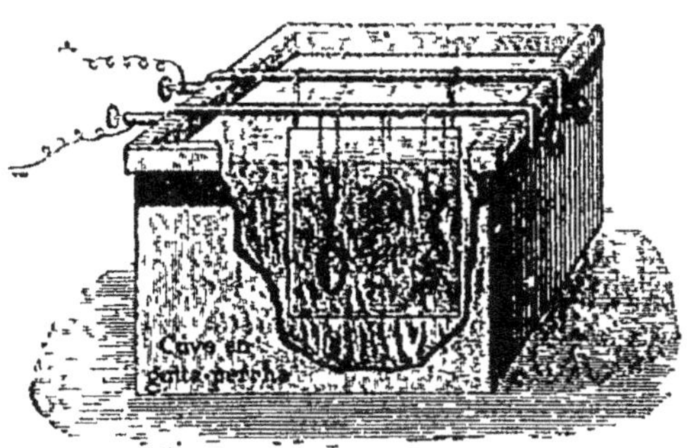
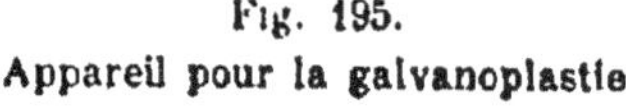

Fig. 195.
Appareil pour la galvanoplastie

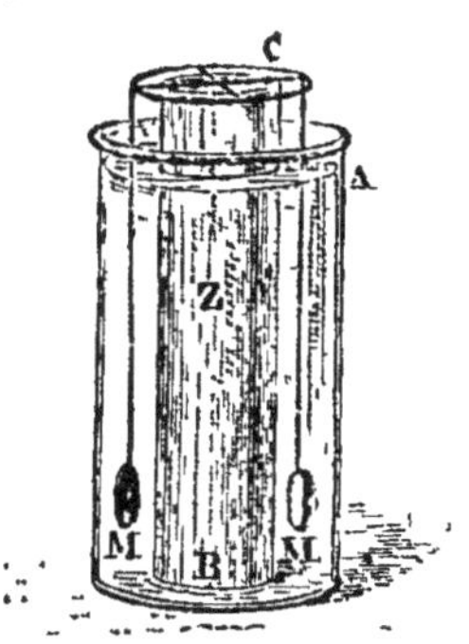

Fig 196. — Appareil simple
pour la galvanoplastie.

tion de sulfate de cuivre pour le cuivrage, de cyanure double d'or et de potassium pour la dorure, d'argent et de potassium pour l'argenture, de sulfate double de nickel et d'ammoniaque pour le nickelage.

Si l'objet n'est pas métallique, il faut le rendre conducteur; pour métalliser un objet non conducteur : pierre, bois, plâtre, on le recouvre de plombagine, puis on procède comme ci-dessus.

Lorsqu'on veut reproduire des médailles, des clichés, etc., on en prend une empreinte au moyen de cire, de gutta-percha, de soufre. Cette empreinte, après avoir été rendue conductrice, fournit par la galvanoplastie une ou plusieurs images identiques au modèle.

Appareil simple. — On obtient une cuve qui dispense de pile spéciale en mettant une lame de zinc (fig. 196) dans un vase poreux B, renfermant de l'acide sulfurique étendu; on place le tout dans un second vase A, contenant une dissolution de sulfate de cuivre; un fil de cuivre partant du zinc porte les objets à galvaniser M, M, qui plongent dans la dissolution.

QUESTIONNAIRE. — Comment classe-t-on les effets des courants? — Qu'arrive-t-il quand un courant traverse un fil métallique fin? — Comment produit-on l'arc voltaïque? — Quels inconvénients présente l'éclairage par l'arc voltaïque? — En quoi consistent les bougies Jablochkoff? — les lampes à incandescence? — Pourquoi le fil de charbon des lampes à incandescence ne brûle-t-il pas? — En quoi consiste l'expérience de Galvani? — Qu'arrive-t-il quand un courant intense traverse un composé chimique? — Qu'appelle-t-on corps électro-positifs? — Quel est le but de la galvanoplastie? — Quelles sont les manipulations à effectuer? — Quelles sont les précautions à prendre si le corps à galvaniser n'est pas métallique?

CHAPITRE III

ÉLECTRO-MAGNÉTISME

I. Actions des courants sur les aimants.

303. Expérience d'Œrsted. Règle d'Ampère (fig. 199). — *Si un fil parcouru par un courant est situé près d'une aiguille aimantée et parallèlement à cette aiguille :*
1° L'aiguille tend à se mettre en croix avec le courant.

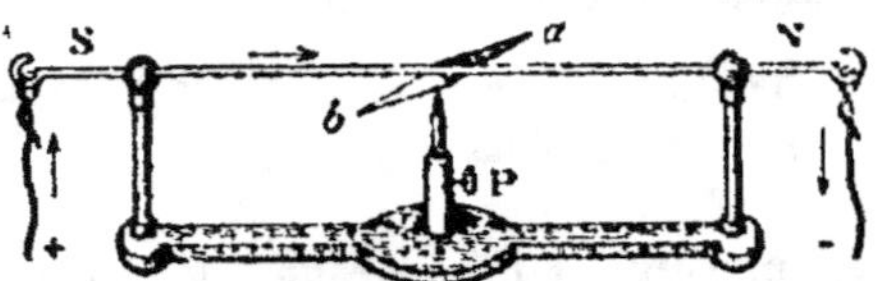

Fig. 199. — Expérience d'Œrsted

2° Le pôle austral de l'aiguille (la pointe nord) se porte à la gauche du courant.

On appelle GAUCHE DU COURANT, la gauche d'un observateur regardant l'aiguille et placé le long du fil électrique, de manière que le courant entre par ses pieds et sorte par sa tête.

304. Multiplicateur. — Le *multiplicateur* a pour but d'augmenter l'action du courant sur l'aiguille aimantée. Il se compose d'un cadre en bois, sur lequel est enroulé un grand nombre de fois le fil traversé par le courant. On place l'aiguille au centre du cadre et dans son plan.

Il est facile de vérifier que les actions de toutes les parties du rectangle s'ajoutent pour amener le pôle austral du même côté du cadre.

305. Aiguilles astatiques. — On appelle *aiguilles astatiques* l'ensemble de deux aiguilles aimantées, à peu près identiques, fixées sur le même axe, de manière que leurs pôles de noms contraires se correspondent (fig. 200). Si les aiguilles étaient rigoureusement identiques, le système serait absolument astatique, c'est-à-dire que la terre n'aurait pas d'action directrice sur lui; on ne pourrait l'utiliser. Il existe toujours une petite différence d'aimantation entre les aiguilles; c'est cette différence que le courant du multiplicateur doit vaincre pour orienter le système.

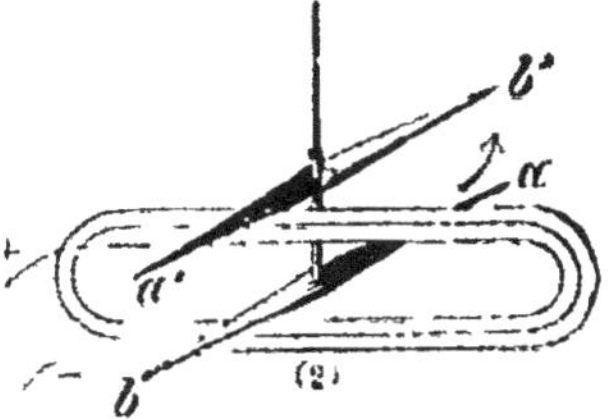

Fig. 200. — Aiguilles astatiques

306. Galvanomètre (fig. 201). — *Le galvanomètre* est un appareil qui indique la présence des courants, leur direction et leur intensité; il repose sur l'expérience d'Œrsted.

Le galvanomètre comprend : 1º un système *astatique* de deux

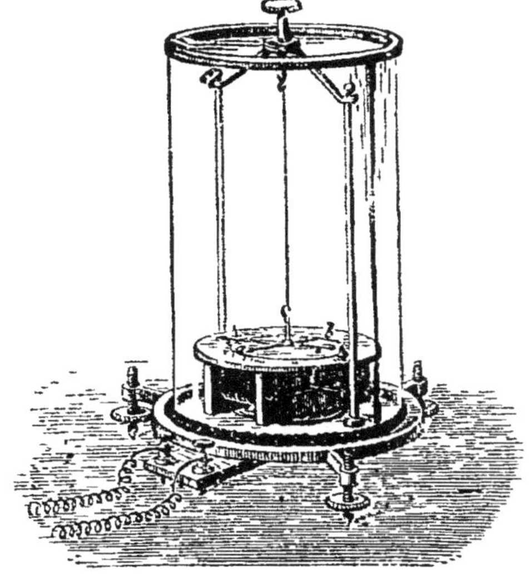

Fig. 201. — Galvanomètre.

aiguilles aimantées; 2º un *multiplicateur* dans lequel on fait passer les courants à étudier. L'aiguille située hors du cadre se meut sur un cercle divisé, et sa déviation est d'autant plus grande que le courant est plus intense.

307. Aimantation par les courants. — On enroule un fil métallique en spirale autour d'un tube en verre, dans l'intérieur duquel on place une aiguille d'acier *ba* (fig. 202). Quand on lance un courant dans le fil, l'aiguille est aimantée. En opérant sur

Fig. 202. — Action d'un courant sur un fil d'acier,

une aiguille de fer doux, l'aimantation est plus puissante; mais elle cesse avec le courant.

308. Électro-aimant. — Un *électro-aimant* (fig. 203) est constitué par un cylindre de fer doux, entouré d'une bobine de fil métallique dans lequel passe un courant. Dans l'électro-aimant en forme de fer à cheval, on entoure seulement les

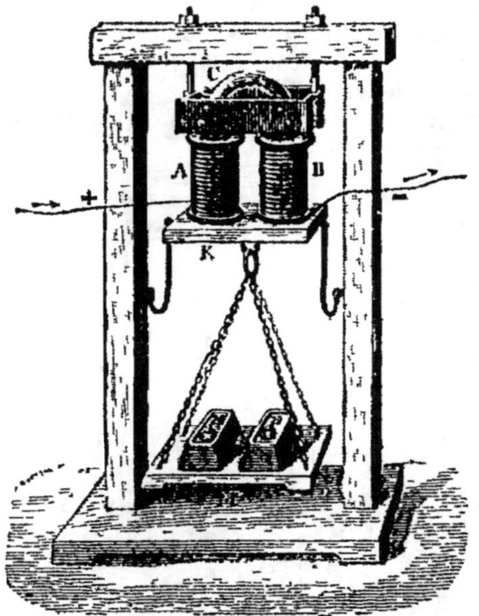

Fig. 203. — Électro-aimant.

extrémités, et l'enroulement doit être tel que le fil de chaque bobine soit la continuation du fil de l'autre, de sorte que le courant circule de gauche à droite dans l'une des bobines et de droite à gauche dans l'autre.

La puissance des électro-aimants est bien supérieure à celle des aimants permanents. Elle augmente avec les dimensions du cylindre de fer doux, avec le nombre de tours du fil conducteur et avec l'intensité du courant.

II. Télégraphie électrique.

309. Appareils télégraphiques. — La *télégraphie* a pour but de transmettre au loin la pensée à l'aide de signes conventionnels.

Le *télégraphe électrique* comprend (fig. 204) : 1° un *poste expéditeur* ou *manipulateur* ; 2° un *poste récepteur* ; 3° un *circuit métallique* reliant ces deux postes, et 4° une *pile* fournissant un courant destiné à circuler entre les deux stations.

Le *manipulateur* est un appareil qui permet d'établir ou d'interrompre à volonté le passage du courant dans le circuit.

Le *récepteur* se compose d'un électro-aimant dont le fil fait

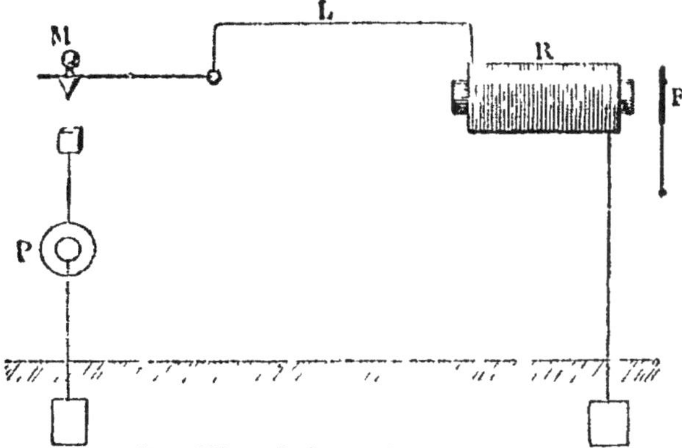

Fig. 204. — Principe du télégraphe.

M, manipulateur ; R, récepteur ; L, fil de ligne formant le circuit ; P, pile.

partie du circuit, et qui attire, à chaque passage du courant, une armature de fer doux.

Le *circuit* est un fil unique, reliant le manipulateur au récepteur et communiquant à chaque extrémité avec la terre, qui complète le circuit. Lorsque le fil est aérien, il est porté par des poteaux ; les crochets qui le soutiennent sont isolés des poteaux par des godets en porcelaine. Souvent les fils télégraphiques passent sous terre dans des tubes spéciaux. Lorsqu'ils doivent traverser l'Océan, on les isole les uns des autres en les recouvrant de gutta-percha, puis on en fait un câble, protégé par une gaine métallique isolée du noyau.

Une sonnerie électrique est installée à chaque poste, et les conducteurs sont disposés de manière que le courant du poste expéditeur passe seul dans le circuit.

310. Télégraphe Bréguet ou télégraphe à cadran. — *Manipulateur* (fig. 205). — Le manipulateur de Bréguet comprend une manivelle M, agissant sur un disque E, dont le contour présente une rainure formée de 26 sinuosités se rapprochant et s'éloignant alternativement du centre du disque. Quand on fait tourner le disque, l'extrémité g du levier gC, mobile autour du point o, suit les sinuosités de la rainure, de sorte que son autre extrémité C vient toucher alternativement les deux bornes P et P'. Quand le levier est en contact avec la borne P', le courant passe par le disque, le levier et la borne P'; mais quand le contact a lieu en P, il y a interruption dans le circuit, et le courant ne passe pas.

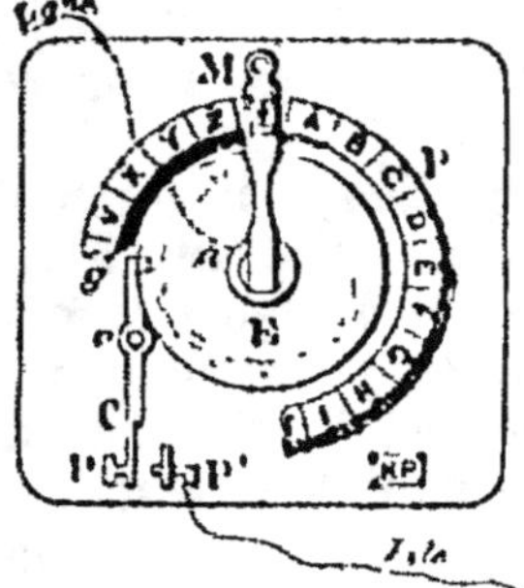

Fig. 205. — Manipulateur du télégraphe Bréguet.

Dans un tour complet, la manivelle produit donc vingt-six alternatives d'ouverture et de fermeture du circuit.

Récepteur (fig. 206). — Le récepteur comprend un électro-aimant E et une armature de fer doux P dont les oscillations, autour de l'axe vv, font tourner, au moyen d'un système de leviers, une double roue dentée RR', portant en tout 26 dents. En tournant, cette roue entraîne une aiguille qui se déplace devant un cadran sur lequel sont tracées les lettres de l'alphabet. Un ressort r maintient la plaque de fer doux P un peu éloignée de l'électro-aimant quand le courant ne passe pas.

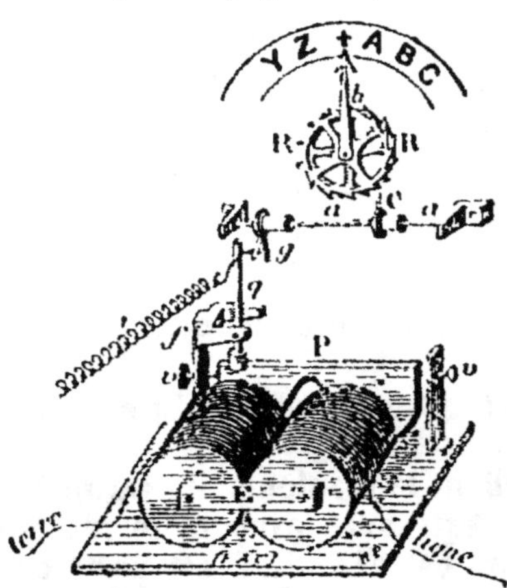

Fig. 206. — Récepteur du télégraphe à cadran.

Fonctionnement. — Chaque fois que le levier du manipulateur touche la borne P', le courant passe dans l'électro-aimant du récepteur, et la plaque de fer doux est attirée. Quand, au contraire, le levier touche la borne P, le courant cesse de passer, et la plaque, sous l'action du ressort r, revient à sa position primitive. A chacune de ces allées et venues de la plaque, la roue dentée tourne d'une dent. Or le nombre des dents de cette roue étant égal à celui des sinuosités du disque du manipulateur, si la manivelle fait une fraction de tour, l'aiguille du récepteur tourne sur le cadran, de la même fraction. Par conséquent, la manivelle du manipulateur et l'aiguille du récepteur étant toutes deux en regard de la croix conventionnelle séparant la lettre Z de la lettre A, si on amène la manivelle successivement sur les différentes lettres qui composent un mot, l'aiguille du récepteur se déplace de la même manière sur le cadran et s'arrête sur les mêmes lettres.

Les alternatives de passage et de rupture du courant dans le circuit étant indépendantes du sens dans lequel on tourne la manivelle, il est évident que, pour conserver la concordance des mouvements du manipulateur et du récepteur, il faut toujours tourner la manivelle dans le même sens, sans jamais revenir en arrière.

311. Télégraphe Morse. — *Manipulateur* (fig. 207). — Le manipulateur du télégraphe Morse se compose d'un levier, mobile

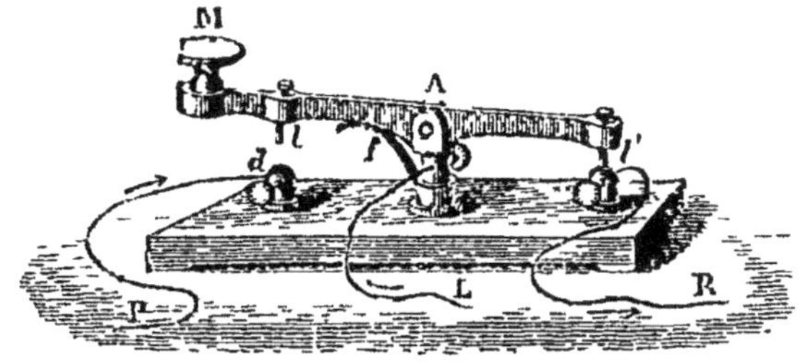

Fig. 207. — Manipulateur Morse.

autour d'un axe A. Quand, sous l'action du ressort *f*, il occupe la position indiquée sur la figure, le courant est interrompu en *d* (supprimer, pour le moment, le fil R qui part de *l'*); mais si l'on vient à appuyer sur la manette M, on établit le contact en *d*, et le courant passe, tant que dure ce contact.

Récepteur (fig. 208). — Le récepteur du télégraphe Morse comprend un électro-aimant A, qui attire un petit cylindre de fer doux *m* quand le courant passe. Ce cylindre fait mouvoir un levier B, dont l'extrémité porte une pointe à tracer, ou une petite molette chargée d'encre, en regard de laquelle une bande de papier se déroule d'une façon régulière, sous l'action d'un mécanisme d'horlogerie.

Fonctionnement. — Quand l'électro-aimant attire le cylindre de fer doux, la pointe à tracer vient appuyer contre la bande de papier, et, comme celle-ci se déroule régulièrement, la pointe trace une ligne d'autant plus longue que le contact dure plus longtemps. Quand on fait fonctionner le manipulateur, c'est-à-dire quand on détermine alternativement le passage et la rupture du courant dans le circuit, le levier du récepteur suit naturelle-

Fig. 208. — Récepteur Morse.

AA, électro-aimant; BB, levier; C, son axe; *a*, armature de fer doux; *r*, ressort antagoniste; R, rouleau de papier; H, roue à encrer.

ment les mouvements de la manette, de sorte que, suivant que le contact du levier du manipulateur avec la borne *d* sera court ou prolongé, on obtiendra, sur la bande de papier du récepteur, des points ou des traits. En adoptant une combinaison spéciale de points et de traits pour représenter chacune des lettres de l'alphabet, on pourra ainsi reproduire les mots.

312. **Remarque.** — Chaque poste télégraphique comprend toujours un manipulateur et un récepteur. On dispose alors les appareils comme l'indique la figure 209, de manière que le même fil puisse servir dans les deux sens. Cette figure repré-

sente le passage du courant lorsque le poste **A** envoie une dépêche au poste B.

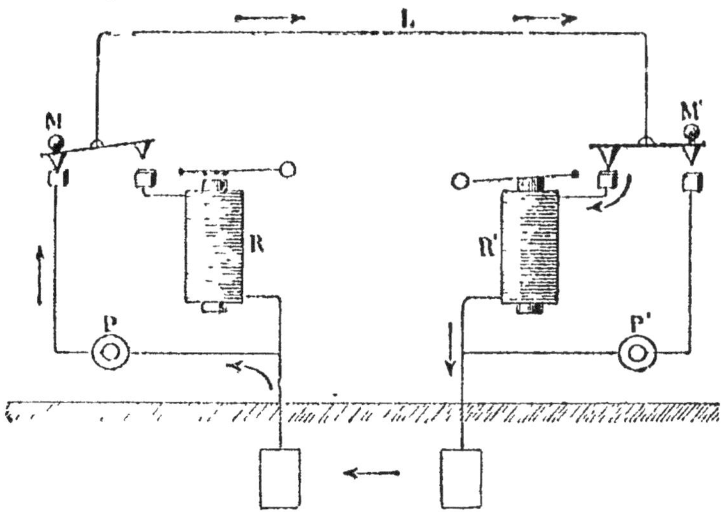

Fig. 209. — Disposition des appareils pour deux postes télégraphiques. M,M', manipulateurs; R,R', récepteurs; P,P' piles; L, fil de ligne.

313. Sonneries électriques. — Les *sonneries électriques* comprennent un timbre, sur lequel frappe un marteau actionné par un électro-aimant (fig. 210).

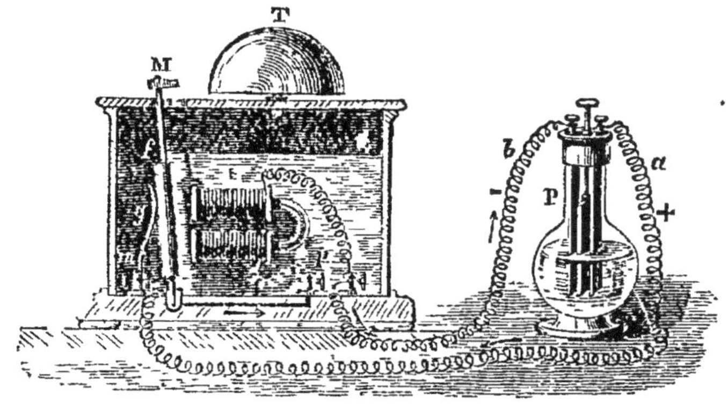

Fig. 210. — Sonnerie à trembleur.

Lorsque le courant passe, l'électro-aimant E attire le marteau M, qui vient frapper le timbre T; mais alors le courant est interrompu, puisque le manche du marteau ne touche plus le ressort *g;* l'électro-aimant devient inactif, et le marteau est ramené en contact avec le ressort *g;* le courant passe de nouveau, et les mêmes phénomènes se reproduisent ; on obtient ainsi un carillon (*trembleur électrique*).

QUESTIONNAIRE. — *En quoi consiste l'expérience d'Œrsted ? — Énoncez la loi d'Ampère. — Qu'est-ce que le multiplicateur ?* — Qu'appelle-t-on aiguilles astatiques ? — Quel est le rôle du multiplicateur ? — *De quoi se compose un galvanomètre ? A quoi sert-il ?* — Comment peut-on aimanter une aiguille d'acier au moyen d'un courant ? — Comment est constitué un électro-aimant ?

Quel est le but de la télégraphie ? — Que comprend un télégraphe électrique ? — Quel est le rôle du manipulateur ? — Quel est l'organe essentiel du récepteur ? — Décrivez le manipulateur et le récepteur du télégraphe à cadran, et expliquez comment ils fonctionnent. — Même question pour le télégraphe Morse. — Comment est constituée une sonnerie électrique ? Expliquez son fonctionnement.

CHAPITRE IV

ÉLECTRO-DYNAMIQUE. — INDUCTION

314. Objet de l'électro-dynamique. — *L'électro-dynamique est* l'étude des actions que les courants exercent les uns sur les autres.

315. Lois générales. — Les actions des courants sur les courants sont soumises aux lois suivantes, établies par Ampère :

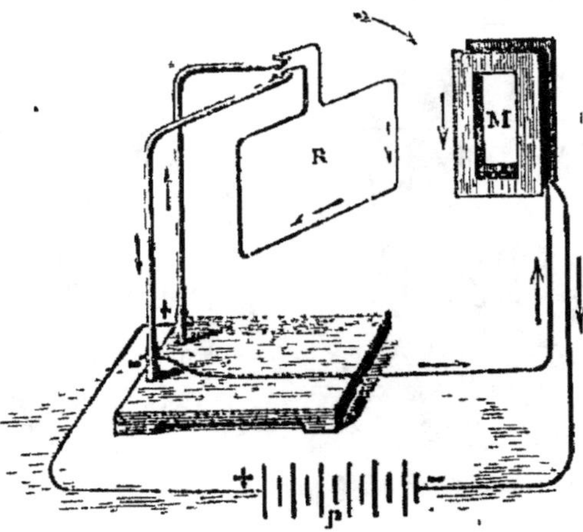

Fig. 211. — Action réciproque de deux courants parallèles de même sens.

1° *Deux courants parallèles de même sens s'attirent.*

Deux courants parallèles de sens contraire se repoussent;

2° *Deux courants croisés s'attirent lorsqu'ils s'approchent ou s'éloignent ensemble du point de croisement.*

Deux courants croisés se repoussent quand l'un s'approche du point de croisement, tandis que l'autre s'en éloigne;

3° *Deux portions consécutives d'un même courant rectiligne se repoussent;*

4° *Un courant sinueux a la même action qu'un courant rectiligne terminé aux mêmes extrémités.*

316. Solénoïdes. — Un *solénoïde* est un ensemble de courants circulaires égaux, parallèles et de même sens, dont les centres sont alignés sur un axe perpendiculaire à leurs plans. On réalise cet appareil en enroulant en hélice un fil métallique AB (fig. 212). On le dispose sur un support qui lui permet de tourner autour d'un axe vertical MN.

Les solénoïdes peuvent être assimilés aux aimants. Ils ont deux pôles, dont les attractions et les répulsions sont soumises aux mêmes lois que celles des aimants. Un solénoïde, sous l'action du magnétisme terrestre, s'oriente comme une aiguille aimantée. Enfin un solénoïde et un aimant se comportent réciproquement comme deux aimants ou deux solénoïdes.

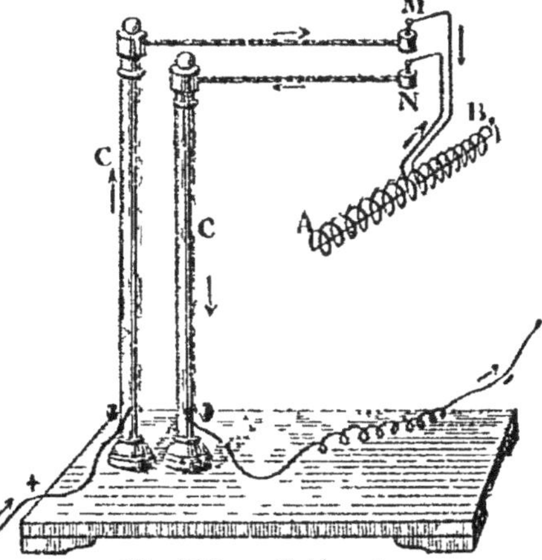

Fig. 212. — Solénoïde.

317. Courants d'induction. — *On appelle courants d'induction les courants qui prennent naissance dans des circuits métalliques fermés, sous l'influence de causes extérieures au circuit.* On peut

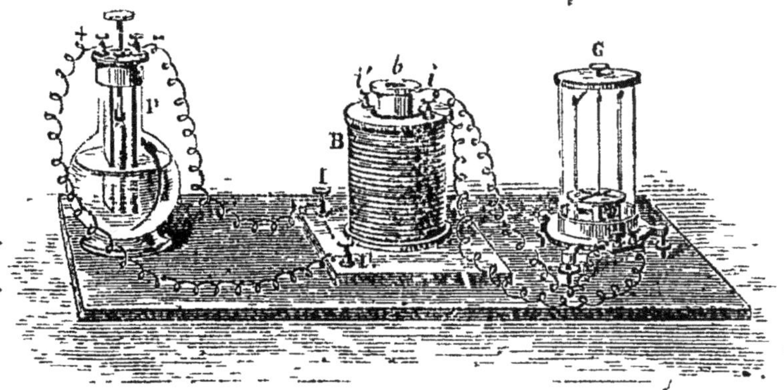

Fig. 213. — Production des courants d'induction.

mettre en évidence la production des courants d'induction à l'aide de l'appareil suivant (fig. 213).

1° B étant une bobine creuse communiquant, par les deux bornes I I', avec les pôles de la pile P; *b* étant une autre bobine placée à l'intérieur de la première et communiquant, par les deux bornes i i', avec un galvanomètre G, si l'on fait passer un courant dans B, il se manifeste instantanément dans le circuit *b* un courant très court, de sens contraire à celui de B. Ce courant a pris naissance sous l'*influence* de celui de B, c'est pourquoi on l'appelle *courant induit;* celui de B prend le nom de *courant inducteur.*

Si on interrompt ensuite le passage du courant dans la bobine B, il se produit un nouveau courant induit dans la bobine *b,* mais de sens contraire au précédent, c'est-à-dire de même sens que le courant inducteu..

Les deux bobines étant ensuite séparées, et le courant de la pile passant dans la bobine B, on introduit brusquement la bobine *b* dans la première; on constate qu'il s'y développe alors un courant induit. On attend ensuite que l'aiguille du galvanomètre soit revenue au zéro, puis on retire brusquement la bobine *b;* on remarque alors qu'elle est traversée par un courant induit de sens contraire au précédent.

Le courant induit est de sens contraire au courant inducteur : 1° quand *on ferme le circuit* B (courant de fermeture); 2° quand *on introduit la bobine b dans la bobine* B; 3° quand *on augmente l'intensité du courant inducteur.*

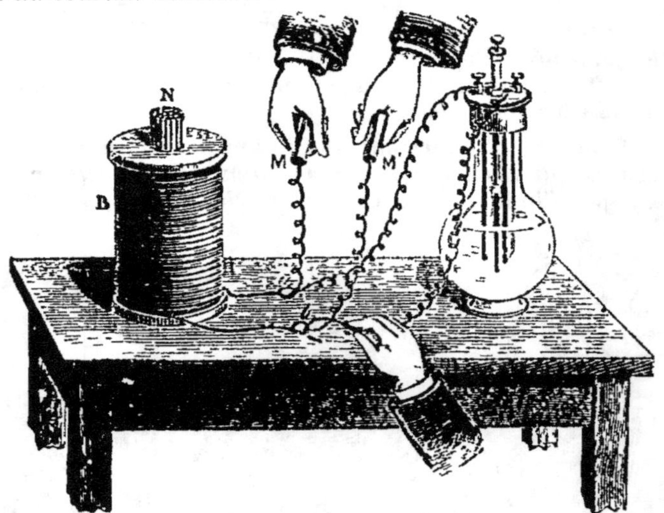

Fig. 214. — Production des courants d'ouverture et de fermeture.

Il se produit un courant induit de même sens que le courant inducteur : 1° quand *on ouvre le circuit* B (courant d'ouverture); 2° quand *on retire la bobine b de la bobine* B; 3° quand *on diminue l'intensité du courant inducteur.*

En résumé : quand l'inducteur *commence, s'approche* ou *augmente,* on obtient un induit *inverse.*

Au contraire, quand l'inducteur *cesse, s'éloigne* ou *diminue,* on obtient un induit *direct.*

Les courants induits durent peu, mais sont généralement très intenses.

2° En prenant un aimant pour inducteur, on obtient des résultats analogues. Ainsi, les extrémités du fil d'une bobine creuse étant reliées à un galvanomètre, *il se développe dans ce fil un courant induit inverse quand on introduit un aimant dans la bobine ou quand on l'en approche. Au contraire, on obtient un courant induit direct quand on retire l'aimant ou qu'on l'éloigne de la bobine.*

Quand on fait passer un courant dans une bobine renfermant un noyau de fer doux (fig. 214), le noyau s'aimante et agit comme inducteur sur le courant. Si on interrompt le courant, l'aimantation disparaît, et il se produit dans la bobine un courant induit de sens contraire. Aussi, quand on touche les manettes M, M', on ressent une commotion électrique chaque fois que l'on ferme ou que l'on ouvre le circuit en *b*.

QUESTIONNAIRE. — *Qu'est-ce que l'électro-dynamique? — Quelles sont les lois générales qui régissent les actions des courants les uns sur les autres? — Comment est formé un solénoïde? — A quoi peut-on assimiler les solénoïdes? — Qu'appelle-t-on courants d'induction? — Comment, au moyen de deux bobines, montre-t-on la production de courants induits? — Quel est, par rapport au courant inducteur, le sens du courant induit? — Peut-on prendre un aimant pour inducteur? — Quel est l'effet d'un noyau de fer doux sur le courant qui traverse périodiquement le fil d'une bobine?*

CHAPITRE V

MACHINES D'INDUCTION

318. Les MACHINES D'INDUCTION produisent un courant électrique à la faveur d'un travail mécanique, et par l'intermédiaire de l'induction. Elles sont de deux sortes : les machines MAGNÉTO-ÉLECTRIQUES, dans lesquelles l'inducteur est un aimant permanent; et les machines DYNAMO-ÉLECTRIQUES, dans lesquelles l'inducteur est un électro-aimant.

319. Machines magnéto-électriques. — Une machine *magnéto-électrique* est formée d'un aimant qui sert d'inducteur, et d'une bobine dans laquelle se produisent les courants; l'une des deux parties se déplace, par rotation, de manière que sa distance à l'autre augmente et diminue alternativement. Il se produit alors des courants d'induction que l'on peut recueillir.

Des appareils particuliers, appelés *commutateurs*, permettent de redresser les courants inverses, de manière que tous les courants circulent dans un fil, toujours dans le même sens. On transforme ainsi les courants *alternatifs* en courants *continus*.

Les principales machines magnéto-électriques sont la machine de Clarke et la machine de Gramme.

1° La *machine de Clarke* (fig. 215) se compose d'un aimant en fer à cheval A, devant les pôles duquel deux bobines B et B' se déplacent

Fig. 215. — Machine de Clarke.

A, aimant; B,B' bobines mobiles — D, tige de fer qui relie leurs noyaux. — ac, axe de rotation. — l,l', ressorts qui recueillent le courant. — R, roue avec manivelle et courroie.

par un mouvement de rotation rapide autour de l'axe *ac*. Par l'effet de leur déplacement, les deux bobines sont parcourues par des courants alternatifs de sens contraires. L'axe de rotation *ac* est conditionné de telle façon que les courants de même sens sont recueillis, les uns par la lame métallique *l*, les autres par la lame *l'*.

2° La *machine de Gramme* (fig. 216) est formée d'un aimant Jamin, entre les pôles duquel tourne un anneau, dit *anneau de Gramme*.

L'anneau de Gramme se compose d'une couronne en fils de fer doux, dans laquelle sont enfilées des bobines de fil conducteur.

En imprimant à l'anneau A un mouvement de rotation rapide, les bobines s'approchent et s'éloignent alternativement des pôles de l'ai-

mant J, dont l'action, jointe à celle du faisceau de fil de fer qui forme
les axes des bobines, développe dans le fil de celles-ci des courants
alternativement directs et inverses. Deux balais métalliques b et b',
convenablement disposés, recueillent, l'un les courants directs, l'autre
les courants inverses, et jouent par conséquent le rôle des deux pôles
d'une pile.

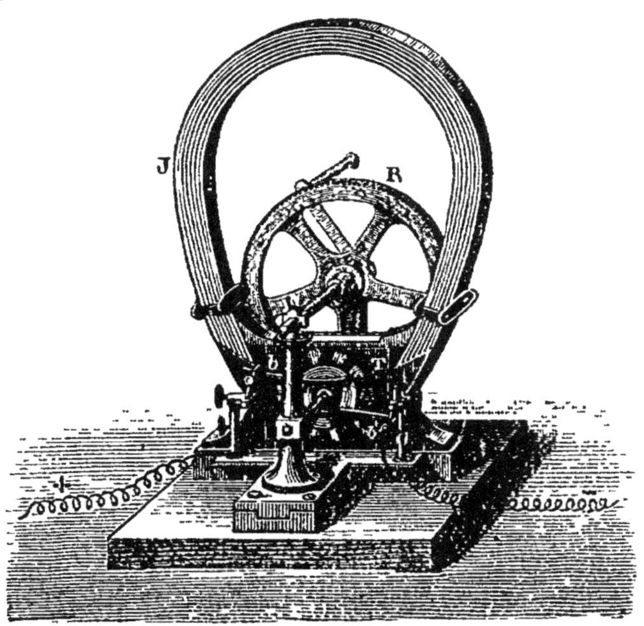

Fig. 216. — Machine de Gramme.

J, aimant Jamin; T, ses armures; A, anneau de Gramme; b,b', balais;
R, grande roue dentée et sa manivelle.

320. Machines dynamo-électriques. — Dans les *machines dynamo-
électriques*, l'inducteur est un *électro-aimant;* ces machines sont
utilisées dans l'industrie pour l'éclairage électrique, la galvanoplastie; elles sont *réversibles,* c'est-à-dire que si le courant produit par
une de ces machines, actionnée par un moteur, passe dans l'inducteur d'une machine similaire, l'induit de celle-ci se met en mouvement et peut servir lui-même de moteur.

Transport de la force à distance. — La réversibilité des machines
dynamo-électriques fournit une solution pratique de l'important problème du transport de la force à distance.

Réunissons les pôles de deux machines de Gramme A, B, par deux
fils conducteurs formant avec elles un circuit fermé. Si nous faisons
tourner mécaniquement une des machines, A (*génératrice*), il se
produit un courant qui fait tourner la machine B (*réceptrice*). Celle-ci,

à son tour, peut faire tourner un arbre de couche et actionner ainsi toute espèce de machines outils.

La génératrice peut être mise en mouvement, soit par une machine à vapeur, soit plutôt par l'aide d'une turbine qui lui transmet le travail d'une chute d'eau.

Les forces naturelles, comme les chutes ou les cours d'eau, peuvent être ainsi utilisées à grande distance; ce qui permet d'installer l'usine sur un emplacement convenable ou à proximité des voies de communication.

Toutefois l'énergie mécanique ne se transmet pas intégralement de la génératrice à la réceptrice. Une partie est absorbée par l'énergie calorifique qui se développe dans les fils conducteurs. Le rendement diminue à mesure que l'on augmente la longueur de ces fils.

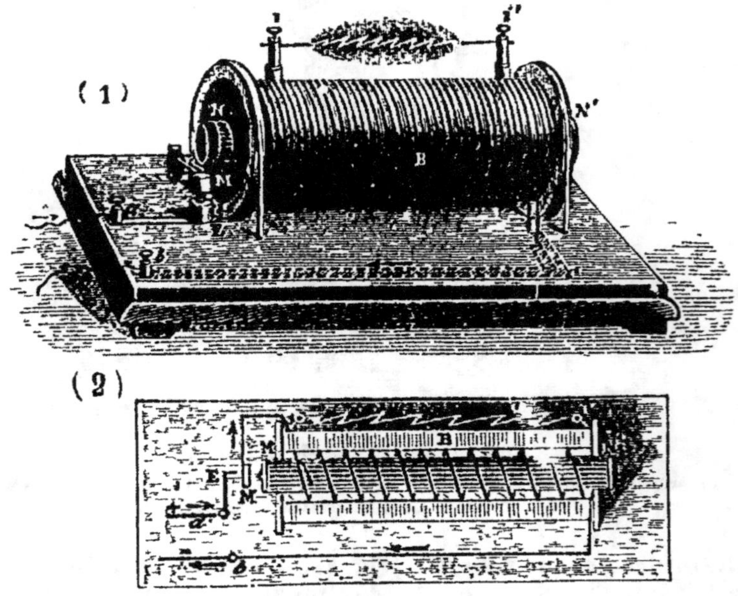

Fig. 217. — Bobine de Ruhmkorff.

1. Disposition de l'appareil; B, bobine à deux fils; NN', noyau de fer doux, a,b, bornes du fil inducteur; i, i', bornes du fil induit; M, marteau; E, enclume; b,c, une extrémité du gros fil.

2. Marche du courant dans la bobine et jeu de l'interrupteur M.

321. Bobine de Ruhmkorff (fig. 217). — *La bobine de Ruhmkorff*, ou *bobine d'induction*, est un TRANSFORMATEUR; elle sert à transformer le courant d'une pile, c'est-à-dire un courant de faible potentiel et de grand débit, en un courant de faible débit, mais de potentiel extrêmement élevé.

La bobine de Ruhmkorff est une machine d'induction formée d'une double bobine; dans le circuit intérieur, en fil gros et court, passe le courant inducteur; dans la bobine extérieure, en fil fin et long, se produisent les courants induits.

Au moment où le courant inducteur se ferme, il arrive par le fil a, passe par le marteau M et aimante le faisceau de fer doux N; il se produit alors un courant induit de *fermeture* dans le fil de la bobine B. Mais alors le faisceau de fer doux attire le marteau M; il en résulte une rupture du circuit inducteur en E, et il se produit, dans le fil de la bobine, un courant induit d'*ouverture*. L'aimantation du fer doux ayant cessé par le fait de la rupture du circuit inducteur, le marteau reprend sa position première, et, le circuit inducteur étant de nouveau fermé, le phénomène recommence.

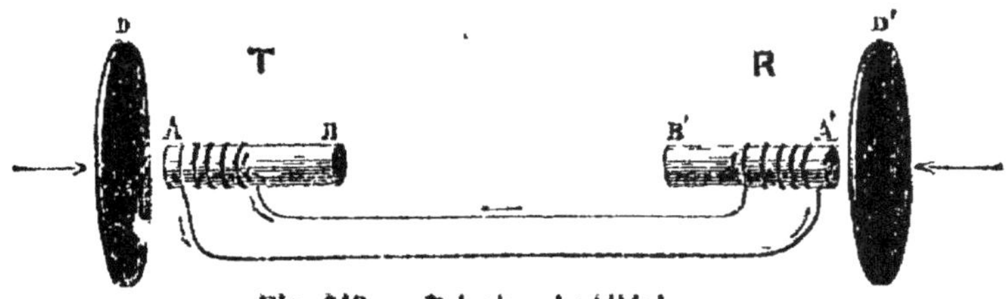

Fig. 218. — Principe du téléphone.

Ces alternatives de rupture et de fermeture du courant inducteur se reproduisent indéfiniment et avec rapidité. S'il existe un petit intervalle entre les conducteurs fixés aux bornes i et i' qui terminent le fil induit, le courant direct passe seul et produit des étincelles.

322. Téléphone. — Le *téléphone* est un appareil qui transmet au loin la parole. Il repose sur des phénomènes d'induction.

Le *téléphone* (fig. 218) comprend essentiellement deux plaques métalliques D, D', très minces, pouvant vibrer sous l'action d'un appareil d'induction formé par les barreaux aimantés AB et A'B'; un *fil de ligne* complète le circuit.

Si l'on parle devant la plaque D, elle entre en vibration, s'approche ou s'éloigne de l'aimant A, et modifie ainsi l'état magnétique de ce barreau; il y a alors en AB production de courants induits qui modifient l'état magnétique de l'aimant A et font vibrer la plaque D'. Les vibrations de D sont reproduites exactement par D'.

La plaque vibrante et l'appareil d'induction sont fixés dans un manchon en bois

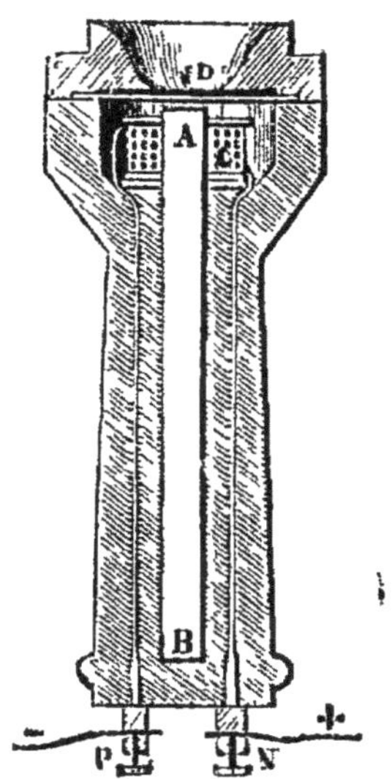

Fig. 219. — Téléphone de Bell.

AB, barreau de fer doux; C, bobine de fil conducteur en communication avec les pôles d'une pile par les bornes P et N; D, plaque vibrante.

ou en métal. La partie supérieure porte un pavillon qui a pour but de concentrer les sons sur la plaque métallique.

On obtient un appareil plus sensible et plus puissant en introduisant dans le téléphone précédent une source d'électricité dynamique; le système d'induction, bobine et barreau, fonctionne alors comme un électro-aimant. Un des plus employés est le *téléphone de Bell* (fig. 219).

323. Microphone (fig. 220). — Le *microphone*, inventé par Hugues, est un appareil destiné à amplifier considérablement l'intensité des sons transmis par le téléphone.

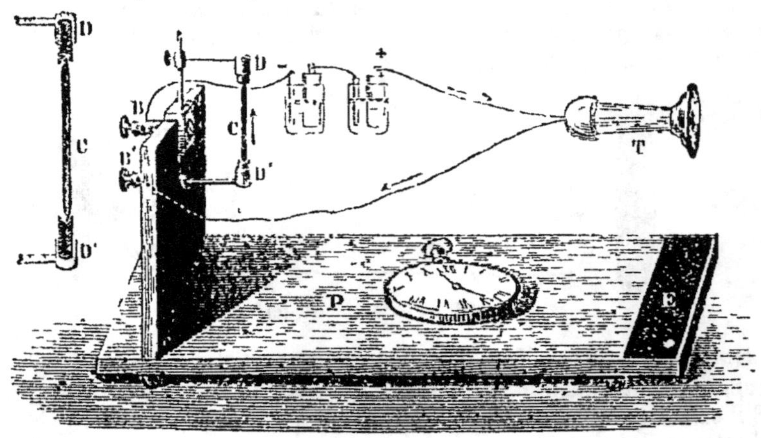

Fig. 220. — Microphone de Hugues.

C, lame de charbon faiblement fixée dans les godets DD'; T, téléphone
P, planchette supportant le corps sonore.

Pour obtenir ce résultat, il suffit de modifier l'intensité des courants, en introduisant dans le circuit des résistances produites par des pièces qui vibrent sous l'action des sons.

Le microphone comprend le circuit d'une pile, dans lequel est intercalé un téléphone T et un crayon de charbon de cornue C. Celui-ci est maintenu verticalement par des cavités D et D', qui reçoivent ses pointes effilées et lui laissent une certaine mobilité.

Les vibrations produites à proximité de l'appareil modifient la position du charbon, et par suite la résistance du circuit; ce qui se traduit, dans le téléphone, par le renforcement du son primitif.

Les moindres vibrations communiquées à la planchette qui supporte l'appareil se transmettent au téléphone. C'est ainsi que l'on peut entendre le tic-tac d'une montre, le frottement d'une barbe de plume, le bruit de la marche d'une mouche.

On augmente la sensibilité du microphone en remplaçant le charbon unique C par une série de plusieurs charbons : leurs effets s'ajoutent pour produire des variations plus grandes dans l'intensité du courant.

Télégraphie sans fil. — La télégraphie sans fil a été réalisée par Marconi à l'aide du *radiateur* de Heitz et du *radioconducteur* de Branly.

Le RADIATEUR de Hertz est un système de deux boules métalliques entre lesquelles on fait jaillir des étincelles d'induction. Dans des conditions convenables, ces étincelles produisent des ondes électriques qui se propagent dans toutes les directions, à la manière des ondes sonores, et peuvent agir à grande distance.

Le RADIOCONDUCTEUR de Branly (fig. 220 bis) se compose d'un tube de verre contenant un peu de limaille d'argent interposée entre deux plaques métalliques dans le circuit d'une pile. M. Branly a reconnu que cette limaille est conductrice à l'état aggloméré et non conductrice à l'état dispersé. Le passage d'une onde électrique suffit à lui donner la cohésion convenable, et un petit choc suffit pour la lui faire perdre.

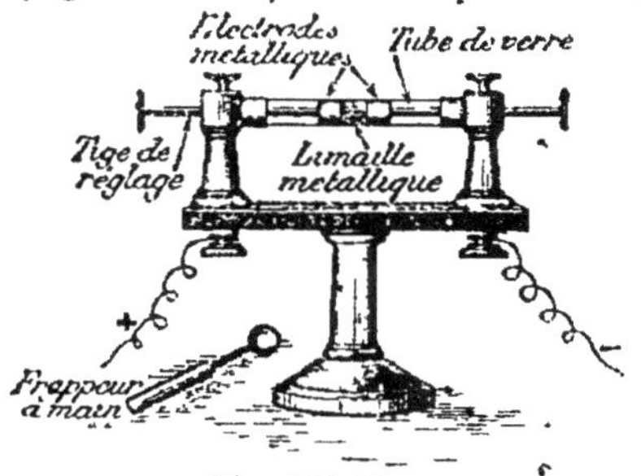

Fig. 220 bis.
Radioconducteur de Branly.

SYSTÈME MARCONI. — Le télégraphe Marconi comprend un transmetteur et un récepteur. Le poste transmetteur consiste en un radiateur de Hertz mis en activité par une bobine de Ruhmkorff. Le poste récepteur est formé d'un radioconducteur, d'un électro-aimant et d'un récepteur Morse (311) intercalés dans le circuit d'une même pile. Par des décharges longues ou brèves de la bobine (qui reproduisent l'alphabet Morse), on provoque les ondes qui sont lancées par le radiateur de Hertz.

Dès qu'une onde vient frapper le radioconducteur, la limaille se *cohère;* alors le courant passe et actionne le récepteur Morse, qui imprime un trait ou un point sur sa bande de papier.

Mais dès que le courant passe, l'électro-aimant attire son armature, et un petit marteau vient heurter le tube à limaille. Alors celle-ci se *décohère,* et le courant est interrompu jusqu'à l'arrivée de l'onde suivante.

Le télégraphe Marconi permet déjà d'établir des communications régulières entre des postes distants de 50 à 60 kilomètres, de mettre en relation permanente l'observatoire du mont Blanc avec le village de Chamonix, de lancer des dépêches en mer, entre les navires et la côte, ou entre les cuirassés d'une escadre, etc.

Passage des étincelles d'induction à travers les gaz raréfiés — Les décharges d'une bobine de Ruhmkorff à travers les gaz raréfiés produisent des effets très variables, suivant le degré de raréfaction du gaz.

TUBE DE GEISSLER. — Un tube de Geissler est un tube en verre contenant un gaz raréfié, et dans lequel on peut faire passer un courant d'induction. A cet effet, l'enveloppe du tube est traversée à ses extrémités par des tiges de platine, qui se terminent intérieurement par des disques, et peuvent être reliées aux bornes de la bobine de Ruhmkorff. L'électrode *négative* est dite la *cathode*, l'électrode *positive* s'appelle l'*anode*.

La décharge électrique passe à travers le gaz, pourvu que celui-ci soit suffisamment raréfié. Alors le tube s'illumine dans toute son étendue; sa couleur et son éclat dépendent de la nature du gaz, de sa pression et de la forme du tube.

Quand la pression du gaz intérieur est réduite à 2 ou 3 millimètres, la colonne lumineuse se *stratifie*, c'est-à-dire qu'elle se partage en une série de zones alternativement brillantes et obscures.

Pour une pression encore moindre, la région voisine de la cathode devient obscure, et la colonne lumineuse se raccourcit de plus en plus, à mesure que le pression diminue davantage.

Tube de Crookes. — Un tube de Crookes est une ampoule en verre contenant un gaz extrêmement raréfié, dont la pression est inférieure à un millième de millimètre.

Cette ampoule est munie de deux électrodes, comme un tube de Geissler; mais la cathode et l'anode peuvent traverser l'enveloppe en deux points distincts quelconques.

Quand les décharges électriques traversent le tube de Crookes, l'ampoule reste obscure, excepté dans la région opposée à la cathode, où la paroi de verre devient fluorescente.

On appelle RAYONS CATHODIQUES les radiations qui émanent de la cathode, se propagent en ligne droite et projettent un éclat verdâtre sur la paroi directement opposée. Cette région phosphorescente est indépendante de la position de l'anode.

Les rayons cathodiques sont attirés ou repoussés par les pôles d'un aimant. Ils peuvent mettre en mouvement un moulinet en mica installé au milieu de l'ampoule.

Rayons X. — Photographie de l'invisible. — Les RAYONS X, découverts par Rœntgen, en 1895, sont des radiations *invisibles* qui se dégagent dans l'air autour d'un tube de Crookes en activité.

Ces rayons jouissent de la propriété d'impressionner les plaques photographiques, et de rendre lumineux les corps fluorescents tels que le spath d'Islande, le verre d'urane, le sulfure de calcium, le platinocyanure de baryum, etc.

De plus, ils traversent sans obstacle un grand nombre de corps qui sont opaques pour la lumière, notamment les substances d'origine organique telles que le bois, le cuir, le carton, les étoffes, les muscles. Les autres corps sont plus ou moins opaques pour les rayons X, et leur opacité augmente avec l'épaisseur; les suivants sont disposés par ordre d'opacité croissante : charbon, os, verre, soufre, fer, cuivre, mercure, plomb, etc.

Cette dernière propriété est le principe de la *radiographie* et de la *radioscopie* des objets invisibles.

RADIOGRAPHIE. — La radiographie est la production d'images photographiques à travers des corps opaques à la lumière.

On peut radiographier, par exemple, le squelette d'une personne vivante. Supposons, pour fixer les idées, qu'il s'agisse de photographier les os de la main. Il suffit d'interposer cette main et de la tenir immobile entre un tube de Crookes en activité et une plaque sensible enfermée dans son châssis de bois ou recouverte de papier noir.

Les rayons X traversent les chairs, le bois, le papier, et viennent impressionner la plaque sensible; mais ils sont arrêtés par les os, qui projettent pour ainsi dire leur ombre sur la plaque photographique.

Cependant la radiographie ne se réduit pas à une simple silhouette; car l'opacité variant avec l'épaisseur, l'ombre des parties minces est moins accusée que celle des parties en relief.

RADIOSCOPIE. — La radioscopie consiste à observer sur un écran illuminé par les rayons X la projection des corps qui ne se laissent pas traverser par ses rayons.

On peut observer ainsi des corps entourés d'une enveloppe qui les dérobe à la vue; par exemple, des objets métalliques enfermés dans une boîte, ou encore les os de la main, etc.

Pour cela, il suffit d'interposer l'objet à examiner entre l'ampoule de Crookes et un écran enduit de platinocyanure de baryum. L'écran s'éclaire d'une lumière verdâtre, sur laquelle se détache l'ombre portée par les seuls corps qui sont opaques pour les rayons X.

On utilise les rayons X en chirurgie pour examiner les fractures des os ou pour reconnaître la position des objets métalliques égarés dans le corps humain. Les douaniers peuvent s'en servir pour explorer l'intérieur des malles sans les faire ouvrir.

QUESTIONNAIRE. — Par quoi sont formées les machines magnéto-électriques? — A quoi servent les commutateurs? — Quelles sont les principales machines magnéto-électriques? — Donnez-en sommairement la description.

Que prend-on pour inducteur dans les machines dynamo-électriques? — A quoi servent ces machines? — Décrivez la bobine de Ruhmkorff et expliquez-en le fonctionnement. — Qu'est-ce que le téléphone? Sur quel principe repose sa construction? — Qu'est-ce que le microphone? — Comment est-il construit?

Qu'est-ce que le radiateur de Hertz? — En quoi consiste le radioconducteur de Branly et quelles sont ses propriétés? — De quoi se compose le télégraphe de Marconi? — Expliquez le fonctionnement de cet appareil. — Que savez-vous du tube de Geissler? — du tube de Crookes? — Qu'est-ce que les rayons cathodiques? — Qu'appelle-t-on rayons X? — Quelles sont les propriétés des rayons X? — Qu'est-ce que la radiographie? — Qu'est-ce que la radioscopie?

SEPTIÈME PARTIE

OPTIQUE

CHAPITRE I

PROPAGATION ET RÉFLEXION DE LA LUMIÈRE

324. Optique. Lumière. — *L'*OPTIQUE *est l'étude des phéno-mènes produits par la lumière.*

La LUMIÈRE *est l'agent des phénomènes que nous percevons par l'organe de la vue.*

La lumière est une forme de l'énergie. On admet qu'elle consiste en un mouvement vibratoire qui se produit et se propage de la même manière que le son. Ainsi la lumière est produite par des vibra-tions extrêmement rapides, dont seraient animés les molécules des corps lumineux. Ces vibrations se propagent par l'intermédiaire d'un fluide impondérable et très élastique, l'*éther*, répandu partout, même dans le vide et dans les espaces intermoléculaires des corps transparents.

325. Corps lumineux. — Corps transparents. — Corps opaques. — Tout corps visible pour notre œil émet de la lumière : c'est un corps LUMINEUX; mais il peut être lumineux par lui-même, comme le soleil, une lampe, un corps incandescent; ou bien recevoir d'une source étrangère la lumière qu'il renvoie à notre œil. Dans ce dernier cas, on dit que le corps devient lumineux parce qu'il est ÉCLAIRÉ.

Les corps TRANSPARENTS OU DIAPHANES sont ceux qui se laissent traverser par la lumière, comme l'air, l'eau, le verre. Les corps OPAQUES sont ceux qui arrêtent la lumière, comme le bois, les métaux, le papier sous une épaisseur suffisante.

326. Propagation de la lumière. — *La lumière se propage en ligne droite.* En effet, si l'on interpose un petit écran opaque sur la droite qui joint l'œil à un point lumineux, ce point cesse d'être visible; tandis que, pour toute autre position de l'écran, l'œil aperçoit le point lumineux.

On appelle RAYON LUMINEUX toute droite qui joint un point lumineux à l'un des points qu'il éclaire.

327. Vitesse de la lumière. — La lumière parcourt 300 000 kilomètres par seconde.

Malgré cette vitesse prodigieuse, un million de fois plus grande que celle du son, la lumiè met plus de 8 minutes pour venir du soleil à la terre, et plusieurs années pour venir de l'étoile la plus rapprochée de nous.

328. Ombre et pénombre. — Un corps opaque placé devant une source lumineuse arrête les rayons lumineux. La région de

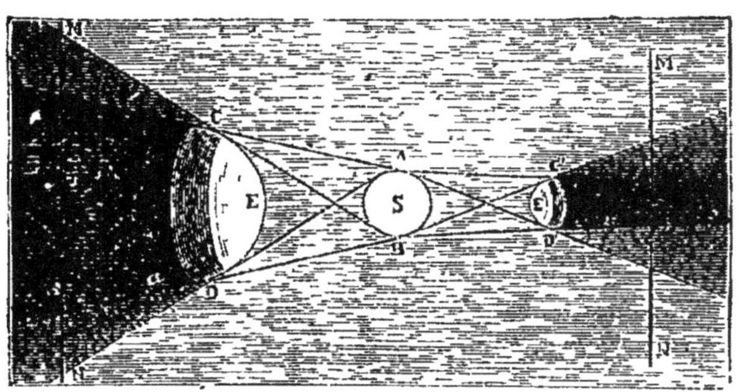

Fig. 221. — Ombre et pénombre circulaire.

l'espace qui est ainsi privée de lumière se nomme L'OMBRE *portée*.

Quand le foyer lumineux se réduit à un point, cette ombre est séparée de la région éclairée par une surface conique, engendrée par une droite qui passe par le point lumineux et s'appuie constamment sur le corps opaque.

Si le foyer lumineux est une sphère S, par exemple (fig. 221), la région comprise entre les tangentes extérieures AC,BD et les tangentes intérieures BC,AD, ne reçoit qu'une partie de la lumière. Cette région constitue ce qu'on appelle la PÉNOMBRE. Il y a passage insensible de l'ombre absolue à la lumière complète.

329. Photomètres. — Les *photomètres* sont des appareils qui servent à comparer les intensités de deux sources lumineuses.

On appelle *éclairement* d'une surface la quantité de lumière qu'elle reçoit sur chaque centimètre carré. On appelle *intensité* d'une source lumineuse l'éclairement qu'elle produit sur une surface placée à un mètre de distance, perpendiculairement à la direction des rayons lumineux.

On prend pour *unité* d'intensité lumineuse la CARCEL, c'est-à-dire l'intensité d'une lampe Carcel brûlant par heure 42 gr. d'huile de colza. Comme unité secondaire, on adopte la BOUGIE DÉCIMALE, qui vaut $1/_{10}$ de *carcel*.

LOI DU CARRÉ DES DISTANCES. — *Les éclairements produits par une même source lumineuse, sur un écran placé successivement à différentes distances, sont* INVERSEMENT PROPORTIONNELS *aux carrés de ces distances.*

Soient I l'éclairement à un mètre et E l'éclairement à la distance *d*.

On a :
$$\frac{E}{I} = \frac{1^2}{d^2} \; ; \quad \text{d'où} \quad E = \frac{I}{d^2} .$$

Si la distance devient 2, 3, 4 fois plus grande, l'éclairement devient 4, 9, 16 fois plus petit.

PRINCIPE DU PHOTOMÈTRE. — *Si deux luminaires produisent le même éclairement sur un écran, leurs intensités sont proportionnelles au carré de leurs distances à cet écran.*

Soient I, I' les intensités de deux luminaires qui produisent le même éclairement aux distances *d*, *d'*. En écrivant que l'éclairement du premier luminaire à la distance *d* est égal à l'éclairement du second à la distance *d'*, on obtient :

$$\frac{I}{d^2} = \frac{I'}{d'^2} \; ; \quad \text{d'où} \quad \frac{I}{I'} = \frac{d^2}{d'^2}$$

Le photomètre de BUNSEN consiste en un écran de papier, au milieu duquel se trouve une tache grasse. On dispose les luminaires à comparer, de part et d'autre de l'écran, de façon que l'on n'aperçoive plus la tache ; ce qui arrive quand elle est également éclairée sur ses deux faces. Alors on mesure les distances des deux sources à l'écran : *les intensités des deux luminaires sont proportionnelles aux carrés de ces distances.*

Le photomètre de RUMFORD se compose d'une tige placée devant un écran. On dispose les luminaires de façon que les deux ombres projetées par la tige sur l'écran soient également obscures. Alors *les intensités des deux luminaires sont entre elles comme les carrés de leurs distances à l'écran.*

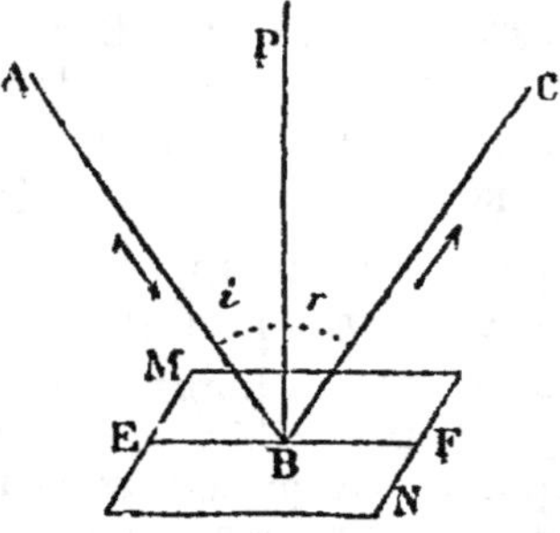

Fig. 222. — *i*, angle d'incidence ; *r*, angle de réflexion.

330. Réflexion de la lumière. — *La réflexion est le changement de direction que subissent les rayons lumineux à la rencontre d'une surface polie.*

Lorsqu'un rayon lumineux AB rencontre une surface polie MN (fig. 222), il est renvoyé suivant une autre direction BC.

On appelle PLAN D'INCIDENCE le plan qui passe par le rayon incident AB et par la normale BP menée à la surface polie par le point d'incidence.

L'ANGLE D'INCIDENCE est l'angle *i* que fait le rayon incident avec la normale; l'ANGLE DE RÉFLEXION est l'angle *r* que fait le rayon réfléchi BC avec la normale BP.

La réflexion s'opère d'après les lois suivantes.

1re Loi. — *Le rayon réfléchi reste dans le plan d'incidence.*

2e Loi. — *L'angle de réflexion est égal à l'angle d'incidence.*

331. Miroir plan. — Quand on regarde dans un miroir plan (fig. 223), la lumière partie d'un point lumineux A, réfléchie sur

Fig. 223. — Image vue sur un miroir plan.

le miroir et arrivant à l'œil, semble venir d'un point A' symétrique de A par rapport au miroir. On croit donc voir *derrière le miroir* les objets lumineux qui sont placés en avant.

L'image donnée par un miroir plan est *virtuelle, droite, égale à l'objet, et symétrique de cet objet par rapport au plan du miroir.*

Deux miroirs plans, convenablement inclinés, donnent plusieurs images d'un même objet. C'est le principe de l'appareil connu sous le nom de *kaléidoscope.*

Deux miroirs plans parallèles donnent, pour un même objet, une infinité d'images de plus en plus éloignées, mais de moins en moins lumineuses.

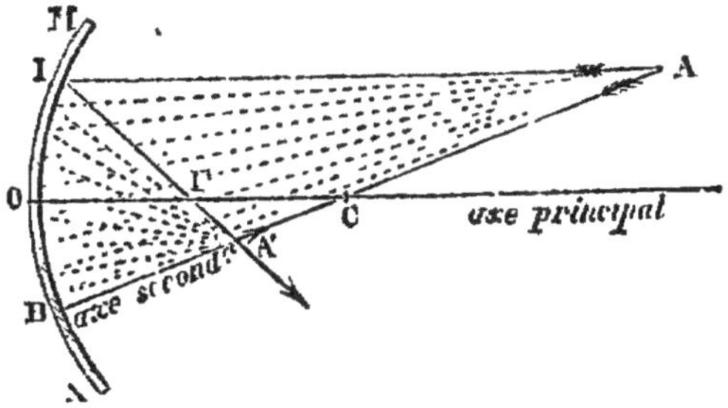

332. Miroirs sphériques. — Un *miroir sphérique* est une calotte

Fig. 224. — Éléments des miroirs.

sphérique dont l'une des surfaces est polie. L'intérieur fournit un *miroir concave*, l'extérieur donnerait un *miroir convexe.*

On appelle CENTRE DE COURBURE du miroir (fig. 224) le centre C dé la sphère dont le miroir fait partie, et CENTRE DE FIGURE, ou SOMMET du miroir, le point O de sa surface, qui est équidistant des bords.

On appelle AXE PRINCIPAL la droite OC qui passe par le centre de courbure et par le sommet du miroir, et AXE SECONDAIRE toute autre droite AB qui passe par le centre de courbure.

Dans un miroir sphérique, la normale en un point quelconque est le rayon de la sphère, c'est-à-dire la droite qui passe par le point considéré et par le centre de courbure.

Les rayons lumineux parallèles à l'axe principal, tels que AI, viennent tous, après réflexion, passer par un même point F, appelé *foyer principal* du miroir. Ce foyer est situé sur l'axe principal, sensiblement au milieu du rayon OC.

Tout rayon lumineux AB passant par le centre C est normal au miroir ; il se réfléchit sur lui-même.

Tous les rayons émanant d'un même point lumineux A viennent, après réflexion, concourir en un même point A'. Ce point A' est dit l'image du point A (fig. 224).

L'image d'un objet est l'ensemble des images de tous ses points.

Une image est dite RÉELLE quand on peut la recevoir sur un écran (fig. 225) ; VIRTUELLE, dans le cas contraire.

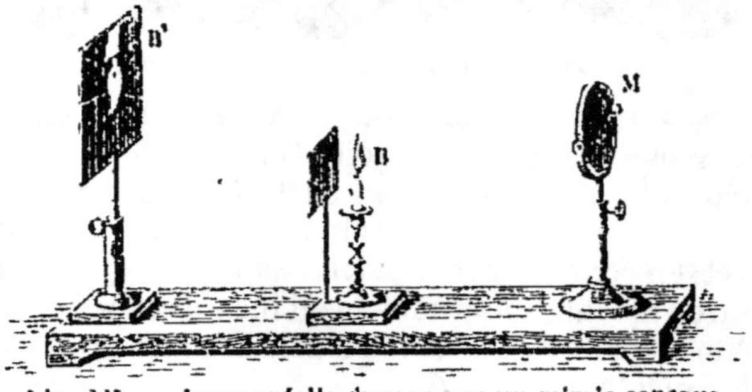

Fig. 225. — Image réelle formée par un miroir concave.

333. Formation des images dans les miroirs. — Pour trouver l'image d'un point A dans un miroir concave (fig. 226), il suffit de mener par ce point deux rayons, l'un AM parallèle à l'axe du miroir, et l'autre AE passant par son centre C. Après réflexion, le premier passe par le foyer F et prend la direction MF ; le second se réfléchit sur lui-même suivant EC. L'intersection de ses deux rayons réfléchis donne le point A', image du point A.

On obtiendrait de même l'image de tous les autres points de l'objet.

L'image d'une droite perpendiculaire à l'axe principal est une autre droite perpendiculaire à ce même axe.

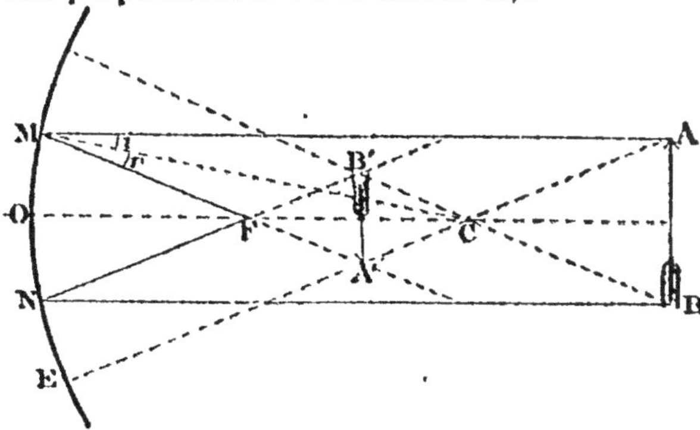

Fig. 226. — Image réelle formée par un miroir concave.

En appliquant cette règle à différents objets placés devant un miroir concave, on constate les résultats suivants :

1° *Un objet si-tué au delà du centre* (fig. 227) *donne une image réelle, renversée, plus petite que l'objet, située entre le foyer principal et le centre.*

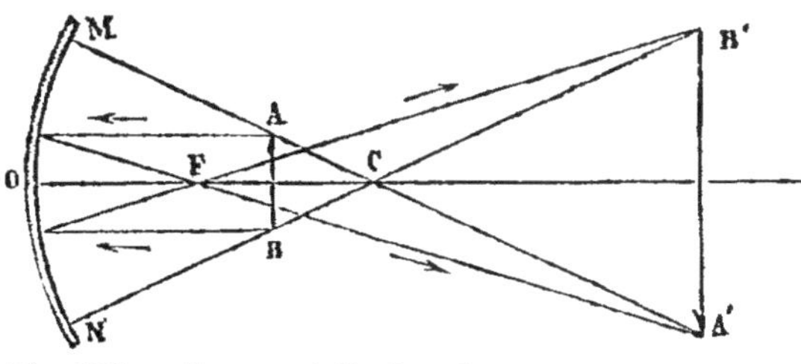

Fig. 227. — Image réelle formée par un miroir concave.

2° *Un objet situé entre le centre et le foyer principal* (fig. 227) *donne une image réelle, renversée, plus grande que l'objet et située au delà du centre.*

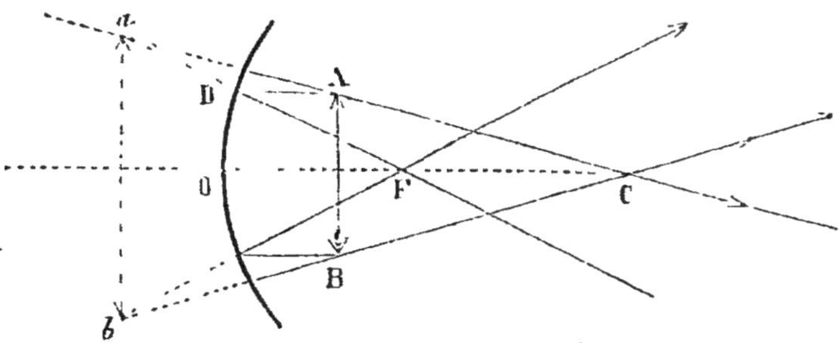

Fig. 228. — Images virtuelles des miroirs concaves.

3° *Un objet situé entre le sommet O et le foyer principal* (fig. 228) *donne une image virtuelle, droite, plus grande que l'objet et située en arrière du miroir.*

334. Formule des miroirs sphériques. — La distance focale f d'un miroir sphérique et les distances p, p' de ce miroir à un objet quelconque et à son image, vérifient la relation :

$$\frac{1}{p} + \frac{1}{p'} = \frac{1}{f}.$$

Cette formule permet de calculer l'une quelconque des quantités p, p' et f, lorsqu'on connaît les deux autres.

QUESTIONNAIRE. — Suivant quelle direction se propage la lumière? — Qu'est-ce qu'un corps transparent? — Expliquez sur une figure ce qu'on entend par ombre et pénombre. — Quelle est la vitesse de propagation de la lumière? — A quoi servent les photomètres? — Décrivez les photomètres de Rumford et de Bunsen, et dites comment on s'en sert.

Quelles sont les lois de la réflexion de la lumière? — Qu'appelle-t-on angle d'incidence et angle de réflexion? — Quelles images donnent les miroirs plans? — Qu'entend-on par les miroirs sphériques? — Qu'appelle-t-on centre de courbure, axe principal, axe secondaire, foyer principal, dans un miroir concave? — Quand dit-on qu'une image est réelle? quand dit-on qu'elle est virtuelle? — Expliquez comment on trouve l'image d'un point. — Trouvez l'image d'un objet situé : 1° au delà du centre du miroir; 2° entre le foyer et le miroir. Dites dans chaque cas si l'image est réelle ou virtuelle. — *Quelle relation y a-t-il entre les distances d'un miroir sphérique à un objet quelconque et à son image?*

EXERCICES. — 1. Combien de temps mettrait, pour faire le tour de la terre, un rayon lumineux qui parcourt 300 000 kilom. par seconde?

2. La lumière parcourt en 8 minutes 13 secondes la distance qui nous sépare du soleil. Trouver cette distance.

3. Quelle est la distance qui sépare un point lumineux de son image formée dans un miroir plan?

4. Construire les différentes images d'un même objet qui sont données par deux miroirs inclinés formant un angle de 90°, ou de 60°, ou de 120°.

CHAPITRE II

RÉFRACTION DE LA LUMIÈRE

I. Notions générales.

335. Réfraction d'un rayon lumineux. — *La réfraction est le changement de direction que subissent les rayons lumineux en passant obliquement d'un milieu dans un autre.*

Quand un rayon lumineux SI passe d'un milieu transparent dans un autre plus dense, de l'air dans l'eau, par exemple (fig. 229), il est dévié de sa direction SS″, se rapproche de la normale AB et prend une direction IS′.

Le rayon réfracté IS′ reste dans le plan d'incidence; mais l'angle de réfraction n'est pas égal à l'angle d'incidence.

Quand un rayon lumineux passe d'un milieu dans un autre, le rayon réfracté peut, suivant le cas, se rapprocher ou s'éloigner de la normale. On dit que le second milieu traversé par la lumière est *plus réfringent* ou *moins réfringent* que le premier, suivant que le rayon réfracté se rapproche ou s'éloigne de la normale.

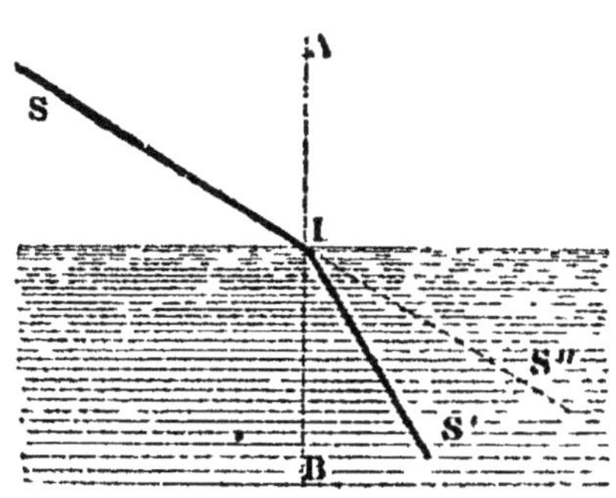

Fig. 229.
Phénomène de réfraction.

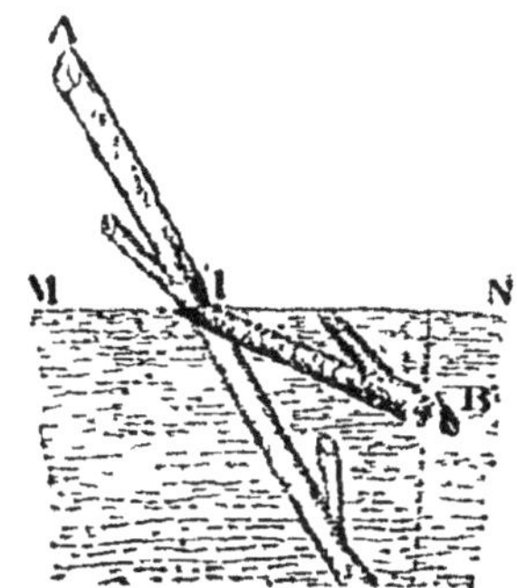

Fig. 230. — Brisement apparent
des objets vus par réfraction.

Par suite de la réfraction : 1° Un objet qui plonge en partie dans l'eau paraît comme brisé (fig. 230). 2° Le fond d'un vase plein d'eau paraît comme relevé; ce qui permet d'apercevoir des objets qui seraient cachés par les bords du vase, si celui-ci était vide.

336. Lame à faces parallèles. — Quand un rayon lumineux traverse obliquement une lame à faces parallèles, il éprouve, à l'entrée et à la sortie, deux déviations égales et de sens contraires. Le rayon n'est donc pas dévié; mais il subit un déplacement latéral, qui est d'autant plus grand que la lame est plus épaisse.

337. Réflexion totale. — Quand un faisceau lumineux rencontre assez obliquement la surface d'un milieu moins dense que celui dans lequel il se propage, il peut arriver qu'il se réfléchisse entièrement, c'est-à-dire qu'aucun rayon ne se réfracte dans le second milieu. Cette propriété est utilisée dans les prismes à *réflexion totale,* pour changer la direction d'un faisceau lumineux (fig. 231).

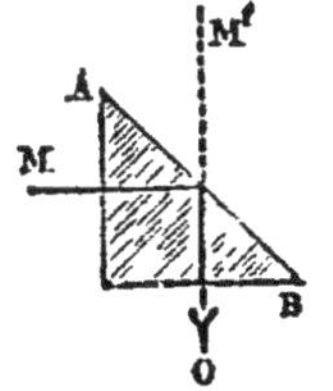

Fig. 231. — Prisme
à réflexion totale.
M, rayon incident;
O, rayon réfléchi.

338. Mirage. — Un rayon tel que AO (fig. 232), traversant les couches inférieures de l'atmosphère lorsqu'elles sont échauffées (ce qui

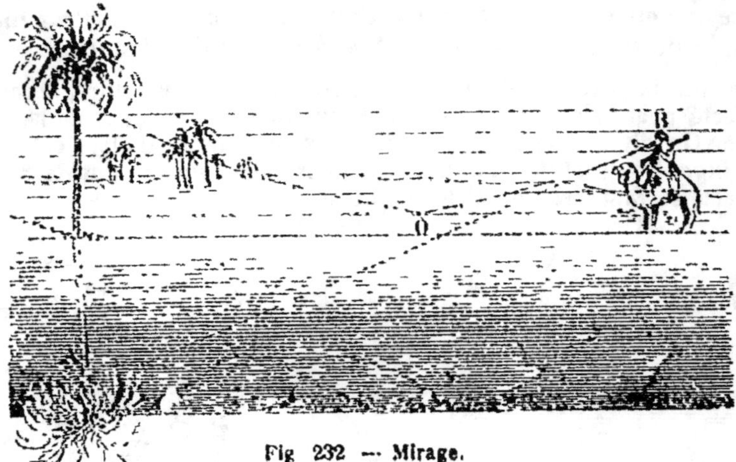

Fig 232 — Mirage.

arrive surtout dans les déserts), passe à travers des milieux de densités différentes; il se réfracte. Il peut arriver qu'il subisse la réflexion totale et remonte suivant OB L'œil placé en B verra l'image de A en A', comme si l'objet A se réfléchissait sur une nappe d'eau. C'est le phénomène du mirage.

II. Lentilles sphériques.

339. Forme des lentilles. — Les *lentilles sphériques* sont des corps transparents (verre, cristal) terminés par des surfaces sphériques.

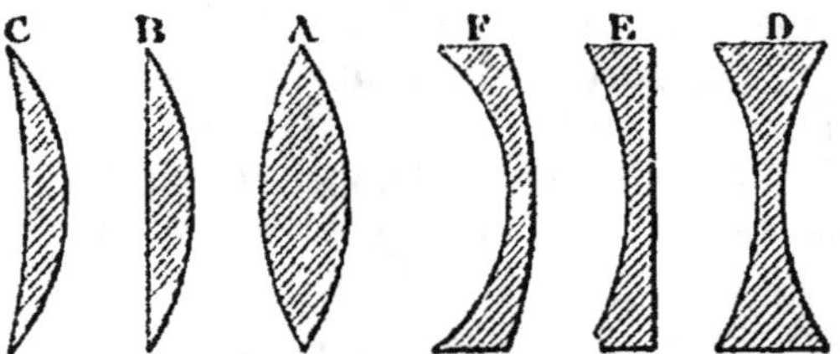

Fig. 233. — Lentilles.

Lentilles convergentes : C, ménisque convergent; B, plan convexe; A, biconvexe
— divergentes : F, ménisque divergent; E, plan concave; D, biconcave.

On appelle *lentilles convergentes* celles qui sont plus épaisses au centre que sur les bords, et *lentilles divergentes* celles qui sont, au contraire, plus minces au centre que sur leurs bords.

Quand un faisceau de rayons parallèles traverse une lentille convergente, il se transforme en un faisceau de rayons convergents. En traversant une lentille divergente, un faisceau parallèle se transforme en un faisceau divergent.

340. Éléments des lentilles. — On appelle *axe principal* d'une lentille, la droite qui passe par les centres de courbure des deux faces sphériques. Si l'une des faces est plane, c'est la perpendiculaire menée à la face plane par le centre de la face sphérique.

On nomme *foyer principal* d'une lentille convergente (fig. 234), le point F de l'axe où les rayons parallèles à l'axe viennent converger, après avoir traversé la lentille. Une lentille a deux foyers principaux, symétriques l'un de l'autre par rapport à cette lentille.

Dans toute lentille sphérique, il existe un point appelé *centre optique*, tel que tout rayon lumineux qui traverse la lentille, en passant par ce point, sort sans déviation.

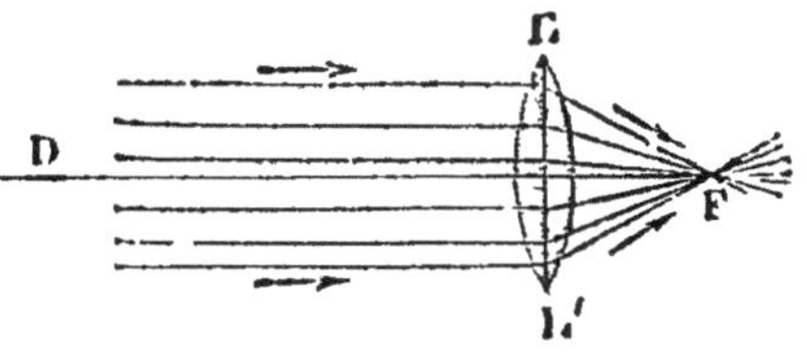

Fig. 234.

Convergence des rayons parallèles à l'axe

Si les deux faces de la lentille ont le même rayon de courbure le centre optique C est situé sur l'axe (fig. 235) à égale distance des deux faces.

Tout rayon lumineux passant par le centre optique prend le nom d'*axe secondaire*.

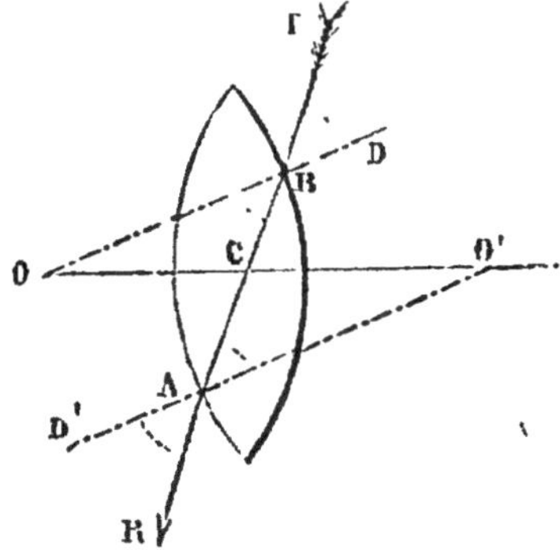

Fig. 235. — Centre optique.

341. Construction des images dans les lentilles convergentes. — Pour construire l'image d'un point A (fig. 236), on mène le rayon AL parallèle à l'axe principal ; il passe par le foyer F_1 après réfraction ; puis on trace le rayon AO qui passe par le centre optique et ne se réfracte pas. L'intersection de xF_1 avec AO donne l'image A' du point A. En répétant la même construction pour les différents points de l'objet AB, on obtiendra son image A'B'.

En traversant une lentille, chaque rayon lumineux subit deux réfractions ; mais, dans les constructions géométriques, on réduit le deux déviations à une seule, qui s'effectuerait dans le plan de la lentille; c'est-à-dire dans le plan mené par le centre optique, perpendiculairement à l'axe principal.

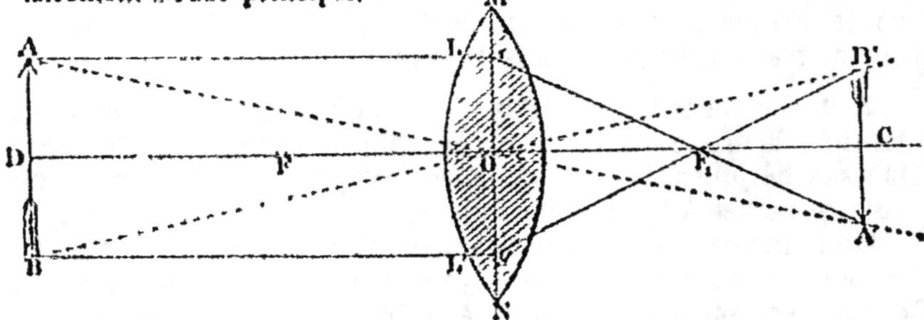

Fig. 236. — Marche des rayons lumineux dans une lentille biconvexe
DC, axe principal; O, centre optique; F,F$_1$, foyers principaux.

Dans les lentilles convergentes :
1° *Tout objet placé au delà d'un foyer principal donne une image réelle, renversée* (fig. 236).

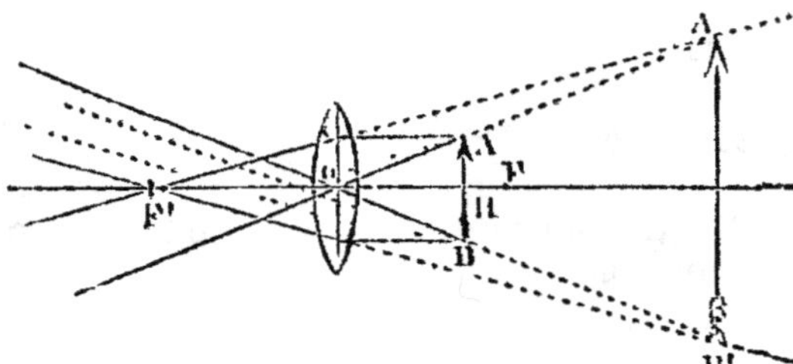

Fig. 237. — Formation de l'image virtuelle
dans les lentilles convergentes.

L'image A'B' est plus petite ou plus grande que AB, suivant que la distance OD est supérieure ou inférieure à FF' $= 2f$.

2° *Tout objet placé entre les foyers principaux FF'* (fig. 237) *donne une image virtuelle, droite et plus grande que l'objet.* Cette propriété est utilisée dans la loupe.

Les lentilles divergentes donnent toujours des images *virtuelles, droites et diminuées* (fig. 238).

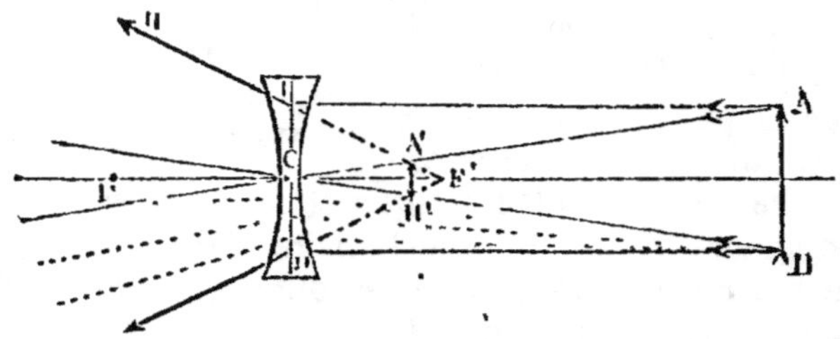

Fig. 238. — Construction de l'image d'une lentille divergente.

342. Formules des lentilles. — Si l'on désigne par f la distance

focale d'une lentille et par p, p' les distances de cette lentille à un objet quelconque et à son image, on a :

1° Pour une lentille convergente, $\quad \dfrac{1}{p} + \dfrac{1}{p'} = \dfrac{1}{f}$.

2° Pour une lentille divergente, $\quad \dfrac{1}{p'} - \dfrac{1}{p} = \dfrac{1}{f}$.

III. Prisme.

343. Définition. — En optique, on appelle *prisme* (fig. 239) un milieu transparent terminé par deux faces planes qui se coupent ; l'intersection des faces est l'*arête* du prisme ; la surface opposée à l'arête se nomme la *base*.

On appelle *section principale* du prisme toute section plane perpendiculaire à l'arête ; c'est ce qu'on appelle en géométrie une section droite.

344. Propriétés du prisme. — Tout faisceau lumineux qui traverse un prisme est dévié de sa direction primitive ; de plus, s'il provient du soleil, par exemple, il est coloré à sa sortie du prisme. On obtient donc une *déviation* et une *décomposition* de la lumière blanche.

345. Déviation du rayon incident. — Soit un rayon incident SI (fig. 240) qui tombe sur la face CA. Il se réfracte en I, se

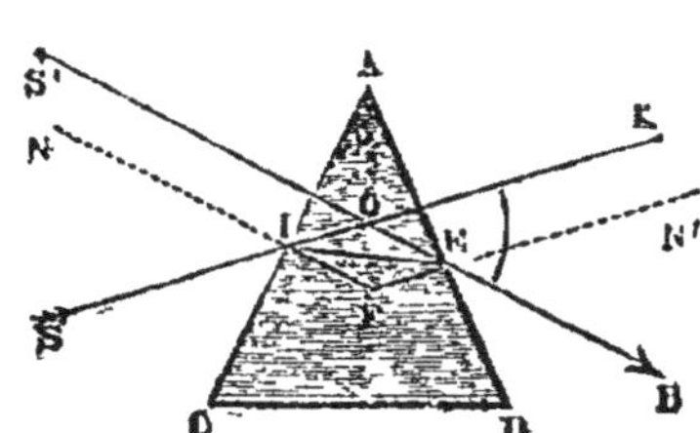

Fig. 239. — Prisme.

Fig. 240. — Réfraction à travers un prisme

rapproche de la normale NF en pénétrant dans le prisme, et prend la direction IE. A sa sortie dans l'air, en E, il s'écarte de la normale N'F, et prend la direction EB. L'angle KOB est l'*angle de déviation*. Le rayon est toujours dévié vers la base du prisme.

340. Décomposition de la lumière blanche. — Si l'on fait tomber un faisceau de lumière solaire sur un prisme (fig. 241), et que l'on reçoive ce *faisceau réfracté* sur un écran, on obtient une succession de sept couleurs dans l'ordre suivant : *violet,*

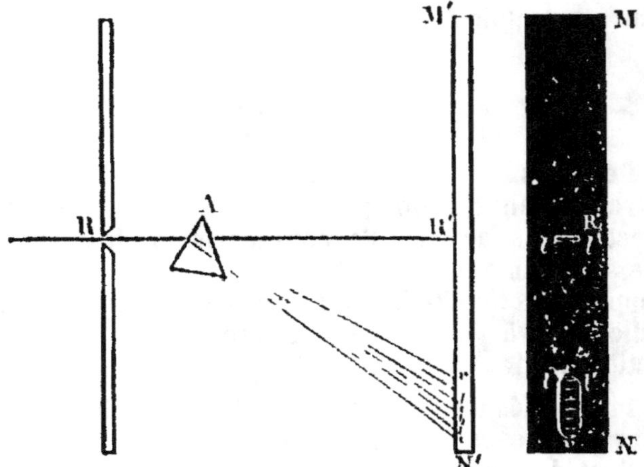

Fig. 241. — Formation du spectre.

indigo, bleu, vert, jaune, orangé, rouge; le violet étant la couleur la plus déviée. C'est le phénomène de la DISPERSION ou de la *décomposition de la lumière*.

L'ensemble de ces couleurs forme le *spectre solaire*. Cette expérience montre que la lumière blanche n'est pas simple, mais qu'elle se compose de sept couleurs, appelées *couleurs élémentaires*. Les diverses lumières colorées se séparent en traversant le prisme, parce qu'elles subissent des réfractions inégales.

L'*arc-en-ciel* est un phénomène lumineux qui présente les sept couleurs du spectre solaire; il est produit par la *réflexion totale* et la *réfraction* des rayons solaires dans les gouttes de pluie (fig. 242). Pour apercevoir l'arc-en-ciel, il faut tourner le dos au soleil et avoir en face de soi des nuages à pluie.

Fig. 242. — Arc-en-ciel.

On appelle *halos* des cercles irisés que l'on voit quelquefois autour du soleil; ils proviennent de la décomposition de la lumière solaire par les prismes de glace des cirrus.

Les *couronnes* sont des cercles plus pâles que les halos : ils se produisent au passage d'un nuage léger devant le soleil ou la lune.

347. Recomposition de la lumière blanche. — On peut faire la synthèse de la lumière blanche à l'aide des couleurs élémentaires.

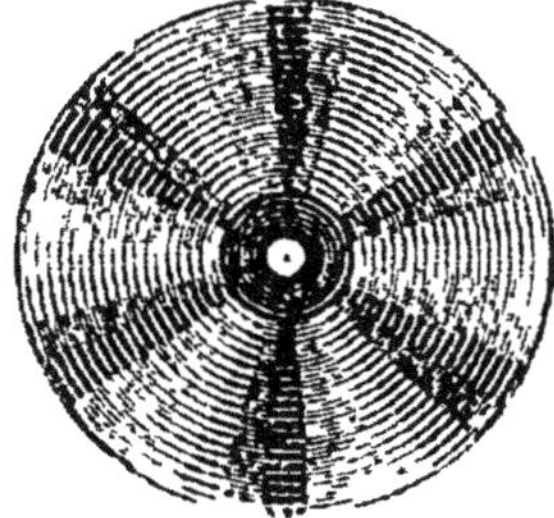

Fig. 243.
Disque de Newton.

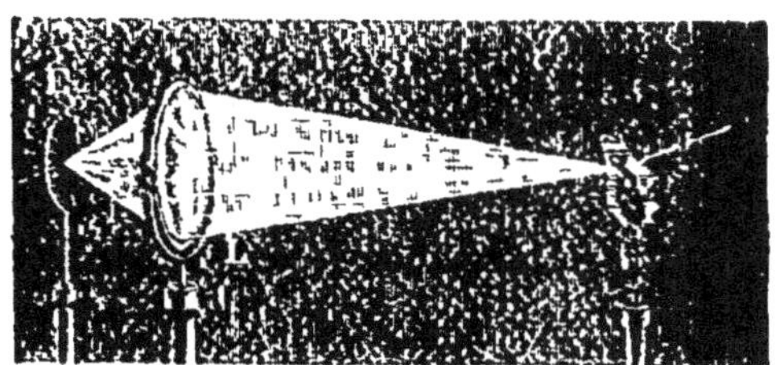

Fig. 244. — Synthèse de la lumière blanche
à l'aide d'une lentille.

1° On dispose les sept couleurs par ordre, suivant les secteurs d'un cercle, *disque de Newton* (fig. 243). On imprime à ce cercle un rapide mouvement de rotation; l'œil ne perçoit alors qu'une couleur blanche;

2° On fait tomber le spectre solaire sur une lentille convergente (fig. 244); on constate alors que l'image formée sur un écran E, par la réunion des couleurs, est une image blanche.

QUESTIONNAIRE. — Comment se comporte un rayon lumineux qui passe obliquement de l'air dans l'eau? — *Qu'est-ce qu'un prisme à réflexion totale ? Expliquez brièvement le phénomène du mirage.*

Qu'appelle-t-on lentilles sphériques? — Quelles sont les différentes formes des lentilles convergentes et des lentilles divergentes? — .Pourquoi leur donne-t-on ces dénominations ? — Quels sont les éléments des lentilles, et donnez-en la définition. — Qu'est-ce que le centre optique? De quelle propriété jouit-il ? — Comment construit-on l'image d'un point donné par une lentille convergente? — Déduisez-en l'image d'un objet situé : 1° au delà de l'un des centres de courbure; 2° entre un foyer et la lentille.

Quelles sont les propriétés du prisme? — Construisez la marche d'un rayon qui traverse un prisme. Nommez par ordre les couleurs du spectre. — *Comment peut-on reconstituer la lumière blanche au moyen des couleurs du spectre?*

EXERCICES. — 1. Dans quel rapport sont les surfaces de l'objet et de son image, quand leurs distances au centre optique de la lentille sont respectivement de 4ᵐ80 et 0ᵐ90?

2. Sous quel angle est rencontrée la seconde face d'un prisme par le rayon lumineux qui est tombé normalement sur la première face, quand l'angle au sommet du prisme est 45° — 50° — 60°?

3. Démontrer que l'angle au sommet d'un prisme égale la somme de deux angles de réfraction intérieure d'un rayon lumineux quelconque qui traverse le prisme.

4. L'angle au sommet d'un prisme est de 60°, un des angles de réfraction intérieure égale 30°. Prouver que les angles d'incidence et d'émergence sont égaux.

CHAPITRE III

PRINCIPAUX INSTRUMENTS D'OPTIQUE

348. Chambre noire (fig. 245). — Si, dans une chambre complètement obscure (*chambre noire*), on pratique une petite ouverture

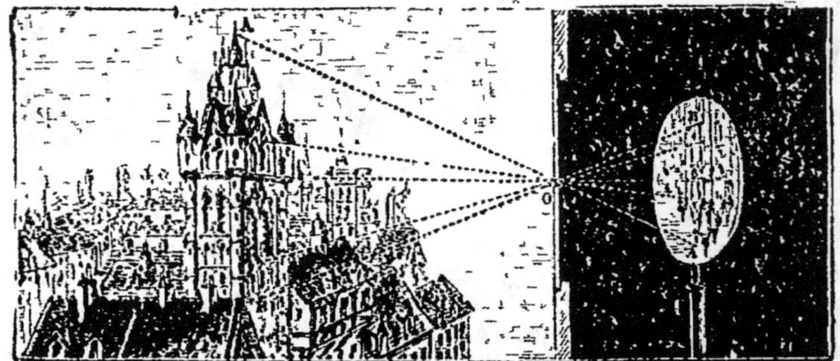

Fig. 245. — Formation des images dans la chambre noire.

dans un des volets, on voit, sur un écran convenablement éloigné, l'image renversée des objets extérieurs.

L'image devient beaucoup plus nette quand on place à l'ouverture une lentille convergente.

349. Loupe. — La *loupe* ou *microscope simple* (fig. 246) n'est

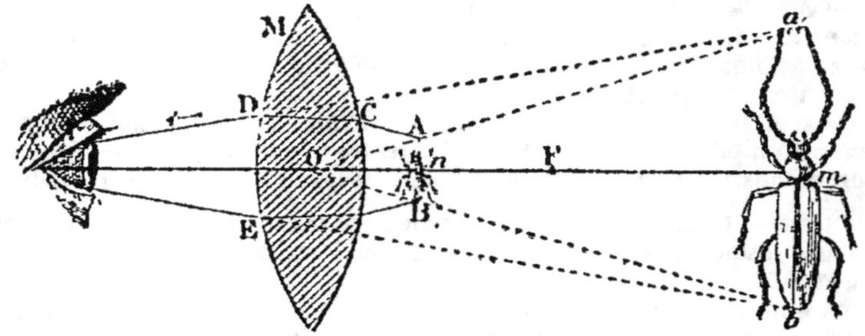

Fig. 246. — Loupe.

autre chose qu'une lentille convergente; on place l'objet à observer entre la lentille et son foyer principal; on obtient ainsi une image virtuelle droite et plus grande que l'objet.

On emploie la loupe sous le nom de *compte-fils* pour étudier la texture et la nature des tissus ; elle sert au naturaliste pour examiner les êtres (animaux, plantes, etc.) de petites dimensions.

350. Microscope. — Le microscope (fig. 247) est un appareil formé de deux lentilles convergentes, l'*oculaire* et l'*objectif* ; ces lentilles sont disposées de manière à produire des grossissements considérables.

Le microscope est muni d'une lentille convergente L destinée à éclairer les objets que l'on place sur la *platine* P, et d'un réflecteur M pour éclairer ces objets par-dessous, quand on veut les observer par transparence.

Le microscope a permis de découvrir et d'étudier tout un monde d'êtres dits *microscopiques*, dont on ne soupçonnait pas même l'existence avant l'invention de ce merveilleux instrument. Il permet de reconnaître un grand nombre de falsifications dans les denrées alimentaires, les préparations pharmaceutiques, etc. ; il signale souvent l'existence de nombreux microbes, qui sont parfois les germes de maladies contagieuses.

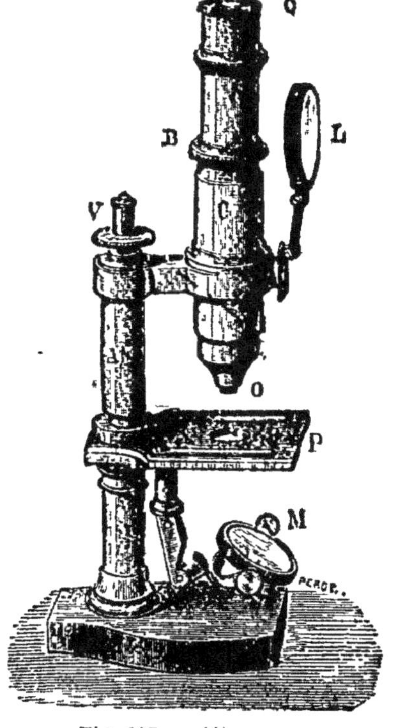

Fig. 247. — Microscope.

D, corps de l'appareil ; O, oculaire ; O', objectif ; V, vis de réglage ; P, porte-objet ; L, loupe ; M, miroir.

351. Appareil de projection. — L'*appareil de projection* (fig. 248) a pour but d'agrandir les images et de les projeter sur un écran, afin de les rendre visibles à un grand nombre de spectateurs.

On prend souvent pour source lumineuse la lumière Drummond, fournie par l'incandescence d'un bâton de chaux F sous l'action du chalumeau à gaz oxyhydrique H. Un miroir M réfléchit les rayons lumineux et les renvoie sur la lentille convergente C, qui les concentre et éclaire fortement l'objet AB. L'objectif O donne alors une image A'B' que l'on reçoit sur un écran.

La *lanterne magique* (fig. 249) repose sur le même principe que l'appareil de projection.

Les images sont d'autant plus vives, que l'agrandissement est plus faible ; leur éclat varie en raison inverse du carré de leur distance à l'objectif.

352. Microscope solaire. — Le *microscope solaire* est analogue à l'appareil de projection; il n'en diffère que par l'objectif, qui est plus puissant, et par le foyer lumineux, qui est constitué par un faisceau de lumière solaire réfléchi par un miroir plan et concentré par une lentille.

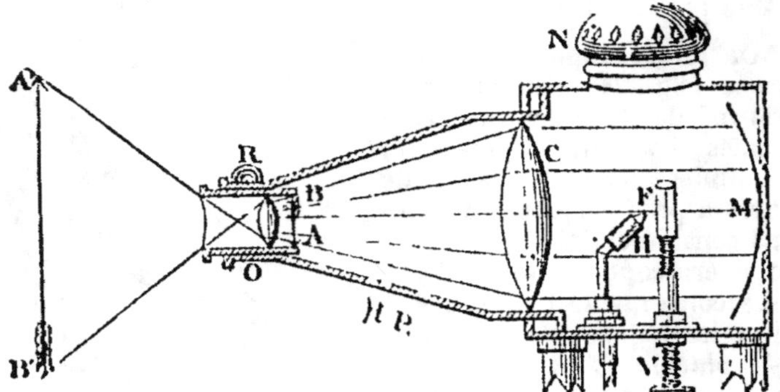

Fig. 248. — Appareil de projection.

F, foyer lumineux; C, condensateur de la lumière; AB, objet à projeter; O, objectif grossissant; R, vis de réglage; A'B', image.

353. Télescope. — Le *télescope* (fig. 250) est un instrument qui fournit une image très agrandie des astres; il est formé d'un grand

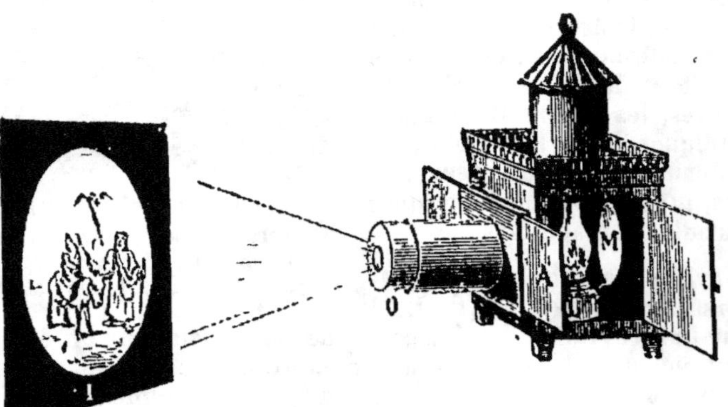

Fig. 249. — Lanterne magique.

O, objectif; A, objet; L, foyer lumineux; I, image; M, réflecteur.

tube au fond duquel se trouve un miroir concave; près du foyer de ce miroir se produit l'image de l'astre, qu'on observe au moyen d'une loupe ou oculaire grossissant.

354. Lunette astronomique. — La *lunette astronomique* (fig. 251) comprend, comme le microscope, un *objectif* et un *oculaire*, avec cette différence que l'objectif est à long foyer et l'oculaire à courte distance focale; cette lunette fournit une image renversée, ce qui est indifférent pour l'observation des astres.

La *lunette terrestre* ou *longue-vue* est analogue à la lunette astronomique; un *véhicule* placé à l'intérieur du tube porte un *système redresseur*, formé de plusieurs lentilles, qui donnent une image droite.

Fig. 250.

Télescope de Foucault.

O, ouverture du télescope; OG, tube du télescope, en bois ou en métal; M, place du miroir; L, oculaire.

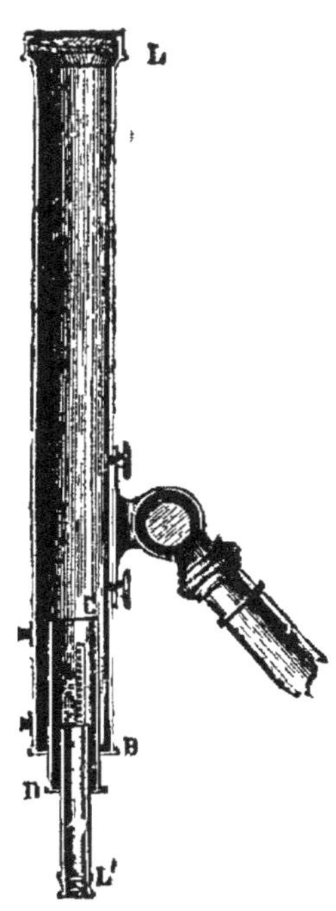

Fig. 251.

Lunette astronomique.

L, oculaire; L', objectif; BL, porte-objectif; El', porte-oculaire.

La *lunette de Galilée* ou *lorgnette* est une lunette terrestre à oculaire divergent; elle fournit une image droite sans employer de système redresseur. Les *jumelles* sont formées de deux lunettes de Galilée parallèles.

355. Chambre noire photographique. — Lorsqu'on place une lentille convergente à l'ouverture de la chambre noire (fig. 252), on obtient sur la paroi opposée une image très nette des objets qui sont à une *certaine distance* de la lentille. *La photographie permet de fixer et de reproduire l'image ainsi obtenue dans la chambre noire.* Elle est fondée sur la propriété que possèdent les sels d'argent de se décomposer sous l'action de la lumière.

356. Opérations photographiques. — La photographie comprend deux séries d'opérations distinctes : la *préparation d'un cliché sur verre* et le *tirage des épreuves sur papier*.

I. PRÉPARATION DU CLICHÉ. — 1° *Plaque sensible.* La plaque destinée à recevoir l'impression de la lumière est une plaque de verre

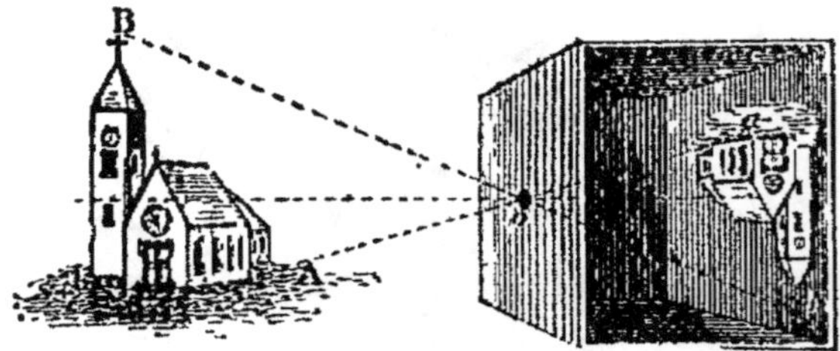

Fig. 252. — Chambre noire.

recouverte d'une mince couche de gélatine imprégnée de bromure d'argent. C'est ce que l'on appelle une plaque sensibilisée au gélatino-bromure d'argent. Ces plaques sensibles se trouvent dans le commerce. Elles ne peuvent être conservées qu'à l'abri de l'humidité et surtout à l'abri de la lumière.

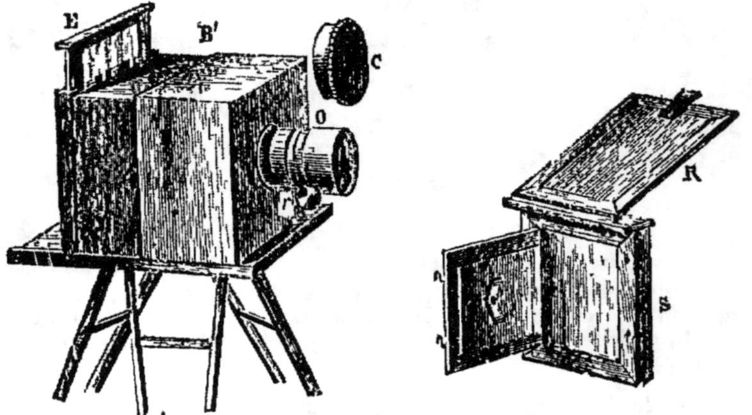

Fig. 253. — Chambre noire de photographe.

1. Chambre noire à tiroir; O, tube de l'objectif avec son pignon denté r; C, obturateur; B', boîte ouverte glissant dans la chambre B; E, châssis mobile portant un verre dépoli pour la mise au point.

2. Châssis S avec sa planchette R à charnière, destiné à recevoir la plaque sensible.

2° *Exposition de la plaque à l'impression lumineuse.* — Pour soumettre la plaque à l'influence lumineuse, on se sert de la *chambre noire de photographe* (fig. 253); on commence par *mettre au point*, c'est-à-dire que l'on règle l'appareil de manière que l'image se forme nette et claire sur la paroi opposée à l'objectif; puis on remplace cette paroi par la plaque préparée, et placée dans un châssis qui la garantit de l'action de la lumière. L'objectif étant fermé par un obturateur, on soulève l'écran E pour mettre la plaque à découvert du côté de la chambre noire, on ôte l'obturateur pendant un instant, puis on rabaisse l'écran, et on porte le châssis dans le cabinet noir, pour procéder au développement de l'image.

3° *Développement et fixation de l'image.* — On immerge la plaque dans un *bain révélateur*, qui est souvent une dissolution de sulfate de

Fig. 254. — Cliché négatif.

Fig. 255. — Épreuve positive.

fer ou d'*acide pyrogallique*. Les parties claires du dessin *apparaissent* en noir, et les ombres en clair; on fixe alors l'image en enlevant le sel d'argent qui n'a pas été attaqué par la lumière, au moyen d'une dissolution d'hyposulfite de soude. On obtient ainsi un *cliché négatif* (fig. 254).

II. TIRAGE DES ÉPREUVES POSITIVES. — On applique le cliché sur une feuille de papier, rendue sensible à la lumière au moyen du chlorure d'argent, puis on l'expose à la lumière du jour. Le papier noircit plus ou moins énergiquement suivant que la lumière traverse les régions plus ou moins claires du cliché, et l'on obtient ainsi, sur le papier, après un certain temps, une *image positive* (fig. 255), c'est-à-dire une image dont les *clairs* et les *ombres* correspondent à ceux du modèle. Il suffit de la fixer, en enlevant l'excès de sel d'argent par un lavage à l'hyposulfite de soude.

357. Photomicrographie. — Parmi les nombreuses applications de la photographie, il faut rappeler la *photomicrographie*, qui a pour but de reproduire des figures, dessins, etc., avec des dimensions microscopiques, puis d'agrandir ces reproductions lorsqu'il en est besoin. C'est ainsi qu'on a pu condenser trois cents pages in-folio sur l'une des faces d'une pellicule de collodion, le tout pesant à peu près un demi-gramme.

QUESTIONNAIRE. — *De quoi se compose la loupe? — Quelles sont les principales pièces du microscope? — Quels sont les principaux instruments d'optique qui rapprochent les objets? — Décrivez l'appareil de projection et expliquez la formation des images.*

Dans la photographie, qu'emploie-t-on comme plaque sensible? Qu'est-ce que la mise au point? — Comment obtient-on le développement de l'image? Comment la fixe-t-on? — Expliquez comment on obtient des épreuves positives. — Quel est le but de la photomicrographie?

CHIMIE

NOTIONS PRÉLIMINAIRES

I. Définitions.

1. Objet de la chimie. — *La* CHIMIE *est une science qui étudie les* PROPRIÉTÉS PARTICULIÈRES *des corps et les* PHÉNOMÈNES *qui modifient ces propriétés d'une manière durable.*

Chaque corps est *caractérisé* par un ensemble de propriétés particulières qui le distinguent de tout autre.

Il s'ensuit que les *phénomènes chimiques* changent la nature des corps, puisqu'ils font subir à leurs propriétés des modifications durables (*Physique*, 3).

2. Divisions de la chimie. — On peut diviser la chimie en chimie MINÉRALE et chimie ORGANIQUE.

La première étudie les MÉTALLOÏDES et les MÉTAUX.

La *chimie organique* fut d'abord la chimie des corps produits par les êtres vivants et dont la formation en dehors de la vie était considérée comme impossible; ces corps formaient une classe à part que l'on ne saurait jamais reproduire par les procédés chimiques : de là le nom de chimie organique, c'est-à-dire chimie des corps produits par les organismes vivants.

Mais, depuis un demi-siècle, on a réussi à reproduire dans les laboratoires une foule de corps qui nous sont fournis par les êtres vivants ; et le mot de chimie *organique* est devenu un terme impropre. On l'a cependant conservé, mais en lui attribuant un sens précis :

La CHIMIE ORGANIQUE étudie les composés du carbone.

Ce n'est donc à vrai dire qu'un chapitre de la chimie minérale, mais tellement développé qu'il surpasse à lui seul, et de beaucoup, l'ensemble des autres chapitres.

3. Corps simples. — **Corps composés.** — *On appelle* CORPS SIMPLES, *ceux dont on n'a pu extraire jusqu'ici qu'une seule substance ou* ÉLÉMENT.

Les corps composés sont dits *binaires, ternaires* ou *quaternaires*, suivant qu'ils contiennent deux, trois ou quatre éléments distincts.

4. Analyse. — Synthèse. — 1° *On appelle* ANALYSE *une opération qui a pour but de trouver les éléments d'un corps composé.*

Elle est dite QUALITATIVE, si elle se borne à chercher le nombre et la nature des éléments ; elle est QUANTITATIVE, si elle détermine la proportion relative, le *pour cent* des éléments.

Ainsi, décomposer l'eau en oxygène et en hydrogène, c'est en faire l'analyse *qualitative;* constater que 9 gr. d'eau sont formés de 1 gr. d'hydrogène et de 8 gr. d'oxygène, c'est en faire l'analyse *quantitative.*

2° *On appelle* SYNTHÈSE *l'opération inverse de l'analyse, c'est-à-dire l'opération qui a pour but de reconstituer un composé à l'aide de ses éléments.*

Ainsi lorsqu'on fait brûler le gaz hydrogène dans l'oxygène, on obtient de la vapeur d'eau que l'on peut condenser et recueillir : on a donc fait la synthèse de l'eau.

5. Diverses propriétés des corps. — Les propriétés des corps se partagent en diverses catégories. On appelle :

1° *Organoleptiques,* celles qui affectent nos sens, comme la couleur, l'odeur, la saveur ;

2° *Physiques,* celles qui concernent la densité, la solubilité, la fusibilité, etc. ;

3° *Chimiques,* celles qui se manifestent par la production de phénomènes chimiques : combinaisons ou décompositions ;

4° *Physiologiques,* celles qui exercent quelque action sur l'organisme : propriétés toxiques, antiseptiques, etc.

6. Mélange. — Combinaison. — 1° *Un* MÉLANGE *est la réunion de deux ou plusieurs corps qui conservent leurs propriétés particulières, et dont les proportions relatives sont arbitraires.*

Par exemple, si l'on mêle de la limaille de fer et de la fleur de soufre en proportion quelconque, on obtient une poudre d'apparence homogène, mais au microscope on distingue très bien les grains de soufre de ceux de fer ; c'est un simple mélange. En promenant un aimant au sein de la masse, on peut séparer complètement le fer d'avec le soufre.

2° *Une* COMBINAISON *est un corps composé, dont les propriétés diffèrent de celles des composants, et dans lequel les éléments sont associés en proportion déterminée.*

Par exemple, si l'on chauffe du soufre avec de la limaille de cuivre, mélangés en proportion convenable, on obtient un composé dont les propriétés ne rappellent en rien celles des éléments qui lui ont donné naissance : c'est un corps nouveau, le sulfure de cuivre. Il est impossible, même avec les microscopes les plus puissants, d'y distinguer le soufre du cuivre.

On appelle aussi *combinaison*, la réaction qui s'opère entre divers éléments, au moment où ils se combinent.

7. Combinaisons endothermiques et exothermiques. — On distingue deux sortes de combinaisons, suivant qu'elles s'effectuent avec *dégagement* ou avec *absorption* de chaleur.

Les combinaisons EXOTHERMIQUES sont celles qui s'opèrent avec *dégagement* de chaleur et quelquefois de lumière. Telles sont les combinaisons de l'hydrogène avec l'oxygène ou avec le chlore.

Les combinaisons ENDOTHERMIQUES sont celles qui s'opèrent avec *absorption* de chaleur. Telle est la combinaison de l'iode avec l'azote. Les corps ainsi obtenus se décomposent généralement avec dégagement de chaleur; c'est pourquoi on leur donne le nom de CORPS EXPLOSIFS.

8. Lois des combinaisons. — Toutes les combinaisons sont soumises à quatre lois générales, très importantes, que nous allons étudier successivement.

A. — **Loi des poids.** — *Le poids d'un composé est égal à la somme des poids des composants.* (Lavoisier.)
Exemple : 16 gr. d'oxygène se combinent avec 2 gr. d'hydrogène pour former 18 gr. d'eau.

B. — **Loi des proportions définies.** — *Dans tout corps composé, les poids des composants sont dans un rapport invariable.* (Proust.)
Exemple : Le soufre et le fer se combinent toujours dans la proportion de 32 du premier pour 56 du second, c'est-à-dire dans le rapport $\frac{4}{7}$. Si l'un des corps en présence se trouve en excès, cet excès n'entre pas en combinaison.

C. — **Loi des proportions multiples.** — *Lorsque deux corps s'unissent en diverses proportions, pour former des composés différents, les divers poids de l'un qui se combinent avec un même poids de l'autre sont toujours entre eux dans des rapports simples.* (Dalton.)
Ainsi, 71 parties de chlore, en poids, se combinent séparément avec 16, 48, 64, 80, 112 parties d'oxygène, pour former 5 composés distincts; ce qui donne les rapports simples :

$$\frac{16}{48} = \frac{1}{3}, \quad \frac{16}{64} = \frac{1}{4}, \quad \frac{16}{80} = \frac{1}{5}, \quad \frac{16}{112} = \frac{1}{7}.$$

Molécule. — Atome. — D'après des considérations fondées sur les lois de Proust et de Dalton, on admet que la matière n'est pas divisible à l'infini, mais qu'elle se compose de *molécules* et d'*atomes*.

1° *On appelle* MOLÉCULE *d'un corps simple ou composé, la plus petite particule de ce corps qui puisse exister à l'état libre.* Ainsi, une molécule d'eau est la plus petite particule isolée qui possède encore les propriétés de l'eau ; une molécule d'oxygène est la plus petite particule isolée qui possède encore les propriétés de l'oxygène, etc.

Chaque molécule d'un composé est formée par des atomes de ses divers éléments. Ainsi, une molécule d'eau contient des atomes d'oxygène et d'hydrogène.

On appelle AFFINITÉ, la force qui unit entre elles les molécules de plusieurs corps simples, pour former la molécule d'un corps composé.

2° *On appelle* ATOME *d'un corps simple, la plus petite particule de ce corps qui puisse entrer en combinaison.*

On admet que chaque molécule d'hydrogène contient deux atomes d'hydrogène ; que chaque molécule de phosphore contient quatre atomes de phosphore ; que chaque molécule de vapeur de mercure n'en contient qu'un ; qu'une molécule de gaz chlorydrique contient un atome de chlore et un atome d'hydrogène ; qu'une molécule d'eau contient deux atomes d'hydrogène et un atome d'oxygène.

Ordinairement ces atomes n'existent pas isolés à l'état libre ; mais, dans les réactions chimiques, ils peuvent se séparer les uns des autres pour entrer individuellement en combinaison.

D. — Lois des volumes ou lois de Gay-Lussac. — 1° *Les volumes de deux gaz qui se combinent, évalués dans les mêmes conditions de température et de pression, sont toujours en rapport simple.*

2° *Le volume du composé est en rapports simples avec les volumes des composants.*

Exemple : 1 vol. d'hydrogène et 1 vol. de chlore donnent 2 vol. de gaz chlorhydrique.

1 vol. d'oxygène et 2 vol. d'hydrogène donnent 2 vol. de vapeur d'eau.

1 vol. d'azote et 3 vol. d'hydrogène donnent 2 vol. d'ammoniaque.

REMARQUES. — 1° Lorsque deux gaz se combinent à volumes égaux, il n'y a généralement pas de contraction.

Au contraire, quand deux gaz se combinent à volumes inégaux, il y a toujours contraction. Cette contraction est de $\frac{1}{3}$ si les volumes composants sont dans le rapport $\frac{1}{2}$, et de $\frac{1}{2}$ si le rapport est $\frac{1}{3}$.

2° Ces lois ont suggéré l'*hypothèse* suivante, qui sert de base à la détermination des *poids moléculaires.*

E. Hypothèse d'Avogadro et d'Ampère. — *Des volumes égaux de* *différents gaz ou vapeurs, pris dans les mêmes conditions de température et de pression, contiennent un même nombre de molécules.*

En d'autres termes : *Les molécules de tous les gaz occupent le même volume.*

10. Poids moléculaires. — *On appelle* POIDS MOLÉCULAIRES *des corps, les poids relatifs de leurs molécules,* c'est-à-dire des nombres proportionnels au poids de ces molécules.

Les poids moléculaires de deux corps sont proportionnels aux densités de leurs vapeurs. En effet, puisqu'un litre du premier gaz et un litre du second contiennent le même nombre de molécules (9), si le premier litre pèse 2, 3, 4 fois plus que le second, il s'ensuit que chaque molécule du premier corps pèse 2, 3, 4 fois plus que chaque molécule du second. Si l'on désigne par P,P' les poids moléculaires de deux corps et par D,D' les densités de leurs vapeurs, on a donc, d'une manière générale,

$$\frac{P}{P'} = \frac{D}{D'} \cdot \qquad\qquad (1)$$

D'après cela, il suffit de connaître le poids moléculaire d'un seul corps gazeux, pour pouvoir en déduire le poids moléculaire de tout autre corps dont la densité de vapeur est connue.

On convient d'attribuer à l'hydrogène un poids moléculaire égal à 2.

Si l'on désigne par D' la densité de l'hydrogène (par rapport à l'air), la formule (1) devient, car nous admettons P'=2 :

$$(1) \qquad \frac{P}{2} = \frac{D}{D'}; \quad \text{d'où} \quad P = 2.\frac{D}{D'} \qquad (2)$$

Or le quotient $\frac{D}{D'}$ est la densité de la vapeur considérée, par rapport à l'hydrogène. En désignant cette densité relative par d, on aura

$$P = 2d \qquad\qquad (3)$$

Donc, *le poids moléculaire d'un corps quelconque est égal au double de sa densité de vapeur rapportée à l'hydrogène.*

Si l'on rapporte la densité à l'air, qui est 14,4 fois plus lourd que l'hydrogène, on obtient une densité D qui est 14,4 fois plus petite que d. Ainsi $d = 14,4$ D. Et la formule (3) devient

$$P = 2 \times 14,4\ D = 28,8\ D.$$

11. — Quand une substance ne peut pas être obtenue à l'état de vapeur, on détermine son poids moléculaire par des méthodes fondées sur le point de congélation ou d'ébullition des dissolutions de cette substance.

12. Poids atomiques. — *On appelle* POIDS ATOMIQUES *des corps simples, les poids relatifs de leurs atomes.*

Le poids atomique d'un corps simple est égal au *plus petit poids relatif de ce corps qui entre dans ses diverses combinaisons.*

Pour trouver le poids atomique du chlore, par exemple, on détermine les poids moléculaires de tous les composés du chlore, et le poids relatif de chlore contenu dans chacun d'eux. On trouve, par exemple :

Trichlorure de phosphore,   137,5
Bichlorure de mercure,   271
Chlorure de sodium,   58,5, etc

Les poids de chlore contenus dans ces composés sont respectivement : 106,5 ; 51 ; 35,5.

Aucune combinaison du chlore ne renferme un poids relatif de chlore inférieur à 35,5. Donc, le poids atomique du chlore est 35,5.

13. — On peut calculer le poids atomique d'un corps au moyen de la loi empirique suivante, dite LOI DES CHALEURS SPÉCIFIQUES : *Le produit pc du poids atomique d'un corps par sa chaleur spécifique, est sensiblement égal à 6,4.*

On a donc $\qquad pc = 6,4;$ d'où : $p = \dfrac{6,4}{c}$

14. Cristallisation. — Les corps solides qui affectent des formes géométriques sont dits CRISTALLISÉS; ceux qui ne présentent pas de forme régulière sont dits AMORPHES.

Il existe divers modes de production des cristaux :

1º par voie sèche $\left\{\begin{array}{l}\text{par fusion,}\\\text{par sublimation.}\end{array}\right.$

2º par voie humide $\left\{\begin{array}{l}\text{par dissolution à chaud,}\\\qquad\qquad\text{à froid.}\end{array}\right.$

Les formes cristallines se ramènent à 6 types fondamentaux : le CUBE, le PRISME DROIT A BASE CARRÉE, le PRISME DROIT A BASE RECTANGLE, le PRISME DROIT HEXAGONAL, le PRISME OBLIQUE A BASE RECTANGLE, et le PRISME OBLIQUE A BASE PARALLÉLOGRAMME.

On appelle substance DIMORPHE, toute substance qui cristallise en deux systèmes différents, comme le soufre; et substances ISOMORPHES, les diverses substances qui cristallisent dans un même système, les aluns, par exemple.

QUESTIONNAIRE. — Qu'est-ce que la chimie? — Qu'est-ce qui caractérise la nature chimique d'un corps? — Qu'appelle-t-on phénomène chimique? — Quelles sont les divisions de la chimie? Qu'est-ce qu'un corps simple? — Définissez l'analyse et la synthèse chimiques. — Qu'est-ce qu'une combinaison? — Quelle différence y a-t-il entre une combinaison et un mélange? — *Comment divise-t-on les combinaisons au point de vue des échanges de chaleur?* — *Énoncez la loi des poids et citez un exemple,* — *la loi des proportions définies,* — *la loi des proportions multiples.* — Qu'est-ce qu'une molécule? — un atome? — *Énoncez les lois des volumes, de Gay-Lussac.* — *Énoncez l'hypothèse d'Avogadro.* — Qu'appelle-t-on poids moléculaire d'un corps? — A quoi est égal le poids moléculaire d'un corps par rapport à sa densité de vapeur? — Qu'est-ce que le poids atomique d'un corps? — Comment le détermine-t-on? *Énoncez la loi des chaleurs spécifiques.* — *Comment peut-elle servir à déterminer les poids atomiques?* — Qu'appelle-t-on corps cristallisé? — corps amorphe? — substance dimorphe? — substances isomorphes? — Quels sont les divers modes de formation des cristaux? — Énumérez les divers systèmes cristallins.

II. Nomenclature chimique et notation atomique.

15. Nomenclature et notation. — *La* NOMENCLATURE *chimique est l'ensemble des règles adoptées pour nommer les corps.*

La NOTATION *est l'ensemble des règles adoptées pour les représenter,* à l'aide de *symboles* qui abrègent le langage et simplifient l'écriture.

La notation actuelle est dite *atomique,* parce que le symbole de chaque corps simple représente en même temps le poids atomique de ce corps.

Les premiers principes de la nomenclature, parlée ou écrite, ont été publiés par Guyton de Morveau et Lavoisier en 1787.

CORPS SIMPLES

16. Nomenclature et notation des corps simples. — Les corps simples portent des noms particuliers qui ne sont soumis à aucune règle.

Le SYMBOLE de chaque corps simple est constitué par la lettre initiale de son nom (actuel ou ancien), suivie au besoin d'une seconde lettre empruntée au même mot, dans le cas où plusieurs noms commencent par la même lettre.

Ex. : *Oxygène,* O; *hydrogène,* H; *potassium* (kalium), K; *sodium* (natron), Na; *carbone,* C; *calcium,* Ca; *chrome,* Cr; *argent,* Ag; *antimoine* (stibium), Sb; *mercure* (hydrargiron), Hg; *étain* (stannum), Sn; etc.

Chaque symbole représente en même temps *un atome* et *le poids atomique* de l'élément.

17. Classement des corps simples. — Les corps simples se divisent d'abord en deux grandes catégories : les MÉTALLOÏDES et les MÉTAUX; puis chacune de ces catégories se subdivise en diverses classes, d'après la VALENCE des atomes (20).

Voici les caractères distinctifs des métalloïdes et des métaux.

1° Les *métalloïdes* sont généralement dénués de l'éclat

métallique; ils conduisent mal la chaleur et l'électricité. Les *métaux*, au contraire, possèdent l'éclat métallique et conduisent bien la chaleur et l'électricité.

Cette distinction n'a rien d'absolu; certains auteurs considèrent l'hydrogène comme un métal; d'autres rangent le bismuth, l'antimoine parmi les métalloïdes.

2° Les *métalloïdes*, combinés avec l'oxygène, forment des anhydrides et des oxydes NEUTRES, tandis qu'en général les *métaux* forment des oxydes BASIQUES (28).

18. Classement des métalloïdes d'après leur valence. — *On appelle* VALENCE *d'un métalloïde, le nombre d'atomes d'hydrogène qui peuvent se combiner avec un atome de ce métalloïde.*

Un métalloïde est dit MONOVALENT, BIVALENT, TRIVALENT OU QUADRIVALENT, suivant que son atome se combine avec 1, 2, 3 ou 4 atomes d'hydrogène.

L'hydrogène lui-même est considéré comme monovalent.

On divise les métalloïdes en quatre classes, suivant leur valence, mais en réservant à l'hydrogène une place à part. Le tableau suivant indique aussi le poids atomique de chaque métalloïde.

Cette classification a en outre l'avantage de grouper ensemble les corps qui ont des propriétés chimiques analogues.

Division des métalloïdes en 4 classes.

HYDROGÈNE : H = 1			
MÉTALL. MONOVALENTS	MÉTALL. BIVALENTS	MÉTALL. TRIVALENTS	MÉTALL. TÉTRAVALENTS
Fluor, $F = 19$	Oxygène, $O = 16$	Azote, $Az = 14$	
Chlore, $Cl = 35,5$	Soufre, $S = 32$	Phosphore, $P = 31$	Carbone, $C = 12$
Brome, $Br = 80$	Sélénium, $Se = 79$	Arsenic, $As = 75$	Silicium, $Si = 28$
Iode, $I = 127$	Tellure, $Te = 125$	Antimoine, $Sb = 120$	
		Bore, $B = 11$	

19. Valence des métaux. — On détermine la valence des métaux par rapport au chlore, lequel est monovalent relativement à l'hydrogène.

Ainsi, *la* VALENCE *d'un métal est le nombre des atomes de chlore qui peuvent se combiner avec un atome de ce métal.*

Voici la valence, le symbole et le poids atomique des principaux métaux :

MONOVALENTS { Potassium, K = 39; Sodium, Na = 23; Lithium, Li = 7.
{ Rhuténium, Ru = 101,4; Argent, Ag = 108.

BIVALENTS { Calcium, Ca = 40; Baryum, Ba = 137; Strontium, Sr = 87,5.
{ Plomb, Pb = 207; Zinc, Zn = 65; Cuivre, Cu = 63; Fer,
{   Fe = 56.

TRIVALENTS :   Or, Au = 197.

QUADRIVALENTS : Étain, Sn = 118; Platine, Pt = 195; Palladium, Pa = 106.

PENTAVALENTS { Vanadium, Va = 51,3; Niobium, Nb = 94.
{ Tantale, Ta = 182.

HEXAVALENTS { Molybdène, Mo = 96; Tungstène, Tu = 184.
{ Osmium, Os = 190.

Contrairement à ce qui a lieu pour les métalloïdes, cette classification a l'inconvénient de rapprocher des métaux dont les propriétés sont très dissemblables.

CORPS COMPOSÉS

20. Nomenclature et notation. — Le nom d'un composé se forme au moyen des noms des corps composants, suivant des règles que nous allons faire connaître.

La notation ou FORMULE d'un composé s'obtient en écrivant les uns à la suite des autres les symboles de tous les composants, et en affectant chaque symbole d'un exposant qui indique le nombre d'atomes de cet élément qui entre dans la molécule du composé (l'exposant 1 est sous-entendu).

La formule d'un composé représente à la fois une molécule de ce corps et le poids moléculaire de ce composé. Ce poids moléculaire n'est autre que la somme des poids atomiques de tous les composants.

21. Classement des corps composés. — Les corps composés se classent de diverses manières, suivant le point de vue auquel on se place :

1° *D'après le nombre de leurs éléments simples.* Ils son' BINAIRES, TERNAIRES OU QUATERNAIRES.

2° *D'après leurs fonctions chimiques,* c'est-à-dire d'après l'ensemble de leurs propriétés. A ce point de vue, les trois groupes les plus importants sont les ACIDES, les BASES et les SELS.

Voici les *caractères distinctifs des bases et des acides :*

Les acides { ont une *saveur aigrelette,* analogue à celle du vinaigre
{ *rougissent* la teinture bleue de tournesol,
{ n'ont *pas d'action* sur la phtaléine du phénol.

Les bases { ont une saveur caractéristique dite *saveur alcaline,*
{ *ramènent au bleu* la teinture rougie de tournesol,
{ *rougissent* la phtaléine du phénol.

3° *D'après le mode de dérivation* suivant lequel les composés se déduisent les uns des autres.

Nous verrons, par exemple, qu'en se combinant avec l'eau les *anhydrides* forment des *oxacides* et que les *oxydes* forment des *hydrates*.

Nous verrons aussi qu'en échangeant leur hydrogène contre un métal, les *oxacides* donnent des *sels oxygénés*, et que les *hydracides* donnent des *sels haloïdes*.

22. Composés binaires non oxygénés. — Les composés binaires non oxygénés sont de trois sortes

A. — LES HYDRACIDES. — *On appelle hydracide, tout acide qui résulte de la combinaison de l'hydrogène avec un autre corps simple, qui est généralement un métalloïde.*

Son nom se forme du mot *acide* suivi du nom du corps simple et de la terminaison HYDRIQUE.

Sa formule commence par le symbole de l'hydrogène.

Ex. :

Acide chlorhydrique,	HCl
Acide sulfhydrique,	H^2S

B. — COMPOSÉS EN URE. — On appelle ainsi, d'après leur désinence, tous les composés binaires non oxygénés qui ne sont pas acides et qui contiennent au moins un métalloïde.

Leur nom commence par l'élément électro-négatif[*] avec la terminaison URE, et se complète par le nom de l'autre élément. Leur formule, au contraire, commence par le symbole du corps électro-positif.

Ex. :

Sulfure de carbone,	CS^2
Chlorure de potassium,	KCl
Carbure de calcium,	CaC^2

Quand les deux éléments se combinent en plusieurs proportions, on se sert des préfixes PROTO ou MONO, SESQUI, BI, TRI..., pour indiquer l'exposant $1, \frac{3}{2}, 2, 3...$ du corps électro-négatif.

Ex. :

*Mono*sulfure de potassium,	K^2S
*Bi*sulfure de potassium,	K^2S^2
*Tri*sulfure de potassium,	K^2S^3
*Tétra*sulfure de potassium,	K^2S^4
*Penta*sulfure de potassium,	K^2S^5

---

[*] Dans l'électrolyse d'un composé (*Physique*, n° 300), l'élément qui se porte à l'électrode *positive* est dit ÉLECTRO-NÉGATIF ; l'élément qui se rend à l'électrode *négative* est dit ÉLECTRO-POSITIF.

Par exemple, dans l'électrolyse de l'eau, l'hydrogène est électro-positif, l'oxygène est électro-négatif.

L'oxygène est le plus électro-négatif de tous les corps.

Tous les métalloïdes sont électro-négatifs par rapport aux métaux.

C. — ALLIAGES. — On appelle *alliage* la combinaison de plusieurs métaux.

Ex. :   Alliage de cuivre et d'étain (laiton).
          Alliage de cuivre, de zinc et de nickel (maillechort).

Les alliages qui contiennent du mercure prennent le n m d'amalgames :

Ex. :   Amalgame de potassium, amalgame d'or...

23. Composés binaires oxygénés. — Les composés binaires oxygénés forment deux groupes : les anhydrides et les oxydes.

A. — ANHYDRIDES. — *On appelle anhydrides, les composés binaires oxygénés qui se combinent avec l'eau pour former des acides.*

En général, dans les anhydrides, l'oxygène est combiné avec un métalloïde.

Trois cas peuvent se présenter :

1° *Si le métalloïde ne forme qu'un seul anhydride*, le nom de celui-ci se compose du mot *anhydride* suivi du nom du métalloïde et de la terminaison IQUE. La formule commence par le symbole du métalloïde et se termine par celui de l'oxygène.

Ex. :   Anhydride carbonique, CO^2

2° *Si le métalloïde forme deux anhydrides,* le moins oxygéné se termine en EUX, l'autre en IQUE.

Ex. :   Anhydride sulfureux, SO^2
          Anhydride sulfurique, SO^3

3° *Si le métalloïde forme plus de deux anhydrides*, on distingue le moins oxygéné par le préfixe HYPO, et le plus oxygéné par le préfixe HYPER OU PER.

Ex. :   Anhydride hypochloreux, Cl^2O
          Anhydride azoteux, Az^2O^3
          Anhydride azotique, Az^2O^5
          Anhydride perazotique, AzO^3

B. — OXYDES. — *On appelle oxydes, les composés binaires oxygénés qui n'engendrent pas d'acides en se combinant avec l'eau.*

En général, si c'est un *métal* qui se combine avec l'oxygène, on obtient un oxyde BASIQUE; si c'est un métalloïde, on obtient un OXYDE NEUTRE (c'est-à-dire qui n'est ni un acide ni une base).

Trois cas peuvent se présenter :

1° *Si l'élément considéré ne forme qu'un seul oxyde*, le nom de celui-ci se compose du mot *oxyde* suivi du nom de l'élément [*].

La formule commence par le symbole de cet élément et se termine par celui de l'oxygène.

Ex. :

Oxyde de carbone,	CO
Oxyde de zinc,	ZnO

2° *Si l'élément forme deux oxydes*, on fait suivre le nom de l'élément, de la terminaison EUX pour le moins oxygéné, et de la terminaison IQUE pour le plus oxygéné.

Ex. :

Oxyde stanneux,	SnO
Oxyde stannique,	SnO^2

3° *Si l'élément donne plus de deux oxydes*, on fait précéder le mot oxyde des préfixes PROTO, SESQUI, BI, TRI..., qui indiquent les exposants de l'oxygène $1, \frac{3}{2}, 2, 3...$

Ex. :

Protoxyde de manganèse,	MnO
Sesquioxyde de manganèse,	$MnO\frac{3}{2} = Mn^2O^3$
Bioxyde de manganèse,	MnO^2
Trioxyde de manganèse,	MnO^3

24. Composés ternaires oxygénés. — Les composés ternaires forment trois groupes principaux : les OXACIDES, les HYDRATES et les SELS OXYGÉNÉS.

A. — OXACIDES. — *On appelle* OXACIDES, *les acides qui résultent de la combinaison des anhydrides avec l'eau.*

Ex. : L'anhydride sulfurique SO^3, combiné avec l'eau, H^2O, donne l'acide sulfurique, SO^4H^2.

Le nom d'un oxacide se compose du mot *acide* suivi du nom de l'anhydride qui lui donne naissance. (L'hydrogène n'est pas mentionné.)

La formule de l'oxacide commence par celle de l'anhydride modifiée, et se termine par le symbole de l'hydrogène [**].

Ex. :

Acide carbonique,	CO^3H^2
Acide sulfureux,	SO^3H^2
Acide sulfurique,	SO^4H^2
Acide hypochloreux,	$ClOH$
Acide chloreux,	ClO^2H
Acide chlorique,	ClO^3H
Acide perchlorique,	ClO^4H

---

[*] Certains oxydes conservent encore leurs anciens noms :

Ex. :

L'eau (oxyde d'hydrogène).
La chaux (oxyde de calcium).
La potasse (oxyde de potassium).
La soude (oxyde de sodium).
La magnésie (oxyde de magnésium).
L'alumine (oxyde d'aluminium).
La baryte (oxyde de baryum).

[**] Cependant on écrit aussi H^2SO^4, par exemple.

B. — HYDRATES. — *Les hydrates sont des bases oxygénées qui résultent de la combinaison des oxydes métalliques avec l'eau.*

Ex. : L'oxyde de cuivre CuO, avec l'eau, H^2O,
donne l'hydrate de cuivre, CuO^2H^2 ou $Cu(OH)^2$

On les nomme par ce mot *hydrate* suivi du nom du métal.

Leur formule commence par celle de l'oxyde modifiée, et se termine par le symbole de l'hydrogène.

Ex :
Hydrate de zinc,	ZnO^2H^2
Hydrate de K ou potasse,	KOH
Hydrate de Na ou soude,	$NaOH$
Hydrate de Ca ou chaux,	$Ca(OH)^2$

C. — SELS OXYGÉNÉS. — *On appelle* SEL *le résultat de la substitution d'un métal à l'hydrogène d'un acide**.

On distingue deux espèces de sels oxygénés : les sels *acides* et les sels neutres. *Un* SEL ACIDE *provient d'un acide dans lequel une partie seulement de l'hydrogène a été remplacée par un métal.* On l'appelle *sel acide* parce qu'il peut encore se combiner avec une base. *Un* SEL NEUTRE *provient d'un acide dans lequel tout l'hydrogène est remplacé par un métal.* Le nom de neutre lui vient de ce qu'il est sans action sur la teinture de tournesol et sur la phtaléine du phénol.

Pour obtenir le nom du sel au moyen du nom de l'acide correspondant, on change EUX en ITE, IQUE en ATE, on ajoute le mot *acide* ou le mot *neutre*, et l'on termine par le nom du métal.

Pour passer de la formule de l'acide à la formule d'un *sel acide*, on diminue l'exposant de H, et l'on ajoute le symbole du métal substitué.

Ex. : L'acide sulfurique, SO^4H^2
donne le sulfate acide de potassium, SO^4KH ou SO^4HK.

Pour passer de la formule de l'acide à la formule d'un *sel neutre*, on remplace simplement le symbole de l'hydrogène par celui du métal.

Ex. : L'acide sulfurique, SO^4H^2
donne le sulfate neutre de potassium, SO^4K^2 **

---

* Les atomes de métal substitués doivent représenter la même valence que les atomes d'hydrogène qu'ils remplacent.

** Si le nombre des atomes remplaçables n'est pas suffisant dans la formule de l'acide, on double ou l'on triple au besoin cette formule.

Un métal monovalent, K, se substitue à H dans AzO^3H, ce qui donne l'azotate de potassium, AzO^3K.

Un métal bivalent, Ca, se substitue à H^2 dans $2(AzO^3H)$, ce qui donne l'azotate de calcium, $(AzO^3)^2Ca$.

Un métal trivalent, Bi, remplace H^3 dans $3(AzO^3H)$, ce qui donne l'azotate de bismuth $(AzO^3)^3Bi$.

On remarquera que les acides qui ne contiennent qu'un atome de H ne peuvent donner que des sels neutres.

Ex. :
$$L'acide\ azotique,\ AzO^3H$$
$$ne\ peut\ donner\ avec\ K\ que\ \ AzO^3K$$

Les acides qui contiennent deux atomes de H donnent deux genres de sels, un sel neutre et un sel acide.

Ex. :   L'acide sulfurique SO^4H^2 donne SO^4KH,   sulfate acide de K
et SO^4K^2,   sulfate neutre de K

Enfin les acides qui contiennent 3 atomes de H peuvent donner trois genres de sels.

Ex. :   L'acide phosphorique PO^4H^3 peut donner trois espèces de sels : deux sels acides et un sel neutre ;

PO^4H^2Na, phosphate monobasique de Na
PO^4HNa^2, phosphate bibasique de Na
PO^4Na^3,   phosphate tribasique de Na.

25. Des acides en général. — *D'une manière générale, un acide est le résultat de la combinaison de l'hydrogène avec un radical électro-négatif*[*].

Il y a deux sortes d'acides : les OXACIDES, ou acides oxygénés, et les HYDRACIDES, ou acides qui ne contiennent point d'oxygène.

Dans les hydracides, le radical électro-négatif est un corps simple (24).

Ex. :
$$Acide\ chlorhydrique,\ \ HCl$$

Dans les oxacides, le radical est généralement formé d'un métalloïde combiné avec l'oxygène.

Ex. :
$$Acide\ azotique,\ \ AzO^3H$$

ATOMICITÉ. — *On appelle* ATOMICITÉ D'UN ACIDE, *le nombre des atomes d'hydrogène qu'il renferme.*

Ex. :   L'acide azotique, AzO^3H est MONOATOMIQUE ;
L'acide sulfurique, SO^4H^2 est DIATOMIQUE ;
L'acide phosphorique, PO^4H^3 est TRIATOMIQUE.

BASICITÉ. — *On appelle* BASICITÉ D'UN ACIDE, *le nombre des atomes d'hydrogène remplaçables par un métal* (l'hydrogène remplaçable est dit hydrogène basique).

Les acides *monoatomiques* sont MONOBASIQUES,
«   *diatomiques*   «   BIBASIQUES,
«   *triatomiques*   «   TRIBASIQUES.

---

[*] On appelle RADICAL, un atome (radical simple) ou un groupe d'atomes (radical composé) qui se comporte dans les réactions comme un élément.

Les radicaux composés ne peuvent pas toujours être isolés ; ils n'existent alors qu'en combinaison.

26. Des sels en général. — Il y a deux espèces de sels : les
SELS OXYGÉNÉS, acides ou neutres, qui dérivent des OXACIDES, et
les SELS HALOÏDES, qui dérivent des HYDRACIDES.

Les sels peuvent presque toujours être regardés comme venant de
la combinaison d'un acide et d'une base, avec élimination d'eau.

Ainsi une molécule de potasse, KOH, se combine avec une molécule d'acide azotique, AzO^3H, et donne AzO^3K, avec élimination
d'une molécule d'eau H^2O.

Le mode de dérivation est le même dans tous les cas. Ainsi,
les *sels haloïdes proviennent des hydracides dans lesquels
l'hydrogène est remplacé par un métal.*

On les nomme et on les écrit de la même manière que les
autres composés en URE (22. — B.).

La formule du sel se déduit de la formule de l'acide, en remplaçant le symbole de l'hydrogène par celui du métal.

Ex. :

L'acide chlorhydrique,	HCl
donne le chlorure de potassium,	KCl.
L'acide chlorique,	ClO^3H
donne le chlorate de potassium,	ClO^3K

27. Équations chimiques. — *Une* ÉQUATION CHIMIQUE *est une
identité entre deux sommes de poids moléculaires : Dans le premier
membre figurent des corps réagissant les uns sur les autres, et dans
le second, les produits de la réaction.*

Chaque formule représente à la fois la molécule du corps et son
poids moléculaire, puisque le poids moléculaire d'un composé est
égal à la somme des poids atomiques des composants.

Dans une équation chimique, tous les atomes contenus dans le
premier membre doivent se retrouver dans le second.

Exemple : La réaction de l'acide sulfurique sur le zinc est représentée par l'équation suivante :

$$SO^4H^2 \quad + \quad Zn \quad = \quad SO^4Zn \quad + \quad H^2$$

acide sulfurique   zinc   sulfate de zinc   hydrogène

Pour traduire cette identité en nombre, il suffit de remplacer
chaque symbole par le poids atomique qu'elle représente, et d'effectuer au besoin les additions partielles qui donnent les poids atomiques
de chaque composé. On trouve :

$$98 + 65 = 161 + 2$$

C'est-à-dire que 98 gr. d'acide sulfurique, en se combinant avec
65 gr. de zinc, donnent 161 gr. de sulfate de zinc et 2 gr. d'hydrogène.

Ces nombres

$$98 \text{ gr. de } SO^4H^2$$
$$161 \text{ gr. de } SO^4Zn$$
$$2 \text{ gr. de } H$$

sont fréquemment appelés une molécule-gramme.

Les équations chimiques permettent de résoudre facilement les problèmes de chimie.

Problème. — *Dans la réaction de l'acide sulfurique sur le zinc, quel volume d'hydrogène obtiendra-t-on avec 390 gr. de zinc?*

D'après l'équation précédente, 65 gr. de zinc fournissent 2 gr. d'hydrogène; un gramme de zinc en donne 65 fois moins, et 390 gr., 390 fois plus; c'est-à-dire

$$\frac{2 \times 390}{65} = 12 \text{ gr. d'hydrogène.}$$

Or 1 litre d'hydrogène pèse 0 gr. 089; soit 0 gr. 09.
Donc, 12 grammes d'hydrogène représentent :

$$\frac{12}{0,09} = 133 \text{ litres } \frac{1}{3} \text{ de gaz.}$$

QUESTIONNAIRE. Qu'est-ce que la nomenclature chimique? — la notation atomique? — Que savez-vous de la nomenclature parlée et écrite des corps simples? — Quels sont les caractères distinctifs des métalloïdes et des métaux? — Comment classe-t-on les métalloïdes? — Qu'appelle-t-on valence d'un métalloïde? — d'un métal? — Citez les principaux métalloïdes de chaque classe. — Que savez-vous de la formule d'un composé? De combien de manières peut-on classer les composés? — Quels sont les caractères distinctifs des acides et des bases?

Pour chacune des espèces de corps énumérées ci-après, répondre aux quatre questions suivantes : 1° Quelle est la nature de ces corps? — 2° Comment forme-t-on le nom de ces corps? — 3° Comment écrit-on la formule de ces corps? — 4° Citez des exemples.

Hydracides. — Composés en ure. — Sels haloïdes. — Alliages.
Anhydrides. — Oxacides. — Sels oxygénés.
Oxydes. — Hydrates.
Qu'appelle-t-on corps électro-positif? — corps électro-négatif? — Qu'est-ce qu'un acide? — Qu'appelle-t-on radical? — Combien y a-t-il d'espèces d'acides? — Qu'appelle-t-on atomicité d'un acide? — basicité d'un acide? — Qu'appelle-t-on sels, d'une manière générale? — Citez les deux espèces de sels. — Que savez-vous des équations chimiques?

PREMIERE PARTIE

METALLOÏDES

CHAPITRE I

HYDROGÈNE : H = 1

28. Historique et état naturel. — L'*hydrogène* fut découvert au xviie siècle, et étudié par Cavendish.

Il entre, avec le carbone et l'oxygène, dans la constitution de presque tous les composés organiques. L'eau en contient le neuvième de son poids.

29. Propriétés physiques. — L'hydrogène est un gaz incolore, sans odeur et sans saveur quand il est pur. C'est le plus léger de tous les corps; sa densité est 14 fois $\frac{1}{2}$ moindre que celle de l'air, c'est-à-dire 0,0693. Il est peu soluble dans

Fig. 1.

Transvasement de l'hydrogène.

Fig. 2.

Diffusibilité de l'hydrogène.

l'eau. Il se liquéfie à très haute pression, vers — 234°. Son extrême légèreté permet de le faire passer d'une éprouvette dans une autre, comme l'indique la figure 1. Il traverse avec la plus grande facilité les corps poreux; une feuille de papier tendue sur l'orifice d'un flacon plein d'hydrogène ne l'empêche pas de s'échapper : on peut enflammer le gaz qui traverse les pores du papier (fig. 2).

Si l'on entoure la flamme de l'hydrogène d'un tube vertical, la colonne d'air se met à vibrer et rend un son parfois intense. On donne à cette expérience le nom d'*harmonica chimique* (fig. 3).

30. Propriétés chimiques. — L'hydrogène est un gaz irrespirable, mais non délétère. Il brûle avec une flamme pâle et très

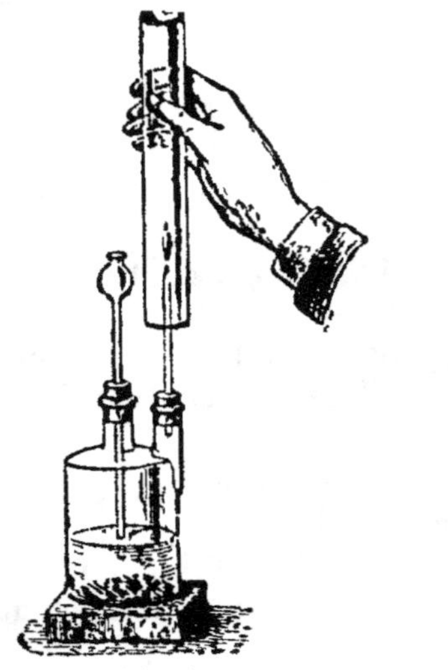

Fig. 3.
Harmonica chimique.

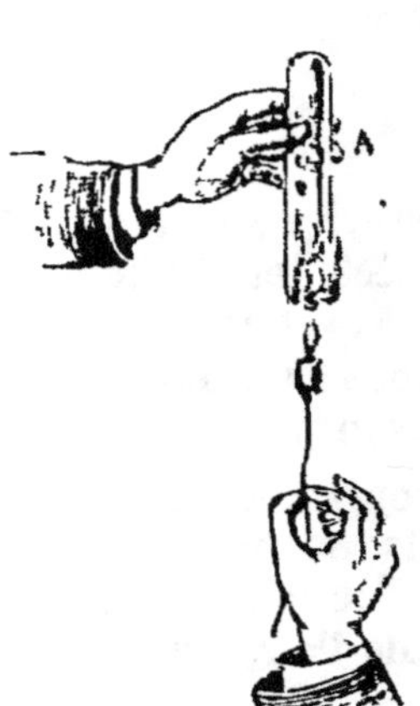

Fig. 4.
Combustion de l'hydrogène.

chaude (fig. 4) en se combinant avec l'oxygène de l'air pour former de l'eau (fig. 5),

$$2H + O = H^2O$$

hydrogène   oxygène   eau

mais il n'entretient pas la combustion.

Si on le fait passer à travers un carbure liquide, tel que le pétrole ou la benzine, sa flamme devient très éclairante, par suite de l'introduction dans la flamme de particules de charbon portées à l'incandescence.

Un mélange de deux volumes d'hydrogène et d'un volume d'oxygène détone violemment à l'approche d'une flamme, ou lorsqu'on fait éclater l'étincelle électrique au sein du mélange; il se forme de la vapeur d'eau.

La combustion de l'hydrogène est accompagnée d'un dégagement de chaleur considérable utilisé dans l'emploi du *chalumeau* à gaz oxydrique (fig. 6). Le chalumeau se compose de deux tubes concentriques effilés; l'oxygène arrive par le tube central et l'hydrogène par l'espace annulaire compris entre les deux tubes, de sorte que les deux gaz ne se mélangent qu'au sortir des deux tubes.

En dirigeant le dard de la flamme du chalumeau sur un morceau de chaux vive ou de magnésie, celui-ci devient incandescent et donne une lumière très éclatante (*lumière de Drummond*).

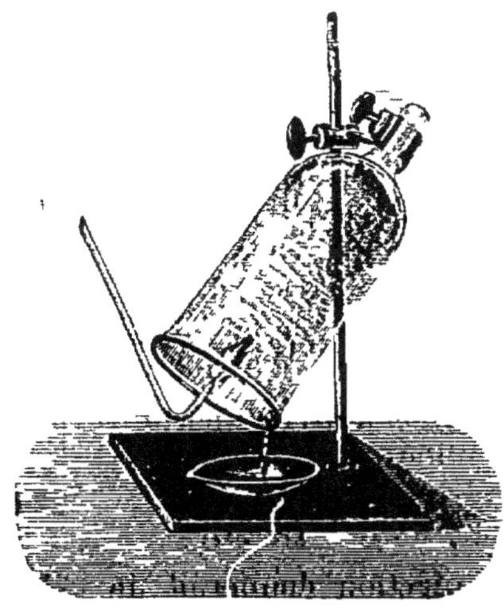

Fig. 5.
Vapeur d'eau produite
par la combustion
de l'hydrogène dans l'air.

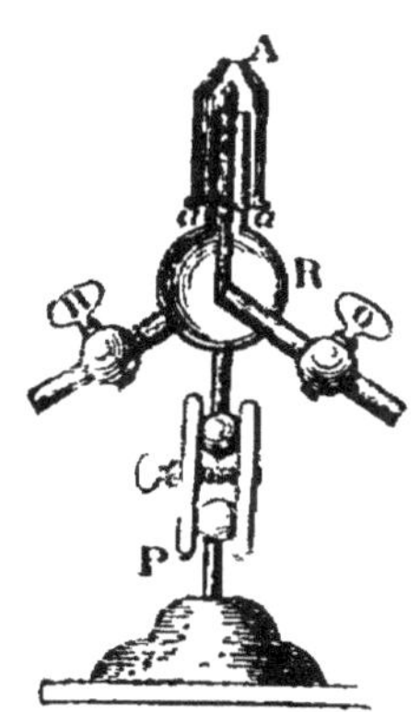

Fig. 6. — Chalumeau à gaz oxhydrique.
O,H, robinets laissant arriver les gaz
oxygène et hydrogène;
A, région où s'effectue la combinaison

La propriété caractéristique de l'hydrogène est son affinité pour l'oxygène. Il décompose beaucoup d'oxydes métalliques en donnant de l'eau et en laissant le métal pur. C'est ainsi qu'il décompose l'oxyde de cuivre CuO :

$$\underset{\text{oxyde de cuivre}}{CuO} + \underset{\text{hydrogène}}{2H} = \underset{\text{eau}}{H^2O} + \underset{\text{cuivre}}{Cu}$$

Il suffit de chauffer dans un tube l'oxyde sur lequel passe un courant d'hydrogène, pour voir l'oxyde qui est noir se transformer en cuivre métallique rouge. Cette décomposition est appelée *réduction* de l'oxyde. L'hydrogène est donc un *agent réducteur* et, comme tel, fréquemment employé dans les laboratoires.

31. Préparation. — 1° *Par l'eau, le zinc et l'acide sulfurique.*

— On introduit l'eau (composée d'oxygène et d'hydrogène) et le zinc dans un flacon à deux tubulures (fig. 7) ; on verse ensuite peu à peu l'acide sulfurique (SO⁴H²) par un tube à entonnoir qui plonge dans l'eau du flacon. Le zinc prend la place de l'hydrogène,

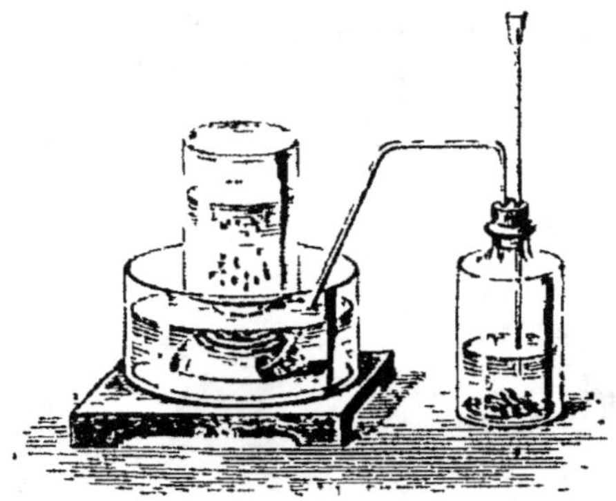

Fig. 7. — Préparation de l'hydrogène par le zinc et l'acide sulfurique.

dans la constitution de l'acide, et le met ainsi en liberté. Il reste dans le flacon une dissolution de sulfate de zinc (SO⁴Zn).

$$Zn + SO^4H^2 = SO^4Zn + H^2$$

zinc   acide sulfurique   sulfate de zinc   hydrogène

Avec l'acide chlorhydrique, la réaction donnerait du chlorure de zinc ZnCl² avec dégagement d'hydrogène :

$$Zn + 2HCl = ZnCl^2 + H^2$$

zinc   acide chlorhydrique   chlorure de zinc   hydrogène

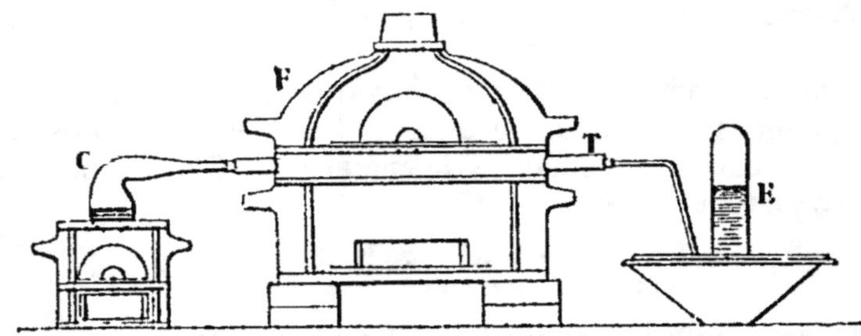

Fig. 8. — Préparation de l'hydrogène par la décomposition de la vapeur d'eau.
C, cornue où se produit la vapeur; T, tube contenant de la tournure de fer; F, fourneau à réverbère; E, éprouvette recueillant le gaz.

2° *Par la vapeur d'eau et le fer chauffé au rouge.* — On fait passer un courant de vapeur d'eau sur de la tournure de fer chauffée au rouge dans un tube de porcelaine (fig. 8). Le fer se combine avec l'oxygène de l'eau pour former de l'oxyde salin de fer, appelé encore oxyde magnétique (Fe^3O^4), et l'hydrogène se dégage.

$$4H^2O + 3Fe = \qquad Fe^3O^4 \qquad + \quad 4H^2$$
eau   fer   oxyde magnétique de fer   hydrogène

3° On pourrait également obtenir l'hydrogène en décomposant l'eau à froid par la pile (n° 44), ou par des corps très avides d'oxygène, comme le potassium ou le sodium ; mais ces procédés sont trop coûteux pour être employés avantageusement.

32. Usages. — En raison de sa légèreté, l'hydrogène est utilisé dans le gonflement des petits ballons en caoutchouc ou en baudruche; on en remplit les aérostats, mais comme il traverse aisément les enveloppes, on lui préfère le gaz d'éclairage, bien que ce dernier soit plus dense. La flamme de l'hydrogène, avivée par l'oxygène, est très chaude ; c'est pourquoi on l'emploie dans le chalumeau et dans les appareils à projection lumineuse.

QUESTIONNAIRE. — Énoncez les propriétés physiques de l'hydrogène. — Comment montre-t-on sa grande légèreté? — Que produit-il en brûlant? — Décrivez le chalumeau. — A quoi sert-il? — Expliquez comment on peut préparer l'hydrogène. — Qu'obtient-on comme résidu?

EXERCICE [1]. — Quels poids de zinc et d'acide chlorhydrique faut-il employer pour obtenir un mètre cube d'hydrogène?

CHAPITRE II

OXYGÈNE. — EAU

I. Oxygène. — $O = 16$.

33. Historique et état naturel. — L'*oxygène* fut isolé par Priestley, et étudié par Lavoisier.

C'est le plus répandu de tous les corps simples. Il constitue les 8/9 du poids de l'eau et les 0,23 de celui de l'air. Les tissus de tous les êtres organisés en contiennent.

43. Propriétés physiques. — L'oxygène est un gaz incolore,

---

[1] Pour la résolution des problèmes de chimie, on trouvera les poids atomiques des corps dans le tableau des pages 224 et 225. La densité des gaz étant prise par rapport à l'air, le poids d'un litre de gaz est égal au poids du litre d'air (1 gr. 293) multiplié par la densité du gaz considéré (*Physique*, n° 87).

inodore et insipide, peu soluble dans l'eau. Sa densité est 1,105; le poids du litre est donc $1^{gr},293 \times 1,105 = 1^{gr},429$. On a pu le liquéfier à très haute pression et à très basse température; c'est alors un liquide incolore, de densité moindre que celle de l'eau, et entrant en ébullition à — 184°.

35. Propriétés chimiques. — L'oxygène se combine directement avec presque tous les corps. Il entretient avec énergie les combustions. Un fil de fer que l'on plonge dans un flacon rempli d'oxygène, après en avoir fait rougir l'extrémité au feu, brûle avec incandescence (fig. 9).

Sa combinaison, avec les métalloïdes, donne des *anhydrides* ou des *oxydes neutres;* avec les métaux, il forme des *oxydes*, la plupart *basiques*, c'est-à-dire pouvant se combiner avec l'eau pour former des *bases*.

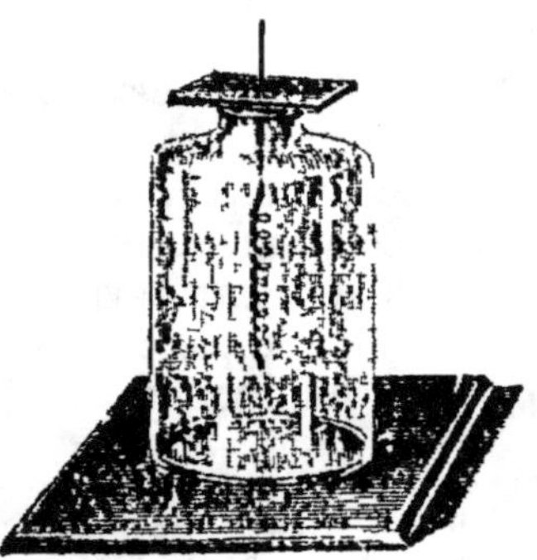

Fig. 9. — Combustion du fer dans l'oxygène.

36. Préparation. — 1° *Par le chlorate de potassium.* On chauffe dans un ballon le chlorate de potassium (ClO^3K) seul,

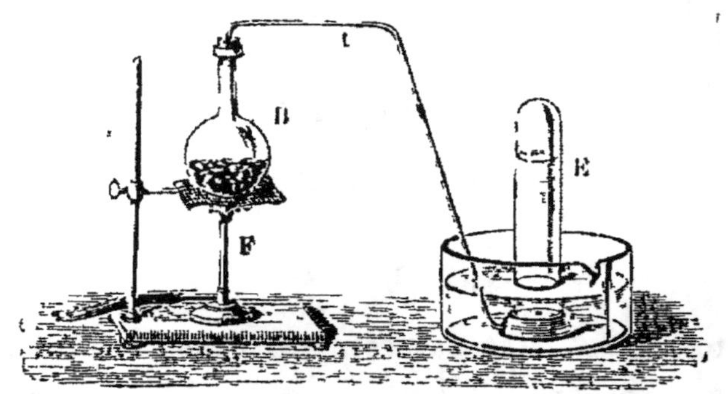

Fig. 10. — Préparation de l'oxygène par le chlorate de potassium.

ou mieux avec un peu de bioxyde de manganèse, qui facilite la décomposition (fig. 10). Le chlorate abandonne tout son oxygène, et il reste dans le ballon du chlorure de potassium.

$$ClO^3K = KCl + 3O$$
chlorate de potassium — chlorure de potassium — oxygène

2° *Par calcination du bioxyde de manganèse.* — On obtient égale-

ment de l'oxygène en calcinant le bioxyde de manganèse; le résidu
est de l'oxyde salin de manganèse (Mn^3O^4)[*] :

$$3MnO^2 = Mn^3O^4 + 2O$$

bioxyde de manganèse   oxyde salin de manganèse   oxygène

REMARQUE. — Pour avoir l'oxygène en grande quantité, on a songé
à l'extraire de l'air. Le procédé, dû à Boussingault, consiste à chauffer
à 600° de la baryte (BaO) dans un courant d'air. La baryte absorbe

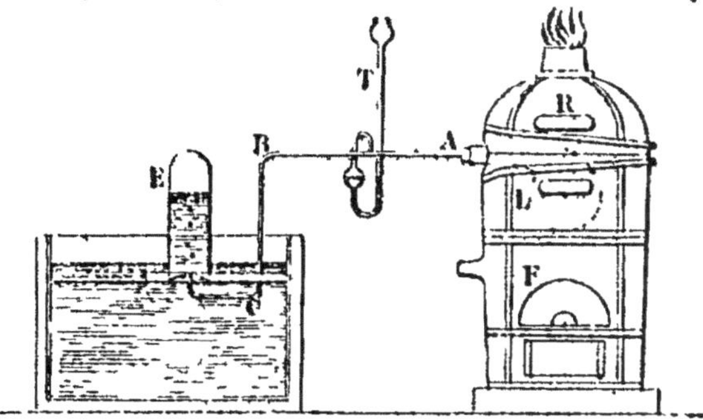

Fig. 11. — Préparation de l'oxygène par le bioxyde de manganèse.
F, fourneau. — L, cornue. — R, réverbère. — ABC, tube de dégagement.
— E, éprouvette. — T, tube de sûreté.

l'oxygène et produit du bioxyde de baryum (BaO^2), qui, vers 800°,
abandonne une partie de son oxygène et régénère la baryte. Pour que
ce procédé soit pratique, il faut que l'air soit préalablement dépouillé
d'humidité et de gaz carbonique.

37. Combustions. — On appelle *combustion,* le phénomène qui
résulte de la combinaison de deux ou plusieurs corps avec production de chaleur.

Si la combustion est accompagnée de lumière, on lui donne
le nom de *combustion vive* (flamme d'une bougie, combustion
du fer dans l'oxygène). Les causes qui la favorisent sont :
1° l'enlèvement des produits de la combustion (cheminées);
2° les courants d'air (soufflets); 3° l'état de division des corps
(copeaux); 4° l'élévation de température.

Si la combustion n'est pas accompagnée de lumière, on lui
donne le nom de *combustion lente.* La combustion lente du carbone dans les organismes des animaux est l'origine de la chaleur animale. Le dégagement de chaleur peut être assez lent pour
n'être pas appréciable au toucher (oxydation du fer à l'air humide).

Les phénomènes lumineux et calorifiques qui ne résultent pas

---

[*] On l'appelle *oxyde salin*, parce qu'on le regarde comme une sorte de se
formé par l'union du protoxyde MnO, qui jouerait le rôle de base, avec le bioxyde
MnO^2, qui jouerait le rôle d'acide.

de combinaisons ne sont pas des combustions (étincelle électrique, chaleur produite par le frottement).

38. Usages. — L'oxygène est l'agent ordinaire des combustions et l'élément essentiel de la respiration. Il est employé avec l'hydrogène pour donner une flamme à température très élevée (voy. n° 32). Le médecin l'utilise parfois en le faisant respirer aux malades.

39. Ozone. — On appelle *ozone*, un état particulier de l'oxygène condensé. C'est un gaz incolore, très odorant, qui prend naissance dans quelques oxydations, du phosphore, par exemple, et dans certaines décompositions, comme celles de l'eau, du bioxyde de baryum, etc. On l'obtient facilement en faisant passer des effluves électriques (décharges électriques obscures) dans l'oxygène, ou simplement dans l'air. C'est un puissant agent d'oxydation.

II. Eau. — H²O = 18.

40. Historique. — Pendant longtemps *l'eau* fut regardée comme l'un des quatre éléments de la nature (eau, air, feu, terre). Lavoisier en fit, le premier, l'analyse à la fin du siècle dernier. Elle est composée d'hydrogène et d'oxygène.

41. État naturel. — L'eau peut exister sous les trois états (glace, liquide, vapeur). Tous les corps vivants en renferment.

42. Propriétés physiques. — L'eau pure est un liquide inodore, insipide, incolore sous une faible épaisseur. Sa densité est prise pour unité; un litre d'eau pèse 1 kgr. à son maximum de densité (*Physique*, n° 150). Ce maximum a lieu à + 4°; ce qui explique comment, en hiver, les animaux aquatiques peuvent vivre. Ils trouvent, au fond des lacs ou des rivières, une température élevée, relativement à celle qui règne à la surface.

Sous la pression de 760 millim., l'eau entre en ébullition (*Physique*, n° 164) à une température qui a été prise pour 100° degré du thermomètre centigrade, tandis que la température à laquelle elle se solidifie a été choisie pour le point zéro de la même échelle thermo-

Fig. 12.
Étoiles de cristaux de neige vues avec une loupe grossissant environ 16 fois (en surface).

métrique. Elle cristallise en prismes hexagonaux groupés avec une admirable régularité (fig. 12); ce sont ce-i cristaux qui forment, en hiver, les élégantes arborisations que l'on observe quelquefois sur les vitres des appartements.

En se congelant, l'eau augmente de volume (*Physique,* n° 149), la densité de la glace à 0° est de 0,918; c'est pourquoi la glace flotte sur l'eau.

Pouvoir dissolvant. — L'eau peut dissoudre un grand nombre de corps solides (sel, sucre, carbonate de sodium, etc.) en proportions différentes, et se charger ainsi d'éléments qu'elle abandonne par évaporation.

Les gaz sont, eux aussi, solubles dans l'eau; la proportion de gaz que l'eau peut dissoudre varie avec la nature du gaz, la température et la pression. Les gaz les plus solubles sont l'ammoniaque, l'acide chlorhydrique, l'anhydride sulfureux, etc.; l'oxygène et l'hydrogène sont peu solubles. C'est grâce à l'air que renferme l'eau des rivières que les poissons peuvent vivre. L'*eau de Seltz* est de l'eau ordinaire qui renferme en dissolution du gaz carbonique.

43. Propriétés chimiques. — Un grand nombre de corps peuvent se combiner avec l'oxygène de l'eau et mettre l'hydrogène en liberté. Tous les métaux, sauf l'argent, le mercure, l'or et le platine, décomposent l'eau à une température plus ou moins élevée : le potassium et le sodium, à froid; le fer au rouge sombre; le cuivre et le plomb à une température encore plus élevée. Quelques métalloïdes seulement, comme le chlore et le carbone, peuvent décomposer l'eau. Le chlore s'empare de l'hydrogène et met l'oxygène en liberté; le carbone s'unit à l'oxygène et met l'hydrogène en liberté ; c'est pourquoi les forgerons projettent quelquefois de l'eau sur le foyer de leur forge, afin d'en activer la combustion : il se produit alors deux gaz combustibles, l'hydrogène et l'oxyde de carbone.

L'eau pure est un composé neutre pouvant cependant jouer, tantôt le rôle de base, tantôt celui d'acide.

Elle est décomposée par la chaleur aux températures élevées.

44. Analyse de l'eau. — *Analyse en volumes par l'électrolyse.* — Cette analyse se fait au moyen du *voltamètre.* Le voltamètre (fig. 13) est un vase de verre rempli d'eau dont le pied est traversé par deux lames métalliques, ordinairement en platine, isolées électriquement. La partie supérieure de chaque lame ou électrode est coiffée d'une éprouvette également remplie d'eau. Les deux électrodes communiquent par leur partie inférieure avec les deux pôles d'une pile. On constate alors qu'il se forme, sur chacune des lames, des bulles de gaz que l'on reconnaît aisément être de l'hydrogène au pôle négatif, et de l'oxygène au pôle positif. On remarque, de plus, que le volume de l'hydrogène est double du volume d'oxygène dégagé pendant le même temps.

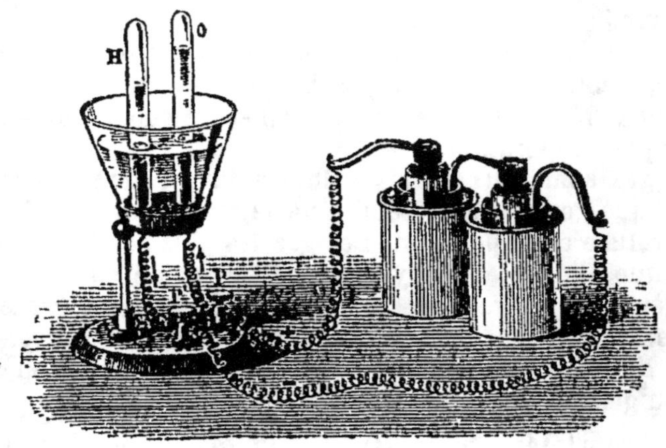

Fig. 13. — Décomposition de l'eau par le voltamètre.

On ajoute à l'eau du voltamètre un peu d'acide sulfurique (*eau acidulée*), afin de la rendre conductrice. On emploie des lames de platine et non des lames de cuivre, par exemple ; car, dans ce dernier cas, l'oxygène se combinerait avec le cuivre et l'acide sulfurique pour former du sulfate de cuivre, et l'on ne recueillerait que de l'hydrogène.

Analyse en poids par le fer. — On répète l'expérience indiquée n° 31, 2°, pour la préparation de l'hydrogène. Du poids de l'eau qui a traversé le tube, on retranche le poids de l'hydrogène recueilli ; la différence donne le poids de l'oxygène.

45. Synthèse de l'eau. — *Synthèse en volumes par l'eudiomètre à mercure.* — L'eudiomètre (fig. 14) se compose essentiellement d'un long tube de verre gradué, à parois très épaisses, et traversé, à la partie supérieure, par deux pointes métalliques dont les extrémités sont en regard. On y introduit 100 volumes d'hydrogène et 100 volumes d'oxygène, et l'on fait jaillir une étincelle électrique entre les deux pointes. Il y a combinaison, formation, puis condensation de vapeur d'eau, et l'on constate qu'il ne reste plus que 50 volumes d'un gaz que l'on reconnaît facilement être de l'oxygène. Les 100 volumes d'hydrogène disparus se sont donc emparés de 50 volumes d'oxygène pour former de l'eau.

Synthèse en poids. Méthode de Dumas. — Cette méthode consiste à faire passer un courant d'hydrogène sur de l'oxyde de cuivre (CuO) chauffé dans un tube de porcelaine. L'oxyde de cuivre abandonne son oxygène, qui se combine avec l'hydrogène pour former de l'eau (voy. no 30), laquelle est absorbée par des matières desséchantes renfermées dans des tubes qu'elle doit traverser. La différence du poids des tubes, avant et après l'expérience, donne le poids de l'eau formée; la diminution de poids de l'oxyde de cuivre donne le poids de l'oxygène employé à la formation de l'eau.

D'après la loi de Lavoisier (no 8, A), le poids de l'hydrogène employé est égal à la différence entre le poids de l'eau obtenue et celui de l'oxygène.

On trouve ainsi que 8 gr. d'O et 1 gr. d'H donnent 9 gr. d'eau.

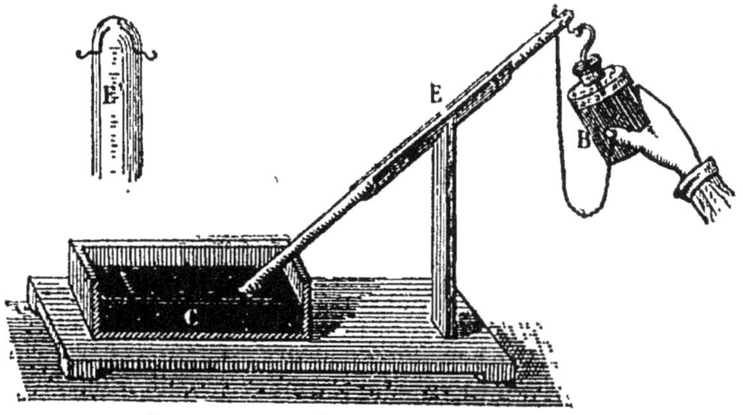

Fig. 14. — Synthèse eudiométrique de l'eau.

B, bouteille de Leyde; E, eudiomètre; E', extrémité de l'eudiomètre montrant les fils métalliques; C, cuve à mercure.

46. Usages de l'eau. — L'eau est employée pour une foule d'usages : elle est indispensable dans l'alimentation de l'homme, des animaux et des végétaux. On l'utilise, à l'état de glace, seule ou mélangée à certains sels, pour produire de grands froids (*Physique*, no 153).

Les eaux naturelles : eaux de pluie, de rivières, de sources, etc., renferment toujours en dissolution des matières étrangères qu'on élimine par distillation : on obtient alors l'eau pure.

47. Eaux potables. — On appelle *eau potable*, l'eau qui peut servir à l'alimentation. Elle doit être limpide, incolore, inodore, aérée, c'est-à-dire contenir de l'air en dissolution. Elle doit renfermer une faible proportion de sel calcaire (carbonate de calcium). On la reconnaît à ce qu'elle dissout le savon et cuit bien les légumes.

Pour constater la présence de l'air en dissolution dans une eau potable, on adapte au col d'un ballon un tube recourbé se rendant sous une éprouvette placée sur la cuve à mercure, (fig. 15). Le ballon et le tube étant complètement remplis d'eau, et l'éprouvette remplie de mercure, on chauffe le ballon ; l'air en dissolution se dégage, et se rend à la partie supérieure de l'éprouvette.

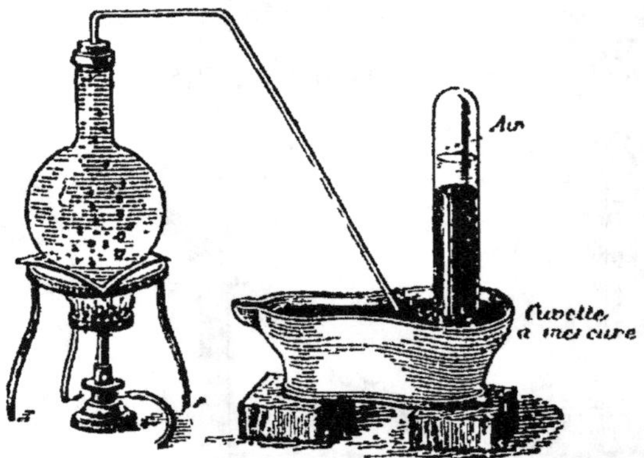

Fig. 15. — Dégagement de l'air dissous dans l'eau.

On dit que les eaux sont *dures, crues, séléniteuses, lourdes,* lorsqu'elles renferment une trop grande proportion de sels calcaires, surtout du sulfate de calcium (plâtre). On peut corriger en partie leur mauvaise qualité, en y ajoutant de 1 à 2 grammes de carbonate de sodium par litre : il y a décomposition du sulfate de calcium et formation de carbonate de calcium, qui se précipite.

Généralement, les eaux non potables sont assainies par filtration. Les *filtres* sont ordinairement composés de couches alternatives de sable et de charbon de bois, disposées horizontalement, et que l'eau traverse lentement de haut en bas.

Pour obtenir une filtration parfaite, Pasteur a imaginé de faire passer l'eau à travers des corps poreux. C'est d'après ces indications qu'a été imaginé le filtre Chamberland, très employé aujourd'hui.

Le filtre Chamberland se compose essentiellement d'un cylindre en porcelaine non vernie appelé bougie. Cette bougie est placée dans un cylindre nickelé, qui peut se visser sur les robinets de distribution. L'eau ne peut alors s'écouler qu'en traversant la paroi de porcelaine, où elle se filtre.

Quand le filtre a fonctionné quelque temps, on le nettoie en le brossant fortement, en le lavant à grande eau et en faisant bouillir la bougie dans de l'eau acidulée par de l'acide chlorhydrique.

Les eaux *incrustantes* sont des eaux chargées de carbonate de calcium (craie, calcaire), qu'elles laissent déposer en arrivant au contact de l'air.

48. Eaux minérales. — Les *eaux minérales* sont des eaux naturelles, chaudes ou froides, contenant en dissolution des gaz ou des sels qui leur donnent des propriétés curatives. Elles sont appelées *eaux thermales*, quand leur température dépasse 20 degrés.

Les *eaux sulfureuses* renferment de l'acide sulfhydrique (H^2S) qui leur communique une odeur d'œufs pourris : Barèges, dans les Hautes-Pyrénées; Eaux-Bonnes, dans les Basses-Pyrénées.

Les *eaux chlorurées* renferment du chlorure de sodium ($NaCl$) : Bourbon-l'Archambault, dans l'Allier; Wiesbaden, en Allemagne.

Les *eaux carbonatées* contiennent de l'anhydride carbonique (CO^2) en dissolution : Vichy, dans l'Allier; Vals, dans l'Ardèche.

Les *eaux sulfatées* renferment des sulfates de sodium, de calcium ou de magnésium : Plombières, dans les Vosges; Epsom, en Angleterre; Sedlitz, en Bohême.

Les *eaux ferrugineuses* sont ainsi nommées à cause des sels de fer qu'elles contiennent : Bagnères-de-Luchon, dans la Haute-Garonne; Spa, en Belgique; Passy, à Paris.

49. Eau oxygénée. — L'*eau oxygénée* résulte de la combinaison d'une molécule d'eau avec un atome d'oxygène.

$$H^2O + O = H^2O^2$$
$$\text{eau} \qquad \text{oxygène} \qquad \text{eau oxygénée}$$

C'est un liquide sirupeux, incolore, facilement décomposable par la chaleur en eau et en oxygène, ce qui en fait un oxydant énergique. Elle blanchit la peau en produisant une sensation de brûlure. Elle transforme facilement le sulfure de plomb, qui est noir, en sulfate de plomb, qui est blanc; aussi l'emploie-t-on pour la restauration des vieux tableaux, dont les couleurs à base de plomb ont noirci avec le temps.

QUESTIONNAIRE. — Où trouve-t-on de l'oxygène à l'état naturel? — L'oxygène est-il combustible? — Comment peut-on le préparer? — Qu'appelle-t-on combustion? — Quelles sont les causes qui favorisent la combustion? — L'étincelle électrique est-elle un produit de combustion? — *Qu'est-ce que l'ozone? — Comment peut-on l'obtenir?*

Quelles sont les propriétés physiques de l'eau? — L'eau peut-elle dissoudre les gaz? — L'eau peut-elle jouer le rôle d'acide et le rôle de base? — Décrivez le voltamètre. — A quoi sert-il? — Comment se fait l'analyse de l'eau? — Pourquoi les lames du voltamètre sont-elles en platine et non en cuivre ou en fer? — *Décrivez l'eudiomètre à mercure. Comment s'en sert-on? — Comment fait-on la synthèse de l'eau en poids?* — Qu'appelle-t-on eaux potables? Quels sont leurs caractères? — Comment assainit-on les eaux? — *Décrivez le filtre Chamberland.* — Qu'est-ce qu'une eau séléniteuse? — *Qu'est-ce que l'eau oxygénée?*

EXERCICES. — 1. Quel poids d'oxygène obtient-on : 1° par la calcination de 100 gr. de chlorate de potassium ; 2° de 100 gr. de bioxyde de manganèse ?

2. Quel volume d'hydrogène faut-il brûler pour obtenir 1 gramme d'eau ?

3. On introduit dans un eudiomètre un demi-litre d'hydrogène et un litre et demi d'oxygène, puis on enflamme le mélange. Quel sera le gaz en excès, et quel volume occupera-t-il ?

4. Dans une analyse de l'eau par le fer, on recueille 3 litres d'hydrogène ; quel est le poids de l'eau décomposée, et quelle est l'augmentation du poids du fer ?

5. Combien faut-il décomposer de grammes d'eau, par la pile, pour obtenir un mélange détonant de 2 litres ?

CHAPITRE III

AZOTE. — AIR ATMOSPHÉRIQUE

I. Azote. — Az = 14.

80. Historique et état naturel. — L'azote, confondu d'abord avec l'anhydride carbonique, par suite de l'analogie de quelques propriétés, en fut distingué en 1772 par Rutherford, chimiste anglais. Lavoisier, le premier, le découvrit dans l'air, dont il forme les $^4/_5$ du volume.

Il existe à l'état naturel sous forme d'azotates (salpêtres, etc.). Les végétaux, principalement ceux qui servent à l'alimentation, et surtout les organismes animaux, en renferment à l'état de combinaison avec l'hydrogène, le carbone et l'oxygène (protoplasma, matières albuminoïdes).

81. Propriétés physiques. — L'azote est un gaz incolore, inodore, insipide, peu soluble dans l'eau ; sa densité est 0,972 : un litre pèse 1 gr. 293 × 0,972 = 1 gr. 256.

82. Propriétés chimiques. — L'azote est un corps neutre, ni comburant *, ni combustible (fig. 16), non respirable, se combinant difficilement avec d'autres corps.

Des étincelles électriques produisent, dans un mélange d'azote et d'hydrogène, de petites quantités de gaz ammoniac (AzH^3).

83. Préparation. — 1° *Par le phosphore.* — Il suffit d'enflammer un morceau de phosphore placé dans une coupelle reposant sur un morceau de liége flottant sur l'eau, et de recouvrir le tout

---

* Un corps *comburant* est un corps capable d'entretenir les combustions.

àvec une cloche que l'on maintient avec la main (fig. 17). Le phosphore, en brûlant, s'empare de l'oxygène de l'air, forme

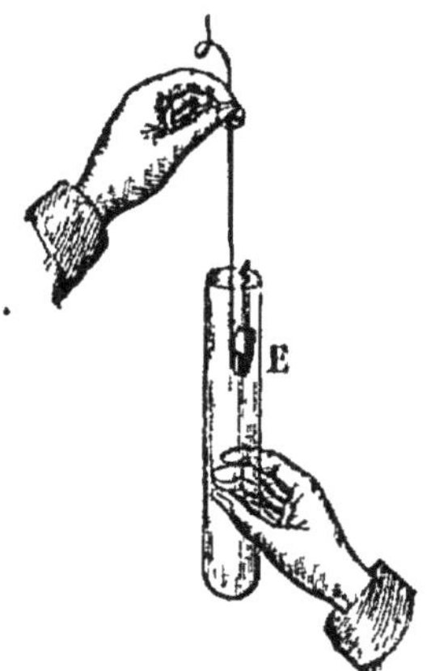

Fig. 16. — Une bougie allumée
s'éteint dans l'azote.

Fig. 17. — Préparation
de l'azote par le phosphore.

des fumées blanches d'anhydride phosphorique (P^2O^5), qui peu à peu se dissolvent dans l'eau; il ne reste plus, sous la cloche, que l'azote qui se trouvait dans l'air; car l'air, ainsi que nous le verrons plus loin, est un mélange formé principalement d'oxygène et d'azote.

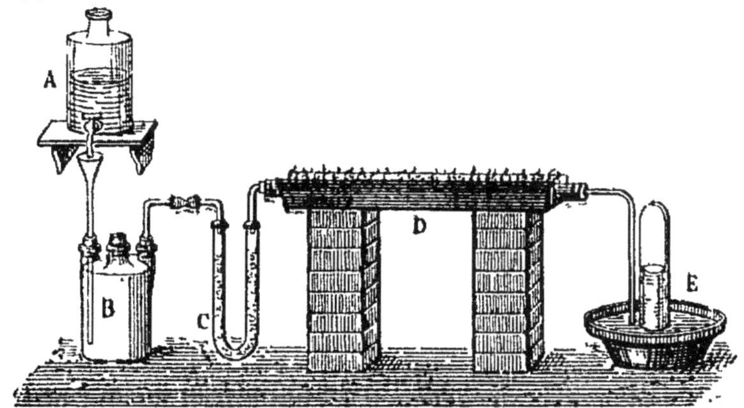

Fig. 18. — Préparation de l'azote par le cuivre.

A, flacon primitivement rempli d'eau; B, flacon primitivement rempli d'air;
C, tube en U pour dessécher l'air; D, tube rempli de cuivre sur un fourneau;
E, éprouvette.

2° *Par le cuivre chauffé au rouge.* — On fait passer lentement, sur du cuivre chauffé au rouge dans un tube de porcelaine (fig. 18), un

courant d'air obtenu en déplaçant l'air que renferme un flacon, par de
l'eau qu'on y amène au moyen d'un tube qui plonge jusqu'au fond.

L'oxygène de l'air se fixe sur le cuivre pour former de l'oxyde de
cuivre (CuO), et l'azote se dégage à l'extrémité du tube de porcelaine.

3° *Par l'azotite d'ammonium.* — Ce sel, chauffé dans une cornue
munie d'un tube abducteur, se décompose en eau et en azote :

$$Az O^2(AzH^4) = 2Az + 2H^2O$$

azotite d'ammonium   azote   eau

54. Usages. — L'azote n'a presque aucune application pratique. Il conserve les substances organiques qu'on y laisse
séjourner. Sa présence dans l'air sert à tempérer l'action trop
vive que l'oxygène pur exercerait sur l'organisme.

II. Air atmosphérique.

55. Historique. — Lavoisier, en 1774, fit connaître la nature
de l'air, qui jusque-là avait été considéré comme l'un des quatre
éléments. On donne le nom d'*atmosphère* à la couche d'air qui
enveloppe le globe terrestre.

56. Composition de l'air. — *Expérience de Lavoisier.* — La première analyse de l'air fut faite par Lavoisier. Il chauffa, pen-

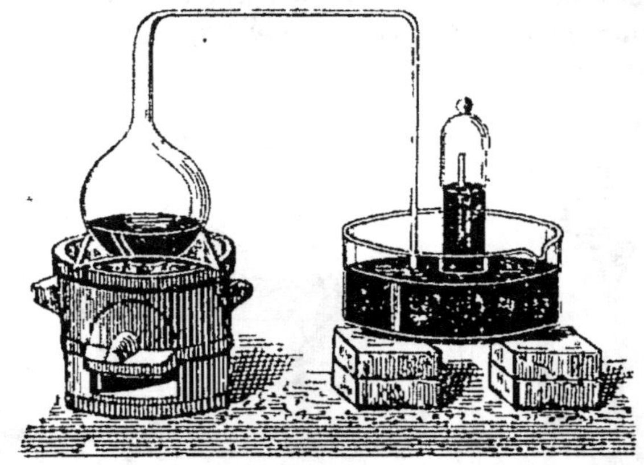

Fig. 19. — Analyse de l'air par le mercure (Lavoisier).

dant douze jours, un ballon à moitié rempli de mercure, et
dont le col recourbé s'engageait sous une cloche reposant sur
le mercure et renfermant de l'air (fig. 19). Il vit peu à peu le
volume d'air diminuer dans la cloche, et une pellicule rouge se
former à la surface du mercure dans le ballon. Il constata que
le gaz restant dans la cloche était de l'azote, et que la pellicule
rouge était de l'oxyde de mercure, c'est-à-dire un composé

résultant de la combinaison d'une partie du mercure avec l'oxygène de l'air renfermé dans l'appareil.

De plus, Lavoisier, en chauffant l'oxyde de mercure ainsi obtenu, le décomposa en mercure et oxygène; en mélangeant cet oxygène à l'azote de la cloche, il reconstitua l'air primitif; c'était en faire la synthèse.

REMARQUE. — Tout récemment, deux chimistes anglais, lord Raleigh et le professeur Ramsay, ont découvert qu'il existe dans l'air d'autres gaz; ce sont: l'*argon*, le *krypton*, le *métargon* et le *néon*. Ils ont un volume total égal environ au $1/100$ de celui de l'air.

57. Propriétés physiques. — L'air est un mélange gazeux, sans odeur ni saveur, incolore sous une faible épaisseur, mais bleuâtre sous une grande épaisseur. L'air est pesant (*Physique*, n° 87); c'est à sa densité que l'on rapporte celle des gaz et des vapeurs; sa densité est donc 1.

On reconnaît que l'air est un simple mélange, et non une combinaison, aux caractères suivants :

1° Les volumes d'azote et d'oxygène qui le composent ne sont pas en rapport simple (0,79 d'azote; 0,21 d'oxygène).

2° La synthèse de l'air ne donne lieu à aucun phénomène calorifique, et chacun des composants y conserve ses propriétés respectives.

3° Chaque gaz se dissout dans l'eau, suivant sa solubilité propre; de sorte que l'air dissous dans l'eau est plus riche en oxygène que l'air atmosphérique. Il ne pourrait en être ainsi s'il s'agissait d'une combinaison.

58. Propriétés chimiques. — L'air n'a de propriétés chimiques que celles qui appartiennent à chacun des gaz qui le constituent; c'est donc un oxydant par son oxygène.

59. Analyse de l'air. — 1° *Par le phosphore à froid.* — On introduit un bâton de phosphore sous une éprouvette graduée, renfermant un volume d'air connu, et dont l'extrémité ouverte plonge dans l'eau. Peu à peu le phosphore se combine avec l'oxygène de l'air pour former de l'anhydride phosphoreux (P^2O^3), qui se dissout dans l'eau. Bientôt il ne

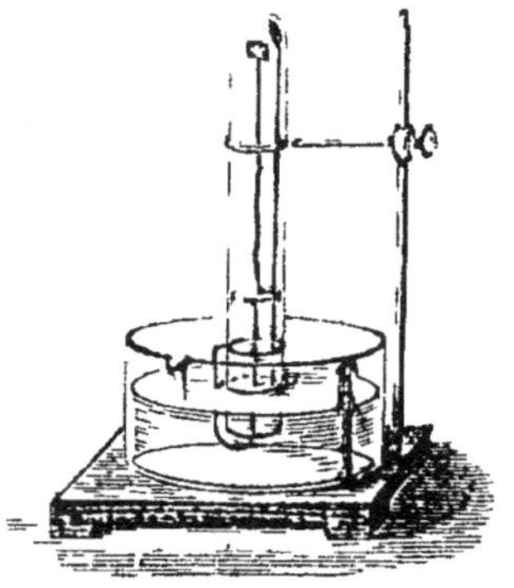

Fig. 20. — Analyse de l'air par le phosphore à froid.

reste plus que l'azote dans l'éprouvette (fig. 20). On reconnaît ainsi que l'air contient les 0,79 de son volume d'azote, et par conséquent les 0,21 de son volume d'oxygène.

2° *Par le phosphore à chaud.* — Un morceau de phosphore, placé à la partie supérieure d'une cloche courbe, disposée comme dans l'expérience précédente, est enflammé au moyen de la flamme d'une lampe à alcool (fig. 21).

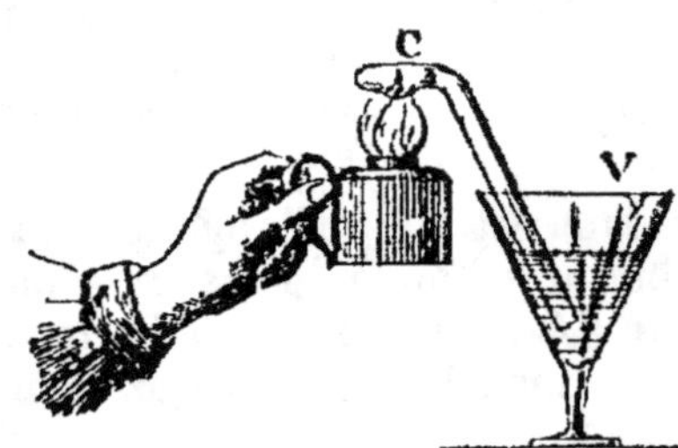

Fig. 21. — Analyse de l'air par le phosphore à chaud.

Il se forme, dans ce cas, de l'anhydride phosphorique (P^2O^5), et le résultat est identique au précédent.

3° *Analyse par le procédé Dumas et Boussingault.* Ce procédé consiste à faire passer un poids déterminé d'air sur de la tournure de cuivre, chauffée au rouge dans un tube de porcelaine, et à recueillir l'azote qui se dégage (n° 53, 2°).

Le tube contenant la tournure de cuivre, pesé avant et après l'expérience, accuse une augmentation de poids qui est le poids de l'oxygène fixé sur le cuivre pour former de l'oxyde de cuivre (CuO); l'azote est pesé directement. On trouve ainsi que 100 grammes d'air renferment 23 gr. 1 d'oxygène et 76 gr. 9 d'azote.

60. Matières contenues dans l'air atmosphérique. — 1° *Vapeur d'eau.* — C'est elle qui se condense en buée ou en fines gouttelettes sur les corps plus froids que le milieu ambiant; par sa condensation, elle devient parfois visible (brouillard, jet de vapeur dans une atmosphère froide).

2° *Anhydride carbonique.* — L'anhydride carbonique (CO^2) est un gaz incolore, provenant ordinairement des combustions ou de la respiration. On constate sa présence en exposant de l'eau de chaux à l'air; elle se recouvre bientôt d'une pellicule blanche de carbonate de calcium (CO^3Ca), résultant de la combinaison de la chaux avec l'anhydride carbonique de l'air.

61. Applications. — Par l'oxygène qu'il contient, l'air est le principe essentiel à l'existence des végétaux et des animaux. (Voy. Respiration, *Zoologie*, n° 80.) Sa suppression détermine l'asphyxie. (*Zoologie*, n° 88.)

C'est l'air qui transporte les éléments reproducteurs d'un grand nombre de végétaux et d'animaux microscopiques, et aussi les bacilles et les bactéries, agents des maladies contagieuses.

On l'emploie, comme oxydant, dans une foule d'opérations industrielles, surtout en métallurgie.

C'est grâce à l'oxygène qu'il contient que l'air entretient les combustions. Une bougie allumée, placée sous une cloche (fig. 22), ne tarde pas à s'éteindre quand, par suite de la combustion, l'air de la cloche s'appauvrit en oxygène.

L'air comprimé acquiert une grande force élastique que l'on utilise dans un certain nombre d'appareils : freins de wagons, appareils à souffler le verre, moteurs pour tramways, pompe à incendie, etc.

Fig. 22. — Action de l'oxygène dans la combustion.

QUESTIONNAIRE. — Où l'azote existe-t-il à l'état naturel? — Quelles sont ses propriétés? — D'où le retire-t-on généralement? — Comment le prépare-t-on : 1° par le phosphore; 2° *par le cuivre chauffé au rouge*; 8° *par l'azotite d'ammonium*?

Expliquez l'expérience par laquelle Lavoisier découvrit la composition de l'air. — Comment reconnaît-on que l'air n'est qu'un mélange? — Comment se fait l'analyse de l'air? — Quelles sont les principales matières contenues dans l'air? — Comment y reconnaît-on la présence de l'anhydride carbonique? — Quels sont les usages de l'air?

EXERCICES. — 1. On introduit dans un eudiomètre $\frac{1}{2}$ litre d'air et $\frac{1}{2}$ litre d'hydrogène. Quelle sera la composition du mélange gazeux après le passage de l'étincelle?

2. L'air, respiré par les poumons, ne renferme plus que 14 p. % d'oxygène. On introduit un litre de cet air sous une cloche, et l'on y fait brûler du phosphore. Quel sera le volume du gaz restant?

3. Quel volume d'hydrogène faut-il brûler, dans 1 litre d'air, pour qu'il ne reste plus que de l'azote?

CHAPITRE IV

CHLORE. — ACIDE CHLORHYDRIQUE

I. Chlore. — Cl. = 35,5.

62. Historique et état naturel. — Le chlore fut découvert en 1774 par Scheele, chimiste suédois. Il fut étudié, au commencement de ce siècle, par Gay-Lussac et Thénard. On ne le rencontre dans la nature qu'à l'état de combinaisons, dont la plus importante est le chlorure de sodium (NaCl) ou *sel marin*.

63. Propriétés physiques. — Le *chlore* est un gaz jaune verdâtre, d'une odeur suffocante, assez soluble dans l'eau, qui en dissout trois fois son volume à la température ordinaire. Sa densité est 2,44.

64. Propriétés chimiques. — Le chlore n'est pas combustible, mais il est comburant : la poudre d'antimoine, d'arsenic, le phosphore, s'enflamment spontanément dans le chlore sec (fig. 23). Un mélange de chlore et d'hydrogène, à volumes égaux, détone avec violence sous l'action des rayons solaires ou de la flamme du magnésium.

Fig. 23.
Combustion de l'antimoine dans le chlore.

Le chlore forme, avec l'oxygène, des combinaisons facilement décomposables par la chaleur, et souvent avec explosion.

Le chlore attaque tous les métaux. Parmi les métalloïdes, le fluor, l'oxygène, l'azote et le carbone, font seuls exception.

Un courant de chlore, dirigé dans une dissolution étendue de potasse caustique, donne l'hypochlorite de potassium (*eau de Javel*) :

$$2KOH + 2Cl = KCl + ClOK + H^2O$$

potasse — chlore — chlorure de potassium — hypochlorite de potassium — eau

Si la température s'élève, il se forme du chlorate de potassium :

$$6KOH + 6Cl = 5KCl + ClO^3K + 3H^2O$$

potasse — chlore — chlorure de potassium — chlorate de potassium — eau

Avec la soude caustique, il se formerait de l'hypochlorite de sodium, $ClONa$ (*eau de Labarraque*).

Avec la chaux, on obtiendrait le chlorure de chaux, mélange de chlorure de calcium et d'hypochlorite de calcium :

$$CaCl^2 + (ClO)^2Ca$$

65. Préparation. — *Par l'acide chlorhydrique et le bioxyde de manganèse (procédé de Scheele).* — On chauffe légèrement le mélange dans un ballon. L'hydrogène de l'acide chlorhydrique (HCl) s'unit à l'oxygène du bioxyde de manganèse (MnO^2), pour former de l'eau; une moitié du chlore se combine au manganèse, l'autre est mise en liberté :

$$MnO^2 + 4HCl = MnCl^2 + Cl^2 + 2H^2O$$

bioxyde de manganèse — acide chlorhydrique — chlorure de manganèse — chlore — eau

On ne peut recueillir le chlore sur le mercure, qu'il attaque, ni dans l'eau qui le dissout. On fait arriver le gaz directement au fond d'un flacon, dans lequel il s'accumule en raison de sa grande densité (fig. 24).

Par le procédé de Berthollet. — On verse de l'acide sulfurique sur un mélange de bioxyde de manganèse et de sel marin, contenu dans un appareil semblable à celui de la figure 24. Il se forme du sulfate de manganèse et du sulfate acide de sodium :

$$MnO^2 + 2NaCl + 3SO^4H^2 = 2SO^4NaH + SO^4Mn + 2H^2O + 2Cl$$

bioxyde — chlorure — acide — sulfate acide — sulfate — eau — chlore
de manganèse — de sodium — sulfurique — de sodium — de manganèse

Au point de vue industriel, le premier procédé est préférable; car on peut, au moyen du chlorure de manganèse, régénérer le bioxyde, produit assez rare et d'un prix élevé. On opère de la manière suivante (procédé de Weldon).

On neutralise, par du carbonate de calcium, le chlorure acide de manganèse; puis on sépare, par décantation, les produits précipités, et l'on ajoute au liquide de la chaux délayée dans de l'eau (lait de chaux); l'on fait ensuite passer un vif courant d'air dans la masse : le manganèse

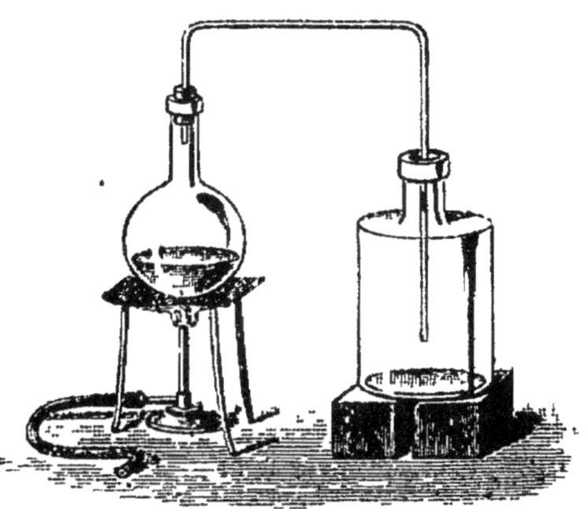

Fig. 24. — Préparation du chlore.

s'oxyde et se combine, à l'état de bioxyde, avec l'excès de chaux, tandis que le chlore passe à l'état de chlorure de calcium. On peut employer la combinaison de calcium et de bioxyde de manganèse (*manganite de calcium*), ou la décomposer par l'acide sulfurique, ce qui régénère le bioxyde.

La dissolution du chlore s'obtient comme la dissolution ammoniacale (fig. 38). Le liquide obtenu doit être conservé dans des flacons noirs; car, sous l'influence de la lumière, le chlore décompose l'eau. Cette dissolution est capable de dissoudre l'or en feuilles.

66. Usages. — Le chlore est employé dans la préparation des chlorures désinfectants et décolorants, dont les principaux sont le chlorure de chaux, l'eau de Javel et l'eau de Labarraque.

Ces chlorures sont employés pour assainir les appartements, pour blanchir les tissus, la pâte à papier, etc.

II. Acide chlorhydrique. — HCl = 36,5

67. Historique et état naturel. — L'acide chlorhydrique était autrefois connu par les alchimistes, qui l'obtinrent par la distillation d'un mélange de sel marin et de sulfate de fer, et lui donnèrent les noms d'*acide muriatique* et *d'esprit de sel*. Gay-Lussac et Thénard en déterminèrent la composition.

On le trouve dans les fumerolles qui se dégagent des volcans (*Géologie*, n° 30).

68. Propriétés physiques. — L'*acide chlorhydrique* est un gaz incolore, d'une odeur vive et suffocante, produisant à l'air des fumées blanches. Sa densité est 1,26. L'eau en dissout 500 fois son volume. Faraday l'a liquéfié à — 80° sous la pression atmosphérique.

69. Propriétés chimiques. — L'acide chlorhydrique est un acide énergique attaquant tous les métaux, à l'exception de l'or

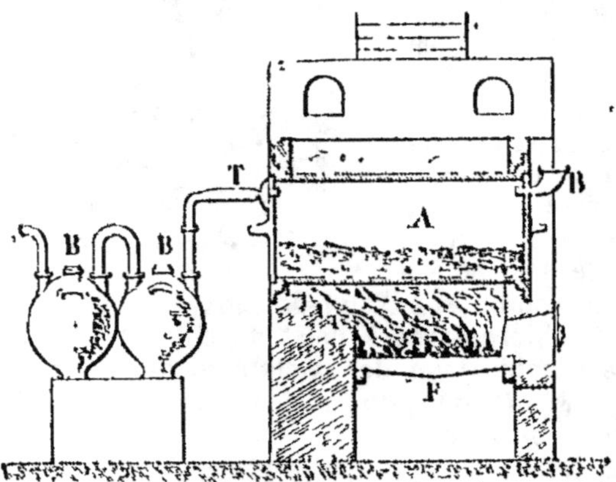

Fig. 25. — Préparation industrielle de l'acide chlorhydrique.

F, foyer; A, cylindre contenant le mélange; B, entonnoir; T, tube de dégagement; B, B, tourïes.

et du platine, qui sont attaqués par un mélange d'acide chlorhydrique et d'acide azotique (*eau régale*). Il n'est ni comburant ni combustible. Il se combine directement avec le gaz ammoniac, en formant d'abondantes fumées blanches de chlorure d'ammonium (AzH^4Cl).

70. Préparation. — I. *Préparation des laboratoires.* — On chauffe, dans un ballon, un mélange de chlorure de sodium ou sel marin (NaCl) avec de l'acide sulfurique (SO^4H^2). Un atome d'hydrogène est remplacé par un atome de sodium; l'acide chlorhydrique se dégage, et il reste du sulfate acide de sodium (SO^4NaH)

$$NaCl \quad + \quad SO^4H^2 \quad = \quad HCl \quad + \quad SO^4NaH$$

chlorure de sodium   acide sulfurique   acide chlorhydrique   sulfate acide de sodium

On recueille le gaz sur le mercure.

II. *Préparation industrielle.* — Dans l'industrie, le mélange d'acide et de sel est introduit dans des cylindres en fonte chauffés; le gaz se rend dans des tourtes ou bonbonnes contenant de l'eau dans laquelle il se dissout (fig. 25). Cette réaction a surtout pour but de préparer le sulfate de sodium, nécessaire à la fabrication du carbonate de sodium (cristaux de soude) par le procédé Leblanc.

71. Usages. — On emploie l'acide chlorhydrique pour la préparation du chlore et des chlorures, pour décaper et dissoudre les métaux, pour isoler la gélatine des os (nᵒ 91, 2ᵒ).

QUESTIONNAIRE. — Quelles sont les propriétés physiques et chimiques du chlore? — Comment le prépare-t-on? — Comment le recueille-t-on? — Quels sont ses usages? — Comment s'obtiennent le chlorure de chaux? l'eau de Javel? l'eau de Labarraque?

Comment s'appelait autrefois l'acide chlorhydrique? — Quelles sont ses propriétés physiques et chimiques? — Comment le prépare-t-on? — Peut-on le recueillir sur l'eau? A quoi est-il employé?

EXERCICES. — 1. Sachant que l'acide chlorhydrique gazeux est formé sans condensation de volumes égaux de chlore et d'hydrogène, trouver sa densité.

2. Quels poids d'acide sulfurique et de sel marin faut-il employer pour obtenir un mètre cube d'acide chlorhydrique gazeux? — Quel sera le poids du résidu?

CHAPITRE V

IODE. BROME. FLUOR

72. Iode. — L'*iode* est un corps solide, ordinairement en lamelles de couleur gris d'acier, se volatilisant facilement en vapeurs violettes très lourdes et dangereuses à respirer. Il est peu soluble dans l'eau, mais très soluble dans l'alcool (*teinture d'iode*) et dans le sulfure de carbone. Avec l'amidon, il donne une coloration bleue intense due à la formation d'*iodure d'amidon*. On retire l'iode des eaux qui ont servi à lessiver les cendres des varechs (*eaux-mères*); ces végétaux sont riches en sels de potassium, de sodium, en iodures et en bromures. Les eaux-mères, traitées par un courant de chlore, laissent déposer l'iode, tandis que le chlore s'unit au métal. On purifie l'iode par sublimation, en le chauffant dans des cornues complètement entourées de sable (fig. 26); les vapeurs se rendent dans des récipients extérieurs, dans lesquels elles se solidifient en lamelles.

On peut aussi l'extraire des iodures par un procédé analogue à celui qu'employait Berthollet (voy. n° 65) pour obtenir le chlore On traite

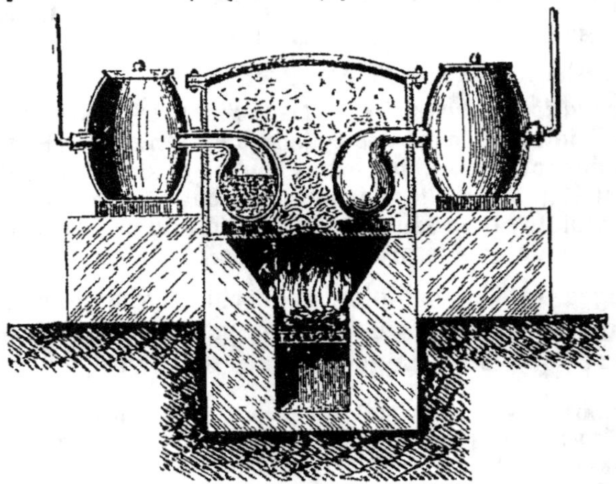

Fig. 26. — Sublimation de l'iode.

l'iodure de sodium (NaI) par le bioxyde de manganèse et l'acide sulfurique. La réaction est analogue à celle de la page 253.

$$MnO^2 + 2NaI + 3SO^4H^2 = 2SO^4NaH + SO^4Mn + 2H^2O + 2I$$
bioxyde   iodure   acide   sulfate acide   sulfate   eau   iode
de manganèse   de sodium   sulfurique   de sodium   de manganèse

L'*iodure de potassium* est employé en médecine comme dépuratif. La teinture d'iode trouve aussi des applications médicales nombreuses. La photographie utilise l'iode à l'état d'iodure de potassium.

73. Brome. — Le *brome* est un liquide rouge brun, peu soluble dans l'eau, mais très soluble dans l'éther et dans le sulfure de carbone. On le conserve sous l'acide sulfurique. C'est un poison violent. Il possède des propriétés analogues à celles du chlore et de l'iode.

On l'extrait, comme ce dernier, des eaux-mères des cendres de varechs. Après la précipitation de l'iode, les eaux sont concentrées, puis traitées par du bioxyde de manganèse et de l'acide sulfurique. Les bromures donnent la même réaction que les iodures et les chlorures, on obtient du brome au lieu de chlore ou d'iode; les autres produits sont identiques (voy. n°ˢ 65, 72).

En médecine, on emploie le *bromure de potassium* comme calmant du système nerveux.

74. Fluor. — Le *fluor* est un gaz jaune verdâtre, odorant, qui a été isolé de sa combinaison avec l'hydrogène (acide fluorhydrique, HF) par M. Moissan (1888). Il est doué d'une puissante affinité pour la plupart des corps. On le trouve dans la nature à l'état de fluorure de calcium (*fluorine*).

Sa principale combinaison est l'*acide fluorhydrique*, liquide très corrosif qui attaque le verre, ce qui oblige à le conserver dans des flacons en platine ou en gutta-percha. On l'emploie pour la gravure sur verre, en procédant comme pour la gravure sur métal (n° 112). On s'en sert aussi à l'état gazeux : on verse de l'acide sulfurique sur du fluorure de calcium contenu dans une cuvette en plomb, et on

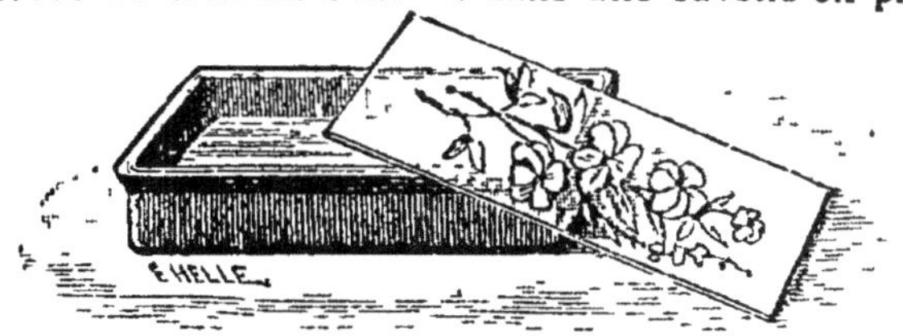

Fig. 27. — Gravure à l'acide fluorhydrique gazeux.

recouvre cette cuvette d'une plaque de verre préparée pour la gravure. Les parties, mises à nu par le stylet, sont alors attaquées par l'acide fluorhydrique gazeux qui se dégage.

QUESTIONNAIRE. — *Indiquez brièvement les principales propriétés de l'iode, du brome et du fluor. — Qu'est-ce que l'acide fluorhydrique? — Comment l'emploie-t-on dans la gravure sur verre?*

CHAPITRE VI

SOUFRE ET SES COMPOSÉS

I. Soufre, S = 32.

75. État naturel. — Le soufre existe, à l'état natif, au voisinage des volcans (*solfatares*), et à l'état de combinaisons, dont les principales sont des sulfures (sulfures de fer, d'antimoine, de plomb, etc.). Certains corps organiques en renferment (jaune d'œuf, moutarde, oignons, etc.).

76. Propriétés physiques. — Le *soufre* est un corps solide, jaune, inodore, insipide, insoluble dans l'eau, mais soluble dans le sulfure de carbone et la benzine; il fond vers 112°. Sa densité est 2,07. Il est mauvais conducteur de la chaleur et de l'électricité, et s'électrise négativement par le frottement.

Tenu dans la main, un morceau de soufre fait entendre un crépitement particulier, provenant de ruptures partielles dues à l'inégal échauffement de la masse.

Par fusion, il cristallise en longues aiguilles prismatiques ; tandis que, par voie humide, il donne des cristaux octaédriques. Le soufre est donc dimorphe.

77. Propriétés chimiques. — Le soufre est inaltérable à l'air ; il brûle avec une flamme bleue en donnant de l'anhydride sulfureux (SO^2).

$$S + 2O = SO^2$$
soufre   oxygène   anhydride sulfureux

Il peut se combiner avec l'hydrogène (acide sulfhydrique, H^2S), avec le carbone (sulfure de carbone, CS^2), avec les métaux (sulfures de cuivre, de plomb, etc.).

78. Extraction. — Le soufre se retire des terrains volcaniques qui le renferment à l'état natif. On le sépare des matières terreuses, auxquelles il est mélangé, par simple *fusion* du minerai disposé en meules (*calcaroni*) analogues à celles que l'on construit dans la fabrication du charbon de bois, ou par *distillation* dans des vases en terre (fig. 28). Dans le premier pro-

Fig. 28. — Extraction du soufre par distillation.

Le soufre, réduit en vapeur dans le récipient de gauche, se condense dans le récipient de droite, et, par le tube A, tombe dans le baquet B contenant de l'eau.

cédé, une partie de soufre est perdue par combustion à l'état de gaz sulfureux ; l'autre partie fond et s'accumule sur l'aire de la meule.

79. Raffinage. — Le *raffinage* du soufre consiste à faire arriver sa vapeur dans une chambre en maçonnerie (fig. 29). Les premières vapeurs se subliment à l'état de fine poussière ; c'est la *fleur de soufre*. Quand les parois sont échauffées au delà de 113°, le soufre se condense à l'état liquide, on le recueille et on le coule dans des moules coniques ; c'est le *soufre en canon*.

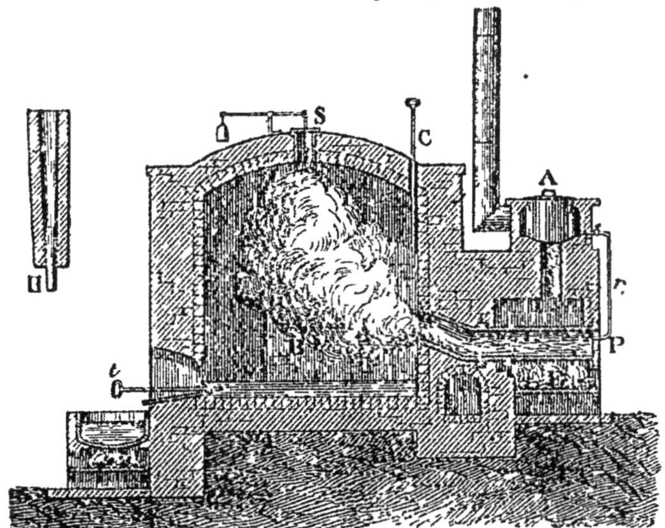

Fig. 29. — Raffinage du soufre.

A, réservoir contenant le soufre en fusion, lequel s'écoule par le tube *r* dans le cylindre P, où la chaleur du foyer E le réduit en vapeur; B, chambre à condensation; C, registre qui permet d'arrêter l'arrivée de la vapeur de soufre; S, soupape; *t*, tringle servant à donner issue au soufre fondu; H, moule pour le coulage du soufre en canon.

80. Usages. — Le soufre est employé dans la fabrication du gaz sulfureux, de l'acide sulfurique, du sulfure de carbone, de la poudre ordinaire (n° 177), des allumettes; on l'utilise également pour prendre des empreintes de médailles, pour combattre l'oïdium de la vigne, et on l'ordonne en médecine, sous forme de pommades, contre certaines maladies de la peau.

II. Anhydride sulfureux, $SO^2 = 64$.

81. Propriétés. — L'*anhydride sulfureux* est un gaz incolore, d'une odeur suffocante provoquant la toux, liquéfiable à — 8°, très soluble dans l'eau, qui en dissout cinquante fois son volume. Sa densité est 2,23.

Il n'est ni comburant ni combustible; c'est un décolorant énergique.

82. Préparation. — I. *Par le mercure ou le cuivre et l'acide sulfurique.* — On chauffe légèrement le mélange dans un ballon, et on recueille le gaz sur le mercure (fig. 30). Le cuivre, en présence de l'acide sulfurique, forme du sulfate de cuivre, et le gaz sulfureux est mis en liberté.

$$Cu + 2SO^4H^2 = SO^2 + SO^4Cu + 2H^2O$$

cuivre — acide sulfurique — anhydride sulfureux — sulfate de cuivre — eau

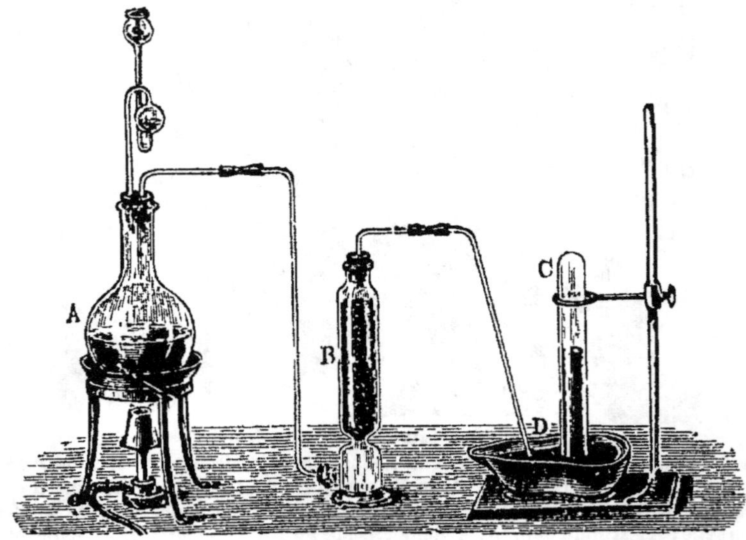

Fig. 30. — Disposition de l'appareil où l'on prépare du gaz sulfureux.

A, ballon renfermant l'acide sulfurique et le cuivre; B, éprouvette à dessécher les gaz; c, éprouvette dans laquelle on recueille le gaz; D, cuve à mercure.

Quand on veut obtenir l'anhydride sulfureux liquide, on fait arriver le gaz desséché dans un ballon entouré d'un mélange réfrigérant (fig. 31).

II. *Préparation de la dissolution par le carbone et l'acide sulfurique.* — La réaction est la suivante :

$$C + 2SO^4H^2 = CO^2 + 2SO^2 + 2H^2O$$

carbone — acide sulfurique — gaz carbonique — anhydride sulfureux — eau

L'appareil se compose d'un ballon générateur. Les gaz qui se dégagent passent ensuite dans une série de flacons aux deux tiers remplis d'eau froide, dans laquelle le gaz sulfureux se dissout. L'anhydride carbonique, en raison de sa faible solubilité, ne nuit pas aux propriétés de l'anhydride sulfureux.

III. *Par le soufre et l'acide sulfurique.* — On l'obtient, en grande quantité, en faisant agir à chaud l'acide sulfurique sur le soufre :

$$S + 2SO^4H^2 = 3SO^2 + 2H^2O$$

soufre — acide sulfurique — anhydride sulfureux — eau

83. Usages. — L'anhydride sulfureux est employé dans la fabrication de l'acide sulfurique, pour le blanchiment de la soie et de la laine, pour éteindre les feux de cheminée, pour détruire les moisissures des tonneaux (mèches soufrées), pour assainir les milieux infects (cales des navires, lazarets), pour combattre l'*acarus* de la

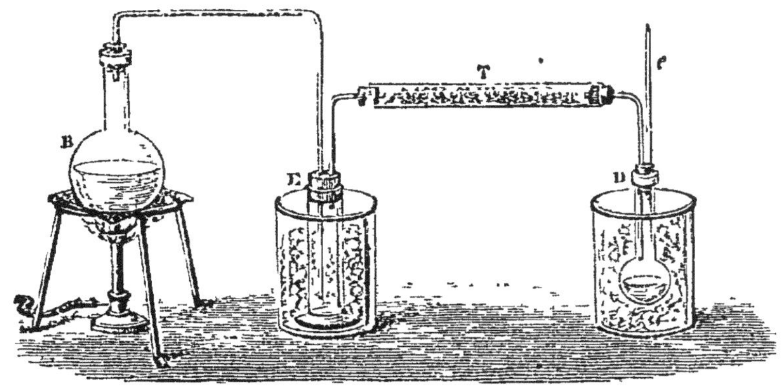

Fig. 81. — Liquéfaction du gaz sulfureux.

B, ballon où se produit le gaz; E, éprouvette où se condense la vapeur d'eau; T, tube à dessécher le gaz; D, ballon où le gaz se liquéfie; *e*, tube de sortie du gaz en excès.

gale, pour désinfecter les objets à l'usage des malades atteints d'affections contagieuses. Dans presque tous les cas, on le prépare sur place par combustion du soufre. L'abaissement de température, produit par l'évaporation du gaz sulfureux liquéfié, est utilisé pour fabriquer de grandes quantités de glace (*procédé Pictet*).

III. Acide sulfurique ordinaire, $SO^4H^2 = 98$.

84. Historique. — L'acide sulfurique ordinaire était déjà connu au XIIIe siècle. Albert le Grand lui donna le nom d'*huile de vitriol;* le moine Basile Valentin indiqua sa préparation, et Lavoisier en détermina la nature et la composition.

85. État naturel. — On le trouve libre dans les eaux de certaines rivières qui descendent du voisinage des volcans. Le Rio Vinagre, qui sort des Andes, en renferme 1 gr. 34 par litre d'eau. Mais il existe surtout combiné à la chaux (gypse, plâtre), et à la baryte (sulfate de baryum).

86. Propriétés physiques. — L'*acide sulfurique ordinaire* est un liquide incolore, inodore, de consistance sirupeuse; sa densité est 1,842.

87. Propriétés chimiques. — L'acide sulfurique ordinaire est un acide énergique très avide d'eau, ce qui le fait employer pour dessécher les gaz. Le mélange de quatre parties d'acide et d'une partie d'eau est accompagné d'une contraction et d'une élévation de température d'environ 100°. Il détruit les matières organiques (liège, linge, peau, etc.) et attaque tous les métaux, excepté l'or et le platine. Le plomb n'est attaqué que par l'acide concentré et à la température de l'ébullition. Au rouge vif, l'acide sulfurique se décompose en anhydride sulfureux, vapeur d'eau et oxygène.

88. Théorie de la préparation de l'acide sulfurique. — La préparation de l'acide sulfurique repose sur l'oxydation de l'anhydride sulfureux, par l'oxygène de l'air, en présence de l'eau :

$$SO^2 \quad + \quad O \quad + \quad H^2O \quad = \quad SO^4H^2$$

anhydride sulfureux   oxygène   eau   acide sulfurique

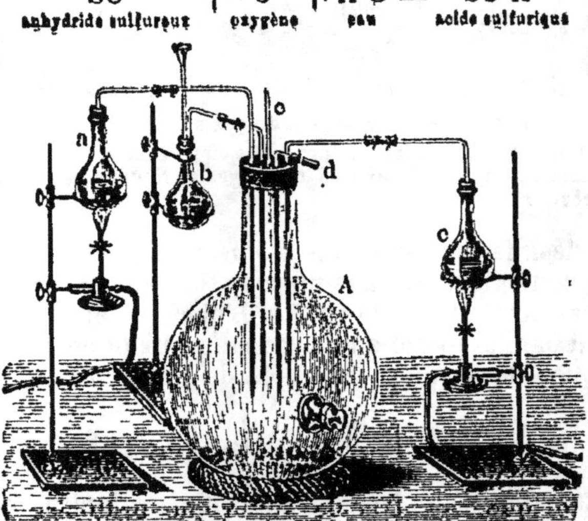

Fig. 32. — Préparation de l'acide sulfurique.

a, b, c, ballons dans lesquels se produisent l'acide sulfureux, l'oxyde azotique et la vapeur d'eau; d, tube qui amène le courant d'air; A, grand ballon où s'opèrent les réactions; e, tube pour la sortie des gaz en excès. L'acide sulfurique se condense dans le ballon A.

A un grand ballon, contenant un peu d'eau chaude (fig. 32), on adapte un bouchon muni de cinq tubes : trois d'entre eux descendent à proximité du fond et amènent, le premier du gaz sulfureux, le second de l'oxyde azotique, le troisième un courant d'air, le quatrième de la vapeur d'eau; enfin le cinquième, peu enfoncé dans le ballon, sert à l'évacuation des gaz en excès.

L'oxyde azotique, aux dépens de l'air, devient peroxyde d'azote :

$$AzO + O = AzO^2 \qquad\qquad (1)$$
oxyde azotique   oxygène   peroxyde d'azote

Le peroxyde formé, avec l'eau, de l'acide azotique et de l'oxyde azotique :

$$3AzO^2 + H^2O = 2AzO^3H + AzO$$
peroxyde d'azote   eau   acide azotique   oxyde azotique

L'oxyde azotique reproduit la première réaction (1), tandis que l'acide azotique, en présence du gaz sulfureux, donne de l'acide sulfurique et du peroxyde d'azote :

$$2AzO^3H + SO^2 = SO^4H^2 + 2AzO^2$$
acide azotique   anhydride sulfureux   acide sulfurique   peroxyde d'azote

Le peroxyde d'azote, sans cesse régénéré, détermine la formation d'acide azotique. Celui-ci oxyde le gaz sulfureux et le transforme en acide sulfurique; tandis que l'acide azotique lui-même perd de l'oxygène et redevient peroxyde d'azote. Les mêmes réactions se reproduisent tant que l'on envoie dans le ballon de l'air et du gaz sulfureux.

La production d'acide sulfurique peut être mise en évidence à l'aide du chlorure de baryum ($BaCl^2$), qui forme un précipité blanc de sulfate de baryum.

REMARQUE. — Lorsque la vapeur d'eau devient insuffisante dans le ballon, il s'y produit des cristaux dits *cristaux des chambres de plomb*, de composition $SO^4H.AzO$ (c'est l'acide sulfurique SO^4H^2, où un atome d'hydrogène est remplacé par le groupement AzO, appelé *nitrosyle*)[*].

Suivant des théories récentes, la formation de l'acide sulfurique comporte deux phases :

1. Production de *sulfate acide de nitrosyle*, $SO^4H.AzO$, par l'intermédiaire de l'air, du peroxyde d'azote, de l'eau et du gaz sulfureux :

$$2SO^2 + H^2O + 2AzO^2 + O = 2(SO^4H.AzO)$$
anhydride sulfureux   eau   peroxyde d'azote   oxygène   sulfate acide de nitrosyle

2. Décomposition de ce sulfate en acides azoteux et sulfurique par un excès d'eau :

$$SO^4H.AzO + H^2O = AzO^2H + SO^4H^2$$
sulfate acide de nitrosyle   eau   acide azoteux   acide sulfurique

89. Préparation industrielle. — L'industrie met à profit les réactions établies ci-dessus pour la production de l'acide sulfurique. Parmi les appareils qui figurent dans cette préparation, il convient de signaler :

1. Les fours à pyrite (*fours Malétra*);
2. La tour de Glover;

---

[*] Ce *radical nitrosyle* n'est autre que l'oxyde azotique (AzO), que nous étudierons plus loin (p. 269).

3. Les chambres de plomb;
4. La tour de Gay-Lussac;
5. Les bassines à concentration.

FOURS A PYRITE. — La substance destinée à fournir l'anhydride sulfureux est la pyrite FeS^2. Elle est placée sur des tables ou soles disposées *en chicane* (*s, s,* fig. 33), après quoi on l'allume : il se forme du gaz sulfureux, qui se rend au bas de la *tour de Glover*. Lorsque la combustion est assez avancée, on fait descendre la pyrite d'une sole à l'autre, et on la remplace par de la pyrite neuve. Le résidu rouge, recueilli dans le cendrier, est composé d'environ 90 0/0 de sesquioxyde de fer.

TOUR DE GLOVER. — Cette tour a un triple effet :
1° Concentrer l'acide sulfurique des chambres de plomb, de 50° à 60° Baumé;
2° Refroidir les gaz qui y circulent;
3° Enlever les produits nitreux dissous par l'acide sulfurique dans la *tour de Gay-Lussac*.

La *tour de Glover* se compose d'un bâtiment de 2 à 3 mètres de diamètre, sur 10 à 15 mètres de hauteur (fig. 33, à gauche). Elle est remplie de pierres siliceuses, et ses parois sont recouvertes de feuilles de plomb. L'acide sulfurique, qui vient des chambres de plomb et de la *tour de Gay-Lussac*, tombe en pluie fine d'un réservoir disposé au sommet de l'édifice; l'acide arrive au bas, concentré à 60° B., tandis que le gaz sulfureux, provenant des fours à pyrite, se rend dans la première chambre, chargé de vapeur d'eau et de produits nitreux qu'il a enlevés à l'acide sulfurique qui tombe.

CHAMBRES DE PLOMB. — Ces chambres, au nombre de trois (*c, c', c''*, fig. 33), sont d'un volume total de 5 à 6000 m.c.; elles sont tapissées intérieurement de feuilles de plomb soudées. Elles reposent sur des cuvettes de même métal, où se dépose l'acide sulfurique formé; de cette façon, la fermeture est parfaite. Elles communiquent entre elles par des ouvertures et reçoivent plusieurs jets de vapeur d'eau; la dernière seule, dite *chambre de condensation*, n'en reçoit pas. C'est dans les deux premières chambres que se forme la plus grande partie de l'acide qui sera concentré dans la *tour de Glover*.

TOUR DE GAY-LUSSAC. — Les produits gazeux qui échappent aux réactions et à la condensation se rendent dans une tour remplie de coke et revêtue également de feuilles de plomb : c'est la *tour de Gay-Lussac* (L, fig. 33). De l'acide sulfurique à 62° B. coule à la partie supérieure, et, après s'être chargé des composés nitreux entraînés, se rend au sommet de la *tour de Glover*.

BASSINES DE CONCENTRATION. — Au sortir de la *tour de Glover*, l'acide sulfurique marque 60° à 62° B. On l'amène au degré commercial voulu, 66°, en le distillant dans des chaudières en platine rendues inattaquables par une dorure à l'intérieur, ou dans des chaudières de fonte que l'acide concentré attaque faiblement.

90. Impuretés et purification. — L'acide sulfurique, ainsi préparé, renferme généralement trois sortes d'impuretés :

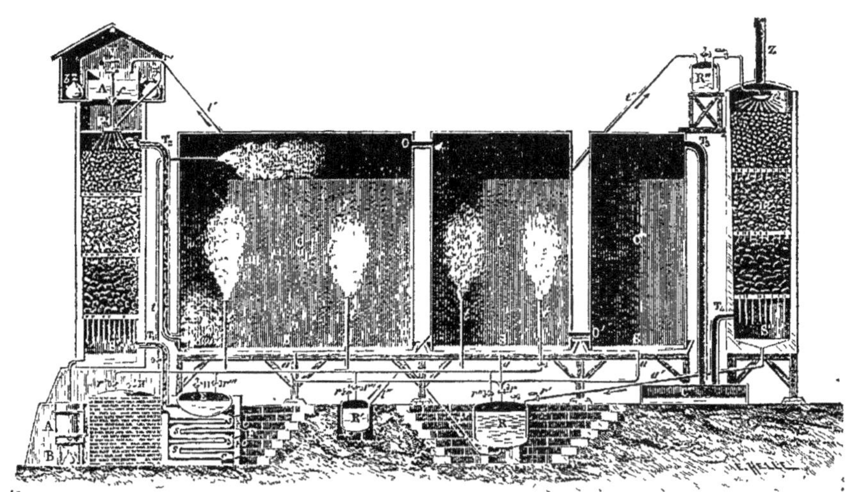

Fig. 33. — Préparation industrielle de l'acide sulfurique.

1° Du *sulfate de plomb*, provenant de l'attaque des chambres de plomb par l'acide sulfurique ;

2° Des *produits nitrés* ;

3° Des *composés arsenicaux*, résultant du grillage des pyrites plus ou moins arsenicales.

Le sel de plomb est enlevé par l'acide sulfhydrique, à l'état de sulfure de plomb insoluble.

Les produits nitrés sont éliminés, en chauffant l'acide sulfurique avec 1 à 5 décigrammes de sulfate d'ammonium par 100 kilogr. d'acide.

La distillation de l'acide sulfurique, avec un peu de bichromate de potassium, le débarrasse de l'arsenic.

91. Usages. — L'acide sulfurique sert dans la préparation des acides azotique et sulfureux, dans celle d'un grand nombre de sulfates (sulfates de fer, de cuivre, etc.), dans la fabrication des bougies stéariques, des éthers, du phosphore, des super-phosphates.

En réagissant sur le chlorure de sodium, l'acide sulfurique donne, outre l'acide chlorhydrique (n° 80), le sulfate de sodium qu'on emploie pour la fabrication du carbonate de sodium. Celui-ci, à son tour, sert à la fabrication du savon, du verre à vitre, etc. Étendu d'eau, l'acide sulfurique sert au montage des piles.

IV. Acide sulfhydrique, $H^2S = 34$.

92. État naturel. — L'acide *sulfhydrique* se dégage spontanément de certaines eaux minérales (eaux sulfureuses). Il se forme dans la décomposition des matières végétales et animales qui renferment du soufre (œufs, vase des marais, fosses d'aisances).

93. Propriétés. — L'acide sulfhydrique est un gaz incolore, d'une odeur fétide rappelant celle des œufs pourris, soluble dans 3 à 4 fois son volume d'eau à la température ordinaire. Sa densité est 1,1912.

Il brûle avec une flamme bleue, en produisant de l'eau et de l'anhydride sulfureux :

$$H^2S + O^3 = H^2O + SO^2$$

acide sulfhydrique   oxygène   eau   anhydride sulfureux

Il forme, avec trois volumes d'oxygène, un mélange qui détone à l'approche d'une bougie allumée.

Si l'oxygène n'est pas en quantité suffisante, il se produit de l'eau, et le soufre se dépose, comme il est facile de le constater, en enflammant l'acide sulfhydrique contenu dans une éprouvette étroite (fig. 84) :

$$H^2S + O = H^2O + S$$

acide sulfhydrique   oxygène   eau   soufre

Le chlore le décompose en soufre et acide chlorhydrique selon l'équation :

$$H^2S + 2Cl = 2HCl + S$$

acide sulfhydrique   chlore   acide chlorhydrique   soufre

Il noircit l'argent et le plomb, et donne, avec la plupart des sels métalliques, des précipités dont la coloration caractérise la nature du métal. C'est un gaz dangereux à respirer.

Son odeur fétide avertit de sa présence, même quand il n'existe dans l'air qu'en très faible proportion ; lorsqu'il se dégage subitement et en abondance (ouverture des fosses d'aisances), son action est instantanée, et il peut déterminer l'asphyxie en quelques minutes ; l'intoxication est

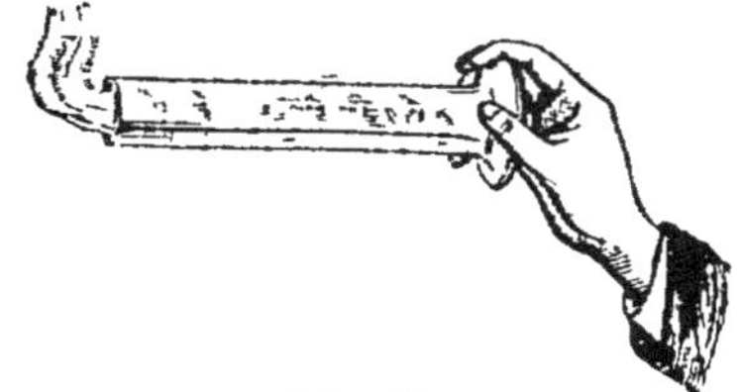

Fig. 34.
Combustion de l'acide sulfhydrique.

désignée par les vidangeurs sous le nom de *plomb*. Ses effets sont atténués par la respiration de très petites quantités de chlore obtenu en humectant avec du vinaigre un linge contenant du chlorure de chaux.

94. Préparation. — *Par un sulfure et l'acide sulfurique ou l'acide chlorhydrique.* — On fait agir à froid les acides sulfurique ou chlorhydrique sur le sulfure de fer ; il se forme du sulfate ferreux ou du chlorure ferreux avec dégagement de gaz sulfhydrique :

$$FeS \;+\; SO^4H^2 \;=\; SO^4Fe \;+\; H^2S$$
sulfure de fer — acide sulfurique — sulfate de fer — acide sulfhydrique

$$FeS \;+\; 2HCl \;=\; FeCl^2 \;+\; H^2S$$
sulfure de fer — acide chlorhydrique — chlorure ferreux — acide sulfhydrique

Le gaz obtenu contient toujours un peu d'hydrogène provenant de l'action des acides employés sur le fer libre mêlé au sulfure.

Avec le sulfure d'antimoine (Sb^2S^3) et l'acide chlorhydrique à chaud, on obtient du chlorure d'antimoine ($SbCl^3$) et de l'acide sulfhydrique pur :

$$Sb^2S^3 \;+\; 6HCl \;=\; 2SbCl^3 \;+\; 3H^2S$$
sulfure d'antimoine — acide chlorhydrique — chlorure d'antimoine — acide sulfhydrique

95. Usages. — L'acide sulfhydrique est employé à l'état gazeux, en dissolution, dans l'analyse chimique. C'est à l'acide sulfhydrique que certaines eaux minérales (Barèges, Bonnes, etc.) doivent les propriétés qui les font employer, soit en bains, soit à l'intérieur, pour les affections de la gorge.

QUESTIONNAIRE. — Quelles sont les propriétés physiques du soufre ? — Où le rencontre-t-on dans la nature ? — Que donne-t-il en brûlant ? — Comment le retire-t-on des terrains volcaniques qui le renferment ? — Qu'est-ce que la fleur de soufre ? — Comment l'obtient-on ? — Quels sont les principaux usages du soufre ?

Quelles sont les propriétés de l'anhydride sulfureux ? — Comment peut-on le préparer ? — *Quel est le rôle du cuivre et du carbone dans sa préparation par l'acide sulfurique ?* — Quels sont ses usages ?

Quelles sont les propriétés chimiques de l'acide sulfurique ? — Comment le nommait-on autrefois ? — Indiquez les réactions qui se passent dans la préparation par oxydation de l'acide sulfureux. — *Donnez brièvement la description des appareils qui servent à le préparer dans l'industrie.*

Quelle combinaison le soufre forme-t-il avec l'hydrogène? — Quelles sont les propriétés de l'acide sulfhydrique? — Que donne-t-il en brûlant? — Quelle est son action sur le plomb et l'argent? — Comment le prépare-t-on?

EXERCICES. — 1. Quel volume d'anhydride sulfureux produit la combustion d'un gramme de soufre?

2. Quels poids de cuivre et d'acide sulfurique faut-il employer pour obtenir 10 grammes d'anhydride sulfureux?

3. Quel poids de sulfure de fer faut-il traiter par l'acide chlorhydrique pour obtenir 1 gramme d'acide sulfhydrique?

CHAPITRE VII

PRINCIPAUX COMPOSÉS DE L'AZOTE

96. Principales combinaisons. — L'azote forme, avec l'oxygène, cinq composés principaux qui sont :

1° Le protoxyde d'azote ou oxyde azoteux. . . . . Az^2O
2° Le bioxyde d'azote, oxyde azotique ou nitrosyle. AzO
3° L'anhydride azoteux. . . . . Az^2O^3
4° Le peroxyde d'azote. . . . . AzO^2
5° L'anhydride azotique . . . . Az^2O^5

Au contact de l'eau, les anhydrides azoteux et azotique donnent les acides azoteux (AzO^2H) et azotique (AzO^3H).

L'azote forme, avec l'hydrogène, un composé gazeux qui est l'ammoniaque AzH^3.

I. Oxyde azoteux, $Az^2O = 44$.

97. Propriétés physiques. — L'OXYDE AZOTEUX, ou *protoxyde d'azote,* est un gaz incolore, inodore, d'une saveur légèrement sucrée. Un litre d'eau en dissout un demi-litre à la température ordinaire ; l'alcool en dissout 4 fois son volume. Sa densité est 1,527.

98. Propriétés chimiques. — Le protoxyde d'azote est un composé neutre décomposable par la chaleur en azote et oxygène. Un corps en ignition, introduit dans un flacon rempli de ce gaz, y brûle avec énergie, sous l'action de l'oxygène mis en liberté par la chaleur.

$$Az^2O \quad = \quad 2Az \quad + \quad O$$
oxyde azoteux   azote   oxygène

·La combustion est alors plus active que dans l'air, parce que la proportion d'oxygène y est plus forte. Une allumette, encore incandescente, se rallume dans le protoxyde d'azote; le charbon, le phosphore, le soufre, y brûlent avec éclat. On le distingue de l'oxygène, en ce qu'il n'entretient pas les combustions lentes, ni la respiration des animaux. L'oxyde azotique ne s'y transforme pas en vapeurs rouges de peroxyde.

99. Préparation. — *Par l'azotate d'ammonium* $(AzO^3.AzH^4)$. — On chauffe doucement de l'azotate d'ammonium dans un ballon de verre (fig. 35); le sel se décompose au-dessous de 240° en oxyde azoteux et en eau :

$$AzO^3.AzH^4 = Az^2O + 2H^2O$$

azotate d'ammonium   oxyde azoteux   eau

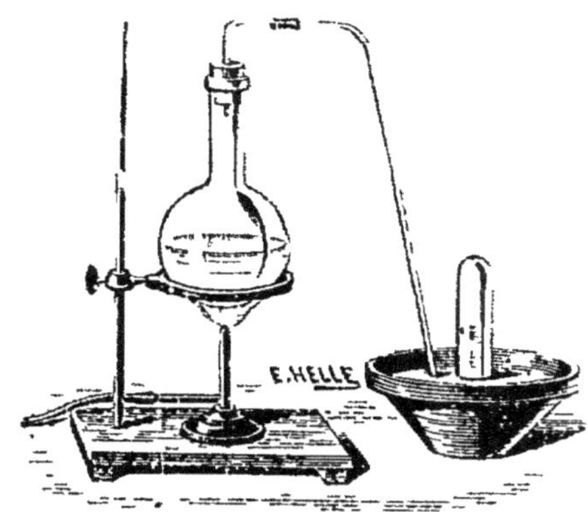

Fig. 35. — Préparation du protoxyde d'azote.

100. Usages. — Le protoxyde d'azote est parfois employé comme anesthésique[*], mais il doit être exempt d'oxyde azotique. Son inhalation produit une sorte d'ivresse gaie qui lui a fait donner le nom de *gaz hilarant*.

II. Oxyde azotique, AzO = 30.

101. Propriétés physiques. — L'oxyde azotique, ou *bioxyde d'azote*, est un gaz incolore dont l'odeur et la saveur sont inconnues; car, en présence de l'air, il se transforme en peroxyde d'azote. Sa densité égale 1,3.

102. Propriétés chimiques. — Au contact de l'oxygène, ou simplement de l'air atmosphérique, l'oxyde azotique se transforme en peroxyde d'azote :

$$AzO + O = AzO^2$$

oxyde azotique   oxygène   peroxyde d'azote

La chaleur ne le décompose qu'au rouge vif en azote et en oxygène; c'est pourquoi un corps en ignition, plongé dans un

---

[*] *L'anesthésie* est la suppression momentanée de la sensibilité.

flacon rempli de ce gaz, s'éteint, à moins qu'il n'ait été fortement enflammé ou qu'il ne soit, comme le phosphore ou le carbone, très avide d'oxygène.

Une dissolution de sulfate ferreux, ou vitriol vert ($FeSO^4$), l'absorbe très facilement, se colore en brun, se suroxyde et donne du sulfate ferrique [$Fe^2(SO^4)^3$]. Cette réaction permet de reconnaître la présence du bioxyde dans un mélange de gaz.

Un mélange d'oxyde azotique et de vapeurs de sulfure de carbone brûle avec une flamme éblouissante.

103. Préparation. — *Par le cuivre et l'acide azotique.* — Dans un flacon identique à celui qui sert à la préparation de l'hydrogène (fig. 7), on introduit de l'eau et de la tournure de cuivre; puis, par le tube à entonnoir, on verse peu à peu de l'acide azotique; il se forme de l'oxyde azotique, de l'eau et de l'azotate de cuivre :

$$8AzO^3H + 3Cu = 2AzO + 4H^2O + 3[(AzO^3)^2Cu]$$

acide azotique   cuivre   oxyde azotique   eau   azotate de cuivre

On peut substituer au cuivre l'argent ou le mercure. Au commencement de l'expérience, des fumées rougeâtres, dues à la transformation des premières bulles de bioxyde au contact de l'oxygène de l'air renfermé dans le flacon, apparaissent dans l'appareil, puis se dissolvent dans l'eau. Le bioxyde commence à se dégager, quand tout l'oxygène a disparu. Les premières bulles que l'on recueille contiennent un mélange de bioxyde d'azote et d'azote provenant de l'air du flacon.

104. Usages. — Le bioxyde d'azote joue un rôle important, quoique intermédiaire, dans la préparation de l'acide sulfurique.

105. Peroxyde d'azote (AzO^2). — Il offre l'aspect de fumées rougeâtres (vapeurs rutilantes) facilement condensables. Il se forme toutes les fois que l'oxyde azotique se trouve au contact de l'air. C'est le composé le plus stable parmi les combinaisons oxygénées de l'azote. On le prépare en décomposant l'azotate de plomb bien sec par la chaleur :

$$(AzO^3)^2Pb = 2AzO^2 + PbO + O$$

azotate de plomb   peroxyde d'azote   protoxyde de plomb   oxygène

On condense les vapeurs dans une allonge entourée d'un réfrigérant. L'oxygène s'échappe par l'extrémité de cette allonge.

III. Acide azotique, $AzO^3H = 63$.

106. Historique. — L'Arabe Géber (VIII siècle) l'obtint, pour la première fois, en chauffant un mélange d'argile et de nitre (salpêtre); il lui donna le nom d'*esprit de nitre*. Raymond Lulle (1224) l'appela *eau-forte*, à cause de la propriété qu'il a d'attaquer les métaux. Cavendish, chimiste anglais, en fit le premier l'analyse (1784), et Lavoisier le nomma *acide nitrique*. On l'appelle également *acide azotique*.

107. État naturel. — L'acide azotique existe dans la nature sous forme d'azotates de calcium, de sodium, de potassium (salpêtre). On en trouve des traces dans l'air atmosphérique.

108. Propriétés physiques. — L'acide azotique est un liquide incolore quand il est pur, de saveur extrêmement caustique. Sa teinte jaunâtre est due au peroxyde d'azote en dissolution. Concentré, il répand à l'air des fumées blanches (*acide fumant*). Il bout à 86°.

109. Propriétés chimiques. — L'acide azotique est un oxydant des plus énergiques ; il oxyde le carbone, le soufre, le phosphore, l'iode, mais il est sans action sur le chlore ; il attaque toutes les matières organiques (liège, bois, peau) et les détruit. Il détruit également les matières colorantes (indigo), et jaunit la soie, la laine, etc.

Il est facilement décomposé par la chaleur et attaque tous les métaux, à l'exception de l'or et du platine.

L'acide concentré (monohydraté) fumant, mis en contact avec le fer, le rend *passif*, c'est-à-dire que non seulement le métal n'est pas attaqué, mais il perd la propriété d'être attaqué par l'acide étendu (acide azotique quadrihydraté). Le fer passif est attaqué immédiatement par l'acide étendu si on le touche avec un fil de cuivre. D'autres métaux, le nickel et le cobalt, par exemple, se comportent comme le fer.

110. Eau régale. — L'*eau régale*, ainsi nommée parce qu'elle dissout l'or, le roi des métaux, est un mélange de trois ou quatre parties d'acide chlorhydrique (HCl) avec une partie d'acide azotique. Elle doit ses propriétés surtout au chlore libre qu'elle tient en dissolution.

111. Préparation. — 1° *Préparation des laboratoires.* — On chauffe, dans une cornue de verre, un mélange à poids égaux d'acide sulfurique (SO⁴H²) et d'azotate de potassium ou salpêtre (AzO³K) : on recueille dans un ballon refroidi les vapeurs d'acide azotique qui se dégagent (fig. 36).

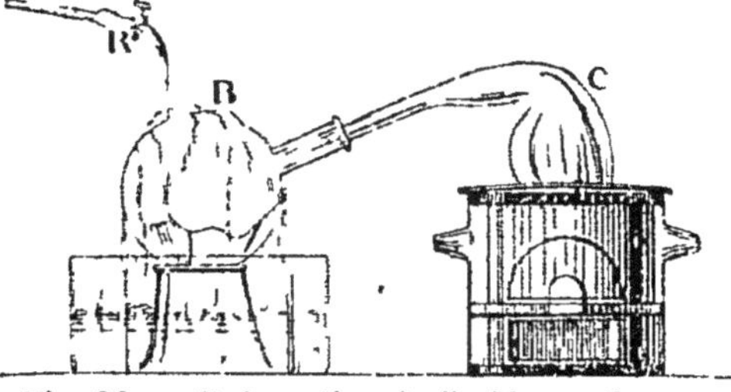

Fig. 36. — Préparation de l'acide azotique.

Le potassium du sel se substitue atome pour atome à l'hydrogène de l'acide sulfurique, et forme du sulfate acide de potassium (SO^4KH) qui reste dans le ballon, l'acide azotique est mis en liberté :

$$AzO^3K \quad + \quad SO^4H^2 \quad = \quad AzO^3H \quad + \quad SO^4KH$$

azotate de potassium   acide sulfurique   acide azotique   sulfate acide de potassium

2° *Préparation industrielle*. — Dans l'industrie, on remplace l'azotate de potassium par l'azotate de sodium, qui est moins coûteux. La réaction est la même, seulement on obtient un sulfate neutre au lieu d'un sulfate acide :

$$2 (AzO^3Na) + \quad SO^4H^2 \quad = \quad 2AzO^3H + \quad SO^4Na^2$$

azotate de sodium   acide sulfurique   acide azotique   sulfate de sodium

Cette préparation exige une température plus élevée que dans la précédente, mais le rendement en acide est plus considérable.

112. Usages. — L'acide azotique est employé pour décaper les métaux, pour graver sur cuivre (gravure à l'eau-forte) et sur acier. Pour graver, on enduit de cire ou de vernis la surface du métal ; puis, avec un stylet, on enlève le vernis, suivant les traits du dessin à reproduire : on étend ensuite sur le métal une couche d'acide azotique, qui n'attaque que les régions mises à nu par le stylet. On lave à l'essence de térébenthine qui dissout la cire, on nettoie, et le dessin apparaît en creux.

On emploie l'acide azotique pour colorer en jaune certaines étoffes (soie, drap). Il sert encore à préparer la nitro-glycérine, base de la dynamite, le coton-poudre, le collodion et les matières colorantes (couleurs d'aniline).

IV. Gaz ammoniac, $AzH^3 = 17$.

113. État naturel. — On le rencontre en petites quantités dans l'air après les pluies d'orage, ou dans le sol uni à quelques acides. Il s'en forme beaucoup dans la décomposition des matières organiques azotées et dans la distillation de la houille.

114. Propriétés physiques. — Le *gaz ammoniac* est incolore ; doué d'une odeur forte, pénétrante, qui provoque les larmes, sa saveur est brûlante et caustique. Un litre d'eau à 0° peut en dissoudre 1000 litres, et à 15° plus de 700 litres. Sa dissolution est nommée *alcali volatil*. Si on chauffe cette dissolution, elle abandonne tout le gaz qu'elle renferme, et comme sa densité n'est que 0,596, on peut le recueillir dans un flacon, disposé comme l'indique la figure 37. En sortant du ballon, le gaz traverse un flacon contenant des matières desséchantes qui retiennent la vapeur d'eau dont il est chargé.

Le gaz ammoniac bleuit le papier de tournesol rougi. Refroidi et comprimé, il se liquéfie; le liquide ainsi obtenu produit un froid intense en s'évaporant. Cette propriété est utilisée pour la fabrication de la glace dans l'appareil Carré à gaz ammoniac (*Physique*, n° 161).

Le gaz ammoniac est absorbé en grandes quantités par le charbon de bois. On montre cette propriété en portant au rouge un fragment de charbon, pour le débarrasser de la vapeur d'eau et de l'air enfermé dans ses pores, puis on le plonge sous le mercure, et on le fait passer sous une éprouvette contenant du gaz ammoniac. Le gaz est absorbé, et le mercure remplit l'éprouvette.

115. Propriétés chimiques. — Le gaz ammoniac est incombustible dans l'air; mais un mélange de 3 volumes d'oxygène avec 4 volumes de ce gaz

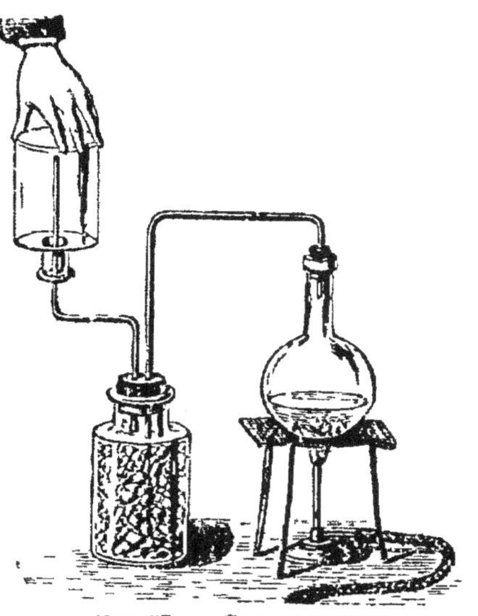

Fig. 37. — Gaz ammoniac se dégageant de sa dissolution.

détone à la flamme d'une bougie, en donnant de l'eau et de l'azote :

$$2AzH^3 + 3O = Az^2 + 3H^2O$$

gaz ammoniac   oxygène   azote   eau

Le chlore et l'iode forment, dans leur action sur l'ammoniaque, des composés explosifs (chlorure et iodure d'azote) dangereux à manier.

Sa dissolution aqueuse est basique; elle verdit le sirop de violettes, et ramène au bleu la teinture de tournesol rougie par un acide. Elle peut être neutralisée par l'addition d'un acide. Lorsqu'on laisse évaporer ces dissolutions, les sels cristallisent, et ces *sels ammoniacaux* ont une analogie frappante avec ceux du potassium [*].

---

[*] Les sels ammoniacaux ont des formules analogues à celles des sels de potassium. L'atome K y est remplacé par le radical AzH^4. Ce corps n'a pu jusqu'à présent être isolé, mais on connaît son amalgame.

Le gaz ammoniac se combine très facilement avec les acides; ainsi lorsqu'on place l'un auprès de l'autre deux vases contenant, l'un de l'acide chlorhydrique (HCl) et l'autre de l'alcali (AzH³), il se produit d'abondantes fumées de sel ammoniac :

$$HCl + AzH^3 = AzH^4Cl$$

acide chlorhydrique — ammoniaque — sel ammoniac

116. Préparation. — *Par la chaux et le chlorure d'ammonium.* — On chauffe légèrement dans un ballon un mélange de chaux vive (CaO) et de chlorure d'ammonium (AzH⁴Cl). Le chlore se substitue à l'oxygène de la chaux ; il se forme de l'eau et du chlorure de calcium (CaCl²) qui reste dans le ballon ; le gaz ammoniac se dégage :

$$2AzH^4Cl + CaO = CaCl^2 + 2AzH^3 + H^2O$$

chlorure d'ammonium — chaux vive — chlorure de calcium — gaz ammoniac — eau

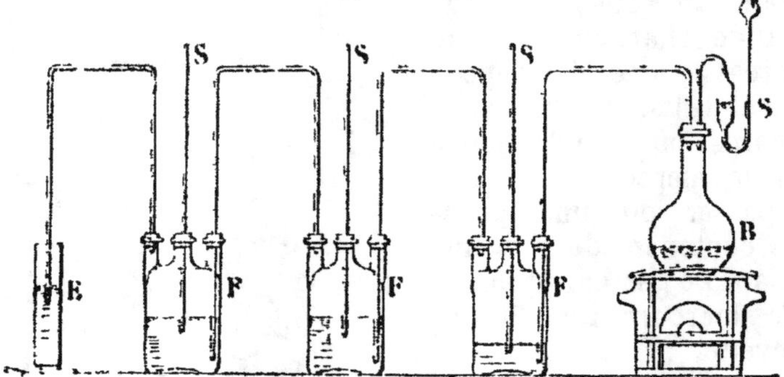

Fig. 38. — Préparation de la dissolution ammoniacale.

B, ballon où se produit le gaz ammoniac; S,S, tubes de sûreté; F,F,F, flacons renfermant de l'eau froide.

On le recueille sur le mercure, à cause de sa grande solubilité dans l'eau.

Si l'on veut obtenir la dissolution ammoniacale, on fait passer le gaz dans des flacons renfermant de l'eau froide et reliés entre eux par des tubes disposés comme l'indique la figure 38, c'est ce qu'on appelle un appareil de Wolf.

117. Usages. — L'ammoniaque est employée pour dégraisser les étoffes et nettoyer l'argenterie. Une dizaine de gouttes de la dissolution, prises dans un verre d'eau, peuvent dissiper l'ivresse. On l'emploie aussi comme caustique contre la piqûre des bêtes venimeuses : vipères, guêpes, cousins * ; pour dis-

---

* On lui préfère actuellement, pour cet usage, la dissolution aqueuse d'acide chromique.

siper le gonflement de l'estomac (*météorisation*) auquel certains animaux domestiques sont sujets, et qui provient ordinairement de l'ingestion de trèfle ou de luzerne humides.

QUESTIONNAIRE. — Donnez les noms et les symboles des composés oxygénés de l'azote. — *Quelles sont les propriétés physiques et chimiques du protoxyde d'azote? — Comment le prépare-t-on? — A quoi sert-il?*

Comment se comporte le bioxyde d'azote en présence de l'air? — Expliquez sa préparation par l'acide azotique et un métal. — *Que savez-vous du peroxyde d'azote? — Comment l'obtient-on?*

Quel nom donnait-on autrefois à l'acide azotique? — Quelles sont ses propriétés? — Qu'est-ce que l'eau régale? — Comment prépare-t-on l'acide azotique : 1° dans les laboratoires; 2° dans l'industrie? — Quels sont les principaux usages de l'acide azotique?

Quelles sont les propriétés du gaz ammoniac? — Est-il soluble dans l'eau? — Est-il combustible? — Comment le prépare-t-on? — Comment le recueille-t-on? — Quels sont ses principaux usages?

EXERCICES. — 1. On décompose 100 grammes d'azotate d'ammonium par la chaleur. Quel sera le poids de l'eau qui se forme et celui du protoxyde d'azote qui se dégage?

2. On mélange 1 litre d'air avec 1 litre de bioxyde d'azote. Quel sera le poids du peroxyde d'azote formé?

3. L'azotate de potassium coûte 75 fr. les 100 kilogr., et l'azotate de sodium coûte 38 fr. Quel bénéfice retire-t-on dans la préparation de 100 kilogr. d'acide azotique, en employant l'azotate de sodium au lieu de l'azotate de potassium?

4. Combien de chaux faut-il ajouter à 100 gr. de chlorure d'ammonium, pour obtenir toute l'ammoniaque que ce sel renferme?

CHAPITRE VIII

PHOSPHORE ET SES PRINCIPAUX COMPOSÉS

I. Phosphore, P = 31.

118. Historique et état naturel. — Le phosphore fut découvert en 1669 par Brandt, alchimiste de Hambourg, qui le retira de l'urine. Il existe, à l'état de combinaison, dans le foie, dans la laitance des poissons, dans le tissu nerveux, dans l'urine. On le trouve, dans la nature, à l'état de phosphates de fer et de calcium.

119. Propriétés physiques. — Le *phosphore* est un corps assez mou pour être facilement coupé avec un couteau, répandant une odeur d'ail, transparent quand il est récemment préparé, mais devenant opaque à la surface quand on l'expose à la lumière. Il est insoluble dans l'eau, mais très soluble dans la benzine et le sulfure de carbone; sa densité est 1,84.

120. Propriétés chimiques. — Le phosphore est lumineux dans l'obscurité; cette propriété (*phosphorescence*) est le résultat de l'oxydation du phosphore, elle ne se produit ni dans le vide barométrique ni dans les gaz inertes, comme l'hydrogène, l'azote ou le gaz carbonique. Le phosphore est très inflammable et brûle dans l'oxygène avec un vif éclat, en produisant d'abondantes fumées blanches d'anhydride phosphorique (P^2O^5). Il s'enflamme spontanément en présence du brome, du chlore et de l'iode. Ses brûlures sont dangereuses; c'est pourquoi il faut le manier avec précaution, et sous l'eau, autant que possible. C'est un poison violent.

Exposé à la lumière solaire, à l'abri de l'air, ou chauffé en vase clos, le phosphore ordinaire se transforme en *phosphore rouge*, chimiquement identique, mais doué de propriétés particulières.

PHOSPHORE ORDINAIRE	PHOSPHORE ROUGE
Odeur alliacée.	Inodore.
Soluble dans le sulfure de carbone.	Insoluble dans le sulfure de carbone.
Phosphorescent.	Non phosphorescent.
S'enflamme à 60°.	S'enflamme à 260°.
Vénéneux.	Non vénéneux.
Oxydable à l'air sec.	Inoxydable à l'air sec.

121. Préparation. — 1re MÉTHODE. — On calcine des os a l'air libre, on les pulvérise ensuite, et on y ajoute de l'acide sulfurique. Les os renferment une assez forte proportion de phosphate tribasique de calcium ($(PO^4)^2Ca^3$) ou phosphate tricalcique, lequel, en présence de l'acide sulfurique, donne du sulfate de calcium (SO^4Ca), qui est insoluble, et du phosphate acide de calcium ou phosphate monocalcique ($(PO^4)^2H^4Ca$) soluble :

$$(PO^4)^2Ca^3 + 2SO^4H^2 = (PO^4)^2H^4Ca + 2(SO^4Ca)$$

phosphate tricalcique   acide sulfurique   phosphate monocalcique   sulfate de calcium

On filtre; le liquide recueilli est évaporé jusqu'à consistance sirupeuse; il est ensuite mélangé à du charbon de bois en poudre, puis calciné légèrement. Durant cette opération, le phosphate monocalcique perd deux molécules d'eau et devient métaphosphate de calcium * :

$$(PO^4)^2H^4Ca = 2H^2O + (PO^3)^2Ca$$
phosphate monocalcique — eau — métaphosphate de calcium

La masse ainsi desséchée est alors soumise à la distillation dans des cornues en grès (fig. 39). Il se dégage de l'oxyde de carbone, et il se forme du pyrophosphate de calcium. Le phosphore distille :

$$2(PO^3)^2Ca + 5C = P^2O^7Ca^2 + 2P + 5CO$$
métaphosphate de calcium — carbone — pyrophosphate de calcium — phosphore — oxyde de carbone

On recueille le phosphore dans l'eau.

2ᵉ MÉTHODE. — Le procédé précédent est remplacé aujourd'hui par la *méthode Coignet*, qui a l'avantage de ne pas détruire l'osséine des os (voyez *Anatomie*, nᵒ 97), et de donner tout le phosphore qu'ils contiennent. La méthode consiste 1ᵒ à traiter les os non calcinés par l'acide chlorhydrique, ce qui donne du chlorure de calcium, $CaCl^2$, et du phosphate monocalcique $(PO^4)^2H^4Ca$, tous deux solubles ; 2ᵒ la liqueur est additionnée de chaux qui fournit du phosphate bicalcique $(PO^4)^2H^2Ca^2$ insoluble ; 3ᵒ ce phosphate séché est traité par l'acide sulfurique étendu, qui le décompose en sulfate de calcium insoluble et acide phosphorique, PO^4H^3 ; 4ᵒ on filtre pour séparer le sulfate ; 5ᵒ le liquide est mélangé avec du charbon, de la chaux et de la silice, ce qui forme une pâte qu'on dessèche, puis on distille : le charbon réduit l'acide phosphorique et donne le phosphore.

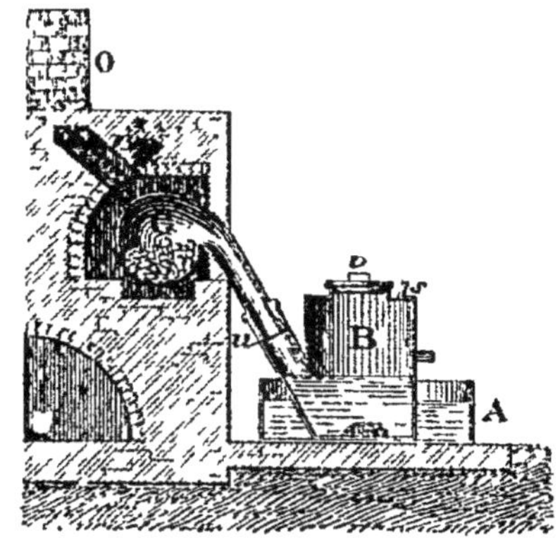

Fig. 39. — Préparation du phosphore.

C, cornue dans laquelle s'opère la réduction du phosphate acide de chaux ; B, récipient ; A, vase renfermant de l'eau froide ; s, tube ouvert pour le dégagement des gaz.

122. Usages. — Le phosphore sert à préparer une pâte employée pour détruire les animaux nuisibles (mort aux rats). Le phosphore rouge est utilisé pour la fabrication des allumettes chimiques. Mélangé au bronze en faibles quantités, le phosphore donne à ce métal une force de résistance très grande.

Le principal usage du phosphore blanc est la fabrication des allumettes.

---

* Voyez plus loin (nᵒ 123), ce qu'on entend par acide pyro et métaphosphorique.

Pour cela on divise de courtes bûches de bois de pin, de tremble ou de peuplier, en petits fragments quadrangulaires, à l'aide de couteaux mécaniques. On trempe, dans un bain de soufre fondu à 125°, une de leurs extrémités sur une longueur de 5^{mm}; puis on les trempe dans une pâte faite de phosphore, de colle forte, d'eau et de sable fin; on y ajoute souvent aussi une matière colorante, comme le vermillon.

On remplace quelquefois le soufre, dont la combustion dégage une odeur désagréable, par l'acide stéarique. En ce cas, on ajoute à la pâte du chlorate de potassium, qui en brûlant active la combustion du phosphore et détermine l'inflammation de l'acide stéarique, corps moins combustible que le soufre.

L'inconvénient de ces allumettes est l'usage du phosphore blanc, dont l'inflammation spontanée peut occasionner des incendies; en outre, la fabrication du phosphore est, pour les ouvriers, la cause d'une série de maladies, presque toujours mortelles. On obvie en partie à ce danger en utilisant des allumettes dites au phosphore rouge. Celles-ci sont enduites d'une pâte non vénéneuse formée de chlorate de potassium, de sulfure d'antimoine et de colle forte; elles ne peuvent s'enflammer que sur un frottoir spécial enduit de phosphore rouge, de sulfure d'antimoine et de colle forte.

Bien que ces allumettes soient préférables aux premières, la fabrication du phosphore rouge présente des inconvénients tels, qu'on cherche encore aujourd'hui le moyen de fabriquer, sans danger pour l'ouvrier, des allumettes s'enflammant facilement.

II. Composés oxygénés et hydrogénés du phosphore.

123. Le phosphore forme, avec l'oxygène, deux anhydrides : l'*anhydride phosphoreux*: P^2O^3, et l'*anhydride phosphorique*: P^2O^5. Ce dernier peut se combiner avec une, deux ou trois molécules d'eau et donner trois acides :

1° l'acide *métaphosphorique* :
$$P^2O^5 + H^2O = P^2O^6H^2 = 2(PO^3H);$$

2° l'acide *pyrophosphorique* :
$$P^2O^5 + 2H^2O = P^2O^7H^4;$$

3° l'acide *orthophosphorique* ou acide *phosphorique ordinaire* :
$$P^2O^5 + 3H^2O = P^2O^8H^6 = 2(PO^4H^3)$$

Avec l'hydrogène, le phosphore donne 3 composés :

1° le phosphure *solide* : P^4H^2;

2° le phosphure *liquide* : P^2H^4;

3° le phosphure *gazeux* : PH^3.

124. Anhydride phosphorique, P^2O^5. — L'*anhydride phosphorique* s'obtient en brûlant du phosphore dans l'air ou l'oxygène secs (fig. 40) :

$$2P + 5O = P^2O^5.$$

phosphore   oxygène   anhydride phosphorique

Il se présente sous l'aspect de flocons blancs, soyeux, très avides d'eau.

125. Acide phosphorique. — L'*acide phosphorique ordinaire* (PO^4H^3) est en cristaux incolores très déliquescents. On le prépare en distillant du phosphore rouge avec 15 fois son poids d'acide azotique.

L'acide phosphorique ordinaire est un acide trihasique. Les trois atomes d'hydrogène peuvent être simultanément ou successivement remplacés par trois atomes d'un métal monovalent. De là, trois séries de sels venant de cet acide. (V. n° 24.)

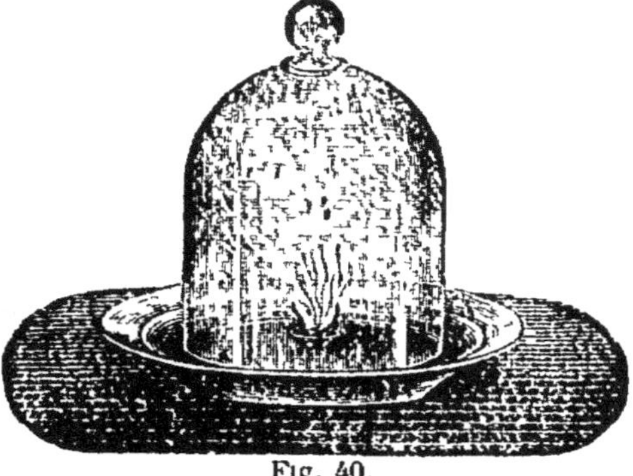

Fig. 40.
Préparation de l'anhydride phosphorique.

En se combinant avec deux molécules d'eau, l'anhydride phosphorique

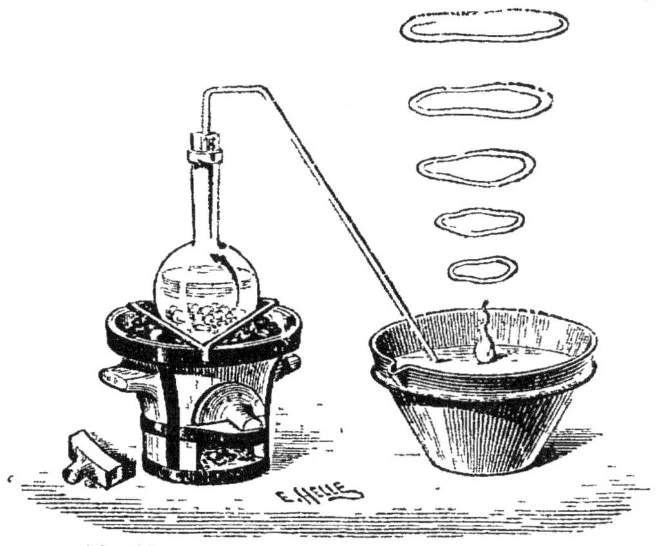

Fig. 41. — Préparation de l'hydrogène phosphoré.

donne l'*acide pyrophosphorique* $P^2O^7H^4$, dont le sel de calcium $P^2O^7Ca^2$ se produit dans la dernière phase de la préparation du phosphore (n° 121,1°). Avec les métaux monovalents, il donne deux séries de sels, les sels acides $P^2O^7H^2Na^2$, par exemple, et les sels neutres $P^2O^7Na^4$,

Enfin, l'anhydride phosphorique, se combinant avec une molécule d'eau, donne l'*acide métaphosphorique* PO^3H, dont le sel de calcium $(PO^3)^2Ca$ apparaît dans la préparation du phosphore (n° 121, 1°). Cet acide est monobasique.

126. Hydrogène phosphoré ou phosphure d'hydrogène, PH^3. — L'*hydrogène phosphoré* est un gaz incolore, d'une forte odeur alliacée. Il est très combustible et s'enflamme spontanément à l'air, s'il contient des traces de phosphure liquide (P^2H^4). C'est à lui que sont dus les feux follets que l'on observe quelquefois dans les cimetières humides et les marais renfermant des débris d'animaux.

Un morceau de phosphure de calcium, projeté dans l'eau, donne des bulles de ce gaz, qui s'enflamment spontanément en arrivant à l'air, et forment de belles couronnes de fumées blanches d'acide phosphorique.

On peut encore le préparer en chauffant dans un ballon un mélange de phosphore, de potasse et d'eau (fig. 41).

CHAPITRE IX

Arsenic, As $= 75$.

127. L'*arsenic* est un corps solide, à texture grenue, se sublimant vers 300 degrés, en répandant une forte odeur d'ail.

On le rencontre dans la nature, à l'état de sulfure rouge (*réalgar*) ou jaune (*orpiment*); on l'extrait d'un sulfo-arséniure de fer (*mis-pickel*).

L'arsenic forme, avec l'oxygène, deux anhydrides, qui sont tous deux de violents poisons; ce sont les *anhydrides arsénieux* (As^2O^3) et *arsénique* (As^2O^5). On emploie la magnésie calcinée, délayée dans l'eau, comme contrepoison des sels arsenicaux.

L'*appareil de Marsh*, qui sert à déceler la présence de traces d'arsenic, est un appareil à production d'hydrogène dans lequel on introduit la substance à examiner. On enflamme l'hydrogène qui se dégage, on écrase la flamme avec une soucoupe, sur laquelle il se forme des taches noires d'arsenic si la substance suspecte en renferme.

QUESTIONNAIRE. — Quelles sont les propriétés physiques du phosphore? — Que produit-il en brûlant? — Comment obtient-on le phosphore rouge? — Indiquez comment on retire le phosphore des os. — A quoi sert le phosphore?

Comment prépare-t-on : 1° l'anhydride phosphorique; 2° l'acide phosphorique ordinaire; 3° le phosphure d'hydrogène? — Le phosphure d'hydrogène est-il combustible?

Qu'est-ce que l'arsenic? — Quels sont ses principaux composés naturels? —

Quels anhydrides forme-t-il avec l'oxygène? — Décrivez l'appareil de Marsh. — A quoi sert-il?

EXERCICES. — 1. Les os renferment 51 p. % de phosphate tribasique; combien faudra-t-il traiter de kilogr. d'os par l'acide sulfurique, pour obtenir 1 kilogr. de phosphate acide? — Combien la réduction de ce phosphate acide par le charbon donnera-t-elle de phosphore?

2. Quel poids de phosphore faut-il brûler dans l'air, pour obtenir 10 grammes d'anhydride phosphorique?

3. Quel poids d'anhydride arsénieux renferme autant d'arsenic que 100 grammes d'anhydride arsénique?

CHAPITRE X

CARBONE ET SES COMPOSÉS

I. Carbone, C = 12.

128. Propriétés physiques. — Le *carbone* est un corps simple, solide, sans odeur ni saveur, gris ou noir quand il n'est pas cristallisé, insoluble dans tous les liquides, excepté dans la fonte de fer et dans l'argent en fusion.

129. Propriétés chimiques. — Le carbone est inaltérable à l'air à la température ordinaire; mais il jouit, à une température élevée, d'une très grande affinité pour l'oxygène, avec lequel il forme deux combinaisons : l'*oxyde de carbone* (CO), qui se forme quand le carbone est en excès, et l'*anhydride carbonique* (CO²), qui se produit quand l'oxygène est en quantité suffisante (fig. 42). Il se combine au soufre, pour donner le *sulfure de carbone* (CS²); il forme avec l'hydrogène de nombreux composés (*carbures d'hydrogène*).

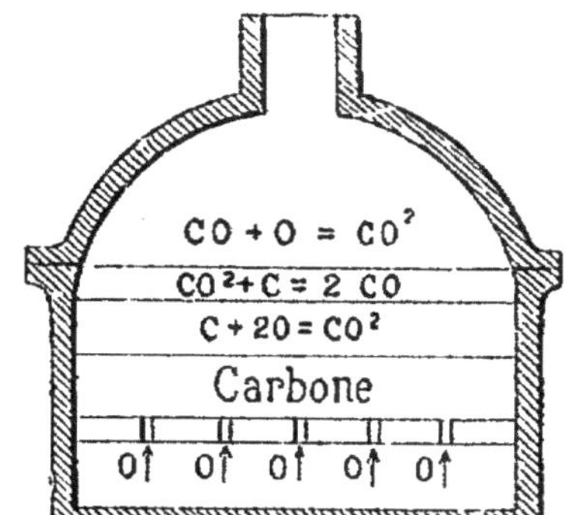

Fig. 42. — Formation et décomposition du gaz carbonique dans un foyer.

130. État naturel. — Le carbone entre dans la composition de presque toutes les substances organiques. Il existe dans l'air sous forme d'anhydride carbonique; on le trouve dans le sol à l'état libre (houille, lignite, diamant), ou à l'état de combinaisons (carbonates de chaux, de fer, etc.).

131. Charbons naturels. — Les principales variétés de charbons naturels sont : le diamant, le graphite, l'anthracite, la houille, le lignite et la tourbe.

Diamant. — Le diamant est le carbone pur cristallisé. Il est ordinairement incolore et brille d'un vif éclat particulier (*éclat adamantin*). Sa dureté est telle, qu'on ne peut l'user qu'avec sa propre poussière. C'est un corps très précieux. On a pu le reproduire artificiellement (*Moissan*, 1896), mais en cristaux trop petits pour être utilisés. On le taille en rose ou en brillant (fig. 43). Son poids s'évalue en carats (0 gr. 2025). On s'en sert pour couper le verre.

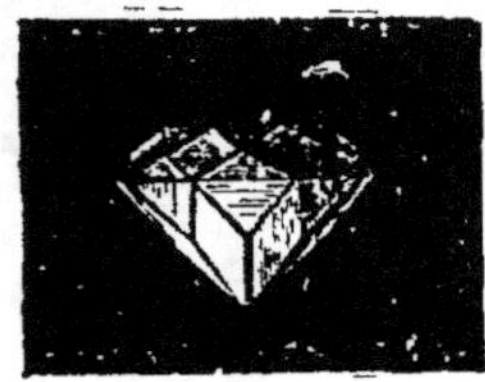
Fig. 43.
Diamant taillé en brillant.

Graphite. — Le graphite, nommé à tort *plombagine* ou *mine de plomb*, est un charbon, qui se présente ordinairement en lames feuilletées, douces au toucher, laissant une trace grise sur le papier. On en fabrique des crayons. Comme il est bon conducteur de l'électricité, il sert en galvanoplastie pour rendre conductrices les surfaces à métalliser. Délayé dans l'huile, on l'emploie pour préserver de l'oxydation les fourneaux, les tuyaux de poêle, etc.

Anthracite. — L'anthracite, ou *charbon de pierre*, s'allume difficilement ; mais, avec un bon tirage, il brûle en produisant beaucoup de chaleur.

Houille. — La houille, ou *charbon de terre*, est noire, luisante, brûle facilement en répandant d'abondantes fumées, dues aux matières bitumineuses qu'elle renferme. Ce combustible, fréquemment employé, résulte de la décomposition lente des végétaux anciens. Elle sert à la fabrication du gaz d'éclairage (n° 152).

Lignite. — Le lignite est un charbon noir, offrant la structure du bois. Il en existe une variété compacte, appelée *jayet* ou *pierre de jais*, que l'on taille pour en faire des ornements noirs (perles, boutons, etc.).

Tourbe. — La tourbe est une matière combustible, spongieuse, qui brûle assez facilement (*Géologie*, n° 18).

132. Charbons artificiels. — Les principaux charbons artificiels sont le coke, le charbon des cornues, le charbon de bois, le noir animal et le noir de fumée.

Coke. — Le coke est le résidu de la distillation de la houille. Il est très poreux et brûle en donnant beaucoup de chaleur. Comme il a perdu par la distillation presque tous les produits gazeux que renfermait la houille, sa combustion se fait presque sans flamme.

Charbon des cornues. — Le charbon des cornues est du carbone presque pur, qui se dépose sur les parois des cornues qui servent à la distillation de la houille. On l'emploie comme conducteur dans les piles électriques et pour la production de l'arc voltaïque.

Charbon de bois. — Le charbon de bois est le résidu de la distillation du bois ou de sa combustion incomplète à l'abri de l'air.

Pour le fabriquer, on dispose les bûches comme l'indique la figure 44 (*procédé des meules*). On recouvre le tout de terre, en

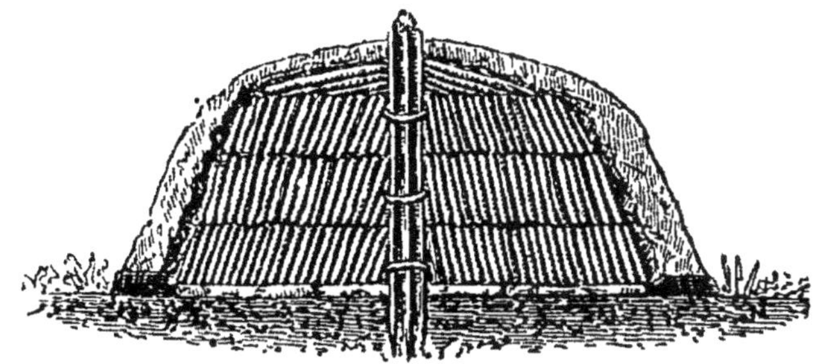

Fig. 44. — Carbonisation du bois (procédé des meules).

ménageant près du sol quelques ouvertures (*évents*) donnant accès à l'air ; puis on jette des matières embrasées dans la cheminée, et quand la combustion, se propageant peu à peu, est suffisamment avancée, on bouche les évents et on laisse refroidir.

On peut aussi le préparer par distillation du bois dans des cornues. On obtient alors des produits secondaires tels que les goudrons, l'esprit de bois, etc., qui sont perdus dans la préparation par le procédé des meules. Le bois est réduit en bûches qu'on introduit dans une chaudière communiquant avec un serpentin. Tous les produits volatils se dégagent sous l'action de la chaleur et se condensent dans le serpentin. Le charbon qui reste est très pur.

Le charbon est fréquemment employé comme réducteur en

métallurgie. Le charbon de peuplier, de bourdaine, est utilisé pour la fabrication de la poudre. La facilité avec laquelle le charbon de bois absorbe les gaz le fait employer dans la construction des filtres (n° 50). On l'utilise aussi comme dentifrice.

Noir animal. — Le noir animal est le résultat de la calcination des os en vase clos. L'osséine, ou substance organique des os, est décomposée en oxygène et hydrogène qui se dégagent, et en charbon qui reste mêlé aux sels minéraux abondants dans les os. Ce charbon n'est pas combustible. On l'emploie pour décolorer les liquides, surtout dans la fabrication et le raffinage du sucre. Il sert aussi comme engrais.

Fig. 45.
Fabrication du noir de fumée.

Noir de fumée. — Le noir de fumée provient de la combustion de matières grasses ou résineuses. Pour l'obtenir, on fait arriver la fumée dans une chambre cylindrique, dont les parois sont tapissées par une toile; un cône en tôle, glissant de haut en bas, fait l'office de racloir et détache le noir de fumée qui s'est déposé sur la toile (fig. 45).

Le noir de fumée est employé dans la peinture, et pour la fabrication de l'encre de Chine et de l'encre d'imprimerie.

II. Oxyde de carbone, $CO = 28$.

133. Historique. — *L'oxyde de carbone* a été découvert par Priestley à la fin du siècle dernier, il se produit dans la combustion du carbone (n° 131); c'est lui qui donne naissance aux flammes bleues que l'on observe dans la combustion du charbon de bois. Sa densité est 0,967; il est peu soluble dans l'eau et très difficile à liquéfier.

134. Propriétés. — L'oxyde de carbone est un gaz incolore, inodore, insipide, sans action sur la teinture de tournesol; il

brûle avec une flamme bleue, en produisant de l'anhydride
carbonique (CO^2) :

$$CO + O = CO^2$$

oxyde de carbone   oxygène   gaz carbonique

L'oxyde de carbone est un poison violent; respiré, même en
petite quantité, il peut occasionner des accidents très graves.
C'est pourquoi il est indispensable de prendre toutes les précautions possibles, pour bien assurer le tirage des poêles dans
lesquels on brûle du charbon; d'autre part, il a la propriété de
traverser la fonte rougie par la chaleur, il faut donc éviter de
chauffer les poêles jusqu'au rouge. On doit aussi prendre de
grandes précautions en éteignant du charbon avec de l'eau, car
il se produit de l'oxyde de carbone en même temps que de l'hydrogène :

$$C + H^2O = CO + H^2$$

carbone   eau   oxyde de carbone   hydrogène

135. Préparation. — I. *Par l'acide oxalique et l'acide sulfurique.* — On chauffe dans un ballon un mélange d'acide oxalique ($C^2H^2O^4$) et d'acide sulfurique (SO^4H^2). L'acide oxalique
perd de l'eau, la cède à l'acide sulfurique, et se dédouble en
oxyde de carbone (CO) et anhydride carbonique (CO^2) :

$$C^2H^2O^4 = CO + CO^2 + H^2O$$

acide oxalique   oxyde de carbone   gaz carbonique   eau

On fait passer le mélange gazeux d'oxyde de carbone et d'anhydride carbonique dans une dissolution de potasse, qui retient
le gaz carbonique, et l'oxyde de carbone se dégage.

II. *Par le carbone et l'anhydride carbonique.* — On fait passer de
l'anhydride carbonique (CO^2) sur du charbon chauffé au rouge dans
un tube de porcelaine. L'anhydride carbonique s'empare d'un atome
de carbone et forme de l'oxyde de carbone :

$$CO^2 + C = 2CO$$

gaz carbonique   carbone   oxyde de carbone

III. *Par réduction de l'oxyde de zinc.* — On chauffe à haute température, dans une cornue, de l'oxyde de zinc (ZnO) et du charbon.
Celui-ci réduit l'oxyde; on obtient du zinc et de l'oxyde de carbone :

$$ZnO + C = CO + Zn$$

oxyde de zinc   carbone   oxyde de carbone   zinc

136. Usages. — Il se produit de l'oxyde de carbone, quand on
projette de l'eau sur des charbons ardents; c'est pourquoi les
forgerons activent le foyer de leur forge en y projetant de l'eau.
C'est pour la même raison qu'il serait imprudent d'éteindre des

charbons enflammés en jetant de l'eau dessus, si on se trouve dans un lieu insuffisamment aéré.

L'oxyde de carbone étant, à une haute température, très avide d'oxygène, est employé en métallurgie comme réducteur des oxydes métalliques. C'est ainsi que l'on peut réduire l'oxyde de cuivre :

$$\underset{\text{oxyde de cuivre}}{CuO} + \underset{\text{oxyde de carbone}}{CO} = \underset{\text{cuivre}}{Cu} + \underset{\text{gaz carbonique}}{CO^2}.$$

III. Anhydride carbonique, CO^2.

137. Historique et état naturel. — *L'anhydride carbonique* a été découvert en 1648, par Van Helmont, chimiste belge; en 1776, Lavoisier établit sa composition, et MM. Dumas et Stas en firent l'analyse exacte en 1840.

L'anhydride carbonique existe dans l'air atmosphérique. Il se dégage abondamment des fours à chaux, des cuves renfermant des substances en fermentation, des fissures du sol, etc. Comme il est plus lourd que l'air, il s'accumule facilement dans les bas-fonds (grotte du Chien, près de Naples). Il provient encore des décompositions, des combustions, de la respiration des animaux, etc. On le trouve en dissolution dans certaines eaux (eaux acidulées) et en combinaison dans une foule de corps (coquilles des mollusques, marbre, craie, etc.).

138. Propriétés physiques. — L'anhydride carbonique est un gaz incolore, d'une odeur légèrement piquante, d'une saveur aigrelette. L'eau en dissout son volume à la température ordinaire : chargée d'anhydride carbonique, elle peut dissoudre du carbonate de calcium qu'elle laisse ensuite déposer quand l'anhydride carbonique s'échappe au contact de l'air (*Géologie*, n° 17).

Fig. 46. — Extinction, par l'anhydride carbonique, d'une bougie allumée.

L'anhydride carbonique se liquéfie et se solidifie assez facilement : sa grande densité 1,529 permet de le verser facilement d'une éprouvette dans une autre (fig. 46).

139. Propriétés chimiques. — L'anhydride carbonique n'est pas combustible; comme l'azote, il éteint les corps en combustion, et s'en distingue, en ce qu'il trouble l'eau de chaux par la formation de carbonate de calcium. Il est décomposé, par les végétaux, en oxygène et carbone. C'est un gaz impropre à la respiration.

Un chien, placé dans une atmosphère contenant 10 pour 100 d'anhydride carbonique, est d'abord violemment surexcité, puis devient peu à peu insensible; si la proportion atteint 30 pour 100, il succombe rapidement.

On doit donc éviter de séjourner dans des endroits où l'anhydride carbonique peut s'accumuler. Pour reconnaître si l'air d'une cave est vicié par de l'anhydride carbonique, on y fera brûler une bougie. Si la combustion s'accomplit, on peut être sans crainte, car la combustion d'une bougie cesse dans une atmosphère contenant beaucoup moins d'anhydride carbonique qu'il n'en faut pour la rendre dangereuse. Si la bougie s'éteint, il faut assainir l'air, soit en aérant, soit en neutralisant le gaz par de l'ammoniaque.

140. Préparation. — *Par un carbonate et un acide.* — On décompose, dans un flacon à deux tubulures (fig. 7), du carbonate de calcium (craie, marbre) par l'acide chlorhydrique (HCl). L'anhydride carbonique est mis en liberté, il se forme de l'eau et du chlorure de calcium ($CaCl^2$), qui reste en dissolution :

$$CO^3Ca \quad + \quad 2HCl \quad = \quad CO^2 \quad + \quad CaCl^2 \quad + H^2O$$

carbonate de calcium   acide chlorhydrique   gaz carbonique   chlorure de calcium   eau

On pourrait remplacer l'acide chlorhydrique par l'acide sulfurique ; mais, dans ce cas, il se forme du sulfate de calcium presque insoluble (plâtre), qui recouvre les morceaux de carbonate et s'oppose à l'action de l'acide sur le carbonate non décomposé.

En se combinant avec une molécule d'eau, l'anhydride carbonique donne l'acide carbonique (CO^3H^2), qui n'a pas été isolé, mais dont on connaît nombre de sels. C'est un acide bibasique.

141. Composition. — Dans l'analyse des matières organiques, le carbone étant toujours dosé à l'état de gaz carbonique, il était de la plus haute importance de connaître exactement la composition de ce gaz. La méthode qui a donné les meilleurs résultats est celle de Dumas et Stas. Elle consiste essentiellement à faire passer un courant d'oxygène pur et sec sur un poids connu de graphite pur ou de diamant, placé dans un tube de porcelaine contenu dans un fourneau à réverbère. L'anhydride carbonique produit est absorbé par de la potasse renfermée dans des tubes dont le poids est connu. Après l'expérience, on pèse ces tubes, et leur augmentation de poids donne le poids P de l'anhydride formé; celui p du carbone est connu, la différence $P - p$ donne le poids de l'oxygène. On a trouvé ainsi, pour 100 parties d'anhydride, 27,27 de carbone et 72,73 d'oxygène. Ce rapport s'exprime plus simplement par les nombres 12 de carbone et 32 d'oxygène.

142. Usages. — L'eau de Seltz n'est autre chose qu'une dissolution d'anhydride carbonique dans l'eau. Pour fabriquer l'eau de Seltz en petites quantités, on mélange de l'acide tartrique et du bicarbonate de sodium, dans les proportions de 18 gr. du premier et 21 gr. du second corps, pour 1 litre d'eau.

La mousse, le pétillement, la saveur aigrelette des boissons gazeuses (bière, limonade, etc.), sont dus au gaz carbonique qu'elles renferment.

Dans l'industrie, l'anhydride carbonique est utilisé pour la préparation de la céruse (carbonate de plomb).

C'est un des gaz constitutifs de l'air, qui en contient 3 ou 4 dix millièmes. Il est absolument nécessaire à la vie des plantes vertes, dont les feuilles et les autres organes verts décomposent le gaz carbonique, fixent le carbone dans leurs tissus et émettent de l'oxygène. Ce phénomène ne s'accomplit qu'à la lumière solaire; il est dû à l'existence dans les feuilles d'une matière complexe, la *chlorophylle*. Grâce à cette *fonction chlorophyllienne*, l'air d'une cloche, assez chargé d'anhydride carbonique pour être impropre aux combustions, est rapidement purifié.

IV. Sulfure de carbone, $CS_2 = 76$.

143. Propriétés physiques. — Le *sulfure de carbone* est un liquide incolore quand il est pur, très mobile, d'une odeur fétide, soluble dans l'alcool et l'éther, mais insoluble dans l'eau. Il dissout facilement le phosphore, l'iode, le soufre et le caoutchouc. Sa densité est 1,293; il bout à 45°, se vaporise très rapidement à l'air en produisant un froid intense. Il ne se solidifie qu'à — 116°.

144. Propriétés chimiques. — Le sulfure de carbone est très combustible. Sa vapeur est délétère et peut former avec l'air un mélange détonant, c'est pourquoi on ne doit le manier qu'avec précaution en présence d'une flamme. En brûlant, il donne de l'anhydride sulfureux (SO_2) et de l'anhydride carbonique (CO_2) :

$$CS_2 \quad + \quad 6O \quad = \quad 2SO_2 \quad + \quad CO_2$$

sulfure de carbone · oxygène · anhydride sulfureux · gaz carbonique

145. Préparation. — *Par le carbone et le soufre.* — On met du charbon dans une cornue que l'on porte au rouge (fig. 47), puis on y introduit petit à petit des fragments de soufre. Le sulfure de carbone se condense dans un récipient refroidi, et les gaz se dégagent librement.

146. Usages. — Le sulfure de carbone sert à dissoudre le phosphore blanc, pour le séparer du phosphore rouge insoluble, et à vulcaniser le caoutchouc.

Cette dernière opération consiste à tremper le caoutchouc dans du sulfure de carbone contenant en dissolution parties égales de soufre et de chlorure de soufre, et à chauffer ensuite le tout. Le caout-

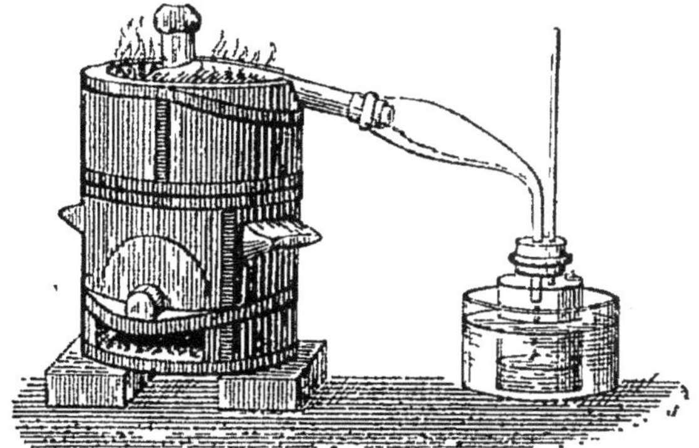

Fig. 47. — Préparation du sulfure de carbone.

chouc non vulcanisé, flexible à la température ordinaire, devient très mou quand on le chauffe, et durcit quand on le refroidit. La vulcanisation a pour résultat de lui donner de la flexibilité à toutes températures.

Le sulfure de carbone sert encore à extraire le suint des laines, les corps gras des résidus de la fonte des suifs, à l'extraction des huiles d'olive.

On l'emploie avec avantage pour combattre certaines maladies de la vigne, surtout le phylloxéra.

Il peut servir à construire des thermomètres, en raison de son point très bas de congélation.

QUESTIONNAIRE. — Quelles sont les propriétés du carbone? — Quelles combinaisons forme-t-il avec l'oxygène et le soufre? — Nommez les principales variétés de carbone naturel, et dites à quoi on les emploie. — Quels sont les principaux charbons artificiels, et à quoi servent-ils? — Pourquoi la combustion du coke ne donne-t-elle pas de flammes? — Comment fabrique-t-on le charbon de bois? le noir animal? le noir de fumée?

Quelles sont les propriétés de l'oxyde de carbone? — Quand se produit-il? — *Comment peut-on le préparer?* — Quel est son rôle en métallurgie?

D'où provient l'anhydride carbonique qu'on trouve dans l'air? — Est-il soluble dans l'eau? — Comment le distingue-t-on de l'azote? — Comment prépare-t-on l'anhydride carbonique? — Quel avantage y a-t-il, dans sa préparation par le carbonate de calcium, à employer de l'acide chlorhydrique et non de l'acide sulfurique? — *Quelles sont les propriétés physiques du sulfure de carbone?* — *Que donne-t-il en brûlant?* — *Comment le prépare-t-on?* — *A quoi sert-il?*

EXERCICES. — 1. Un homme exhale 750 grammes d'anhydride carbonique par jour. Combien a-t-il pris d'oxygène à l'air? — Quel est le volume d'air utilisé dans cette journée?

2. Une plante, exposée au soleil, a dégagé 60 centim. cubes d'oxygène. Combien de grammes de carbone a-t-elle fixés dans ses tissus?

3. Combien de grammes de carbone faut-il brûler dans un litre d'oxygène, pour obtenir de l'oxyde de carbone?

4. Quel volume d'anhydride carbonique peut donner la décomposition d'un morceau de craie qui pèse 10 grammes?

CHAPITRE XI

BORE. — SILICIUM

147. Bore. — Le *bore* est un corps solide, verdâtre, infusible, presque aussi dur que le diamant; il jouit de la propriété d'absorber l'azote à la température du rouge, pour former un corps particulier, l'azoture de bore, BAz. Le bore se combine aussi au chlore et au fluor; sa densité est 2,63 lorsqu'il est cristallisé. Sa principale combinaison est l'acide borique, BO^3H^3.

L'*acide borique* se rencontre en dissolution dans l'eau des lacs de certains terrains volcaniques communs en Toscane (*lagoni*). On l'obtient en évaporant l'eau de ces lacs. Il présente l'aspect de petites écailles blanches, nacrées. On en imprègne la mèche des bougies pour faciliter son incinération dans la flamme. Le *borate de sodium* ou *borax* est employé pour souder les métaux, pour faire des imitations de pierres précieuses; on s'en sert comme caustique dans les maux de gorge.

L'acide borique est employé en médecine comme antiseptique.

148. Silicium. — Le *silicium* est un corps solide brun, fusible au rouge vif. On le connaît à l'état amorphe et à l'état cristallisé. Amorphe, c'est une poudre brune plus dense que l'eau. Cristallisé, c'est un corps de densité 2,49, soluble dans une dissolution bouillante de potasse, décomposant le carbonate de potassium et se combinant au chlore pour donner le chlorure de silicium. Sa principale combinaison est la *silice*, SiO^2.

La silice est l'une des substances les plus répandues sur le globe. Elle existe en quantité notable dans l'eau des *geysers* d'Islande; on en trouve aussi dans la tige des graminées. On désigne sous le nom de *quartz hyalin* ou *cristal de roche*, la silice en beaux cristaux limpides. Quelquefois ces cristaux sont colorés par des traces d'oxydes métalliques, et sont employés en joaillerie comme pierres d'ornement (*améthyste*). Certaines variétés de silice non cristallisée, comme le *jaspe*, l'*agate*, l'*opale*, sont très recherchées pour les mêmes usages.

Les *grès* dont on fait des pavés, la pierre *meulière* qui sert pour les constructions et la fabrication des meules de moulin, sont, en grande partie, formés de silice. Le *sable*, formé de silice presque pure, entre dans la composition des poteries, des verres, du cristal.

Un grand nombre de roches contiennent de la silice à l'état de combinaison : *feldspath, mica, argile.*

QUESTIONNAIRE. — Qu'est-ce que le bore? — Quelle est sa principale combinaison? — A quoi sert le borax? — *Quelles sont les principales combinaisons de la silice, et à quoi les emploie-t-on ?*

CHAPITRE XII

CARBURES D'HYDROGÈNE

Les combinaisons du carbone avec l'hydrogène sont très nombreuses; elles appartiennent, à proprement parler, à la chimie organique. Cependant nous étudierons ici le FORMÈNE, CH^4; l'ÉTHYLÈNE, C^2H^4, et l'ACÉTYLÈNE, C^2H^2 [*].

I. Formène, $CH^4 = 16$.

140. État naturel. — Le FORMÈNE, ou *méthane*, ou *gaz des marais*, prend naissance dans la décomposition de certaines matières organiques. Il se trouve en abondance dans la vase des marais. Pour le recueillir, on remplit d'eau un flacon auquel est adapté un entonnoir (fig. 48); on renverse l'appareil, de façon à le maintenir dans l'eau, et, au moyen d'un bâton, on agite la vase sous l'entonnoir : des bulles de gaz viennent se réunir dans le flacon.

150. Propriétés. — Le *formène* est un gaz incolore, inodore et sans saveur. Sa densité est 0,559.

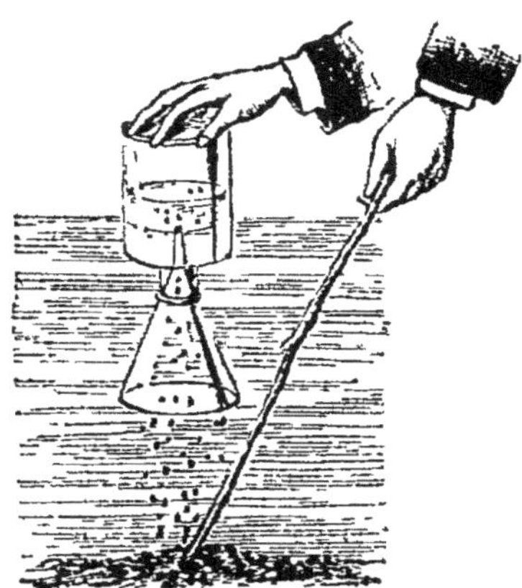

Fig. 48. — Gaz des marais.

---

[*] Voir au n° 229 comment ces carbures dérivent l'un de l'autre.

Il brûle, à l'approche d'un corps allumé, avec une flamme peu éclairante, en donnant de la vapeur d'eau et du gaz carbonique. Un mélange de 2 volumes de formène et de 4 volumes d'oxygène détone au contact d'une bougie allumée.

Le formène forme la majeure partie du gaz qui se dégage dans les mines de houille (*feu grisou*).

II. Éthylène, C^2H^4.

151. Préparation. — On obtient l'ÉTHYLÈNE en chauffant de l'alcool dans un ballon, avec 5 ou 6 fois son poids d'acide sulfurique concentré. L'addition d'un peu de sable rend la décomposition plus régulière. L'acide sulfurique retient énergiquement l'eau provenant de la décomposition, mais n'intervient pas dans la réaction :

$$\underset{\text{alcool ordinaire}}{C^2H^5.OH} = \underset{\text{eau}}{H^2O} + \underset{\text{éthylène}}{C^2H^4}$$

Un flacon laveur à potasse retient l'anhydride carbonique et le gaz sulfureux qui se forment vers la fin de l'opération.

152. Propriétés. — L'éthylène est un gaz incolore, d'odeur éthérée, peu soluble dans l'eau. Sa densité est 0,97.

Il brûle à l'air, à l'approche d'une bougie, avec une flamme éclairante, en donnant de la vapeur d'eau et du gaz carbonique. Le mélange de 3 volumes d'oxygène et de 1 volume de bicarbure d'hydrogène détone avec une grande violence, au contact d'une bougie allumée.

La propriété caractéristique de l'éthylène est de se combiner avec le chlore, pour former un chlorure d'éthylène ($C^2H^4Cl^2$) nommé LIQUEUR DES HOLLANDAIS, de consistance huileuse ; de là, le nom de GAZ OLÉFIANT donné à l'éthylène.

III. Acétylène, $C^2H^2 = 26$

153. Préparation. — L'acétylène s'obtient en décomposant le carbure de calcium, CaC^2, par l'eau :

$$\underset{\text{carbure de calcium}}{CaC^2} + \underset{\text{eau}}{2H^2O} = \underset{\text{acétylène}}{C^2H^2} + \underset{\text{chaux}}{Ca(OH)^2}.$$

L'appareil employé est semblable à celui qui sert à la préparation de l'hydrogène ; mais le tube de sûreté ordinaire est remplacé par un tube de plus grande section, qui permet d'introduire de temps en temps le carbure de calcium. Ce sel, au contact de l'eau, forme de la chaux, $Ca(OH)^2$, avec dégagement d'acétylène.

Le carbure de calcium se prépare en chauffant au four électrique un mélange de charbon et de chaux vive.

184. Propriétés. — L'acétylène est un gaz incolore, d'odeur désagréable; il est peu soluble dans l'eau.

Il brûle avec une flamme très éclairante, bien supérieure à celle du gaz d'éclairage; les produits de combustion sont du gaz carbonique et de la vapeur d'eau. Un mélange de 2 volumes d'acétylène et de 5 volumes d'oxygène détone violemment à l'approche d'un corps allumé.

CHAPITRE XIII

GAZ D'ÉCLAIRAGE. — FLAMME

1. Gaz d'éclairage.

185. Préparation. — Les premières notions relatives au gaz d'éclairage datent de 1795; elles sont dues à un ingénieur français, Philippe Lebon, qui constata la formation de ce gaz dans la distillation de la houille.

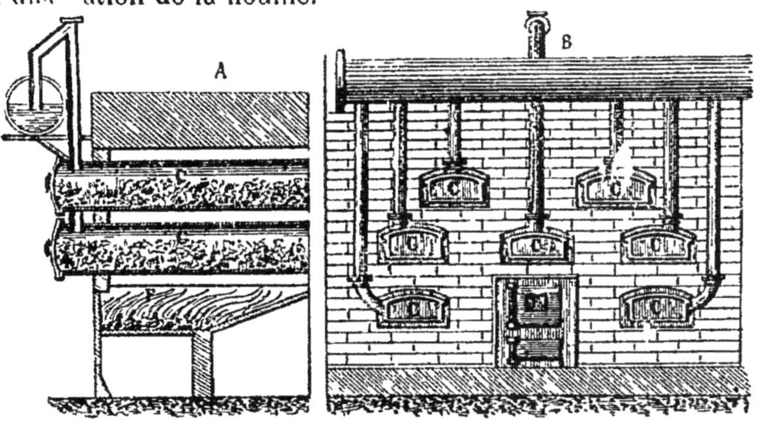

Fig. 49. — Four à sept cornues pour la distillation du gaz.
A, coupe verticale; B, élévation; C, cornues; F, foyer.

La fabrication du gaz d'éclairage comporte trois opérations :
1º Distillation de la houille;
2º Epuration physique (élimination des goudrons, des sels ammoniacaux...);

3° Épuration chimique (élimination de l'ammoniaque, de l'acide sulfhydrique...).

On distille la houille dans des cornues demi-cylindriques en terre réfractaire, disposées par batteries de 6, 7 ou 9 pour chaque foyer (fig. 49). Le gaz résultant passe dans un cylindre horizontal B (*barillet*) à moitié rempli d'eau, et y abandonne des goudrons et des produits ammoniacaux. Il se rend ensuite dans une série de tubes verticaux (*jeu d'orgue*) disposés au-dessus d'une caisse contenant de l'eau, où il dépose des sels ammoniacaux et des goudrons. L'épuration physique s'achève dans une colonne à coke divisée en deux compartiments (fig. 50).

Le gaz pénètre ensuite dans des caisses en fonte, où il traverse des claies recouvertes d'un mélange de sesquioxyde de fer, de chaux éteinte, de plâtre et de sciure de bois : l'ammoniaque devient du sulfate d'ammonium, $SO^4(AzH^4)^2$; l'acide sulfhydrique, en présence de l'oxyde de fer, produit de l'eau et du sulfure de fer.

Ainsi épuré, le gaz est recueilli dans le *gazomètre*, pour être distribué aux différents becs de consommation.

Le gaz d'éclairage répand une odeur forte qui trahit sa présence dans l'air. Outre son emploi dans l'éclairage et le chauffage, le gaz est encore utilisé pour le gonflement des ballons, et dans le chalumeau pour la lumière oxhydrique.

Les produits secondaires de la distillation de la houille : sels ammoniacaux et goudrons, convenablement traités, fournissent divers produits très recherchés dans l'industrie : *benzine, naphtaline*, couleurs d'aniline, etc.

II. Flamme.

156. Nature. — La flamme est un gaz ou une vapeur en combustion. Sa température varie suivant la nature du combustible et l'énergie de la combinaison; son éclat dépend des particules solides qu'elle renferme et qui sont portées à l'incandescence. Ainsi, la flamme de l'hydrogène est très chaude et peu éclairante, parce qu'elle ne contient pas de particules solides; tandis que la flamme d'une bougie est moins chaude, mais plus brillante, parce qu'elle renferme des poussières de carbone, comme on peut s'en convaincre en l'écrasant avec une soucoupe.

La coloration de la flamme dépend de la nature des substances portées à l'incandescence; les sels de sodium colorent la flamme

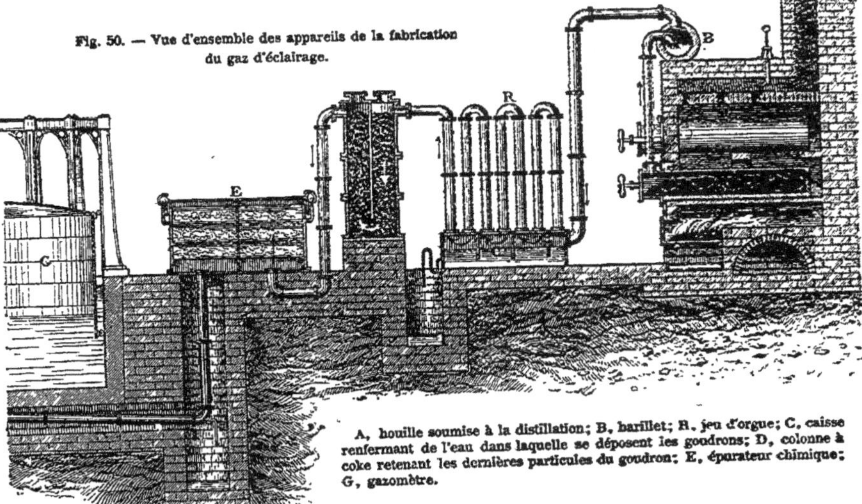

Fig. 50. — Vue d'ensemble des appareils de la fabrication
du gaz d'éclairage.

A, houille soumise à la distillation; B, barillet; R, jeu d'orgue; C, caisse
renfermant de l'eau dans laquelle se déposent les goudrons; D, colonne à
coke retenant les dernières particules du goudron; E, épurateur chimique;
G, gazomètre.

en jaune, les sels de cuivre et de baryum en vert, et les sels de strontium en rouge.

187. Constitution. — Si l'on examine attentivement la flamme d'une bougie, on y remarque 3 régions (fig. 51) :

1° Un cône central obscur A, presque froid, renfermant des gaz qui ne brûlent pas, faute d'air ;

2° Une zone brillante B, formée de gaz en combustion qui portent à l'incandescence les particules de carbone qu'ils renferment ; son extrémité est la partie *réductrice* de la flamme (*feu de réduction*) ;

3° Une enveloppe extrêmement chaude c, peu éclairante, où les particules solides sont brûlées ; la pointe de cette région est la partie la plus chaude de la flamme ; elle possède un grand pouvoir d'*oxydation* (*feu d'oxydation*).

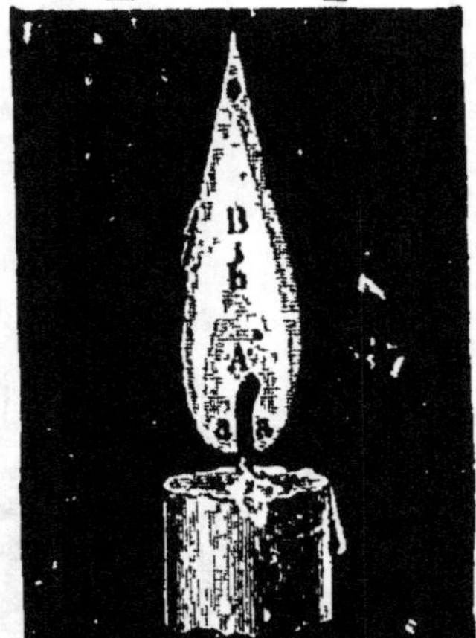

Fig. 51.

Constitution de la flamme d'une bougie.

A, zone obscure ; B, enveloppe brillante ; c, feu d'oxydation b, feu de réduction.

QUESTIONNAIRE. — Où se produit le formène ? — Quel danger présente-t-il lorsqu'on l'enflamme mélangé à l'oxygène ou à l'air ? — Comment obtient-on l'éthylène ? — D'où lui vient le nom de *gaz oléfiant* ? — Comment prépare-t-on l'acétylène ? — Citez quelques-unes de ses propriétés. — Quelles opérations comprend la fabrication du gaz d'éclairage ? — Donnez quelques détails sur les épurations physique et chimique. — Qu'est-ce qu'une flamme ? — De quoi dépendent sa température et son éclat ? — Nommez les 3 régions de la flamme d'une bougie et les propriétés dont elles jouissent.

DEUXIÈME PARTIE

MÉTAUX

CHAPITRE I
GÉNÉRALITÉS SUR LES MÉTAUX

I. Notions générales.

158. Nature des métaux. — Les MÉTAUX sont des corps simples, bons conducteurs de la chaleur et de l'électricité, et généralement doués d'un éclat particulier appelé éclat métallique. Combinés à l'oxygène, ils donnent des BASES et quelquefois des ACIDES ou des CORPS NEUTRES. Ils sont tous solides, à l'exception du mercure, qui est liquide.

159. État naturel. — Quelques métaux se rencontrent à l'état natif : tels sont l'or, l'argent, le mercure ; le plus souvent on les trouve à l'état d'oxydes, de sulfures, de chlorures ou de carbonates. La *métallurgie* est l'industrie qui s'occupe d'extraire les métaux de leurs combinaisons naturelles.

160. Propriétés physiques. — Les principales propriétés physiques des métaux sont :

1° La *malléabilité* : propriété de se réduire en feuilles minces

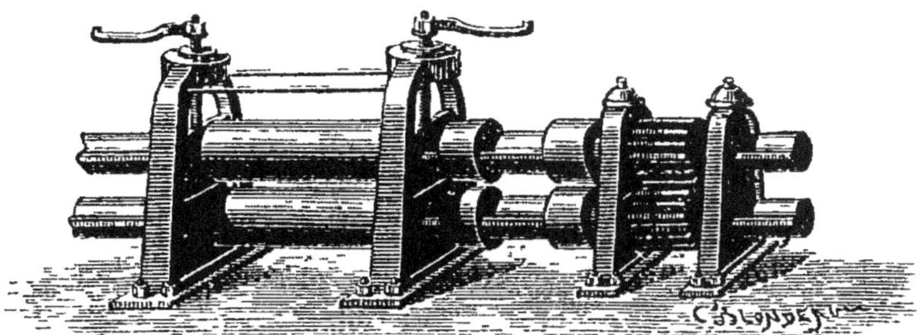

Fig. 52. — Laminoir.

sous l'action du marteau ou du laminoir (fig. 52). L'argent, le cuivre, l'or surtout, sont les métaux les plus malléables.

2º La *ductilité*, qui permet de les étirer en fils. Au moyen de la filière, avec un gramme d'or, on peut obtenir un fil de 3 kilomètres de longueur.

3º La *ténacité* est la résistance qu'ils opposent à la rupture. Un fil de fer de 2 millim. carrés de section supporte, sans se rompre, un poids de 250 kilos (fig. 53).

4º *Fusibilité*. Tous les métaux sont fusibles : les uns, comme l'étain, le plomb, le sont assez facilement ; les autres, comme l'or, le platine, ne le sont qu'à des températures très élevées.

Fig. 53. — Ténacité du fer.

161. Propriétés chimiques. — Le potassium est le seul métal qui s'oxyde à la température ordinaire en présence de l'air ou de l'oxygène sec. L'air humide, surtout s'il est chargé d'anhydride carbonique, attaque la plupart des métaux. Le fer se recouvre à la longue d'une couche d'hydrate de sesquioxyde de fer (*rouille*) ; le plomb, le zinc, se ternissent par la formation d'hydrocarbonate de plomb ou de zinc à leur surface ; les statues de bronze sont bientôt recouvertes d'hydrocarbonate de cuivre.

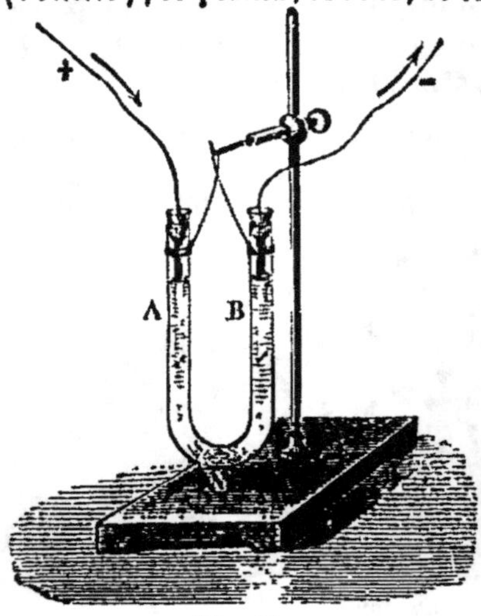

Pour garantir les métaux de l'oxydation, on les enduit de peinture, de vernis ; on protège le fer en le recouvrant d'une couche d'étain (*fer-blanc*) ou de zinc (*fer galvanisé*).

162. Décomposition des sels par la pile. — Si l'on fait passer un courant électrique à travers une dissolution d'un sel métallique, celui-ci est décomposé ; le métalloïde et l'oxygène de la base se portent au pôle positif, tandis que le métal se porte au pôle négatif (fig. 54). C'est sur cette décomposition des sels par la pile qu'est basée la *galvanoplastie* (*Physique*, nº 302).

Fig. 54.

Décomposition d'un sel par la pile.

103. Alliages. — On appelle *alliage* la combinaison de deux ou plusieurs métaux. Les alliages possèdent des propriétés particulières qui les font souvent employer dans l'industrie.

Les principaux alliages sont : le *laiton* (cuivre et zinc), le *maillechort* (cuivre, zinc et nickel), le *bronze* (cuivre et étain), et les *alliages monétaires*.

Quand le mercure est l'un des composants de l'alliage, on donne à celui-ci le nom d'*amalgame*.

Les alliages les plus employés sont les suivants :

Monnaie d'or (française)	Or	900
	Cuivre	100
Vaisselle d'or et bijouterie . . .	Or	750 à 920
	Cuivre	250 à 80
Monnaie d'argent	Argent	835
	Cuivre	165
Vaisselle d'argent	Argent	950
	Cuivre	50
Bronze de monnaie	Cuivre . . . . 93,5 à 95
	Étain . . . . . 6 à 4
	Zinc . . . . . 0,5 à 1
Bronze des cloches	Cuivre	78
	Étain	22
Laiton	Cuivre	65
	Zinc	35
Maillechort	Cuivre	50
	Zinc	25
	Nickel	25
Caractères d'imprimerie	Plomb	80
	Antimoine . .	20

Les alliages sont, en général, plus fusibles que le moins fusible des métaux composants. Il peut même arriver que leur fusibilité soit plus grande que celle de l'élément le plus fusible. Ainsi l'alliage de Darcet, composé de bismuth, d'étain et de plomb, fond à 94°5; celui de Wood, formé de cadmium, de plomb, de bismuth et d'étain, fond à 65°.

Si on laisse refroidir lentement un alliage fondu, on constate que la température s'abaisse, puis reste stationnaire, et qu'en même temps une partie du liquide donne un alliage cristallisé. Si on enlève cette première partie, la température continue à baisser, puis s'arrête de nouveau, et un second alliage se sépare. Il y a donc dans un alliage, homogène en apparence, plusieurs alliages différents et définis. Ce phénomène de séparation successive des alliages est connu sous le nom de *liquation;* il oblige à des précautions spéciales pour la coulée des alliages en métallurgie.

104. Procédés d'extraction des métaux. — Les procédés d'extraction des métaux varient évidemment suivant la nature du minéral.

Si le métal est à l'*état natif*, les moyens mécaniques suffisent le plus souvent pour l'obtenir pur.

Si le minerai est un *oxyde* ou un *carbonate*, on le traite par le charbon à une température élevée; il se dégage de l'anhydride carbonique (*fer, cuivre*).

Si le minerai est un *sulfure* ou un *arséniure*, on le grille d'abord dans un courant d'air; il se forme de l'anhydride sulfureux ou arsénieux, et il reste un oxyde que l'on traite par le charbon.

Si enfin le métal est à l'état de *sel indécomposable* par la chaleur, un silicate, par exemple, on le calcine avec une base, qui est généralement la chaux; il se forme un silicate de calcium et un oxyde, que l'on réduit par le charbon.

Remarque. — Il existe aujourd'hui de nouveaux procédés basés sur la décomposition des sels métalliques par la pile. C'est ainsi que l'on extrait le cuivre, l'aluminium dans certaines usines; c'est même le seul bon procédé d'extraction de ce dernier métal.

II. Lois de Berthollet.

165. Objet de ces lois. — Ces lois, appelées du nom du chimiste français qui les énonça le premier au commencement de ce siècle, régissent les actions que les acides, les bases et les sels exercent entre eux.

Action des acides sur les sels. — 1° *Un acide quelconque décompose complètement un sel dont l'acide est plus volatil que l'acide employé :*

$$AzO^3K \quad + \quad SO^4H^2 \quad = \quad AzO^3H \quad + \quad SO^4KH$$

azotate de potassium acide sulfurique acide azotique sulfate acide de potassium

2° *Un acide soluble décompose complètement un sel dont l'acide est insoluble :*

$$SiO^3Na^2 \quad + \quad SO^4H^2 \quad = \quad SiO^3H^2 \quad + \quad SO^4Na^2$$

silicate de sodium acide sulfurique acide silicique sulfate de sodium

3° *Un acide décompose toujours un sel quand il peut former avec sa base un autre sel insoluble :*

$$(AzO^3)^2Ba \quad + \quad SO^4H^2 \quad = \quad 2AzO^3H \quad + \quad SO^4Ba$$

azotate de baryum acide sulfurique acide azotique sulfate de baryum

Action des bases sur les sels. — 1° *Une base fixe décompose toujours un sel dont la base est volatile :*

$$2AzH^4Cl \quad + \quad CaO \quad = \quad 2AzH^3 \quad + \quad CaCl^2 \quad + H^2O$$

chlorure d'ammonium chaux vive gaz ammoniac chlorure de calcium eau

2° *Une base soluble décompose complètement un sel dont la base est insoluble :*

$$SO^4Cu \quad + \quad 2KOH \quad = \quad SO^4K^2 \quad + \quad Cu(OH)^2$$

sulfate de cuivre potasse sulfate de potassium hydrate de cuivre

3° *Une base décompose toujours un sel quand elle peut former avec son acide un sel insoluble :*

$$SO^4K^2 \quad + \quad Ba(OH)^2 \quad = \quad SO^4Ba \quad + \quad 2KOH$$

sulfate de potassium baryte sulfate de baryum potasse

Action des sels sur les sels. — *Si on mélange deux dissolutions salines, la décomposition réciproque est totale:*

1° Quand de leur action mutuelle peut résulter un sel insoluble :

$$SO^4Na^2 \quad + \quad (AzO^3)^2Ba \quad = \quad SO^4Ba \quad + \quad 2(AzO^3Na)$$

sulfate de sodium   azotate de baryum   sulfate de baryum   azotate de sodium

2° Quand il peut se former un sel volatil dans les conditions de l'expérience.

Exemple : en chauffant le mélange de sel marin ($NaCl$) et le sulfate mercurique ($HgSO^4$), le sublimé corrosif ou chlorure mercurique ($HgCl^2$) se volatilise :

$$2NaCl \quad + \quad HgSO^4 \quad = \quad SO^4Na^2 \quad + \quad HgCl^2$$

chlorure de sodium   sulfate mercurique   sulfate de sodium   chlorure mercurique

QUESTIONNAIRE. — Que sont les métaux? — Quelles sont leurs combinaisons naturelles? — Nommez et définissez les principales propriétés physiques des métaux. — Les métaux peuvent-ils cristalliser? — Donnez-en un exemple. — Quelle est l'action de l'air sur les métaux? — Comment peut-on garantir les métaux de l'oxydation? — Qu'arrive-t-il quand on fait passer un courant électrique dans un sel métallique en dissolution? — Qu'est-ce qu'un alliage? — Quels sont les principaux alliages? — Quels procédés emploie-t-on généralement pour extraire le métal d'un oxyde? d'un carbonate? d'un sulfure? d'un arséniure? d'un sel indécomposable par la chaleur?

Énoncez les lois de Berthollet, et donnez un exemple comme application de chacune d'elles.

CHAPITRE II

POTASSIUM. — SODIUM. — CALCIUM

I. Potassium, K = 39.

166. Historique et état naturel. — Le *potassium* fut découvert en 1807 par Davy, qui l'obtint en décomposant *l'hydrate de potassium* ou *potasse caustique* (KOH) par la pile (fig. 55). Il n'existe dans la nature qu'à l'état de combinaisons (chlorure de potassium, KCl; carbonate de potassium, CO^3K^2, etc.).

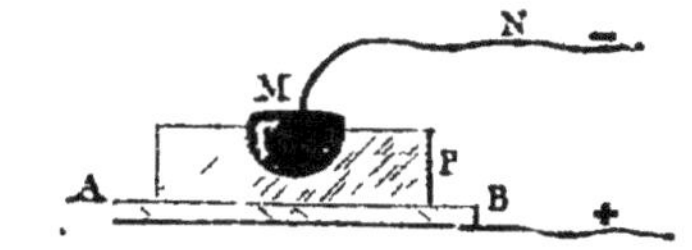

Fig. 55. — Décomposition de la potasse par la pile.

AB, plaque conductrice; P, potasse caustique présentant une cavité M remplie de mercure communiquant avec le pôle négatif de la pile par le fil N.

167. Propriétés. — Le potassium est un métal mou à la température ordinaire, ayant l'éclat de l'argent quand il est fraîchement coupé. Il fond à 62 degrés ; sa densité est 0,86.

Le potassium est très oxydable à l'air; il flotte sur l'eau et la décompose à la température ordinaire; l'hydrogène dégagé s'enflamme par la chaleur qui résulte de la combinaison (fig. 56). Ce métal est si avide d'oxygène, qu'on ne peut le conserver que dans l'huile de naphte, liquide qui n'en renferme pas.

Fig. 56.
Décomposition de l'eau par le potassium.

167. Préparation. — On le prépare en décomposant, à une haute température, un mélange de carbonate de potassium (CO_3K_2), de charbon et de craie. La craie n'intervient que pour empêcher la fusion de la masse. La réaction est la suivante :

$$CO_3K_2 + 2C = 2K + 3CO$$

Les vapeurs de potassium qui se dégagent, se condensent dans un récipient refroidi, et le potassium est recueilli sous l'huile de naphte, pendant que le gaz oxyde de carbone se dégage.

168. Potasse caustique (KOH). — La *potasse caustique* est un corps solide blanc, déliquescent, très soluble dans l'eau. C'est un caustique énergique qui corrode les tissus. Elle colore en bleu la teinture de tournesol rougie par un acide. Les anciens alchimistes lui donnaient le nom d'*alcali*, et c'est de là qu'est venu le nom de métaux *alcalins* (capables de former des alcalis), donné aux métaux, comme le potassium et le sodium.

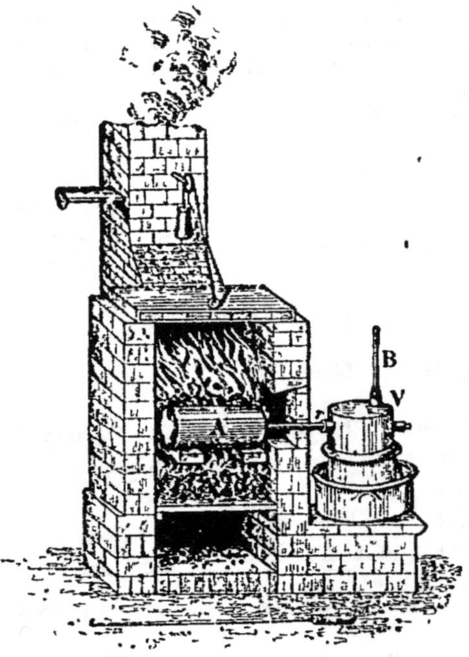

Fig. 57. — Préparation du potassium.

A, cylindre en fer dans lequel s'opère la réduction. Les vapeurs de potassium se rendent, par le tube *r*, dans le récipient V, renfermant de l'huile de naphte. Les gaz se dégagent par le tube B.

Pour la préparer, on fait bouillir 1 partie de carbonate de potassium (CO_3K_2) dans

10 parties d'eau, et on y ajoute petit à petit un lait de chaux; il se forme du carbonate de calcium insoluble, et la potasse reste en dissolution. On filtre et on évapore à siccité (*potasse à la chaux*). On la purifie par dissolution dans l'alcool (*potasse à l'alcool*).

Elle est employée comme réactif en chimie et comme *pierre à cautère*.

169. Carbonate de potassium ou Potasse du commerce (CO^3K^2). — Dans le commerce, on désigne sous le nom de *potasse* le carbonate de potassium impur qui provient de l'incinération des végétaux. Pour l'obtenir, on lave les cendres et on évapore les eaux de lavage. On la retire également des lies de vin et des salins de betteraves.

Le carbonate de potassium est employé dans la fabrication du savon mou, du verre, de l'azotate de potassium ou salpêtre, du bleu de Prusse, de l'eau de Javel, du chlorate de potassium; pour le dégraissage des laines, le lessivage du linge (usage des cendres de bois).

170. Azotate de potassium (AzO^3K). — L'*azotate de potassium*, appelé aussi *sel de nitre* ou *salpêtre*, est un sel anhydre, blanc, d'une saveur piquante, très soluble dans l'eau.

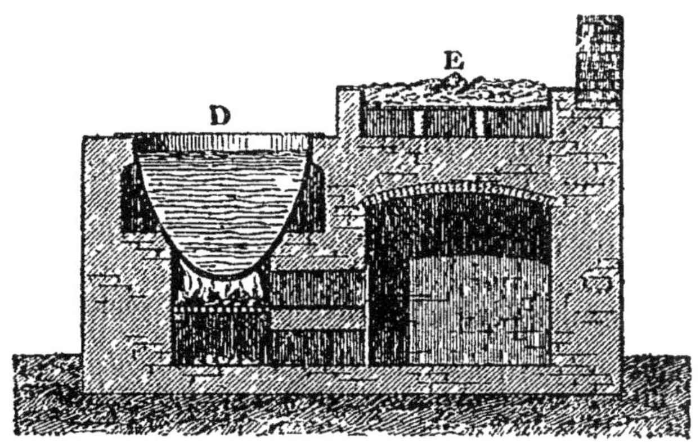

Fig. 58. — Extraction du salpêtre des vieux plâtras.
D, cuve où s'évaporent les eaux de lavage; E, salpêtre cristallisé mis à égoutter et à sécher.

Il est abondant dans les Indes et en Egypte, où il forme des efflorescences à la surface du sol. Il se produit sur les murs des endroits humides, caves, écuries, et partout où se trouvent à la fois du carbonate de potassium et des matières animales azotées en décomposition.

On l'extrait des vieux plâtras, en les soumettant à des lavages méthodiques et en évaporant les eaux de lavage (fig. 58).

L'azotate de potassium abandonne facilement son oxygène; c'est donc un oxydant énergique. Projeté sur des charbons ardents, il en active énergiquement la combustion. Des fragments de soufre, projetés dans de l'azotate de potassium en fusion (fig. 59), s'enflamment et brûlent avec une flamme éblouissante.

Fig. 59. — Combustion du soufre sur le salpêtre

On l'emploie surtout dans la fabrication de la poudre et pour la préparation de l'acide azotique (n° 111).

Poudre. — La poudre est un mélange intime de 75 parties d'azotate de potassium, de 12 parties et demie de soufre et de 12 parties et demie de charbon. Ces proportions varient peu avec les diverses espèces de poudre. Elles correspondent à peu près à la formule suivante :

$$3C + S + 2AzO^3K$$

Les produits de la combustion sont donnés par l'équation :

$$3C + S + 2Az^2O^3K = 3CO^2 + 2Az + K^2S$$

Carbone   soufre   salpêtre   gaz carbonique   azote   sulfure de potassium.

Le mélange, réduit en poudre très fine et placé dans des mortiers, est soumis à l'action de pilons en bois, pendant 14 heures; on l'arrose de temps en temps avec de l'eau pour prévenir l'inflammation. On fait ensuite passer la pâte à travers un crible appelé *guillaume*, qui détermine la grosseur des grains; la poudre est ensuite portée à l'étuve pour être séchée.

171. Chlorate de potassium (ClO^3K). — *Le chlorate de potassium* est un sel blanc, cristallisé en lamelles rhomboïdales, inaltérables à l'air. Mélangé avec du soufre, il détone violemment sous le choc.

Dans les laboratoires, on le prépare en faisant passer un courant de chlore dans une dissolution concentrée de potasse caustique chauffée :

$$6Cl + 6KOH = ClO^3K + 5KCl + 3H^2O$$

chlore   potasse   chlorate de potassium   chlorure de potassium   eau

Dans l'industrie, on chauffe ensemble de l'eau, de la chaux éteinte, du chlorure de potassium, et on fait passer un courant de chlore. Il se forme du chlorure et du chlorate de calcium; ce dernier, par double décomposition avec le chlorure de potassium, se convertit en

chlorure de calcium très soluble et en chlorate de potassium qui se
dépose :

$$KCl + 3CaO + 6Cl = ClO^3K + 3CaCl^2$$
chlorure de potassium   chaux vive   chlore   chlorate de potassium   chlorure de calcium

Le chlorate de potassium sert à préparer l'oxygène, les amorces
fulminantes, les allumettes sans soufre. On l'emploie dans le traitement des maux de gorge. On l'utilise aussi en pyrotechnie.

II. Sodium, Na = 23.

172. Historique et état naturel. — Le *sodium* fut découvert
en 1807 par Davy, qui l'obtint en décomposant l'*hydrate de
sodium* ou *soude caustique* (NaOH) par la pile. Il existe à l'état
de chlorure dans les eaux de la mer (*sel marin*) et dans certains
terrains (*sel gemme*). Beaucoup de plantes marines renferment
des sels de sodium.

173. Propriétés. — Bien que le sodium soit un peu moins
oxydable que le potassium, ses propriétés sont à peu près les
mêmes. On obtient le sodium par la décomposition du carbonate
de sodium au moyen du charbon en présence de la craie,
comme pour l'extraction du potassium.

174. Soude caustique (NaOH). — La *soude caustique* s'obtient en traitant le carbonate de sodium par la chaux. Le procédé employé est le même que pour la potasse caustique. La
soude possède toutes ses propriétés et sert aux mêmes usages.

175. Carbonate de sodium ou soude du commerce (CO^3Na^2).
— Le *carbonate de sodium* est un sel blanc, efflorescent, ce
qui le distingue du carbonate de potassium, qui est déliquescent *.

Les *soudes naturelles* sont celles qui proviennent de l'incinération des végétaux marins (varechs). On les obtient par
lessivage des cendres et évaporation des eaux de lavage.

Les *soudes artificielles* s'obtiennent en chauffant, à une haute
température, du sulfate de sodium (SO^4Na^2), du charbon et de
la craie (CO^3Ca) (*procédé Leblanc*, fig. 60). Ce procédé exige
du sulfate de sodium, qu'on obtient à l'aide du sel marin (NaCl)
et de l'acide sulfurique; il faut donc des fours à pyrites et des

---

* Un corps est dit *déliquescent* lorsqu'il absorbe la vapeur d'eau de l'atmosphère et se dissout dans l'eau absorbée.

Il est dit *efflorescent* lorsqu'il abandonne dès la température ordinaire une
partie de l'eau qu'il renfermait. Sa surface devient alors opaque, en même temps
qu'elle se recouvre d'une fine poussière ou *fleur*, d'où le nom de corps *efflorescent*.

chambres de plomb, ce qui nécessite une assez grande complication d'appareils ; aussi a-t-on cherché à le remplacer.

Au *procédé Leblanc* on substitue généralement le *procédé Solvay*. Le chlorure de sodium, en solution concentrée, décom-

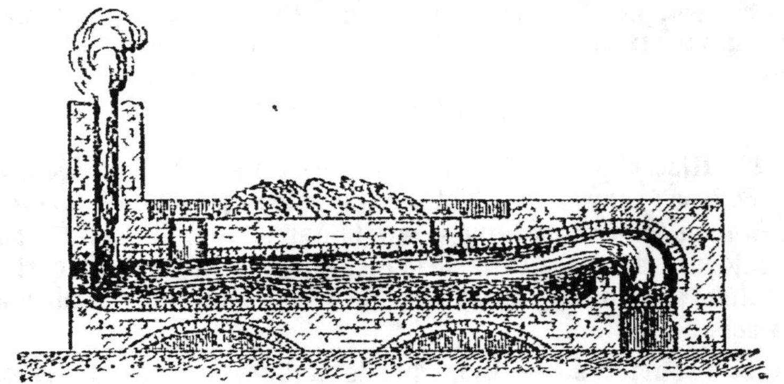

Fig. 60. — Fabrication de la soude (procédé Leblanc).

pose le bicarbonate d'ammonium* en chlorure d'ammonium et bicarbonate de sodium ; une calcination légère transforme ce dernier sel en carbonate neutre. Les réactions suivantes indiquent la marche des opérations :

$$NaCl + CO^3(AzH^4)H = AzH^4Cl + CO^3NaH$$

chlorure de sodium   bicarbonate d'ammonium   chlorure d'ammonium   bicarbonate de sodium

$$2CO^3NaH = CO^3Na^2 + CO^2 + H^2O$$

bicarbonate de sodium   carbonate de sodium   gaz carbonique   eau

Le chlorure d'ammonium, traité par la chaux, régénère l'ammoniaque, qu'un courant de gaz carbonique transforme en bicarbonate d'ammonium.

Le carbonate de sodium sert à la fabrication des savons durs, du verre à bouteille, au lessivage des laines et du linge.

176. Bicarbonate de sodium (CO^3NaH). — Le *bicarbonate de sodium* est un sel blanc, d'une saveur alcaline, peu soluble dans l'eau froide. La chaleur lui fait perdre une molécule d'anhydride carbonique et le transforme en carbonate neutre de sodium (CO^3Na^2). Il existe en dissolution dans les eaux de Vals (Ardèche) et de Vichy (Allier).

On le prépare en faisant passer un courant d'anhydride carbonique sur du carbonate de sodium pulvérisé. On l'emploie en médecine contre les maux d'estomac, et pour préparer l'eau de Seltz artificielle.

Les *bicarbonates* sont des carbonates acides provenant de la substitution dans la formule de l'acide carbonique d'un atome de métal à un atome d'hydrogène. CO^3H^2 (acide carbonique) donne, par exemple, CO^3HNa (bicarbonate de sodium) ; le carbonate neutre serait CO^3Na^2.

177. Sulfate de sodium (SO^4Na^2). — Le *sulfate de sodium* est un sel blanc d'une saveur amère, très soluble dans l'eau. Il existe dans les eaux-mères des marais salants, desquelles il précipite pendant l'hiver et pendant les nuits. On le prépare artificiellement, en traitant le chlorure de sodium par l'acide sulfurique. On l'employait jadis en médecine comme purgatif, sous le nom de *sel de Glauber;* il sert dans la fabrication du carbonate de sodium par le *procédé Leblanc,* et dans la préparation du verre ordinaire.

178. Chlorure de sodium ou sel marin (NaCl). — Le *chlorure de sodium* est un corps solide, inodore, blanc, doué d'une saveur particulière; il cristallise en cubes dont le groupement forme des pyramides quadrangulaires creuses (*trémies,* fig. 61). Il est soluble dans l'eau, et sa solubilité varie peu avec la température.

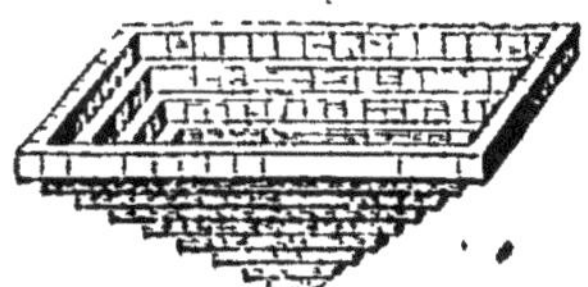

Fig. 61. — Trémie de sel.

Le chlorure de sodium est très répandu dans la nature. On le trouve :

1° A l'état solide, dans le sein de la terre (*sel gemme*). Il existe des mines de sel en Pologne (Wieliczka), en Souabe, en Bavière, dans le Wurtemberg, en Espagne (mines de Cordoue), en France (Lons-le-Saunier).

Quand les amas de sel sont considérables, on les exploite directement; quand ils le sont moins, on envoie, par des trous de sondage, de l'eau qui se charge de sel et que l'on évapore ensuite.

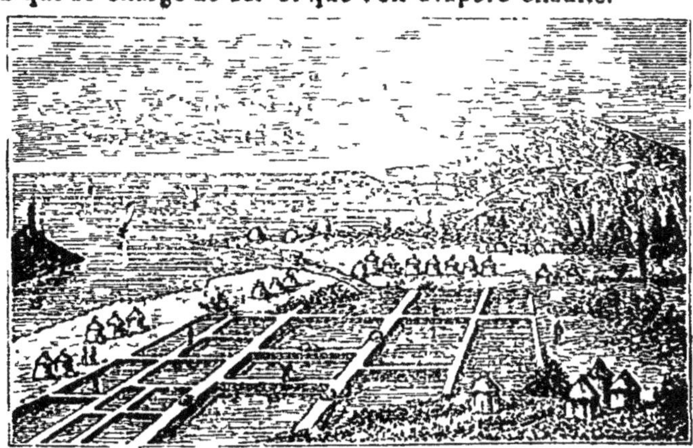

Fig. 62. — Marais salants.

2° Dans les eaux de la mer, qui en contiennent environ 2 p. % (*marais salants,* fig. 62). On évapore l'eau de mer dans une série de bassins peu profonds. Le sel obtenu contient, outre le chlorure de sodium, du chlorure de magnésium, des sulfates de calcium et de magnésium en assez faibles proportions.

Le chlorure de sodium sert à préparer l'acide chlorhydrique (nº 80), le sulfate et le carbonate de sodium. On l'emploie pour vernisser les poteries grossières : le sel projeté dans les fours où se fait la cuisson se décompose, sous l'action de la vapeur d'eau, de la silice et du silicate de potassium des poteries, en acide chlorhydrique et silicate double d'aluminium et de potassium. Ce dernier corps forme le vernis. On utilise aussi le sel pour conserver les viandes et pour assaisonner les aliments.

III. Calcium, Ca = 40.

179. Historique. — Le *calcium* fut découvert en 1808 par Davy, qui l'obtint en décomposant la chaux éteinte ou hydrate de calcium, $Ca(OH)^2$, par la pile. Aujourd'hui on décompose l'iodure de calcium par le sodium.

180. Propriétés. — Le calcium est un métal blanc d'argent, très brillant, très altérable à l'air humide. Il brûle dans l'air avec une flamme éclatante.

181. Chaux ou oxyde de calcium (CaO). — La *chaux vive* est une matière blanche, caustique, infusible.

Au contact de l'eau, elle se gonfle et se délite en dégageant beaucoup de chaleur; on obtient ainsi la *chaux éteinte* ou hydrate de calcium, $Ca(OH)^2$.

$$CaO \quad + \quad H^2O \quad = \quad Ca(OH)^2$$
chaux vive   eau   chaux éteinte

On prépare la chaux en chauffant au rouge vif, dans des fours

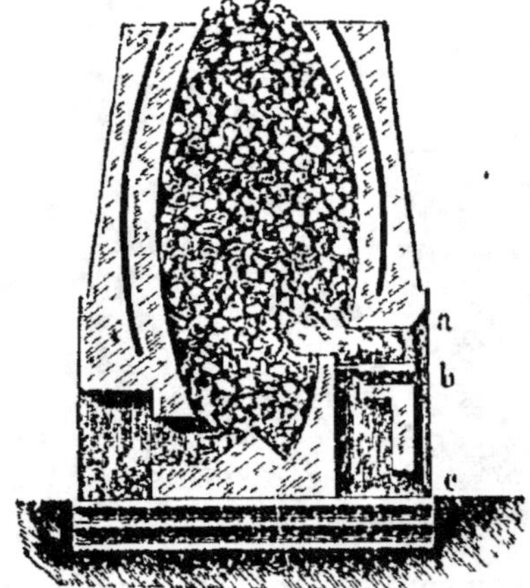

Fig. 63. — Four à chaux.

appelés *fours à chaux* (fig. 63), du *calcaire* ou *pierre à chaux* (carbonate de calcium); le gaz carbonique se dégage, et il reste de la chaux vive. Suivant la nature du calcaire employé, on obtient de la *chaux aérienne* ou de la *chaux hydraulique*.

La chaux aérienne est *grasse*, quand elle provient de calcaire presque pur; elle est alors blanche et donne avec l'eau une pâte liante et onctueuse. Elle est *maigre*, quand le calcaire renferme un peu d'argile ou d'autres substances; elle donne alors une pâte peu liante.

La *chaux hydraulique,* ainsi appelée parce qu'elle durcit sous l'eau, provient de calcaires renfermant de 10 à 30 p. % d'argile. Lorsqu'elle renferme de 30 à 60 % d'argile, on lui donne le nom de *ciment.*

Le *mortier* est un mélange de sable, de chaux éteinte et d'eau, destiné à unir les matériaux de construction. Les mortiers hydrauliques durcissent rapidement, parce que l'argile, privée d'eau par calcination, tend à s'hydrater pour former des composés durs et insolubles (silicate de calcium et d'aluminium).

Le *béton* est un mélange de chaux hydraulique, de cailloux et de sable. On l'emploie dans les fondations des bâtiments et dans la construction des piles de pont.

182. Carbonate de calcium (CO^3Ca). — Le *carbonate de calcium* est très répandu dans la nature. Cristallisé, il constitue le *spath d'Islande* * et l'*aragonite* **. Amorphe, il constitue le calcaire grossier (pierre de taille, pierre à bâtir), la *craie,* le *marbre,* la *pierre à chaux,* la *pierre lithographique* ***. Il fait effervescence avec les acides; il est insoluble dans l'eau pure, mais soluble dans l'eau chargée d'anhydride carbonique.

183. Sulfate de calcium ou plâtre (SO^4Ca). — Le *sulfate de calcium* est abondant dans la nature. C'est le *gypse* ou *pierre à plâtre:* corps blanc, insipide, très peu soluble dans l'eau. On le trouve parfois en grands cristaux ayant la forme de fer de lance (fig. 64).

Fig. 64.
Gypse en fer de lance.

On prépare le *plâtre* en chauffant le gypse vers 120° pour le déshydrater (fig. 65). Il est ensuite pulvérisé et tamisé. Il faut le conserver à l'abri de l'humidité. Mélangé à son volume d'eau, le plâtre s'hydrate, augmente de volume, et se prend en masse compacte très dure.

---

* Le *spath d'Islande,* en cristaux rhomboïdriques (c'est-à-dire à six faces losange), est transparent et *biréfringent,* c'est-à-dire qu'un objet placé derrière est vu double.

** L'*aragonite* cristallise en longues aiguilles prismatiques.

*** La *pierre lithographique* est un calcaire à grain très fin susceptible d'un beau poli.

Il est employé pour recouvrir les murs, pour le moulage, l'amendement des terres. Gâché avec de la colle forte, il donne le *stuc*, plus dur que le plâtre ordinaire et susceptible d'être poli.

Fig. 65. — Four à plâtre.

184. Chlorure de calcium (CaCl²). — *Le chlorure de calcium est* un corps solide très avide d'eau, souvent employé pour dessécher les gaz.

QUESTIONNAIRE. — Par qui et comment le potassium fut-il isolé pour la première fois? — Que se passe-t-il quand on projette du potassium sur l'eau? — Comment prépare-t-on le potassium, et dans quel liquide le conserve-t-on? — Comment prépare-t-on la potasse caustique? — Qu'est-ce que la potasse du commerce? — D'où la retire-t-on? — A quoi sert-elle? — Où trouve-t-on l'azotate de potassium? — A quoi est-il surtout employé? — Quelle est la composition de la poudre? — *Comment prépare-t-on le chlorate de potassium? — A quoi l'emploie-t-on?*

Quelle est la principale combinaison naturelle du sodium? — Quelles sont ses principales propriétés? — Comment obtient-on la soude caustique? — Comment le carbonate de sodium peut-il se distinguer du carbonate de potassium? — D'où proviennent les soudes naturelles? — Comment obtient-on les soudes artificielles? — *Quelles sont les propriétés du bicarbonate de sodium? — Où trouve-t-on le sulfate de potassium?* — Le chlorure de sodium existe-t-il dans la nature? — D'où l'extrait-on?

Qu'est-ce que la chaux? — Comment appelle-t-on la chaux anhydre? — Qu'obtient-on quand on verse de l'eau dessus? — Comment prépare-t-on la chaux? — Quelle différence y a-t-il entre la chaux grasse et la chaux maigre? — Qu'est-ce que le ciment? le mortier? le béton? — Comment fabrique-t-on le plâtre? — A quoi sert le chlorure de calcium?

EXERCICES. — 1. Quel poids de potassium peut-on retirer de 100 kilogr. d'une potasse du commerce qui renferme 60 p. % de potasse caustique?

2. Quel poids de chlorate de potassium pourrait-on préparer avec le potassium contenu dans 100 grammes d'azotate de potassium?

3. Quel est le volume de chlore que renferme 1 gramme de sel marin?

4. L'analyse d'un calcaire donne 0,520 de calcium et 0,400 d'anhydride carbonique. Y a-t-il excès de l'un de ces corps pour constituer un carbonate de calcium ordinaire?

CHAPITRE III

MAGNÉSIUM — ALUMINIUM

I. Magnésium, Mg = 24.

185. Propriétés. — Le *magnésium* est un métal blanc d'argent, très léger, brûlant dans l'air avec une flamme éblouissante, parce que les particules de magnésie produite sont portées à l'incandescence (fig. 67). Cette lumière est très riche en rayons chimiques, c'est-à-dire capable d'influencer les sels d'argent ; aussi s'en sert-on pour photographier dans l'obscurité.

On prépare le magnésium, en décomposant le chlorure de magnésium, produit naturel, par le sodium, en présence du chlorure de potassium et du chlorure de calcium.

186. Magnésie (MgO). — La *magnésie* est une substance blanche pulvérulente, sans saveur ni odeur, insoluble dans l'eau. On l'emploie contre les aigreurs d'estomac et comme purgatif léger ; c'est le contrepoison des sels d'arsenic.

Pour obtenir la magnésie, on calcine l'hydrocarbonate de magnésium (magnésie des pharmaciens).

187. Sulfate de magnésium (SO⁴Mg). — Le *sulfate de magnésium* est un sel blanc soluble dans l'eau, d'une saveur amère. C'est un purgatif souvent employé sous le nom de *sel de Sedlitz* ou *sel d'Epsom*. Il existe dans certaines eaux minérales (eau de Sedlitz).

II. Aluminium, Al = 28.

188. Propriétés. — L'*aluminium* est un métal blanc, très léger, sa densité n'étant que 2,5 ; il est inaltérable à l'air. C'est un métal précieux par sa malléabilité, sa ducti-

Fig. 67.

Combustion du magnésium

lité, égale à celle de l'argent, et sa résistance aux acides ; l'acide chlorhydrique seul le dissout. Les dissolutions alcalines l'attaquent aussi. Enfin il est peu fusible (son point de fusion est vers 625°). Ses usages tendent à se répandre de plus en plus, car il est peu oxydable; cependant l'eau de mer l'attaque, ce qui empêche de l'appliquer au doublage des navires. Un alliage de 10 % d'aluminium, 90 % de cuivre, constitue le *bronze d'aluminium* employé dans l'orfèvrerie.

Il n'existe pas dans la nature à l'état libre; mais, combiné à la silice, il est très abondant (*argile*).

L'extraction de l'aluminium s'est faite pendant longtemps d'après le procédé de H. Sainte-Claire Deville. On réduisait par le sodium le chlorure double d'aluminium et de sodium.

Le chlorure double d'aluminium et de sodium n'est pas un produit naturel ; on l'obtient en traitant par le chlore un mélange de charbon, d'oxyde d'aluminium (*alumine*) et de chlorure de sodium.

Aujourd'hui on décompose par un courant intense, dans un four électrique, un mélange d'alumine et de fluorure d'aluminium et de sodium.

189. Alumine (Al^2O^3). — *L'alumine* ou *oxyde d'aluminium* est très répandue dans la nature; cristallisée, elle constitue les pierres précieuses telles que le *rubis oriental* (rouge), le *saphir oriental* (bleu), la *topaze orientale* (jaune); combinée à la silice, elle forme les *argiles*. L'émeri, employé dans le polissage des glaces et des métaux, est de l'alumine colorée en noir par l'oxyde de fer.

190. Aluns. — Les aluns sont des sulfates doubles isomorphes du sulfate double d'aluminium de potassium ou alun ordinaire $(SO^4)^3Al^2 + SO^4K^2 + 24H^2O$. — Leur formule générale est $(SO^4)^3M^2 + SO^4M_1^2 + 24H^2O$ dans laquelle M représente Al, Fe, Mn, Cr, et M_1 représente K, Na, AzH^4, Ag.

Le plus important est l'alun de potassium ou alun ordinaire. Il provient de l'action de l'acide sulfurique sur l'alumine naturelle hydratée. Il se produit aussi dans le mélange des solutions de sulfate de potassium et de sulfate d'aluminium; c'est un sel blanc, cristallisé, d'une saveur d'abord sucrée et ensuite amère, soluble dans l'eau, très employé dans la teinture et pour le tannage des peaux.

191. Argiles. — Les *argiles* sont constituées essentiellement par du silicate d'aluminium. Elles sont plastiques, c'est-à-dire qu'elles se laissent facilement pétrir avec les doigts, de là leur emploi dans la sculpture et le moulage ; elles sont savonneuses au toucher et se laissent rayer facilement avec l'ongle.

Elles font pâte avec l'eau et deviennent alors imperméables. Un morceau d'argile placé sur la langue absorbe la salive et produit une impression de sécheresse : on dit qu'il happe à la langue.

Les argiles durcissent par la cuisson, d'où leur emploi dans la fabrication des poteries.

On distingue plusieurs variétés d'argile :

1° Le *kaolin ;* c'est du silicate d'aluminium pur, hydraté, de couleur blanche; il est infusible aux hautes températures. Il provient de la décomposition des feldspaths, silicates doubles d'aluminium et de potassium. Ces sels, très abondants dans la nature, se dédoublent sous l'action de l'eau en silicate de potassium soluble et en silicate d'aluminium insoluble. Le kaolin est abondant en France près de Saint-Yricix, en Saxe et en Chine.

2° La *terre glaise* des sculpteurs; c'est une argile impure, elle contient de la chaux et de l'oxyde de fer qui la colore en jaune rougeâtre; elle fond aux températures élevées.

3° La *terre à foulon* ou *argile smectique ;* c'est une argile plus impure que la précédente; elle forme avec l'eau une pâte peu liante; elle possède la propriété d'absorber les corps gras, aussi sert-elle dans le dégraissage des étoffes.

4° La *marne* est un mélange de calcaire (au moins 20 %) et d'argile. Elle est employée en agriculture pour l'amendement des terres.

192. Poteries. — La grande plasticité de l'argile la rend très propre à la fabrication des poteries. Mais, par la cuisson, elle se contracte et se fendille, ce qui est un grave inconvénient. Pour y remédier, on la mélange avec différentes matières, le sable, le plâtre, qui diminuent la contraction due à la dessiccation, mais rendent l'argile plus difficile à travailler. Les principales poteries sont :

A. — La *porcelaine.* On en fait de la vaisselle, des creusets, des capsules employées dans les laboratoires, des objets d'ornementation (porcelaine de Sèvres, de Saxe).

La pâte à porcelaine se compose de kaolin, de quartz et de feldspath ; c'est cette dernière substance qui fond durant la cuisson et remplit les pores de la pâte. On broie très finement le quartz et le feldspath, on les lave. Ils sont ensuite mélangés au kaolin humide et malaxés très longtemps ensemble de manière à former une pâte homogène. Celle-ci est ensuite soumise à l'action de l'air, qui améliore ses qualités. Cette exposition à l'air doit durer plusieurs années.

Avant la *cuisson,* on fait subir à la pâte l'une des trois opérations suivantes : le *tournassage,* le *coulage* et le *moulage.*

1° *Tournassage.* — Un *tour* de potier se compose d'un axe vertical supportant à son extrémité inférieure un large disque, et, à l'extrémité supérieure, un disque plus petit. L'ouvrier imprime au tour le mouvement de rotation, en agissant avec les pieds sur le disque inférieur; en même temps, avec les mains, il donne à la pâte, placée au centre du disque supérieur, la forme voulue Quand l'ébauche de l'objet est assez avancée, on dessèche, puis un second ouvrier donne à l'ouvrage son fini.

2° *Moulage*. — Les moules dont on se sert en céramique sont en plâtre ou en terre cuite. On applique sur le moule des plaques de pâte plus ou moins épaisses, et on les presse avec une éponge, de façon qu'elles s'appliquent exactement sur le modèle.

3° *Coulage*. — On verse dans un moule en plâtre la pâte très délayée d'eau. Le plâtre absorbe l'eau, et la pâte se solidifie; quand on a séparé l'excès de liquide, on retire l'objet, qui est plus ou moins épais, suivant la durée de l'opération.

Cuisson. — Ces préparations terminées, on fait subir aux objets de porcelaine une première cuisson ou *dégourdi*.

A cet effet, ils sont placés dans le compartiment supérieur d'un four a porcelaine, où ils se dessèchent et acquièrent une certaine consistance, tout en restant très poreux.

On plonge ensuite un instant la porcelaine dégourdie dans une bouillie claire de quartz et de feldspath appelée *barbotine*. La pâte absorbe l'eau, qui laisse à la surface une mince couche vitrifiable qui, après la deuxième cuisson, formera l'*émail* ou *glaçure*.

Ensuite on fait la deuxième cuisson. Pour cela, on place les objets dans des cylindres en terre réfractaire (*cazettes*), qu'on empile les uns au-dessus des autres. Les cazettes protègent la surface de la porcelaine contre la fumée et les poussières. Au sortir du four, la porcelaine a subi un commencement de fusion; elle est devenue translucide : elle appartient à la classe des poteries *demi-vitrifiées*.

Four à porcelaine. — Un four à porcelaine comprend trois étages. Au plus élevé sont placés les objets à dégourdir, aux autres s'effectue la seconde cuisson; chaque four est chauffé par quatre foyers extérieurs.

Au bout de douze jours environ, on laisse le four se refroidir lentement avant de défourner.

On couvre souvent la surface de la porcelaine de couleurs mêlées à des matières vitrifiables assez fusibles. Les matières colorantes sont des oxydes métalliques. On les délaye dans l'essence de térébenthine, et on les applique au pinceau On chauffe ensuite dans des fours disposés de telle façon, qu'un ouvrier peut suivre du dehors l'action de la cuisson sur la matière colorante.

B. — *Grès cérames*. Ils sont demi-vitrifiés, durs, imperméables, mais non translucides. La pâte est moins pure que la pâte à porcelaine aussi les objets sont-ils souvent colorés par de l'oxyde de fer. On les cuit à très haute température. Pour les vernir on projette dans le four du chlorure de sodium, qui se vaporise, se décompose au contact du grès et forme un vernis fusible (V. n° 178.).

C. — *Faïences et poteries communes*. On fabrique les faïences avec de l'argile plastique et du quartz finement pulvérisé. On soumet les pièces à deux cuissons. La première leur donne de la dureté; puis on les recouvre d'un vernis fusible formé de quartz, de carbonate de potassium et d'oxyde de plomb. Ce vernis fond pendant la deuxième cuisson, et recouvre la surface d'une couche vitreuse et imperméable de silicate de potassium et de plomb.

Les poteries communes sont faites avec des argiles ferrugineuses mêlées de sable. La couverte est un silicate d'aluminium et de plomb. Ces couvertes à base de plomb devraient être évitées : elles cèdent trop facilement leur métal aux acides des préparations culinaires.

D. — Les poteries grossières : tuiles, carreaux, pots à fleurs, etc., sont faits avec des marnes mêlées de sable. La pâte, façonnée à la main, est soumise à une température relativement peu élevée. ,

E. — Les briques sont façonnées au moule, séchées d'abord à l'air, puis au four; les briques réfractaires sont faites avec des argiles très pures.

193. Verre. — Le *verre* est un mélange de divers silicates de potassium, de sodium, de calcium, d'aluminium, de plomb, de fer, etc. Les verres sont transparents, cassants, doués d'un éclat particulier dit *vitreux*. La chaleur les amène à l'état pâteux, ce qui permet de les façonner. Les glaces sont coulées, les vitres et les bouteilles sont en verre soufflé.

Employé seul, le silicate alcalin donnerait un verre soluble dans l'eau et fusible; le silicate de calcium seul a une tendance marquée à cristalliser, par conséquent à se dévitrifier. Le silicate de plomb rend le verre plus fusible et lui donne un pouvoir réfringent plus considérable. On fait donc varier les proportions des divers silicates suivant le but à atteindre.

Les verres peuvent se diviser en verres ordinaires et en verres à base de plomb.

A. — Les principales variétés de verre ordinaire sont :

1º Le *verre à vitre*, silicate double de sodium et de calcium ; obtenu en fondant du sable fin, de la craie et du carbonate de sodium. Le *verre à glaces* contient moins de chaux que le verre à vitre, aussi est-il moins dévitrifiable.

2º Le *verre à bouteilles*, silicate double de calcium et d'aluminium, auquel se trouvent associés du potassium et du fer qui lui donne sa coloration ;

3º *Le verre de Bohême* s'obtient en fondant du quartz, de la chaux vive et du carbonate de potassium. Ce verre est transparent, très léger, peu fusible et inaltérable. Il sert à fabriquer la verrerie de table et des appareils de laboratoire.

4º *Crown-glass.* — C'est un verre plus riche en chaux et en potasse que le verre de Bohême. Il est employé dans la fabrication des instruments d'optique.

B. — Les verres à base de plomb sont :

1º Le *cristal*, silicate double de potassium et de plomb. C'est le nom générique de tous les verres à base de plomb. Il est employé dans la verrerie de luxe. Le plomb lui donne de la transparence et augmente sa réfringence.

2o *Flint-glass.* — On l'obtient en fondant du sable fin, du minium et du carbonate de potassium ; il est dense, limpide et très réfringent. On l'emploie dans les instruments d'optique.

3o *Strass.* — Il contient encore plus de plomb que le flint ; c'est le plus dense et le plus réfringent des verres ; il sert à imiter les pierres précieuses.

4o *Émail.* — C'est un cristal rendu opaque par du bioxyde d'étain ou du phosphate de calcium. En introduisant dans la pâte des oxydes métalliques, on a des émaux colorés.

Les verres colorés s'obtiennent en ajoutant à la pâte différents oxydes métalliques.

Travail du verre. — Les matières premières employées pour la fabrication du verre sont : le sable, qui fournit la silice ; le carbonate ou le sulfate de sodium, et la craie ou l'argile. Ces matières sont d'abord broyées, puis *frittées*, c'est-à-dire cal-

Fig. 67. — Travail du verre.

cinées légèrement ; enfin chauffées dans des creusets en terre réfractaire appelés *pots de verrier*, où on les maintient en fusion pendant 10 à 12 heures. Le verre est alors à l'état pâteux, ce qui permet de le travailler avec facilité. Aussitôt façonnés, les objets en verre sont placés dans des fours spéciaux, où ils se refroidissent très lentement.

Les fours de verreries sont chauffés au gaz et pourvus de récupérateurs de chaleur. (Voir plus loin, à la métallurgie du fer, le principe de ces récupérateurs.) La température y atteint de 1000 à 1200 degrés.

Trempe. — Le verre fortement chauffé et brusquement refroidi *se trempe*, devient très cassant. Pour éviter cet inconvénient, on *recuit* le verre trempé. Le verre trempé, en se brisant, se réduit en poudre fine. C'est ce qu'on montre à l'aide des *larmes bataviques.* Ce sont des globules de verre qu'on obtient en faisant tomber des gouttes de verre fondu dans de l'eau froide. Si l'on casse leur pointe, tout le globule se réduit en poussière.

En trempant *lentement* le verre, on diminue sa fragilité. Le verre dit *incassable* est du verre trempé par immersion dans l'huile.

QUESTIONNAIRE. — *Que donne la combustion du magnésium?* — *Qu'est-ce que la magnésie?*

Quelles sont les propriétés de l'aluminium? — Quelles sont les principales variétés d'alumine qu'on trouve dans la nature? — Que sont les aluns? — Quel est le plus important? — A quoi sert-il? — Qu'est-ce que l'argile? — Quelles sont les principales poteries?—Avec quoi sont-elles fabriquées? — Qu'est-ce que le verre? — Quelles sont ses principales variétés? — Comment le travaille-t-on?

CHAPITRE IV

FER — ZINC — ÉTAIN — ANTIMOINE — NICKEL

I. Fer, Fe = 56.

194. Propriétés. — Le *fer* est un métal blanc grisâtre, ductile, malléable et très tenace, fusible vers 1500 degrés. Chauffé au rouge blanc, il se soude à lui-même. Le martelage le rend fibreux; les vibrations, les chocs répétés rendent sa structure cristalline; il devient alors cassant; c'est ce qui occasionne parfois la rupture des essieux de wagons.

Il se combine à tous les métalloïdes, excepté à l'azote. Inaltérable dans l'air sec, il s'oxyde dans l'air humide et se convertit en sesquioxyde de fer hydraté (*rouille*). On prévient son oxydation par la galvanisation, l'étamage ou la peinture.

Le fer se rencontre rarement à l'état natif dans la nature, mais souvent à l'état d'*oxyde magnétique,* de sesquioxyde (*fer oligiste,* hématite rouge ou brune), de carbonate (*fer spathique*), de sulfure (*pyrite*). Ce dernier n'est pas employé en métallurgie.

195. Métallurgie du fer. — La réduction du minerai de fer peut se faire par la *méthode catalane* ou par celle des *hauts fourneaux.*

Méthode catalane. — Le fourneau catalan se compose d'un creuset en briques réfractaires, dans lequel on fait arriver un courant d'air. On remplit le creuset de charbon de bois qu'on allume, et on le recouvre de minerai. L'oxyde de carbone qui se forme réduit le minerai, et le fer en fusion tombe au fond du creuset en une masse spongieuse, que l'on soumet ensuite au martelage pour la rendre compacte. Cette méthode ne donne que le tiers du fer contenu dans le minerai, parce qu'une partie de l'oxyde de fer échappe à la réduction, se combine à la silice du minerai pour former un silicate de fer et d'aluminium, qui est la *scorie*. Le four catalan n'est employé que pour des minerais riches dans des pays où le combustible est abondant et les transports difficiles.

Méthode des hauts fourneaux. — Un haut fourneau présente intérieurement la forme de deux troncs de cône réunis par leur grande base. Le cône supérieur ou *cuve* se termine par une embouchure, le *gueulard*. Le cône inférieur constitue les *étalages* et se termine par un cylindre, *l'ouvrage*, où débouchent les *tuyères*; le fond de ce cylindre est le *creuset*, fermé en avant par une pierre appelée *dame*.

Le haut fourneau est revêtu intérieurement de briques réfractaires; on lui donne une hauteur de vingt mètres environ. On introduit d'abord (fig. 68) du combustible qu'on allume, puis on achève de le remplir avec des couches alternatives de minerai, de fondant et de charbon. Le fondant

Fig. 68. — Haut fourneau.

En A, les matières introduites dans le haut fourneau se dessèchent; en B, le charbon réduit le minerai et donne du fer, lequel descend en G, où, sous l'influence de la haute température qui y règne, il se combine avec du carbone et du silicium pour former de la *fonte*, tandis que la gangue donne, avec le fondant, le *laitier*, qui surnage et s'écoule par l'orifice qui est en H; la fonte s'accumule dans le creuset K. — Les gaz chauds et combustibles qui se dégagent du haut fourneau sont aspirés par le tuyau T, et servent à chauffer l'air lancé en S par la tuyère.

est calcaire (*castine*), si le minerai est siliceux, et siliceux (*erbue*), si le minerai est calcaire.

Des machines soufflantes envoient par les tuyères de l'air à la partie inférieure de l'*ouvrage*.

Les réactions sont identiques à celle de la méthode précédente. A la partie supérieure de la cuve, le minerai se déshydrate, s'échauffe et arrive au rouge sombre (400°), dans la région inférieure de la cuve. Là il est réduit par l'oxyde de carbone qui monte du foyer de combustion ; celui-ci donne d'abord de l'anhydride carbonique; mais, en présence d'un excès de charbon, ce gaz devient de l'oxyde de carbone. Le fer réduit descend dans les étalages, où la température est de 1000° à 1200°; la gangue passe à l'état de silicate d'aluminium et de calcium (*laitier*), et le fer se combine au charbon (*fonte*). La fonte et le laitier se liquéfient dans l'ouvrage, où la température est de 1200° à 2000°, et tombent dans le creuset; le laitier, plus léger, surnage. Dès qu'il déborde la dame, il s'écoule sur un plan incliné, d'où on l'enlève à mesure qu'il se solidifie. Quand le creuset est rempli, on fait écouler la fonte et on la coule en demi-cylindres, qu'on appelle *gueuses* ou *gueusets*.

Les gaz chauds qui sortent du gueulard sont composés principalement d'oxyde de carbone; on les fait brûler dans des chambres en tôle garnies intérieurement de briques réfractaires (récupérateurs Witwell). Les résidus s'échappent par une cheminée d'appel. Quand la masse des briques réfractaires est suffisamment échauffée, on ferme toutes les issues et on ouvre une tubulure par où arrive l'air d'une machine soufflante; cet air s'échauffe en parcourant les chambres et arrive à la température du rouge aux tuyères du haut fourneau.

196. Fonte. — La *fonte* est un *carbure de fer* contenant de 3 à 6 p. % de carbone. La *fonte blanche,* obtenue par brusque refroidissement, est cassante ; on l'emploie pour fabriquer le fer doux et l'acier. La *fonte grise* se forme quand le refroidissement est lent; il se forme alors des paillettes de graphite noyées dans le métal et qui lui donnent sa couleur. Elle est moins dure et moins cassante que la fonte blanche, et on l'emploie pour fabriquer des colonnes, des marmites, des roues, des poêles, etc.

197. Fer doux. — Le *fer doux* est du fer pur. On l'obtient en décarburant la fonte (*affinage*). Pour cela on chauffe la fonte blanche dans un fort courant d'air; le charbon de la fonte se transforme en anhydride carbonique, et l'on obtient le fer doux.

L'affinage de la fonte se fait par deux méthodes : le procédé comtois et le procédé anglais (*puddlage*).

Dans le premier, on se sert d'un four analogue aux forges ordinaires. Le foyer est une cavité carrée qu'on remplit de charbon allumé, dont la combustion est activée par une tuyère. La fonte, placée sur le combustible, se liquéfie, le carbone qu'elle contient brûle en passant devant la tuyère. La masse qui tombe au fond est reprise, et on la soumet plusieurs fois à la même opération. On obtient finalement une masse unique de fer à peu près pur.

Le puddlage s'effectue dans un four à réverbère (*four à pud-dler*). On chauffe ce four au rouge blanc, puis on introduit la fonte avec le quart de son poids de *battitures* de fer (on nomme ainsi l'oxyde qui se détache quand on martèle le fer incandescent). Le métal fond, l'oxygène des battitures convertit le carbone en oxyde de carbone, qui brûle en flammes bleues. La masse devient de plus en plus pâteuse, on la réunit en boules ou loupes, qu'on retire et qu'on martèle pour en extraire la scorie.

Ce procédé est extrêmement pénible pour l'ouvrier chargé de brasser la masse et obligé de rester plusieurs heures les yeux fixés sur une masse chauffée au rouge blanc. On y substitue un puddlage mécanique, en plaçant la fonte dans un cylindre à axe horizontal tournant sur lui-même.

198. Acier. — L'*acier* est du fer carburé qui contient moins de 2 p. % de carbone. Il est plus ductile, plus élastique que le fer pur.

L'*acier de forge* ou *acier puddlé* s'obtient en décarburant partiellement la fonte.

L'*acier de cémentation* provient de la carburation du fer doux. A cet effet on chauffe, dans des caisses en briques réfractaires, des couches alternatives de fer doux et d'un *cément*, formé d'un mélange intime de charbon de bois, de cendre et de sel marin. L'*acier fondu* s'obtient par la fusion, dans des creusets ou dans des cornues, de l'un ou l'autre des deux aciers précédents. L'acier fondu est très homogène.

L'*acier de Bessemer* (fig. 69) s'obtient en décarburant la fonte et en recarburant un peu le fer pur. Pour cela on introduit, dans une cornue mobile ou *convertisseur*, vingt à trente tonnes de fonte. Quand la masse est fondue, on y lance un violent courant d'air qui brûle toutes les matières oxydables, carbone, silicium, phosphore. On incline ensuite la cornue, et on y introduit de la fonte en proportion convenable. Le charbon de cette fonte se répartit dans toute la masse et donne de l'acier.

Le *procédé Martin* consiste à ajouter à la fonte en fusion une certaine quantité de fer pour la transformer en acier.

L'acier, chauffé au rouge et plongé brusquement dans l'eau ou dans l'huile, donne l'*acier trempé*, très dur et très élastique; on l'emploie dans la fabrication des fusils, des canons, des machines, des instruments de chirurgie, des ressorts de montre, des laminoirs, des coins des monnaies, etc. Pour les rails de

Fig. 60. — Fabrication de l'acier Bessemer.

A gauche on introduit dans une cornue mobile ou *convertisseur* de 20 à 30 tonnes de fonte en fusion. A droite, le convertisseur est relevé; un courant d'air, lancé par un tube qui débouche par cent ouvertures pratiquées au fond du creuset, traverse la fonte et brûle son carbone. De nouveau incliné, ce creuset reçoit assez de fonte pour convertir le fer pur en acier. Au centre, les ouvriers font couler, dans des moules engagés dans le sol, l'acier fondu qu'on a recueilli dans une poche mobile.

chemin de fer, on emploie l'acier de Bessemer, et pour les bandages et les ressorts de wagons, des aciers où le fer est allié à des métaux durs comme le chrome ou le tungstène. L'acier puddlé sert pour la fabrication des armes : sabres, épées; l'acier de cémentation est employé pour fabriquer des outils : limes, rabots, couteaux de poche.

109. Oxydes de fer. — Il y a deux oxydes principaux : 1° l'oxyde salin ou oxyde magnétique, Fe^3O^4, ou *aimant naturel*, qui est très abondant en Suède : c'est le meilleur minerai de fer; 2° le sesquioxyde de fer, Fe^2O^3, qui, anhydre, constitue à l'état naturel l'*oligiste*, l'*hématite rouge*. A l'état hydraté, le sesqui-oxyde forme la rouille et existe à l'état naturel sous le nom de *limonite* ou *hématite brune :* c'est un bon mineral.

200. Sulfures de fer. — Il existe deux sulfures de fer ; le plus important est le bisulfure, FeS^2, ou *pyrite de fer*, qui est très répandue. Elle est utilisée de deux manières : grillée, la pyrite donne de l'anhydride sulfureux, et, à ce titre, est employée dans la fabrication de l'acide sulfurique ; chauffée en vase clos, elle donne du soufre. Elle n'est pas utilisée comme mineral de fer.

201. Sulfate de fer (SO^4Fe). — *Le sulfate de fer,* sulfate ferreux, appelé aussi *couperose verte* ou *vitriol vert* [*], est un sel qui se présente en grands cristaux verts solubles dans l'eau. Chauffé vers 300°, il perd son eau de cristallisation et devient blanc. Sa dissolution doit être conservée à l'abri de l'air, sans quoi elle se suroxyde et jaunit en donnant du sulfate ferrique $[Fe^2(SO^4)^3]$.

On obtient le sulfate ferreux en traitant directement le fer par l'acide sulfurique, ou mieux en grillant le sulfure de fer et le laissant ensuite s'oxyder à l'air ; on lessive la masse et on fait cristalliser. Il est employé dans la fabrication de l'encre ordinaire et du bleu de Prusse ; en teinture, il forme la base d'un grand nombre de couleurs noires. Il sert pour désinfecter les fosses d'aisances, et on l'utilise en agriculture pour combattre les parasites.

202. Chlorure de fer (Fe^2Cl^6). — *Le chlorure de fer,* produit par l'action directe du chlore sur le fer, est un solide noir très soluble dans l'eau et formant un liquide rouge brun qui a la propriété de coaguler le sang, ce qui fait employer sa dissolution aqueuse pour arrêter les hémorragies. Comme l'eau le décompose assez vite en acide chlorhydrique et oxyde de fer, il est bon de n'employer à cet usage que du chlorure récemment préparé.

II. Zinc. Zn = 65,2.

203 Propriétés. — Le *zinc* est un métal blanc bleuâtre, cristallin, cassant ; sa densité est 7,19.

Il se ternit à l'air et se recouvre d'une couche d'hydrocarbonate de zinc qui protège la partie non attaquée. Il se combine facilement aux acides et forme avec eux des composés vénéneux ; aussi ne l'emploie-t-on pas dans la fabrication des ustensiles de cuisine. Il fond vers 500 degrés et se volatilise vers 1000 degrés, en répandant d'abondants flocons blancs d'oxyde de zinc (*laine philosophique*).

204. Extraction. — On extrait le zinc en calcinant la *blende*

---

[*] On appelle de même le sulfate de zinc *vitriol blanc* et le sulfate de cuivre *vitriol bleu.*

(sulfure de zinc) ou la *calamine* (carbonate de zinc), au contact de l'air ; on obtient ainsi de l'oxyde de zinc, que l'on réduit par le charbon dans des cylindres en terre réfractaire ; le métal distille, et l'oxyde de carbone s'échappe.

205. Usages. — On emploie le zinc en feuilles pour construire des gouttières, des baignoires ; réduit en feuilles plus minces, il sert à la couverture des toits. On l'utilise aussi dans plusieurs piles électriques (Daniell, Bunsen, Leclanché, pile au bichromate), et pour recouvrir le fer d'une couche qui le protège contre l'oxydation (*fer galvanisé*). Allié au cuivre, il forme le *laiton* ou *cuivre jaune*. Il entre dans la composition du bronze des monnaies et du maillechort.

L'oxyde de zinc ou *blanc de zinc* est employé en peinture ; il ne noircit pas comme la *céruse* (carbonate de plomb) par les émanations sulfureuses, mais il est moins tenace et couvre moins bien. Le *chlorure* et le *sulfate de zinc*, qui se forment dans la préparation de l'hydrogène, sont employés en dissolution comme antiseptiques.

III. Étain, Sn = 118.

206. Propriétés. — L'*étain* est un métal blanc d'argent, très malléable (feuilles d'étain), mais peu tenace, faisant entendre, quand on le ploie, un bruit particulier (cri de l'étain). Il fond à 230 degrés ; sa densité est 7,2.

L'étain ne s'altère pas à l'air à la température ordinaire, mais s'oxyde facilement quand on le chauffe à 200°. Il est attaqué par l'acide chlorhydrique, qui le transforme en chlorure d'étain ($SnCl^2$). L'acide azotique l'attaque aussi à froid. L'acide sulfurique ne l'attaque qu'à chaud et concentré. L'étain est attaqué par l'eau salée. Il se combine facilement au soufre, au phosphore, au chlore.

Avec le soufre, il donne un bisulfure d'étain jaune, connu sous le nom d'*or mussif*, employé autrefois pour enduire les frottoirs de la machine de Ramsden, et encore aujourd'hui pour remplacer la poudre d'or dans la dorure commune. Les sels d'étain sont inoffensifs à petite dose.

On extrait l'étain de la *cassitérite* ou bioxyde d'étain naturel, qu'on réduit par le charbon.

207. Usages. — L'étain sert à fabriquer des ustensiles de table, des mesures pour les liquides ; on l'emploie pour étamer le cuivre et le fer (fer-blanc) ; en feuilles minces, il sert à envelopper le chocolat; il entre dans la composition du bronze, de la monnaie de cuivre, de la soudure des plombiers; on l'associe au mercure pour l'étamage des glaces.

IV. Nickel, Ni = 59.

208. Propriétés. — C'est un métal presque aussi blanc que l'argent, de densité 9, moins fusible que le fer, ductile, laminable, très tenace, inaltérable à l'air. Il donne des sels qui sont verts en dissolution, et jaunes lorsqu'ils sont anhydres.

On trouve souvent du nickel dans les minerais de fer. Le nickel s'extrait généralement de son sulfure. Il est alors presque toujours associé à un autre métal, le *cobalt*.

209. Usages. — On l'emploie pour recouvrir les objets métalliques qu'on veut préserver de l'oxydation (*nickelage*). Il entre dans la composition d'alliages utilisés dans la fabrication de certaines monnaies, des canons, et pour le doublage des navires.

210. Manganèse. Chrome. — Le manganèse et le chrome sont des métaux qui se rapprochent du fer et du nickel par leur poids atomique ($Cr = 52$ et $Mn = 55$), leurs propriétés physiques et leur densité. Le chrome est le plus dur des métaux; il est inattaquable par les acides, sauf par l'acide chlorhydrique; le manganèse est attaqué, au contraire. Tous deux se combinent avec l'oxygène. Le manganèse forme plusieurs oxydes, dont les plus importants sont: le bioxyde (employé à la préparation de l'oxygène et du chlore), et l'*acide permanganique* MnO^4H. (Le permanganate de potassium est un antiseptique; sa solution dans l'eau est rouge violet.)

Les principaux oxydes de chrome sont le sesquioxyde Cr^2O^3 et l'anhydride chromique CrO^3. Ce métal, comme l'aluminium, forme un sulfate double avec le sulfate de potassium : c'est l'*alun de chrome*, violet en cristaux et vert en dissolution. L'anhydride chromique donne, avec l'eau, un acide dont on connaît deux séries de sels : les *chromates neutres* et les *chromates acides* ou *bichromates*. Le bichromate de potassium est rouge, soluble dans l'eau et vénéneux. On l'utilise dans certaines piles électriques; il sert à produire le *chromate de plomb* jaune, utilisé en peinture (*jaune de chrome*) et insoluble dans l'eau. On ajoute souvent de petites quantités de chrome ou de manganèse aux aciers pour les rendre plus durs.

QUESTIONNAIRE. — Quelles sont les principales propriétés du fer? — Quelles sont ses combinaisons naturelles les plus communes? — Comment traite-t-on le minerai de fer dans la méthode catalane? — Décrivez un haut fourneau. — Qu'y introduit-on? — Qu'est-ce que la fonte? le fer doux? l'acier? — A quoi les emploie-t-on? — Comment obtient-on l'acier? — *Comment prépare-t-on le sulfate et le chlorure de fer? — A quoi servent-ils?*

Quelles sont les propriétés du zinc? — Quels sont les principaux minerais? — A quels usages emploie-t-on le zinc? — Qu'est-ce que le laiton? — Qu'est-ce que le blanc de zinc? A quoi sert-il?

Que savez-vous de l'étain? — Quels sont ses usages? — Parlez du nickel. — Ses usages. — Qu'est-ce que le manganèse? — Quel est son principal sel? — A quoi sert le bioxyde de manganèse? — Que savez-vous du chrome? — Qu'est-ce que le jaune de chrome?

EXERCICES. — 1. On a employé 500 grammes de sulfate de fer pour faire 2 litres d'encre. Quel poids de fer renferme 1 litre de cette encre?

2. La rouille du fer a pour formule : $2Fe^2O^3,3H^2O$. Un fil de fer pesant 10 grammes s'est complètement transformé en rouille, combien pèse-t-il alors?

CHAPITRE V

CUIVRE — PLOMB — MERCURE. ARGENT. OR. PLATINE

I. Cuivre, $Cu = 65,4$.

211. Propriétés physiques. — Le *cuivre* est un métal rouge, brillant, malléable et très ductile, fusible à 1093 degrés et brûlant avec une flamme verte. Après le fer, c'est le plus important des métaux; sa densité est 8,8.

Extraction. — On le trouve quelquefois à l'état natif, mais on l'extrait surtout des pyrites cuivreuses dans lesquelles le Cu est mélangé au fer.

On grille la pyrite afin de transformer les sulfures en oxydes, puis on chauffe fortement en présence de matières siliceuses; celles-ci se combinent au fer de la pyrite pour donner un silicate de fer, qui est la scorie. Il reste une masse (*matte*) riche en cuivre. On la fond dans un four à réverbère avec du charbon, et on brasse avec du bois vert pour accélérer la réduction de l'oxyde; on coule ensuite le métal fondu.

Lorsque le minerai est du carbonate de cuivre, on le réduit par le charbon, ce qui donne presque immédiatement le métal pur. Un procédé récent consiste à transformer le sulfure en sulfate par oxydation, puis à retirer le cuivre par électrolyse de la solution.

212. Propriétés chimiques. — Le cuivre ne s'oxyde pas à l'air sec, mais à l'air humide il se couvre d'une couche verdâtre d'hydrocarbonate de cuivre appelé *vert-de-gris*. Les acides organiques l'attaquent aisément, en donnant des sels vénéneux.

C'est pour cela qu'on étame les ustensiles en cuivre (casseroles, bassines) qui servent à la cuisson des aliments.

L'acide sulfurique attaque vivement le cuivre, en donnant du sulfate et du gaz sulfureux. L'acide azotique l'attaque, en donnant de l'azotate de cuivre et de l'oxyde azotique. L'acide chlorhydrique l'attaque lentement.

Si l'on verse de l'ammoniaque sur de la tournure de cuivre, on obtient une liqueur bleue (*liqueur de Schweitzer*), qui dissout la cellulose.

213. Usages. — Le cuivre sert à fabriquer des chaudières, des alambics, des ustensiles de cuisine, des fils conducteurs de l'électricité. Avec le zinc, il constitue le *laiton* ou *cuivre jaune*, employé à une foule d'usages. Avec l'étain, il forme le *bronze* des canons, des cloches, etc. Allié au zinc et au nickel, il donne le *maillechort*, presque inaltérable à l'air, et avec lequel on fabrique des timbales, des couverts de table.

214. Sulfate de cuivre (SO⁴Cu). — Le *sulfate de cuivre*, appelé aussi *vitriol bleu* ou *couperose bleue*, est un sel d'une saveur astringente, assez soluble dans l'eau, rougissant la teinture de tournesol.

On le prépare en traitant à chaud les rognures de cuivre par l'acide sulfurique; par évaporation lente, il se dépose en beaux cristaux bleus.

Le sulfate de cuivre est employé pour le chaulage des blés, dans la teinture des laines et la conservation des bois, pour préserver la vigne du *black-rot* et du *mildiou;* il entre, avec la chaux, dans la composition de la *bouillie bordelaise*, qui sert à combattre les maladies de la vigne.

II. Plomb, Pb = 207.

215. Propriétés et extraction. — Le *plomb* est un métal gris bleuâtre, malléable, peu tenace, pouvant être rayé par l'ongle; il fond à 335 degrés; sa densité est 11,4.

On le retire surtout de la *galène* (sulfure de plomb, PbS), laquelle renferme assez souvent un peu d'argent (*plomb argentifère*, V. n° 221).

On grille à l'air le sulfure, qui se transforme en sulfate et oxyde de plomb avec dégagement d'anhydride sulfureux; puis on ferme les issues du four pour interdire l'accès de l'air. Le soufre du sulfure, non encore transformé, s'empare de l'oxygène du sulfate et de l'oxyde. Il y a encore un abondant dégagement de gaz sulfureux; il reste du plomb métallique :

$$2PbO + PbS = 3Pb + SO^2$$
oxyde de plomb — sulfure de plomb — plomb — gaz sulfureux

$$PbSO^4 + PbS = 2Pb + 2SO^2$$
sulfate de plomb — sulfure de plomb — plomb — gaz sulfureux

Le plomb s'oxyde rapidement à l'air humide; mais en présence du gaz carbonique et des sels minéraux à dose faible, le plomb se recouvre d'une couche insoluble de carbonate et de sulfate. Les acides étendus n'attaquent pas le plomb, mais les acides concentrés l'attaquent à chaud.

216. Usages. — Le plomb est employé pour la fabrication des balles de fusil, des plombs de chasse, des conduites de gaz et d'eau. Allié à l'antimoine, il constitue l'alliage avec lequel on fabrique les caractères d'imprimerie.

217. Litharge (PbO). — Le plomb chauffé au contact de l'air fond et se transforme en une matière jaune amorphe, le *massicot*. Ce corps peut se combiner à la silice des poteries pour donner un vernis brillant. Nous avons vu que ces poteries ne sont pas sans danger pour les usages culinaires.

Le massicot fondu cristallise par refroidissement en paillettes, qui constituent la *litharge*, oxyde de plomb de couleur rouge brique, soluble dans l'acide azotique. Ce corps sert aux pharmaciens à préparer le *sel de Saturne* ou acétate de plomb.

La litharge et le massicot sont deux formes d'un même oxyde de plomb, qui répond à la formule PbO.

218. Minium (Pb³O⁴). — Le *minium* est une poudre d'une belle couleur rouge obtenue en chauffant le massicot à l'air, à une température qui ne doit pas dépasser 300 degrés. On l'emploie en peinture pour préserver les métaux de l'oxydation; il sert à colorer les papiers peints, la cire à cacheter. Il entre dans la composition du cristal. Le minium, traité par de l'acide azotique, donne le bioxyde de plomb PbO², appelé parfois oxyde puce à cause de sa couleur.

219. Carbonate de plomb (CO³Pb). — Le *carbonate de plomb* ou *céruse* est un sel blanc, insoluble dans l'eau, très vénéneux. Pour l'obtenir, on place des lames de plomb enroulées en spirale dans des pots en grès au fond desquels on a mis un peu de vinaigre (acide acétique) (fig. 70). Ces pots sont disposés les uns au-dessus des autres, et le tout est recouvert d'une couche de fumier, qui fournit l'anhydride carbonique nécessaire pour transformer en carbonate l'acétate de plomb résultant

Fig. 70.

de l'action des vapeurs d'acide acétique sur les lames de plomb.

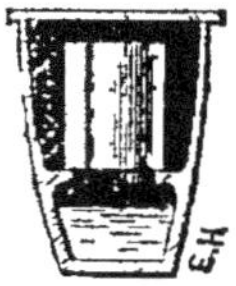

La céruse est employée en peinture; elle fournit une belle couleur blanche très solide, mais qui a l'inconvénient de noircir sous l'influence des émanations sulfureuses, par suite de la formation de sulfure de plomb qui est noir.

III. Mercure, Argent. Or. Platine.

220. Mercure, Hg = 200. — Le *mercure* est un métal blanc brillant, liquide, de densité 13,60, se solidifiant à —40 degrés, et bouillant à 350 degrés en répandant des vapeurs incolores très vénéneuses

On le trouve quelquefois à l'état natif; le plus souvent on l'extrait du *cinabre* (sulfure de mercure), par grillage.

Le mercure s'oxyde lentement à l'air à la température ordinaire. Le chlore, l'acide azotique, l'attaquent à froid, l'acide sulfurique à la température de l'ébullition. Les composés avec le chlore sont le *chlorure mercureux, calomel* ou *protochlorure de mercure* insoluble, c'est un purgatif et un vermifuge, et le *chlorure mercurique, sublimé corrosif* ou *bichlorure de mercure.* Ce dernier, un peu soluble dans l'eau, est un antiseptique très puissant; c'est un poison très violent; le contre-poison est le blanc d'œuf; on l'emploie pour préserver des insectes nuisibles les collections d'histoire naturelle.

Le sulfure de mercure artificiel est noir ou rouge, suivant les procédés de préparation. Rouge, c'est le *vermillon* employé en peinture. C'est un poison violent.

221. Argent, Ag = 108. — *L'argent* est un métal blanc très brillant, ductile et très malléable, sonore, très bon conducteur de la chaleur et de l'électricité; sa densité est 10,5; il fond vers 1000 degrés.

Il se trouve à l'état natif, mais le plus souvent à l'état de sulfure (*argyrose*), surtout au Chili, au Mexique et au Pérou; on l'extrait aussi des *galènes argentifères.*

L'extraction de l'argent repose sur le principe suivant. On convertit le minerai en chlorure d'argent à l'aide du sel marin. On décompose ensuite ce chlorure par le fer, qui met l'argent en liberté. Du mercure ajouté à la masse donne un amalgame d'argent. Cet amalgame, distillé, laisse l'argent métallique.

L'argent est inaltérable à l'air; il noircit en présence du soufre ou de l'acide sulfhydrique; l'acide azotique l'attaque à froid en donnant l'*azotate d'argent.* Ce corps, fondu et coulé en crayons (*pierre infernale*), est employé pour la cautérisation des plaies.

Parmi les autres composés de l'argent on peut citer : le *chlorure,* qui noircit à la lumière et se dissout dans l'ammoniaque. Une goutte d'acide chlorhydrique versée dans une solution d'un sel soluble d'argent en détermine la formation. *Le bromure* et l'*iodure d'argent* sont employés en photographie.

L'alliage d'argent et de cuivre est utilisé pour la fabrication des monnaies et des bijoux.

222. Or, Au = 197. — *L'or* est un métal jaune, brillant, le plus ductile et le plus malléable de tous les métaux. Il est mou, inaltérable à l'air à toutes les températures, et n'est attaqué que par l'eau régale (n° 114); sa densité est 19,5. On le trouve à l'état natif (paillettes, pépites) et en combinaison avec les sulfures de plomb, d'argent et de cuivre.

L'or natif existe en paillettes dans des sables provenant de la désagrégation de roches. On broie ces roches, on lave les débris pour enlever les matières terreuses, et on traite les parties les plus denses par le mercure. Il se forme un amalgame d'or qu'on distille.

Il est employé, à l'état d'alliage, pour la fabrication des monnaies, des bijoux; on s'en sert en feuilles minces pour la dorure, en fils ténus dans la passementerie.

Les alliages d'or peuvent être essayés à la *pierre de touche*, pierre noire sur laquelle on marque un trait avec l'alliage à essayer; cette trace, traitée par l'acide azotique, prend une teinte qui varie avec le titre de l'alliage; on compare alors cette coloration avec celles que l'on obtient en répétant la même expérience sur les différentes branches du *touchau* (fig. 71), étoile métallique dont les rayons portent à leur extrémité des alliages d'or d'un titre connu.

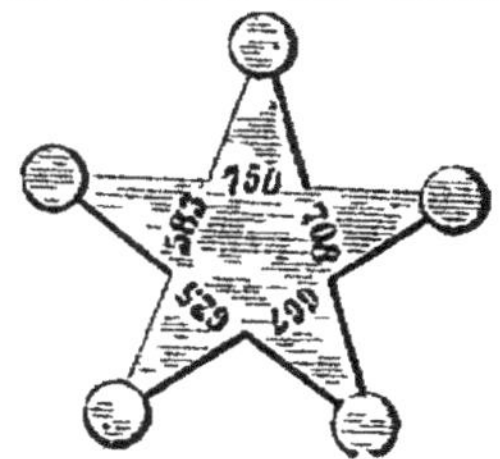

Fig. 71. — Touchau.

223. Platine, Pt = 195. — Le *platine* est un métal blanc, très malléable et très ductile : il ne fond que vers 1800 degrés. C'est le plus lourd des métaux; sa densité est 21,5. Il se trouve à l'état natif dans les roches quartzeuses, dans les sables d'alluvions (Brésil, Sibérie). Il est mélangé à des métaux rares, palladium, rhodium, iridium, rhuténium, osmium; on l'isole par des procédés spéciaux.

Le platine ne s'oxyde à aucune température. Comme l'or, il n'est attaqué que par l'eau régale. Il est très poreux et s'échauffe en condensant les gaz; une spirale de platine, portée au rouge et placée dans un verre au fond duquel se trouve un peu d'éther (fig. 72), reste incandescente (*lampe sans flamme*).

Le platine sert à fabriquer des creusets et des cornues pour les laboratoires, des alambics pour la concentration des acides.

Fig. 72.

Lampe sans flamme.

QUESTIONNAIRE. — Quelles sont les propriétés physiques du cuivre? — Qu'est-ce que le vert-de-gris? — Pourquoi étame-t-on les ustensiles de cuisine en cuivre? — Nommez ses principaux alliages. — *Comment prépare-t-on le sulfate de cuivre? — A quoi est-il employé?*

D'où retire-t-on le plomb? — Quels sont ses usages? — *Qu'est-ce que le minium? la céruse? — Comment les prépare-t-on, et à quoi les emploie-t-on?*

Quel est le principal minerai de mercure? — Qu'est-ce que le sublimé corrosif? — Qu'est-ce que le calomel? — et le vermillon? — De quoi extrait-on l'argent? — A quoi sert l'azotate d'argent? — Quel est le dissolvant de l'or? — Qu'est-ce que le touchau? — Comment s'en sert-on? — Quels sont les usages et les propriétés du platine? — Qu'est-ce que la mousse de platine? — De quoi se compose la lampe sans flamme?

TROISIÈME PARTIE

CHIMIE ORGANIQUE

Notions préliminaires.

224. Objet de la chimie organique. — La *chimie organique* est la partie de la chimie qui étudie les matières d'origine végétale ou animale, c'est-à-dire les nombreux composés que l'on rencontre dans les organes des végétaux et des animaux. Comme toutes ces matières renferment du carbone, on peut dire que la chimie organique est la chimie du carbone.

225. Principes immédiats. — On appelle *principes immédiats,* des composés dont les propriétés sont bien définies et qui présentent toujours, quelle que soit leur origine, les mêmes caractères (forme cristalline, point de fusion, point d'ébullition); ce sont, par exemple, le sucre, l'amidon, la benzine, la cellulose.

226. Analyses — 1º L'analyse *immédiate* consiste à déterminer la nature des principes immédiats renfermés dans une substance organique; c'est ainsi que l'analyse immédiate de la farine montre qu'elle renferme de l'amidon, de l'albumine, du sucre, etc.

2º L'analyse *élémentaire* consiste à déterminer la nature et les proportions relatives des corps simples qui la constituent; c'est ainsi que l'amidon se compose de 6 atomes de carbone combinés à 10 atomes d'hydrogène et à 5 atomes d'oxygène : sa formule est $C^6H^{10}O^5$.

Les principales substances à doser en chimie organique sont l'hydrogène, le carbone, l'oxygène et l'azote. Pour doser l'hydrogène et le carbone, on s'appuie sur le principe suivant : quand on chauffe avec de l'oxyde de cuivre une substance renfermant ces deux éléments, l'hydrogène passe tout entier à l'état d'eau, le carbone à l'état d'anhydride carbonique. La composition de ces corps étant connue, on pourra en déduire le poids de l'hydrogène et celui du carbone, après avoir pesé l'eau et le gaz carbonique formés dans la décomposition de la substance.

Si la substance contient en outre de l'oxygène, le poids de

celui-ci s'obtient en retranchant du poids de la substance la somme des poids de l'hydrogène et du carbone.

Pour doser l'azote, on calcine les matières organiques avec de l'oxyde de cuivre. L'azote se dégage, on le recueille dans un tube gradué. On ajoute un rouleau de toile de cuivre à la partie antérieure du tube, afin de décomposer les vapeurs nitreuses qui se forment presque toujours dans la combustion des matières azotées.

Remarque. — Toutes les substances chimiques, simples ou combinées, peuvent entrer dans la composition des corps inorganiques et y sont ordinairement associées dans des rapports simples, tandis que les corps organisés ne renferment que trois ou quatre éléments, qui sont l'oxygène, l'hydrogène, le carbone et l'azote, ordinairement combinés dans des rapports très complexes. Quelques autres substances minérales qu'on rencontre ne s'y trouvent que rarement.

Conséquence. — Une substance organique complètement brûlée ne peut donc donner que des produits volatils, qui sont l'anhydride carbonique, la vapeur d'eau et l'ammoniaque; tandis qu'en général les substances minérales donnent un résidu après leur calcination. Ainsi, en calcinant de l'amidon à l'air, en brûlant de l'alcool, on n'obtient aucun résidu; au contraire, la calcination du chlorate de potassium, de l'azotate de sodium, donne des résidus fixes.

227. Fonctions chimiques. — On peut définir les corps par l'ensemble de leurs propriétés, qui dérivent du mode de groupement des atomes. L'ensemble des propriétés d'un corps constitue sa *fonction chimique*. Par exemple, la *fonction acide* est caractérisée par la propriété d'échanger un ou plusieurs atomes d'hydrogène contre un ou plusieurs autres atomes pour donner des sels ou des éthers. En chimie organique, où le mode de groupement des atomes dans la molécule est très variable, on classe les corps d'après leur fonction.

228. Radicaux. — Ce sont des groupements moléculaires capables de passer, par double décomposition, d'un composé dans un autre, à la façon des corps simples. Le composé AzH^4 (*ammonium*), dont nous avons parlé déjà, peut être considéré comme un type de radical monovalent.

229. Nomenclature des principales fonctions organiques. — Le point de départ de la nomenclature en chimie organique est le *méthane* ou gaz des marais, dont la formule est CH^4, qu'on peut encore écrire :

$$H - \overset{\displaystyle H}{\underset{\displaystyle H}{\overset{|}{\underset{|}{C}}}} - H$$

Dans ce composé, le carbone quadrivalent est saturé, c'est-à-dire qu'on ne peut plus ajouter d'autres atomes à la molécule. En d'autres termes, le méthane ne peut pas donner de produits d'addition; mais il peut donner des produits de substitution, par exemple, CH^3I ou méthane monoïodé. Si on traite le méthane monoïodé par le sodium, on obtient de l'iodure de sodium NaI et un gaz, l'éthane, dont la formule brute serait CH^3, mais auquel sa densité de vapeur assigne une formule double C^2H^6. La réaction peut alors être représentée de la manière suivante :

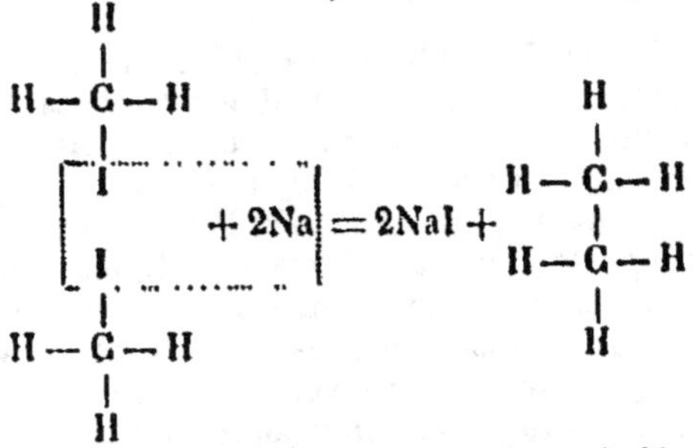

$$
\begin{array}{c}
H \\
| \\
H-C-H \\
| \\
I \\
\end{array}
\left.
\begin{array}{c}
\\ \\
\end{array}
\right.
\quad
\begin{array}{c}
I \\
| \\
H-C-H \\
| \\
H \\
\end{array}
\;+\;2Na\;=\;2NaI\;+\;
\begin{array}{c}
H \\
| \\
H-C-H \\
| \\
H-C-H \\
| \\
H \\
\end{array}
$$

De même, en traitant un mélange de méthane iodé et d'éthane iodé par le sodium, on obtient, entre autres produits, un gaz appelé propane et dont la formule est C^3H^8.

Cette formule développée peut s'écrire :

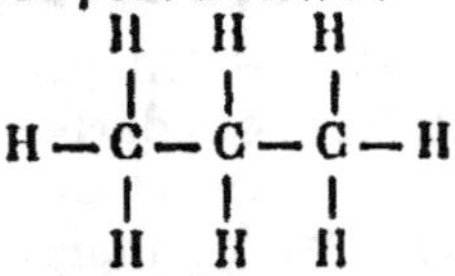

$$
\begin{array}{ccccc}
H & & H & & H \\
| & & | & & | \\
H-C & - & C & - & C-H \\
| & & | & & | \\
H & & H & & H \\
\end{array}
$$

Un procédé analogue aux précédents permet d'obtenir le butane C^4H^{10} ou :

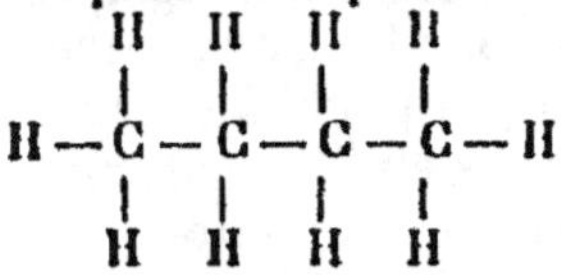

$$
\begin{array}{ccccccc}
H & & H & & H & & H \\
| & & | & & | & & | \\
H-C & - & C & - & C & - & C-H \\
| & & | & & | & & | \\
H & & H & & H & & H \\
\end{array}
$$

On connaît également les carbures C^5H^{12}, C^6H^{14}, etc. Ces corps, qui ne diffèrent entre eux que par un certain nombre de fois le radical CH^2, sont appelés corps homologues et forment des familles de corps dont les propriétés offrent la plus grande analogie.

Nous avons donc une famille de carbures dits *saturés*, parce qu'ils ne peuvent donner de produits d'addition; ces carbures peuvent, à partir du second, perdre deux atomes d'hydrogène et donner des carbures non saturés ou éthyléniques, du nom de leur premier terme.

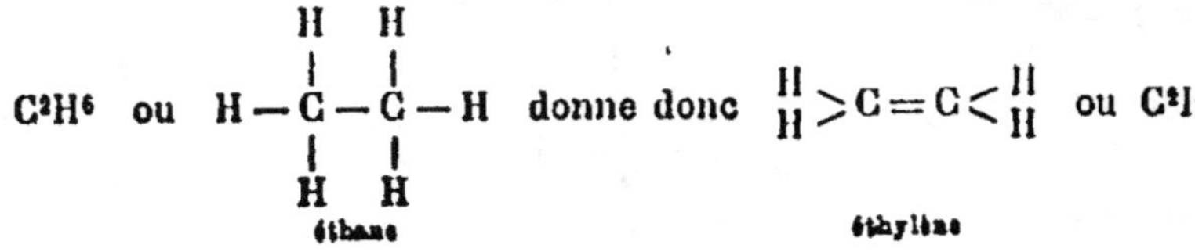

$$
C^2H^6 \text{ ou }
\begin{array}{ccc}
H & & H \\
| & & | \\
H-C & - & C-H \\
| & & | \\
H & & H \\
\end{array}
\text{ donne donc }
{}^{H}_{H}\!\!>\!C=C\!<\!{}^{H}_{H}
\text{ ou } C^2H^4
$$

éthane   éthylène

Dans ce dernier corps on admet que les deux atomes de carbone échangent entre eux deux liaisons; cette particularité explique la facilité avec laquelle les carbures éthyléniques donnent des produits d'addition; par exemple :

$$C^2H^4 \quad + \quad Cl^2 \quad = \quad C^2H^4Cl^2$$

éthylène — chlore — bichlorure d'éthylène ou liqueur des Hollandais

Enfin l'éthylène peut perdre encore deux atomes d'hydrogène et donner naissance à une troisième série de carbures, dits acétyléniques, du nom de leur premier terme :

$$\text{de} \quad C^2H^4 \quad \text{ou} \quad {}^{H}_{H}{>}C=C{<}{}^{H}_{H} \quad \text{dérive} \quad H-C\equiv C-H \quad \text{ou} \quad C^2H^2$$

éthylène — acétylène

Ces carbures comportent une triple liaison entre les deux atomes de carbone et forment des composés d'addition avec la plus grande facilité. De plus, ils peuvent se polymériser, c'est-à-dire que plusieurs molécules s'unissent de façon à donner une molécule plus complexe.

Ainsi trois molécules d'acétylène donnent une molécule de benzine :

$$3C^2H^2 \quad = \quad C^6H^6$$

acétylène — benzine

Les chimistes développent ainsi la formule de la benzine :

$$\begin{array}{ccc} & CH & \\ \diagup & & \diagdown \\ CH & & CH \\ | & & | \\ CH & & CH \\ \diagdown & & \diagup \\ & CH & \end{array}$$

La benzine est le point de départ d'une seconde série de corps organiques, dite série aromatique.

La molécule de ces corps renferme une série d'atomes de carbone formant une chaîne fermée; tandis que dans les dérivés directs du méthane (série grasse), les atomes de carbone forment une chaîne ouverte.

Dans chaque carbure, on peut remplacer un atome d'hydrogène par le radical monovalent OH (oxhydrile); on obtient alors les alcools :

CH^4 (méthane) donne CH^3-OH alcool méthylique (esprit de bois)
C^2H^6 (éthane) » C^2H^5-OH » éthylique (esprit de vin)
C^3H^8 (propane) » C^3H^7-OH » propylique
C^4H^{10} (butane) » C^4H^9-OH » butylique
C^5H^{12} (pentane) » $C^5H^{11}-OH$ » amylique.

Les radicaux CH^3, C^2H^5, etc., sont appelés radicaux alcooliques.

Nous ne dirons rien ici des alcools dérivés des carbures non saturés.

Le dérivé obtenu en remplaçant H par OH dans la benzine C^6H^6 s'appelle *phénol*.

Les propriétés des phénols sont distinctes de celles des alcools, quoique le mode de dérivation par rapport aux carbures soit le même.

Oxydés, les alcools donnent les acides :

$$CH^3-OH \text{ ou } H-CH^2OH \qquad \text{donne} \qquad H-COOH$$
alcool méthylique — acide formique

$$C^2H^5-OH \text{ ou } CH^3-CH^2OH \qquad \text{donne} \qquad CH^3-COOH$$
alcool éthylique — acide acétique

$$C^3H^7-OH \text{ ou } C^2H^5-CH^2OH \qquad \text{donne} \qquad C^2H^5-COOH$$
alcool propylique — acide propionique

$$C^4H^9-OH \text{ ou } C^3H^7-CH^2OH \qquad \text{donne} \qquad C^3H^7-COOH$$
alcool butylique — acide butyrique

$$C^5H^{11}-OH \text{ ou } C^4H^9-CH^2OH \qquad \text{donne} \qquad C^4H^9-COOH$$
alcool amylique — acide valérianique

Les phénols résistent mieux à l'oxydation.

Les acides organiques peuvent s'unir aux bases minérales et donner des sels. Exemple : H-COOK, formiate de potassium.

Deux molécules d'alcool peuvent, dans certaines conditions, perdre une molécule d'eau et donner des *éthers-oxydes*.

$$\begin{matrix} C^2H^5-OH \\ C^2H^5-OH \end{matrix} = H^2O + \begin{matrix} C^2H^5 \\ C^2H^5 \end{matrix} {>} O$$
alcool éthylique — eau — éther ordinaire

Les acides organiques peuvent s'unir aux alcools avec élimination d'une molécule d'eau : on obtient alors les *éthers-sels*.

$$H-COOH + C^2H^5-OH = H^2O + H-COO-C^2H^5$$
acide formique — alcool éthylique — eau — formiate d'éthyle

Enfin certains corps ont une constitution très complexe, encore insuffisamment établie; ce sont les camphres, les alcaloïdes et les matières albuminoïdes.

CHAPITRE I

CARBURES — ALCOOLS — ACIDES — ÉTHERS
ALCALOÏDES VÉGÉTAUX

I. Carbures.

230. Définition. — Les carbures sont uniquement formés d'hydrogène et de carbone; ils brûlent facilement en donnant de l'eau et de l'anhydride carbonique. Il en existe un très grand nombre. Les uns sont gazeux (gaz des marais), les autres liquides (pétroles), les autres solides (vaseline, paraffine).

231. Carbures gazeux. — Parmi les carbures gazeux, les plus importants sont : le formène, CH^4; l'éthylène, C^2H^4, et l'acétylène, C^2H^2. Ces composés ont été étudiés précédemment (n°s 149, 154 et 229).

232. Carbures liquides et solides. — Ces carbures sont très nombreux, les principaux sont : 1° les pétroles et les bitumes avec leurs dérivés, et 2° les goudrons, d'où l'on extrait la benzine, qui est le point de départ d'une série de composés dite *série aromatique.*

Nature des bitumes. — Les *bitumes* sont des matières hydrocarburées naturelles, solides ou liquides, provenant de la décomposition, à une époque reculée, des végétaux résineux enfouis dans le sol. Tous brûlent avec une flamme jaune en produisant une épaisse fumée noire (fig. 73). Les plus importants sont le *pétrole* et l'*asphalte.*

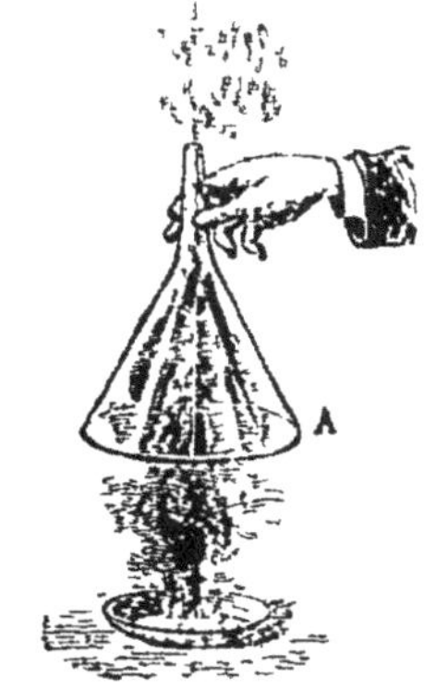

Fig. 73.
Noir de fumée produit par la combustion des bitumes.

Pétrole brut. — Le *pétrole brut* est un liquide visqueux, de

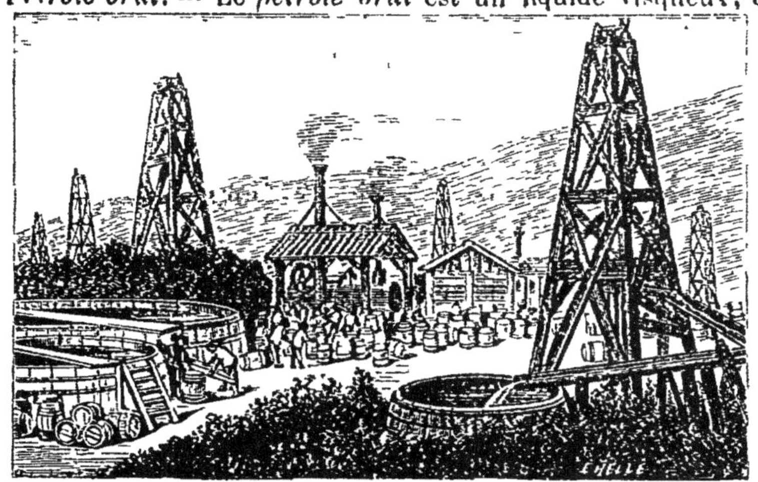

Fig. 74. — Puits de pétrole (Amérique).

couleur brune, brûlant facilement en répandant d'abondantes fumées. Il forme dans le sol des nappes souterraines que l'on exploite au moyen de puits (fig. 74). Il est abondant dans le Caucase (Bakou) et aux États-Unis.

Le pétrole brut est soumis au *raffinage*, c'est-à-dire à la distillation fractionnée, qui donne, entre autres produits, l'*huile de naphte* ou *huile de pétrole*, et des *essences minérales* employées pour l'éclairage.

Parmi les produits secondaires que l'on retire de cette distillation, on peut citer la *vaseline*, substance grasse, minérale, ressemblant au saindoux, sans saveur ni odeur, ne rancissant pas à l'air. La médecine et la parfumerie l'utilisent depuis quelques années.

Un autre produit solide, provenant de la distillation des pétroles, est la *paraffine*, substance blanche ayant la consistance de la cire, et servant, comme la stéarine, à la fabrication des bougies.

Asphalte ou *bitume de Judée*. — L'asphalte est solide, d'un noir brillant, fusible vers 100°. Mêlé à du sable, l'asphalte sert à faire des enduits dont on recouvre les terrasses, les trottoirs, les places publiques.

Essence de térébenthine. — C'est un mélange de carbures d'hydrogène qu'on retire des résines de pins et de sapins. Quand on distille ces résines avec de la vapeur d'eau, il passe un mélange de carbures volatils, et il reste une substance solide, la *colophane*. L'essence de térébenthine est un liquide incolore très réfringent, d'odeur forte, brûlant avec une flamme fuligineuse. Elle forme, avec l'acide chlorhydrique, un composé solide, le *camphre artificiel*.

L'essence de térébenthine dissout les corps gras, le soufre, le phosphore, le caoutchouc, les résines. On l'emploie à préparer les vernis et les couleurs à l'huile. C'est un stimulant, un excitant et un contrepoison du phosphore.

Goudron. — Le *goudron* est un liquide noir très épais, que l'on recueille dans la distillation de la houille.

Chauffé graduellement, il donne, par distillation, des huiles volatiles de densités variables. Les premières qui passent, moins denses que l'eau, sont des *huiles légères;* les autres, plus denses que l'eau, sont les *huiles lourdes*.

On revêt d'une couche de goudron l'extrémité des pieux qui doivent être enfoncés dans le sol, afin de les empêcher de pourrir. On en enduit l'extérieur des bateaux pour la même raison.

Aujourd'hui le goudron est devenu un produit précieux par les nombreux dérivés qu'on en retire, et dont les principaux sont la benzine, les phénols, les couleurs d'aniline.

Benzine, C^6H^6. — La *benzine*** s'extrait des huiles légères de goudron, par distillation, à une température inférieure à 86 degrés. C'est un liquide incolore très mobile, très inflammable, d'une odeur forte, insoluble dans l'eau, mais soluble dans l'alcool et l'éther.

Elle dissout le soufre, le phosphore, les graisses; d'où son emploi pour dégraisser les étoffes. En versant doucement de l'acide azotique dans la benzine, on obtient un liquide huileux, jaunâtre, d'une odeur d'amandes amères; c'est la *nitrobenzine,* employée en parfumerie, sous le nom d'*essence de mirbane.*

En réduisant la nitrobenzine par un mélange de limaille de fer et d'acide acétique concentré, on obtient l'*aniline,* liquide incolore très odorant qui donne naissance, sous l'influence de divers oxydants, à de magnifiques matières tinctoriales (*couleurs d'aniline**).

Naphtaline, $C^{10}H^8$. — La *naphtaline*** est un carbure d'hydrogène, solide, en paillettes d'un blanc nacré, d'une odeur forte. Elle se dépose quelquefois dans les conduites du gaz d'éclairage. On l'emploie pour écarter les mites et les insectes nuisibles qui peuvent ronger la laine ou les fourrures. Elle sert aussi dans l'industrie des matières colorantes.

Anthracène, $C^{14}H^{10}$. — L'*anthracène*** se retire des produits qui passent après la naphtaline, dans la distillation du goudron de houille. Il cristallise en paillettes blanches douées d'une belle fluorescence bleue, mais d'une odeur désagréable.

On l'emploie dans la fabrication artificielle de l'alizarine, principe colorant de la racine de garance. L'alizarine est très employée pour la teinture en rouge ou en rose; sa couleur est beaucoup moins fugace que celle que l'on obtient par l'emploi des rouges d'aniline.

Phénol ou acide phénique, C^6H^6O ou $C^6H^5(OH)$. — Le *phénol* s'extrait des huiles lourdes de goudron, en les traitant par une dissolution de soude caustique. Il se présente sous la forme de longues aiguilles peu solubles dans l'eau, mais très solubles dans l'alcool et l'éther, et douées d'une forte odeur de goudron.

Le phénol est souvent employé comme désinfectant et dans le pansement des plaies.

---

* Sur la constitution et les propriétés de l'aniline, voir n° 257.
** Formules développées

de la benzine,   de la naphtaline,   de l'anthracène,

$$
\begin{array}{ccc}
\text{CH} & \text{CH}\;\;\text{CH} & \text{CH}\;\;\text{CH}\;\;\text{CH} \\
\end{array}
$$

Les phénols dérivent des carbures benzéniques de la même manière que les alcools dérivent des carbures méthaniques ; mais leur caractère chimique les place entre les alcools et les acides.

II. Alcools.

233. Définition. — Les alcools dérivent des carbures méthaniques par substitution du radical oxhydrile (OH) à l'hydrogène. Ce sont les hydrates des radicaux alcooliques ($C^2H^5.OH$), comme la potasse est l'hydrate du potassium (K.OH).

234. Propriétés. — Les alcools s'unissent aux acides pour donner des *éthers-sels* :

$$\begin{matrix} C^2H^5.OH \\ C^2H^2.OH \end{matrix} \quad + \quad SO^4H^2 \quad = \quad 2H^2O \quad + \quad SO^4 < \begin{matrix} C^2H^5 \\ C^2H^5 \end{matrix}$$

alcool éthylique   acide sulfurique   eau   éther sulfurique ou sulfate d'éthyle.

235. Alcool méthylique, $CH^3.OH$. — L'alcool méthylique ou *esprit de bois* dérive du formène CH^4, par substitution du radical (OH) à un atome d'hydrogène.

Cette opération a pu se faire directement en combinant le formène au chlore, ce qui a donné CH^3Cl, le *chlorure de méthyle*, puis en traitant ce chlorure par la potasse caustique :

$$CH^3Cl \quad + \quad KOH \quad = \quad KCl \quad + \quad CH^3.OH$$

chlorure de méthyle   potasse   chlorure de potassium   alcool méthylique

On l'obtient en grand par distillation du bois. C'est un liquide incolore, d'odeur spiritueuse, dissolvant les huiles, les résines, les corps gras. Il brûle avec une flamme peu éclairante. On l'utilise pour la préparation des vernis à l'alcool. Il donne, avec le chlore et l'iode, des composés importants, le chloroforme et l'iodoforme, $CHCl^3$ et CHI^3.

236. Alcool éthylique, $C^2H^5.OH$. — C'est l'alcool ordinaire; il dérive de l'éthane C^2H^6, comme l'alcool méthylique dérive du formène.

Les réactions qui ont permis de l'obtenir par synthèse sont les mêmes. C^2H^6, traité par le chlore, donne le *chlorure d'éthyle*, C^2H^5Cl.

$$C^2H^6 \quad + \quad 2Cl \quad = \quad HCl \quad + \quad C^2H^5Cl$$

éthane   chlore   acide chlorhydrique   chlorure d'éthyle

Le chlorure, traité par la potasse, donne l'alcool :

$$C^2H^5Cl \quad + \quad KOH \quad = \quad KCl \quad + \quad C^2H^5.OH$$

chlorure d'éthyle   potasse   chlorure de potassium   alcool

C'est un liquide incolore, dont la densité est 0,80. Il bout à 78° et se solidifie à très basse température. Il dissout un grand nombre de corps et est très inflammable.

Nous aurons de nouveau à parler de l'alcool au chapitre des fermentations (voyez chap. IV).

237. Glycérine, $C^3H^5(OH)^3$ ou $CH^2.OH - CH.OH - CH^2.OH$.
— La glycérine, qui existe dans tous les corps gras, est un liquide incolore, sucré, soluble dans l'eau et l'alcool, et dissolvant un grand nombre de corps.

Comme l'indique sa formule, ce corps possède trois fonctions *alcool;* les éthers-sels de la glycérine avec les acides oléique et stéarique constituent les corps gras : huiles, suifs, etc.

On l'obtient en traitant les corps gras par la vapeur d'eau surchauffée, ou encore en traitant un corps gras par l'oxyde de plomb.

La glycérine est un produit secondaire (voir plus loin) de la fabrication des bougies stéariques. La glycérine sert dans le pansement des plaies. Les médicaments liquides contenant de la glycérine sont appelés *glycérés* ou *glycérolés*.

La glycérine sert encore à la préparation de la *dynamite*.

En versant goutte à goutte de la glycérine dans un mélange d'acides azotique et sulfurique, on obtient la *nitroglycérine*, éther de la glycérine

$$(CH^2.O.AzO^3 - CH.O.AzO^3 - CH^2.O.AzO^3).$$

C'est un liquide jaune très dangereux à manier, car il détone avec une extrême violence. On atténue cette force explosive en ajoutant à la nitroglycérine du sable fin ou de la brique pilée; on obtient ainsi la dynamite, très employée dans les travaux de mine, où elle remplace avantageusement la poudre ordinaire.

III. Acides.

238. Définition. — On appelle *acides organiques* des composés qui peuvent échanger leurs atomes d'hydrogène contre des atomes de métal pour former des *sels*, ou contre des radicaux alcooliques pour donner des *éthers-sels*. Leurs propriétés sont identiques à celles des acides minéraux. Ils renferment tous de l'oxygène. Aucun d'eux ne contient d'azote.

Ils sont caractérisés par la présence du radical CO.OH (carboxyle) dans leur molécule.

239. Acide acétique, $CH^3(COOH)$ ou $C^2H^4O^2$. — L'*acide acétique* est un corps solide, blanc, d'une saveur et d'une odeur caractéristiques, très soluble dans l'eau. On l'obtient par distillation du bois, ou par oxydation à l'air des liquides alcooliques.

C'est un acide monoatomique, c'est-à-dire qu'il n'a qu'une fonction acide ($CH^3.COOH$); il ne peut donc donner qu'une espèce de sels. Exemple : $CH^3.COOK$, acétate de potassium.

L'*acétate de plomb* sert à la préparation de l'*extrait de Saturne*, avec lequel on fait l'*eau blanche*, employée en compresses pour les foulures, les contusions, etc.; il sert à la fabrication de la céruse. L'*acétate de cuivre*, appelé aussi *vert-de-gris* ou *verdet*, poison violent, est utilisé en peinture et dans la teinture. L'*acétate d'alumine* et l'*acétate de fer* servent de mordants pour la teinture des étoffes en rouge ou en noir.

L'acide acétique a des propriétés antiseptiques qui le font employer en inhalations dans la syncope. Étendu d'eau, il constitue le vinaigre.

Vinaigre. — Le vinaigre est de l'acide acétique étendu d'eau en proportion convenable. Le bon vinaigre en renferme de 5 à 8 p. %. On le falsifie parfois, en y ajoutant de l'acide sulfurique, qui lui donne du mordant. On peut reconnaître la présence de cet acide, en ajoutant au vinaigre une dissolution de chlorure de calcium; il doit rester limpide, s'il est de bonne qualité.

Fabrication du vinaigre. — On prépare le vinaigre par le *procédé d'Orléans*, par le *procédé Pasteur* ou par le *procédé allemand* (voyez plus loin).

240. Acide oxalique, $C^2H^2O^4$ ou $(COOH)^2$. — L'acide oxalique est un corps solide, blanc, vénéneux. Il existe dans un grand nombre de végétaux, notamment dans l'oseille (*Rumex acetosa*) et les *oxalis*, qui le renferment à l'état d'oxalate de potassium. On peut le préparer en oxydant l'amidon, le sucre, la sciure de bois, au moyen de l'acide azotique (fig. 75).

C'est un acide biatomique, c'est-à-dire qu'il contient deux fonctions acide, $\begin{matrix} COOH \\ | \\ COOH \end{matrix}$; il peut donc donner deux sortes

Fig. 75. — Oxydation de l'amidon par l'acide azotique.

d'oxalates: les oxalates neutres, $\begin{matrix} COOK \\ | \\ COOK \end{matrix}$, et les oxalates acides ou bioxalates, $\begin{matrix} COOH \\ | \\ COOK \end{matrix}$.

Il est employé en teinture pour dissoudre le bleu de Prusse; sa dissolution dans l'eau, appelée *eau de cuivre*, sert pour le nettoyage des ustensiles en cuivre. Dans les laboratoires, il sert à préparer l'oxyde de carbone $\begin{matrix} COOH \\ | \\ COOH \end{matrix} = CO + CO^2 + H^2O$.

Une dissolution bouillante d'acide oxalique, dans laquelle on a introduit un morceau de feuille d'étain, enlève les taches d'encre sur le linge.

241. Acide tartrique, $\begin{array}{c} \text{CHOH - COOH} \\ | \\ \text{CHOH - COOH} \end{array}$ ou $C^4H^6O^6$. — *L'acide tar-trique* est solide, blanc, d'une saveur acide agréable, soluble dans l'eau. Comme l'indique sa formule, ce corps renferme deux fonctions alcool et deux fonctions acide; il y a donc deux espèces de sels : les tartrates acides ou bitartrates

$\begin{array}{c} \text{CHOH - COOH} \\ | \\ \text{CHOH - COOK} \end{array}$ (bitartrate de potassium ou crème de tartre)

et les tartrates neutres $\begin{array}{c} \text{CHOH - COO} \\ | \\ \text{CHOH - COO} \end{array}\!\!> \text{Ca,}$ tartrate de calcium,

insoluble dans l'eau.

L'acide tartrique existe dans beaucoup de plantes, surtout dans le raisin. On l'extrait du bitartrate de potassium, qui se dépose au fond des tonneaux qui contiennent du vin (*lie, tartre*). On l'emploie dans l'argenture du verre et dans la préparation de l'eau de seltz.

Il forme, avec l'antimoine et le potassium, un tartrate double employé comme vomitif, sous le nom d'*émétique*.

242. Acide tannique, $C^{14}H^{10}O^9$. — *L'acide tannique* ou *tannin* est un corps solide, blanc jaunâtre, sans odeur, très soluble dans l'eau. On l'extrait particulièrement de l'écorce de chêne et de la noix de galle. En médecine, on l'emploie comme astringent ; il raffermit les tissus et coagule le sang et l'albumine.

L'encre ordinaire résulte du mélange d'une infusion de noix de galle avec une dissolution de sulfate de fer ; il se produit du tannate de fer, qui noircit à l'air.

Le tannin forme, avec les matières animales, des combinaisons imputrescibles (*cuirs*); c'est ce qui le fait employer dans le tannage des peaux.

Tannage des peaux. — Le tannage comprend d'abord le *débourrage* ou *épilage*, qui consiste à enlever les poils dont l'épiderme est recouvert ; on y arrive, en faisant macérer les peaux soit dans de l'eau de chaux, qui relâche les tissus et permet de détacher facilement les poils, soit dans des liquides sulfurés, qui attaquent la substance même du poil, à tel point qu'un simple racloir de bois suffit pour le faire tomber.

Les peaux sont ensuite lavées et soumises au *gonflement* dans le but d'en relâcher les fibres. Pour cela, on les entasse dans des cuves pleines de *jusée*, c'est-à-dire d'eau qui est restée longtemps en contact avec la *tannée*; cette opération, très délicate, doit être conduite avec précaution.

Le tannage proprement dit a pour but de rendre la peau imputrescible, et de lui conserver sa souplesse en même temps que sa ténacité.

Dans des fosses en bois ou en maçonnerie, on dispose, au fond, une couche de *tan* ou écorce de chêne pulvérisée, sur laquelle on étend une peau que l'on recouvre ensuite d'une seconde couche de tan. On continue ainsi, en disposant alternativement une peau et une couche de tan, jusqu'à ce que la cuve soit remplie; l'eau, arrivant ensuite par le fond, baigne le tan et les peaux, et facilite l'opération.

Le tannage dure souvent plus d'une année. Certains procédés permettent cependant de le réduire à trois ou quatre semaines; mais les cuirs ainsi obtenus sont de moins bonne qualité.

243. Acide lactique, $CH^3-CHOH-COOH$ ou $C^3H^6O^3$. — *L'acide lactique* est un liquide incolore, incristallisable, soluble dans l'eau et dans l'alcool. Comme l'indique sa formule, il dérive du propane, $CH^3-CH^2-CH^3$, dans lequel deux atomes d'hydrogène ont été remplacés, l'un par la fonction alcool, l'autre par la fonction acide. Une goutte de cet acide suffit pour cailler le lait. Exposé à l'air, le lait s'aigrit, et le lactose, qui lui donne sa saveur sucrée, se transforme en acide lactique qui détermine la coagulation.

IV. Éthers.

244. Définitions. — On distingue les *éthers-sels* et les *éthers-oxydes*. Les *éthers-sels* sont des composés neutres résultant de la combinaison d'un acide et d'un alcool, avec élimination d'eau.

Les *éthers-oxydes* résultent de l'union de deux molécules d'alcool avec élimination d'une molécule d'eau.

245. Éthers de l'alcool méthylique. — Le plus important est le chlorure de méthyle, CH^3Cl, qui résulte de l'action du chlore sur le formène. Il est gazeux à la température ordinaire, mais se liquéfie facilement, et à l'état liquide s'évapore en produisant un grand froid.

246. Chloroforme, $CHCl^3$. — C'est un dérivé du chlorure de méthyle. Le chloroforme est un liquide incolore d'odeur agréable, de densité 1,49; insoluble dans l'eau, il bout vers 60°, et jouit de propriétés anesthésiques utilisées par les chirurgiens.

247. Iodoforme, CHI^3. — L'iodoforme est un dérivé de l'iodure de méthyle, qui est aussi un éther de l'alcool méthylique. C'est un solide jaune, soluble dans l'alcool et l'éther, insoluble dans l'eau. Il est utilisé dans le pansement des plaies, comme antiseptique et antiparasitaire.

248. Éther ordinaire. — C'est un éther-oxyde, de formule $C^2H^5-O-C^2H^5$. On l'appelle souvent *éther sulfurique,* parce qu'on le prépare par l'action de l'acide sulfurique sur l'alcool; l'acide sulfurique ne fait que s'emparer de l'eau abandonnée par l'alcool. Ce composé ne contient point d'acide sulfurique; le nom d'éther sulfurique est donc un terme impropre.

C'est un liquide incolore, très volatil, doué d'une odeur forte. Ses vapeurs sont très denses et forment avec l'air un mélange détonant. Il faut donc éviter de laisser un flacon d'éther débouché au voisinage d'une flamme.

L'éther est employé par les chimistes, comme dissolvant du soufre, du phosphore, des résines, et par les chirurgiens, comme anesthésique.

249. Éthers-sels des acides organiques. — Ces composés ont presque tous une odeur très agréable rappelant celle de certains fruits et servent à fabriquer des liqueurs artificielles. Ainsi l'acétate d'amyle a une odeur de poires, le formiate d'éthyle une odeur de rhum, etc.

250. Éthers de la glycérine. — Ils sont connus sous le nom de *corps gras*, et nous leur consacrons un chapitre spécial (voyez chap. III).

V. Alcaloïdes végétaux.

251. Nature. — Les *alcaloïdes végétaux* sont des composés organiques qui peuvent, comme les oxydes métalliques, se combiner avec les acides pour former des sels. On les trouve dans un grand nombre de plantes.

252. Alcaloïdes de l'opium. — L'*opium* est le suc épais qui s'échappe des incisions que l'on pratique autour de la capsule du *pavot somnifère* (fig. 76). C'est un narcotique puissant; administré à petite dose, il agit comme calmant. La médecine emploie très fréquemment l'opium, ou les alcaloïdes qu'on en retire, et dont les principaux sont la *morphine* et la *codéine*. L'opium est la base du *laudanum*.

La *morphine* est solide; on emploie principalement son chlorhydrate à l'état d'injections sous-cutanées pour provoquer le sommeil. Son usage, comme celui

Fig. 76.— Capsule de pavot.

du tabac, devient rapidement une passion dont les effets sont des plus redoutables.

253. Nicotine. — La *nicotine* est un alcaloïde retiré des feuilles du tabac; c'est un liquide incolore, sirupeux, d'une odeur âcre. Quelques gouttes suffisent pour tuer un chien. C'est à la nicotine que le tabac doit son action pernicieuse sur ceux qui en abusent.

254. Strychnine. — La *strychnine* est un poison très violent, employé pour détruire les carnassiers qui rôdent autour des fermes (loups, renards, etc.). On l'extrait de la noix vomique.

255. Quinine. — La *quinine* se retire de l'écorce des quinquinas. Elle est excessivement amère et possède des propriétés toniques et fébrifuges très remarquables. On emploie surtout en médecine le *sulfate de quinine*. Le vin de quinquina est du vin ordinaire, dans lequel on fait macérer de l'écorce de quinquina.

VI. Alcalis organiques.

256. Alcalis organiques. — Les alcalis organiques sont des corps azotés auxquels on donne le nom d'*amines;* ils dérivent des alcools ou des phénols, par substitution du radical AzH^2 * au radical OH. Les alcalis organiques se combinent aux acides pour donner des sels.

257. Aniline. — L'aniline est une amine résultant de la combinaison du phénol et de l'ammoniaque. Elle a pour formule $C^6H^5.AzH^2$. On l'a longtemps extraite du goudron de houille. Aujourd'hui on l'obtient en réduisant la nitrobenzine au moyen de l'hydrogène résultant de l'action de l'acide chlorhydrique ou de l'acide acétique sur le fer.

L'aniline est un liquide incolore huileux, très réfringent, d'une saveur brûlante, d'odeur désagréable, soluble dans l'alcool et l'éther, mais non dans l'eau. C'est un poison. Elle donne toute une série de dérivés colorés, entre autres la *fuchsine,* qui est rouge; d'autres sont bleus, verts, violets, noirs et bruns. Ces dérivés font de l'aniline une substance extrêmement précieuse pour l'industrie.

258. Urée. — L'urée est un corps solide cristallisé en prismes ou en aiguilles incolores, dérivé de l'ammoniaque et de l'anhydride carbonique; elle a pour formule $CO(AzH^2)^2$. Elle appartient à une série homologue de corps nommés *amides,* caractérisés par la présence dans leur molécule du groupe - CO - AzH² ; tandis que les amines contiennent seulement le groupe AzH^2. C'est un des principes constituants de l'urine de l'homme. Au contact de l'air, elle se décompose et donne le carbonate d'ammonium.

QUESTIONNAIRE. — Qu'est-ce qu'un alcool? — Qu'entend-on par éther? — Comment obtient-on l'alcool méthylique? — A quoi sert-il? — Qu'est-ce que l'alcool éthylique? — Comment l'obtient-on dans les laboratoires? — Parlez de la glycérine. — Comment nomme-t-on les éthers de la glycérine? — Quels sont les usages de la glycérine? — Comment obtient-on la nitroglycérine? — En quoi la dynamite diffère-t-elle de la nitroglycérine?

Qu'appelle-t-on acides organiques? — Comment peut-on préparer l'acide oxalique? — Quels sont ses usages? — D'où retire-t-on l'acide acétique? — Quels sont les principaux acétates? A quoi servent-ils? — Qu'est-ce que le vinaigre? — *Qu'est-ce que l'acide tartrique? — D'où le retire-t-on?* — Qu'est-ce que le tanin? Quels sont ses usages? — Quelles sont les principales opérations du

---

* Le radical AzH^2, appelé *aminogène,* n'est autre qu'une molécule d'ammoniaque qui aurait perdu un atome d'hydrogène.

tannage des peaux? — *Que savez-vous de l'acide lactique?* — Quels sont les éthers de l'alcool méthylique? — A quoi sert le chlorure de méthyle? — et le chloroforme? — Qu'est-ce que l'iodoforme? — Comment l'emploie-t-on? — Qu'est-ce que l'éther ordinaire? — Ses usages.

Qu'appelle-t-on alcaloïdes végétaux? — D'où retire-t-on l'opium? Quels sont ses principaux alcaloïdes? — *D'où extrait-on la nicotine? la strychnine? la quinine? Quels sont leurs usages?* — Qu'est-ce qu'un alcali organique? — D'où peut-on extraire l'aniline? — Comment l'obtient-on aujourd'hui? — A quoi sert-elle? — Qu'est-ce que l'urée?

CHAPITRE II

HYDRATES DE CARBONE * — MATIÈRES COLORANTES — MATIÈRES ALBUMINOÏDES

I. Cellulose et amidon.

289. Cellulose, $C^6H^{10}O^5$. — La *cellulose* est la substance qui constitue les parois des cellules et des vaisseaux de toutes les plantes. Elle est solide, blanche, insoluble dans l'eau et l'alcool. Le coton, la moelle de sureau, le papier, le vieux linge, sont formés de cellulose presque pure.

La cellulose n'est soluble que dans le liquide cuproammoniacal de Schweitzer (212).

Traitée par l'acide sulfurique, puis étendue d'eau et portée à l'ébullition, elle se transforme d'abord en *dextrine* et ensuite en *glucose*.

La cellulose trempée dans de l'acide azotique concentré durant un quart d'heure, puis lavée à grande eau et séchée, donne le *fulmicoton* ou *coton-poudre*, très inflammable et très explosible, trop brisant pour remplacer la poudre de guerre; on l'utilise dans les travaux de mines. Dissous dans l'éther, le fulmicoton forme le *collodion*, substance visqueuse et qui devient très résistante après avoir été desséchée; elle est employée en photographie et en chirurgie.

Le *fulmicoton*, mêlé à du camphre, donne le *celluloïd*, que l'on emploie pour fabriquer des objets de toilette : cols, peignes, etc. Son inflammabilité le rend dangereux.

La cellulose sert encore à fabriquer des tissus, du papier, des cordes.

---

* Ces corps sont ainsi appelés parce que leur formule est celle du carbone jointe à celle d'un certain nombre de molécules d'eau. Exemple, la cellulose : $C^6H^{10}O^5$, équivaut à 6 atomes de carbone joints à 5 molécules d'eau.

260. Fabrication du papier. — Le *papier* se fabrique généralement avec les chiffons. Cette fabrication comprend les opérations suivantes :

1º *Triage.* — Les chiffons sont triés à la main, suivant leur couleur, leur nature, leur solidité, puis lessivés (fig. 77).

2º *Effilochage.* — Par l'effilochage, le tissu des chiffons est désagrégé ; les fils sont séparés les uns des autres au moyen de machines spéciales, après avoir été lavés dans une dissolution de soude chaude qui favorise la désagrégation.

3º *Blanchiment.* — La décoloration des chiffons s'obtient au moyen du chlore gazeux ou du chlorure de chaux.

Fig. 77. — Laveur mécanique.

4º *Moulage du papier.* — Si le papier doit être *collé*, on incorpore à la pâte une bouillie de résine et d'alun, qui fait que le papier ne boit pas l'encre. Le papier buvard est du papier non collé. Ensuite on colore la pâte, si on veut obtenir le papier de couleur ; puis elle est étendue mécaniquement sur des cadres couverts d'une toile métallique qui laisse filtrer l'eau, et s'engage ensuite entre des rouleaux chauffés qui la sèchent, la pressent et lui donnent son lustre.

On fait aussi du papier avec du bois et de la paille.

261. Amidon, $C^6H^{10}O^5$. — L'*amidon* est une substance blanche que l'on trouve surtout dans la graine des céréales. Pour l'obtenir, il suffit de délayer de la farine dans de l'eau, et de malaxer la pâte sous un filet d'eau (fig. 78); les grains d'amidon sont entraînés. Ce qui reste entre les doigts est le *gluten* matière azotée, partie la plus nourrissante du pain.

L'amidon est insoluble dans l'eau froide; mais, chauffé dans l'eau à 60 degrés, il se prend en masse gélatineuse et donne l'*empois d'amidon,* employé par les blanchisseuses pour donner de la consistance au linge (cols et manchettes de chemises).

L'iode colore l'empois d'amidon en bleu foncé d'iodure d'amidon; la chaleur fait disparaître cette coloration bleue, qui réapparaît par le refroidissement.

Sous l'action de l'acide sulfurique, l'amidon se transforme en glucose. Mais il existe dans l'orge germée un principe, la *diastase,* qui opère la même transformation. Cela explique comment

Fig. 78. — Extraction de l'amidon.

l'orge germée transforme son amidon en glucose, lequel, en fermentant (V. chap. IV), donne un liquide alcoolique, la *bière.*

Fécule. — La fécule a la même composition centésimale que l'amidon et en possède toutes les propriétés. On l'obtient en râpant des pommes de terre dans l'eau; la fécule tombe au fond en poudre blanche; on la recueille, et on la sèche.

Le *tapioca,* le *sagou,* le *salep,* l'*arrow-root,* sont des fécules alimentaires qui ne sont en rien supérieures à la fécule de pomme de terre.

Dextrine. — La dextrine a, comme la fécule, la composition chimique de l'amidon; c'est une matière solide, très soluble dans l'eau, insoluble dans l'alcool concentré: elle se rapproche par là des sucres. Les acides étendus d'eau la transforment en glucose.

On peut l'obtenir en chauffant, soit l'amidon ou la fécule à 210 degrés, soit un mélange d'amidon et d'acide sulfurique très étendu d'eau dans ce dernier cas, la diastase peut remplacer l'acide sulfurique.

La dextrine remplace la gomme arabique dans l'industrie; elle sert à encoller les tissus et à préparer des bandes pour la chirurgie.

262. Diastase. — La *diastase* est une substance azotée qui se développe dans la germination des graines; elle transforme l'amidon, qui est insoluble, en dextrine, puis en glucose, qui est soluble.

La *diastase* est le type des *ferments solubles* ou *enzymes*, substances albuminoïdes qui jouent un rôle important dans la fermentation, la putréfaction et la digestion. Outre la diastase, on peut citer : la *ptyaline* de la salive, la *pepsine* du suc gastrique, la *myrosine* de la moutarde, l'*émulsine* des amandes amères.

II. Sucres.

263. Nature des sucres. — Les *sucres* sont des substances d'une saveur douce et agréable, qui peuvent, sous l'influence d'un ferment particulier, se transformer en alcool et en anhydride carbonique.

264. Glucose, $C^6H^{12}O^6$. — Le *glucose* est un sucre amorphe qui provient soit des fruits sucrés : figues, raisins, prunes, etc., soit de la transformation de l'amidon sous l'influence de la diastase. Sa formule chimique montre qu'elle dérive de l'amidon, par combinaison avec une molécule d'eau :

$$C^6H^{10}O^5 + H^2O = C^6H^{12}O^6$$
$$\text{amidon} \qquad \text{eau} \qquad \text{glucose}$$

Dans l'industrie, on le prépare en versant dans de l'eau acidulée, portée à l'ébullition, de l'amidon délayé dans l'eau. On agite, on laisse bouillir pendant plusieurs heures, puis on ajoute de la craie en poudre pour saturer l'excès d'acide. Il suffit ensuite de filtrer et de faire évaporer le liquide pour obtenir le glucose.

Le glucose présente une réaction caractéristique, utile aux médecins, pour reconnaître la maladie appelée *diabète*. L'urine des diabétiques renferme du glucose, dont on reconnaît la présence au moyen de la *liqueur de Fehling :* solution de sulfate de cuivre dans un liquide alcalin.

Sous l'action réductrice du glucose, cette liqueur donne un précipité rouge de sous-oxyde de cuivre.

Le glucose est peu employé dans les usages domestiques ; on l'utilise dans la fabrication de la bière et de différents sirops. Il sucre deux fois et demi moins que le sucre ordinaire.

265. Sucre ordinaire, $C^{12}H^{22}O^{11}$. — Le *sucre ordinaire* ou *saccharose* cristallise en prismes obliques. Il est très soluble dans l'eau, surtout à chaud, et insoluble dans l'alcool concentré. Il fond à 160° et, par refroidissement, se solidifie en une masse non cristallisée, le *sucre d'orge*, qui perd peu à peu sa transparence et repasse, en cristallisant, à l'état de sucre ordinaire. A une température supérieure à 160°, il se décompose, donne de l'anhydride carbonique et divers produits volatils. Le sucre ne fermente pas ; mais les acides étendus d'eau et les levures le décomposent en deux produits, dont l'un, le glucose, fermente et donne de l'alcool. Le sucre ne donne pas, avec la liqueur de Fehling, la réaction du glucose ; mais il la donne après traitement par un acide dilué. On trouve le sucre tout formé dans la canne à sucre, la betterave, l'érable, etc.

Sucre de betteraves. — La fabrication du sucre de betteraves comprend les opérations suivantes :

1° L'*extraction du jus,* qui consiste à laver les betteraves, à les réduire en pulpe au moyen de râpes ou de hachoirs, et à presser la pulpe ;

2° La *purification du jus* ou *défécation.* Le jus est chauffé, puis additionné de 3 p. % de chaux vive pulvérisée : il se forme un *sucrate de calcium,* et une grande partie des matières étrangères sont précipitées. On filtre ensuite, et on a un liquide clair.

3° La *carbonatation.* On fait arriver dans la liqueur, contenue dans une chaudière, un courant d'anhydride carbonique qui précipite la chaux. On filtre de nouveau.

4° La *clarification* et la *décoloration du jus.* On l'obtient au moyen du noir animal.

5° La *cuite du jus.* Elle consiste à le faire bouillir dans des chaudières, afin de le concentrer. Cette opération se fait au moyen de chaudières closes dans lesquelles on fait le vide partiel, ce qui permet de faire bouillir le jus à une température relativement peu élevée ; la quantité de sucre cristallisable, obtenue dans ces conditions, est plus considérable que si l'on opérait à l'air libre.

6° La *cristallisation.* On laisse refroidir le jus ainsi concentré dans de vastes cristallisoirs, où les cristaux de sucre se forment par refroidissement. On essore, et on a ainsi le sucre en grains ou *cassonade.*

7° Le *raffinage.* Le raffinage consiste à dissoudre la cassonade dans l'eau, à clarifier par du sang de bœuf qui, en se coagulant, entraîne les matières tenues en suspension et les amène à la surface sous forme d'écume, et à décolorer la dissolution par le noir animal, puis à concentrer le liquide. On le fait ensuite cristalliser dans des moules coniques dont la pointe est en bas et présente une ouverture que l'on débouche à la fin de l'opération, pour faire égoutter le résidu non cristallisable (*mélasse*).

Les mélasses de betterave sont utilisées, après fermentation, pour la fabrication de l'alcool ; les mélasses de sucre de canne, traitées de la même manière, donnent le *rhum*.

Les mélasses épuisées renferment encore des sels de potassium et de sodium, que l'on extrait par des lavages méthodiques. L'agriculture les utilise comme engrais.

III. Gommes et résines.

266. Gommes. — Les *gommes* sont des substances incristallisables translucides, solubles dans l'eau, insolubles dans l'alcool et l'éther. Elles ont, pour la plupart, la composition chimique de l'amidon ($C^6H^{10}O^5$). Les principales sont : la *gomme arabique*, produite par des végétaux exotiques du genre *Acacia ;* la *gomme adragante* et la *gomme de Bassora*.

Les *Cerisiers*, les *Pruniers*, les *Abricotiers* de nos pays sécrètent une gomme particulière nommée *gomme du pays*.

267. Caoutchouc. — Le *caoutchouc* est une substance très élastique, qui peut être réduite en feuilles minces, imperméables aux liquides et aux gaz. Il est incolore à l'état de pureté ; dans le commerce, il est ordinairement brun ou gris.

Le caoutchouc provient d'arbres exotiques appartenant à la famille des *Euphorbiacées*. Pour l'obtenir, on fait à ces arbres de profondes incisions, et l'on recueille le liquide laiteux qui s'en échappe ; abandonné à lui-même ou chauffé, il se dessèche et donne le caoutchouc brut.

Mélangé au soufre, dans la proportion de 1 à 2 p. %, le caoutchouc est employé à une foule d'usages (*caoutchouc vulcanisé*). Une proportion de 20 à 30 p. % lui communique une grande dureté (*caoutchouc durci*).

La souplesse, l'inaltérabilité, la facilité avec laquelle on le travaille, rendent le caoutchouc vulcanisé propre à un grand nombre d'usages. On en fait des tuyaux de conduite, des chaussures, des appareils de chirurgie, des étoffes imperméables. Réduit en fils, on en fait des jarretières. Il sert à effacer le crayon.

268. Gutta-percha. — La *gutta-percha* a la même composition que le caoutchouc. On en fabrique des courroies, des enveloppes isolantes pour les fils électriques ; notamment pour les câbles transatlantiques, qui en absorbent des quantités considérables. On en fait des moules pour la galvanoplastie.

269. Résines. — Les *résines* découlent de l'écorce de certains végétaux, sous forme de sucs visqueux qui se solidifient ordinairement en masses transparentes, d'aspect vitreux, souvent jaunes, rouges ou brunes, et fortement odorantes.

Quelques-unes, connues sous le nom général de *térébenthines*, restent toujours liquides ou pâteuses.

La tige des *Pins*, des *Sapins*, des *Cèdres*, et, d'une manière générale, des espèces appartenant à la famille des *Conifères*, renferme de la résine en abondance.

Les principales résines employées dans le commerce sont la *poix*, la *colophane*, le *baume de Tolu*.

270. Huiles. — Les huiles végétales se subdivisent en *huiles fixes* et en *huiles volatiles* ou *essences*.

Les huiles fixes sont des liquides onctueux, insolubles dans l'eau, fournis par les fruits et les graines de certaines espèces végétales. Les plus remarquables sont les huiles d'*Olive*, de *Colza*, de *Pavot* ou d'*Œillette*, de *Noix*, de *Lin*, d'*Amandes douces*.

Les huiles volatiles sont douées d'une odeur pénétrante et se rencontrent dans les feuilles, les fleurs, l'enveloppe des fruits. Les plus connues sont les essences de *Rose*, de *Menthe*, de *Lavande*, de *Citron*, d'*Eucalyptus*

Il a été parlé plus haut de l'essence de *térébenthine* (232).

271. Camphre. — Le *camphre* est une matière solide, diaphane, facile à sublimer, odorante, à texture cristalline, soluble dans l'alcool. On l'obtient en distillant de l'eau dans laquelle on a mis des fragments de rameaux et de tiges du *Laurus camphora*, qui croît au Japon.

IV. Matières colorantes.

272. Matières colorantes ou tinctoriales. — Indépendamment des couleurs extraites du goudron de houille, et dont l'usage est d'ailleurs assez récent, l'art de la teinture emploie un grand nombre d'autres matières colorantes, qui se trouvent dans le règne animal, dans le règne végétal et dans le règne minéral.

Pour qu'une matière colorante soit utilisable, il faut qu'elle soit soluble, de manière à pouvoir bien imprégner les fibres du tissu ; mais il faut qu'ensuite elle devienne insoluble, pour résister pendant longtemps à l'action de l'eau ; il faut aussi qu'elle soit insensible à l'action de la lumière.

Quelques matières colorantes se combinent directement aux tissus et forment avec eux des composés chimiques stables ; d'autres ne se combinent qu'avec une matière dont on a préalablement recouvert le tissu, et qu'on nomme *mordant*.

Toutes les matières colorantes sont détruites par certains réactifs. Ainsi le chlore, en leur prenant leur hydrogène, en détruit un grand nombre, de même l'acide oxalique et l'acide tartrique ; ces substances sont appelées des *rongeants*.

On divise les matières tinctoriales en deux grandes classes : les couleurs *naturelles* et les couleurs *artificielles*. Celles qui résistent longtemps aux réactifs puissants sont dites couleurs *de grand teint*; celles qui résistent peu sont dites de *petit teint*.

A). *Couleurs naturelles.* — a). *De grand teint.*

1° La *cochenille*. C'est une couleur d'origine animale obtenue en desséchant le corps d'un petit insecte, le *Coccus*, très commun au Mexique. La cochenille sert à teindre en cramoisi, en écarlate; elle sert aussi à préparer le carmin.

2° L'*indigo* est une matière tinctoriale bleue, fournie par des plantes de la famille des *Légumineuses*, cultivées surtout en Chine. Par fermentation dans l'eau, les feuilles de ces plantes donnent une matière blanche qui bleuit par exposition à l'air.

L'indigo est un composé solide bleu, à reflets cuivrés; il est insoluble dans l'eau, peu soluble dans l'alcool et l'éther, soluble dans l'acide sulfurique, avec lequel il forme une liqueur bleue, dite sulfate d'indigo; l'acide sulfurique employé comme dissolvant est l'acide de Nordhausen, parce que l'acide ordinaire contient toujours un peu de produits nitreux qui décolore l'indigo.

3° L'*alizarine* est une matière colorante rouge, qu'on extrayait autrefois des racines de la garance. On la produit aujourd'hui artificiellement.

4° La *gaude*, matière colorante jaune, extraite d'une plante qui croît dans toute l'Europe.

b) *de petit teint*. — La principale est la teinture de Campêche. Le Campêche est un arbre originaire du Mexique, dont le bois traité par les alcalis et divers sels donne des couleurs noires, vertes et bleues. Pour cette raison, il est considéré comme très précieux en teinture.

B). *Couleurs artificielles*. — De l'aniline dérivent la fuchsine et la rosaniline, substances avec lesquelles on peut obtenir des teintes très variées. En général, les couleurs artificielles sont très sensibles à l'action de la lumière, mais plus éclatantes que les couleurs naturelles.

273. Teinture des étoffes. — La *teinture* a pour but de fixer les principes colorants sur les tissus préalablement blanchis. Les étoffes sont d'abord trempées dans un *mordant* (alun, protochlorure d'étain, acétate d'aluminium, etc.), qui favorise l'action de la matière colorante et lui donne plus d'éclat et de solidité; on les plonge ensuite dans le bain de teinture, dissolution chaude de la matière colorante.

274. Impressions sur étoffes. — L'impression des étoffes se fait par *impression directe* ou par *voie de teinture*.

Dans l'*impression directe*, le dessin est imprimé sur l'étoffe au moyen de planches ou de rouleaux portant le dessin en relief ou en creux, et enduits d'un mélange de la matière colorante et de son mordant épaissi avec de la fécule. Les étoffes sont ensuite exposées à l'action de la vapeur d'eau.

Dans l'impression par *voie de teinture*, on imprime le dessin sur l'étoffe avec le mordant seulement, lequel est choisi suivant la nature de l'étoffe et celle de la matière colorante. On plonge ensuite l'étoffe dans le bain de teinture. Un lavage à grande eau suffira ensuite pour enlever la teinture des endroits non attaqués par le mordant, et le dessin apparaîtra seul.

V. Matières albuminoïdes.

275. Albumine. — L'*albumine* existe en dissolution dans le sang, dans le blanc d'œuf. Elle est jaunâtre, soluble dans l'eau à la température ordinaire; mais, chauffée à 72°, elle se solidifie, devient blanche et insoluble dans l'eau. Elle se coagule par la chaleur, par l'action des acides, de quelques sels, de l'alcool et de l'éther. Elle renferme du carbone, de l'hydrogène, de l'oxygène, de l'azote et un peu de soufre; sa décomposition dans les œufs donne de l'acide sulfhydrique.

276. Gélatine. — La *gélatine* est une substance incolore quand elle est pure, soluble dans l'eau bouillante, avec laquelle elle donne une gelée par refroidissement. On la retire des os, des tendons, des peaux, etc., par l'ébullition dans l'eau.

Les principales variétés de gélatine sont la *colle de poisson,* qui provient de la vessie natatoire de l'esturgeon; la *colle de Flandre,* moins blanche, servant à fabriquer la *colle à bouche* et des images transparentes; la *colle forte,* de couleur brune, très employée dans la menuiserie; elle provient des déchets de tannerie.

L'*osséine* est une variété de gélatine qui se rencontre dans les os des animaux. L'acide sulfurique et l'acide chlorhydrique détruisent la matière minérale des os, en laissant intacte l'osséine.

Celle-ci est une masse molle et élastique, qui devient de la gélatine dans l'eau chaude. La gélatine dissoute dans l'eau bouillante se prend par refroidissement en une masse transparente, très flexible, très tenace, mais qui devient cassante en se desséchant. Sous l'action de l'acide acétique concentré, cette solution perd la propriété de se prendre en gelée: c'est la *colle liquide.*

277. Fibrine. — C'est une variété de la matière albuminoïde; elle détermine la coagulation du sang au sortir des vaisseaux. Le sang abandonné à l'air se divise en deux couches : une masse solide, qui est la fibrine, retenant les globules sanguins, et une partie liquide, le sérum, tenant encore en dissolution une matière albuminoïde, la *sérine.*

278. Lait. — Le *lait* est un liquide blanc, opaque, d'une densité un peu supérieure à celle de l'eau, et renfermant environ 10 à 15 p. % de matières solides, dont les principales sont le *sucre de lait,* le *beurre* et la *caséine,* et des *carbonates alcalins.*

Le *sucre de lait* ou *lactose* peut, sous l'influence de l'air ou des acides, se transformer en acide lactique; c'est lui qui détermine la coagulation du lait à l'air.

Le *beurre* est une matière grasse disséminée dans le lait en fines gouttelettes entourées d'une membrane très mince; ces gouttelettes, plus légères que le liquide, montent à la surface et y forment une couche plus ou moins épaisse qu'on appelle la *crème*. Si, par le battage, on déchire les enveloppes des globules, la matière grasse se prend en masse et donne le *beurre*.

La *caséine* est une substance albuminoïde qui forme la partie gélatineuse du lait coagulé, c'est elle qui constitue les fromages. La caséine est insoluble dans l'eau; si elle reste dissoute dans le lait, c'est à la faveur des sels alcalins. Abandonné à l'air, le lait fermente parce qu'il contient du sucre; il se forme de l'acide lactique, qui coagule la caséine. La présence de bicarbonate de sodium empêche la fermentation. L'ébullition du lait amène encore la coagulation de la caséine. Enfin, dans l'industrie des fromages, on coagule la caséine au moyen d'un ferment : la *présure*, substance acide extraite de la *caillette* (partie de l'estomac) du veau.

Au moment de bouillir, le lait augmente tout à coup de volume, on dit qu'il *monte*. Ce phénomène tient à ce que les gaz qui sont en dissolution dans le lait ne peuvent s'échapper, par suite de la coagulation de l'albumine, qui le rend un peu visqueux.

QUESTIONNAIRE. — Qu'est-ce que la cellulose? — Quelle est l'action de l'acide sulfurique sur la cellulose? — Comment prépare-t-on le fulmicoton et le collodion? — Quelles opérations comprend la fabrication du papier? — Qu'est-ce que l'amidon? Comment l'obtient-on? — D'où retire-t-on la fécule? — *Comment se prépare la dextrine? — Qu'est-ce que la diastase?*

Qu'est-ce que la glucose? — Comment la prépare-t-on dans l'industrie? — Que comprend la fabrication du sucre de betterave? — A quoi servent les mélasses?

Quels sont les caractères des gommes? — D'où provient le caoutchouc? — Qu'est-ce que le caoutchouc vulcanisé? — Quelles sont les principales résines? les principales huiles et essences? — D'où provient l'essence de térébenthine? A quoi sert-elle? — D'où vient le camphre?

Quelles sont les principales matières colorantes? — Comment se fait la teinture des étoffes? — Comment procède-t-on dans l'impression des étoffes?

Quelles sont les propriétés de l'albumine? — D'où provient la gélatine? A quoi sert-elle? — Quelle est la composition du lait? Comment en extrait-on le beurre? — Qu'est-ce que la *caséine?* — Pourquoi le lait monte-t-il quand il est près de bouillir?

CHAPITRE III

CORPS GRAS

279. Nature des corps gras. — Les *corps gras* sont des matières neutres, onctueuses, ne se mélangeant pas avec l'eau et laissant sur le papier une tache translucide. Ils sont formés par le mélange de deux ou trois principes immédiats, qui sont la *stéarine*, la *margarine* et l'*oléine*.

Les huiles refroidies se figent ; par pression, on en extrait un liquide qui est l'*oléine*, et on obtient pour résidus des paillettes blanches, nacrées, formées d'un mélange de *margarine* et de *stéarine* que l'on traite par l'éther : la margarine se dissout, et il reste la *stéarine*. La margarine est souvent employée pour falsifier le beurre.

280. Saponification. — On appelle *saponification* l'action chimique des bases sur les éthers en général ; ou, en d'autres termes, la décomposition d'un éther en alcool et acide. Nous avons vu que les corps gras sont des éthers de la glycérine.

En présence de l'eau chaude et des bases énergiques, telles que la chaux, la potasse, la soude, les principes gras se dédoublent en un alcool, la *glycérine* (237), et en acides gras (*acides stéarique, margarique, oléique*).

C'est sur la saponification des corps gras que repose la fabrication des *bougies* et des *savons*.

281. Savons. — Les *savons* sont de véritables sels formés par la combinaison des acides gras avec des bases. Ce sont des stéarates, des margarates, des oléates de potassium, de sodium ou de calcium. Ce dernier, appelé *savon calcaire*, est insoluble dans l'eau ; c'est un produit intermédiaire dans la fabrication des bougies stéariques.

Pour fabriquer les savons, on fait bouillir de la graisse dans une lessive de soude ou de potasse ; on obtient ainsi de la glycérine et une combinaison des acides gras avec la base. On ajoute ensuite du sel marin ; le savon, étant insoluble dans l'eau salée et plus léger qu'elle, se rassemble à la partie supérieure en une pâte consistante. On ajoute encore de la lessive alcaline, et on recommence ainsi jusqu'à saturation complète des corps gras.

Après refroidissement, on soutire le liquide, et l'on achève la saponification en faisant bouillir le savon dans des lessives concentrées et salées ; puis on le coule dans des moules.

Les savons *mous* sont à base de potasse, et les savons d.*urs* à base de soude. Le savon de Marseille est marbré avec du sulfate de fer. Pour les savons de toilette, on ajoute des essences à la pâte avant de la couler.

282. Bougies stéariques. — Pour obtenir la stéarine, on fait fondre du suif dans une cuve en bois, contenant de l'eau chauffée par un courant de vapeur ; puis on y ajoute de la chaux, qui donne avec les acides gras un savon calcaire insoluble. La glycérine qui surnage est soutirée, et on traite le savon calcaire par l'acide sulfurique; il se forme du sulfate de calcium (plâtre), qui se précipite, et des acides gras qui surnagent. On laisse refroidir, et, par pression, on sépare l'acide oléique, qui est liquide, des acides margarique et stéarique, qui sont solides.

On procède ensuite au coulage dans des moules (fig. 79) contenant, suivant leur axe, une mèche de coton tressée et préalablement trempée dans une solution d'acide borique (147). Les bougies sont ensuite blanchies par une exposition à la lumière et polies par un frottement mécanique sur une bande de drap. On ajoute souvent de la paraffine aux acides gras, pour diminuer la fragilité de la bougie.

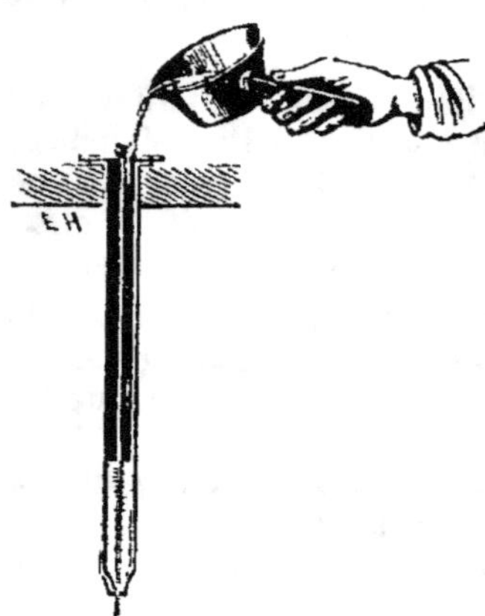

Fig. 79. — Moulage des bougies.

Les chandelles s'obtiennent en coulant du suif fondu dans des moules garnis d'une mèche de coton non tressée.

CHAPITRE IV

FERMENTATIONS

283. Ferments. — La *fermentation* est la réaction chimique provoquée dans une substance organique par les ferments.

On distingue deux sortes de ferments : 1° les *ferments solubles* ou *non figurés*, qui sont des matières organiques azotées, comme la diastase de l'orge germée, la ptyaline de la salive, la pepsine du suc gastrique; 2° les *ferments figurés*, qui sont des cellules vivantes empruntant au milieu où elles vivent certaines matières qu'elles transforment: telle est la levure de bière. Un *ferment figuré* est un être organisé microscopique qui, placé dans des conditions favorables, vit et se développe aux dépens d'une matière organique, qu'il transforme en produits plus simples et parfaitement définis. Ainsi le ferment du vinaigre transforme l'alcool en vinaigre.

284. Fermentation acétique. — La *fermentation acétique* est la transformation de l'alcool en vinaigre ; elle se fait par l'action d'un ferment figuré, le *mycoderma aceti* ou mycoderme du vinaigre.

Cette transformation est, en résumé, une oxydation qui se fait par l'intermédiaire du ferment :

$$CH^3 - CH^2 - OH \quad + \quad 2O \quad = \quad CH^3 - COOH \quad + \quad H^2O$$

alcool   oxygène   acide acétique   eau

On prépare le vinaigre par trois procédés : 1º le *procédé d'Orléans*, 2º le *procédé allemand*, 3º la *méthode Pasteur*.

Procédé d'Orléans. — On verse dans des tonneaux une certaine quantité de vin qu'on laisse exposé à l'air à une température de 25º à 30º, puis on ajoute une plus grande quantité de vinaigre. Au bout d'un mois, on retire par exemple dix litres de vinaigre, que l'on remplace par dix litres de vin, et ainsi de suite. Ce procédé n'est applicable qu'avec du vin.

Procédé allemand. — On se sert de tonneaux divisés en trois compartiments par des cloisons horizontales percées de trous (fig. 80). Le vin, versé dans le compartiment supérieur, descend dans celui du milieu, qui contient des copeaux de hêtre préalablement arrosés de vinaigre. Le vin traverse goutte à goutte les copeaux et tombe dans le compartiment inférieur, où l'air arrive par des ouvertures latérales. La rapidité de la fermentation échauffe souvent le vinaigre, qui perd de sa saveur. Les produits ainsi obtenus sont de qualité inférieure à ceux que donne le *procédé d'Orléans*.

Fig. 80. — Fabrication du vinaigre.

Méthode Pasteur. — On verse dans des cuves peu profondes, fermées, mais où l'air circule librement, un peu d'eau alcoolisée, puis on sème à la surface le mycoderme. La fermentation se produit immédiatement. On verse alors doucement une certaine quantité de vin, qui devient du vinaigre ; on le soutire, et on le remplace par du vin, et ainsi de suite. La méthode est rapide et donne de bons produits.

285. Fermentation putride. — La *fermentation putride* est l'altération des matières azotées (viande, urine, etc.), sous l'influence d'un ferment figuré qui décompose ces matières en eau, ammoniaque et gaz carbonique.

On supprime cette fermentation, en empêchant les ferments de se développer. On y arrive par la dessiccation (légumes, fruits, plantes pour herbier), ou par un abaissement de température (conservation des viandes et du poisson par la glace). Si les ferments existent déjà, on peut les détruire par la cuisson et la conservation des substances à l'abri de l'air (sardines, conserves alimentaires), ou par l'emploi d'antiseptiques tels que le sel marin, l'alcool, le phénol, le sublimé corrosif (voir n° 227).

286. Fermentation alcoolique. — La *fermentation alcoolique* est la transformation du sucre en alcool et anhydride carbonique, sous l'influence de la *levure de bière*, ferment figuré qui se développe abondamment dans la fabrication de la bière.

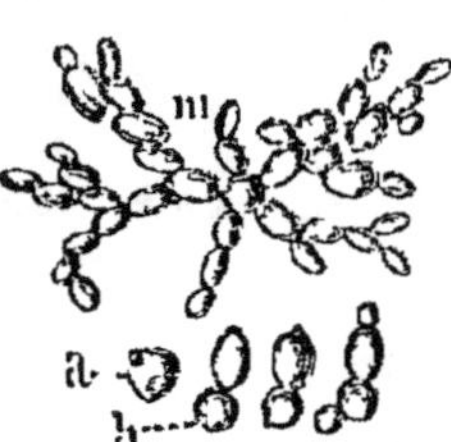

Fig. 81.
Levure de bière.

L'*alcool* ordinaire résulte de la fermentation de toute espèce de sucre; par conséquent, on peut l'extraire par distillation de tout liquide sucré ayant éprouvé la fermentation alcoolique (vins, mélasses, fruits, pommes de terre, grains, etc.).

Une première distillation donne un alcool renfermant la moitié de son volume d'eau; c'est *l'eau-de-vie ordinaire*. Des distillations successives le concentrent de plus en plus; enfin une dernière opération, en présence du carbure de calcium, donne l'*alcool absolu* ou anhydre.

L'alcool ordinaire sert de dissolvant et de combustible (lampe à alcool). Le trois-six est un alcool d'une force telle, que trois parties de cet alcool, étendues de trois parties d'eau, donnent six parties d'eau-de-vie ordinaire.

Industrie de l'alcool. — Dans cette industrie, on se propose de convertir en alcool certaines substances qui ne fermentent pas naturellement.

1° *Mélasses.* — Les mélasses des sucreries, traitées par l'acide sulfurique, donnent du glucose et des produits analogues; en ajoutant de la levure de bière à la masse, la fermentation se produit.

2° *Betteraves.* — Les betteraves, découpées en fines tranches, sont introduites dans des cuves à eau acidulée; le jus sucré qui se produit est transformé en glucose par l'acide sulfurique. L'addition de levure de bière détermine la fermentation.

3° Pommes de terre et graines amylacées. — On cuit d'abord ces substances à l'eau bouillante, ce qui donne de l'empois de fécule ou d'amidon ; on chauffe encore avec de l'orge germée, et la diastase, ferment soluble, transforme l'amidon en glucose, susceptible de fermenter sous l'action de la levure.

Quand le liquide sucré a fermenté, on le distille dans des appareils très compliqués, et l'on obtient les divers produits connus sous les noms d'eau-de-vie, d'esprits et d'alcools rectifiés.

Les alcools d'industrie renferment des *alcools supérieurs*, c'est-à-dire dont la molécule renferme plus de carbone que l'alcool éthylique ($C^2H^5.OH$); par exemple, l'alcool amylique ($C^5H^{11}.OH$). Ce sont ces alcools supérieurs qui communiquent aux eaux-de-vie de betterave, de grains, de céréales, leurs propriétés *toxiques*.

287. Vin. — Le *vin* est le résultat de la fermentation alcoolique du jus ou moût de raisin. Ce jus renferme environ 80 p. % d'eau, du sucre, des matières albuminoïdes, du tanin, des sels. Sa fabrication comprend :

1° Le *foulage* du raisin. Pour fermenter, le raisin doit être écrasé, ce qui amène en contact le glucose contenu dans la pulpe de la graine et le ferment qui se trouve sur la pellicule, à l'extérieur. Le foulage donne le moût.

2° Le *cuvage* ou fermentation du jus. La fermentation commence immédiatement, si la température n'est pas supérieure à 20°; il se produit de l'alcool et de l'anhydride carbonique. Les enveloppes des grains de raisin montent à la surface et forment le *chapeau*.

3° Le *soutirage* du jus fermenté a pour but de le débarrasser des grappes (*rafles*) et des pellicules qui forment le *marc*, dont le *pressurage* donne du vin de qualité inférieure.

4° La *mise en fûts* achève la clarification; les matières suspendues se déposent et forment la *lie*.

5° Le *collage* au blanc d'œuf ou à la gélatine, qui le clarifie en le débarrassant des matières albuminoïdes.

On peut obtenir du vin blanc avec du raisin noir, il suffit de séparer le moût d'avec les pellicules noires avant la fermentation; car la coloration rouge du vin est due à une matière colorante de la pellicule noire, matière qui se dissout dans l'alcool provenant de la fermentation. Les vins rouges contiennent aussi du tannin en plus grande quantité que les vins blancs.

Les *vins mousseux* de Champagne sont fabriqués avec du vin blanc auquel on ajoute, au moment de la mise en bouteilles, un peu de sucre candi qui se transforme, dans la bouteille même, en alcool et anhydride carbonique.

Les vins naturels renferment en moyenne de 6 à 15 p. % d'alcool. Ils peuvent devenir *acides* ou *piqués, tournés, gras,* etc., sous l'influence des fermentations ultérieures auxquelles ils sont exposés.

288. Cidre et poiré. — Ces deux boissons se préparent à peu près comme le vin, la première avec le jus des pommes, la seconde avec celui des poires.

289. Bière. — La *bière* est une boisson nourrissante que l'on prépare avec l'orge et le houblon. Sa fabrication comprend les opérations suivantes :

1° Le *maltage* ou germination de l'orge, qui développe dans le grain la diastase nécessaire à la transformation de l'amidon en glucose. Les grains, trempés dans l'eau, sont entassés sur une épaisseur de 0^m,50 et maintenus à 15°; la germination a lieu, et la diastase se produit. On sépare la radicule, puis on broie le grain, et l'on obtient ainsi une farine grossière appelée *malt.*

2° Le *brassage.* On brasse le malt dans des cuves renfermant de l'eau à 70 degrés; la diastase transforme l'amidon en glucose, qui se dissout. Le liquide obtenu prend le nom de *moût.*

3° Le *houblonnage.* On fait bouillir le moût avec des cônes de houblon, qui donnent du goût à la bière et assurent sa conservation;

4° La *fermentation* du moût. On la détermine au moyen de la levure de bière. On clarifie ensuite.

La levure, qui pendant la fermentation surnage sous la forme d'une mousse blanche, est recueillie pour d'autres opérations. La bière contient 2 à 8 % d'alcool; les plus renommées sont les bières allemandes; les plus riches en alcool sont les bières anglaises.

290. Panification. — Le *pain* est fabriqué avec de la farine, de l'eau, du sel et du *levain.*

La farine est obtenue par la *mouture* du grain des céréales et le *blutage,* qui sépare la farine de l'enveloppe des grains (*son*). Elle est formée d'amidon, de gluten, d'albumine, de dextrine, de glucose, de matières grasses et de quelques sels minéraux.

La fabrication du pain comprend : 1° le *pétrissage* de la farine avec l'eau et le sel ; 2° la *fermentation* de la pâte obtenue, par du levain ou de la levure de bière, qui transforme les principes sucrés en alcool et gaz carbonique, et rend ainsi le pain très poreux ; 3° la *cuisson*.

291. Conservation des matières organisées. — Depuis que l'on connaît l'origine et le mode de développement des ferments figurés, on a imaginé plusieurs méthodes pour empêcher leur action et conserver les matières alimentaires.

Ces méthodes sont :

1° *La dessiccation.* — Elle empêche le développement des germes.

2° *Le refroidissement.* — La glace sert souvent à conserver des viandes, du poisson, etc.

3° *La stérilisation* ou *pasteurisation.* — On porte la matière à conserver à une température suffisante pour détruire les germes. Pour le vin, il suffit d'une température de 55 à 60°. Dans d'autres cas, il faut une température plus élevée, mais qui ne dépasse pas 140°.

4° *La cuisson et la privation d'air.* — Les aliments cuits à l'ordinaire sont introduits dans des boîtes de fer-blanc fermées hermétiquement. On maintient ces boîtes dans l'eau bouillante pendant environ une heure. Les germes étant détruits par la chaleur, la conservation est assurée. (Ex. : viandes, légumes secs.)

5° *Les antiseptiques.* — On a de tout temps employé le sel marin pour conserver les viandes, de même l'usage de les enfumer est très ancien ; ce procédé doit son efficacité à la *créosote*, principe qui existe dans la fumée du bois.

Beaucoup de substances détruisent radicalement les germes : le phénol, l'acide borique, le sublimé corrosif, le permanganate de potassium, etc. ; comme la plupart sont vénéneuses, elles ne peuvent servir à la conservation des aliments ; mais elles sont d'un usage très fréquent en médecine.

QUESTIONNAIRE. — Qu'est-ce que la fermentation ? — Qu'est-ce qu'un ferment ? — *Comment se fait la fermentation acétique ? — Qu'est-ce que la fermentation putride ? Comment peut-on empêcher son développement ?* — Qu'est-ce que la fermentation alcoolique ? — Comment obtient-on l'alcool absolu ? — Quelles sont les substances d'où l'on peut tirer de l'alcool ? — Que comprend la fabrication du vin ? — Peut-on fabriquer du vin blanc avec des raisins noirs ? — Comment obtient-on les vins de Champagne ? — Comment fabrique-t-on la bière ? le pain ? — Comment peut-on conserver les matières organisées ?

HISTOIRE NATURELLE

1. Définition. — L'*Histoire naturelle* est la science qui a pour objet l'étude du globe terrestre et des êtres qui couvrent sa surface.

2. Division des corps. — Tous les corps peuvent se diviser en deux classes : les corps *bruts* ou dépourvus d'organes, comme les pierres, les métaux ; et les corps *organisés* ou pourvus d'organes, comme les plantes, les animaux.

3. Trois règnes. — On divise aussi les corps en trois grands groupes que l'on appelle *règnes :* le *règne minéral*, qui comprend tous les corps bruts ou privés de vie ; le *règne végétal*, qui comprend tous les végétaux, et le *règne animal*, qui comprend tous les animaux. Les plantes et les animaux sont des êtres vivants qui naissent, grandissent, se multiplient et meurent ; les animaux possèdent en outre la *sensibilité* et le *mouvement volontaire*.

L'*Homme*, composé d'un corps et d'une âme immortelle créée à l'image de Dieu, forme un règne à part, le règne hominal. A la sensibilité et au mouvement volontaire, il ajoute la faculté de *penser* et de se *déterminer librement*. Seul il possède la *parole*, expression de la pensée, qui lui permet de communiquer avec ses semblables.

4. Subdivisions de l'Histoire naturelle. — Les différentes parties de l'*Histoire naturelle* sont : la Géologie et la Minéralogie, la Botanique et la Zoologie.

La *Géologie* et la *Minéralogie* comprennent l'étude des corps bruts ; la Géologie étudie la structure du globe terrestre, et la Minéralogie sa constitution chimique. La *Botanique* s'occupe de la description, de la classification et des propriétés des *végétaux*. La *Zoologie* comprend l'étude des *animaux*, au point de vue de leur organisation, de leurs mœurs, de leurs instincts, des services qu'ils peuvent rendre à l'homme et des torts qu'ils peuvent lui causer.

L'anthropologie étudie l'*homme* au point de vue de son organisation personnelle et de ses rapports avec les êtres qui l'entourent.

5. Caractéres différentiels des corps bruts et des corps vivants. *Origine.* — Le corps brut remonte à la création, ou résulte de la combinaison de plusieurs corps simples préexistants; le chimiste peut en produire. Le corps vivant provient de corps vivants semblables à lui ; le chimiste ne peut en produire.

Existence. — Les corps bruts sont inertes; ils existent sans que leurs molécules se renouvellent. Les corps vivants sont le siége d'un mouvement incessant de destruction et de reconstitution de leur substance.

Accroissement. — L'accroissement des corps bruts se fait extérieurement, par *juxtaposition,* tandis que celui des corps vivants se fait par *intussusception,* c'est-à-dire intérieurement, par assimilation de molécules inertes, transformées par la force vitale en éléments identiques à leur propre substance.

Structure. — Les corps bruts sont formés de molécules homogènes et peuvent être divisés mécaniquement en échantillons de même nature. Dans les corps vivants, l'individu n'est pas divisible, et la partie n'est pas semblable au tout.

Durée. — La durée des corps bruts est *illimitée,* à moins qu'une cause extérieure ne vienne disperser leurs molécules ou les engager dans de nouvelles combinaisons. La *mort* vient fatalement terminer l'existence des corps vivants et fait rentrer leur substance dans le monde minéral.

QUESTIONNAIRE. — Qu'est-ce que l'histoire naturelle? — Comment se subdivisent les corps? — Que sont les végétaux et les animaux? — Quels sont les trois grands règnes de la nature, et que comprennent-ils? — Quels sont les caractères qui font de l'homme un être à part? — Quelles sont les subdivisions de l'histoire naturelle? — De quoi s'occupe chacune de ces subdivisions ?

Indiquez comment les corps bruts se distinguent des corps vivants au point de vue de l'origine, de l'existence, de l'accroissement, de la structure et de la durée.

ZOOLOGIE

NOTIONS PRÉLIMINAIRES

6. Organisation des animaux. — Tous les êtres vivants, végétaux ou animaux, sont formés par un ou plusieurs éléments qu'on appelle *cellules*.

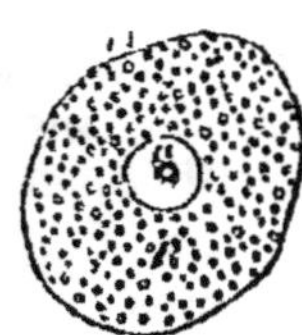

Fig. 1.

Cellule animale. *m*, membrane cellulaire: *p*, protoplasma renfermant une matière granuleuse; *n*, noyau.

7. La cellule. — La *cellule* est le point de départ, l'élément fondamental de tout organisme. La cellule animale se présente sous la forme d'un petit corps mou, à peu près sphérique (fig. 1). Elle est formée d'une sorte de gelée, le *protoplasma*, partie essentiellement vivante de la cellule, dans lequel se trouve une vésicule plus ferme, le *noyau* ou *nucleus*, renfermant lui-même quelques granulations ou *nucléoles;* le tout enveloppé d'une *membrane* particulière.

8. Les tissus. — Un groupement de cellules semblables constitue un *tissu* (tissu osseux, tissu nerveux, tissu musculaire, etc.).

Tous les tissus résultent d'une agglomération de cellules modifiées ou transformées d'une façon particulière.

On admet généralement comme principaux tissus animaux : le tissu *épithélial* ou *épidermique*, le tissu *connectif* ou *conjonctif*, le tissu *osseux*, le tissu *musculaire* et le tissu *nerveux*.

Le *tissu épithélial* est constitué par des cellules de formes diverses, juxtaposées et disposées par couches plus ou moins épaisses qui tapissent les surfaces extérieures et intérieures du corps, et dont l'ensemble constitue un *épithélium*.

Le *tissu connectif* ou *conjonctif* est un tissu essentiellement formé par une substance intercellulaire provenant des cellules, et qui donne naissance à des variétés particulières de tissu connectif, dont les principaux sont : le *tissu adipeux*, constituant la graisse; le *tissu cellulaire*, remplissant les intervalles que les organes laissent entre eux, et le *tissu fibreux*, formant les membranes, les ligaments, etc.

Le *tissu osseux* est regardé comme du tissu conjonctif dans les cellules duquel sont déposées des matières minérales (phosphate et carbonate de chaux), qui lui donnent une grande consistance.

Le *tissu musculaire* est formé de *fibres musculaires*. Ces fibres sont des filaments très fins, accolés les uns aux autres, et dont l'ensemble constitue ce qu'on appelle vulgairement la *chair*. La propriété essentielle d'un muscle est d'être *contractile*, c'est-à-dire de pouvoir se raccourcir dans le sens de la longueur de ses fibres; aussi les muscles sont, pour cette raison, les organes essentiels des *mouvements*.

Le *tissu nerveux* est formé d'éléments complexes, *cellules nerveuses, tubes nerveux*, etc., et sert d'agent aux phénomènes de *sensibilité*, d'*intelligence* et de *volonté*.

9. Muqueuses et séreuses. — Les *muqueuses* sont les membranes qui tapissent les cavités de l'organisme communiquant avec l'extérieur (muqueuse de la bouche, des paupières, du nez). On appelle *mucosités* ou simplement *mucus*, les produits liquides ou semi-liquides qu'elles sécrètent.

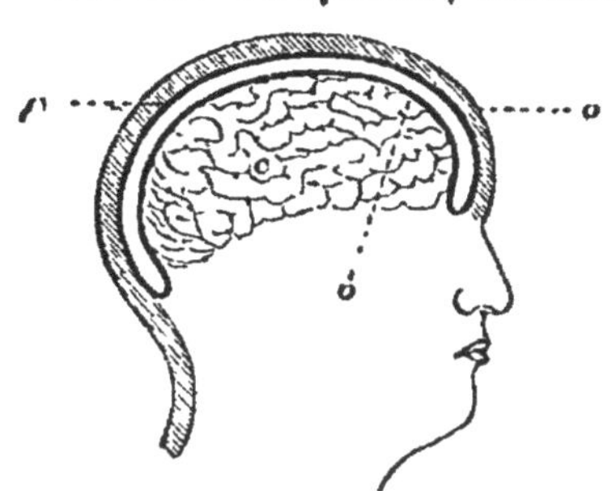

Fig. 2. — Disposition théorique de la séreuse du cerveau.

c, cerveau; *o*, os du crâne; *p*, feuillet pariétal de la séreuse; *v*, feuillet viscéral.

Les *séreuses* sont les membranes qui tapissent les cavités closes de l'organisme (séreuse du cerveau, fig. 2). Elles sont formées de deux feuillets contigus : le feuillet *pariétal*, s'appliquant contre les parois de la cavité, et le feuillet *viscéral*, recouvrant les organes contenus dans cette cavité. Les liquides qu'elles produisent sont appelés *sérosités*.

Les muqueuses et les séreuses sont des modifications du tissu conjonctif.

10. Organes. — Le groupement des divers tissus chargés de produire un travail porte le nom d'*organe;* la langue, l'œil, l'estomac, sont des organes.

11. Appareils. — Un ensemble d'organes concourant à un même but général forme un *appareil :* l'appareil digestif, l'appareil circulatoire, etc.

12. Fonctions. — On appelle fonction l'ensemble des actes accomplis par un appareil : fonction de digestion, de respiration, etc.

Les *fonctions* se subdivisent en deux classes : les *fonctions de nutrition* et les *fonctions de relation*.

Les fonctions de nutrition sont celles qui servent à entretenir la vie de l'individu. On les appelle encore fonctions de la *vie végétative*, parce qu'elles sont communes aux végétaux et aux animaux.

Les fonctions de relation sont celles qui mettent l'individu en rapport avec le monde extérieur. On les appelle encore fonctions de la *vie animale*, parce qu'elles sont propres aux animaux.

CLASSIFICATION des FONCTIONS

FONCTIONS DE NUTRITION
- *Digestion.*
- *Absorption.*
- *Circulation.*
- *Respiration.*
- *Assimilation.*
- *Calorification.*
- *Sécrétion.*
- *Excrétion.*

FONCTIONS DE RELATION
- Mouvement.
- Sensibilité.
  - *Vision.* — Vue.
  - *Audition.* — Ouïe.
  - *Olfaction.* — Odorat.
  - *Gustation.* — Goût.
  - *Taction.* — Toucher.
- Voix

13. Anatomie et Physiologie. — L'étude des organes et des appareils est l'*Anatomie;* l'étude des fonctions prend le nom de *Physiologie.*

14. Structure générale du corps humain. — Le corps humain est limité extérieurement par la *peau.* Un système osseux ou *squelette* en forme la charpente et lui donne sa forme générale; sur les os viennent se fixer des *muscles* destinés à produire des mouvements.

Les organes principaux sont renfermés dans trois grandes cavités qui sont :

1° La cavité *cérébro-spinale*, renfermant le *cerveau* et la *moelle épinière;*

2° La cavité *thoracique*, renfermant les organes de la *respiration* et les principaux organes de la *circulation;*

3° La cavité *abdominale*, contenant l'*appareil digestif* presque en entier.

La cavité thoracique est séparée de la cavité abdominale par le *diaphragme*, sorte de plancher musculaire de forme convexe.

Au point de vue de l'aspect général, on peut diviser le corps humain en trois parties : la *tête*, le *tronc*, et les *membres supérieurs et inférieurs*.

QUESTIONNAIRE. — Quel est l'élément fondamental des végétaux et des animaux ? — Décrivez la cellule. — Qu'appelle-t-on tissus ? — Nommez les principaux tissus. — Indiquez les modifications du tissu conjonctif. — Quelle est la propriété essentielle du tissu musculaire ?

Différences entre les muqueuses et les séreuses. — Définissez : organes, appareils, fonctions. — Division et classification des fonctions. — Qu'appelle-t-on Anatomie et Physiologie ? — Quelles sont les trois grandes cavités de l'organisme ? — Que renferment-elles ?

PREMIÈRE PARTIE

ANATOMIE ET PHYSIOLOGIE

CHAPITRE I

FONCTIONS DE NUTRITION — DIGESTION

I. Anatomie de l'appareil digestif.

15. Composition. — L'appareil digestif comprend le *canal digestif* et des organes annexes, tels que les *dents* et les *glandes digestives*.

Le canal digestif a la même structure dans toute son étendue; il est formé d'une couche épaisse de tissu musculaire tapissée intérieurement par une muqueuse qui est la continuation de celle de la bouche. Il comprend la *bouche*, le *pharynx*, l'*œsophage*, l'*estomac* et les *intestins*. Il est contenu presque en entier dans la *cavité abdominale*.

La cavité abdominale est tapissée par une séreuse, le *péritoine*, formant de nombreux replis dont les principaux sont le *mésentère*, qui sépare et soutient les différentes parties de l'intestin, et les *épiploons*, qui se chargent souvent de graisse.

16. Bouche. — La *bouche* renferme les organes de la mastication (les *dents*) et celui du goût (la *langue*). Elle est incomplètement séparée du pharynx par le *voile du palais*, sorte de membrane suspendue comme un rideau au fond de la bouche, et qui présente, au milieu de son bord flottant, un petit prolongement, la *luette*.

17. Pharynx. — Le *pharynx* ou *arrière-bouche* (fig. 3) est une sorte de carrefour communiquant avec l'*estomac* par l'*œsophage*, avec les *poumons* par la trachée-artère, avec l'*oreille* par la trompe d'Eustache, et enfin avec l'extérieur par la *bouche* et les *fosses nasales*.

C'est dans le pharynx que s'entre-croisent les voies *digestive* et *respiratoire* (fig. 4). La première, conduisant les aliments dans l'estomac, comprend la *bouche*, le *pharynx* et l'*œsophage* ; la deuxième, destinée à introduire l'air atmosphérique dans les poumons, se compose des *fosses nasales*, du *pharynx* et de la *trachée-artère*.

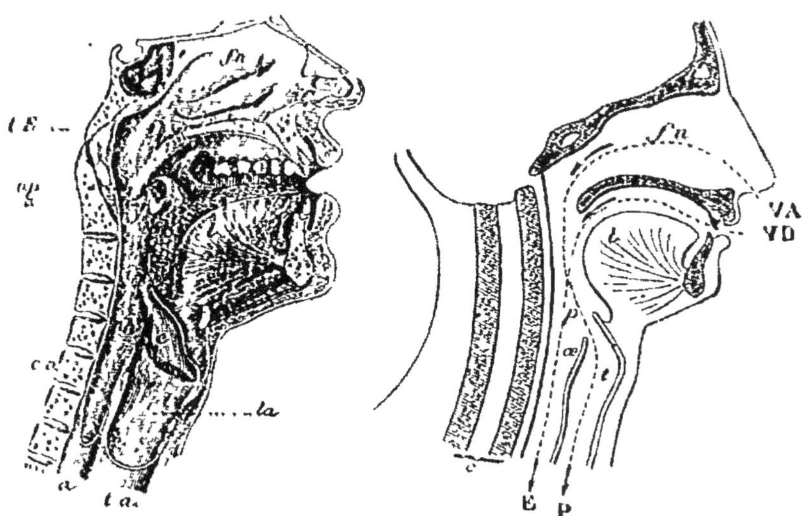

Fig. 3. — *ph*, pharynx ; *œ*, œsophage ; *f. n*, fosses nasales ; *l*, langue ; *t. E*, orifice de la trompe d'Eustache ; *v. p*, voile du palais ; *a*, amygdales ; *c. v*, colonne vertébrale ; *e*, épiglotte ; *la*, larynx ; *t. a*, trachée-artère.

Fig. 4. — VD, voie digestive ; *l*, langue ; *œ*, œsophage ; → E, estomac ; VA, voie aérienne ou respiratoire ; *f. n*, fosses nasales ; *p*, pharynx ; *t*, trachée artère ; → P, poumons.

La *glotte* est l'ouverture supérieure de la trachée-artère ; elle est surmontée d'une petite membrane fibro-cartilagineuse, l'*épiglotte*, qui peut se rabattre sur la glotte et en fermer l'entrée.

18. Œsophage. — L'*œsophage* est un canal qui descend entre la trachée-artère et la colonne vertébrale ; il débouche dans l'estomac après avoir traversé le diaphragme.

19. Estomac. — L'*estomac* (fig. 5) est un des organes les plus importants du canal digestif. C'est une poche membraneuse placée horizontalement au-dessous du diaphragme. Sa partie gauche, plus renflée que la partie droite, communique avec l'œsophage par une ouverture, le *cardia* ; la partie droite communique avec l'intestin par le *pylore*.

20. Intestins. — Les *intestins* (fig. 5) comprennent les $^4/_5$ environ de la longueur du canal digestif, et sont d'autant plus développés, que la nourriture de l'animal est de nature plus végétale (3 à 4 fois la longueur du corps chez les carnivores, 20 à 23 fois chez les herbivores).

On subdivise les intestins en deux parties : 1° l'*intestin grêle*, qui comprend le duodénum (12 travers de doigt), le jéjunum et l'iléon ; 2° le *gros intestin*, qui comprend le *cæcum*, le *colon* et le *rectum*.

A partir du *cæcum*, le gros intestin monte le long du flanc droit (*colon ascendant*), traverse la cavité abdominale au-dessous de l'estomac (*colon transverse*), redescend en S le long du flanc gauche (*colon descendant*), et se continue par le *rectum*.

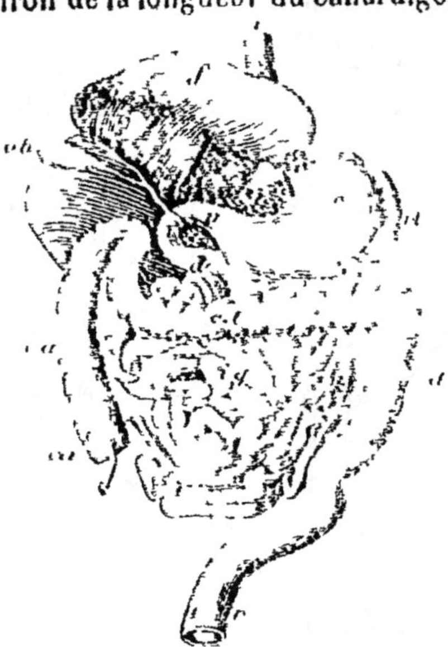

Fig. 5. — Canal digestif.

œ, œsophage ; c, cardia ; e, estomac, p, pylore ; d, duodénum ; i. g, intestin grêle ; cæ, cæcum ; c. a, colon ascendant ; c. t, colon transverse ; c. d, colon descendant ; r, rectum ; f, foie ; v. b, vésicule biliaire, t, rate

II. Les dents.

21. Définition. — Les *dents* sont de petits organes analogues aux os, mais qui en diffèrent par la structure, le mode de développement et le rôle physiologique. Elles sont implantées dans des cavités de l'os de la mâchoire (*alvéoles dentaires*).

Une dent comprend (fig. 6) : la racine, la couronne et le collet. La *racine* est la partie renfermée dans l'alvéole ; la *couronne* est la partie visible de la dent ; le *collet* est la limite de séparation de la racine et de la couronne.

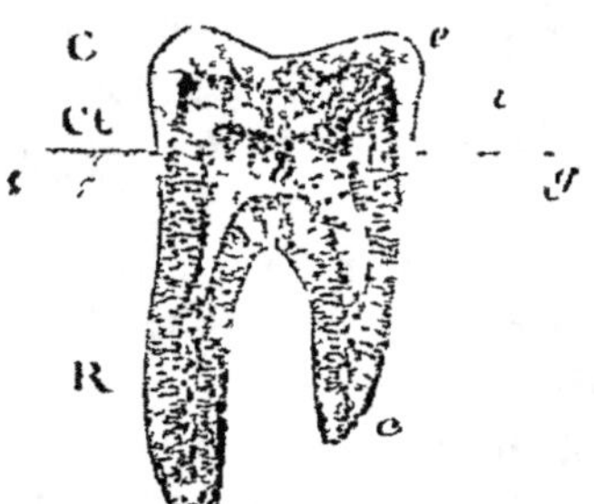

Fig. 6. — Structure d'une dent.
C, couronne ; Ct, collet ; R, racine ; g, gencive ; e, émail ; i, ivoire ou dentine ; c, cément ; b, cavité dentaire renfermant la pulpe dentaire.

22. Structure d'une dent. — Au

point de vue de la structure, on y distingue (fig. 6) : la *pulpe dentaire*, l'*ivoire*, l'*émail* et le *cément*.

La *pulpe* est une petite masse charnue, formée des nerfs et des vaisseaux sanguins et qui occupe la partie centrale de la dent ; l'*ivoire* forme la plus grande partie du tissu de la dent ; l'*émail* est une sorte de vernis très dur recouvrant la couronne ; le *cément* est un tissu grenu et jaunâtre qui enveloppe la racine.

23. Différentes formes. — Relativement à leur forme, les dents se subdivisent en *incisives*, *canines* et *molaires* (fig. 7).

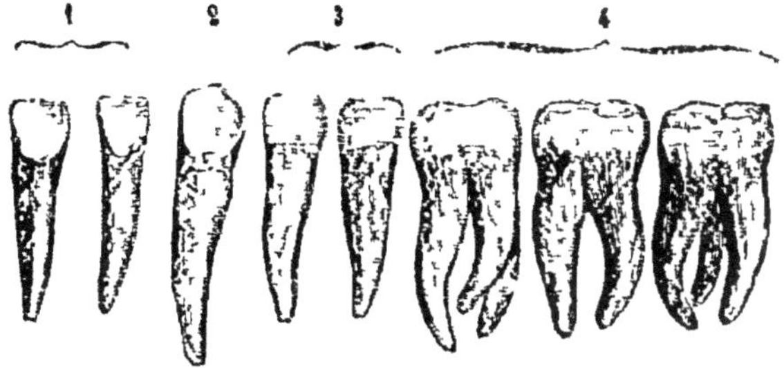

Fig. 7. — Dents de la moitié de la mâchoire supérieure de l'homme.
1, incisives, 2, canine ; 3, fausses molaires (*une seule racine*) ; 4, vraies molaires (*racines multiples*).

Les *incisives* sont aplaties et tranchantes sur les bords et servent à couper les aliments. Elles sont très développées chez les animaux rongeurs (Lapin, Écureuil, Rat).

Les *canines* ont une forme conoïde ; elles sont fortement implantées dans les mâchoires et servent à déchirer la chair ; elles sont remarquablement développées chez les carnivores (Chien, Chat, Tigre).

Les *molaires* sont aiguës et tranchantes chez les carnivores, cylindriques et à surface mamelonnée, ou présentant des replis d'émail, chez les herbivores (Cheval, Bœuf).

24. Développement des dents. — De 6 à 13 mois, les incisives médianes paraissent d'abord, puis successivement les autres dents. A 2 ans, l'enfant possède ordinairement 20 dents ; c'est la *première dentition* ou *dentition de lait*. Ces dents tombent vers l'âge de 7 ans et sont remplacées par une *seconde dentition*, qui doit durer toute la vie. Les 4 dernières molaires (*dents de sagesse*) paraissent ordinairement de 20 à 25 ans.

La dentition complète comprend alors chez l'homme 32 dents, savoir, pour la moitié de chaque mâchoire, 2 incisives, 1 canine et 5 molaires (fig. 7), tandis que la première dentition comprenait le même nombre d'incisives et de canines, mais 2 molaires seulement à chaque moitié de mâchoire.

25. Maladies des dents. — La plus commune de toutes les *maladies des dents* est la *carie*. Elle provient toujours de la destruction d'une partie de l'émail qui protège l'ivoire ; celui-ci, ainsi mis à nu, se trouvant en contact permanent avec la salive ou les aliments, s'altère et se détruit peu à peu. Une fois commencée, la carie se continue jusqu'à la disparition complète de la dent, si on n'y remédie. Le plus souvent une dent cariée gâte la voisine.

Tant qu'aucune des fibrilles nerveuses qui sillonnent l'ivoire n'est pas atteinte, on ne ressent aucune douleur ; mais dès que la carie attaque un de ces filets nerveux, elle détermine des douleurs souvent intolérables.

La mauvaise disposition des dents provient généralement de ce que les dents de la deuxième dentition se développent avant la chute des dents de lait.

26. Hygiène des dents. — L'*hygiène des dents* consiste presque exclusivement à les maintenir dans un grand état de propreté. On doit donc se laver les dents tous les matins et les frotter avec une brosse plutôt douce que dure pour ne pas irriter les gencives et déchausser les dents. La poudre de charbon, le meilleur de tous les dentifrices, est préférable à toutes les compositions, plus ou moins complexes, préconisées comme hygiéniques.

Il faut éviter de se nettoyer les dents avec des cure-dents métalliques ; de s'en servir, comme le font trop souvent les enfants, pour briser, tordre des corps durs. Cette imprudence peut déterminer la carie en dégradant une partie de l'émail qui recouvre et protège l'ivoire.

III. Glandes digestives.

27. Rôle des glandes digestives. — Les glandes annexées à l'appareil digestif sont des organes qui sécrètent les liquides destinés à rendre absorbables les aliments ingérés. Ce sont : les *glandes salivaires*, les *follicules gastriques*, le *pancréas*, le *foie* et les *glandes intestinales*.

28. Glandes salivaires. — Il existe trois paires de *glandes salivaires :*

1° Les *parotides*, situées entre l'oreille et l'articulation des mâchoires ; leur inflammation constitue les *ourles* ou *oreillons ;* elles déversent leur salive dans la bouche par le *canal de Sténon ;*

2° Les *sous-maxillaires*, situées sous les mâchoires (*canal de Warton*) ;

3° Les *sublinguales*, placées sous la langue (*canaux de Rivinus*).

Ces glandes sécrètent les liquides qui, en se mêlant dans la bouche au mucus buccal, forment la *salive mixte*.

29. Amygdales. — A l'entrée du pharynx se trouvent deux fausses glandes en forme d'amandes, les *amygdales*, qui paraissent destinées à favoriser la déglutition.

30. Follicules gastriques. — Les *follicules gastriques* sont de très petites glandes logées dans la muqueuse de l'estomac. Ces glandes, très nombreuses, sécrètent un liquide acide, le *suc gastrique*.

31. Pancréas. — Le *pancréas* est une glande en forme de languette adossée à la courbure de l'estomac (fig. 8); il sécrète le *suc pancréatique*, qui se déverse dans le *duodénum* par le *canal pancréatique* (ou de *Wirsung*).

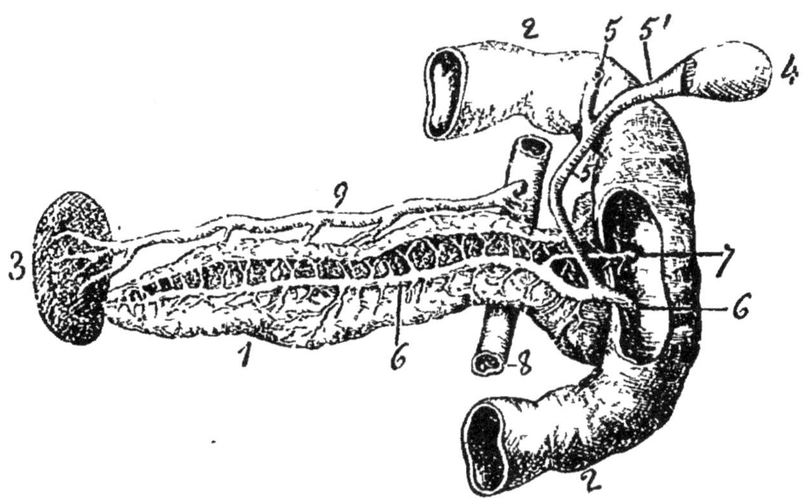

Fig. 8. — Pancréas.

1, pancréas; 2, duodénum; 3, rate; 4, vésicule biliaire; 5, canal hépatique; 5', canal cystique; 5″, canal cholédoque; 6, canal pancréatique.

32. Foie. — Le *foie* est la plus volumineuse des glandes de l'organisme. C'est une masse charnue, d'un rouge plus ou moins brun; il occupe toute la partie droite et supérieure de l'abdomen; il est maintenu par les organes qui l'entourent, ainsi que par des replis du péritoine (*ligaments du foie*). La gêne que l'on éprouve quand on se couche sur le côté gauche, pendant le travail de la digestion, vient de la pression exercée par le foie sur l'estomac rempli d'aliments non encore digérés.

33. Fonctions du foie. — Le foie a deux fonctions bien distinctes : la sécrétion de la bile et la fonction glycogénique.

34. Sécrétion de la bile. — Deux espèces de vaisseaux sanguins arrivent au foie : d'une part, les ramifications de l'artère hépatique, qui fournissent le sang artériel nécessaire à la vie des cellules ; d'autre part, les ramifications de la veine-porte, qui charrient du sang recueilli dans les intestins et chargé des produits liquides de la digestion.

C'est dans ces deux sortes de sang que les cellules du foie puisent les éléments de la bile. Dès qu'elle est formée, elle se rend, par des canalicules nombreux, dans le canal hépa-

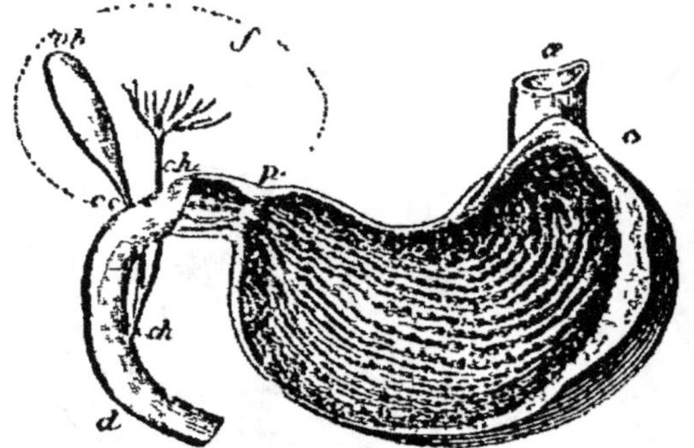

Fig. 9. — Canaux sécréteurs de la bile.
œ, œsophage ; c, cardia ; p, pylore ; d, duodénum ;
f, foie ; ch, canal hépathique ; v.b, vésicule biliaire ;
c. c, canal cystique ; c. ch, canal cholédoque.

tique, et par là dans la vésicule biliaire. Elle y séjourne plus ou moins de temps, et, au moment de la digestion, elle se déverse dans le duodénum par le canal cholédoque.

Sa fonction est de faciliter la digestion des matières grasses en les émulsionnant, c'est-à-dire en les réduisant en gouttelettes très fines, capables d'être absorbées par les vaisseaux chylifères.

Il arrive quelquefois que la bile sécrétée par le foie n'est plus excrétée ; ses éléments passent alors dans le sang, et les tissus prennent une teinte jaunâtre. Cette affection est connue sous le nom d'*ictère* ou *jaunisse*.

35. Fonction glycogénique. — Le sang amené par la veine-porte contient du sucre en abondance. Si cette quantité de sucre est trop grande, les lobules du foie en absorbent l'excès, le convertissent en *glycogène* et le conservent en dépôt. Lorsque le sang n'aura plus la mesure de sucre nécessaire, le glycogène en réserve sera transformé en sucre, passera dans la veine sus-hépatique, et rentrera ainsi dans le torrent de la circulation.

Quand le sucre fourni par le foie n'est pas assimilé, il passe dans les reins, et il en résulte une grande faiblesse. Cette maladie est appelée *diabète*.

36. Glandes intestinales. — Les *glandes intestinales* sont de petites glandes logées dans la muqueuse et qui sécrètent le *suc intestinal*. Près de ces glandes on remarque des *follicules clos*, dont l'agglomération en certains points constitue les *plaques de Peyer*.

Dans la fièvre typhoïde, il se produit une altération des plaques de Peyer qui peut aller jusqu'à déterminer la perforation de la paroi intestinale.

QUESTIONNAIRE. — Que comprend l'appareil digestif? — Quelles sont les différentes parties du canal digestif? Dans quelle cavité est-il contenu? Comment se nomme la séreuse de cette cavité? — Avec quels organes communique le pharynx? — Qu'est-ce que l'épiglotte? — Comment se nomment les orifices de l'estomac? — Quelles sont les différentes parties des intestins?

Que comprend une dent? Quelle est sa structure? — Comment divise-t-on les dents quant à leurs formes? — Toutes les dents paraissent-elles en même temps? — Combien la dentition complète comprend-elle de dents chez l'homme? — *A quoi est due la carie? — En quoi consiste surtout l'hygiène des dents?*

Nommez les glandes annexées à l'appareil digestif. — Quelles sont les trois paires de glandes salivaires? Où sont-elles situées? — Où se trouve le pancréas? — Dans quel organe se déverse le suc pancréatique? — Qu'est-ce que les follicules gastriques? Que sécrètent-ils? — Où est situé le foie? Quelles sont ses deux fonctions? Comment s'opère la sécrétion de la bile? Qu'est-ce que la fonction glycogénique du foie? — Où se rend la bile à mesure de sa sécrétion? Par quel canal se déverse-t-elle? Dans quel organe? — Par quoi est occasionnée la jaunisse? — Qu'est-ce que les glandes intestinales?

CHAPITRE II

PHYSIOLOGIE DE LA DIGESTION

37. Définition. — La *digestion est une fonction qui a pour but de rendre solubles et absorbables les aliments introduits dans l'appareil digestif.*

Cette transformation, préparée par l'action des dents, qui divisent les aliments solides, s'effectue sous l'influence des liquides fournis par les glandes digestives.

I. Aliments.

38. Définition. — *Les aliments sont des substances qui, introduites dans le canal digestif, contribuent à entretenir la vie.*

39. Division des aliments. — On peut diviser les aliments en trois classes : 1° les aliments *azotés* ou *albuminoïdes*; 2° les aliments *hydrocarbonés* ou *féculents*; 3° les *graisses*.

40. Aliments azotés ou albuminoïdes. — Les quatre éléments constitutifs des aliments azotés sont : l'*azote*, le *carbone*, l'*hydrogène* et l'*oxygène*. Ils sont fournis en grande partie par le règne animal ; ce sont, par exemple : la *viande*, l'*albumine* ou *blanc d'œuf*, la *gélatine*, qu'on trouve dans les os ; la *caséine*, dans le fromage ; la *légumine*, dans les haricots, les lentilles, etc.

Les aliments azotés sont aussi connus sous le nom d'*aliments plastiques*, parce qu'ils servent surtout à la réparation des tissus.

41. Aliments hydrocarbonés. — Les aliments hydrocarbonés sont constitués par le *carbone*, l'*hydrogène* et l'*oxygène*; ces deux derniers éléments étant combinés dans les proportions de l'eau. Ils sont presque tous empruntés au règne végétal et comprennent des aliments *féculents* ou *amylacés* tels que l'*amidon* du blé, la *fécule* de la pomme de terre, le *su*   , etc.

42. Graisses. — Les corps gras sont plus riches en carbone et en hydrogène que les précédents ; ce sont les *graisses*, les *huiles* végétales et animales, le *beurre*, etc.

Les aliments hydrocarbonés et les graisses sont parfois désignés sous le nom d'*aliments respiratoires*, car ils servent principalement à l'entretien de la chaleur animale.

43. Aliments complets. — On appelle *aliments complets* certains aliments qui renferment des éléments azotés et hydrocarbonés ; tels sont, par exemple, les œufs et le lait.

Le *lait* est le type de l'aliment complet ; il en renferme, en effet, tous les éléments ; un aliment azoté, la *caséine*; un aliment hydrocarboné, le *lactose* ou *sucre de lait*; et un corps gras, le *beurre*; il contient en outre de l'eau et des sels minéraux. Le pain et les œufs sont aussi des aliments à peu près complets.

44. Sels minéraux. — Les *sels minéraux*, dont les éléments (*phosphore, calcium, fer*, etc.) doivent entrer dans la composition des tissus, se trouvent en combinaisons avec les aliments et dans les boissons. Ainsi le pain contient toujours des matières phosphatées.

Le sel marin (chlorure de sodium) doit être compris parmi les aliments; il est aussi nécessaire à l'alimentation que les épices le sont peu. L'absence des chlorures alcalins dans l'organisme peut produire l'appauvrissement du sang.

45. Condiments. — Les *condiments* sont des substances que l'on ajoute aux aliments pour leur donner du goût ou en faciliter la digestion (vinaigre, ail, moutarde, etc.). Leur abus rend les digestions pénibles et produit des maux d'estomac.

46. Boissons. — Les *boissons* renferment une forte proportion d'eau et quelques principes qui les font entrer dans les différentes catégories d'aliments.

Les principales boissons sont: l'eau, le vin, le cidre, la bière et le café.

Les *eaux-de-vie*, et les spiritueux en général, sont des boissons dangereuses, surtout à jeun. On croyait autrefois que l'alcool était brûlé dans l'organisme et servait ainsi à entretenir la chaleur animale. De nouvelles recherches ont montré que l'alcool se retrouvait intact dans les tissus, et surtout dans le tissu nerveux. S'il paraît suppléer l'alimentation, c'est qu'il détermine un arrêt dans la nutrition; ce n'est donc qu'un excitant cérébral, dont il faut s'abstenir.

II. Transformation des aliments.

47. ACTES MÉCANIQUES. — Les actes mécaniques qui concourent à la digestion sont la *préhension*, la *mastication*, la *déglutition* et les *mouvements péristaltiques*.

48. Préhension. — On appelle *préhension* l'acte par lequel l'animal saisit l'aliment pour le porter à la bouche.

49. Mastication. — La *mastication* est l'acte par lequel les aliments solides introduits dans la bouche sont broyés par les dents, afin de les rendre plus facilement attaquables par les liquides digestifs. Cette trituration est aidée par les joues et la langue, qui ramènent les matières sous les dents, et favorisée par la salive, qui les transforme en une masse pâteuse, le *bol alimentaire*.

Quand la mastication est incomplète, toute la digestion s'en ressent et devient pénible, par le surcroît de travail imposé à l'estomac.

50. Déglutition. — La *déglutition* est le phénomène par lequel le bol alimentaire franchit le pharynx et descend dans l'œsophage.

Dans ce mouvement très compliqué, le pharynx remonte tout entier, de manière que la glotte vienne se cacher sous la base de la langue (fig. 10). Celle-ci, refoulant l'épiglotte, la recourbe en arrière et la rabat sur la glotte à la manière d'un couvercle. Pendant ce temps, le voile du palais se relève et vient fermer l'orifice postérieur des fosses nasales. Le bol alimentaire, pressé contre le palais par la langue, chemine vers l'arrière-bouche, puis, culbutant par-dessus l'épiglotte, tombe dans l'œsophage, seul canal dont l'ouverture soit libre à ce moment.

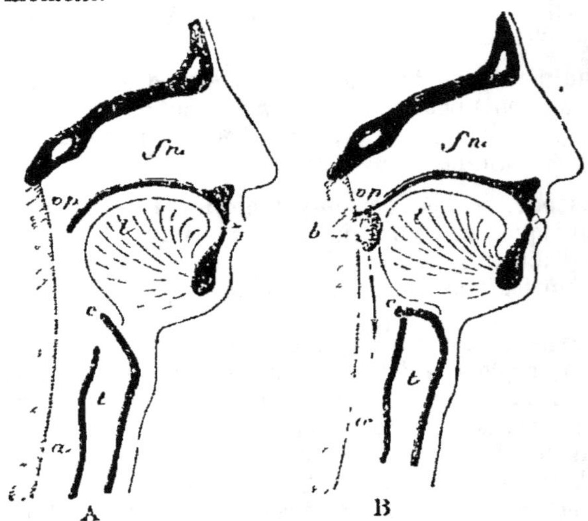

Fig. 10. — Mouvement de déglutition.

A, disposition des organes avant la déglutition; B, disposition
de ces organes pendant le mouvement de déglutition;
l, langue; f, n, fosses nasales; v, p, voile du palais; e, épiglotte; œ, œsophage;
t, trachée-artère; b, bol alimentaire.

Pendant que ce mouvement s'accomplit, il faut que l'entrée de la trachée-artère soit parfaitement close, car l'introduction de la moindre parcelle solide ou liquide dans le canal respiratoire suffirait pour déterminer une toux violente, qui ne cesserait qu'après l'expulsion complète des substances ainsi fourvoyées. C'est ce qu'on appelle vulgairement « avaler de travers ».

51. Mouvements péristaltiques du canal digestif. — Les aliments traversent l'œsophage sans y séjourner et arrivent dans l'estomac, qui, par ses contractions, les mélange et les imprègne de suc gastrique. Ces contractions successives des fibres musculaires longitudinales et circulaires du canal digestif produisent les mouvements péristaltiques, qui ont pour effet de faire progresser les aliments dans toute la longueur du tube digestif.

52. Phénomènes chimiques. — Les phénomènes chimiques qui accompagnent la digestion sont : l'*insalivation*, la *chymification* et la *chylification*.

53. Digestion buccale ou insalivation. — Outre son rôle mécanique, la salive, par son principe actif, la *ptyaline*, contribue à transformer les matières féculentes en *dextrine*, puis en *glucose*, matière sucrée absorbable. Cette action, commencée dans la bouche, se continue tout le long du canal digestif.

54. Digestion stomacale ou chymification. — Le suc gastrique renferme un principe particulier, la *pepsine*, qui, agissant sur les matières azotées, telles que les viandes, les transforme en un liquide absorbable, l'*albuminose* ou *peptone*.

La salive continuant aussi son action, les aliments présentent bientôt dans l'estomac l'aspect d'une substance acide, grisâtre, plus ou moins fluide, appelée *chyme*.

55. Digestion intestinale ou chylification. — En arrivant dans le duodénum, le chyme se trouve en contact avec le *suc pancréatique*, liquide analogue à la salive par sa composition et son rôle physiologique. Ce liquide agit sur les féculents comme la salive et sur les aliments azotés comme le suc gastrique; mais son rôle principal est d'*émulsionner les matières grasses* et de les transformer ainsi en un liquide laiteux, le *chyle*, qui pourra être absorbé en grande partie dans l'intestin grêle.

La *bile* n'est déversée dans le duodénum qu'après le passage des aliments; une partie s'y mêle pour émulsionner les graisses et les rend absorbables, l'autre partie sert à nettoyer l'intestin.

III. Alimentation et hygiène de la digestion.

56. Le besoin d'aliments. — Le *besoin d'aliments* se traduit par la *faim* et la *soif*.

La *faim* se fait sentir à des intervalles d'autant plus rapprochés, que l'absorption est plus rapide et la circulation plus active.

L'*inanition* est l'état de faiblesse dans lequel tombe l'organisme par la suppression plus ou moins complète d'aliments. Complètement privé de nourriture, l'homme périt généralement au bout de 8 à 10 jours; il peut vivre plus longtemps s'il continue à boire de l'eau. L'homme qui a été soumis à un jeûne rigoureux assez long ne doit revenir qu'avec précaution à l'alimentation normale.

Il est à remarquer que, contrairement à l'opinion commune, les boissons chaudes désaltèrent mieux que les boissons froides, et que l'on apaise plus facilement la soif en buvant par petites portions qu'en absorbant d'un seul coup une grande quantité de liquide.

On doit bien se garder de boire très froid quand on a chaud; les accidents les plus graves pourraient résulter de cette imprudence; le lait froid est, dans ce cas, plus dangereux que tout autre liquide.

57. Conditions générales d'une bonne alimentation. — Une bonne alimentation doit être *complète*, c'est-à-dire comprendre les deux sortes d'aliments, azotés et hydrocarbonés ; *simple,* mais variée ; *suffisante,* mais sobre.

L'excédent d'aliments trop riches en *carbone* se traduit par l'*engraissement,* c'est-à-dire par la mise en réserve, sous forme de graisse, des éléments dont l'organisme n'a pu trouver l'emploi.

Quand cet excédent n'est pas trop considérable, c'est une garantie de sécurité, car il pourra servir à compenser la privation d'aliments dans un cas donné, par exemple dans une maladie ; mais si cet excédent prend de trop grandes proportions, les éléments anatomiques des tissus, surtout des muscles, éprouvent une transformation graisseuse qui affaiblit l'organisme et peut avoir des inconvénients graves.

Une alimentation insuffisante produit l'*anémie* et l'affaiblissement général.

58. Hygiène. — Quand l'estomac est en activité, la vitalité s'y concentre, ce qui se traduit parfois par un irrésistible besoin de dormir. On doit donc éviter, pendant la digestion, tout ce qui pourrait faire refluer le sang vers les extrémités (bains froids, travaux de tête, émotion vive et soudaine).

Rien n'est plus contraire aux règles de l'hygiène que de faire empiéter une digestion sur une autre ; en général, il faut trois heures pour digérer un repas ordinaire ; il faudra donc mettre au moins trois ou quatre heures d'intervalle entre deux repas consécutifs.

Tous les aliments ne sont pas également digestibles ; le laitage, le bouillon, les œufs crus ou peu cuits, se digèrent très facilement ; les viandes dégraissées, les fruits mûrs sont également de digestion facile ; viennent ensuite, et par ordre, les légumes herbacés, le pain les pâtisseries, et enfin les graisses.

Les aliments féculents, Haricots, Pois, Lentilles, sont très nourrissants et facilement digérés.

L'abus des liqueurs alcooliques est, dans la classe populaire, ce qui contribue le plus à détériorer les organes digestifs ; dans les classes aisées, c'est la bonne chère, et, chez les enfants, l'abus des friandises.

Toutes les règles d'hygiène relatives à l'alimentation peuvent donc se résumer en deux mots : *simplicité* et *tempérance.* Ce sont là, en effet, des sources abondantes de santé et de vie, et par conséquent de vrais plaisirs. Il serait facile de prouver, par une multitude de faits, que la plupart des hommes périssent avant l'âge ou traînent péniblement leur vie sous le poids de la douleur et de la maladie, pour s'être livrés habituellement et avec excès aux plaisirs de la table.

Les lois ecclésiastiques, imposant l'*abstinence* et le *jeûne* à certaines époques et à certains jours de l'année, n'ont pas seulement un but moral et spirituel ; mais, de l'aveu même des médecins les plus autorisés, elles ont une utilité hygiénique incontestable. En réglant la nature et la quantité des aliments permis en ces circonstances, ces lois ont rendu les plus grands services à la santé publique, et, de même que le travail du dimanche n'a jamais enrichi personne, on peut dire que l'abstinence et le jeûne n'ont jamais ruiné la santé de ceux qui les ont fidèlement observés.

Questionnaire. — Quel est le but de la digestion ? — Définissez les aliments. Comment peut-on les subdiviser ? *Quels sont les éléments qui constituent les différentes sortes d'aliments ? — Qu'appelle-t-on aliments complets ? Donnez-en un exemple. — Quels sont les sels minéraux nécessaires à l'alimentation ? — Quelles sont les principales boissons ? — Pourquoi faut-il se défier des spiritueux ?*

Quels sont les phénomènes mécaniques de la digestion ? — *Qu'est-ce que la mastication ? — Expliquez la déglutition. —* Quels sont les phénomènes chimiques de la digestion ? — *Quelle est l'action de la salive, du suc gastrique, du suc pancréatique sur les aliments ? — Qu'est-ce que le chyme ? — Qu'est-ce que le chyle ?*

Qu'est-ce que l'inanition ? — Quelles conditions doit présenter une bonne alimentation ? — Quelles sont les principales règles d'hygiène relatives à la digestion ?

CHAPITRE III

ABSORPTION

89. Définition. — *L'absorption est une fonction par laquelle certains produits liquides ou gazeux sont introduits dans le sang en traversant des membranes.*

On considère l'absorption comme un phénomène d'osmose[1] ; il faut cependant bien remarquer que cette fonction résulte d'une propriété toute spéciale aux tissus vivants, et que par conséquent le mécanisme est dû à une cause physiologique plutôt qu'à une action physique.

60. Absorption digestive. — *L'absorption digestive* est l'introduction, dans le sang, des produits liquides de la digestion. Elle se fait surtout dans l'intestin grêle.

La muqueuse intestinale est tapissée par un double réseau de canaux d'absorption. Ce sont d'abord les *veines intestinales,* qui ont la propriété d'absorber les liquides contenus dans l'intestin, à l'exception des graisses émulsionnées ; ces veines, se réunissant aux veines stomacales, versent leur contenu dans le

---

1 On démontre en physique que lorsque deux liquides de densités différentes pouvant se mélanger, sont séparés par une membrane qu'ils peuvent mouiller, il s'établit à travers cette membrane un double courant entre les deux liquides. C'est à ce mélange de deux liquides, s'effectuant à travers une membrane, qu'on donne le nom d'*osmose* ou *dialyse.*

foie et constituent ainsi le *système de la veine porte* (fig. 11), puis, par les *veines hépatiques* et la *veine cave inférieure*, elles versent leur produit dans le cœur.

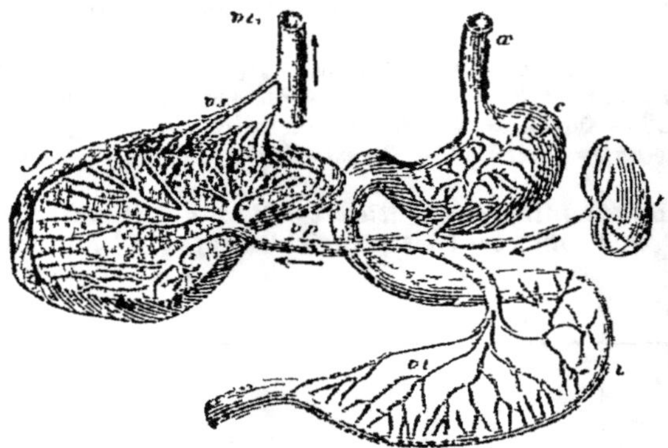

Fig. 11. — Système de la veine porte.

œ, œsophage; e, estomac; i, intestin grêle; r, rate;
v. i, veines intestinales; v. p, veine porte; f, foie;
v. s, veines sus-hépatiques; v. c, veine cave inférieure.

Les autres canaux sont les *vaisseaux chylifères*, dont les extrémités aboutissent à de petits cônes faisant saillie à l'intérieur de l'intestin (*villosités intestinales*). Ces vaisseaux, à parois transparentes, absorbent surtout l'émulsion des matières grasses, c'est-à-dire le chyle, ce qui leur donne un aspect laiteux.

Après avoir formé de nombreux ganglions (*ganglions chylifères*) disséminés dans les replis du mésentère, ils se réunissent dans un réservoir irrégulier nommé *réservoir de Pecquet*, puis par le *canal thoracique*, qui monte à gauche de la colonne vertébrale, versent leur contenu dans la *veine sous-clavière gauche*, laquelle, par la *veine cave supérieure*, le conduit dans *l'oreillette droite du cœur*.

Tous les produits absorbés dans la digestion sont ainsi versés dans le sang (fig. 12) et assimilés par les organes.

61. ABSORPTION CUTANÉE. — Dans les conditions ordinaires, la peau n'absorbe pas. Cette imperméabilité est due, d'une part à la nature de l'épiderme dont elle est revêtue, et d'autre part à la couche huileuse qui la recouvre constamment. Cette couche s'oppose à l'absorption cutanée des dissolutions aqueuses, en empêchant l'eau de mouiller la peau ; on remarque, en effet, qu'au sortir d'un bain l'eau ruisselle en gouttelettes sur le corps.

Mais si l'on frictionne la peau avec une substance grasse quelconque, celle-ci, traversant l'épiderme, est bientôt absorbée par les nombreux canaux d'absorption contenus dans le derme; de là l'emploi des pommades, huiles, onguents médicamenteux. Les frictions alcooliques produisent un résultat semblable.

On favorise l'absorption cutanée de certaines substances en enlevant l'épiderme au moyen d'un vésicatoire; ces substances, appliquées directement sur le derme ainsi dénudé, sont rapidement absorbées.

On se contente souvent d'introduire sous l'épiderme quelques gouttes d'une dissolution de la substance que l'on veut faire pénétrer dans le sang. C'est ainsi qu'on emploie journellement, mais bien à tort cependant, les piqûres de morphine pour calmer ou du moins atténuer la douleur.

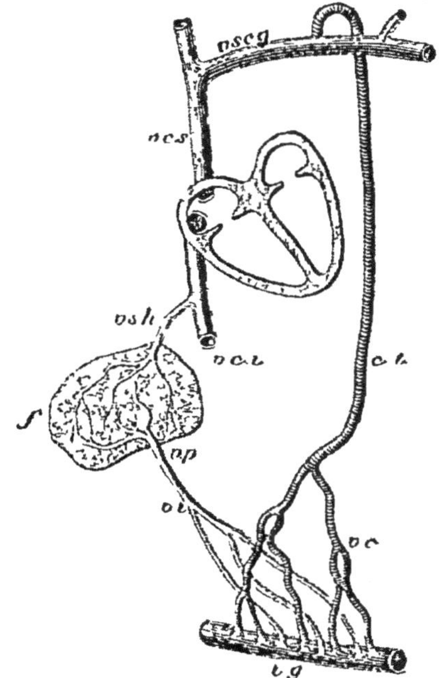

Fig. 12. — Figure théorique résumant les voies de l'absorption digestive.

i. g, portion de l'intestin grêle; *v. c*, vaisseaux chylifères; *c. t*, canal thoracique; *v. s. c. g*, veine sous-clavière gauche; *v. s. c*, veine cave supérieure; *v. i*, veines intestinales; *v. p*, veine porte ; *v. s. h*, veines sus-hépatiques; *v. c. i*, veine cave inférieure ; *f*, foie.

QUESTIONNAIRE. — Qu'est-ce que l'absorption? — Qu'est-ce que l'absorption digestive? Par quels vaisseaux se fait-elle? — Quel trajet suivent les substances absorbées par les veines, avant d'arriver au cœur? — Quel est l'aspect des vaisseaux chylifères? — Quel chemin suit le chyle pour arriver au cœur? — *Pourquoi la peau n'absorbe-t-elle pas les solutions aqueuses? Comment peut-on favoriser l'absorption cutanée?*

CHAPITRE IV

CIRCULATION

82. Définition. — *La circulation est une fonction par laquelle le sang transporte à tous les organes les éléments dont ils ont besoin, et reprend en même temps les matériaux usés pour les rejeter à l'extérieur.*

I. Le sang.

63. Composition du sang. — Le *sang* est le liquide nourricier qui doit distribuer à tous les organes les éléments dont ils ont besoin. On admet qu'en moyenne le poids du sang est la 13ᵉ partie du poids du corps, ce qui ferait environ 5 à 6 litres de sang en circulation dans l'organisme humain.

Le sang contient des parties solides, les *globules*, et une partie liquide, le *plasma*, dans lequel nagent les globules. Sur 1 000 grammes de sang, il y a 350 grammes de globules et 650 grammes de plasma.

64. Globules. — Les globules sont des corpuscules microscopiques qui forment le caillot quand le sang se coagule. Ils sont constitués par de l'eau, des albuminoïdes et des sels minéraux. On en distingue deux sortes : les *globules rouges* ou *hématies*, et les *globules blancs* ou *leucocytes*.

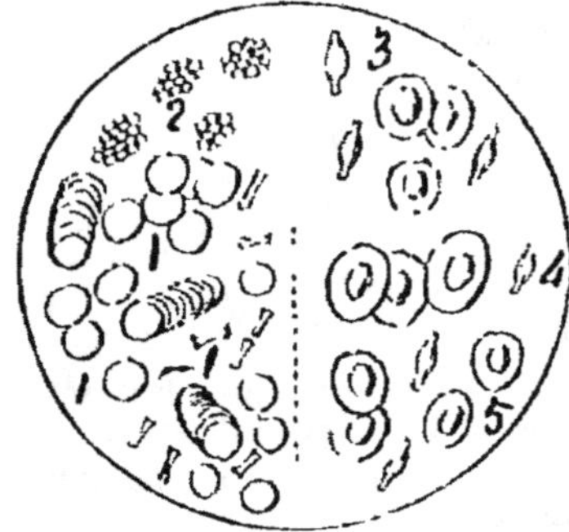

Fig. 13. — Globules du sang.

1, hématies et 2, leucocytes du sang humain ; 3, hématies d'oiseau ; 4, de reptile ; 5, de poisson.

Les *globules rouges* de beaucoup plus nombreux (300 rouges pour 1 blanc), ont chez l'homme la forme d'un disque plus épais sur les bords qu'au centre ; il en faudrait ranger 150 à la file les uns des autres pour en faire une longueur de 1 millim., et en empiler 600 pour en faire une épaisseur de 1 millim. Un millim. cube en contient environ 5 000 000. Ces globules contiennent une matière spéciale, l'*hémoglobine*, très riche en fer. L'hémoglobine a la propriété de se combiner avec l'oxygène de l'air pour former l'*oxyhémoglobine*. Cette combinaison est peu stable : aussi l'oxygène s'en sépare très facilement pour faire respirer les tissus, tandis que l'hémoglobine retourne aux poumons pour s'oxyder de nouveau. On voit que l'hémoglobine est le distributeur de l'oxygène dans tout l'organisme.

Les *globules blancs* sont sphériques et un peu plus gros que les globules rouges ; 125 rangés en ligne à côté les uns des autres feraient à peu près une longueur de 1 millim. Ils ont la propriété d'émettre des prolongements et même de perforer les vaisseaux capillaires pour passer dans le milieu interstiel. Lorsqu'ils rencontrent des bactéries, ils les englobent et finissent par les digérer : on voit qu'ils défendent l'organisme contre les maladies contagieuses.

65. Plasma. — Le *plasma* est la partie liquide et incolore du sang. Il contient de l'eau (les $^7/_8$ en poids), de l'albumine ou sérum, un peu de fibrine, des matières grasses, des dérivés azotés tels que l'urée et l'acide urique, du glucose et des sels minéraux, spécialement le chlorure, le carbonate et le phosphate de sodium.

Les gaz du sang. — On trouve dans le sang des gaz dissous et des gaz combinés. L'azote est dissous dans le plasma ; le gaz carbonique est combiné avec les carbonates du plasma, qu'il transforme en bicarbonates ; il est plus abondant dans le sang veineux que dans le sang artériel. L'oxygène est presque tout entier combiné à l'hémoglobine ; il y en a davantage dans le sang artériel que dans le sang veineux.

66. Coagulation du sang. — Le sang, sorti des vaisseaux qui le renfermaient, ne tarde pas à se coaguler. Il se divise alors en deux couches : l'une qui tombe au fond en masse rouge, renfermant tous les globules, c'est le *caillot* ; l'autre, qui surnage, jaunâtre et transparente, c'est le *sérum*.

La coagulation du sang est due à la présence d'un principe particulier, la *fibrine*. En effet, quand on bat, avec un petit balai, le sang qui sort d'un vaisseau, la fibrine s'attache aux brindilles de bois, et le sang, ainsi défibriné, ne se coagule plus. L'eau salée retarde la coagulation ; c'est pourquoi une blessure saigne plus longtemps dans l'eau de mer que dans l'eau douce ; le froid et les acides la retardent aussi. Au contraire, le contact de l'oxygène de l'air et certains agents, comme le perchlorure de fer, l'activent et arrêtent l'écoulement du sang. C'est pourquoi le perchlorure de fer est employé pour arrêter les hémorragies.

II. Appareil circulatoire.

L'appareil circulatoire comprend le *cœur*, centre d'impulsion, et des canaux de circulation, qui sont les *artères*, les *veines* et les *vaisseaux capillaires*.

67. Cœur. — Le *cœur* (fig. 14) est un organe musculaire, de la grosseur du poing, qui pèse environ 300 grammes ; il est enveloppé d'une séreuse, le *péricarde*, et logé dans la cage thoracique entre les deux poumons. Il a la forme d'un cône renversé, placé un peu à gauche de la ligne médiane, et incliné de droite à gauche et d'arrière en avant.

Le cœur est divisé par une cloison longitudinale en deux moitiés : le *cœur droit* et le *cœur gauche*. Chaque moitié est elle-même partagée en deux cavités, une *oreillette* et un *ventricule*; l'oreillette droite communique avec le ventricule droit par l'orifice *auriculo-ventriculaire droit* qui se ferme par

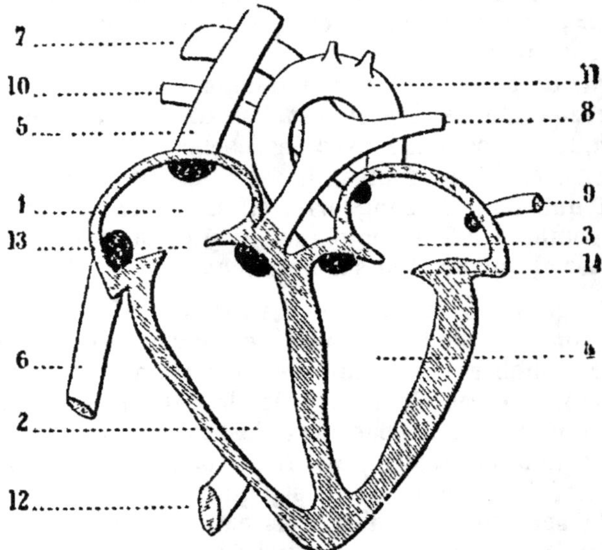

Fig. 14. — Figure théorique de la structure du cœur.
1, oreillette droite; 2, ventricule droit; 3, oreillette gauche; 4, ventricule gauche; 5, veine cave supérieure; 6, veine cave inférieure; 7, artère pulmonaire droite; 8, artère pulmonaire gauche; 9, veine pulmonaire gauche; 10, veine pulmonaire droite; 11 12, artère aorte; 13, valvule tricuspide; 14, valvule mitrale.

la *valvule tricuspide*, et l'oreillette gauche communique avec le ventricule gauche par l'orifice *auriculo-ventriculaire gauche* qui se ferme par la *valvule mitrale*.

Les parois internes des cavités du cœur sont tapissées par une séreuse, l'*endocarde*.

68. Artères. — Les *artères* sont des vaisseaux qui naissent du cœur, reçoivent le sang qui en est expulsé, et par conséquent l'éloignent du cœur. Elles partent d'un ventricule et vont toujours en se subdivisant; leurs parois sont élastiques et conservent leur forme cylindrique, même quand elles sont vides.

Les grandes artères sont situées dans les parties profondes de l'organisme. Les principales sont les *artères pulmonaires*, qui portent le sang aux poumons ; l'*artère aorte*, qui commence au ventricule gauche, se recourbe en forme de crosse et va en ligne droite jusqu'au bas des vertèbres. Elle donne naissance à beaucoup d'artères secondaires, dont les plus importantes sont : les *carotides* du cou, les *sous-clavières* des épaules, les *iliaques* du bassin et des jambes (fig. 14).

69. Veines. — Les *veines* sont des vaisseaux qui aboutissent au cœur et y ramènent le sang. Elles vont toujours en se réunissant et débouchent dans une oreillette ; leurs parois sont flasques. Les principales veines sont : les *veines pulmonaires*, qui ramènent au cœur le sang purifié dans les poumons ; la *veine cave supérieure* et la *veine cave inférieure*, qui aboutissent à l'oreillette droite ; la *veine-porte hépatique*, qui réunit les capillaires de l'intestin à ceux du foie.

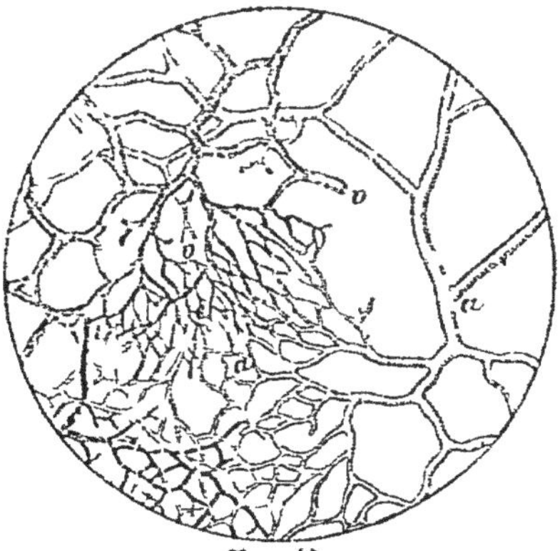

Fig. 15.

Vaisseaux sanguins vus au microscope. *a*, artères ; *v*, veines ; *c*, vaisseaux capillaires.

70. Vaisseaux capillaires. — Les dernières ramifications des artères sont réunies aux premières racines des veines par un système de canaux dont le diamètre ne dépasse guère celui des globules du sang (fig. 18), et auxquels on a donné le nom de *vaisseaux capillaires*.

III. Physiologie de la circulation.

71. Fonctions du cœur. — Le *cœur*, comme tout organe musculaire, a la propriété de se contracter, et d'expulser ainsi le sang contenu dans ses cavités.

On appelle **systole** son mouvement de contraction, et *diastole* son mouvement de dilatation. Ces mouvements s'accomplissent alternativement, de sorte que la systole des oreillettes correspond à la diastole des ventricules.

Les deux oreillettes, se contractant en même temps, chassent le sang dans les ventricules, et la contraction de ceux-ci, succédant immédiatement à celle des oreillettes, le lance dans les artères. Les valvules mitrale et tricuspide s'opposent à son retour dans les oreillettes, pendant que d'autres valvules placées à la naissance des artères empêchent son retour des artères dans les ventricules (*valv. sigmoïdes*).

L'orifice de la veine cave inférieure est muni d'une valvule (*valv. d'Eustache*), qui empêche le sang de l'oreillette droite de sortir par cette veine.

72. Circulation artérielle. — La principale cause de la circulation du sang dans les artères est le mouvement rythmique du cœur, qui fonctionne comme une pompe aspirante et foulante.

Le froid et certaines substances, comme le perchlorure de fer, ont la propriété de provoquer la contraction des parois artérielles. Le système nerveux peut produire le même effet, c'est ce qui explique la rougeur de la face sous l'influence de l'émotion.

73. Circulation capillaire. — Le sang traverse les capillaires en vertu de l'impulsion qu'il reçoit sans cesse par la circulation artérielle, impulsion que les physiologistes nomment le *vis a tergo* (poussée par derrière).

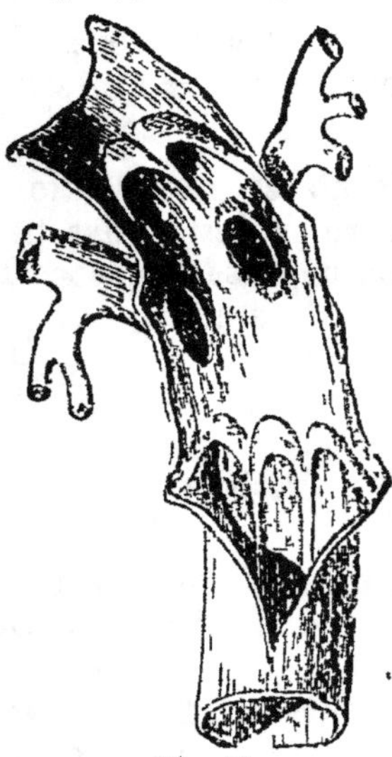

Fig. 16.
Valvules des veines.

74. Circulation veineuse. — Le sang contenu dans les capillaires passe facilement dans les racines des veines, où la pression est moindre que dans les capillaires. La circulation veineuse est aidée par le mouvement du cœur, qui aspire constamment le sang contenu dans les veines principales, et surtout par les contractions musculaires et les mouvements respiratoires. Des valvules, nombreuses dans les grosses veines des membres inférieurs, empêchent le retour du sang en arrière (fig. 16).

Quand les parois des veines se relâchent à certains endroits, le sang s'y accumule et occasionne ce qu'on appelle des *varices*.

75. Mouvement circulatoire (fig. 17). — Le sang qui vient des capillaires de nutrition arrive dans l'*oreillette droite*, par les *veines caves* inférieure et supérieure ; de là il passe dans le *ventricule droit*, qui par les *artères pulmonaires* le chasse dans les *poumons*. Il est ensuite ramené dans l'*oreillette gauche* par les *veines pulmonaires* et passe dans le *ventricule gauche,* qui, par l'*artère aorte,* le distribue à tout l'organisme.

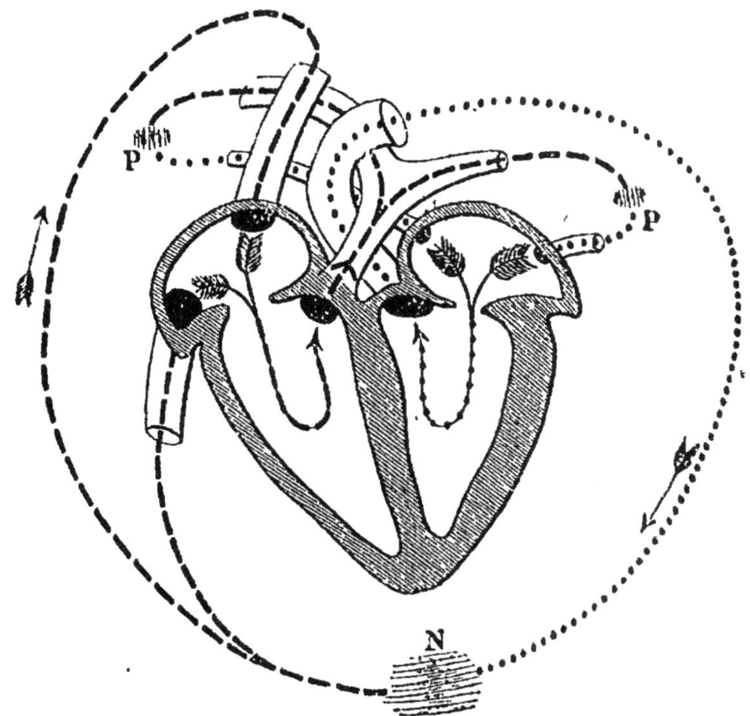

Fig. 17. — Mouvement circulatoire.

— — — — — Circulation du sang noir.

• • • • • • • • • •   •   •   • rouge.

N..?.... Capillaires de nutrition.

P......... Poumons

On appelle *petite circulation* celle qui se fait du ventricule droit à l'oreillette gauche en passant par les poumons, et *grande circulation* celle qui se fait du ventricule gauche à l'oreillette droite à travers tous les organes. Il faut remarquer que ces deux circulations se font suite l'une à l'autre, et par conséquent le mouvement circulatoire forme un cercle complet, dans lequel le sang noir et le sang rouge ne sont jamais mélangés. Cette sorte de circulation est appelée double et complète.

76. Système lymphatique. — A côté de l'appareil circulatoire sanguin, il existe tout un système de canaux particuliers, dont les vaisseaux chylifères font partie, et qu'on appelle le *système lymphatique.* Les vaisseaux lymphatiques ont des parois minces, transparentes, bosselées. Sur leur. trajet, leur enchevêtrement réciproque constitue des amas nommés *ganglions lymphatiques,* d'une structure très compliquée. Ils forment, d'une part, le *canal thoracique,* résultant de la réunion des chylifères et des vaisseaux lymphatiques des membres inférieurs et des parties gauches du corps, et, d'autre part, le *grand vaisseau lymphatique* droit, qui se jette dans la veine sous-clavière droite. Dans ces vaisseaux circule la lymphe, liquide jaune pâle, composé de globules blancs et de plasma, mais moins riche que le sang en matières albuminoïdes. La lymphe, qui provient du sang, est beaucoup plus abondante que lui dans le corps, où elle accomplit deux fonctions distinctes : elle reçoit les déchets de la nutrition des cellules, tels que l'*urée,* et ses globules défendent l'organisme contre l'invasion des microbes.

77. Rate. — La *rate* est un organe spongieux, d'un rouge violacé, ayant la forme d'un croissant, situé à gauche de l'estomac, et dont le rôle physiologique n'est pas bien déterminé. On la considère comme le foyer de multiplication des globules du sang. Sa suppression ne semble pas amener de changements notables dans l'économie.

Lorsque la respiration est très active, la rate se gonfle et gêne la respiration. L'expression « courir comme un dératé » repose sur une croyance erronée que, dans l'antiquité, les coureurs se la faisaient enlever pour prévenir l'essoufflement. Les anciens ne pouvaient pratiquer cette opération, qui est une des conquêtes de la chirurgie moderne.

78. Notes physiologiques. — Le *pouls* est le choc intermittent produit contre les parois des artères par l'arrivée du sang dans ces vaisseaux à chaque contraction des ventricules.

Chez l'homme, le nombre des pulsations est d'environ 60 par minute ; ce nombre varie avec l'âge, l'état de santé ; il s'accroît par l'exercice musculaire, l'émotion, la fièvre, et diminue dans la syncope, le sommeil, la diète.

La *syncope* est la perte subite du sentiment et du mouvement produite par la cessation momentanée ou le ralentissement de la circulation dans le cerveau.

Les causes qui la déterminent agissent donc sur le système circulatoire ou sur le cerveau (émotions vives, chaleur excessive, fatigue, douleur, hémorragie). Elle est précédée de malaise, de vertige, de bâillements, de nausées ; la face pâlit, puis survient la perte du sentiment.

La première chose à faire pour dissiper la syncope est d'étendre le malade dans la position horizontale, la tête plus basse que le corps, afin de remédier à la suspension de l'arrivée du sang dans le cerveau, qui est l'effet le plus dangereux de l'arrêt du cœur. Ensuite on desserre ses vêtements et on lui donne de l'air ; on lui projette de l'eau froide à la figure ou bien on lui fait respirer avec précaution des odeurs fortes, comme celle de l'acide acétique.

L'*hémorragie* est l'écoulement du sang produit par la rupture d'un vaisseau ; elle peut être interne ou externe. Celle qui provient de la rupture d'une artère, ce que l'on reconnaît facilement au jet intermittent qui s'en échappe, ne peut être arrêtée que par la ligature du vaisseau ; en attendant l'arrivée du médecin, il faut à tout prix, ne serait-ce qu'avec le doigt, opposer un obstacle à l'écoulement du sang.

La *congestion* est l'afflux du sang dans un endroit quelconque ordinairement riche en vaisseaux sanguins. Elle diffère de l'inflammation en ce que l'organe congestionné reste sain ; mais, si elle se prolonge, l'inflammation lui succède (congestion pulmonaire, congestion cérébrale ou coup de sang).

L'*anévrisme* est la dilatation des parois artérielles due au relâchement de leur tissu ; la rupture en est toujours très grave.

La *fièvre* est un état particulier caractérisé par une augmentation de la température du corps et par une accélération du pouls. Si la température s'élève à 40 ou 41 degrés, le danger est imminent ; si elle atteint 43 ou 44 degrés, la vie s'arrête brusquement. La fièvre est ordinairement accompagnée de soif, de sueur, de perte d'appétit et même de délire.

L'*anémie* est une faiblesse générale de l'organisme occasionnée par la diminution de la partie riche du sang, c'est-à-dire des globules. On y remédie par le grand air, une bonne alimentation, l'emploi de toniques et de fortifiants (vin de quinquina, ferrugineux, etc.).

Le *lymphatisme* est une affection produite par la prédominance de la lymphe sur le sang dans l'organisme. Elle est caractérisée par la blancheur cireuse de la peau et une grande tendance des tissus à la suppuration. Son traitement est analogue à celui de l'anémie.

QUESTIONNAIRE. — Qu'est-ce que la circulation ? — Parlez-nous de la composition du sang. *Quelles sont les substances qu'il renferme ?* — Comment se comporte le sang sorti des vaisseaux ? A quoi est due sa coagulation ? — Quelle différence y a-t-il entre le sérum et le plasma ?

Quelle est la structure du cœur ? — Quelles sont les séreuses qui tapissent ses parois ? — Que sont les artères ? les veines ? — Quels sont les vaisseaux qui réunissent les veines aux artères ?

Quel est le rôle du cœur ? Comment fonctionne-t-il ? — Quelles sont les principales causes de la circulation du sang dans les artères ? dans les veines ? — Décrivez le trajet du sang 1° de l'oreillette droite au ventricule gauche ; 2° du ventricule gauche à l'oreillette droite. — Quand est-ce que la circulation est dite complète ?

Qu'est-ce que la lymphe ? — Que savez-vous des vaisseaux lymphatiques ? — Qu'est-ce que la rate ? — *Qu'est-ce que le pouls ? A quoi est-il dû ?* — *Qu'est-ce que la syncope ? Comment la dissipe-t-on ?* — Qu'est-ce que l'*hémorragie ? la congestion ? la fièvre ? l'anémie ?*

CHAPITRE V

RESPIRATION

79. Définition. — *La respiration est une fonction par laquelle l'organisme échange l'acide carbonique contenu dans le sang veineux contre l'oxygène de l'air atmosphérique.*

Tout être vivant rejette du gaz carbonique et absorbe de l'oxygène dans le milieu ambiant ; la respiration est donc une fonction commune à tous les êtres organisés.

I. Appareil respiratoire.

L'appareil respiratoire est contenu dans la *cavité thoracique* et comprend les *deux poumons*, la *trachée-artère* et les *bronches*.

80. Cage thoracique. — La *cage thoracique* (fig. 18) a la forme d'un cône ; elle est limitée en arrière par la *colonne vertébrale*, en avant par le *sternum*, et latéralement par les 12 *paires de côtes*. Les côtes sont des arcs osseux inclinés d'arrière en avant, s'articulant avec les vertèbres et rattachées au sternum par des ligaments ; des muscles dits *intercostaux* les unissent entre elles et peuvent les rapprocher les unes des autres.

La base de la cavité thoracique est formée par le *diaphragme*, sorte de dôme qui repose sur le foie et l'estomac, et sépare la cavité thoracique de la cavité abdominale.

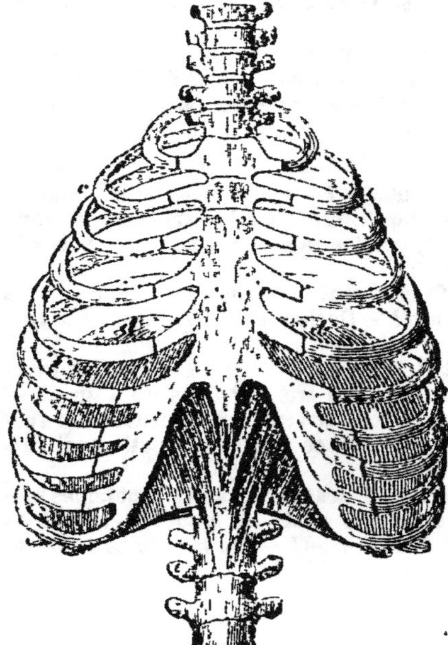

Fig. 18. — Cage thoracique.
c. v, colonne vertébrale; *c*, côtes; *s*, sternum; *d*, diaphragme.

81. Poumons. — Les *poumons* (fig. 19) sont des organes spongieux, d'un aspect rosé, enveloppés d'une séreuse mince et transparente, quoique très résistante, la *plèvre*. Ils sont toujours exactement appliqués contre les parois de la cage thoracique, et leur base repose sur la surface convexe du diaphragme, ce qui fait que leur face inférieure est excavée.

Les poumons laissent entre eux un espace libre dans lequel est logé le cœur ; comme celui-ci est logé un peu à gauche de la ligne médiane, il s'ensuit que le poumon gauche est moins volumineux que le poumon droit.

82. Trachée-artère. — La *trachée-artère* (fig. 19) est un conduit membraneux formé d'anneaux cartilagineux incomplets en arrière, qui maintiennent son diamètre constant. Elle part du larynx et descend devant l'œsophage ; la muqueuse (*muqueuse respiratoire*) qui la tapisse intérieurement est extrêmement irritable.

Au niveau de la partie supérieure des poumons, la trachée se subdivise en deux branches, qui vont se ramifier chacune dans un poumon.

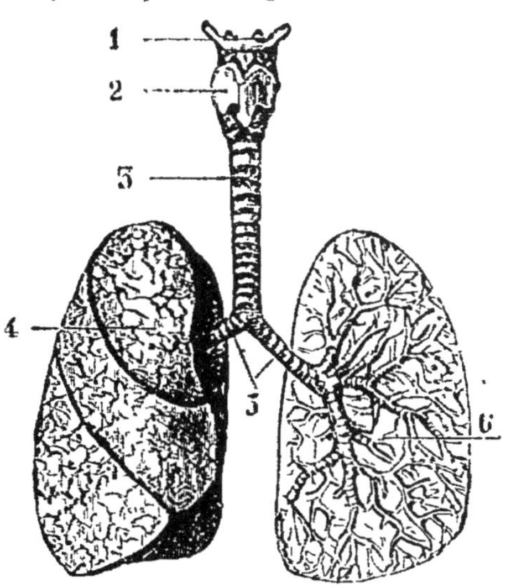

Fig. 19. — Poumons et bronches.

1, os hyoïde ; 2, larynx (appareil vocal) ; 3, trachée-artère ; 4, poumon droit ; 5, bronches ; 6, ramuscules bronchiques.

83. Bronches. — Les *bronches* (fig. 22), qui sont les ramifications de la *trachée-artère* dans les poumons, ont la même structure qu'elle ; leurs extrémités sont formées par de petites ampoules, ou *vésicules bronchiques,* qui leur donnent l'apparence d'une grappe de raisin dont les grains seraient extrêmement nombreux et très petits.

II. Physiologie de la respiration.

84. Inspiration. — *L'inspiration est l'acte par lequel l'air atmosphérique pénètre dans les bronches.*

Les poumons ne sont susceptibles par eux-mêmes d'aucun

mouvement ; c'est la cavité thoracique seule qui, pouvant augmenter sa capacité, détermine l'introduction de l'air dans les vésicules bronchiques. En effet, comme les poumons sont toujours appliqués contre les parois thoraciques, ils suivent celles-ci dans leur mouvement, et l'air, sous l'influence de la pression atmosphérique, pénètre dans les bronches pour combler le vide qui tend à s'y produire au moment de l'expansion.

L'augmentation de volume de la cavité thoracique peut s'effectuer soit par le relèvement des côtes, ce qui porte le sternum en avant, soit par la contraction du diaphragme, qui abaisse sa partie convexe, et entraîne la base des poumons dans son mouvement (fig. 23).

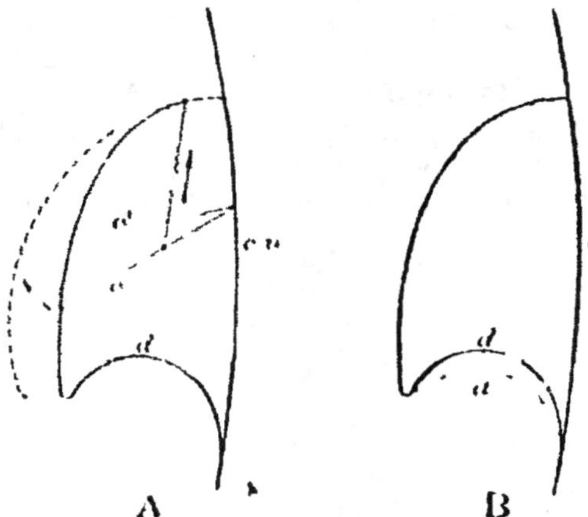

Fig. 20. — Théorie du mécanisme de la respiration.
A, respiration costale. — *c* et *c'*, position des côtes avant et après l'inspiration ; *d*, diaphragme ; *c*, *v*, colonne vertébrale.
B, respiration diaphragmatique. — *d* et *d'*, positions du diaphragme avant et après l'inspiration ; *c*. *v*, colonne vertébrale.

Dans le premier cas, la respiration est dite *costale*, car le relèvement des côtes est produit par la contraction des muscles intercostaux ; dans le second cas, elle est dite *diaphragmatique*.

85. Expiration. — *L'expiration est l'expulsion de l'air renfermé dans les vésicules bronchiques par le retour de la cavité thoracique à son volume primitif.*

Cette expulsion s'effectue par le simple relâchement des muscles contractés, le relèvement du diaphragme, et aussi en vertu de l'élasticité propre du poumon. Il existe d'ailleurs des muscles dits *expirateurs*, qui activent l'expiration dans l'acte de chanter, de jouer des instruments à vent, etc.

86. Phénomènes chimiques. — L'air qui pénètre dans les vésicules bronchiques n'est séparé du sang que par la fine épaisseur de la paroi vésiculaire. C'est à travers cette membrane que s'effectue l'échange des gaz qui détermine le phénomène de l'*hématose*. L'oxygène de l'air passe dans le sang pendant qu'une

quantité à peu près équivalente de gaz carbonique passe dans
sa vésicule bronchique, de sorte que l'air expiré, moins riche
en oxygène, est chargé de gaz carbo-
nique ; on le constate en soufflant dans
de l'eau de chaux : le gaz carbonique
y détermine la formation de carbonate
de chaux qui trouble la limpidité de
l'eau (fig. 21).

Le sang qui vient des capillaires de nutrition est noir ; il devient rouge dans les
poumons par cette absorption d'oxygène.

L'azote paraît ne remplir qu'un rôle
secondaire dans la respiration ; il sert
à tempérer l'action trop vive qu'aurait
l'oxygène pur.

Fig. 21.
Gaz carbonique formé
dans la respiration.

87. Notes physiologiques. — *Murmure vésiculaire.* L'air, en pénétrant dans les mille bifur-
cations des bronches, frotte contre les parois des canaux en produisant un
bruissement particulier qu'on appelle murmure vésiculaire. Ce bruit peut être
modifié par l'état des bronches, ce qui permet au médecin d'apprécier l'état du
poumon en appliquant l'oreille contre le dos ou la poitrine du malade ; c'est en
cela que consiste l'*auscultation.*

Le *rire* est une succession de petites expirations interrompues, bruyantes,
saccadées, accompagnées d'un épanouissement de la face exprimant la gaieté.
Il est l'exagération du sourire, dans lequel les phénomènes respiratoires n'ont
aucune part.

Le *soupir* est une longue et profonde inspiration, dont la cause est souvent
morale chez l'homme. On l'observe aussi chez les animaux supérieurs.

Le *bâillement* est un long soupir accompagné d'un écartement convulsif des
mâchoires. C'est un signe d'ennui, de malaise, de besoin de sommeil ; il est
communicatif et peut être produit en vertu de l'instinct d'imitation.

L'*éternuement* est une expiration brusque, involontaire, accompagnée de la
contraction des muscles de la face, dans laquelle l'air est expulsé bruyamment
par le nez et la bouche. Il est déterminé par l'irritation de la muqueuse des
fosses nasales ou du voile du palais.

Le *hoquet* résulte de la contraction brusque du diaphragme, coïncidant avec
la fermeture de la glotte. L'émotion ou la surprise suffit le plus souvent pour le
faire passer.

La *toux* est une expiration involontaire causée par l'irritation de la muqueuse
respiratoire. Cette irritation peut être produite par la présence de corps étrangers, mucosités, poussières, par inflammation de l'organe ou même par une
action nerveuse.

La *bronchite* est l'inflammation de la muqueuse des bronches due le plus souvent au brusque passage du chaud au froid sans précautions suffisantes.

On donne le nom de *rhume* à l'inflammation de la muqueuse des voies respiratoires lorsqu'elle est déterminée par le froid. Le rhume peut occuper les fosses
nasales (*coryza* ou *rhume de cerveau*), le pharynx (*pharyngite*), la trachée
ou les bronches (*bronchite*).

La *pneumonie* est une inflammation spécifique des alvéoles pulmonaires. Elle
est due au développement d'un microbe particulier, et débute ordinairement par
un violent point de côté.

La *pleurésie* est une inflammation de la plèvre, qui donne lieu à un épanchement abondant de sérosité entre ses deux feuillets et rend la respiration douloureuse.

La *phtisie* est une affection déterminée par la présence de tubercules dans les poumons ; ces tubercules, produisant une inflammation du tissu, déterminent la suppuration et la formation de cavernes sur les parois desquelles se développent d'autres tubercules.

Les principales causes déterminantes de la phtisie sont les affections de poitrine négligées, les convalescences mal soignées, l'insuffisance de la nourriture, l'habitude de vivre dans un air vicié, de respirer des poussières malsaines, les excès de l'alcoolisme, et surtout l'inconduite et l'irrégularité de la vie.

88. Hygiène. — L'air pur est pour l'organisme le premier élément de vie et de bien-être ; tout ce qui peut l'altérer est plus ou moins défavorable à la santé.

Influence de l'humidité. — Un air trop chargé d'humidité, surtout s'il est froid, peut déterminer des affections de poitrine. Un air trop sec est également nuisible en exagérant outre mesure l'évaporation pulmonaire ; c'est pourquoi il est utile de mettre un vase rempli d'eau sur les poêles destinés à chauffer les appartements en hiver.

Influence de la pression. — Une augmentation de pression favorise les mouvements respiratoires en facilitant le jeu des muscles. Poussé à plus d'une atmosphère (scaphandrier travaillant sous l'eau), elle produit une surdité passagère, quelquefois permanente, et occasionne des douleurs articulaires, des congestions. Une diminution de pression amène rapidement la fatigue ; l'abattement que l'on éprouve quand le baromètre baisse est dû en partie à la diminution de la pression atmosphérique.

Matières en suspension dans l'air. — Outre les poussières de toutes sortes qui sont répandues dans l'air, on y rencontre en quantité des germes animaux et végétaux qui le vicient. Parmi ces germes, il en est qu'on n'a pas encore pu isoler et qui sont connus seulement par leurs effets ; ce sont les *miasmes* et les *effluves*.

Toutes ces matières, plus lourdes que l'air, s'accumulent dans les bas-fonds ; de là les inconvénients qui résultent du séjour dans les lieux bas, surtout au milieu des grandes villes, où l'air se renouvelle difficilement.

Air confiné. — L'air confiné, c'est-à-dire renfermé dans un milieu où il ne se renouvelle pas, ne tarde pas à se vicier. Les principales causes d'altération sont les produits de la respiration et des combustions, les émanations diverses résultant de l'exhalation, de la transpiration, etc. Il est donc très important de renouveler l'air des appartements dans lesquels on séjourne.

Asphyxie. — L'asphyxie est l'état dans lequel est jeté l'organisme par la suppression de l'hématose. Elle peut être lente ou brusque : dans le premier cas, elle s'annonce par des bâillements, des vertiges, des tintements d'oreilles, la perte de connaissance ; puis la vie s'éteint au bout d'un temps plus ou moins long ; dans le second cas, la mort arrive au bout de quelques minutes.

On appelle *asphyxie simple* celle qui résulte de la suppression de l'arrivée de l'air dans les poumons ; elle peut être produite par l'engorgement des canaux aériens (*croup*), par strangulation, par submersion, par la raréfaction de l'air (*ascension aérostatique*).

Elle peut également résulter de l'introduction dans les poumons de gaz irrespirables, comme l'azote et l'hydrogène pur. Le gaz carbonique qui se dégage abondamment des fours à chaux et des cuves renfermant des liquides en fermentation, agit de la même façon. Dans ce cas, c'est uniquement le défaut d'oxygène libre qui cause l'asphyxie, et non une propriété délétère des gaz respirés, car ceux-ci n'ont par eux-mêmes aucune action funeste sur l'organisme.

L'asphyxie toxique résulte de la respiration de gaz délétères tels que l'oxyde de carbone, l'acide sulfhydrique. Ces gaz n'agissent pas seulement en supprimant l'action de l'oxygène libre, leur influence s'exerce par absorption : ils produisent un véritable empoisonnement.

Les premiers soins à donner en cas d'asphyxie sont les suivants :

1° Soustraire le malade aux causes qui ont amené l'asphyxie ;

2° Le débarrasser des vêtements qui peuvent gêner la circulation et la respiration : ceinture, cravate, jarretières ;

3° Exercer avec précaution sur la poitrine et l'abdomen des pressions alternatives imitant les mouvements de la respiration ;

4° Réchauffer le corps par des frictions, sans se décourager de l'insuccès apparent.

QUESTIONNAIRE. — Qu'est-ce que la respiration ? — Quels sont les organes qui limitent la cage thoracique ? — Qu'est-ce que la plèvre ? — Quelle est la structure de la trachée-artère ? Comment se terminent les bronches ?

Qu'est-ce que l'inspiration ? Comment s'effectue-t-elle ? Qu'est-ce que l'expiration ? — Quelles modifications éprouve l'air inspiré dans la respiration ? — Quel est le rôle de l'azote ? — *A quoi est dû le murmure vésiculaire ? — En quoi consiste le rire, le soupir, le bâillement, l'éternuement, le hoquet ? — Quelles sont les principales affections qui se rapportent à l'appareil respiratoire ? — Pourquoi met-on de l'eau sur les poêles destinés à chauffer les appartements ? — Quelle est l'influence de la pression sur la respiration ? — Pourquoi le séjour habituel dans les bas-fonds est-il pernicieux ? — Qu'est-ce que l'air confiné ? — Qu'est-ce que l'asphyxie ? Quelles causes peuvent la produire ? — Qu'est-ce que l'asphyxie toxique ? — Quels sont les premiers soins à donner en cas d'asphyxie ?*

CHAPITRE VI

ASSIMILATION — DÉSASSIMILATION — CALORIFICATION — SÉCRÉTION ET EXCRÉTION

I. Assimilation.

89. Définition. — *L'assimilation est la fonction qui transforme en la substance même des organes les éléments apportés par la circulation.* — Cette fonction est de toutes la plus importante, mais son mécanisme est encore peu connu. Voici ce que l'on sait de plus certain : chaque cellule se nourrit elle-même en puisant dans le sang les éléments de sa vie ; les principes nécessaires à toutes les cellules sont l'oxygène et les albuminoïdes. L'oxygène est indispensable pour opérer les combustions et entretenir la chaleur vitale ; les albuminoïdes ne sont pas moins nécessaires, car ils doivent refaire la substance même des cellules, le *protoplasma*.

Les cellules qui ont des fonctions spéciales ont besoin d'une nourriture appropriée à leur fin ; ainsi les cellules musculaires absorbent surtout du sucre et des graisses, qui fournissent beaucoup de chaleur, laquelle est transformée en travail ; les cellules osseuses absorbent surtout des sels minéraux ; les cellules nerveuses, des matières azotées.

D'autres cellules ne travaillent pas seulement pour elles-mêmes, mais font provision pour tout l'organisme ; c'est la mise en réserve. Ainsi le *foie* emmagasine une partie du sucre amené par la veine-porte, le convertit en glycogène et le restitue au sang quand il est nécessaire. Les cellules adipeuses gardent l'excès de graisse jusqu'à ce que l'organisme en ait besoin pour produire de la chaleur par oxydation. C'est ainsi que les animaux hibernants, pendant leur période de léthargie, vivent de la graisse accumulée antérieurement.

II. Désassimilation.

90. Définition. — *La désassimilation est une fonction qui sépare de l'organisme les produits devenus inutiles ou nuisibles.*

Les substances assimilées qui font partie intégrante des tissus n'y restent pas indéfiniment ; elles subissent de nouvelles combinaisons qui modifient leur nature ; alors, devenues inutiles ou même nuisibles, elles sont reprises par le torrent circulatoire en échange d'éléments nouveaux, de sorte qu'il se fait un remplacement continuel de cellule à cellule dans tous les organes.

La désassimilation résulte d'une suite d'oxydations qui ont pour effet de convertir les substances absorbées en des éléments plus simples, incapables de servir à l'organisme. Les principaux produits de la désassimilation sont l'*urée*, excrétée par le *rein* ; le *gaz carbonique*, excrété par les *poumons*, et l'*eau*, excrétée par les *glandes sudoripares*.

III. Calorification.

91. Définition. — *La calorification est une fonction qui résulte de l'assimilation et qui produit et entretient la chaleur vitale.*

La chaleur du corps est le résultat de l'assimilation et de la désassimilation, qui toutes deux sont des combustions lentes. L'oxydation des albuminoïdes produit bien de la chaleur, mais c'est celle des sucres et des graisses qui en dégage la plus grande quantité. C'est surtout dans les muscles, dans les nerfs et dans les glandes que la chaleur se produit, parce que ces organes sont le siège d'une combustion très active.

Température moyenne du corps humain. — C'est un fait constaté que la température du corps humain est à peu près fixe à toutes les époques de la vie et sous toutes les latitudes. La moyenne de cette température est de 37°; si elle monte plus haut que 42° ou si elle descend plus bas que 34°, la mort s'ensuit. La constance de la température vient de l'équilibre qui subsiste entre les causes de production et celles de déperdition de la chaleur. Les causes de déperdition sont surtout le rayonnement et la transpiration.

Lutte contre le froid et contre la chaleur. — L'homme doit se préserver de l'excès de froid et de l'excès de chaleur pour maintenir sa température moyenne. L'organisme lutte de lui-même contre le froid par une respiration plus intense et une combustion plus vive, conséquence elle-même d'une alimentation plus abondante; c'est pourquoi on mange davantage en hiver, c'est pourquoi aussi les Esquimaux absorbent beaucoup d'huile et de graisse. L'enveloppe extérieure du corps, la couche graisseuse sous-cutanée, forme un écran qui s'oppose à la déperdition de la chaleur. L'exercice musculaire, l'usage des fourrures sont des moyens artificiels de lutter contre le froid.

L'organisme se préserve aussi de lui-même contre l'excès de chaleur. En été la respiration est moins active, on mange beaucoup moins, et la transpiration produit de l'eau qui, en s'évaporant, refroidit le corps. Les moyens artificiels d'éviter les excès de chaleur sont le repos (sieste) et l'usage des vêtements mauvais conducteurs de la chaleur extérieure (vêtements blancs et amples).

92. Animaux à sang chaud ou à température constante. — Ces animaux sont ceux dont la température reste invariable, quelle que soit celle du milieu ambiant : ce sont les *Mammifères* et les *Oiseaux*.

La *transpiration cutanée* est chez nous la principale cause qui maintient la constance de cette température lorsque des circonstances particulières tendent à la modifier. Aussi tout ce qui peut contribuer à accroître la température du corps, chaleur extérieure, travail musculaire violent, détermine la transpiration.

Chez les animaux dont la peau est recouverte de poils qui s'opposent à l'évaporation de la sueur (Chien, Bœuf), la transpiration cutanée est remplacée par une plus grande activité de la transpiration pulmonaire.

93. Animaux à sang froid ou à température variable. — Ce sont ceux dont la température suit de près les variations du milieu ambiant (*Poissons, Insectes,* etc.); aussi la vie est d'autant plus active chez ces animaux, que la température extérieure est plus élevée (*Lézards, Serpents*).

94. Hibernation. — Les animaux *hibernants* sont des animaux à sang chaud dont l'organisme ne peut réagir contre l'abaissement de la température extérieure et qui, pendant l'hiver, tombent dans un engourdissement qui ressemble à un profond sommeil (*Marmotte, Chauve-Souris*).

95. Estivation. — L'estivation est un engourdissement, analogue à l'hibernation, qu'éprouvent certains animaux des régions intertropicales sous l'influence des fortes chaleurs (l'*Échidné*, le *Tanrec*).

96. Insolation. — L'*insolation* provient de l'action directe d'un soleil ardent sur la peau ; elle peut occasionner des troubles nerveux, et par conséquent avoir des inconvénients graves (méningite, érésipèle, etc.).

Ce qu'on appelle *coup de soleil* est une simple irritation de la partie superficielle de la peau, analogue à la brûlure au premier degré.

97. Congélation. — La *congélation* est une action morbide du froid sur les parties vivantes, qui les rend insensibles, inertes, dures. Les pieds, les mains, les oreilles, le nez, y sont naturellement plus exposés

IV. Sécrétion et excrétion.

98. Définition. — *La sécrétion en général est une fonction qui sépare du sang certains produits spéciaux utiles ou nuisibles.* — Lorsqu'elle extrait du sang des éléments destinés à remplir une fonction physiologique, on l'appelle *sécrétion proprement dite*. Ex. : la sécrétion du suc gastrique, de la salive. Lorsque, au contraire, elle élimine des produits de désassimilation devenus nuisibles, on l'appelle *sécrétion excrémentielle* ou *excrétion*. Ex. : l'excrétion de l'urée, du gaz carbonique.

Les cellules où s'effectue la sécrétion sont appelées cellules glandulaires. Ces cellules empruntent au sang des principes qu'elles élaborent et transforment chacune suivant son activité propre. Les produits de la sécrétion proprement dite passent dans l'organisme, tandis que ceux de l'excrétion sont rejetés au dehors.

99. Glandes. — *Une glande est un organe qui, interposé entre le sang et une cavité, ne laisse passer dans celle-ci que certains éléments déterminés et possède même la propriété de modifier la composition chimique de ces éléments.*

Au point de vue anatomique, on peut subdiviser les glandes en glandes *simples* et en *glandes composées*.

Les glandes simples (fig. 23) sont des organes réduits à un *tube* ou à une *vésicule* qui vient s'ouvrir à la surface des membranes par un orifice très petit ; tels sont les *follicules gastriques*.

Les glandes composées sont formées de glandes simples, groupées d'une

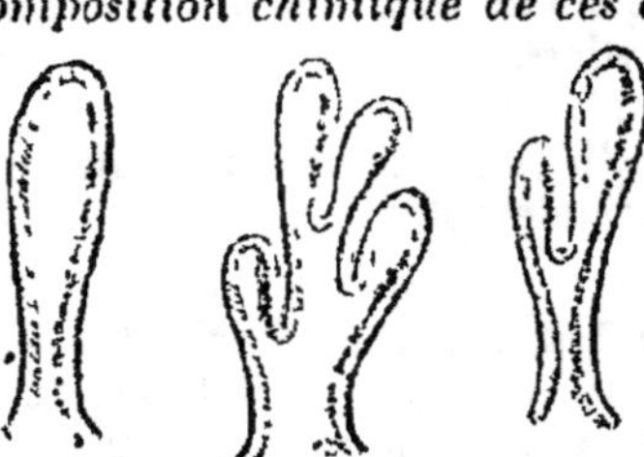

Fig. 23. — Glandes simples (glandes intestinales).

façon particulière. Elles constituent les *glandes en grappes* et les *glandes en tubes*.

Les *glandes en grappes* sont de petites vésicules dont les conduits, en se réunissant successivement les uns aux autres, finissent par n'avoir plus qu'un canal sécréteur commun (*glandes salivaires*). Les *glandes en tubes* résultent d'une agglomération de tubes simples ou ramifiés (*rein, foie*).

On ne connaît rien de positif sur le mécanisme des sécrétions ; l'action du système nerveux y joue un très grand rôle ; la sécrétion des larmes sous l'influence d'une cause morale, celle de la sueur sous l'impression de l'épouvante, en sont des exemples.

Toute glande, pour remplir sa fonction, doit être en contact avec un grand nombre de fibres nerveuses qui excitent son activité, et avec des capillaires sanguins où elle puise les éléments à transformer.

100. Rôle des glandes. — Au point de vue de leur rôle, on distingue les glandes en *glandes nutritives* et *glandes excrétrices*.

Les glandes nutritives sont toutes celles annexées à l'appareil digestif ; il faut y ajouter les mamelles qui sécrètent le lait, et la rate qui forme les globules rouges du sang. Les glandes excrétrices sont les poumons qui éliminent le gaz carbonique, les reins qui éliminent l'urine, et les glandes sudoripares qui éliminent l'eau

Les glandes nutritives et les poumons ayant été étudiés précédemment, nous ne traiterons ici que des reins et des glandes sudoripares.

101. Sécrétion de l'urine. Anatomie de l'appareil urinaire. — — Les reins sont deux grosses glandes en forme de haricot, situées dans la cavité abdominale et placées de chaque côté de la colonne vertébrale.

Le rein est formé : 1° d'une couche externe nommée *substance corticale*, renfermant un très grand nombre de corpuscules (*glomérules de Malpighi*), qui sont les organes sécréteurs de l'urine ; 2° d'une couche interne appelée *substance tubuleuse*, plus rouge, comprenant un nombre variable de pyramides, 10 à 15, (*pyramides de Malpighi*), dont les bases adhèrent à la substance corticale et dont les sommets sont tournés vers le centre du rein. Ces deux substances sont constituées par la réunion de petits tubes urinifères ayant de 3 à 4 dixièmes de millimètre de diamètre. Chacun de ces tubes commence à un glomérule de Malpighi, se contourne en forme d'anse (anse de Henlé) et vient se terminer à une pyramide de Malpighi.

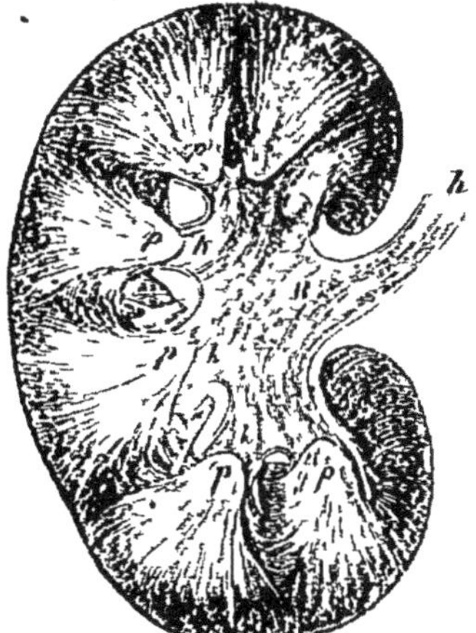

Fig. 24. — Coupe d'un rein.

14

Les sommets des pyramides sont terminés par des cavités membraneuses nommées *calices*, lesquelles, en se réunissant, forment le *bassinet*. Du bassinet partent les *uretères*, canaux qui conduisent l'urine dans la *vessie*, d'où elle est ensuite expulsée.

102. Physiologie de l'appareil urinaire. — Le sang arrive aux reins par l'artère rénale et en sort par la veine rénale, qui se jette dans la veine cave inférieure. L'artère rénale émet une foule d'artérioles dont les ramifications aboutissent aux *glomérules de Malpighi*. Là, un réseau de capillaires se forme et relie les artères aux veines. Ces petits vaisseaux entourent les tubes urinifères de toutes parts. Comme l'urine préexiste dans le sang, elle passe par osmose des capillaires dans les tubes urinifères, qui la conduisent au bassinet.

On constate que l'urine existe dans le sang de la manière suivante : on analyse le sang qui entre dans le rein par l'artère rénale, et celui qui en sort par la veine rénale. La quantité d'urine est plus grande dans l'artère : donc le rein a extrait l'urine du sang.

103. Composition de l'urine. — *L'urine est un liquide jaunâtre formé de 95 parties d'eau, d'une petite quantité d'urée et d'acide urique et de sels minéraux.*

L'urée est une matière azotée qui résulte de la transformation des matières albuminoïdes ; elle forme 2,5 % de l'urine, mais cette quantité augmente beaucoup par une alimentation carnivore. Lorsque l'urine est abandonnée à elle-même, l'urée se transforme en carbonate d'ammoniaque sous l'action d'un ferment particulier. L'acide urique, moins abondant que l'urée, est aussi un déchet albumineux ; lorsque l'alimentation est trop riche en albuminoïdes, l'acide urique, trop abondant, se dépose en cristaux dans les articulations et constitue la maladie appelée *goutte*. Les sels minéraux de l'urine sont surtout le chlorure et le phosphate de sodium. Si le sucre du sang n'est pas assimilé totalement, l'excès passe dans les urines : c'est le *diabète sucré* ; l'albumine se trouve aussi quelquefois dans l'urine (*albuminurie*). Ces deux affections indiquent une altération profonde des tissus.

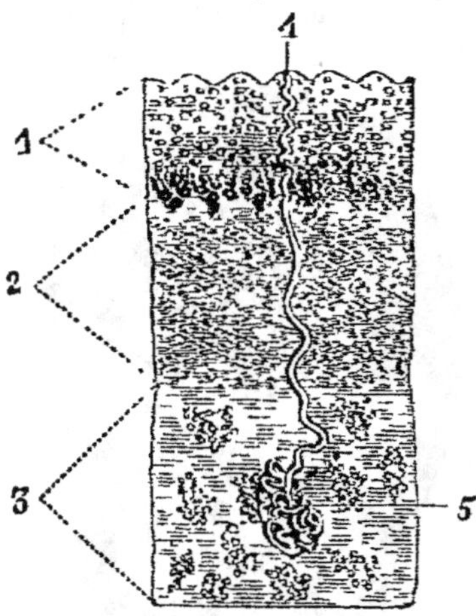

Fig. 25. — Structure de la peau.
1, épiderme ; 2, derme ; 3, tissu conjonctif sous-cutané ; 4, canal excréteur de la glande sudoripare ; 5, glande sudoripare.

104. Sécrétion de la sueur. — La peau renferme deux sortes de glandes : les glandes sébacées sécrétant une matière grasse à la racine des poils, et les glandes sudoripares qui sécrètent la sueur. Les glandes sudoripares commencent dans le tissu sous-cutané et déversent la sueur par un canal excréteur, long de 2 millimètres, qui traverse le derme et l'épiderme. La sueur a presque la même composition que l'urine, et l'on peut dire que les glandes sudoripares complètent l'excrétion des déchets azotés et notamment de l'urée. Le mélange de la sueur avec le duvet des vêtements est une cause de malpropreté dont on se préserve par des soins de propreté assidus.

QUESTIONNAIRE. — Qu'est-ce que l'assimilation ? — Quel est le rôle spécial du foie ? — De quoi résulte la désassimilation ? — Par quoi est produite la chaleur animale ? — Différence entre la sécrétion proprement dite et l'excrétion. — Définir les glandes. — Comment prouve-t-on que l'urine existe dans le sang ? — En quoi la sueur ressemble-t-elle à l'urine ?

CHAPITRE VII

FONCTIONS DE RELATION
LE MOUVEMENT

105. Définition. — *Le mouvement est la faculté que possède l'animal de pouvoir, à son gré, se déplacer ou effectuer des changements de position des diverses parties de son corps les unes par rapport aux autres. Il a pour organes les os et les muscles.*

I. Des os et des articulations.

106. Définition. — *Les os sont des corps durs qui forment la charpente du corps de l'homme et des animaux supérieurs.*

107. Structure. — Les os sont formés du *périoste*, du *tissu osseux* et quelquefois de la *moelle*.

Le *périoste* est une membrane fibreuse qui entoure et protège l'os. Elle est essentielle au développement et au renouvellement du tissu osseux.

Le *tissu osseux* est composé de cellules rameuses (*corpuscules osseux*), empâtées dans une gangue calcaire et disposées régulièrement autour de canaux nourriciers qui traversent l'os dans tous les sens (*canaux de Havers*). Tantôt les cellules osseuses forment un tissu très serré et solide, le *tissu compact*; tantôt elles laissent entre elles de nombreux interstices et constituent un tissu moins dense, le *tissu spongieux*. Le tissu compact revêt la surface des os, le tissu spongieux en occupe les parties intérieures.

La *moelle* est une substance molle, graisseuse, jaunâtre, qui remplit la cavité centrale de certains os, ainsi que les mailles du tissu spongieux.

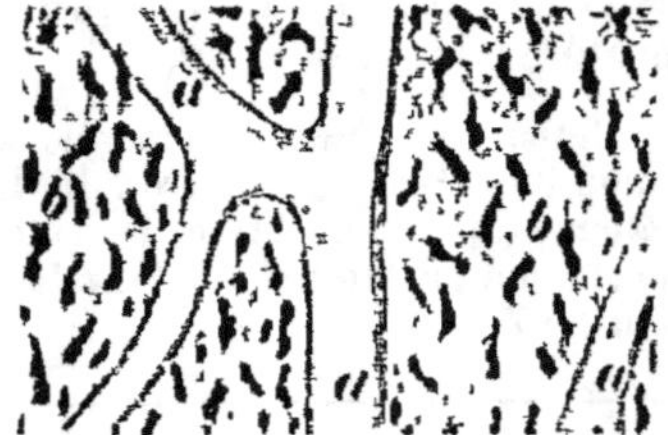

Fig. 26. — Coupe longitudinale d'un os.
a, canaux médullaires ;
b, tissu osseux.

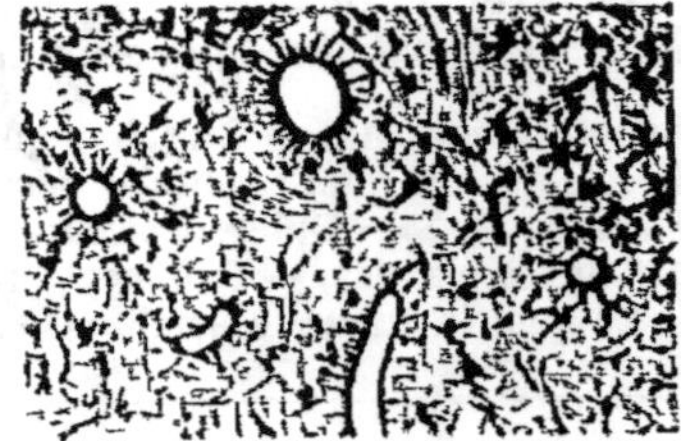

Fig 27. — Coupe transversale d'un os.

108. Composition chimique des os. — Au point de vue chimique, les os sont composés :

1° D'une partie vivante, *l'osséine* ($\frac{1}{3}$ environ), qui se transforme en gélatine par l'ébullition ;

2° D'une partie minérale, le phosphate et le carbonate de calcium.

Une solution étendue d'acide chlorhydrique dissout la partie minérale et laisse l'osséine intacte, tandis que la calcination à l'air détruit la matière organique et conserve la partie minérale.

109. Formation des os. — Les os passent par trois états : l'état cellulaire, l'état cartilagineux et l'état osseux. L'ossification des cartilages se fait très lentement, et chez l'homme elle n'est complète qu'à l'âge de 20 ou 25 ans. Avant cette période, les os sont formés par des pièces osseuses reliées entre elles par des cartilages. Une fois l'ossification achevée, le squelette ne croît plus : il a acquis sa taille normale, qu'il ne dépassera pas. Cependant, même après vingt-cinq ans, les os doivent s'accroître en épaisseur et s'entretenir. Des expériences nombreuses, en particulier celles de Flourens, ont montré comment se fait cet accroissement. Au-dessous du périoste, il se forme sans cesse de nouvelles couches osseuses, tandis que la partie centrale se résorbe et disparaît. La substance osseuse se renouvelle donc incessamment de l'extérieur à l'intérieur. Si on enlève le périoste d'un os, son développement s'arrête aussitôt : c'est donc bien le périoste qui est le générateur du tissu osseux.

110. Forme des os. — Relativement à leur forme, on divise les os en *os longs*, en *os courts* et en *os plats*.

Les *os longs* se rencontrent surtout dans les membres. La plupart sont creux, et par conséquent présentent les meilleures conditions de légèreté et de solidité ; car on sait qu'un cylindre creux est toujours plus solide qu'un cylindre plein, de même longueur, formé avec la même quantité de matière. La cavité des os longs (*canal médullaire*) renferme une substance grasse, la *moelle*.

Les *os courts* (fig. 28) sont constitués en grande partie par du tissu spongieux. On les rencontre le plus souvent réunis plusieurs ensemble (*poignet, colonne vertébrale*).

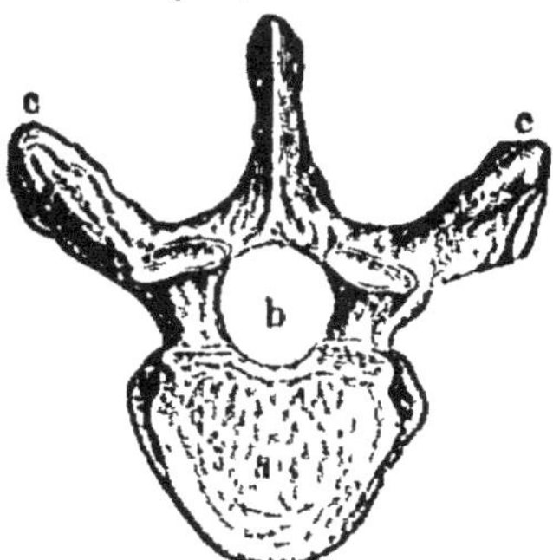

Fig. 28. — Vertèbre dorsale.
a, corps de la vertèbre ; *b*, trou médullaire ; *c*, apophyses.

Les *os plats* (*b*, fig. 29) sont formés d'une couche de tissu spongieux comprise entre deux couches de tissu compact ; ils ont presque toujours des fonctions protectrices à remplir (*os du crâne, du bassin, omoplate*).

La surface des os présente souvent des lignes saillantes appelées apophyses, qui sont les points d'attache des muscles.

111. Fracture. — Les os longs sont naturellement de fracture plus facile que les autres. Quand la cassure est nette, il suffit de remettre exactement en place les deux fragments de l'os et de les maintenir dans la plus complète immobilité pendant quelque temps. Il se produit alors un travail d'ossification supplémentaire qui a pour effet de former, autour de l'endroit fracturé, une sorte de bourrelet osseux (*cal provisoire*), qui rétablit peu à peu la solidité de l'os.

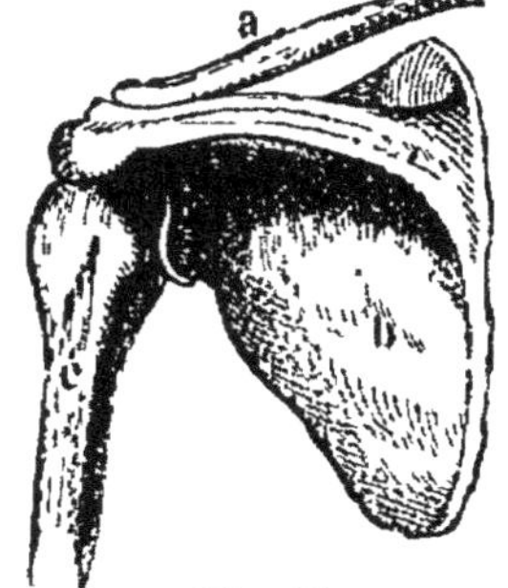

Fig. 29.
Articulation de l'épaule.
a, clavicule ; *b*, omoplate ; *c*, humérus.

Un second travail succède alors au premier, dans lequel le bourrelet osseux est résorbé peu à peu, de sorte qu'au bout d'un certain temps il serait bien difficile de retrouver l'endroit où s'est produite la fracture.

112. Articulations. — On appelle articulations l'assemblage de plusieurs os. Elles peuvent être *immobiles* (engrenage des os du crâne), *mobiles* (articulation de l'humérus avec le cubitus), ou *mixtes*, reliées par du tissu fibro-cartilagineux (symphyses des vertèbres).

Les articulations mobiles permettent aux os d'exécuter des mouvements étendus mais limités. Elles sont ordinairement formées de surfaces réciproquement concaves et convexes, glissant les unes sur les autres. Des ligaments maintiennent les pièces en place et servent à limiter les mouvements. Les surfaces en contact sont revêtues d'une

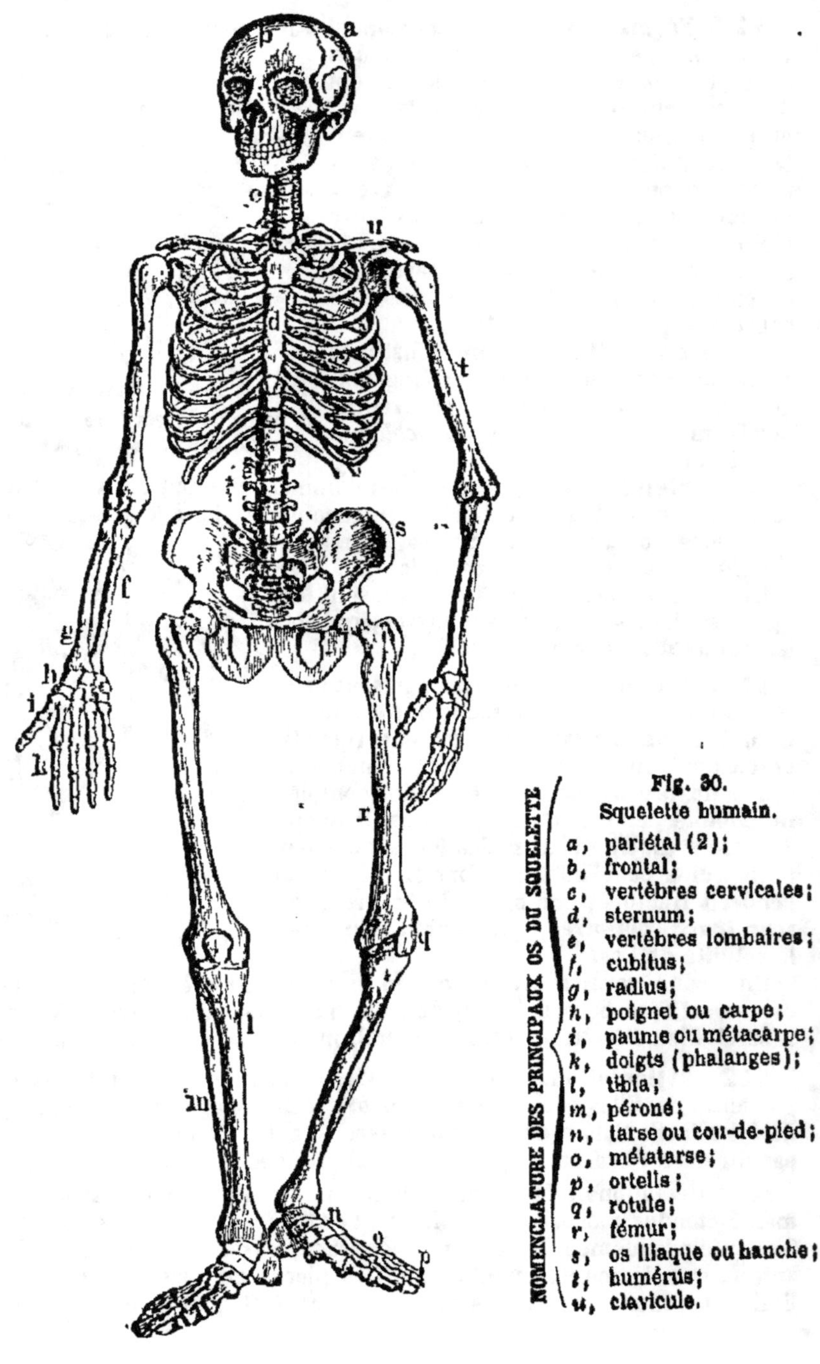

Fig. 30.
Squelette humain.

NOMENCLATURE DES PRINCIPAUX OS DU SQUELETTE

a, pariétal (2);
b, frontal;
c, vertèbres cervicales;
d, sternum;
e, vertèbres lombaires;
f, cubitus;
g, radius;
h, poignet ou carpe;
i, paume ou métacarpe;
k, doigts (phalanges);
l, tibia;
m, péroné;
n, tarse ou cou-de-pied;
o, métatarse;
p, orteils;
q, rotule;
r, fémur;
s, os iliaque ou hanche;
t, humérus;
u, clavicule.

OS DU SQUELETTE

TÊTE

- **CRANE**
  - 2 pariétaux, 1 de chaque côté et en haut.
  - 2 temporaux, — — et latéralement.
  - L'os frontal, formant le front.
  - L'occipital en arrière.
- **FACE**
  - 2 malaires ou jugaux, formant les pommettes.
  - Maxillaires supérieur et inférieur.
  - Les 2 os nasaux ou os du nez.
  - L'os vomer, formant la cloison des narines.

TRONC

- **COLONNE VERTÉBRALE (33 vertèb.)**
  - 7 cervicales : la 1re est l'atlas, la 2e l'axis.
  - 12 dorsales s'articulant avec les côtes.
  - 14 lombaires, sacrées et coccygiennes.
- **THORAX**
  - Vraies côtes : 7 paires reliées directement au sternum.
  - Fausses côtes : 5 paires reliées indirectement au sternum.
  - Sternum, os en avant de la poitrine.

MEMBRES

- **M. SUPERIEURS**
  - Épaule.
    - Omoplate, appliquée contre la cage thoracique.
    - Clavicule, allant de l'omoplate au sternum.
  - Bras.
    - Humérus.
  - Avant-bras.
    - Cubitus, s'articulant avec l'humérus.
    - Radius, pouvant tourner autour du cubitus.
  - Poignet ou carpe.
    - Formé de 8 petits os.
  - Main.
    - Métacarpe : 5 os portant chacun un doigt.
    - Doigts : phalanges, phalangines et phalangettes.
- **M. INFÉRIEURS**
  - Bassin.
    - Os iliaques formant les hanches.
  - Cuisse.
    - Fémur : l'os le plus long du squelette.
  - Jambe.
    - Tibia.
    - Péroné.
    - Rotule : os rond en avant du genou.
  - Cou-de-pied ou tarse.
    - Formé de 7 os.
  - Pied.
    - Métatarse : 5 os portant chacun un doigt.
    - Doigts ou orteils.

couche cartilagineuse extrêmement lisse, et glissent avec la plus grande facilité les unes sur les autres grâce à la présence d'un liquide onctueux, la *synovie*, fournie par des séreuses particulières qu'on appelle, pour cette raison, *séreuses synoviales* ou *articulaires* (fig. 32).

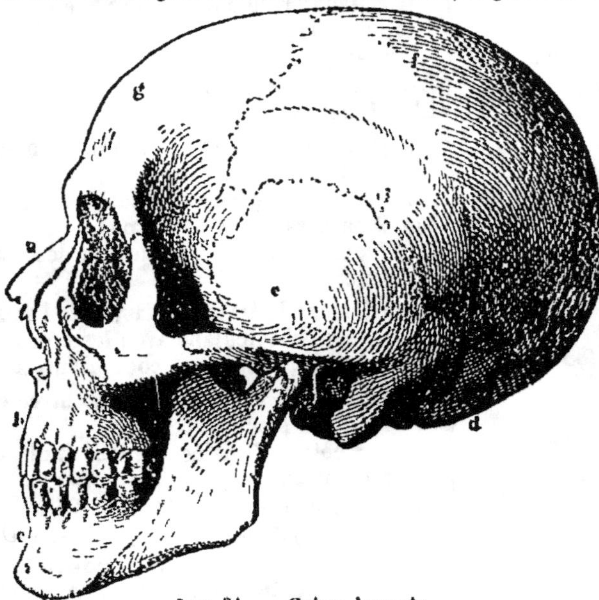

Fig. 31. — Crâne humain.

a, nasal (2); *b*, maxillaire supérieur (2); *c*, maxillaire inférieur; *d*, occipital; *e*, temporal (2); *f*, pariétal (2); *g*, frontal.

Il peut arriver qu'à la suite d'une inflammation des surfaces articulaires, la tête des os se carie, l'amputation devient nécessaire. Cette opération peut cependant être conjurée par une immobilité complète des parties malades qui permet aux os de *s'ankyloser*, c'est-à-dire de se souder l'un à l'autre. La guérison est complète, mais l'articulation ne fonctionne plus.

Parfois un faux mouvement, une torsion anormale, une chute, peuvent forcer une articulation et tirailler violemment les ligaments qui la maintiennent ou les tendons qui la font mouvoir; on donne à cet accident le nom d'*entorse* quand il s'agit de l'articulation du pied, et celui de *foulure* dans le cas général.

113. Carie. — On appelle *carie* la destruction partielle et progressive d'un os; si la carie s'étend à une portion considérable de l'os, elle prend le nom de *nécrose*.

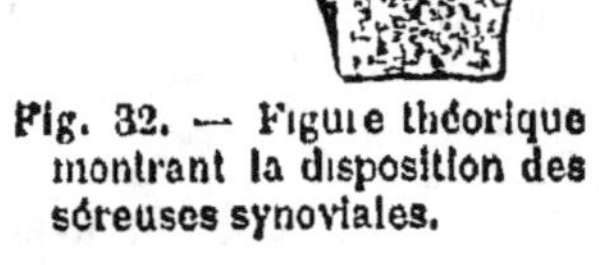

Fig. 32. — Figure théorique montrant la disposition des séreuses synoviales.

114. Déviations, gibbosités. — Quand les os de l'enfant tardent à s'ossifier, il peut arriver que, à la suite d'efforts musculaires exagérés, ou simplement par le poids même du corps, les os fléchissent et amènent des déformations des membres, des déviations de la colonne vertébrale; on donne à cette affection le nom de *rachitisme*.

II. Des muscles.

116. Définition. — *Les muscles sont les organes actifs du mouvement ; on en compte environ 450, et ils forment ce qu'on appelle la chair.*

Les muscles sont formés de *fibres musculaires* réunies en faisceaux, et enveloppées d'une membrane celluleuse, l'*aponévrose*, qui les isole les unes des autres. Les fibres musculaires sont elles-mêmes composées de filaments très ténus (*fibrilles musculaires*); elles sont *lisses* ou *striées*.

Les muscles sont généralement renflés dans leur partie moyenne; à leurs extrémités, les aponévroses se transforment en *tendons*, cordons fibreux, inextensibles et très résistants, qui les attachent aux os.

117. Contraction musculaire. — Sous l'influence de certains agents, dont le principal est le système nerveux, les muscles peuvent se contracter, c'est-à-dire rapprocher leurs extrémités. Le mécanisme de la contraction musculaire n'est pas encore bien connu.

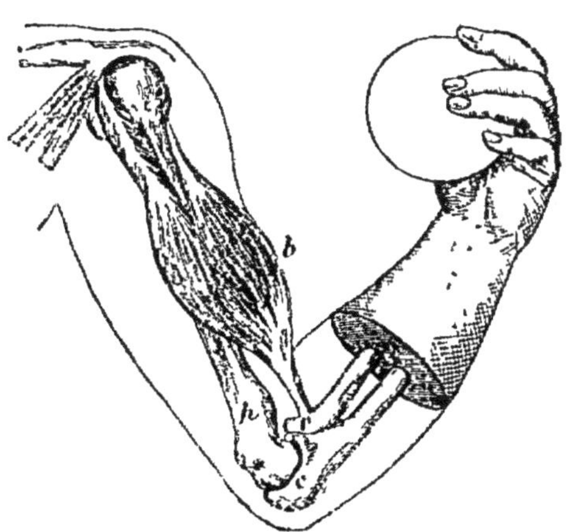

Fig. 83. — Flexion de l'avant-bras sur le bras.
b, muscle biceps; h, humérus; c, cubitus; r, radius.

La contraction des muscles striés dépend ordinairement de la volonté et peut être *brusque*, tandis que celle des muscles lisses, soustraite à l'influence de la volonté, est toujours lente.

Bien que les mouvements du cœur soient indépendants de la volonté, cet organe est constitué par des fibres striées d'une nature particulière.

La puissance musculaire dépend du volume du muscle, de l'énergie de la volonté, de la surexcitation du système nerveux, etc.

118. Action des muscles sur les os. — Les muscles qui meuvent des os sont fixés par une de leurs extrémités à un premier os, et par l'autre à un second os mobile par rapport au premier, de sorte que leur contraction aura pour effet de déplacer les différentes pièces du squelette les unes par rapport aux autres (fig. 33).

119. Muscles antagonistes. — Un muscle n'a d'effet que dans sa contraction, et ne peut par conséquent produire deux mouvements contraires; il faut pour cela qu'un second muscle, capable d'agir en

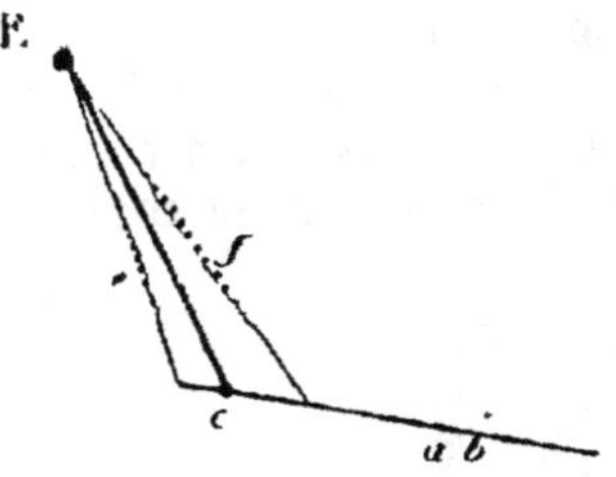

Fig. 34 — Muscles antagonistes (flexion de l'avant-bras).
E, épaule; a, b, avant-bras; c, articulation du coude;
e, extenseur de l'avant-bras; f, fléchisseur de
l'avant-bras.

sens inverse, produise le mouvement opposé (fig. 34); ce second muscle est dit l'*antagoniste* du premier, ainsi les fléchisseurs ont pour antagonistes les extenseurs.

120. Station verticale. Marche. — Quand l'homme est immobile dans la *station verticale*, la tête repose sur l'atlas; le poids du corps, par l'intermédiaire de la colonne vertébrale, se transmet au bassin, puis au fémur et au tibia, lequel repose sur l'astragale. Des muscles en contraction permanente maintiennent immobiles les différentes pièces du squelette.

Les muscles qui agissent dans la station verticale sont : le *sacro-lombaire*, le *sacro-spinal* ou *long dorsal*, les muscles *fessiers*, le *triceps crural*, le *tibial antérieur* et le *péronier antérieur*.

Dans la *marche*, le centre de gravité du corps est constamment porté en avant, et le corps progresse par le mouvement des deux jambes, qui se placent alternativement en avant pour empêcher la chute. Dans cette translation, la jambe qui se déplace se fléchit à demi pour se raccourcir et ne pas butter contre le sol.

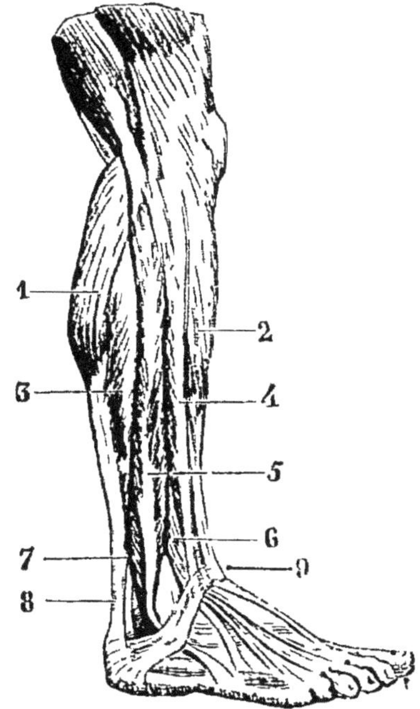

Fig. 35. — Principaux muscles de la jambe.

1, l'un des jumeaux; 2, jambier antérieur; 3, soléaire; 4, extenseur commun des orteils; 5, long péronier latéral; 6, péronier antérieur; 7, court péronier latéral; 8, tendon d'Achille; 9, ligament annulaire supérieur du tarse.

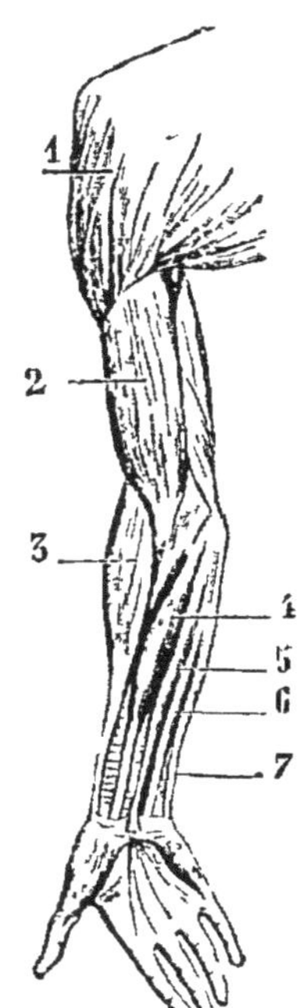

Fig. 36. — Principaux muscles du bras.

1, deltoïde; 2, biceps huméral; 3, long supinateur; 4, grand palmaire; 5, petit palmaire; 6, fléchisseur superficiel des doigts; 7, cubital antérieur.

Pendant la marche, le corps, portant successivement sur les deux jambes, prend en outre un mouvement de balancement à droite et à gauche, ce qui explique l'avantage d'aller au pas quand on marche serré les uns contre les autres; car le balancement ayant lieu en même temps et du même côté pour chacun, on ne se heurte pas mutuellement.

Les principaux muscles de la marche sont : les muscles *fessiers*, le *biceps fémoral*, le *triceps crural*, le *soléaire* et les *jumeaux* (fig. 35).

PRINCIPAUX MUSCLES			
TÊTE	Moteurs de la tête.		Grand complexus. — Splenius.
	Appareil de la vision.		Frontal. — Sourcilier. — Orbiculaire des paupières.
	Moteur des lèvres.		Buccinateur. — Grand et petit zygomatique. — Orbiculaire des lèvres ou labial. — Triangulaire et carré du menton. — Élévateur commun de l'aile du nez et de la lèvre supérieure.
	Appareil de la mastication.		Masséter. — Temporal.
TRONC	Colonne vertébrale.		Sacro-lombaire. — Long dorsal.
	Région dorsale.		Trapèze. — Grand dorsal. — Rhomboïde.
	Région pectorale.		Grand pectoral. — Grand dentelé. — M. intercostaux.
	Cavité abdominale.		Grand oblique. — Petit oblique.
MEMBRES	MEMBRES SUPÉRIEURS	Épaule.	Deltoïde.
		Bras.	Biceps huméral. — Brachial antérieur. — Triceps brachial.
		Av^t.Bras.	Rond pronateur. — Long supinateur. — Grand et petit palmaire. — Radial externe. — Cubital postérieur.
		Main.	Inter-osseux, dorsaux, palmaires.
	MEMBRES INFÉRIEURS	Cuisse.	M. fessiers (grand, moyen, petit). — Biceps crural ou fémoral. — Triceps crural.
		Jambes.	Tibial antérieur. — Péronier antérieur. — Long et court péronier latéral. — Jumeaux. — Soléaire.

QUESTIONNAIRE. — Qu'est-ce que le mouvement? — D'où provient le tissu osseux? Comment est-il constitué? — Qu'est-ce que le périoste? — Qu'appelle-t-on apophyses? — Quelle est la composition chimique des os? — *Comment divise-t-on les os quant à leur forme? — Comment guérit-on une fracture?* — *Qu'est-ce que la carie? — A quoi sont dues les déformations des os?* — Quelle est la structure d'une articulation? — Faites le tableau synoptique des os du squelette.

De quoi sont formés les muscles? Comment se terminent-ils? — Qu'est-ce que la contraction musculaire? — De quoi dépend la puissance musculaire? — *Quels sont les muscles qui agissent dans la station verticale? dans la marche?* — Faites le tableau synoptique des principaux muscles.

CHAPITRE VIII

SYSTÈME NERVEUX

121. Définition. — *Le système nerveux est l'ensemble des organes qui préside à la sensibilité et au mouvement, et qui tient sous sa dépendance les actes de la vie organique comme la digestion, la circulation, la sécrétion.*

Il y a deux sortes de systèmes nerveux chez l'homme et les animaux supérieurs : le *système cérébro-spinal,* qui préside aux fonctions de la vie animale : mouvement et sensibilité ; et le *système du grand sympathique,* qui assure l'exécution des fonctions de la vie végétative : nutrition, circulation, sécrétions.

I. Anatomie du système nerveux.

122. Éléments nerveux. — Dans l'étude du système nerveux, il y a lieu de considérer : 1° les *cellules nerveuses,* qui, par leur groupement, constituent les centres nerveux, c'est-à-dire le cerveau, le cervelet, la moelle et les ganglions; 2° les *fibres nerveuses,* qui, réunies, forment les conducteurs nerveux ou les nerfs.

123. Cellules nerveuses. — Les *cellules nerveuses* sont composées d'une simple masse protoplasmique sans membrane et pourvue d'un noyau volumineux. Toutes sont munies de prolongements qui mettent les cellules en rapport les unes avec les autres.

Les *cellules nerveuses,* réunies en masses éparses traversées par les fibres, forment ce qu'on appelle la *substance grise* ou *corticale.* On les rencontre dans les centres nerveux, c'est-à-dire dans le cerveau, la moelle épinière et les ganglions.

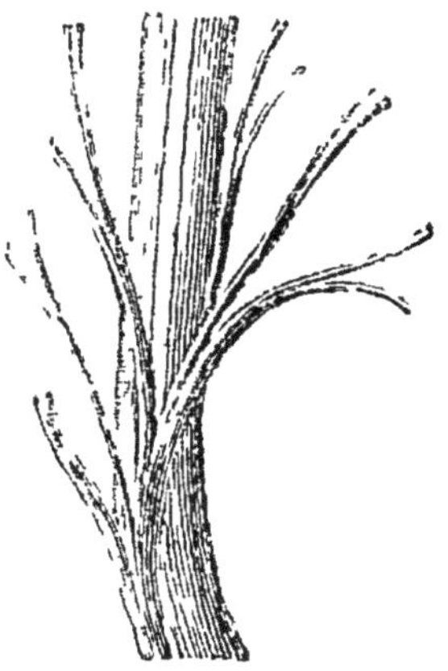

Fig. 37.

Un nerf et ses ramifications.

124. Fibres nerveuses. — Les *fibres nerveuses*, par leur réunion, constituent les *nerfs ;* elles sont si ténues, qu'il en faut plus de 10 000 pour former un filet nerveux de 1 millim. de diamètre.

Ces fibres se soudent parfois les unes aux autres et forment en certains endroits des nœuds enchevêtrés, sans ordre apparent ; ce sont des *ganglions nerveux.*

125. Composition chimique de la substance nerveuse. — La substance nerveuse renferme environ 87 p. % d'eau ; elle contient en outre de l'*albumine*, et une matière grasse phosphorée qui, dans les lieux où sont enfouies des matières animales, donne, par sa décomposition, du phosphure d'hydrogène s'enflammant spontanément à l'air : telle est la cause des *feux follets.*

II. Système nerveux cérébro-spinal.

Le système nerveux cérébro-spinal, qui préside aux fonctions de la vie de relation, est formé de l'*encéphale*, de la *moelle épinière* et des *nerfs.*

126. Encéphale. — L'*encéphale* comprend le *cerveau*, le *cervelet* et la *moelle allongée ;* il est contenu tout entier dans la

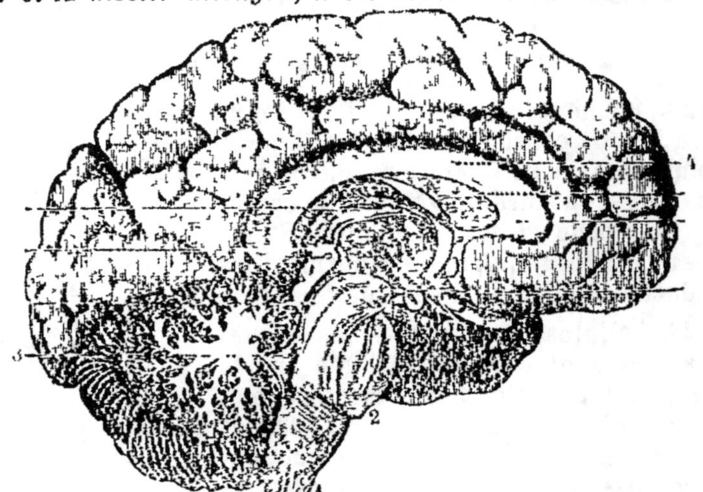

Fig. 38. — Coupe longitudinale du cerveau humain.

1, moelle allongée ; 2, protubérance annulaire ; 3, arbre de vie ; 4, corps calleux.

cavité crânienne, et enveloppé de trois membranes superposées formant les *méninges.* Ce sont : la *dure-mère*, membrane fibreuse nacrée, tapissant la cavité ; l'*arachnoïde*, séreuse que son extrême ténuité a fait comparer à une toile d'araignée ; la *pie-mère*, membrane vasculaire qui recouvre immédiatement l'encéphale.

Entre la pie-mère et le feuillet viscéral de l'arachnoïde se trouve un liquide, appelé liquide *céphalo-rachidien*, qui baigne le cerveau et la moelle épinière.

La *fièvre cérébrale* ou *méningite* est une maladie qui affecte les méninges, et par suite le cerveau lui-même. L'*apoplexie* est produite par la rupture ou l'engorgement des vaisseaux sanguins du cerveau.

127. Cerveau. — Le *cerveau* occupe la partie antérieure et supérieure du crâne; un repli longitudinal de la dure-mère (*faux du cerveau*) le partage en deux moitiés ou *hémisphères cérébraux* (fig. 38) reposant sur une sorte de plancher, le *corps calleux*. Sa surface, ondulée, est formée par une couche de substance grise pénétrant irrégulièrement dans le reste de la masse, composée entièrement de substance blanche.

128. Cervelet. — Le *cervelet*, situé à la partie inférieure et postérieure du crâne, est placé à cheval sur la moelle allongée. Il est divisé en trois lobes, deux latéraux et un central, plus petit, nommé *v. vmis*. Un cordon de substance blanche (*protubérance annulaire* ou *pont de Varole*), réunissant en avant les deux hémisphères latéraux, forme avec eux une sorte d'anneau entourant complètement la moelle allongée.

Intérieurement, la substance blanche, pénétrant irrégulièrement dans la substance grise de la périphérie, forme des arborisations visibles sur une section du cervelet (*arbre de vie*).

129. Moelle allongée ou **bulbe rachidien.** — La moelle allongée se présente sous la forme d'un renflement situé à la partie inférieure du cervelet. Les fibres nerveuses venues de la moelle épinière s'y entrecroisent avant de pénétrer dans le cerveau. La substance blanche est au dehors et la substance grise au dedans, à l'inverse du cerveau et du cervelet.

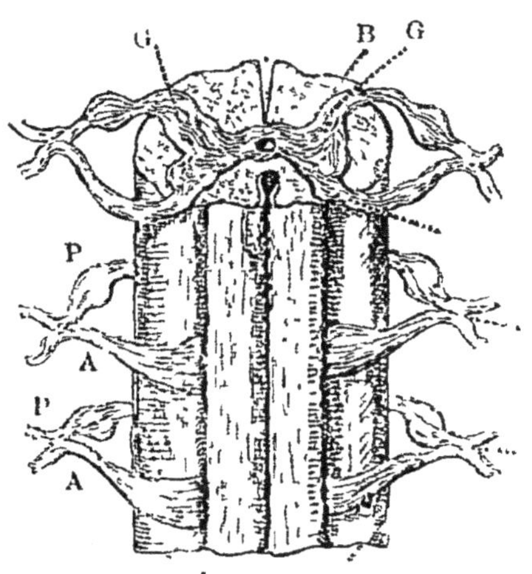

Fig. 39.

Segment de la moelle épinière.

B, substance blanche; G, G, substance grise; P, P, racines postérieures; A, A, racines antérieures.

130. Moelle épinière. — On donne le nom de moelle épiniére au long cordon nerveux renfermé dans le canal rachidien, et qui s'étend depuis le bulbe jusqu'au commencement de la région lombaire; il occupe environ les $^2/_3$ de la cavité rachidienne. Dans la moelle épinière, la substance grise est intérieure et la substance blanche extérieure, comme dans la moelle allongée. La moelle est formée de deux parties symétriques reliées par des commissures; son volume n'est pas uniforme; elle présente deux renflements appelés renflement cervical et renflement lombaire, d'où naissent les nerfs des bras et des jambes.

131. Nerfs. — Les nerfs, formés par la réunion des fibres nerveuses, sont de petits cordons blancs, mous, isolés les uns des autres par une enveloppe celluleuse, le névrilème, qui les rend comparables aux fils électriques isolés. Les nerfs issus du cerveau sont appelés *nerfs crâniens*, et ceux qui partent de la moelle épinière *nerfs rachidiens*. Les principaux nerfs crâniens sont d'abord les nerfs olfactif, optique, acoustique, auditif et glosso-pharingien; puis les nerfs moteurs des yeux et de la langue, et enfin le nerf pneumo-gastrique, allant aux poumons, au cœur et à l'estomac. Les nerfs rachidiens ont chacun deux racines, la racine antérieure, qui est motrice, et la racine postérieure, sensitive. Les deux racines se réunissent en un nerf unique qui, aussitôt sorti de la colonne vertébrale, se ramifie en deux branches, dont l'une va aux organes intérieurs et l'autre aux muscles de la périphérie.

On compte douze paires de nerfs crâniens et trente et une paires de nerfs rachidiens.

III. Physiologie du système nerveux.

132. Actes réflexes. — Nous étudierons le rôle des nerfs, puis celui des centres nerveux; mais il faut d'abord expliquer le mode suivant lequel s'opèrent les phénomènes nerveux. Un exemple fera saisir le mécanisme. Si on pique le doigt d'une personne, instinctivement elle retire le bras. L'excitation s'est transmise aux centres nerveux par un nerf sensitif; le centre nerveux a transformé cette excitation en sensation; immédiatement un ordre a été donné, qui s'est transmis au muscle par un nerf moteur. Cet acte, appelé *acte réflexe*, peut aider à comprendre comment s'exécutent tous les phénomènes nerveux.

L'acte réflexe est volontaire quand l'ordre de mouvement
vient du cerveau; il est involontaire quand la sensation n'est
allée qu'à la moelle et que l'ordre
est parti aussi de la moelle. Tous
les mouvements exécutés pendant le
sommeil sont des actes réflexes
involontaires. L'ordre, parti du
centre nerveux, peut se transmettre
à un nerf du grand sympathique et
provoquer un changement dans la
respiration, la circulation du sang
ou les sécrétions. C'est ainsi que
s'expliquent la pâleur du visage, l'é-
coulement involontaire des larmes,
sous le coup d'une émotion, etc.

133. Physiologie des nerfs. —
Au point de vue de leur rôle, on
distingue les nerfs sensitifs, les
nerfs moteurs et les nerfs mixtes.

134. Nerfs sensitifs. — Les *nerfs*
sensitifs ne sont aptes qu'à trans-

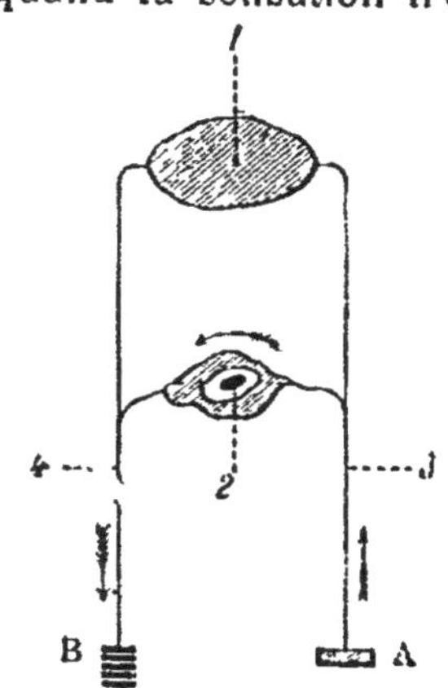

Fig. 41. — Figure théorique
de la marche des impressions
dans les mouvements réflexes.

A, organe sensitif; B, muscle;
1, cerveau; 2, cellule nerveuse;
3, nerf sensitif; 4, nerf moteur.

mettre les sensations : impressions de toucher, de froid, de
chaud, etc. Dans ces nerfs, les impressions cheminent des
organes des sens vers les centres nerveux, c'est-à-dire de l'extérieur vers l'intérieur; on les appelle pour cette raison *nerfs*
centripètes. Exemple : le nerf optique, qui transmet au cerveau
les impressions lumineuses reçues par l'œil.

Chaque nerf a sa sensibilité *spéciale* et ne peut être excité
que par une seule sorte de phénomènes.

135. Nerfs moteurs. — Les *nerfs moteurs* sont ceux qui déterminent la contraction des muscles. Dans ces nerfs, l'action
nerveuse chemine des centres nerveux vers les muscles qui
doivent agir, c'est-à-dire de l'intérieur vers l'extérieur; on les
appelle pour cette raison *nerfs centrifuges.* Exemple : le nerf qui
fait mouvoir la langue.

136. Nerfs mixtes. — Les *nerfs mixtes* sont à la fois sensitifs
et moteurs. Tous les nerfs rachidiens sont dans ce cas : leur
racine antérieure est motrice, et, si on la coupe, le mouvement devient impossible; la racine postérieure est sensitive, et,
si on vient à la couper, l'animal continue à se mouvoir, mais ne
sent plus rien.

Les nerfs n'agissent que s'ils sont excités, et ils peuvent l'être par l'action des centres nerveux, par les impressions venues du dehors, comme la lumière, le son, ou les courants électriques induits. L'excitabilité des nerfs est atténuée ou même anéantie par certains agents tels que l'éther et le chloroforme.

137. Physiologie des centres nerveux. — a) *Rôle de la moelle épinière.* — Par sa substance blanche extérieure, la moelle joue un rôle conducteur. Elle transporte aux centres nerveux les impressions venues du dehors et transmet dans l'organisme les ordres partis du cerveau. Par sa substance grise intérieure, la moelle est le centre nerveux des *actes réflexes inconscients :* si l'on pique une personne endormie, elle retire le membre piqué sans que le cerveau ait part à cet acte : c'est la substance grise de la moelle qui a reçu l'impression et transmis l'ordre de mouvement.

b) *Rôle du bulbe rachidien.* — Le bulbe rachidien est une partie très importante de l'encéphale : car en un de ses points, appelé *nœud vital* par Flourens, le nerf *pneumo-gastrique* prend son origine. Comme ce nerf commande les mouvements du cœur et des poumons, toute section ou piqûre faite en cette région amène la mort par l'arrêt de la respiration. Les cordons de la moelle épinière se croisent dans le bulbe avant d'entrer dans le cerveau ; il en résulte que l'apoplexie cérébrale du côté droit amène la paralysie du côté gauche du corps, excepté pour le visage, dont les nerfs partent directement du cerveau.

c) *Rôle du cervelet.* — Les fonctions du cervelet sont peu connues ; le seul rôle bien spécial qu'on lui sache est la coordination des mouvements ; après son ablation, l'intelligence reste intacte, mais les mouvements deviennent désordonnés ou sont abolis.

d) *Rôle du cerveau.* — La substance blanche et intérieure du cerveau est conductrice et met la substance grise en rapport avec la moelle épinière et les nerfs. La substance grise de la périphérie est le centre nerveux des actes connus et volontaires ; elle est l'organe de l'intelligence et de la volonté. Des expériences nombreuses, des autopsies, ont prouvé que toute altération des facultés intellectuelles résulte d'une lésion du cerveau. On est même arrivé à constater que certains actes de l'intelligence semblent avoir pour organes certaines circonvolutions des hémisphères cérébraux. Ces observations ne prouvent pas, comme le disent les matérialistes, que la pensée soit un produit cérébral, mais seulement que, dans l'état actuel, notre âme unie au corps ne peut penser sans le cerveau, comme elle ne peut voir ou entendre sans l'œil ou l'oreille.

138. Système nerveux ganglionnaire ou du grand sympathique. — C'est à cause de ses fonctions très spéciales que le système du grand sympathique est étudié à part, mais il n'est pas isolé du système cérébro-spinal : en réalité, ces deux systèmes n'en font qu'un. Le grand sympathique se compose de deux chaînes de *ganglions* situées symétriquement de chaque côté de la colonne vertébrale, et reliés les uns aux autres par des nerfs.

Chaque ganglion est rattaché à la moelle épinière par des nerfs, et il envoie des ramifications nerveuses dans les viscères : le système sympathique est donc en relation, d'une part avec les centres nerveux, et d'autre part avec les viscères. Les nerfs du sympathique conduisent les ordres de mouvement venus des centres nerveux et destinés à régulariser la circulation et les sécrétions : ainsi ils agissent sur les parois des vaisseaux pour les dilater ou les comprimer ; c'est pourquoi on les appelle nerfs vaso-moteurs ; de même ils font varier les sécrétions glandulaires suivant les besoins de l'organisme. Mais les nerfs du sympathique ne dépendent pas de la volonté.

139. Remarques physiologiques. — On dit qu'un nerf est *paralysé* quand il ne fonctionne plus, c'est-à-dire quand il ne conduit plus l'action nerveuse.

Nous rapportons instinctivement les sensations aux extrémités des nerfs par lesquels ces sensations nous arrivent ; de là l'illusion des amputés, qui souvent croient souffrir cruellement dans des membres qu'ils n'ont plus.

Certaines sensations sont parfaitement localisées, comme celle d'une brûlure, d'une piqûre ; d'autres sont vagues, mal définies, et paraissent affecter le système nerveux tout entier, comme la joie, la tristesse, le malaise qui précède la syncope, etc.

On appelle nerfs de *sensibilité spéciale* ceux qui ne peuvent transmettre qu'une seule espèce d'impression, comme le nerf acoustique, le nerf optique ; une lésion affectant ces nerfs se traduit par des tintements d'oreilles, des éblouissements, etc. C'est ainsi que vulgairement nous disons qu'un coup violent sur l'œil nous fait « voir trente-six chandelles ».

La distinction des nerfs, en nerfs moteurs et sensitifs, explique les *phénomènes léthargiques*, et fait comprendre comment un individu peut fort bien avoir conscience de ce qui se passe autour de lui, bien qu'il soit dans l'impossibilité absolue de produire aucun mouvement ; il suffit que les nerfs moteurs soient seuls frappés de paralysie.

On appelle *anesthésie* la privation complète ou incomplète de la sensibilité; elle résulte de l'emploi de certaines substances (*anesthé-siques*), dont les principales sont l'éther et le chloroforme. On les administre en inhalations pour supprimer la douleur, dans le cas de certaines opérations chirurgicales.

Les *narcotiques* sont des substances qui agissent sur les centres ou les conducteurs nerveux, de manière à abolir ou à diminuer notablement les fonctions du système nerveux. L'opium tient le premier rang parmi les narcotiques. Leur abus peut avoir de très graves inconvénients.

En général, lorsqu'un point de l'axe nerveux est soumis à un travail considérable, les autres points tendent à l'inaction. Ainsi une tension excessive du cerveau nuit à la digestion; aussi l'hygiène prescrit de ne pas se livrer à un travail de cerveau trop fatigant tout de suite après les repas. Le chagrin qui surmène le cerveau s'accompagne d'un brisement des membres. Les syncopes, les vertiges résultent souvent d'un arrêt de la circulation des capillaires du cerveau.

QUESTIONNAIRE. — Qu'est-ce que le système nerveux? — De quels éléments se compose-t-il? — Quelle est la composition chimique de la substance nerveuse? — Quelles sont les fonctions des fibres nerveuses? — Comment subdivise-t-on les nerfs? — Quel est le rôle de la moelle? — Quel est le rôle du cervelet? — Quelle est la fonction de la substance blanche du cerveau? de la substance grise?

Quels organes comprend le système nerveux cérébro-spinal? — Décrivez l'encéphale, le cervelet, la moelle épinière. — De quoi est formé le grand sympathique? — Quel est son rôle dans l'organisme? — Est-il séparé du système cérébro-spinal?

Quand dit-on qu'un nerf est paralysé? — Comment peut-on expliquer les phénomènes léthargiques? — Qu'appelle-t-on anesthésie?

CHAPITRE IX

LA VUE

140. Définition. — *La vue est le sens qui nous fait connaître, par l'intermédiaire de la lumière, la couleur, la forme, la grandeur relative et le mouvement des corps. L'œil est l'organe de la vue.*

I. Appareil de la vision.

141. Composition. — L'appareil de la vision comprend l'œil, le *nerf optique* et quelques organes annexes. Le globe de l'œil (fig. 42) est sphérique et formé de trois enveloppes concentriques qui sont, de dehors en dedans, la *cornée*, la *choroïde* et la *rétine*.

La *cornée* donne à l'œil sa forme et sa solidité; elle comprend deux parties qui se complètent mutuellement; ce sont : 1° la *cornée opaque* ou *sclérotique,* membrane fibreuse, blanche, résistante; c'est le blanc de l'œil; 2° la *cornée transparente;* elle forme la partie antérieure de l'œil et continue la cornée opaque, dans laquelle elle s'enchâsse comme un verre de montre dans sa monture.

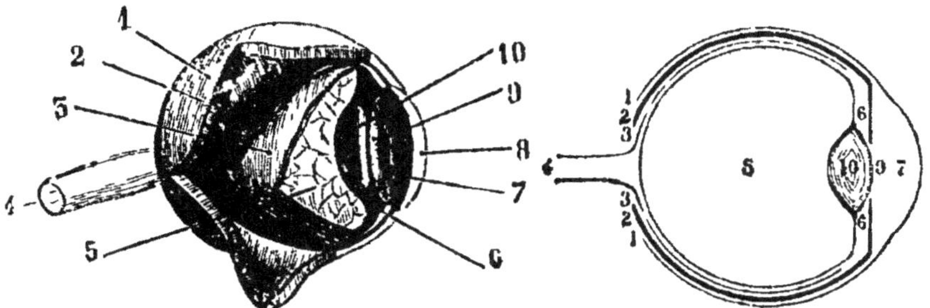

Fig. 42. — Globe de l'œil.

1, sclérotique; 2, choroïde; 3, rétine; 4, nerf optique; 5, humeur vitrée; 6, chambre postérieure; 7, chambre antérieure; 8, cornée transparente; 9, pupille; 10, cristallin.

La *choroïde* est une membrane vasculaire, ordinairement colorée en noir par un *pigment;* elle est appliquée contre la cornée opaque, et se complète en avant par un disque, l'*iris,* situé en arrière de la cornée transparente et percé au centre d'une ouverture circulaire, la *pupille.* Des fibres contractiles permettent à l'iris de diminuer ou d'augmenter le diamètre de la pupille.

La *rétine* est une fine membrane de tissu nerveux, appliquée contre la choroïde, et formée par l'épanouissement du *nerf optique.*

142. Milieux transparents. — Les milieux transparents de l'œil sont le *cristallin,* l'*humeur aqueuse* et l'*humeur vitrée.*

Le *cristallin* est une sorte de lentille bi-convexe placée derrière la pupille.

L'*humeur aqueuse,* liquide analogue à l'eau, remplit l'espace compris entre la cornée transparente et le cristallin. Cet espace est partagé par l'iris en deux compartiments communiquant par la pupille : la *chambre postérieure* entre l'iris et le cristallin, et la *chambre antérieure* entre l'iris et la cornée transparente.

L'*humeur vitrée,* masse diaphane comparable au blanc d'œuf cru, remplit toute la partie limitée par la cornée opaque et le cristallin. Elle est entourée d'une fine membrane transparente, la *membrane hyaloïde.*

143. Organes protecteurs. — L'orbite (fig. 43) est une cavité osseuse, conoïde, dont le globe de l'œil occupe la partie évasée ; le reste contient les muscles qui meuvent les yeux (4 droits et 2 obliques), des vaisseaux sanguins, le nerf optique, et une couche épaisse de tissu cellulaire sur laquelle le globe de l'œil roule comme sur un coussin.

Les *sourcils* forment une ligne de poils ombrageant la partie frontale, et dirigés en dehors de manière à détourner la sueur qui pourrait couler du front dans les yeux.

Les *paupières* sont des voiles mobiles destinés à étendre les larmes sur la surface libre de l'œil ; elles sont bordées d'une ligne de poils, les *cils*, et tapissées par une muqueuse, la *conjonctive*. — Les cils ont pour fonction de mettre le globe de l'œil à l'abri des petits corps étrangers qui flottent dans l'air et qui pourraient s'introduire sous les paupières.

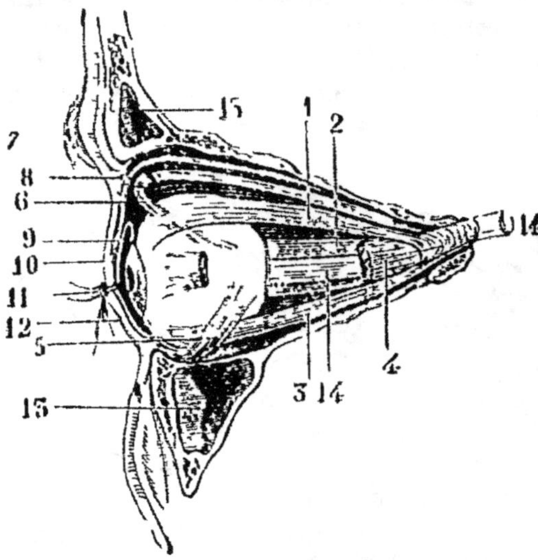

Fig. 43. — Organes protecteurs et muscles moteurs du globe de l'œil.

1, muscle droit supérieur ; 2, muscle interne ; 3, muscle droit inférieur ; 4, muscle droit externe coupé ; 5, muscle petit oblique ; 6, muscle grand oblique ; 7, sourcils ; 8, muscles élévateurs de la paupière supérieure ; 9, conjonctive ; 10, paupière supérieure ; 11, cils ; 12, paupière inférieure ; 13, sinus maxillaire ; 14, nerf optique ; 15, sinus frontal.

144. Appareil lacrymal. — Les larmes sont fournies par les *glandes lacrymales* (fig. 44), placées dans l'orbite et à la partie supérieure de l'angle externe des paupières ; elles sont destinées à maintenir constamment humide la partie apparente de l'œil. Ordinairement les larmes suivent le *larmier*, petite dépression que l'on remarque sur le bord de la paupière, et s'écoulent par les *conduits lacrymaux* et le *sac lacrymal* dans le *canal nasal*. Tout près de l'orifice du canal d'écoulement (*points lacrymaux*), on remarque un petit amas glanduleux de couleur rose ; c'est la *caroncule*.

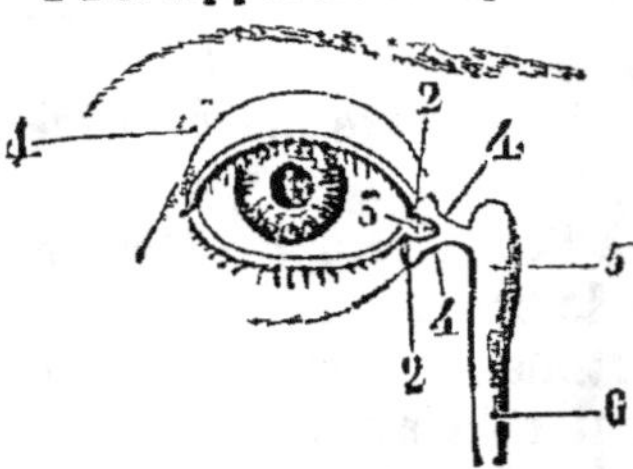

Fig. 44. — Appareil lacrymal.

1, glande lacrymale ; 2, points lacrymaux ; 3, caroncule lacrymale ; 4, conduits lacrymaux ; 5, sac lacrymal ; 6, canal nasal.

La sécrétion des larmes peut être excitée outre mesure par certaines substances agissant, soit directement sur les yeux (oignons), soit sur l'organe du goût (moutarde), ou par une cause tout à fait morale : chagrin, douleur, etc.

II. Physiologie de la vision.

145. Marche des rayons lumineux. — Une partie des rayons lumineux qui tombent sur la cornée transparente se réfléchit, mais l'autre partie pénètre dans l'œil; la convexité de la cornée et l'humeur aqueuse qui occupe la chambre antérieure disposent ces rayons à converger vers le cristallin, qui, agissant à la manière des lentilles bi-convexes, forme en arrière une image renversée de l'objet (*Physique*, nᵒ 341).

146. Conditions de netteté de la vision. — Ces conditions sont les suivantes :

1º *L'image de l'objet doit se former exactement sur la rétine,* c'est-à-dire à une distance invariable du cristallin. Cette condition est remplie par la faculté que possède le cristallin de modifier sa courbure, de telle sorte que l'image soit amenée sur la rétine; il s'aplatit pour les objets éloignés et s'arrondit pour les objets rapprochés.

Cette propriété particulière de l'œil de pouvoir s'adapter à différentes distances est appelé *pouvoir d'accommodation.* Évidemment l'œil ne peut être accommodé en même temps par deux distances différentes.

2º *Il doit pénétrer dans l'œil une quantité convenable de lumière.* Trop de lumière rend la vue douloureuse, trop peu la rend confuse. C'est l'iris qui, par ses contractions, agrandit ou rétrécit la pupille et règle ainsi la quantité de lumière qui doit pénétrer dans l'œil.

3º *Les rayons lumineux doivent pénétrer dans l'œil suivant la direction des axes visuels ;* aussi les mouvements de la tête, auxquels s'ajoute l'action des muscles de l'œil, tendent-ils à orienter cet organe d'une manière convenable.

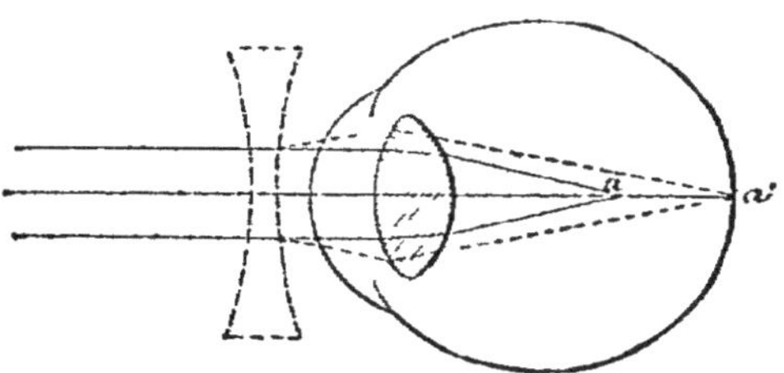

Fig. 45. — Œil myope.

a, images des objets dans le cas ordinaire; *a,* images des objets après l'interposition d'une lentille bi-concave.

147. La myopie. — La *myopie* résulte de la trop grande

convexité du cristallin, ce qui fait que les images se forment ordinairement en avant de la rétine (fig. 45).

Le myope est donc obligé, pour voir distinctement, de rapprocher les obje's de ses yeux jusqu'à ce que leur image se forme à la distance voulue. On remédie à la myopie par l'emploi de verres concaves; elle s'atténue souvent avec l'âge, car les sécrétions diminuant peu à peu, le cristallin lui-même perd un peu de sa convexité.

148. La presbytie. — La *presbytie* est causée par le trop grand aplatissement du cristallin. Les images se formant au delà de la rétine (fig. 46), le presbyte est donc obligé d'éloigner les objets pour les voir distinctement. On remédie à cette affection par l'emploi de lunettes à verres convexes.

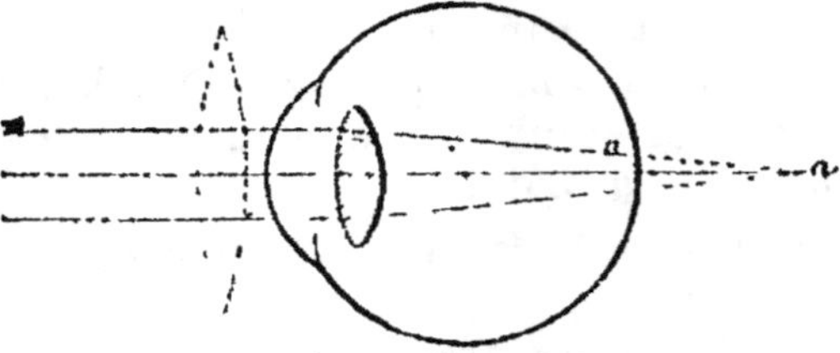

Fig. 46. — Œil presbyte.

a, images des objets dans le cas ordinaire; *a'*, images des objets après l'interposition d'une lentille biconvexe.

La presbytie s'accentue avec l'âge, pour la même raison qui tend à faire disparaître la myopie; aussi presque tous les vieillards sont presbytes.

149. Principales affections. — On appelle *taies* des taches blanches produites par des granulations opaques qui se forment dans l'épaisseur de la cornée transparente, et proviennent presque toujours de cicatrices résultant d'ulcérations lentement guéries.

La *cataracte* est une maladie causée par l'opacité du cristallin ou de son enveloppe.

On désigne sous le nom d'*amaurose* la diminution ou la perte de la vue déterminée par la paralysie du nerf optique.

Le *strabisme* est une disposition vicieuse du globe de l'œil détruisant la convergence normale des deux axes visuels (yeux *louches*).

Le *daltonisme* est une affection singulière qui rend incapable de juger des couleurs, ou du moins de distinguer certaines couleurs. Dalton en était affecté, et l'a minutieusement décrite.

Les personnes atteintes de daltonisme distinguent très bien les contours des objets, les parties claires ou obscures, mais non les teintes; le *rouge*, par exemple, leur semble *vert*. « Pour ces personnes, a dit Arago, les cerises ne sont jamais mûres. »

QUESTIONNAIRE. — Qu'est-ce que la vue? — Que comprend l'appareil de la vision? — Décrivez le globe de l'œil. Quels sont les milieux transparents qu'il renferme? — *Outre le globe de l'œil, que contient l'orbite?* — *A quoi servent les paupières?* — *Quelle est la muqueuse qui les tapisse?* — *Quels sont les organes qui constituent l'appareil lacrymal?*

*Quelle marche suivent les rayons lumineux qui pénètrent dans l'œil? — Quelles
sont les conditions de netteté de la vision, et comment sont-elles remplies par
les organes de l'œil? — De quoi résultent la myopie et la presbytie? Comment
y remédie-t-on? — Quelles sont les principales affections qui peuvent atteindre
l'appareil de la vision?*

CHAPITRE X

L'OUÏE — L'ODORAT — LE GOÛT — LE TOUCHER

I. L'ouïe.

180. Définition. — *L'ouïe est le sens qui nous donne connaissance des bruits et des sons qui se produisent autour de nous.*

L'oreille est l'organe
de l'ouïe; elle com-
prend trois parties :
l'oreille externe, *l'o-
reille moyenne* et *l'o-
reille interne* (fig. 47).

**181. L'oreille ex-
terne.** — *L'oreille ex-
terne* est formée: 1° du
pavillon, partie carti-
lagineuse particulière
à certaines espèces
animales; 2° du *con-
duit auditif*, canal
oblique creusé dans
l'épaisseur de l'os
temporal.

**182. L'oreille
moyenne.**—*L'oreille
moyenne* est séparée

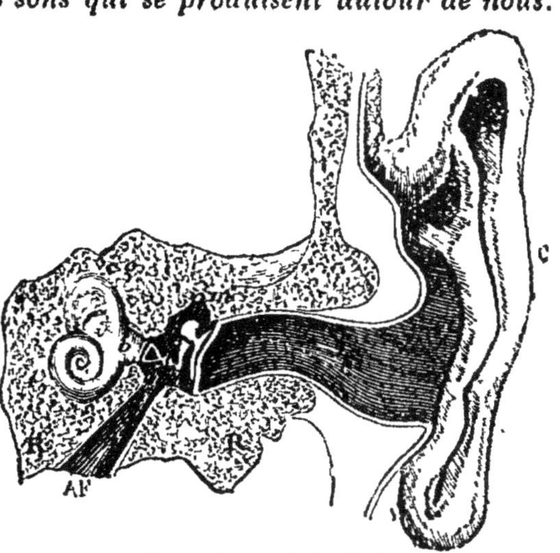

Fig. 47. — Appareil de l'ouïe.

R, rocher; C, pavillon; o. m, oreille moyenne; t
E, trompe d'Eustache; v, vestibule; c. c, canaux
semi-circulaires; c, limaçon.

de l'oreille externe par le *tympan*, fine membrane tendue obliquement en travers du conduit auditif; quatre petits osselets;

le *marteau*, l'*enclume*, l'*os lenticulaire* et l'*étrier* (fig. 48), disposés en arc, forment une chaîne qui va de la membrane du tympan à la paroi de l'oreille interne.

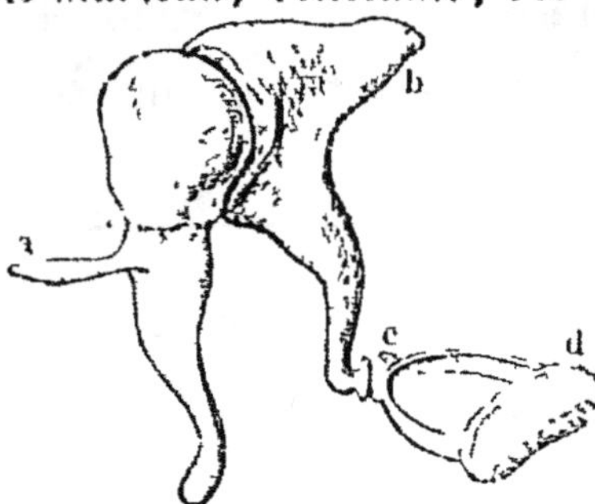

Fig. 48. — La chaîne des osselets de l'audition.

a, marteau; *b*, enclume; *c*, os lenticulaire; *d*, étrier.

L'oreille moyenne est remplie d'air et communique avec le pharynx par la *trompe d'Eustache*, ce qui fait que les deux faces de la membrane du tympan sont toujours soumises à la même pression atmosphérique.

La libre communication de l'oreille moyenne avec le pharynx peut être facilement mise en évidence. Il suffit, en effet, d'avaler un peu de salive en se bouchant les narines. Le contre-coup que l'on ressent dans les oreilles provient de l'air qui, se trouvant comprimé dans le pharynx au moment de la déglutition, ne peut s'échapper par les fosses nasales et s'introduit, par la trompe d'Eustache, dans l'oreille moyenne.

153. L'oreille interne. — L'*oreille interne* est séparée de l'oreille moyenne par deux fenêtres : la *fenêtre ovale*, contre laquelle s'applique le pied de l'étrier, et la *fenêtre ronde*, fermée par une membrane. Elle comprend le *vestibule*, cavité ovoïde placée derrière la fenêtre ovale, et dans laquelle débouchent les trois *canaux semi-circulaires* et le *limaçon*. Le limaçon est un long tube conoïde, contourné en spirale comme la coquille de l'escargot.

L'oreille interne est remplie d'un liquide particulier dans lequel flottent les dernières ramifications du nerf acoustique.

154. Mécanisme de l'audition. — Les ondes sonores recueillies par le pavillon sont concentrées dans le conduit auditif et dirigées vers la membrane du tympan, qu'elles font vibrer à leur unisson. Ces vibrations, transmises par l'intermédiaire de la chaîne des osselets, ébranlent le liquide de l'oreille interne, et les fibrilles nerveuses, ainsi excitées, donnent la sensation du son.

155. La surdité. — La *surdité* peut provenir de l'épaississement de la membrane du tympan, de l'ankylose de la chaîne des osselets, rarement d'un vice de conformation de l'oreille interne. Sa cause la plus fréquente est dans l'oblitération de la trompe d'Eustache. Le libre accès de l'air dans l'oreille moyenne est, en effet, une condition essentielle à la finesse de l'ouïe ; aussi n'est-il pas rare d'ouvrir la bouche quand on désire entendre parfaitement, et de se surprendre à écouter ainsi *bouche béante*.

Quand la surdité est une infirmité de naissance, il est évident que l'enfant, n'entendant pas, ne peut apprendre à parler ; il sera *sourd-muet*.

II. L'odorat et le goût

156. Définition. — *L'odorat est le sens qui nous donne la sensation des odeurs.*

157. Les odeurs. — On admet que les odeurs sont produites par des particules extrêmement ténues, qui s'échappent des corps odorants et se répandent dans l'atmosphère ; ce qui le prouve, c'est que les corps sont d'autant plus odorants qu'ils sont plus volatils, et que toutes les causes qui favorisent leur volatilisation augmentent leur odeur.

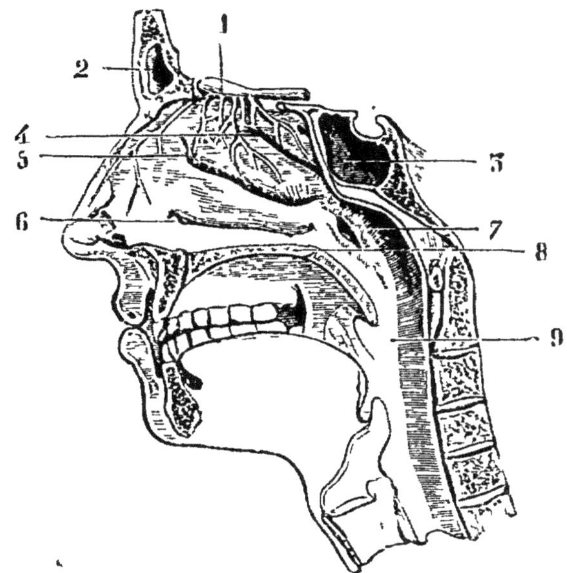

Fig. 49. — Appareil de l'odorat.

1, nerf olfactif et ses ramifications ; 2, sinus frontal ; 3, sinus sphénoïdal ; 4, 5, 6, cornets supérieur, moyen, inférieur ; 7, ouverture de la trompe d'Eustache ; 8, voûte du palais ; 9, pharynx.

158. Appareil olfactif. — L'appareil olfactif (fig. 49) comprend le *nez*, saillie extérieure formant les *fosses nasales*, tapissées par la *muqueuse pituitaire*, qui présente plusieurs replis, et dans l'épaisseur de laquelle se ramifie le *nerf olfactif*. Les particules odorantes, amenées par l'air au contact de ces filets nerveux, nous font percevoir les odeurs.

La finesse de l'odorat est favorisée par l'étendue de la muqueuse des fosses nasales ; aussi, chez les animaux qui ont ce sens très développé, le Chien, par exemple, cette muqueuse forme un très grand nombre de replis qui en augmentent considérablement la surface.

159. Substances sapides. — Le *goût* nous donne la notion des saveurs. Pour qu'une substance soit *sapide*, il faut qu'elle soit liquide ou soluble dans les liquides de la bouche.

160. Organe du goût. — L'organe *du goût* est la *langue* (fig. 50) ; elle est formée de fibres musculaires entre-croisées dans tous les sens, qui lui donnent une extrême mobilité. Sa surface est couverte de

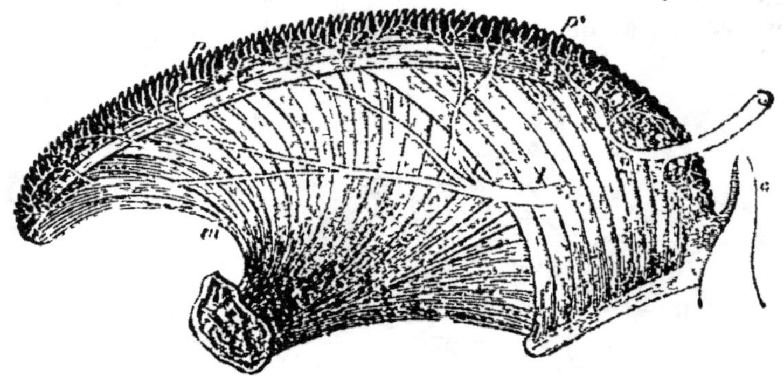

Fig. 50. — La langue, organe du goût.
m, muscles de la langue ; *p*, papilles filiformes ; *p'*, papilles fongiformes ; *e*, épiglotte. 1, nerf lingual ; 2, nerf glosso-pharyngien.

papilles, dans lesquelles aboutissent les nerfs du goût. Ces papilles sont plus nombreuses à la base de la langue ; chez certains animaux, elles sont recouvertes d'un étui corné qui la rend très rugueuse.

La mastication vient en aide à la perception des saveurs, en contribuant à la dissolution des matières solides dans les liquides buccaux. L'odorat la favorise singulièrement ; aussi, quand celui-ci est atténué, comme dans le cas du rhume de cerveau, le sens du goût est beaucoup moins développé.

La Providence a placé les organes du goût à l'entrée des voies digestives, comme ceux de l'odorat à l'entrée des voies respiratoires, afin de surveiller la qualité des aliments ou de l'air que nous introduisons dans l'organisme. Le merveilleux instinct qu'ont les animaux pour repousser les aliments qui leur seraient nuisibles ne dépend pas du goût, mais de l'odorat, puisque cette répulsion précède la préhension.

III. Le toucher.

161. Définition. — *Le toucher est le sens qui nous fait juger de la présence, de la forme, de l'étendue et de la température des corps;* il a pour organe général la *peau*, mais n'a pas partout la même délicatesse; c'est ainsi que chez l'homme il est surtout localisé dans l'extrémité des *doigts* et de la *langue*.

162. Structure de la peau. — La *peau* (fig. 51) est formée de deux couches distinctes : l'une, le *derme*, relativement épaisse, est de beaucoup la plus importante; l'autre, l'*épiderme*, forme la couche superficielle.

163. Le derme. — Le *derme* a une texture fibreuse; il repose sur une couche de tissu cellulaire, et sa partie en contact avec l'épiderme est couverte de papilles dans lesquelles aboutissent les nerfs du toucher. Il contient dans son épaisseur les *glandes sébacées,* qui donnent à la peau sa souplesse, et les *glandes sudoripares,* qui sécrètent la sueur. Lorsque sous l'influence du froid la sécrétion des glandes sébacées s'arrête, la peau se dessèche, se gerce, et il survient des *crevasses*.

C'est le derme, qui, par l'opération du tannage, fournit le *cuir*.

164. L'épiderme. — L'*épiderme* est une couche protectrice généralement mince qui recouvre les papilles. Un nombre incalculable de nerfs de sensibilité sillonnent le derme et viennent se terminer à sa surface.

Quand l'épiderme est enlevé, ces nerfs, se trouvant en contact direct avec les objets, donnent la sensation de la douleur et non celle du toucher.

L'épiderme peut, par le frottement, acquérir une épaisseur considérable : c'est lui qui constitue les *cors* aux pieds et les *callosités* que l'on remarque aux mains des travailleurs.

Une *ampoule* n'est autre chose qu'un peu de liquide interposé entre le derme et l'épiderme.

On appelle *pigment* la matière colorante de la peau. Le pigment consiste en une multitude de granulations microscopiques appliquées immédiatement sur le derme et qui, vues à travers l'épiderme, donnent à la peau une teinte plus ou moins foncée suivant la race et les individus.

165. Productions épidermiques. — On range parmi les productions épidermiques : les *cheveux*, les *poils*, les *plumes*, les *écailles*, les *ongles*, les *cornes* et les *sabots*.

Les *poils* sont implantés dans le derme et prennent racine dans une cavité tubulaire (*bulbe pilifère*).

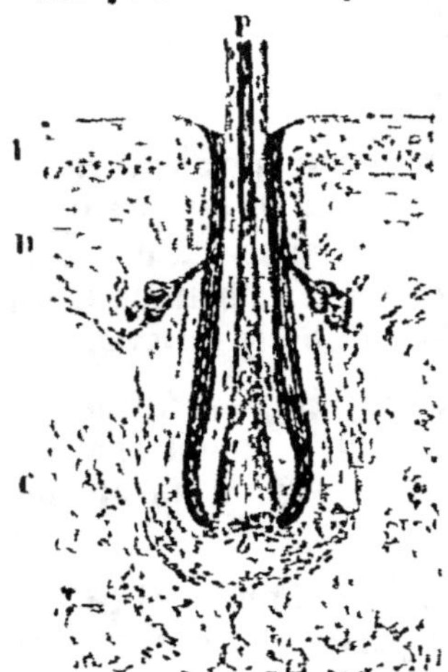

Fig. 51. — Racine d'un poil.

P, poil; E, épiderme; C, tissu cellulaire sous-jacent; D, derme; b, bulbe pilifère; g, g, glandes sébacées.

Les *ongles* sont également constitués (fig. 51) par des cellules épidermiques qui, au lieu de se réunir en une tige allongée, s'aplatissent pour former une lamelle cornée, qui se moule exactement sur le tissu sous-jacent et y adhère fortement.

Les *plumes*, les *écailles*, les *cornes* et les *sabots* ont une origine et un mode d'accroissement analogues à ceux des poils.

QUESTIONNAIRE. — Qu'est-ce que l'ouïe? Décrivez l'oreille externe, l'oreille moyenne et l'oreille interne. — A quoi sert la membrane du tympan? Comment transmet-elle ses vibrations à l'oreille interne? — *D'où peut provenir la surdité?*

Qu'est-ce que l'odorat? — A quoi sont dues les odeurs? — Que comprend l'appareil olfactif? — Quel est l'organe du goût? — Quelle est la structure de la langue?

Qu'est-ce que le toucher? — Quelle est la structure du derme? — Quelles glandes contient-il? — Qu'est-ce que l'épiderme? — *A quoi sont dus les cors? les callosités? — Qu'appelle-t-on pigment? — Quelles sont les principales productions épidermiques?*

CHAPITRE XI

LA VOIX

166. Définition. — *La voix est la faculté que possèdent les animaux supérieurs de pouvoir, à volonté, produire des sons qui leur permettent de communiquer entre eux.*

Il ne faut pas la confondre avec la *parole*, qui est la voix articulée, et dont l'Homme seul se sert pour exprimer sa pensée.

167. Appareil vocal. — *L'appareil vocal* (fig. 52) comprend le *larynx*, partie supérieure et élargie de la trachée-artère.

Le *larynx* (fig. 53) est composé de pièces cartilagineuses réunies par des ligaments et mues par des muscles ; il forme en avant une saillie, connue vulgairement sous le nom de *pomme*

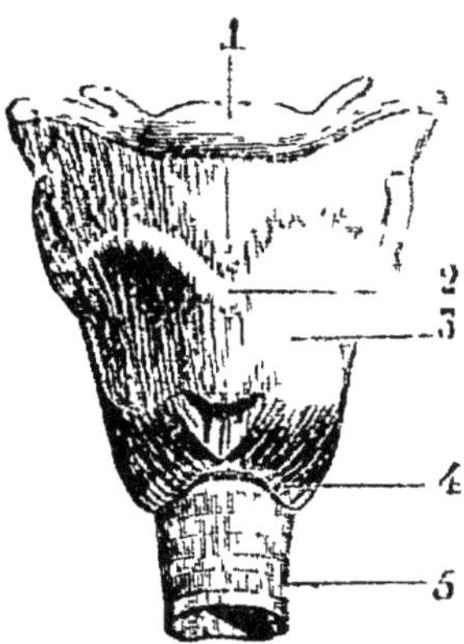

Fig. 52. — Appareil vocal humain vu de face.
1, os hyoïde ; 2, saillie du cartilage thyroïde, formant ce qu'on appelle vulgairement la pomme d'Adam ; 3, cartilage thyroïde ; 4, cartilage cricoïde ; 5, trachée-artère.

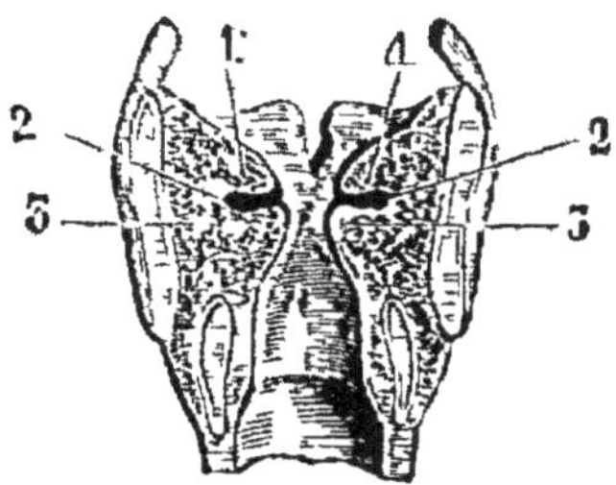

Fig. 53. — Coupe verticale du larynx humain.
1, 1, cordes vocales supérieures ;
2, 2, ventricule du larynx ;
3, 3, cordes vocales inférieures.

d'Adam. Au-dessous de cette saillie se trouve un organe sanguin spongieux, rouge-brun ; c'est le *corps thyroïde*, dont le développement exagéré constitue le *goitre.*

La muqueuse du larynx recouvre, de chaque côté, deux replis membraneux dirigés d'arrière en avant, et qui forment ce qu'on appelle les *cordes vocales.* La paire supérieure (*ligaments supérieurs de la glotte*) est impropre à la production de la voix ; la paire inférieure (*ligaments inférieurs de la glotte*) constitue seule l'appareil générateur du son. Des muscles peuvent rapprocher plus ou moins les ligaments de droite des ligaments de gauche jusqu'à obstruer le passage de l'air ; c'est ce qui arrive, par exemple, quand on prononce des voyelles en les détachant les unes des autres.

La *glotte* est l'espace libre que les cordes vocales laissent entre elles. Une membrane cartilagineuse, l'*épiglotte*, surmonte le larynx, et, en se rabattant, peut en fermer l'ouverture.

168. Production de la voix. — Sous l'action des muscles du larynx, les cordes vocales se rapprochent, et l'air, chassé des poumons par la contraction des muscles de la respiration, force le passage et les fait vibrer comme vibrent les lèvres de l'instrumentiste dans le jeu de la trompette, du trombone. L'expiration étant alors lente et les muscles en contraction permanente l'appareil respiratoire se fatigue facilement.

La tension plus ou moins considérable des cordes vocales, ou la diminution de leur partie vibrante par le contact d'une fraction de leur longueur, augmente la rapidité du mouvement vibratoire des bords libres et donne naissance aux sons élevés; on devine que, dans ce cas, la production du son est très fatigante.

L'homme possède deux registres de sons bien distincts : la *voix de poitrine*, dont il use dans le parler ordinaire, et la *voix de fausset* ou de *tête*, plus flûtée que la précédente, et dans laquelle les cordes vocales ne vibrent que partiellement.

Dans le *chuchotement*, les cordes vocales ne vibrent pas; ce qui explique pourquoi il est impossible de fredonner un air en chuchotant.

La parole. — La voix n'est qu'un son; la parole est le son articulé, c'est-à-dire modifié par les organes qui surmontent le tuyau vocal, et qui sont : les *fosses nasales*, la *bouche* et les organes qu'elle renferme.

Les éléments de toute langue parlée se divisent en *voyelles* et en *consonnes*, dont la réunion forme les syllabes, qui à leur tour composent les mots, signes des idées. Les voyelles sont produites par les variations de *forme* et de *volume* de la cavité buccale, et les organes qui modifient le son rendu font naître les consonnes.

QUESTIONNAIRE. — Qu'est-ce que la voix? — Que comprend l'appareil vocal?— Décrivez les organes du larynx. — Qu'est-ce que la glotte? — Comment se produit la voix? — A quoi sont dus les sons élevés? — *Qu'est-ce que la parole?* — *Quels sont les éléments de toute langue parlée?*

DEUXIÈME PARTIE

ZOOLOGIE DESCRIPTIVE

———

NOTIONS PRÉLIMINAIRES

169. Classification zoologique. — Pour faciliter l'étude et la connaissance des différentes espèces animales, on les a sectionnées en catégories, qui se subdivisent elles-mêmes et successivement en plusieurs autres. De cette façon, toutes ces espèces se sont trouvées réparties en groupes suffisamment nombreux pour que chacun d'eux ne comprenne qu'un nombre relativement restreint d'espèces.

Pour établir ces catégories, on a eu recours à la considération de différents caractères.

Un *caractère* est une disposition organique ou physiologique, permanente, particulière à une espèce ou à un groupe d'espèces.

La forme des dents, le nombre des membres, le mode de respiration, sont par conséquent des caractères et peuvent être utilisés pour la classification des espèces. Les caractères devant être permanents, il s'ensuit que la taille, la couleur, qui ne sont souvent que des états passagers, ne peuvent servir de base à l'établissement d'une classification.

Les *classifications artificielles* ou *systèmes* sont basées sur la considération des caractères tirés exclusivement d'un seul organe. Ce mode de classification, facile à appliquer dans la pratique, a l'inconvénient de ne rien apprendre sur l'organisation de l'animal en dehors du caractère fondamental dont on s'est servi pour le classer, et de rapprocher souvent des espèces qui ont ce même caractère commun, mais qui diffèrent considérablement l'une de l'autre à tous les autres points de vue.

La *classification naturelle* s'appuie sur des caractères tirés, non d'un seul organe, mais sur l'ensemble des caractères que peuvent présenter les différents organes de l'animal, en attribuant à chacun de ces caractères une importance relative plus ou moins grande.

15

Le grand principe de la classification est donc basé sur la *subordination des caractères*, qui attribue à certains organes et à certaines fonctions une importance telle, qu'aucun changement ne peut s'y introduire sans entraîner à sa suite des changements notables dans toute l'organisation.

170. Nomenclature zoologique. — Le règne animal se subdivise successivement er *embranchements, classes, ordres, familles, tribus, genres, espèces, races, variétés, individus.*

Pour désigner l'espèce, on emploie deux mots latins : le premier est le nom du genre auquel l'espèce appartient, et le deuxième, qui est souvent un adjectif, caractérise l'espèce. Ainsi le genre *Canis* renferme les espèces *Canis lupus* (le Loup), *C. vulpes* (le Renard) *C. familiaris* (le Chien domestique), etc.

On appelle *variété* un groupe dont les individus diffèrent des autres individus de la même espèce par des caractères de peu d'importance, comme la taille, la couleur. C'est ainsi que dans l'espèce à laquelle appartient le chien domestique, on trouve comme variétés : le *Dogue*, le *Griffon*, le *Terre-neuve*, le *Chien de berger*, etc.

On donne le nom de *race* à une variété dont les caractères se perpétuent par l'hérédité, et que des soins particuliers peuvent modifier (*élevage*).

L'*individu* est le dernier terme de la subdivision ; c'est un animal considéré en particulier.

171. Caractères spécifiques de l'homme. — Les caractères qui distinguent l'homme de l'animal sont surtout des caractères *psychologiques* et *moraux.*

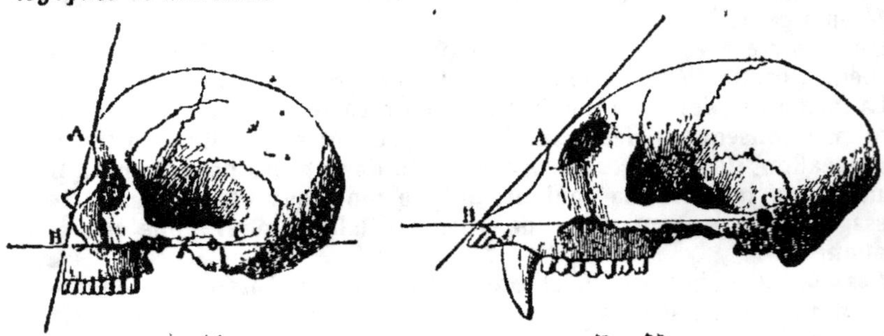

<table>
<tr><td>Fig. 54.
Crâne d'Européen.</td><td>Fig. 55.
Crâne de Singe.</td></tr>
</table>

Au point de vue de son organisation physique, il s'en distingue principalement par le développement du *cerveau*, l'ouverture de l'*angle facial*, la conformation de la *main* et la *station verticale.*

On appelle *angle facial* (fig. 54-55) l'angle ABC formé par deux droites partant toutes deux de la mâchoire supérieure, au niveau de la base du nez, et passant, l'une par le milieu de la droite qui joint les deux conduits auditifs externes, et l'autre entre les deux sourcils. Pour l'Homme civilisé, il est de 80 à 85°; chez quelques misérables peuplades, il descend jusqu'à 64°; chez les Singes, il est de 60 à 30°; chez les Chats, de 30 à 26°.

Races humaines. — *L'espèce humaine* est unique. La tradition, l'histoire, la comparaison des différentes langues, l'examen approfondi des ossements trouvés dans les couches géologiques, tout confirme ce que la Bible et la foi chrétienne nous enseignent au sujet de l'apparition de l'Homme sur la terre.

Cependant, malgré cette unité d'origine, des causes particulières, telles que la nature du climat, la manière de vivre, ont à la longue introduit dans l'espèce humaine des différences physiques qui ont nécessité sa subdivision en races. Ces différences portent surtout sur la couleur de la peau et la forme du crâne.

Les races humaines sont : la race *blanche, européenne* ou *caucasique;* la race *jaune, asiatique* ou *mongolique;* la race *noire* ou *éthiopique,* et la race *rouge* ou *américaine.*

L'ethnographie est une science qui étudie les mœurs et les habitudes des différents peuples.

172. Division du règne animal en embranchements. — Le règne animal a été divisé en embranchements d'après les caractères tirés de la perfection plus ou moins grande des divers organes et spécialement du système nerveux. La classification actuelle comprend neuf embranchements :

EMBRANCHEMENTS	SYMÉTRIE BILATÉRALE		
		Système nerveux cérébro-spinal renfermé dans une enveloppe osseuse, le crâne et la colonne vertébrale .	VERTÉBRÉS.
		Corde dorsale, rudiment d'axe cérébro-spinal	TUNICIERS.
		Système nerveux formé de trois paires de ganglions, corps mou généralement protégé par une membrane calcaire	MOLLUSQUES.
		Système nerveux formé d'un certain nombre de ganglions réunis en une chaîne médiane. Membres articulés.	ARTHROPODES.
		Système nerveux composé d'autant de paires de ganglions qu'il y a d'anneaux dans le corps de l'animal. Pas de membres articulés. .	VERS.

EMBRANCHEMENTS

SYMÉTRIE RAYONNÉE
- Système nerveux composé d'un anneau central et de cinq nerfs disposés en rayons. Peau incrustée de calcaire et de piquants. . . **ÉCHINODERMES.**
- Système nerveux rudimentaire et rayonné. Appareils de la digestion et de la circulation confondus . . . . **CŒLENTÉRÉS.**

PAS DE SYMÉTRIE
- Corps formé d'un sac sans distinction d'organes. . . . . **SPONGIAIRES.**
- Corps formé d'une ou plusieurs cellules sans aucune distinction d'organes . . . . **PROTOZOAIRES.**

Les huit derniers embranchements forment le groupe des invertébrés.

CHAPITRE I

LES VERTÉBRÉS

173. Caractère des Vertébrés. — Les *Vertébrés* sont pourvus d'un squelette dont la partie principale est la *colonne vertébrale*. Ils possèdent un système nerveux cérébro-spinal, protégé par des enveloppes osseuses et situé au-dessus du canal digestif. Ex. : le *Chien*, le *Moineau*, la *Vipère*, la *Grenouille*, la *Carpe*.

On les divise en cinq classes suivant le tableau ci-dessous :

VERTÉBRÉS

VIVIPARES
- Respiration toujours pulmonaire, sang à température constante, corps couvert de poils, mamelles, quatre membres . . . . **MAMMIFÈRES.**

<table>
<tr><td rowspan="4">VERTÉBRÉS</td><td rowspan="4">OVIPARES</td></tr>
</table>

Respiration toujours pulmonaire, sang à température constante, corps couvert de plumes, quatre membres dont deux transformés en ailes . . . . . OISEAUX.

Respiration toujours pulmonaire, sang à température variable, corps couvert d'écailles. quatre membres ou pas du tout . . . . REPTILES.

Respiration branchiale puis pulmonaire, sang à température variable, corps nu, quatre membres ; métamorphoses . . BATRACIENS.

Respiration toujours branchiale, sang à température variable, corps couvert d'écailles, membres transformés en nageoires . . . . POISSONS.

CLASSE DES MAMMIFÈRES

174. Caractères des Mammifères. — Les *Mammifères* sont des animaux à sang chaud. Ils ont un cœur à quatre cavités, une respiration pulmonaire ; leur squelette se compose à peu près des mêmes pièces que celui de l'homme.

Le caractère particulier qui seul suffit à les déterminer consiste dans la présence des *mamelles,* organes sécréteurs du lait, destiné à nourrir les petits pendant les premiers temps de leur existence.

On les subdivise en 10 ordres indiqués dans le tableau suivant :

4 mains, dentition analogue à celle de l'homme. . . . . SINGES.

4 mains, dentition d'insectivores. . . . LÉMURIENS.

Dentition complète, canines très fortes, griffes puissantes. . . . . CARNIVORES.

Dentition de carnivores, membres transformés en nageoires. . . . . . PINNIPÈDES.

Dentition complète, molaires hérissées de tubercules aigus . . . . INSECTIVORES.

Dentition d'insectivores, ailes membraneuses . . . . CHÉIROPTÈRES.

Dentition incomplète, pas de canines. . RONGEURS.

Dentition incomplète, ni canines ni incisives . . . . ÉDENTÉS.

MAMMIFÈRES	ONGULÉS (sabots)	NOMBRE IMPAIR DE DOIGTS	5 doigts au pied, une trompe.	PROBOSCIDIENS.
			3 doigts au pied, une corne.	RHINOCÉROS.
			1 doigt au pied.	SOLIPÈDES.
		NOMBRE PAIR DE DOIGTS	4 doigts au pied, estomac simple.	PORCINS.
			2 doigts au pied, estomac multiple.	RUMINANTS.

Corps en forme de poisson et dépourvu de poils, dents semblables . . . . CÉTACÉS.

2 os marsupiaux soutenant une poche marsupiale, dentition variable. . . . . . . MARSUPIAUX.

2 os marsupiaux soutenant une poche marsupiale, pas de dents, bec corné, ovipares. . . . . MONOTRÈMES.

175. Singes. — Les *singes* sont aussi appelés *quadrumanes* parce que le pouce de leurs pieds est *opposable* aux autres doigts,

Fig. 56. — Magot d'Algérie (Singe de l'Ancien Continent).

ce qui fait ressembler ces membres à des mains. On les divise en deux familles, les *Singes de l'Ancien Continent* et ceux du *Nouveau Continent*.

1º *Les Singes de l'Ancien Continent ont trente-deux dents, comme l'homme, et leurs narines sont séparées par une cloison.* On distingue les singes *anthropomorphes*, qui ressemblent à l'homme par la station verticale et l'absence de queue ; tels sont : l'Orang-outang, le Chimpanzé, le Gorille et le Gibbon.

Ces singes, qui atteignent la taille humaine, habitent surtout les pays chauds, comme les îles de la Sonde et la Guinée.

Les singes ordinaires ont aussi trente-deux dents, mais ils sont de petite taille et ont une queue. Les principaux sont : le Magot (fig. 56), le Macaque, le Guenon, qui habitent l'Afrique.

2º *Les singes du Nouveau Continent ont trente-six dents, leurs narines sont très écartées et leur queue est prenante, c'est-à-dire peut s'enrouler autour des branches et servir ainsi comme un cinquième membre.* Les plus remarquables sont : les Sajous, les Sapajous, les Sakis et les Ouistitis.

176. Lémuriens. — *Les Lémuriens se distinguent des Singes par leur dentition comparable à celle des insectivores ; ils leur ressemblent par leurs quatre mains.* Ex. : le Maki de Madagascar et le Galéopithèque ou singe volant de l'archipel Malais.

177. Carnivores. — *La dentition des carnivores comprend, outre des incisives, des canines très développées, fortement implantées dans les mâchoires, et des molaires aiguës et tranchantes, destinées à couper la chair dont ils se nourrissent* (fig. 57). Leurs doigts sont terminés par des griffes puissantes et acérées.

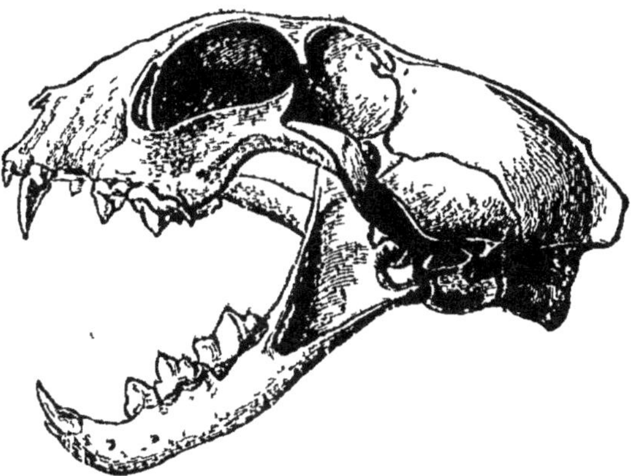

Fig. 57. — Crâne de carnivore (Lynx).

Les uns marchent le talon relevé, ne posant à terre que l'extrémité des doigts (fig. 58) : ce sont les *Digitigrades* ; d'autres appuient la plante des pieds tout entière sur le sol : ce sont les

Plantigrades (fig. 59). A côté de ces deux groupes se range
toute une catégorie de petits carnivores qui ont le corps allongé,

Fig. 58. — Pied de digitigrade. *t*, talon.   Fig. 59. — Pied de plantigrade. *t*, talon.

les jambes courtes et le museau pointu. Ces animaux *vermi-
formes*, tous avides de sang et de carnage, sont le fléau des
basses-cours.

178. Tribu des Digitigrades. — La tribu des *Digitigrades* comprend : les *Félins*, les *Hyènes* et les *Chiens*. Les Félins ont les
ongles rétractiles, c'est-à-dire qu'ils peuvent, à leur gré, les faire
saillir ou bien les retirer dans l'intérieur de la patte et faire, comme on
dit, *patte de velours*. Cette curieuse disposition des griffes les garantit
de l'usure par le frottement sur le sol et les empêche de s'émousser.

Fig. 60. — Renard.

Les principales espèces sont :
le *Lion*, le *Tigre*, le *Léopard*,
la *Panthère* et le *Chat*.

Les *Hyènes* comprennent un
certain nombre d'animaux que
l'on reconnaît facilement à leur
démarche gauche et embarrassée,
résultant de ce que leurs membres postérieurs sont moins
longs que les antérieurs. Ces animaux se nourrissent de viande
corrompue, qu'ils recherchent
pendant la nuit. Ils sont lâches
et attaquent rarement l'homme.

Les *Chiens* n'ont pas d'ongles
rétractiles ; leur langue est douce :
ils ont l'odorat très développé.

Il existe un très grand nombre
de variétés de Chiens domestiques, toutes remarquables par
le développement de leur intelli-

gence et les services désintéressés qu'ils rendent à l'homme. Les principales sont : le *Chien de berger*, le *Terre-Neuve*, le *Dogue*, le *Caniche*,
le *Lévrier*, etc.

Le *Loup*, le *Renard* (fig. 60) et le *Chacal* appartiennent à ce même
groupe.

179. Tribu des Plantigrades. — La tribu des *Plantigrades*, moins nombreuse que la précédente, comprend les espèces qui, dans la marche, appliquent sur le sol toute la plante de leurs pieds. Les plus remarquables sont les *Ours* et les *Blaireaux*.

180. Carnivores à corps vermiforme. — Les principales espèces de ce groupe sont : la *Martre*, la *Zibeline*, l'*Hermine* (fig. 61), la *Fouine*, la *Belette*, la *Loutre* et le *Furet*.

Fig. 61. — Hermine.

La plupart de ces bêtes exhalent une odeur désagréable; toutes sont très nuisibles en raison des dégâts qu'elles causent dans les poulaillers. Cependant l'industrie tire un grand parti de leur fourrure, spécialement de celle de la zibeline, qui se vend jusqu'à 3000 fr. pièce.

Fig. 62. — Morse (atteint jusqu'à 5 mètres de longueur).

La Loutre a les doigts réunis par une membrane; elle nage facilement et dépeuple les viviers; le furet est utilisé pour chasser le lapin.

181. Amphibies ou Pinnipèdes. — *Les amphibies sont aussi appelés Pinnipèdes parce que leurs membres sont transformés en nageoires.* Ces animaux vivent généralement dans l'eau, où ils sont très agiles, tandis qu'ils se meuvent difficilement à terre. Leur dentition est la même que celle des carnivores, et leur nourriture consiste en poissons et mollusques.

Les principaux sont le *Phoque* ou Chien de mer, que l'on chasse surtout à Terre-Neuve, et le *Morse* (fig. 62) ou Éléphant de mer, qui habite le Groenland. Le Phoque est estimé pour sa graisse et sa fourrure, et le Morse pour l'ivoire de ses défenses.

182. INSECTIVORES. — *Les Insectivores sont tous de petite taille : leur nourriture, qui consiste principalement en insectes, exige une*

Fig. 63. — Hérisson.

disposition particulière du système dentaire. En effet, ces animaux ont des molaires hérissées de tubercules pointus s'engrenant les uns dans les autres.

Ce sont des animaux hibernants, qui rendent les plus grands services à l'agriculture, en détruisant un nombre considérable de larves et d'insectes nuisibles.

Les Insectivores les plus remarquables sont : la *Taupe*, le *Hérisson* (fig. 63) et la *Musaraigne*.

183. CHÉIROPTÈRES. — *Les Chéiroptères sont des Insectivores adaptés à la vie aérienne. Les doigts des membres supérieurs, très développés, sont réunis entre eux et aux membres inférieurs par une membrane ser-*

Fig. 64. — Chauve-souris.

vant au vol. Les principales espèces sont les *Chauves-souris* (fig. 64) et les *Roussettes.* Les Chauves-souris de nos régions ne sortent guère que le soir, d'où leur nom de *vespertilions.* Elles se nourrissent surtout de mouches et de larves; aussi le cultivateur doit les considérer comme des auxiliaires et ne pas les exterminer. Pendant l'hiver, où les insectes sont rares, elles se suspendent par les pattes postérieures, et restent ainsi plongées dans l'engourdissement jusqu'au retour des beaux jours.

184. Rongeurs. — *Les Rongeurs sont caractérisés par l'absence de canines et le développement considérable des incisives médianes* (fig. 65). *Celles de la mâchoire supérieure glissent comme des lames de ciseau sur celles de la mâchoire inférieure et servent à couper les racines, les écorces, les fruits dont ces animaux se nourrissent.*

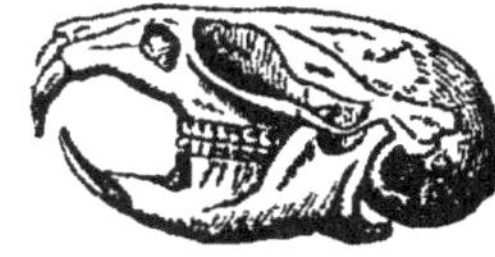
Fig. 65.
Crâne de Campagnol
ou Souris des champs.

Les Rongeurs les plus connus sont : l'*Écureuil,* le *Loir,* le *Rat,* le *Campagnol,* le *Porc-Épic,* le *Lièvre,* le *Lapin* et le *Castor* (fig. 66).

Les Rats, les Surmulots, les Mulots et les Loirs causent de grands dégâts dans les vergers et les champs, et la Souris dans les maisons. Le

Fig. 66. — Castor.

Lièvre et le Lapin sont des gibiers très estimés. Les Castors, qui ne se trouvent guère que dans le Canada, habitent les bords des rivières et se construisent avec des branches des huttes au milieu des eaux. Leur fourrure sert à faire les chapeaux de feutre.

185. Édentés. — *Les Édentés ont une dentition nulle ou tout à fait rudimentaire. Leurs doigts sont terminés par des griffes longues et recourbées.*

Les principaux Édentés sont : les *Paresseux*, les *Tatous*, les *Pangolins* et les *Fourmiliers*.

Fig. 67. — Crâne du Tamanoir ou Grand-Fourmilier.

186. Les PROBOSCIDIENS *sont ainsi nommés à cause de la présence d'une trompe qui prolonge leur nez et leur sert d'organe de préhension.* L'extrémité de cette trompe est d'une exquise sensibilité. Ils n'ont pas de canines, mais leurs molaires sont énormes et leurs incisives transformées en *défenses*. Leur pied a cinq doigts, munis chacun d'un petit sabot.

Fig. 68. — Éléphant Indien
Longueur (sans trompe et sans queue), 2 à 3 mètres
Hauteur moyenne du mâle, 2^m,80; de la femelle, 2^m,50

L'Éléphant est la seule espèce de Proboscidiens existant actuellement. Cet animal, le plus gros et le plus lourd des mammifères terrestres, est aussi le plus intelligent. L'éléphant des Indes surtout, qui est domestiqué, exécute avec une habileté remarquable les travaux les plus difficiles. On chasse l'Éléphant pour ses défenses, dont l'ivoire se vend à un prix très élevé.

187. Le RHINOCÉROS *n'a pas de trompe, mais une corne sur le nez. Ses doigts, au nombre de trois, sont chacun pourvus d'un sabot.* Le Tapir, plus petit que le Rhinocéros, a aussi trois doigts au pied et porte une petite trompe.

188. SOLIPÈDES. — *Les Solipèdes n'ont qu'un doigt à chaque pied, et ce doigt est muni d'un sabot corné.* Chez les Solipèdes, le radius et le cubitus sont soudés, ainsi que les os métacarpiens, qui ne forment qu'un seul os appelé le canon. Les incisives sont séparées des molaires par un intervalle assez grand appelé la *barre;* c'est là que se place le mors qui sert à conduire ces animaux. Les Solipèdes les plus remarquables sont le *Cheval,* l'*Ane* et le *Zèbre.*

Le Cheval et l'Ane sont utilisés depuis la plus haute antiquité et rendent de signalés services. Le Mulet, produit du croisement du Cheval et de l'Anesse, est aussi une excellente bête de somme. Le Zèbre, qui vit dans l'Afrique méridionale, est peu facile à domestiquer.

189. PORCINS. — *Les Porcins sont des ongulés qui ont quatre doigts à chaque pied, mais dont deux seulement servent à la marche. Leur dentition est complète, et leurs canines sont quelquefois développées en forme de défenses.* Le museau des Porcins s'appelle groin ; leur peau épaisse est couverte de poils durs nommés soies, qu'on utilise pour faire des brosses. Les Porcins les plus connus sont : le *Porc,* le *Sanglier* et l'*Hippopotame.*

Le porc, domestiqué de toute antiquité, est d'une grande utilité dans l'alimentation ; il s'engraisse très vite et sa viande est excellente, pourvu qu'on ait la précaution de la bien cuire afin de tuer les trichines qu'elle renferme parfois. Le Sanglier, qui ravage les champs et les cultures, n'est qu'un porc à l'état sauvage ; sa femelle s'appelle laie, et ses petits marcassins. L'Hippopotame est un animal informe et de forte taille qui habite les grands fleuves de l'Afrique ; l'ivoire de ses dents est très estimé.

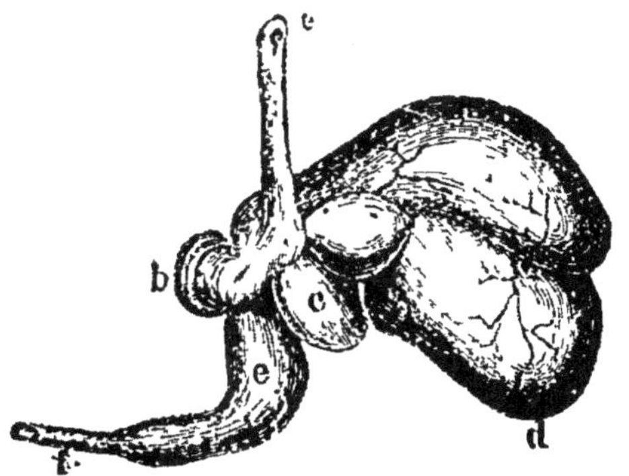

Fig. 69. — Estomac de Ruminant.

a, œsophage ; *b,* feuillet ; *c,* bonnet ; *d,* panse ; *e,* caillette ; *f,* intestin.

190. RUMINANTS. — *Les Ruminants doivent leur nom à la faculté qu'ils ont de faire remonter les aliments de l'estomac dans la bouche pour les remâcher, acte appelé rumination.*

L'estomac de ces animaux est formé de quatre cavités : la *vanse*, le *bonnet*, le *feuillet*, la *caillette* (fig. 69). La *panse* est un simple réservoir où s'accumulent les aliments qui ont subi une mastication incomplète ; le *bonnet* est une annexe de la panse, c'est du bonnet que les aliments remontent à la bouche pour être broyés et imprégnés de salive ; le *feuillet* est la partie qui reçoit les aliments ruminés ; enfin la *caillette* est le vrai estomac, sécrétant le *suc gastrique*. De la caillette du veau on extrait la *présure*, qui peut faire *cailler* le lait.

Les Ruminants ont une dentition incomplète ; ils n'ont pas de canines, et leur mâchoire supérieure est privée d'incisives ; leurs molaires sont couvertes de lignes saillantes en forme de râpes. Leur pied est pourvu de deux grands doigts cornés et de deux autres rudimentaires. Comme chez les Solipèdes, les os du métacarpe se soudent pour former le canon.

L'ordre des Ruminants peut se subdiviser en quatre familles caractérisées par la présence et la nature des cornes :

Cornes persistantes. { *Creuses :* Bovidés, Antilopidés, Ovidés.
{ *Pleines :* Caméléopardés.

Cornes caduques ou bois : Cervidés.

Pas de cornes : Camélidés.

Les *Bovidés* sont le Bœuf domestique et les bœufs sauvages : Zébu de Madagascar, Bison de l'Amérique du Nord, Buffle de l'Inde, Yack du Thibet. Les *Ovidés*, dont les cornes sont recourbées en arrière, sont : le Mouton et la Chèvre, qui habitent surtout les pays secs et montagneux. Les *Antilopidés* ont les cornes à peu près droites. Les plus recherchés pour leur chair délicate sont : l'Antilope, la Gazelle, et le Chamois.

Les Caméléopardés (de *Caméléopard*, ancien nom de la Girafe) *ont deux petites cornes persistantes recouvertes de peau.*

Le seul animal de l'espèce est la *Girafe*, le plus haut de tous les animaux ; il habite les régions chaudes de l'Afrique.

Les Cervidés n'ont pas de cornes, mais des bois qui tombent à chaque printemps et repoussent ensuite avec une branche (andouiller) de plus.

Les principaux sont : le *Cerf*, le *Chevreuil*, le *Renne*.

Le *Cerf*, en troupes nombreuses, habite les grandes forêts de nos pays ; le *Chevreuil*, plus petit, vit solitaire ; le *Renne* est domestiqué dans les régions boréales, on s'en sert comme bête de somme et de trait.

Les Camélidés n'ont pas de cornes, mais leur dentition est à peu près complète.

Le *Chameau* porte deux bosses, et le *Dromadaire* une seule (fig. 70). Ces bosses sont des réserves de graisse que l'animal utilise lorsque, dans ses longs voyages à travers le désert, il ne trouve rien à manger; il peut d'ailleurs se passer de boire pendant une semaine environ. La

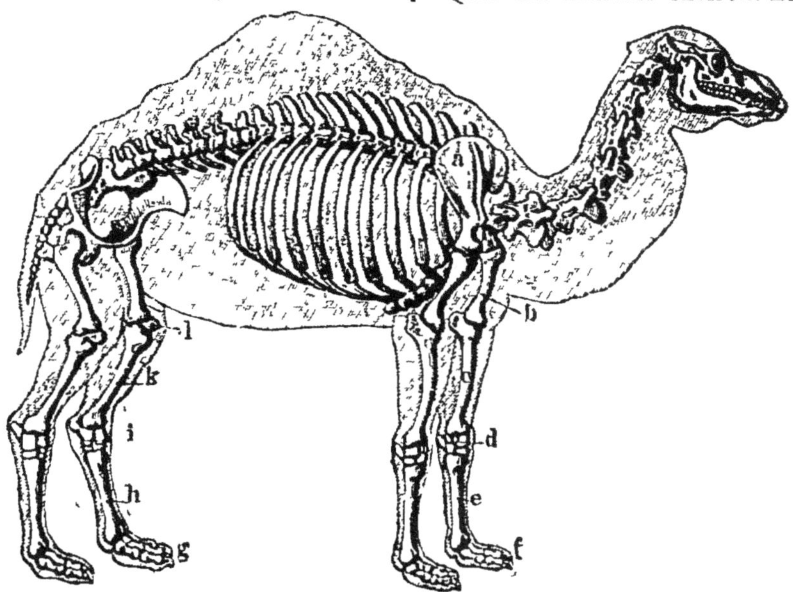

Fig. 70. — Dromadaire (chameau à une bosse).
(longueur, 3 m.; hauteur du garrot, 2 m.)

a, omoplate et garrot; *b*, humérus; *c*, cubitus; *d*, carpe ou poignet; *e*, méta-carpe ou paume; *f*, doigts; *g*, orteils; *h*, métatarse ou cou-de-pied; *i*, tarse; *k*, tibia; *l*, rotule.

vitesse du chameau est aussi proverbiale que sa sobriété : il peut parcourir plus de cent kilomètres par jour. Le *Lama*, la *Vigogne* et l'*Alpaca* sont des Camélidés des Andes qui servent de bêtes de somme et dont on utilise la fourrure pour faire des étoffes.

101. CÉTACÉS. — *Les Cétacés, que l'on pourrait confondre avec les Poissons à cause de la forme de leur corps, possèdent tous les caractères des Mammifères, bien qu'ils vivent constamment dans la mer. En effet, leur respiration est pulmonaire, leur circulation complète, et ils portent des mamelles. Leur peau est nue; leurs membres, profondément modifiés, sont transformés en nageoires, et leur queue, toujours horizontale, leur sert d'organe de propulsion. Les uns sont herbivores, et les autres carnivores.*

Les principaux Cétacés sont : les *Baleines*, les *Cachalots*, les *Dauphins*, les *Marsouins* et le *Lamantin*.

La Baleine est le plus gros animal de la création ; elle peut peser autant que trente Éléphants et atteindre 20 à 25 mètres de longueur. La

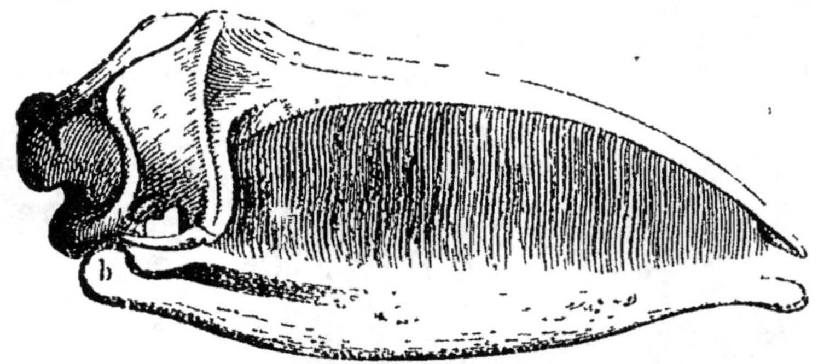

Fig. 71. — Crâne de Baleine.

a, fanons ; *b*, maxillaire inférieur

Baleine n'a pas de dents, mais des *fanons*, lamelles fibreuses serrées les unes contre les autres. Elle se nourrit exclusivement de petites proies : mollusques, poissons, crustacés. On la pêche pour l'huile que fournit son épaisse couche de lard.

Le Cachalot, presque aussi gros que la Baleine, est recherché pour sa graisse, appelée *blanc de baleine*, dont on se sert dans la fabrication des bougies diaphanes. Les Dauphins et les Marsouins sont fréquents dans nos parages. Le Lamantin, des Antilles, est un herbivore.

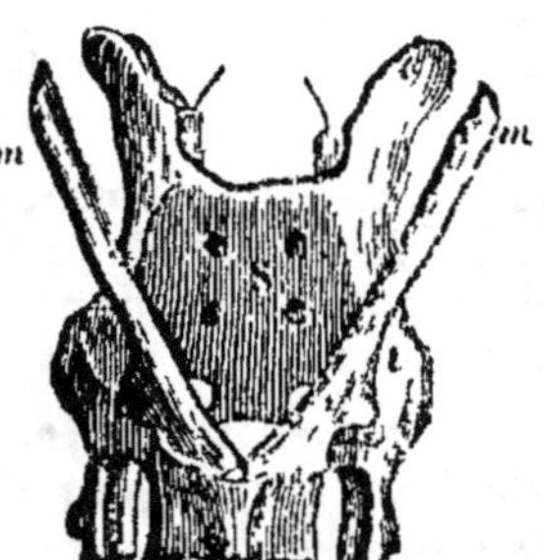

Fig. 72. — Os marsupiaux.

m, marsupiaux ;

i, os iliaque ; S, sacrum.

102. MARSUPIAUX. — *Les Marsupiaux habitent presque tous l'Australie ; leur système dentaire présente des types de tous les ordres précédents ; aussi, sans la présence des os marsupiaux, qui servent à les classer dans un ordre spécial, on les trouverait disséminés dans tous les ordres des Mammifères.*

Les os marsupiaux (fig. 72) dépendent du bassin, et sont destinés à soutenir une poche renfermant les mamelles. Les petits, placés dans cette poche aussitôt après leur naissance, y trouvent un refuge.

Les Marsupiaux les plus remarquables, parmi les espèces actuellement vivantes, sont les *Sarigues* et les *Kangouroos*.

Le Kanguroo (fig. 73), gibier favori des Australiens, est remarquable par la longueur de sa queue et de ses membres postérieurs; aussi il ne progresse que par des bonds énormes. — La Sarigue vit dans l'Amérique du Sud.

Fig. 73. — Kanguroo (taille : 65 cm.).

103. Monotrèmes. — *Comme les précédents, ces animaux appartiennent à l'Australie; comme eux, ils ont des os marsupiaux qui soutiennent une poche marsupiale plus petite. Ils n'ont pas de dents, mais un bec corné, et ils pondent des œufs.*

Fig. 74. — Ornithorynque (longueur : 45 cm.).

Par ces derniers caractères ils ressemblent aux oiseaux, mais ils en diffèrent par la présence de quatre pattes et des mamelles. Les deux monotrèmes connus sont : l'*Ornithorynque* (fig. 74), qui pond deux œufs, et l'*Échidné*, qui n'en pond qu'un seul.

QUESTIONNAIRE. — Quels sont les caractères des vertébrés? Donnez leur subdivision en classes.

Quels sont les caractères des Mammifères? — Faites le tableau synoptique de leur classification. — Qu'appelle-t-on Onguiculés et Ongulés? — Comment se subdivise l'ordre des Quadrumanes et celui des Carnivores? Indiquez leurs principaux caractères. — Quels sont les caractères des Amphibies? des Insectivores? des Chéiroptères? des Rongeurs? des *Édentés*? — Quels sont les principaux caractères des Ruminants? — Indiquez les subdivisions de cet ordre. Dites la différence entre les Amphibies et les Cétacés.

CHAPITRE II

OISEAUX. — REPTILES. BATRACIENS. POISSONS

I. Classe des Oiseaux.

194. Caractères généraux. — Les *Oiseaux* constituent un groupe très naturel, dont on reconnaît aisément les individus au premier coup d'œil. Ils ont le corps couvert de *plumes*.

Les longues plumes des ailes portent le nom de *rémiges* (fig. 76), et celles de la queue celui de *rectrices*. Les petites

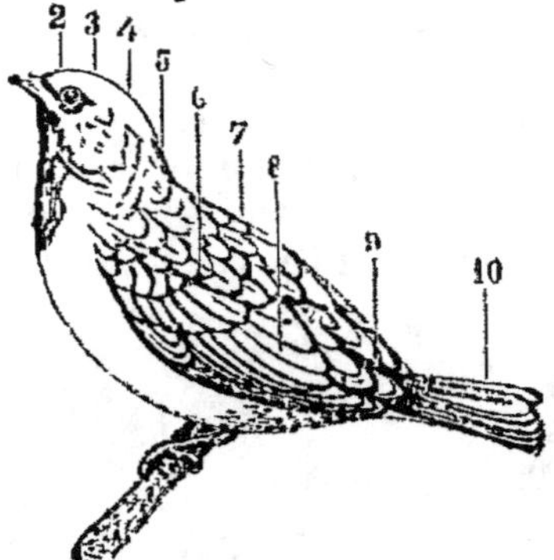

Fig. 76. — Disposition des plumes.
1, bec; 2, front; 3, vertex; 4, occiput; 5, couverture du cou; 6, couverture des ailes; 7, couverture du dos; 8, rémiges; 9, couvertures de la queue; 10, rectrices.

plumes ou *tectrices*, appelées aussi *couvertures*, sont imbriquées les unes sur les autres comme les tuiles d'un toit. Le *duvet* est formé de plumes très petites protégeant l'oiseau contre le froid.

On appelle *mue* le renouvellement périodique des plumes; elle peut avoir lieu une ou deux fois par an; pendant la mue, les oiseaux chanteurs sont silencieux.

188. Squelette. — Les os des oiseaux sont creux. Leur *tête*, relativement petite, est terminée par un *bec* corné qui est l'organe de la préhension. Le *cou*, formé d'un nombre assez considérable de vertèbres, est très mobile.

Le *sternum* (fig. 76), sur lequel doivent s'insérer les principaux muscles du vol, est très développé et recouvre en grande partie l'abdomen.

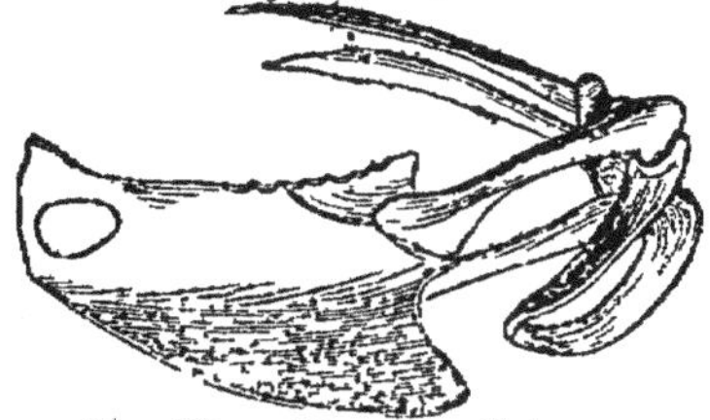

Fig. 76. — Sternum d'oiseau.

En avant du *sternum* il y a une partie saillante, nommée *bréchet*, qui ressemble à la quille d'un navire et sert d'attache aux muscles du vol.

Les *pattes* sont grêles, plus ou moins longues suivant l'espèce, et terminées par des doigts dont le nombre et la disposition constituent, avec la forme du bec, l'un des principaux caractères de classification.

Les *membres antérieurs* sont les organes du vol; le bras et l'avant-bras ne présentent rien de particulier, si ce n'est que le *radius* est immobile sur le *cubitus*. La *main*, profondément modifiée, se réduit à deux ou trois doigts rudimentaires.

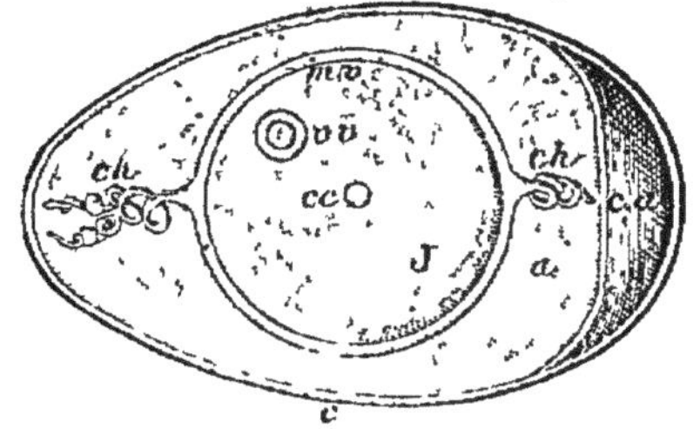

Fig. 77. — Œuf d'oiseau.

c coquille; *a*, albumine; *c. a*, chambre à air; *m. v*, membrane vitelline; J, jaune ou vitellus; *cc*, cicatricule; *ch*, chalazes.

196. Œufs. — Les Oiseaux sont ovipares, c'est-à-dire se reproduisent par des œufs.

L'œuf se compose d'une enveloppe calcaire ou *coquille* (fig. 77), assez poreuse pour permettre à l'air de la traverser. Dans cette enveloppe se trouve une masse liquide, filante : c'est l'*albumine* ou *blanc d'œuf*, entourée d'une fine membrane (*m. coquillère*) appliquée contre la coquille. Dans cette masse flotte le *jaune* ou *vitellus*, de forme sphérique, et entouré lui-même d'une membrane propre (*m. vitelline*); deux cordons d'albumine épaissie (*chalazes*), fixés aux deux extrémités de la coquille, le maintiennent en place.

La surface du jaune d'œuf présente une petite tache blanchâtre, la *cicatricule*, partie importante, servant de point de départ au développement du jeune Oiseau.

L'albumine remplit d'abord entièrement la coquille; mais au bout de quelque temps elle se résorbe un peu, et il se forme à l'une de ses extrémités un espace rempli d'air; c'est la *chambre à air*.

Quand la Poule ne trouve pas dans ses aliments les sels calcaires nécessaires à la formation de la coquille, elle pond des œufs à enveloppe molle, qu'on appelle œufs *hardés*.

197. Incubation. — L'*incubation* est le phénomène par lequel l'Oiseau se développe dans l'intérieur de l'œuf jusqu'au moment où il en sort en brisant sa coquille. Ce développement exige toujours une certaine quantité de chaleur, et demande un temps variable suivant les espèces ; les petites espèces éclosent du 10e au 12e jour : le Poulet au bout de 20 jours, et l'Autruche après le 40e jour.

198. Classification des oiseaux. — En se basant principalement sur la forme du bec et des pattes, on a subdivisé la classe des oiseaux en huit ordres :

		3 doigts en avant, 1 en arrière, serres	RAPACES.
	Bec crochu.	2 doigts en avant, 2 en arrière, pas de serres.	GRIMPEURS.
		3 doigts en avant, 1 en arrière, bec fort	PASSEREAUX.
	Bec non crochu	3 doigts en avant, 1 en arrière, bec faible et membraneux.	COLOMBINS.
		3 doigts en avant, 1 en arrière, bec fort et écailles sur le bec	GALLINACÉS.

Pattes très longues, tarse demi-emplumé. . . ÉCHASSIERS

Pattes à doigts réunis par une membrane. . . . . PALMIPÈDES

Sternum sans bréchet . . . . COUREURS.

199. Rapaces. — *Les Rapaces ou Oiseaux de proie ont un bec puissant et crochu et des griffes recourbées et acérées auxquelles on donne le nom de serres* (fig. 78 et 79).

Fig. 78. — Crâne de l'Aigle   Fig. 79. — Serres de l'Aigle.

On les subdivise en deux familles : les *Rapaces diurnes* et les *Rapaces nocturnes*. Les premiers se reconnaissent facilement à ce qu'ils ont les yeux situés de chaque côté de la tête, tandis que les seconds ont les yeux dirigés en avant.

Les *Rapaces diurnes* ont la base du bec revêtue d'une membrane appelée *cirre*. Leur tarse est souvent emplumé jusqu'aux doigts. Les principaux sont : les *Vautours*, les *Aigles* (fig. 80), les *Faucons*, les *Autours*, les *Buses* et les *Busards*.

Les *Rapaces nocturnes* ont un plumage terne, formé d'un duvet abondant qui les protège contre le froid de la nuit et leur permet de voler sans le moindre bruit

Fig. 80. — Grand Aigle ou Aigle royal

Ils rendent les plus grands services à l'agriculture en détruisant les Rongeurs si nombreux qui s'attaquent aux récoltes ; ce sont des Oiseaux utiles, qu'on a le tort de regarder souvent comme des êtres malfaisants et de mauvais augure.

Ils comprennent deux groupes : les *Hiboux* et les *Chouettes*.

200. Passereaux. — *Les Passereaux ont trois doigts en avant et un en arrière; leurs ongles sont faibles; la conformation de leur bec est adaptée à leur régime, lui-même très variable : on y rencontre des granivores, des insectivores, des frugivores.*

D'après la forme de leur bec et la disposition des doigts, on les a subdivisés en cinq familles : les *Dentirostres*, les *Conirostres*, les *Fissirostres*, les *Ténuirostres* et les *Syndactyles*.

<table>
<tr><td rowspan="6">PASSEREAUX</td><td>Mandibule supérieure portant une échancrure de chaque côté, près de la pointe du bec . . . . .</td><td>DENTIROSTRES.</td></tr>
<tr><td>Bec fort et conique . . . .</td><td>CONIROSTRES.</td></tr>
<tr><td>Bec court, aplati, largement fendu. . . . .</td><td>FISSIROSTRES.</td></tr>
<tr><td>Bec grêle, allongé, souvent arqué . . . .</td><td>TÉNUIROSTRES</td></tr>
<tr><td>Doigts médians soudés l'un à l'autre . . . . . .</td><td>SYNDACTYLES.</td></tr>
</table>

201. Espèces principales. — Dentirostres : les *Merles*, les *Pies-grièches*, le *Rossignol*, le *Rouge-gorge*, le *Roitelet*, les *Fauvettes*;

Conirostres : les *Corbeaux*, les *Étourneaux*, le *Pinson*, le *Chardonneret*, le *Moineau*, l'*Alouette*;

Fissirostres : le *Martinet*, l'*Hirondelle*, l'*Engoulevent*;

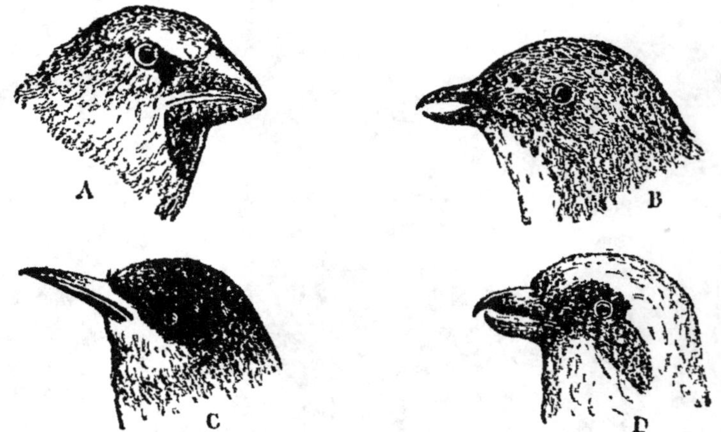

Fig. 81. — Becs de Passeréaux.

A, bec de conirostre (*Gros-Bec*); B, bec de fissirostre (*Martinet*); C, bec de ténuirostre (*Grimpereau*); D, bec de dentirostre (*Pie-grièche*).

Ténuirostres : la *Huppe*, les *Grimpereaux*, les *Oiseaux-mouches*, les *Bergeronnettes*, etc.

Syndactyles : le *Guêpier*, le *Martin-pêcheur* (fig. 82).

A part la *Pie*, le *Corbeau* et le *Geai*, qui sont nuisibles parce qu'ils s'attaquent aux petits oiseaux, les Passereaux sont les meilleurs auxiliaires de l'agriculteur par la guerre acharnée qu'ils font aux insectes.

Fig. 82. — Martin-pêcheur et patte de Syndactyle.

Le *Moineau* est nuisible en été, car il pille les vergers et les vignes; mais il compense bien ce dommage par la chasse qu'il fait aux chenilles au printemps.

Le *Martin-pêcheur* se nourrit uniquement de poissons qu'il chasse avec une grande patience.

202. GRIMPEURS. — *Les Grimpeurs ont les doigts divisés en deux paires, l'une en avant et l'autre en arrière* (fig. 83).

Cette disposition leur permet de grimper plus facilement sur l'écorce des arbres pour y chercher les insectes, qui font presque exclusivement leur nourriture.

Les principaux Grimpeurs sont : les *Perroquets*, les *Pics* et les *Coucous*.

Les *Perroquets*, originaires des contrées tropicales, ont été domestiqués ; ce sont des oiseaux d'agrément recherchés tant pour la

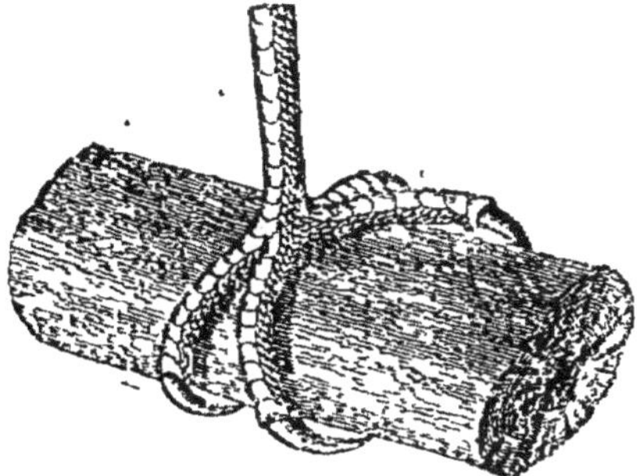

Fig. 83. — Doigts de Grimpeur.

beauté de leur plumage que pour leur facilité à imiter les bruits qu'ils entendent.

Le *Pic* fait la chasse aux larves d'insectes nichées dans l'écorce des arbres.

203. COLOMBINS. — *Les Colombins ont trois doigts en avant et un en arrière ; leur bec est faible, membraneux, enflé à la hauteur des narines. Ces oiseaux, à la différence des Galli-*

Fig. 84. — Pigeon ramier. Pigeon de rivage et des rochers.

nacés, vivent par couples et non par bandes. Ils ne pondent que deux œufs, et leurs petits sont si faibles, que la mère est obligée de les nourrir avec une sorte de lait, mêlé de grains, sécrété par son jabot.

Les *Pigeons* (fig. 84) sont nuisibles à l'agriculture, parce qu'ils mangent les grains dans les champs ; mais on les élève pour leur chair délicate et aussi pour le transport des dépêches. Les *Pigeons voyageurs* rendent de grands services, surtout en temps de guerre, tant à cause de leur fidélité à revenir au lieu de leur départ que de leur vitesse, qui peut atteindre soixante kilomètres à l'heure. Ces oiseaux sont guidés dans leurs voyages par un instinct spécial et non par le sens de la vue. Outre les Pigeons domestiques et les Pigeons ramiers, l'ordre des Colombins comprend encore la Tourterelle.

204. GALLINACÉS. — *Les Gallinacés ont un bec puissant avec des écailles sur les narines ; leurs doigts sont assez forts et propres à fouiller la terre ; leurs ailes courtes, leur corps pesant et leur vol très lourd.*

Les plus remarquables sont : la *Caille*, la *Perdrix*, la *Pintade*, le *Paon*, le *Faisan*, le *Coq*, la *Poule*, le *Dindon*. A part la Caille, la Perdrix et le Faisan, tous sont domestiques, et encore le Faisan est-il souvent élevé dans des parcs spéciaux où on le nourrit avec des œufs de fourmis dans sa jeunesse.

205. ÉCHASSIERS. — *Les Échassiers ont les jambes longues, dénudées et recouvertes d'une peau rugueuse.*

Ce sont des Oiseaux de rivage, qui marchent dans les eaux peu profondes pour y chercher leur nourriture, qui consiste en petits vers, mollusques, poissons, etc. ; la longueur de leur cou est proportionnée à celle de leurs jambes, ce qui leur permet de fouiller dans la vase sans se baisser. Un certain nombre d'Échassiers ont un vol soutenu et rapide.

On les divise en quatre familles, d'après des caractères tirés de la conformation de leur bec et de leurs pieds ; ce sont : les *Pressirostres*, les *Cultrirostres*, les *Longirostres* et les *Macrodactyles*.

Les *Pressirostres* ou Échassiers des champs ont un bec court et ressemblent un peu aux Gallinacés. Ce sont : les *Pluviers*, les *Vanneaux* et les *Outardes*. Les *Cultrirostres*, qui ont un bec long et tranchant, sont les vrais Échassiers à long cou et longues jambes.

Fig. 85. — Cigogne (taille : 1 mètre).

Les principaux sont : les *Cigognes* (fig. 85), qui bâtissent leur nid sur les clochers et les cheminées; les *Hérons*, oiseaux de rivage, dont une variété appelée *Aigrette* est très recherchée pour ses plumes; les *Grues*, qui passent en troupes dans nos pays pendant l'automne.

Les *Longirostres* ont un bec très long; ce sont des Échassiers coureurs, vivant autour des étangs. La *Bécasse*, la *Bécassine* et le *Courlis* sont les plus communs dans nos pays. L'*Ibis* sacré des anciens Égyptiens est de la même famille.

Les *Macrodactyles*, ou Échassiers nageurs, vivent au milieu des roseaux; ils ont des doigts très longs et peuvent nager comme les Palmipèdes. Les *Râles* et les *Poules d'eau*, communs dans nos étangs, sont recherchés pour leur chair estimée.

206. Palmipèdes. — *Les Palmipèdes sont caractérisés par la présence d'une membrane qui réunit les doigts* (fig. 86). *Ce sont des oiseaux essentiellement nageurs; quelques-uns plongent avec la plus grande agilité. Leurs plumes sont recouvertes d'un enduit gras qui les empêche de se mouiller.*

La chair des Palmipèdes est délicate et leurs œufs excellents; aussi un bon nombre d'espèces sont élevées en domesticité.

Le *guano*, engrais très riche, qui se trouve en abondance sur les côtes de certaines îles des mers du Sud, résulte de l'accumulation des excréments des Palmipèdes qui ont habité ces îles depuis des milliers d'années.

Fig. 86 — Albatros.

Cet ordre se subdivise en quatre familles : les *Longipennes*, les *Totipalmes*, les *Lamellirostres* et les *Plongeurs*.

Les *Longipennes* sont des voiliers infatigables, car ils ont des ailes longues et pointues. Les plus connus sont : la *Mouette*, oiseau très commun sur nos côtes; l'*Albatros* (fig. 86) et le *Pétrel*.

Les *Totipalmes* ont le pouce réuni aux autres doigts par une membrane. Les plus remarquables sont : le *Pélican*, le *Cormoran* et la *Frégate*.

Les *Lamellirostres* ont le bec garni de lamelles qui leur servent à tamiser l'eau. Les *Oies*, les *Canards*, les *Cygnes*, sont des Lamellirostres domestiqués ; l'*Eider* est une sorte d'Oie du Groenland dont le duvet sert à faire les édredons.

Les *Plongeurs* ou *Brachyptères* ont des ailes petites et impropres au vol, qui leur servent dans l'eau comme de nageoires. Les *Plongeons*, *Pingouins* et *Manchots* (fig. 87), qui peuplent les mers polaires, sont les représentants de cette classe.

Fig. 87. — Pingouin et Manchot.

207. Coureurs. — *Les Coureurs ne sont pas destinés à voler, aussi leur sternum n'a pas de bréchet; mais leurs jambes très fortes en font des marcheurs à l'égal du cheval ou du chameau.*

L'ordre des coureurs comprend : l'*Autruche*, le *Casoar*, le *Nandou*.

L'Autruche, le plus grand des oiseaux actuellement connus, peut atteindre deux mètres de hauteur. Elle est élevée en grand dans la colonie du Cap; ses magnifiques plumes font l'objet d'un important commerce. Le Casoar est une sorte d'Autruche de l'Australie; le Nandou vit dans l'Amérique du Sud.

II. Classes des Reptiles, des Batraciens et des Poissons.

208. Reptiles. — *Les Reptiles sont des vertébrés qui respirent par des poumons, qui ont le sang à température variable, le cœur à trois ou quatre cavités, la peau rugueuse et couverte d'écailles. Tous sont ovipares.* Leur nom vient de ce qu'ils rampent, c'est-à-dire que leur corps traîne à terre quand ils marchent. La plupart de ces animaux s'engourdissent pendant l'hiver. On les divise en quatre ordres : les *Crocodiliens*, les *Sauriens*, les *Chéloniens* et les *Ophidiens*.

209. Crocodiliens. — *Les Crocodiliens sont en général de grande taille; ils ont un cœur à quatre cavités, comme les Mammifères (ce qui les distingue des Sauriens), leurs dents sont fortement implantées dans les mâchoires.*

Ils vivent tous dans les fleuves et sont très redoutables. Les plus communs sont : le *Crocodile* du Nil, le *Caïman* d'Amérique et le *Gavial* de l'Inde.

210. Sauriens. — *Par la forme du corps, les Sauriens se rapprochent des Crocodiliens; mais ils sont beaucoup plus petits, et leur cœur n'a que trois cavités.*

Les *Lézards* de nos pays, qui font la chasse aux insectes; le *Caméléon* de Madagascar et l'*Orvet*, sont les principaux Sauriens.

Le Caméléon possède la singulière propriété de changer de couleur à volonté et de se soustraire ainsi à la poursuite de ses ennemis; l'Orvet, appelé serpent de verre ou borgne, est un reptile dont les membres sont presque disparus; contrairement à une opinion répandue, il est tout à fait inoffensif.

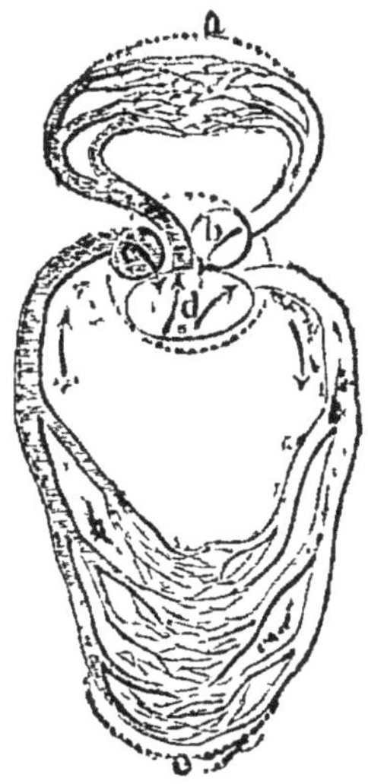

Fig. 88.

Représentation théorique de la circulation du sang chez les Reptiles.

a, capillaires des poumons; *b*, oreillette gauche; *c*, oreillette droite; *d*, ventricule unique; *e*, capillaire de nutrition

211. Chéloniens. — *Les Chéloniens ou Tortues ont un bec corné, et leur corps est protégé par une boîte osseuse.*

Cette boîte se compose d'une partie dorsale, la *carapace*, et d'une partie ventrale, le *plastron*. Les Tortues vivent sur terre, dans les fleuves ou dans la mer.

La Tortue grecque, qu'on élève dans les jardins pour chasser les limaces et les insectes, est le type de la Tortue terrestre.

Les Tortues des fleuves (fig. 89) ont les pattes palmées et nagent facilement; elles se nourrissent de mollusques et de poissons. Les Tortues marines sont en général de grande taille; on les recherche pour leur chair excellente, leurs œufs et l'écaille de leur carapace.

212. Ophidiens. — *Les Ophidiens ou Serpents sont dépourvus de membres et progressent par reptation. Leur corps est allongé et cylindrique; ils ont une langue échancrée, tout à fait inoffensive, qui est pour eux l'organe du toucher. Leurs yeux n'ont pas de paupière, ce qui leur donne une fixité fascinatrice; ces yeux sont simplement recouverts par la peau qui, à leur niveau, est complètement transparente.*

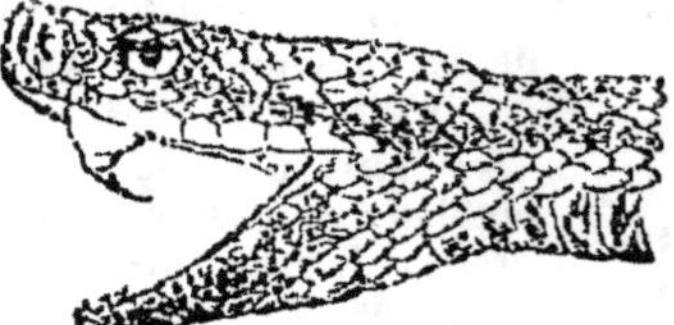

Fig. 90 — Tête de Vipère (profil).

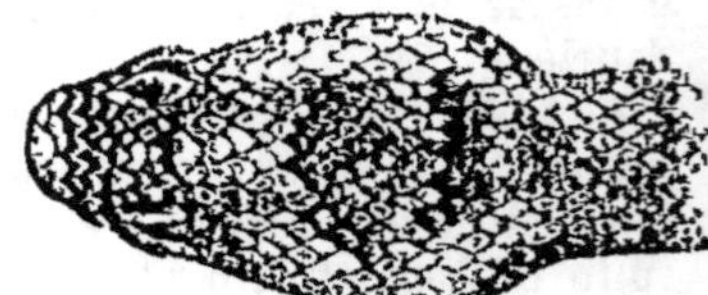

Fig. 91. — Tête de Vipère (vue par-dessus).

On divise les Serpents en deux groupes : les *Serpents venimeux* et les *Serpents non venimeux.*

Les principaux Serpents venimeux sont · les *Crotales* ou *Serpents* à *sonnettes*, les *Trigonocéphales*, qui habitent les pays chauds, et les *Vipères* (fig. 90 et 91), que l'on rencontre dans nos climats.

Le venin des Serpents est sécrété par une glande située sous la peau, un peu en arrière des yeux, et s'écoule par un canal qui abouţit à deux longues dents de la mâchoire supérieure. Ces dents ou *crochets* sont mobiles, rabattues en arrière contre le palais quand la bouche est fermée, et ne se redressent que lorsque l'animal veut mordre. Elles sont creusées d'un canal ou d'un sillon qui conduit le venin au fond de la plaie dans laquelle elles se sont implantées.

Quand on a été mordu par un serpent venimeux, le meilleur moyen de prévenir les conséquences de cet accident est de sucer la morsure de façon à en extraire, autant qu'il est possible, le venin qui s'y est introduit; cette opération est sans danger si l'on n'a aucune plaie dans la bouche. On cautérise ensuite la blessure avec la pierre infernale, un fer rouge ou un charbon ardent. Si c'est un membre qui a été mordu, on le serre fortement afin de ralentir la circulation du sang dans cette partie.

Parmi les Serpents non venimeux, on peut citer les *Boas*, énormes serpents d'Amérique, et les *Couleuvres*, communes en France; ces dernières se distinguent des Vipères par leur tête allongée couverte de larges plaques cornées.

213. Batraciens. — *Les Batraciens sont des animaux qui ressemblent aux reptiles par la respiration pulmonaire dans l'âge adulte, et aux poissons par la respiration branchiale dans le jeune âge. Leur peau nue sécrète un liquide qui prévient la dessiccation, et qui est venimeux chez le Crapaud et la Salamandre.*

Métamorphoses. L'œuf, déposé dans les lieux humides, donne naissance à un Têtard dont le corps, d'une seule venue, se termine par une large queue. Le Têtard ne vit que dans l'eau et respire par des branchies, extérieures d'abord, puis internes. Peu à peu les membres apparaissent, la queue tombe, et les branchies sont remplacées par des poumons. Après cette série de transformations, qui s'effectuent dans l'espace de deux mois environ, l'animal est arrivé à son plein développement.

Fig. 92. — Grenouille d'étang.

Division. On divise les Batraciens en trois ordres : les *Anoures*, les *Urodèles*, et les *Pérennibranches*

Les *Anoures* subissent des métamorphoses complètes et n'ont pas de queue à l'âge adulte. Les deux principaux Anoures sont : le *Crapaud*, batracien terrestre, utile pour la guerre qu'il fait aux insectes, et la *Grenouille* aquatique (fig. 92), dont les cuisses sont un mets recherché.

Les *Urodèles* conservent la queue toute leur vie ; la *Salamandre* en est le principal représentant. C'est un animal inoffensif, malgré son aspect repoussant. S'il est vrai que la Salamandre peut revenir à la vie après congélation, il est faux qu'elle puisse résister aux atteintes du feu.

Les *Pérennibranches* conservent non seulement la queue, mais encore les branchies tout en acquérant des poumons. Le *Protée* est un Pérennibranche qui vit dans les lacs souterrains; aussi est-il à peu près aveugle

214. Poissons. — *Les Poissons sont des vertébrés aquatiques; leur cœur n'a que deux cavités, leur respiration se fait par des*

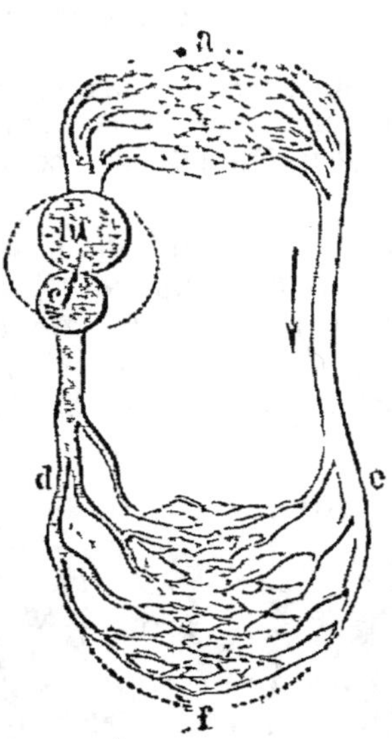

Fig. 93.

Représentation théorique
de la circulation du sang
chez les Poissons.

a, branchies; b, ventricule; c, oreillette; d, veines; e, artères; f, capillaires de nutrition.

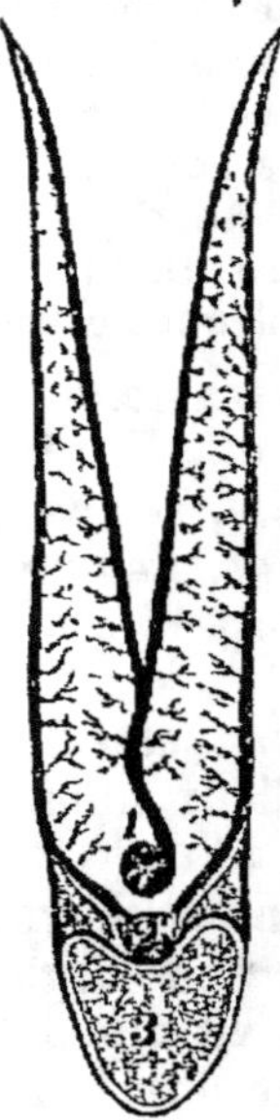

Fig. 94.

Coupe transversale
d'une branchie.

1, veine d'arrivée, arrivée du sang noir; 2, artère de retour; 3, cartilage de support de la branchie.

branchies; leur corps, tout d'une venue, est couvert d'écailles, et leurs membres sont transformés en nageoires.

Les Poissons ont une circulation simple, c'est-à-dire que le sang ne fait qu'un seul circuit : il arrive par les veines dans le cœur, qui le pousse dans les branchies, d'où, purifié, il va directement aux organes, sans revenir au cœur (fig. 93).

Les *branchies*, qu'on appelle vulgairement les *ouïes* (fig. 94), constituent l'appareil respiratoire des Poissons ; elles sont situées latéralement sur les côtés de la tête, et formées de quatre doubles séries de filaments rouges disposées sur des arcs osseux et protégées par une sorte de couvercle ou *opercule*. L'eau, pénétrant dans la bouche, vient sortir derrière les opercules, baigne ainsi les branchies, et abandonne l'oxygène qu'elle tient en dissolution.

Les organes de locomotion sont les *nageoires*, sortes de membranes maintenues par des rayons en forme d'éventail, et disposées soit latéralement (nageoires paires : *pectorales* et *ventrales*), soit sur la ligne médiane (nageoires impaires : *dorsale, anale et caudale*).

La plupart des Poissons ont le corps protégé par des *écailles* (Perche, Carpe) ; quelques-uns ont la peau nue et lisse (Anguille), ou rugueuse et chagrinée (Hequin, Raie).

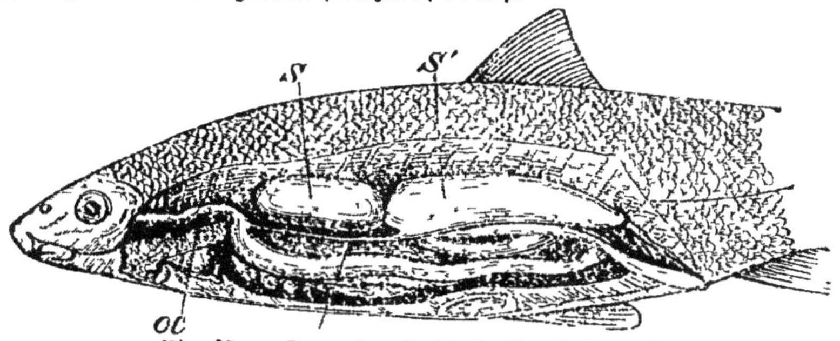

Fig. 95. — Coupe longitudinale d'un Poisson blanc.

s, compartiment antérieur, } vessie natatoire ;
s', compartiment postérieur, }
œ, œsophage.

Un grand nombre de Poissons sont munis d'une *vessie* dite *natatoire*, sorte de sac rempli d'air occupant la place des poumons. Cette poche peut servir à la respiration; mais en général elle est un organe de locomotion qui permet aux poissons de s'élever ou de descendre dans l'eau.

Les poissons se multiplient par des œufs, et leur fécondité est prodigieuse; la Morue et le Hareng peuvent pondre plusieurs millions d'œufs, la Carpe des centaines de mille, la Truite plus de trente mille. A l'époque du frai ou de la ponte, certaines variétés de poissons exécutent des migrations parfois très longues : les Harengs et les Sardines viennent du Nord pondre sur nos côtes en bandes innombrables, les Saumons remontent les fleuves pour pondre en eau douce, tandis que les Anguilles vont à la mer.

Le poisson est un aliment excellent, aussi la pêche est-elle une industrie universelle. Pour augmenter le nombre des poissons dans nos rivières, on pratique la *pisciculture*, qui consiste à recueillir les œufs artificiellement et à les faire éclore dans des bassins fermés, afin de les soustraire aux causes de destruction. Quand les petits *alevins* sont assez forts, on les jette dans les rivières que l'on veut repeupler. Cette industrie prend chaque jour de nouveaux développements.

215. La classe des Poissons, qui est très nombreuse, se divise en six ordres :

<table>
<tr><td rowspan="12">CLASSIFICATION DES POISSONS</td><td rowspan="4">POISSONS OSSEUX
OU
TÉLÉOSTÉENS</td><td>Rayons de la nageoire dorsale rigides . . .</td><td>ACANTHOPTÉRYGIENS.</td></tr>
<tr><td>Rayons de la nageoire dorsale flexibles. . .</td><td>MALACOPTÉRYGIENS.</td></tr>
<tr><td>Bouche transversale située à la face inférieure du museau. .</td><td>SÉLACIENS.</td></tr>
<tr><td>Bouche circulaire disposée pour la succion . . . .</td><td>CYCLOSTOMES.</td></tr>
<tr><td colspan="2">Squelette en partie osseux et partie cartilagineux. . . . .</td><td>GANOÏDES.</td></tr>
<tr><td colspan="2">Respiration branchiale et pulmonaire (un ou deux poumons). . . . .</td><td>DIPNEUSTES.</td></tr>
</table>

216. Téléostéens. — 1° *Acanthoptérygiens*. — Les principaux

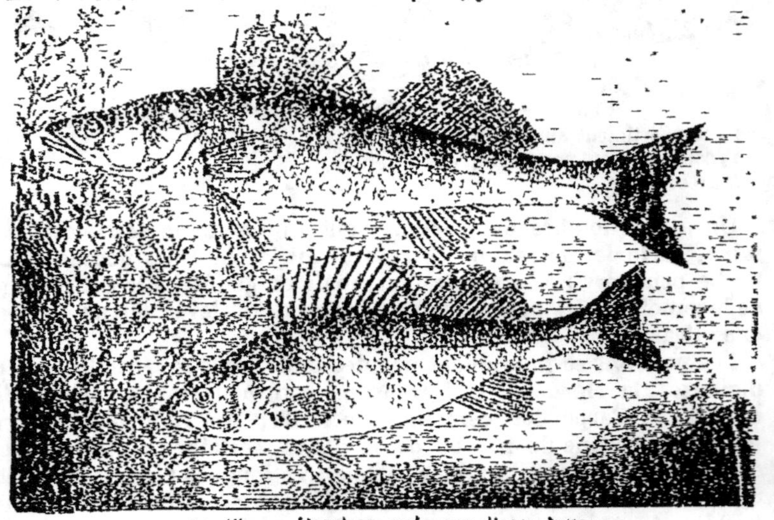

Fig. 96. — Perches, poissons d'eau douce.

Acanthoptérygiens sont : le *Maquereau* et le *Thon*, qui vivent dans la mer; la *Perche*, poisson de rivière (fig. 96). Le *Thon* est commun dans la Méditerranée ; il fournit une chair très appréciée et facile à conserver.

2° *Malacoptérygiens*. — Les principaux *Malacoptérygiens* sont : la *Morue*, le *Merlan*, le *Hareng*, la *Sardine*, poissons de mer ; le *Saumon*, le *Brochet*, l'*Anguille*, la *Carpe*, la *Truite*, le *Goujon*, poissons de rivière. La *Morue*, que nos marins vont pêcher à Terre-Neuve, est un poisson estimé pour sa chair et pour l'huile que l'on retire de son foie. Le *Hareng* se pêche à l'automne dans les mers du Nord, où il vient pour frayer en bancs très serrés ; c'est un poisson excellent et à bon marché. La *Sardine*, pêchée aussi sur nos côtes, sert à faire des conserves à l'huile. L'*Anguille* vit dans les eaux douces, mais elle va pondre à la mer ; la chair de ce poisson est des plus délicates.

217. Poissons cartilagineux — **1. *Sélaciens*.** Les Sélaciens ont un squelette cartilagineux, et leur bouche est située à la face inférieure du museau. Le *Requin*, principal sélacien, est un énorme poisson dont la bouche est armée de dents nombreuses et pointues ; il est très redoutable, même pour l'homme. Sa peau rugueuse sert à polir le bois et à faire des objets de maroquinerie. La *Raie* et la *Torpille* sont aussi des Sélaciens ; le dernier possède un appareil électrique qui lui permet de donner de fortes commotions.

2. *Cyclostomes*. Les Cyclostomes ont la bouche circulaire disposée pour la succion ; le principal poisson de cette subdivision est la *Lamproie*, espèce de poisson de rivière semblable à un serpent.

Poissons ganoïdes — L'*Esturgeon* a le squelette tantôt osseux, tantôt cartilagineux ; ce grand poisson, très commun dans la Méditerranée, est pêché surtout pour sa vessie natatoire, dont on fait une colle de poisson très estimée.

218. Dipneustes. — Les *Dipneustes* ressemblent aux Batraciens par leur vessie natatoire transformée en poumon, ce qui leur permet de respirer dans l'air ; ils ressemblent aux Poissons par leurs nageoires et leurs branchies.

Les principaux sont : le *Protoptère* et le *Ceratodus* ; ce dernier est commun en Australie.

QUESTIONNAIRE. — Quels sont les caractères des oiseaux ? — Sur quoi est basée leur classification ? — Différence entre les Gallinacés et les Colombins. — Citez des Passereaux utiles et des Passereaux nuisibles. — Quels sont les caractères des Reptiles ? — Quelle différence y a-t-il entre les Crocodiliens et les Sauriens ? — Que faut-il faire quand on est mordu par une Vipère ? — Comment respirent les Grenouilles ? — Pourquoi le Crapaud est-il un animal utile ? — Citez des Poissons d'eau douce et des Poissons de mer, et dites l'ordre auquel ils appartiennent.

16

CHAPITRE III

EMBRANCHEMENTS DES TUNICIERS ET DES MOLLUSQUES

219. Tuniciers. — *A ne considérer que l'apparence, les Tuniciers sont des animaux que l'on classerait dans les derniers échelons de la série. Pourtant on les range immédiatement après les Vertébrés, à cause de la présence d'une corde dorsale nerveuse analogue à la moelle épinière des vertébrés. Leur corps est enveloppé d'une tunique formée d'une espèce de cellulose.* Les uns, comme la *Claveline*, vivent fixés; tandis que d'autres, les *Salpes*, sont nageurs. Ces animaux peuvent se reproduire par bourgeonnement ou par des œufs.

220. Mollusques. — *Les Mollusques ont le corps mou, généralement divisé en trois parties : le manteau, la coquille et le pied. Leur système nerveux se compose d'une paire de ganglions cérébroïdes rattachés par un collier à deux paires de ganglions abdominaux. L'appareil circulatoire est lacunaire, c'est-à-dire qu'entre les veines et les artères il y a des lacunes et non des capillaires.*

Le manteau est un repli de la peau qui protège le corps entièrement ou en partie; entre le manteau et le corps se trouvent les branchies. La coquille est une enveloppe calcaire sécrétée par le manteau, sa forme est très variable, et parfois elle est à peine visible, chez la limace, par exemple. Le pied est la troisième partie du corps : il sert parfois de support à l'animal, comme chez l'escargot; d'autres fois c'est une couronne de bras, comme cela se voit chez les Céphalopodes.

On divise les Mollusques en trois classes : les *Céphalopodes*, les *Lamellibranches* et les *Gastéropodes*.

221. Céphalopodes. — *Les Céphalopodes ont la tête entourée d'une couronne de bras au nombre de huit ou dix, qui servent à la fois d'organes de locomotion et de préhension.*

Ces animaux nagent à reculons et possèdent la curieuse propriété de changer à volonté la couleur de leur corps et de se soustraire ainsi à la poursuite de leurs ennemis. Les principaux Céphalopodes sont: le *Poulpe* ou *Pieuvre*, l'*Argonaute*, la *Seiche* et le *Calmar*. Les *Poulpes* atteignent parfois de grandes dimensions et sont redoutables pour les nageurs qu'ils peuvent enlacer de leurs tentacules. L'*Argonaute* vogue sur les flots, se servant de sa coquille comme d'une barque. La *Seiche* (fig. 97) est très commune sur nos côtes, elle fournit une couleur brune, la *sépia*, utilisée par les peintres; on trouve aussi

dans son corps une coquille interne appelé *biscuit de seiche* qu'on met dans les cages pour fournir aux oiseaux le calcaire nécessaire à la coquille de leurs œufs.

222. Lamellibranches. — *Les Lamellibranches doivent leur nom à la disposition de leurs branchies, qui sont disposées en lamelles de chaque côté du corps.*

Comme leur tête n'est pas distincte, on les appelle aussi *Acéphales*; ils sont enfermés dans une coquille bivalve qu'ils ouvrent à

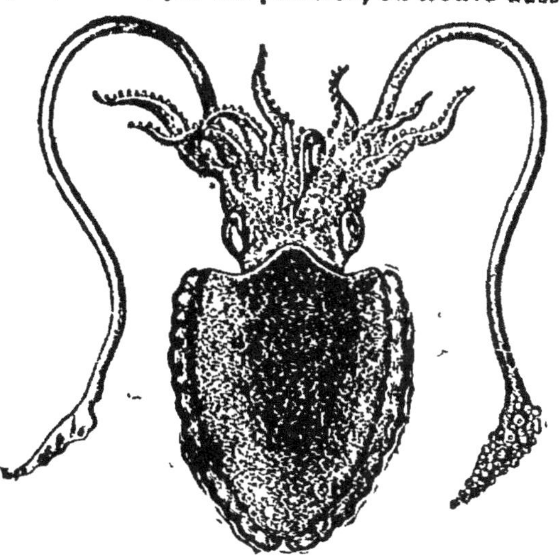

Fig. 97. — Seiche commune.

volonté. L'*Huître* et la *Moule* sont les plus connus. L'*Huître* se fixe aux rochers et s'immobilise toute sa vie; elle se nourrit des substances que lui apporte l'eau de mer; l'Huître se multiplie rapidement, mais on peut encore assurer l'accroissement de l'espèce en pratiquant l'élevage ou *ostréiculture;* c'est ainsi que l'huître est élevée dans les parcs d'Arcachon et de Marennes. L'*Huître perlière* ou *Pintadine* sécrète la nacre et produit aussi les perles fines, si recherchées; elle est surtout abondante à Tahiti et aux îles Bahrein- (golfe Persique). Les *Moules* peuvent se fixer ou se déplacer à volonté; leur chair est moins délicate que celle des Huîtres, mais leur prix plus abordable en fait le mets des pauvres. — A la Rochelle, on élève les Moules à l'aide de bouchots ou pieux enfouis dans la vase.

223. Gastéropodes. — *Les Gastéropodes ont un pied charnu sur lequel ils rampent. Presque tous ont une coquille contournée en spirale et fermée quelquefois par un opercule.*

Fig. 98. — Escargot.

Les *Gastéropodes aériens* respirent par un poumon. L'*Escargot* et la *Limace* sont les plus communs ; ce sont des animaux fort nuisibles, qui dévorent les feuilles tendres et les bourgeons de nos jardins. Les *Gastéropodes aquatiques* respirent ordinairement par des branchies ; les plus communs dans la mer sont : la *Pourpre*, qui fournit la matière colorante si recherchée, la *Porcelaine*, le *Casque*, etc.

QUESTIONNAIRE. — Pourquoi les Tuniciers sont-ils classés à la suite des Vertébrés ? — Comment se fait la circulation du sang chez les Mollusques ? — Pourquoi les Limaces sont-elles nuisibles ? — Pourquoi les Lamellibranches sont-ils ainsi appelés ? — Qu'appelle-t-on ostréiculture ?

CHAPITRE IV

EMBRANCHEMENTS DES ARTHROPODES ET DES VERS

I. Les Arthropodes.

224. — *Les Arthropodes ou Articulés, ou Annelés, ont le corps formé d'anneaux et pourvu de membres articulés, ce qui les distingue des Vers. Leur système nerveux consiste en une chaine de ganglions placés suivant la ligne médiane du corps ; le ganglion céphalique est situé au-dessus de l'œsophage, tandis que les autres sont situés au-dessous du canal digestif.*

On les divise en quatre grandes classes, suivant le tableau ci-dessous :

ARTICULÉS OU ARTHROPODES	Six membres.	INSECTES.
	Plus de six membres. Respiration trachéenne. 8 pattes.	ARACHNIDES.
	Plus de six membres. Respiration trachéenne. Plus de 8 pattes.	MYRIAPODES
	Plus de six membres. Respiration branchiale.	CRUSTACÉS.

225. INSECTES. — Les *Insectes* se distinguent des autres Annelés, parce qu'ils ont trois paires de pattes et que leur corps est divisé en trois parties : la *tête*, le *thorax* et l'*abdomen* (fig. 99).

226. Tête. — La *tête*, toujours très distincte du thorax, porte les *yeux*, les *antennes* et les organes de la *mastication*.

Les yeux sont immobiles, relativement gros, tantôt simples, comme chez les vertébrés, tantôt composés, c'est-à-dire formés chacun d'une multitude de petits yeux distincts, placés les uns à côté des autres.

Les *antennes*, vulgairement appelées *cornes*, sont insérées sur les côtés de la tête, et affectent les formes les plus variées ; ces appendices, au nombre de deux, sont les organes du toucher et de l'odorat, sens extrêmement développés chez les Insectes.

La bouche des *Insectes broyeurs* compte trois paires d'appendices, qui sont les *mandibules*, les *mâchoires* et la *lèvre inférieure*. Ces organes sont des appareils puissants, qui peuvent ronger et perforer le bois, le plomb et même la pierre.

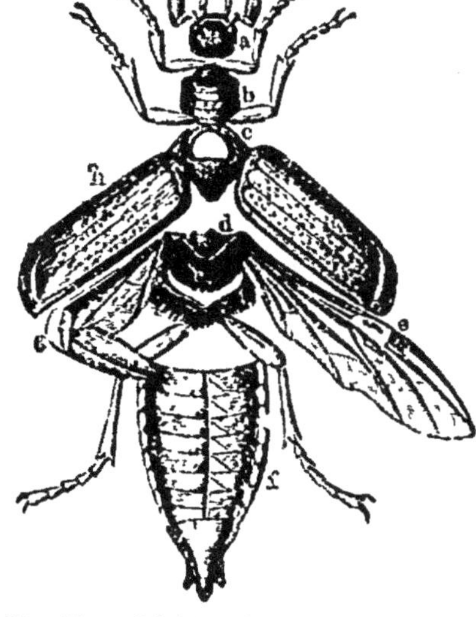

Fig. 99. — Division du corps d'un insecte.
Nomenclature des diverses parties d'un Coléoptère : *a*, tête ; *b*, thorax antérieur (protothorax) ; *c*, thorax moyen (mésothorax) ; *d*, thorax inférieur (métathorax) ; *e*, ailes ; *f*, abdomen ; *g*, aile repliée au repos ; *h*, élytre ou étui corné ; *i*, antennes ou organes du toucher.

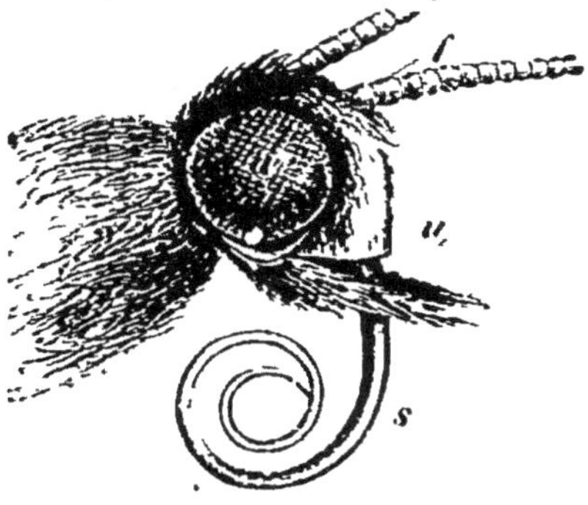

Fig. 100.

Tête de Papillon (grossie).

a, œil à facettes ou réseau d'yeux ; *f*, antennes ; *u*, lèvre inférieure ; *s*, trompe ou suçoir.

Chez les *Insectes lécheurs*, la lèvre inférieure devient une sorte de languette qui leur permet de lécher le suc des fleurs.

Chez les *Insectes suceurs*, les pièces buccales sont profondément modifiées et adaptées au régime particulier de l'animal. Ainsi les Papillons sont munis d'une *trompe* dont la longueur est plusieurs fois celle du corps.

Enfin les *Insectes piqueurs* ont les mandibules transformées en stylets perforants ; ce qui leur permet de percer la peau de leur proie et d'en sucer le sang.

227. Thorax et membres. — Le *thorax* est toujours formé de trois anneaux, qui portent chacun une paire de pattes ; ce sont : le *protothorax*, le *mésothorax* et le *métathorax*.

Les pattes, dont la forme dépend du genre de vie de l'insecte, comprennent la *hanche,* la *cuisse,* la *jambe* et le *tarse* (fig. 101). Le *tarse* est constitué par une série d'articles emboîtés les uns dans les autres, et dont le nombre variable est un caractère de classification.

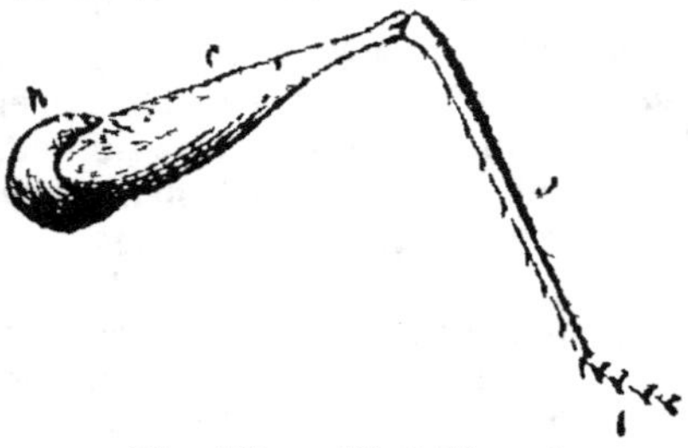

Fig. 101. — Pied d'Insecte.

h, hanche; *c,* cuisse; *j,* jambe; *t,* tarse.

Ailes. — Un grand nombre d'insectes ont deux paires d'ailes fixées, la première au mésothorax, et la deuxième au métathorax. Dans certaines espèces (*Hanneton, Coccinelle*), la première paire est formée d'ailes dures, cornées, qu'on appelle *élytres;* les élytres sont impropres au vol, et servent d'étui protecteur à la deuxième paire d'ailes.

Certains Insectes (*Mouches, Cousins*) n'ont qu'une seule paire d'ailes, fixée au mésothorax; les ailes postérieures sont alors transformées en petits organes, nommés *balanciers,* qui maintiennent l'insecte en équilibre pendant le vol.

228. Abdomen. — *L'abdomen* est formé d'anneaux qui ne portent ni pattes ni ailes. Sur chacun de ces anneaux se trouvent de petits orifices latéraux nommés *stigmates :* ce sont les extrémités des *trachées,* canaux toujours ouverts où l'air entre et circule librement.

229. Circulation et respiration. — Les insectes ont un vaisseau dorsal, où le sang circule d'arrière en avant; puis il tombe dans la cavité générale, se purifie au contact de l'air des trachées, et retourne au vaisseau dorsal.

230. Métamorphoses des insectes. — Les Insectes sont ovipares; mais beaucoup sont loin d'avoir atteint leur complet développement au sortir de l'*œuf,* et doivent subir une série de métamorphoses avant d'y parvenir.

Le premier état de l'Insecte est celui de *larve* ou de *chenille.* La larve est formée d'un certain nombre d'anneaux réguliers, nus ou couverts de poils. Après plusieurs mues, elle cesse de manger, s'enfonce dans la terre, et s'engourdit, ou bien elle file un cocon dans lequel elle s'enferme; son corps se couvre alors d'une peau dure, cornée, et tombe dans une sorte de mort apparente; c'est l'état de *nymphe* ou *chrysalide.*

Pendant ce temps, l'Insecte éprouve des modifications importantes; certains organes disparaissent, tandis que d'autres se développent. Enfin, après un temps plus ou moins long, il se débarrasse de ses enveloppes et sort à l'état d'*Insecte parfait.*

Les Papillons présentent cette série de phénomènes d'une façon remarquable.

231. Classification des Insectes. — Les Insectes se divisent en quatre groupes si l'on se base sur la conformation de l'appareil de

Fig. 102. — Métamorphoses du papillon machaon.
I. Larve (chenille). — II. Chrysalide. — III. Papillon.

préhension; on distingue : les *broyeurs*, les *lécheurs*, les *suceurs* et les *piqueurs*. Mais si l'on prend comme caractères différentiels le nombre et la forme des ailes, on obtient la classification suivante :

INSECTES	Insectes broyeurs	Ailes dissemblables.	2 élytres cornées, métamorphoses complètes . . . . . . **COLÉOPTÈRES.**
			2 pseudoélytres, métamorphoses incomplètes . . . . **ORTHOPTÈRES.**
		4 ailes semblables à nervures serrées.	Métamorphoses complètes. . . . . . **NÉVROPTÈRES.**
			Métamorphoses incomplètes . . . . **PSEUDONÉVROPTÈRES**
	Insectes lécheurs.		4 ailes à mailles peu serrées, métamorphoses complètes. . **HYMÉNOPTÈRES.**
	Insectes suceurs.		4 ailes couvertes d'écailles, métamorphoses complètes . . . **LÉPIDOPTÈRES.**
			4 ailes en général, métamorphoses incomplètes. . . . . **HÉMIPTÈRES.**
	Insectes piqueurs.		2 ailes et quelquefois pas du tout, métamorphoses complètes . **DIPTÈRES** (ou mouches).
	Parasites.		**INSECTES APTÈRES.**

Coléoptères. — Les *Coléoptères* se reconnaissent facilement à leurs élytres cornées couvrant parfaitement la deuxième paire d'ailes. Les Coléoptères utiles sont : les *Carabes*, grands chasseurs de Limaces

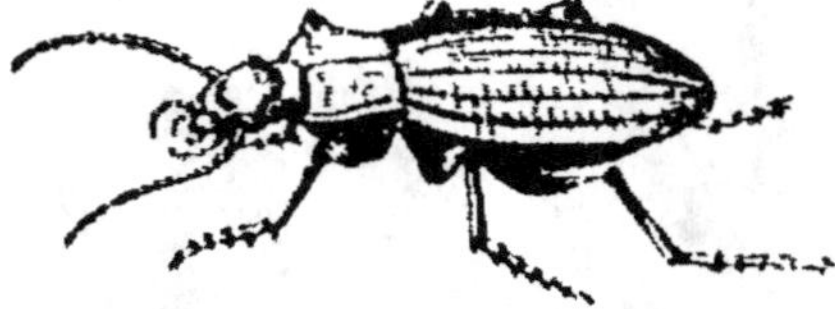

Fig. 103. — Carabe doré ou Jardinière.

et de larves ; le *Scarabée* ou *Bousier*, qui détruit les excréments et les disperse dans la terre ; la *Coccinelle* ou *Bête à bon Dieu*, qui fait la guerre aux Pucerons ; la *Cantharide*, utilisée pour les vésicatoires. Les Coléoptères les plus nuisibles sont : le *Charançon* ou *Calandre* du blé, le *Lucane* ou *Cerf-volant*, insecte à fortes mandibules, dont la larve creuse le tronc des arbres, et le *Hanneton*, dont la larve ou *ver blanc* vit trois ans dans le sol, y causant de grands ravages ; c'est le plus nuisible des Coléoptères.

Orthoptères. — Comme exemples d'*Orthoptères*, on peut citer la *Blatte* de cuisine ou *Cafard*, la *Mante* religieuse ou *Prega-Diou*, le *Grillon* ou *Cri-cri*, la *Courtilière* ou *Taupe-Grillon*, qui dévaste les jardins potagers, et les insectes sauteurs, tels que les *Criquets* et les *Sauterelles*, animaux voraces qui sont un des fléaux de l'Égypte et de l'Algérie. Le *Perce-oreille*, insecte nuisible, est aussi un Orthoptère.

Névroptères. — Le *Fourmi-lion* est le principal névroptère à métamorphoses complètes ; sa larve se creuse dans le sable un trou en forme d'entonnoir pour y faire tomber les insectes et les dévorer.

Fig. 104. — Fourmi-lion

Pseudonevroptères (ou névroptères à métamorphoses incomplètes). — Ce genre comprend : la *Libellule*, qui se tient de préférence au bord des étangs, et fait la chasse aux mouches. — Le *Termite*, grande fourmi de l'Afrique australe qui vit en troupes nombreuses, et que les indigènes mangent volontiers.

Hyménoptères. — Les Hyménoptères les plus connus sont : les *Abeilles*, les *Guêpes* et les *Fourmis*. Les *Abeilles* vivent en communauté dans des ruches naturelles ou artificielles. On distingue trois sortes d'Abeilles dans une ruche : les *mâles* ou *Bourdons* ; la *reine*, qui pond un très grand nombre d'œufs, et les *ouvrières*. Ces dernières sont les plus nombreuses; elles puisent dans les fleurs les substances qui leur servent à faire le miel, et leur abdomen sécrète la cire qui forme les alvéoles où la reine dépose les œufs. Chaque ruche ne doit posséder qu'une seule reine; s'il y en a deux, la plus ancienne sort avec un certain nombre d'ouvrières et forme un nouvel essaim qui va s'établir ailleurs.

Les *Guêpes* et les *Frelons* ressemblent par leurs mœurs aux Abeilles mais ce sont des insectes plutôt nuisibles qu'utiles.

Les *Fourmis* vivent également en républiques dans des nids ou fourmilières qu'elles creusent en terre : elles se nourrissent de matières sucrées qu'elles trouvent dans les fruits de nos jardins.

Lépidoptères. — Les *Lépidoptères* ou *Papillons* ont les ailes couvertes d'écailles microscopiques, qui s'attachent aux doigts dès qu'on les touche. Les uns ne volent que le jour, ce sont les papillons *diurnes*; ils sont souvent parés des couleurs les plus brillantes et tiennent leurs ailes verticales pendant le repos. D'autres papillons ne volent que le soir ou la nuit; on les appelle *crépusculaires* ou *nocturnes*; au repos, leurs ailes sont horizontales ou abaissées.

Les Papillons les plus nuisibles dans nos contrées sont : le *Piéride du chou*, la *Pyrale* de la vigne et le *Sphynx Tête-de-Mort*, qui mange les feuilles des pommes de terre.

Le *Bombyx* du mûrier est un Papillon nocturne, dont la larve, nommée *ver à soie*, se nourrit de feuilles de mûrier et file un cocon de soie; on l'élève dans les magnaneries.

Hémiptères. — Les Hémiptères les plus connus sont : les *Punaises*

Fig. 105. — Œstre.

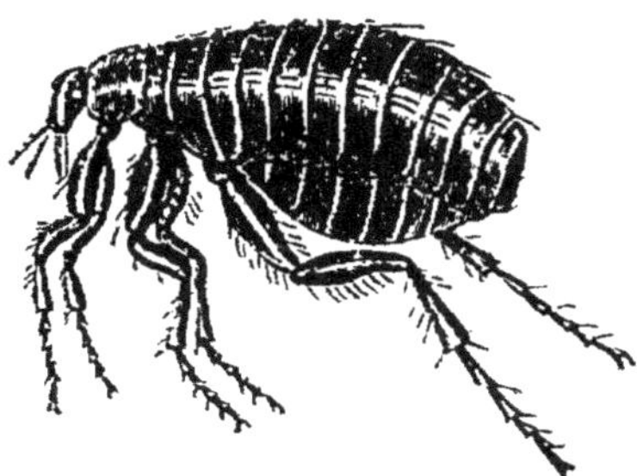

Fig. 106. — Puce (grossie).

des bois et des maisons; les *Cigales du Midi*, dont le cri monotone est produit par un appareil spécial placé dans l'abdomen; le *Phylloxéra de la vigne*, dont les ravages, depuis 1875, se montent à plusieurs milliards. On le combat par l'immersion des ceps, par le sulfure de carbone; mais le moyen le meilleur est de se servir, comme porte-greffe, du plant américain, dont la racine robuste résiste aux attaques de l'insecte. La *Cochenille* des pays chauds est un petit Hémiptère qui fournit la matière rouge appelée carmin.

Diptères. — Les *Diptères* sont des insectes redoutés à cause de leurs piqûres ; les plus communs sont : les *Mouches*, qui propagent souvent les maladies contagieuses, en transportant les microbes ; les *Cousins*, encore plus insupportables que les Mouches ; les *Taons* et les *Œstres*, qui piquent les bœufs et les chevaux.

Aptères. — La *Puce* et le *Pou*, sont dépourvus d'ailes et vivent en parasites sur l'homme on ne s'en débarrasse que par des soins assidus de propreté.

232. ARACHNIDES. — *Le corps des Arachnides n'a que deux divisions : le céphalothorax, portant les quatre paires de pattes, et l'abdomen, qui est le plus souvent de forme globuleuse* (fig. 107).

Plusieurs espèces possèdent un appareil producteur de la soie, qui leur sert à tisser des toiles pour capturer les insectes dont elles se nourrissent.

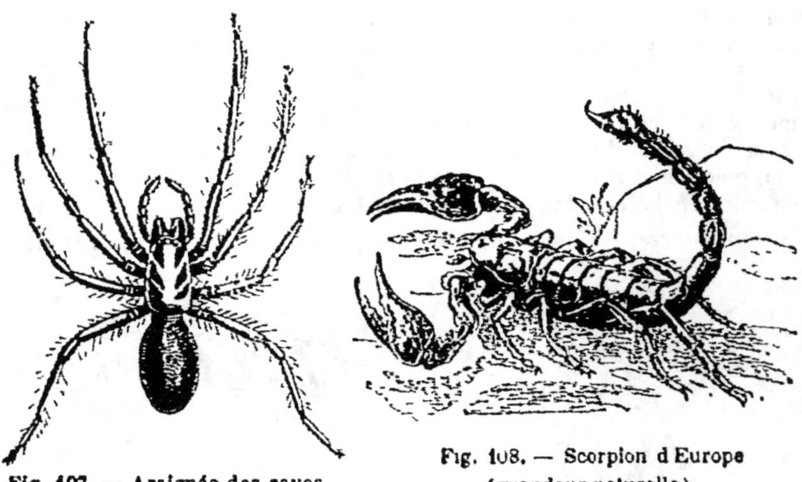

Fig. 107. — Araignée des caves.

Fig. 108. — Scorpion d'Europe
(grandeur naturelle).

Les Arachnides les plus remarquables sont les *Araignées*, les *Scorpions* et le *Sarcopte de la gale*.

Les *Araignées*, désagréables dans les appartements, sont cependant utiles, car elles prennent à leurs pièges un grand nombre de Mouches.

Le *Scorpion* du midi de la France est peu dangereux; mais celui d'Afrique est redoutable, et sa piqûre peut être mortelle pour l'homme.

Le *Sarcopte* de la gale vit en parasite sur le corps des animaux et de l'homme. Il dépose ses œufs entre le derme et l'épiderme, ce qui occasionne les démangeaisons violentes qui caractérisent cette maladie.

233. MYRIAPODES. — *Les Myriapodes, ainsi nommés à cause du grand nombre de leurs pattes, ont le corps formé d'anneaux portant chacun une ou deux paires de membres.*

Ces animaux vivent dans les lieux obscurs et humides. Les plus communs sont les *Iules*, au corps cylindrique, d'un noir bleuâtre, qui s'enroulent en spirale quand on les touche, et les *Scolopendres*, qui sécrètent un liquide venimeux.

234. CRUSTACÉS. — *Les Crusta-cés ont le corps composé de seg-ments distincts et recouvert d'un épiderme corné, encroûté de car-bonate de chaux. Cette carapace se détache de temps en temps, laissant à nu un nouvel épiderme, qui ne tarde pas à durcir lui-même.*

Les Crustacés sont presque tous aquatiques et respirent par des bran-chies. Ils peuvent vivre hors de l'eau aussi longtemps que leurs branchies demeurent humides. Les principaux Crustacés sont : l'*Écrevisse*, le *Ho-mard*, la *Langouste*, le *Crabe* et le *Cloporte*.

Fig. 109. — Ecrevisse.

Le corps d'une Écrevisse (fig. 109) est formé de trois parties : la tête,

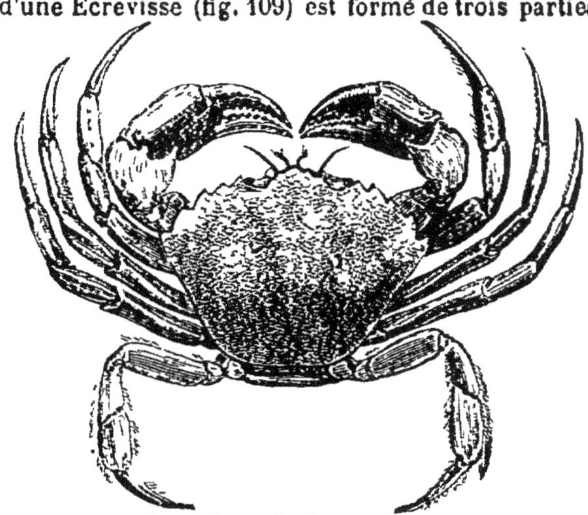

Fig. 110. — Crabe tourteau.

le thorax et l'abdomen. La tête, peu distincte du thorax, porte deux paires d'antennes, organes du tact, et six paires de pattes-mâchoires ; le thorax est muni de cinq paires de pattes locomotrices, dont la première paire forme les pinces, organes de défense; l'abdomen porte sept paires de pattes-nageoires à peine visibles. L'*Écrevisse* vit dans les eaux douces; on l'élève artificiellement, comme l'on fait pour les huîtres. Le *Homard* est un crustacé marin pêché surtout à Terre-Neuve. La *Langouste* habite de préférence les côtes rocailleuses. La *Crevette*, beaucoup plus petite, a un test calcaire transparent : sa chair est très estimée. Le *Crabe* ne ressemble nullement aux précédents crustacés, car son abdomen s'est replié sous la carapace ; il vit sur les côtes de la mer, et plusieurs de ses variétés sont comestibles.

II. Les Vers.

235. Vers. — *Les Vers ont le corps cylindrique formé d'anneaux semblables, mais ils sont dépourvus de membres articulés. On les divise en deux classes : les Annélides et les Helminthes.*

236. Annélides. — Le corps des *Annélides* est formé d'anneaux distincts, très nombreux et très serrés, portant généralement des soies qui servent d'organes locomoteurs. Un grand nombre de ces animaux ont la singulière propriété de reproduire la partie du corps qu'on leur aurait enlevée.

Les principaux sont : la *Sangsue* (fig. 109), l'*Arénicole des pêcheurs* et le *Lombric* ou *Ver de terre*.

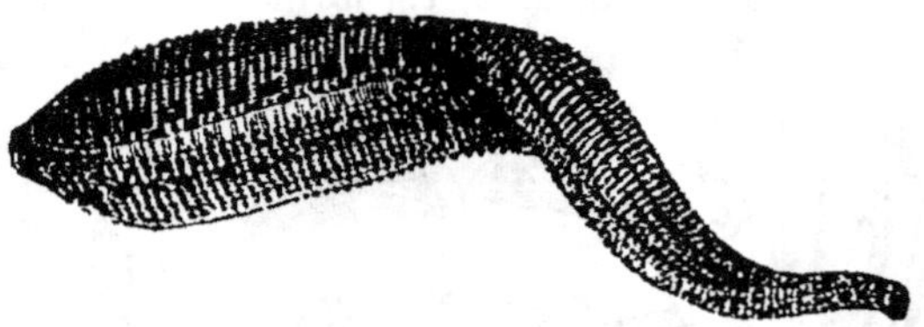

Fig. 111. — Sangsue médicinale.

Les *Sangsues* ont le corps terminé par deux ventouses qui leur servent à se fixer sur les animaux dont elles sucent le sang. En médecine, l'usage des Sangsues diminue beaucoup; on en élève cependant encore dans les marais, spécialement vers l'Ouest de la France.

Le *Ver de terre*, que l'on trouve partout, creuse des galeries souterraines, ameublit la terre et contribue à lui donner de la fertilité.

237. Helminthes. — *Les Helminthes* sont des animaux dépourvus d'appareils locomoteurs, et vivant dans les organes des autres animaux.

Les principaux sont : le *Ténia* ou *Ver solitaire*, la *Trichine* et les *Vers intestinaux*.

Le *Ténia* vit dans le tube digestif de l'homme et peut atteindre
deux ou trois mètres de long. Il n'a pas
de cavité digestive, mais il puise par
contact les principes nutritifs; aussi
sa présence détermine une faim insa-
tiable. Il se fixe par une tête ou scolex
pourvue de crochets; cette tête est suivie d'un grand nombre d'anneaux plats
dont le nombre s'accroît sans cesse,
et dont les derniers sont remplis d'œufs.
Si ces œufs, rejetés avec les excréments,
sont mangés par un porc, ils éclosent
dans le corps de l'animal et lui donnent
la ladrerie. Un homme qui mangera de
la viande ladre, incomplètement cuite,
aura peu de temps après des Ténias dans
l'appareil digestif.

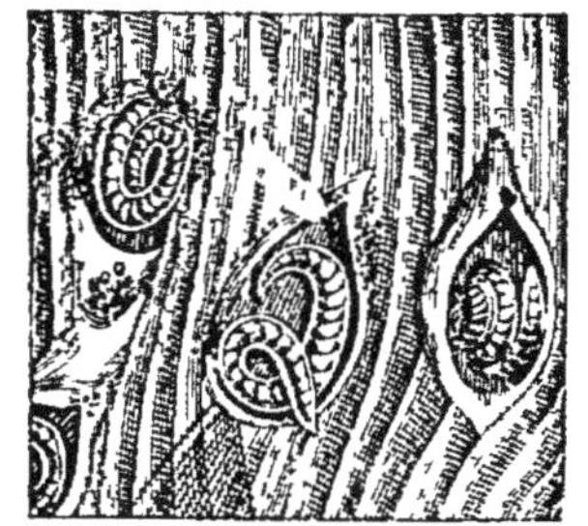

Fig. 112.
Trichines enkystées
dans un muscle (très grossies).

La *Trichine* s'enkyste, c'est-à-dire se revêt d'une couche résistante,
dans les muscles du porc; si l'homme mange de la viande trichinée
mal cuite, les trichines passent dans les muscles et peuvent causer
une maladie mortelle, la *trichinose*.

QUESTIONNAIRE. — Quels sont les caractères qui distinguent les Vers et les
Arthropodes? — De combien de parties se compose le corps d'un insecte? —
Nommez des Coléoptères utiles et des Coléoptères nuisibles. — Quels sont les
principaux Hyménoptères? — Quelle est l'utilité des Araignées? — Nommez les
Crustacés les plus communs. — Quel est leur mode de respiration ? — Quelles
précautions faut-il prendre quand on mange de la viande de porc ?

CHAPITRE V

EMBRANCHEMENTS DES ÉCHINODERMES, DES CŒLENTÉRÉS, DES SPONGIAIRES ET DES PROTOZOAIRES

238. ÉCHINODERMES. — *Les Échinodermes sont des animaux
marins dont la peau, dure et calcaire, est souvent hérissée
d'épines. Leur appareil digestif est un tube à parois distinctes
de celles du corps.*

Les principaux Échinodermes sont : les *Astéries* ou *Étoiles de
mer* (fig. 110) et les *Oursins*.

Les *Astéries* sont ainsi appelées à cause de leur forme étoilée; les
Oursins ont le corps globuleux, mais le test calcaire est formé de cinq

divisions bien distinctes, quoique soudées ensemble. Ils sont comestibles

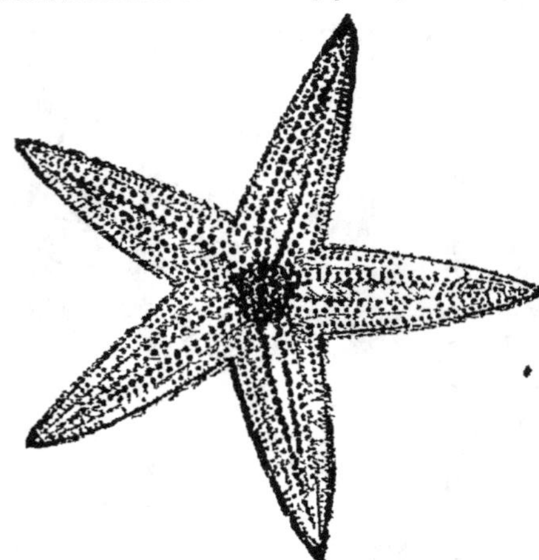

Fig. 113. — Astérie commune.

239. CŒLENTÉRÉS OU POLYPIERS. — *Les Cœlentérés ont un appareil digestif réduit à une simple cavité, qui a pour parois celles mêmes du corps. Ils se subdivisent en deux classes : les Acalèphes et les Polypiers.*

240. Acalèphes. — Les *Acalèphes* sont des animaux gélatineux, transparents, qui flottent dans les eaux de la mer ; ils ont là forme d'une cloche dont les bords portent des tentacules simples ou ramifiés qui leur servent d'organes de préhension et de locomotion. Ex. : les *Méduses* ou *Orties de mer*.

241. Polypiers. — Les *Polypiers* ont également le corps gélatineux, muni de tentacules nombreux entourant la bouche (d'où leur nom de polypes), et possèdent presque tous la faculté de se grouper en colonie sur un support ramifié, formé par des concrétions calcaires de structure très variée (*Polypiers*).

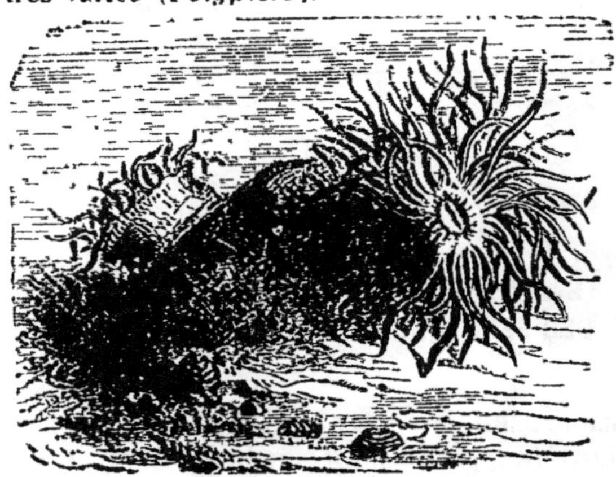

Fig. 114. — Actinies ou Anémones de mer.

Les Polypes les plus communs sont : les *Actinies*, les *Hydres* d'eau douce, les *Madrépores* et les *Coralliaires*.

Les *Actinies* ou Anémones de mer se fixent aux rochers des côtes ; leur bouche est entourée de tentacules disposées comme les pétales d'une fleur et colorées de teintes variées, d'où leur nom d'anémones.

Les *Madrépores*, très communs dans les mers du Pacifique, forment par leur apport calcaire, peu au-dessous de la surface de la mer, des récifs dangereux. Les *Coralliaires* sont des Polypes vivant en groupe sur un support calcaire de couleur rouge nommé Polypier du corail ; le corail, fréquent sur les côtes de l'Algérie, est recherché pour faire des objets de bijouterie.

242. SPONGIAIRES. — Les *Spongiaires* sont de petits animaux qui, d'abord libres dans les premiers temps de leur existence, se groupent ensuite en colonies nombreuses, et sécrètent alors une matière calcaire ou siliceuse, qui forme bientôt une masse solide extrêmement poreuse, destinée à loger la colonie dont l'ensemble constitue une *Éponge* (fig. 115).

Les Éponges ont la forme d'une sphère ou d'une coupe qui s'accroît peu à peu, à mesure que de nouveaux individus prennent naissance par bourgeonnement.

On trouve les plus belles Éponges le long des côtes de Syrie, où leur pêche constitue une industrie importante.

Fig. 115. — Éponge.

Chez les Éponges il n'y a aucun organe spécialement destiné à une fonction ; l'animal se nourrit des matières que lui apporte l'eau en circulant librement par ses pores ou *oscules*.

Ce que l'on utilise sous le nom d'éponge n'est que le squelette de l'éponge vivante, dont on a enlevé la partie organisée gélatineuse.

243. PROTOZOAIRES. — Les *Protozoaires* sont ainsi nommés parce qu'ils constituent le premier échelon de la série animale. Les plus simples, en effet, ont une organisation tellement élémentaire, qu'ils se montrent sous l'aspect d'une masse gélatineuse animée de mouvements contractiles et de forme constamment variable.

Les Protozoaires se subdivisent en deux classes : les *Infusoires* et les *Rhizopodes*.

244. Infusoires. — Les *Infusoires* (fig. 116) sont des animaux microscopiques qui se développent ordinairement dans les infusions végétales ou animales ou dans les eaux stagnantes. Leurs formes sont extrêmement variées.

Les Infusoires naissent les uns des

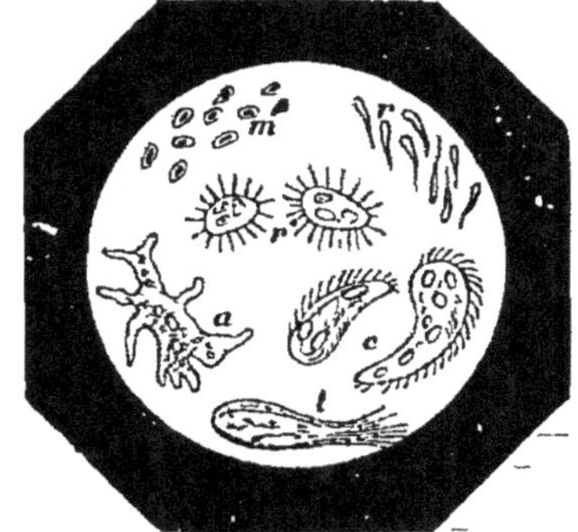

Fig. 116. — Infusoires
vues sous un fort grossissement.

autres par segmentation, ou se reproduisent par des germes que l'air ou l'eau transportent et répandent partout, et qui se développent lorsqu'ils se trouvent dans des conditions favorables.

245. Rhizopodes. — Les *Rhizopodes* sont les derniers représen
tants de la série animale. Leur corps, d'une extrême simplicité, est
formé de protoplasma granuleux qui, dans la plupart des cas, sécrète
des matières calcaires ou siliceuses, sous forme d'aiguilles, de piquants,
de coquilles parfois très élégantes.

A cette classe appartiennent les *Amibes*, les *Radiolaires* et les
Foraminifères.

QUESTIONNAIRE. — Pourquoi les Échinodermes sont-ils ainsi nommés ? —
Qu'est-ce qui caractérise les Polypiers ? — Que fait-on du corail ? — Quel est
le caractère distinctif des Éponges ? Où les trouve-t-on surtout ? — Indiquez le
caractère des Protozoaires. — Que savez-vous des Infusoires ?

CHAPITRE VI

ANIMAUX UTILES

246. Définition. — Les animaux utiles sont ceux dont nous tirons
parti, soit pour notre subsistance, soit pour les services qu'ils nous
rendent, soit pour les produits industriels que nous en retirons.

On range également dans cette catégorie tous les animaux destructeurs d'espèces nuisibles.

247. Le bétail. — Par bétail on entend les animaux de ferme,
Bœufs, *Moutons*, *Porcs*, etc., à l'exception des Chevaux, des Chiens
et des volailles. On peut le subdiviser en *gros bétail* (Bœufs, Vaches,
etc.), et en *menu bétail* (Moutons, Porcs, Chèvres, etc.).

Outre les *engrais* excellents que fournissent la plupart des bestiaux, et le *travail* que peuvent produire quelques-uns d'entre eux,
ils constituent l'une des plus précieuses ressources de l'agriculture,
par les différents produits d'alimentation qu'ils donnent en abondance,
comme la *viande de boucherie*, le *lait*, le *beurre*, les *fromages*, et
par les importants produits industriels qu'on en retire, comme les
cuirs et les *laines*.

Les principaux mammifères composant le bétail ordinaire sont les
Bœufs, les *Moutons*, les *Porcs* et les *Chèvres*.

Le *Bœuf* est, sans contredit, l'une des espèces de bétail les plus
précieuses par les nombreux services qu'il rend à l'homme comme
animal domestique. C'est un rude et vigoureux travailleur ; sa *chair*
est une ressource abondante pour la boucherie, et il n'est presque
aucune partie de son corps qui ne soit employée dans l'industrie. Sa
peau sert à la préparation de *cuirs* excellents ; son *poil* fournit la
bourre avec laquelle on garnit les fauteuils, les canapés ; ses *cornes*,
ses *os*, sont utilisés dans la tabletterie pour faire des peignes, des bou-

tons, des manches d'instruments; sa *graisse* est employée dans la
fabrication des bougies et des savons; ses *intestins* fournissent la
baudruche, etc.

Le *Mouton* est une espèce importante parmi celles que l'on élève
en vue des produits qu'elles rapportent. Sa chair fournit une nourriture succulente et délicate; sa laine sert à la fabrication des étoffes
et constitue un revenu très important pour l'industrie française.

Le poil de la *Chèvre* sert à la fabrication des étoffes, des coiffures.
Avec sa *peau*, très estimée dans la ganterie, on fabrique du parche-
min, du maroquin. Les Chèvres de *Cachemire* (Thibet) sont renommées pour leur poil long et abondant, qui sert à la fabrication des
étoffes dites de *Cachemire*.

Le *Porc* est, parmi tous les animaux domestiques, celui qui se
prête le mieux à l'engraissement. Il fournit du *lard* en abondance;
sa *chair*, de digestion assez difficile, sert de base à la confection de
nombreux produits alimentaires qui ont donné naissance à une branche
d'industrie particulière, la *charcuterie*.

248. Le gibier. — On appelle *gibier* les animaux que l'homme se pro-
cure par la chasse, quels que soient les moyens employés, et qui servent
à son alimentation. Ces animaux sont des mammifères ou des oiseaux.

La chair du gibier est plus succulente, possède un fumet plus
agréable que celle des animaux domestiques, et par conséquent est
plus estimée que la viande de boucherie; mais ses qualités mêmes la
rendent plus excitante, et par suite moins facile à digérer pour des
estomacs paresseux.

On peut citer comme espèces principales de gibier parmi les mammifères : le *Sanglier*, le *Cerf*, le *Chevreuil*, le *Lièvre* et le *Lapin*; et
parmi les oiseaux : le *Faisan*, le *Coq de bruyère*, la *Perdrix*, la
Caille, la *Grive*, l'*Alouette*, le *Canard sauvage* et la *Bécasse*.

249. Auxiliaires de l'homme. — Le *Chien* paraît de tous les animaux celui qui se prête le mieux à la domestication, celui que
l'homme s'attache le plus volontiers, et dont il a su le mieux diriger
les instincts et les merveilleuses aptitudes. On sait combien il montre
d'intelligente activité et d'instinct remarquable dans la conduite et la
garde des troupeaux qui lui sont confiés. Ces éminentes qualités,
jointes au désintéressement le plus absolu, en font un des animaux
de ferme les plus utiles.

Le *Bœuf* se place au premier rang parmi les travailleurs infatigables de la campagne. Son dos, large et arrondi, le rend impropre
au transport des lourds fardeaux; mais son cou développé, ses larges
épaules, en font une excellente bête de traction. La pesanteur de sa
démarche, la masse de son corps, sa patience dans le travail, le
rendent plus que tout autre animal propre aux rudes travaux des champs.

Le *Cheval* est un des meilleurs auxiliaires de l'homme pour les
nombreux services qu'il lui rend. Suivant les usages auxquels on
les destine, les chevaux peuvent se subdiviser en chevaux de *selle*
et en chevaux de *trait*.

Les chevaux de selle comprennent les chevaux de *guerre*, les chevaux de *luxe* (chasse, manège, promenade) et les chevaux de *service* (voyage, service journalier). Ils ont pour types deux races célèbres : 'e *cheval arabe* et le *cheval pur sang anglais*.

Si les chevaux de trait manquent de légèreté et d'ardeur, leur corps massif, leurs fortes jambes, leur puissance musculaire, leur patience extraordinaire, en font de robustes et vigoureux travailleurs.

La France possède sans contredit les meilleurs chevaux de trait; l'une de ses races, la race *boulonnaise*, est le type du cheval de gros trait.

L'*âne* marche ordinairement au pas; il a le trot dur et saccadé, et ne sait pas galoper.

Sa grande sobriété, sa docilité à ne refuser aucun travail qui n'excède pas ses forces, en font un utile auxiliaire des pauvres habitants des campagnes, auxquels il rend les plus grands services par ses modestes mais précieuses qualités. Sa peau sert à faire des tambours, des tamis. En Orient, on en fait la peau de chagrin si recherchée pour la reliure.

L'*Éléphant* ne se rencontre que dans l'Afrique et dans l'Inde. Depuis longtemps l'homme a su le plier à ses exigences et l'utiliser pour la chasse, la guerre ou le transport.

Le *Chameau* est utilisé comme bête de somme dans le Thibet, la Syrie et la Perse. Le *Dromadaire* est commun dans le nord de l'Afrique. Le Chameau est plus léger et plus robuste que le cheval. Il ne s'attelle pas, étant lui-même comme une sorte de voiture vivante, sur laquelle on peut accumuler jusqu'à 300 kilos de marchandises. C'est un animal indispensable pour les caravanes qui ont à traverser des déserts sablonneux d'assez grande étendue.

Le *Renne* est un animal exclusivement propre aux contrées boréales. Il est pour les Lapons, les Samoyèdes, un auxiliaire de première utilité, et remplace chez eux le Bœuf, le Mouton et le Cheval, qui ne pourraient résister au climat rigoureux des terres arctiques.

Sa peau sert à fabriquer les vêtements, les tentes des habitants de ces pays; ils en font même les voiles de leurs barques et jusqu'à des canots. Sa chair est utilisée pour l'alimentation; ses os, ses bois, servent à fabriquer toutes sortes d'ustensiles.

250. Mammifères à fourrure. — Les animaux à fourrure sont des Mammifères qui, pour la plupart, habitent les régions froides du Nord ou les contrées brûlantes de l'Asie, de l'Afrique et de l'Amérique du Sud. Ces quadrupèdes sont presque tous carnassiers, et leur fourrure est à peu près la seule chose dont l'homme puisse tirer parti.

On nomme *pelleteries* les peaux de Mammifères préparées pour être conservées avec leur poil; on leur donne le nom de *fourrures* quand elles sont utilisées pour la confection des vêtements.

Les fourrures les plus chaudes sont fournies par les animaux des pays froids; comme les poils sont toujours plus serrés en hiver qu'en été, on attend les grands froids pour leur faire la chasse. Les plus riches fourrures proviennent de petits Mammifères tels que la *Martre*, la *Loutre*, l'*Hermine*, la *Zibeline*.

251. Oiseaux de basse-cour. — On appelle *basse-cour* l'endroit clos dans lequel on élève les *volailles*. La basse-cour est une ressource importante pour le ménage du cultivateur, et peut lui fournir en abondance des œufs dont il peut tirer un grand profit.

Les principales espèces d'oiseaux que l'on élève dans les basses-cours, les unes pour leur chair et leurs œufs, les autres pour leur chair et leurs plumes, sont : les *Poules*, les *Dindons*, les *Pigeons*, les *Canards*, les *Oies*, et moins souvent les *Pintades*, les *Faisans* et les *Cygnes*.

Les plumes ne servent guère qu'à la confection des objets de luxe et d'agrément; on employait autrefois les plumes d'Oie pour écrire. Les plumes d'Autruche sont très recherchées, ainsi que celles de certains oiseaux qui ont un plumage brillant, comme le Paon, les Oiseaux-Mouches, les Paradisiers.

Le *duvet* des Canards, et surtout celui des Oies, est employé pour la literie; on en garnit les coussins et les oreillers.

252. Poissons. — Les poissons d'eau douce, la *Carpe*, la *Tanche*, la *Truite*, l'*Anguille*, la *Perche*, le *Brochet*, les *Goujons*, donnent d'excellents aliments maigres; on les mange frais. Les poissons de mer ordinairement employés comme espèces alimentaires sont : le *Hareng*, la *Sardine*, l'*Anchois*, le *Thon*, la *Morue*, le *Merlan*, le *Maquereau*, la *Sole* et la *Raie*.

On appelle *viviers* des réservoirs d'eau, naturels ou artificiels, destinés à la conservation et à la multiplication du poisson. Ce sont en général des étangs dans lesquels on retient à volonté les eaux de pluie, de source ou de rivière. Le vivier est pour les poissons ce que la basse-cour est pour les volailles.

253. Insectes. — Il existe très peu d'insectes utiles; quelques-uns cependant sont de hardis chasseurs qui font une guerre acharnée aux autres insectes nuisibles; ce sont surtout les *Carabes*. Les espèces les plus remarquables pour les produits qu'elles nous donnent sont les *Abeilles*, le *Ver à soie*, la *Cantharide* et la *Cochenille*.

Carabes. — Les Carabes sont de grands et beaux insectes munis de longues pattes, et courant avec agilité dans les parterres et les plates-bandes de nos jardins. Ce sont de féroces carnassiers, grands destructeurs de chenilles, de larves et d'insectes nuisibles, que l'on doit protéger et laisser courir en paix quand on les rencontre.

Abeilles. — Les Abeilles vivent en société dans les excavations des troncs d'arbres et des rochers, ou dans des abris préparés spécialement pour elles et auxquels on donne le nom de *ruches*.

Pour récolter le miel, on enfume la ruche avec précaution après s'être mis à l'abri, par un masque en fil de fer et des gants épais, de la piqûre des abeilles, que cette opération rend furieuses. Celles qui restent dans la ruche, à demi étourdies, laissent l'opérateur en paix.

Les rayons détachés, mis simplement à égoutter, donnent le *miel vierge;* par compression, on obtient ensuite un miel de qualité inférieure. Mais le plus souvent, pour extraire le miel sans détruire les rayons, on se sert d'un *extracteur* à force centrifuge.

Les miels estimés proviennent des ruches établies à proximité de plateaux couverts de plantes aromatiques. Les miels les plus renommés sont ceux de Narbonne et du Gâtinais.

Vers à soie. — Le cocon du Ver à soie, de la grosseur d'un œuf de pigeon, est formé d'un seul fil de soie sécrété par la chenille, et dont les contours s'agglutinent pour former la coque. Ce fil atteint une longueur de 300 à 350 mètres.

Pour recueillir la soie, on fait mourir les chrysalides en les plaçant dans une étuve dont on porte la température à 100 degrés. On plonge ensuite les cocons dans l'eau bouillante, qui décolle les fils de soie agglutinés; on rassemble les extrémités des fils de plusieurs cocons, et on les dévide comme on déviderait une pelote de laine.

La soie ainsi obtenue est dite écrue; elle est jaune ou blanche, et a besoin de subir un lavage spécial avant d'être soumise à la teinture.

QUESTIONNAIRE. — Quels sont, en général, les animaux utiles? — Qu'entend-on par bétail? — Quels sont les principaux Mammifères qui constituent le bétail? Que retire-t-on de chacun d'eux? — Qu'appelle-t-on gibier? — Quelles sont les principales espèces de gibier? — Nommez les principaux auxiliaires de l'Homme? — Comment subdivise-t-on les chevaux relativement aux services qu'ils peuvent rendre? — Que savez-vous du Renne? — Quels sont les principaux animaux à fourrure?

Qu'appelle-t-on basse-cour? — Quelles sont les principales espèces d'oiseaux qu'on élève dans les basses-cours? — Quels sont les principaux Poissons utilisés dans l'alimentation? — Qu'appelle-t-on viviers? — Quels sont les principaux insectes utiles? — Comment recueille-t-on le miel? D'où provient la soie?

CHAPITRE VII

ANIMAUX NUISIBLES

254. Parmi les animaux il en est qui nous sont directement nuisibles, ce sont les grands carnassiers qui nous dévorent, les parasites qui nous rongent, les espèces venimeuses qui nous empoisonnent; d'autres nous nuisent indirectement en attaquant les animaux qui nous servent, les végétaux que nous utilisons, les produits d'industrie que nous employons, comme les vêtements, les meubles, les denrées alimentaires, etc. Ce sont des concurrents qui nous disputent ce qu'il leur faut pour vivre, et la Providence, qui fait bien toutes choses, les met évidemment à même de se procurer les moyens de se nourrir et de perpétuer des espèces qui doivent, dans ses desseins, échapper à toute destruction de la part de l'homme, et dont sa justice se sert quelquefois pour nous châtier.

255. Mammifères. — Les *Mammifères* les plus redoutables et qui s'attaquent directement à l'homme sont : le *Tigre*, le *Lion*, le *Jaguar*, la *Panthère*, l'*Ours* et le *Loup*.

Quelques rongeurs sont placés dans la catégorie des animaux nuisibles : ce sont, par exemple, les *Lièvres* et les *Lapins*, qui commettent parfois des dégâts considérables dans les vergers; les *Rats* et les *Souris*, qui infestent les habitations; les *Mulots*, qui détruisent les récoltes.

La *Fouine*, la *Belette*, le *Putois*, le *Renard*, font une guerre sanglante aux animaux de basse-cour. La *Loutre* mange le poisson des rivières et des étangs.

256. Oiseaux. — Les *Vautours*, les *Aigles*, les *Faucons*, s'attaquent aux oiseaux plus petits et détruisent une assez grande quantité de menu gibier.

Les grandes espèces de rapaces font quelquefois des victimes parmi les troupeaux qui paissent dans les montagnes.

257. Reptiles. — Les *Reptiles* les plus redoutables sont les *Caïmans*, les *Crocodiles* et les *Serpents venimeux*.

258. Insectes. — Presque tous les insectes sont nuisibles, soit à l'état de larves ou de chenilles, soit à l'état d'insectes parfaits. Ce sont de rudes adversaires, contre lesquels nous avons souvent à lutter pour leur disputer nos animaux, nos plantes, nos aliments, nos vêtements et nos habitations.

Les principaux Insectes nuisibles sont : les *Hannetons*, les *Charançons*, les *Criquets*, le *Phylloxéra*, les *Pucerons*, les *Guêpes*, les *Chenilles*, les *Mouches*, les *Cousins*, les *Punaises*, les *Poux* et les *Puces*.

Hanneton. — Le Hanneton est un des plus grands ennemis de l'agriculture. Sa larve, connue sous le nom de *ver blanc*, passe trois ou quatre ans dans la terre, coupant et rongeant, au moyen de ses puissantes mandibules, toutes les racines qu'elle rencontre. Ces larves sont parfois si nombreuses, qu'elles détruisent des récoltes entières.

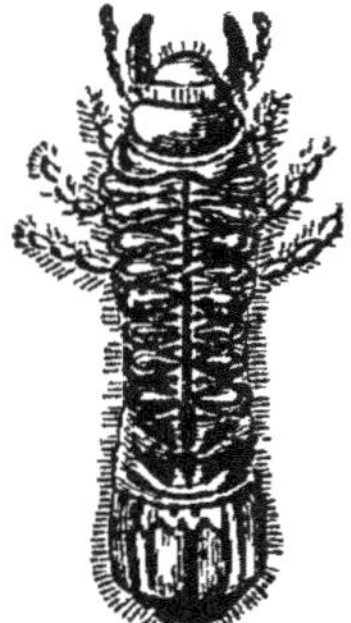

Fig. 117. — Larve du Hanneton.

Le Hanneton ne vit que trois semaines à l'état d'insecte parfait; il éclot au printemps, dévore avec avidité les jeunes feuilles des arbres et peut causer de véritables dégâts.

Charançons. — Les Charançons sont de petits Coléoptères vivant sur des espèces végétales particulières. Leur bouche est armée d'une sorte de trompe recourbée, puissant appareil de destruction au moyen duquel ils perforent les substances les plus dures.

Criquet. — Le Criquet voyageur, improprement appelé *Sauterelle*, ne se rencontre guère qu'en Afrique.

Les Criquets voyagent parfois en rangs si serrés, qu'ils forment un véritable nuage qui obscurcit le jour. Le sol sur lequel ils s'abattent en est recouvert, et en quelques

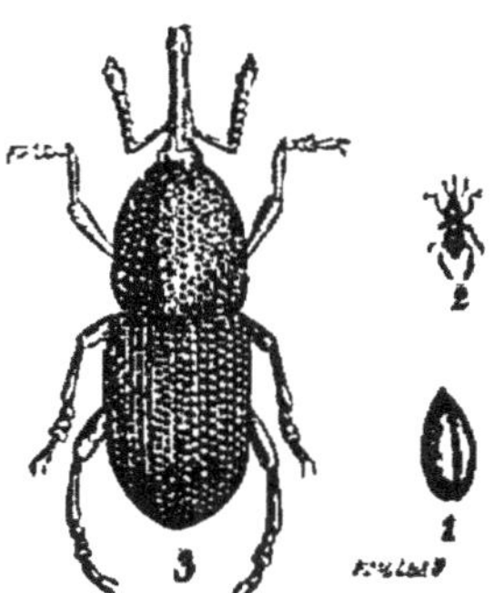

Fig. 118.

Charançon du blé.

1, grain de blé; 2, grandeur naturelle; 3, Charançon grossi.

instants toutes les récoltes sont anéanties. Ce fléau est extrêmement redouté des agriculteurs algériens.

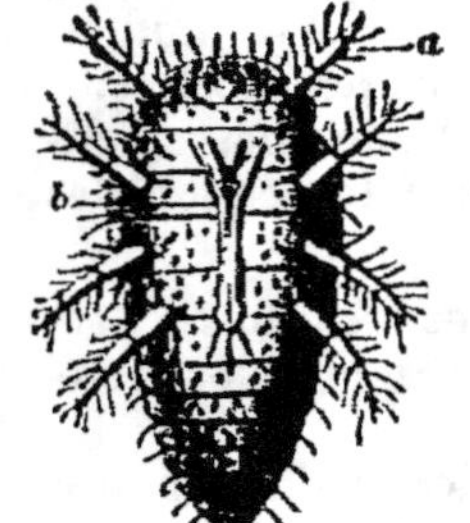

Fig. 119. — Phylloxéra.

Phylloxéra. — Le *Phylloxéra vastatrix* est un petit insecte apporté en France depuis une vingtaine d'années sur des plants de vigne venant d'Amérique, et qui depuis a détruit la plus grande partie de nos vignobles, autrefois si prospères. Il se fixe sur la racine des ceps de vigne, y implante sa trompe, et passe toute la belle saison à sucer le suc des radicelles. Bientôt celles-ci finissent par être couvertes par des myriades de ces parasites, qui épuisent la plante et la font bientôt périr.

Pucerons. — Les Pucerons sont de petits animaux de couleur verte, noire ou bronzée, que l'on remarque en grand nombre, serrés les uns contre les autres, autour des jeunes pousses de différents végétaux, sureaux, rosiers, tilleuls, groseilliers, etc., et qui, fixés à la plante par leur bec, en sucent la sève avec avidité.

Les *Guêpes* et les *Frelons* sont des espèces munies d'un aiguillon acéré dont la piqûre, sans être dangereuse, est excessivement douloureuse et détermine l'enflure de la partie atteinte.

Il est à remarquer que ces insectes ne se servent de leur aiguillon que lorsqu'ils sont agacés ; on peut les laisser courir sur la peau sans aucun inconvénient ; ils ne piquent bien souvent que lorsqu'on les maltraite en voulant les chasser.

Les Guêpes sont encore nuisibles par les dommages qu'elles causent dans les vergers en s'attaquant aux plus beaux fruits.

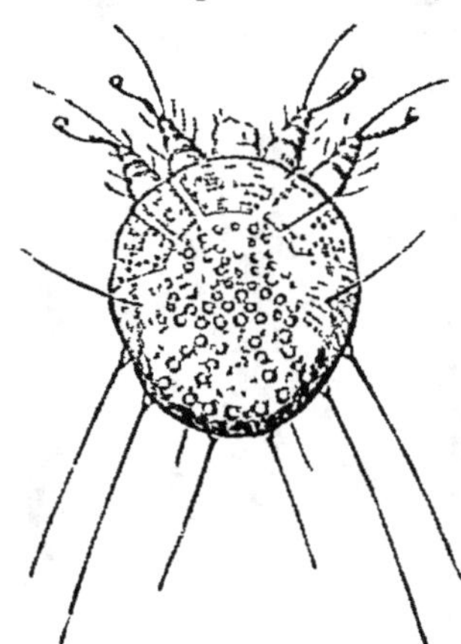

Fig. 120. — *Acarus* de la gale.

Les *Lépidoptères* sont surtout nuisibles à l'état de *larves* et de *chenilles*. La plupart des chenilles vivent de feuilles, et le plus souvent chaque espèce ne se trouve que sur une espèce végétale particulière ; les autres larves s'attaquent au bois ou aux fruits, qu'elles rongent activement.

Les *Mouches* sont des insectes agaçants qui pullulent quelquefois dans les habitations.

Le *Cousin* est très avide du sang de l'homme ; il perce la peau au moyen d'un long suçoir et y verse en même temps un venin qui provoque une vive inflammation et une violente démangeaison.

Les *Poux*, les *Puces* et les *Punaises* sont des animaux qui naissent et se multiplient dans la malpropreté. Leurs morsures sont irritantes et occasionnent de vives démangeaisons. La propreté est le seul moyen de se maintenir à l'abri de ces hôtes répugnants.

259. Acariens. — Les *Acariens* sont de petits Arachnides qui vivent en parasites sur les matières végétales et animales, mortes ou vivantes.

L'*Acarus* ou *Sarcopte de la gale* (fig. 120) a l'aspect d'un petit point blanc visible à l'œil nu. Vu au microscope, il a l'apparence d'une petite tortue.

Lorsqu'on place un de ces animaux sur la peau, il s'enfonce rapidement sous l'épiderme, et y creuse un sillon, dont la longueur varie de quelques millimètres à plusieurs centimètres, et analogue à une éraflure d'épingle. C'est sa présence sous l'épiderme qui constitue la *gale*.

260. Ténia ou Ver solitaire. — Le *Ténia* présente, avant d'arriver à son complet développement, une série de métamorphoses extrêmement curieuses, et ne vit à l'état adulte que dans le canal digestif de l'homme.

On se débarrasse de cet hôte importun en avalant 30 à 40 grammes de poudre de kousso d'Arabie délayée dans un demi-verre d'eau. La racine de Grenadier paraît jouir des mêmes propriétés. L'expulsion de la tête du Ténia est la condition essentielle de la guérison complète.

261. Escargots. Limaces. — Les *Escargots* et surtout les *Limaces* causent à l'agriculture de véritables dégâts, en rongeant les pousses des arbres et les légumes des potagers.

Les plus à craindre sont les petites espèces, principalement la petite Limace grise et ses nombreuses variétés, qui se reproduisent avec une désespérante activité.

QUESTIONNAIRE. — *Quels sont les principaux animaux nuisibles parmi les Mammifères, les Oiseaux et les Reptiles? — Nommez les Insectes nuisibles les plus communs et indiquez, pour chacun, en quoi ils sont nuisibles. — Que savez-vous de l'Acarus de la gale?*

BOTANIQUE

CHAPITRE I

ANATOMIE GÉNÉRALE

1. La cellule végétale. — Tous les végétaux sont constitués par une agglomération de cellules dont la forme primitive s'est plus ou moins modifiée.

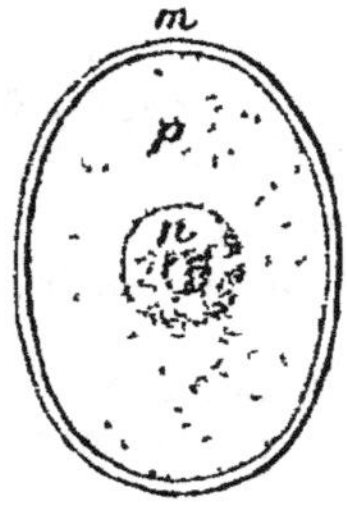

La *cellule végétale* (fig. 1) est un petit organe microscopique, de forme sphérique, ou ovoïde quand elle est isolée, d'un diamètre tel qu'il en faudrait aligner plusieurs centaines pour faire une longueur de 1 millim. Elle se présente tout d'abord sous l'apparence d'une masse liquide, le *protoplasma*, entourée d'une membrane propre, transparente, et d'une seconde enveloppe formée de *cellulose*, qui lui donne de la consistance.

Fig. 1. — Cellule végétale. m, membrane cellulaire ; p, protoplasma ; n, noyau.

Au milieu du protoplasma sont disséminées des granulations extrêmement petites, parmi lesquelles on en distingue une plus considérable, constituée par un long fil enroulé irrégulièrement sur lui-même ; c'est le *noyau* ou *nucléus*. Le noyau renferme lui-même un ou plusieurs corpuscules arrondis, qu'on appelle *nucléoles*.

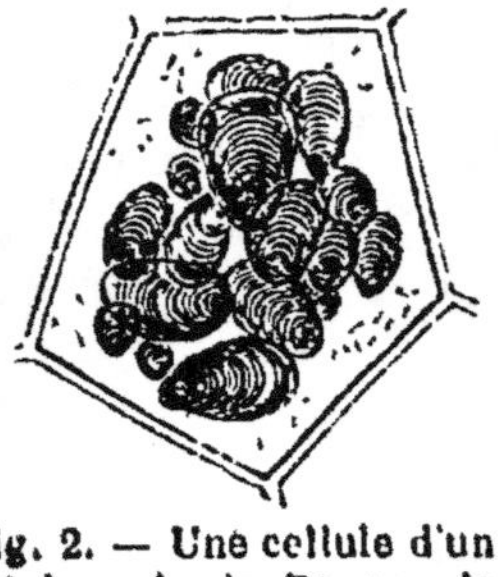

La cellule peut contenir en outre de la *chlorophylle*, matière importante qui donne aux parties vertes des végétaux leur couleur propre ; de l'*amidon* (fig. 2), de la *fécule*, en grains arrondis incolores ; des cristaux d'*oxalate de chaux* ; des *gaz*, des *sucs particuliers*, qui donnent aux organes leur coloration, leur parfum, leur saveur, etc.

Fig. 2. — Une cellule d'un tubercule de Pomme de terre, contenant des grains d'amidon.

Le protoplasma est la substance fondamentale, la partie essentiellement vivante de la cellule ; c'est lui qui donne naissance aux granulations qu'il renferme, aussi bien qu'aux membranes qui l'enveloppent.

Ordinairement, la cellule se déforme; la membrane s'épaissit en
certains points, et la surface prend une apparence annelée, rayée,
ponctuée, scalariforme. De plus, il arrive fréquemment que le contact immédiat de toutes les cellules n'est pas complet; il en résulte

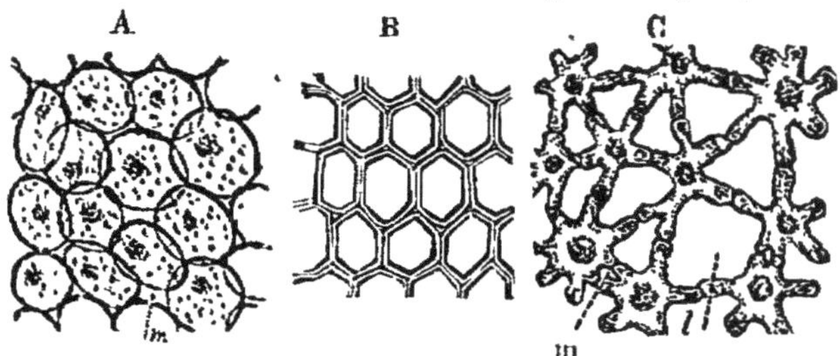

Fig. 3 — A, cellules arrondies présentant des méats *m*. — B, cellules prismatiques ne laissant que des méats très petits ou nuls. — C, cellules étoilées (tige
de jonc) offrant des méats *m* et des lacunes *l*.

de petits intervalles vides, extérieurs aux parois cellulaires, et dans
lesquels pénètrent des gaz; on donne à ces espaces libres le nom de
méats intercellulaires. Lorsque ces cavités atteignent ou dépassent les
dimensions des cellules voisines, on leur donne celui de *lacunes* (fig. 3).

2. Tissus végétaux. — On appelle *tissus végétaux* un ensemble de
cellules modifiées de la même façon et concourant à l'accomplissement
d'une même fonction.

Les différents tissus végétaux peuvent se subdiviser en deux groupes :
les *tissus vivants* et les *tissus morts*.

Les tissus vivants comprennent : 1° le *tissu formateur* ou *méristème*,
qui constitue le sommet des bourgeons et les extrémités des racines; en
général, on le trouve dans toutes les parties de la plante qui sont en
voie de croissance; 2° le *tissu cellulaire* ou *parenchyme*, qui forme le
corps de toutes les plantes inférieures (Mousses, Champignons, Lichens,
Algues); les feuilles, les fruits, les racines charnues, en fournissent aussi
des exemples; 3° le *tissu épidermique*, se développant à la surface des
organes; 4° le *tissu sécréteur*, produisant les gommes, les résines, etc.

Les tissus morts sont : 1° le *tissu conducteur*, formé de canaux dans
lesquels circulent les liquides et les gaz; 2° le *sclérenchyme*, donnant
aux organes leur résistance et leur solidité.

3. Parties principales de la plante. — La plante puise les
éléments nécessaires à sa nutrition et à son développement dans
la terre et l'atmosphère; elle est donc, en général, composée
d'une partie souterraine, la *racine*, qui la fixe au sol et s'y
ramifie en tous sens, et d'une partie aérienne comprenant la
tige, les *branches* et les *feuilles*.

La *tige*, plus ou moins développée, forme le trait d'union
entre les racines et les feuilles, et sert de conducteur aux sucs
nourriciers (sève) circulant des unes aux autres.

Après s'être couverte de feuilles, la plante donne d'abord des *fleurs*, ensuite des *fruits*, renfermant des *graines* qui, par la *germination*, perpétueront l'espèce à laquelle appartient la plante mère ; puis elle meurt (plantes *annuelles*) ou tombe dans une sorte de repos pour recommencer la même évolution lorsque les conditions atmosphériques seront favorables (plantes *bisannuelles* et *vivaces*).

4. Embryon. — On appelle *embryon* l'organe spécial de la graine qui donne naissance à la plante. Il comprend trois parties : la *radicule*, la *tigelle* et la *gemmule* (fig. 4).

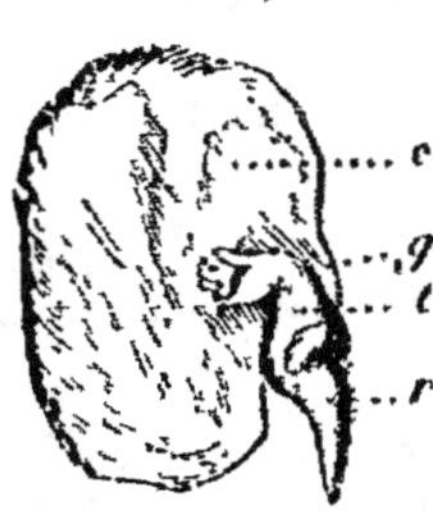

Fig. 4. — Composition de l'embryon (Fève). *g*, gemmule; *t*, tigelle; *r*, radicule; *c*, cotylédon.

La graine renferme souvent des organes charnus, remplis de matières nutritives destinées à nourrir la jeune plante au commencement de son développement; ce sont les *cotylédons*.

Le nombre ou l'absence des cotylédons dans la graine entraînant des modifications extrêmement importantes dans la structure de la plante, ces organes ont servi de base à la subdivision du règne végétal en trois grands groupes : les *Dicotylédones, Monocotylédones* et *Acotylédones*, suivant que la graine renferme plusieurs cotylédons, un seul cotylédon, ou qu'elle en est dépourvue.

Les Dicotylédones et Monocotylédones forment le groupe des plantes *Phanérogames*, et les végétaux Acotylédones celui des plantes *Cryptogames*, comprenant : les *Cryptogames vasculaires*, les *Muscinées* et les *Thallophytes*.

QUESTIONNAIRE. — Décrivez la cellule végétale. — *Que peut-elle contenir ? Quelle en est la partie fondamentale ? — Comment appelle-t-on les espaces libres que les cellules laissent entre elles ? — Qu'appelle-t-on tissus végétaux ? Comment les subdivise-t-on ? — Que comprennent les tissus vivants et les tissus morts ?* Quelles sont les parties principales d'une plante ? — Qu'appelle-t-on embryon ? Quels organes comprend-il ? — A quoi servent les cotylédons ? — Quelles sont les grandes divisions du règne végétal ?

CHAPITRE II

LA RACINE

5. Définition. — La *racine* est la partie du végétal ordinairement cachée dans la terre et destinée à absorber les liquides nécessaires à sa nutrition; elle résulte normalement du déve-loppement de la radicule et ne porte jamais de feuille.

6. Caractères extérieurs. — La racine est un organe à peu près cylindrique, ter-miné par une sorte de capuchon appelé *coiffe*, destiné à frayer le chemin aux parties plus molles, qui ne pourraient vaincre la résistance d'un sol un peu ferme (fig. 5).

Tout près de ce capuchon, et sur une longueur variable, mais toujours petite, la racine porte une sorte de duvet formé de poils extrêmement fins (*région pilifère*).

Ces poils, appelés *poils absorbants* ou *poils radicaux*, sont les organes d'absorp-tion de la racine.

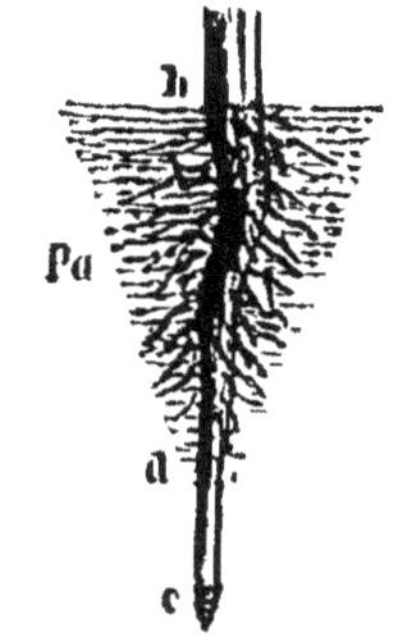

Fig. 5. — Extrémité d'une racine de Haricot.
c, coiffe; *pa*, poils absorbants; *bd*, région pilifère.

7. Différentes parties d'une racine. — La racine présente ordinairement trois parties distinctes : le *corps* ou *pivot*, le *collet* et les *radicelles* (fig. 6).

Le *corps* de la racine est constitué par le développement de la racine primaire; le *collet* est la région intermédiaire entre la racine et la tige; les *radicelles* sont les filaments fins et délicats issus de la racine principale, et qui, au point de vue fonc-tionnel, sont la partie importante du sys-tème absorbant.

Quand les radicelles sont très nom-breuses, on donne à leur ensemble le nom de *chevelu*.

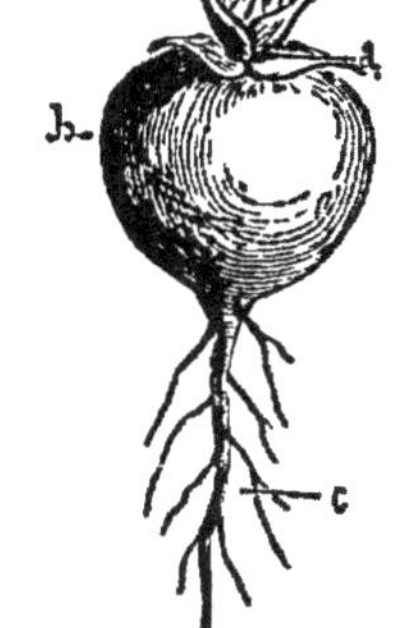

Fig. 6.— Racine pivotante de la Rave.
a, collet; *b*, corps de la racine; *c*, radicelles.

8. Différentes sortes de racines. — Les racines se subdivisent en trois catégories, suivant leur forme : les racines *pivotantes*, *fasciculées* et *adventives*.

Les *racines pivotantes* (fig. 6) sont celles qui continuent direc-tement la tige au-dessous de la surface du sol. Elles s'enfoncent verticalement et peuvent être simples, comme dans le Navet, la Carotte, la Betterave; ou ramifiées, comme dans le Chêne, le Hêtre, l'Orme.

Les *racines fasciculées* (fig. 7) sont des racines qui partent du collet, auxquelles elles sont toutes fixées comme les poils d'un pin-ceau. Ex. : le Lis, les Joncs, le Blé.

Relativement à la consistance, on peut subdiviser les racines en *racines ligneuses* ayant la dureté du bois (Chêne, Orme, Rosier), et en *racines charnues* (Navet, Betterave).

Fig. 7. — Racines fasciculées
d'une graminée.

Fig. 8.
Racines adventives du Fraisier.

9. Racines adventives. — On appelle *racines adventives* des racines qui se développent sur des organes qui normalement n'en portent pas (fig. 8).

Les jeunes tiges ont la propriété d'émettre facilement des racines adventives; il suffit, pour favoriser ce développement, de les mettre en contact avec un sol humide; c'est ainsi que de jeunes tiges de Saule, de Lilas, de Sureau, enfoncées dans une terre humide, se couvrent rapidement de racines adventives.

Cette propriété particulière des tiges est souvent mise à profit pour multiplier, dans un but d'utilité, les racines de certaines plantes. On provoque le développement de la racine de la Garance, employée en teinture, en accumulant de la terre humide autour de chaque pied; c'est ce qu'on appelle *buter la tige*. Quand le Blé est levé, on passe dessus un rouleau de bois, de manière à coucher les jeunes tiges sans les briser; au contact du sol, la partie voisine du collet émet des racines adventives pendant que l'extrémité se relève, et les nouvelles racines ainsi développées contribuent à fixer plus solidement la tige et assurent à la plante une nutrition plus active.

10. Bouturage. — Faire une bouture consiste à mettre en contact avec de la terre humide une partie récemment détachée d'un végétal, de manière à provoquer le développement de racines adventives; cette partie détachée porte le nom de *bouture*.

On peut faire des boutures avec des fragments de tige, de branches (*plançons*), quelquefois de feuilles, etc. La facilité avec laquelle les plantes se prêtent au bouturage est variable suivant l'espèce; les arbres à bois tendre se bouturent plus facilement que les arbres à bois dur; les jeunes pousses réussissent mieux que les vieilles branches. Les Saules, les Lilas, les Sureaux, les Géraniums, se reproduisent facilement par le bouturage.

11. Marcottage. — Le *marcottage* consiste à incliner une tige flexible et à la maintenir en contact avec le sol sans la détacher du pied auquel elle appartient (fig. 9). Des racines adventives naissent bientôt au niveau de la partie qui touche la terre, et, quand elles sont suffisamment développées, on sépare la branche de la plante mère.

12. Fonction des racines.

— Les racines servent généralement à fixer la plante au sol; mais leur fonction principale est d'absorber les substances nécessaires à sa nutrition. Certaines racines adventives, les crampons du *Lierre*, par exemple, sont exclusivement des organes de fixation.

Les poils radicaux sont gorgés d'un liquide assez dense, qui n'est séparé des solutions salines, toujours très peu con-

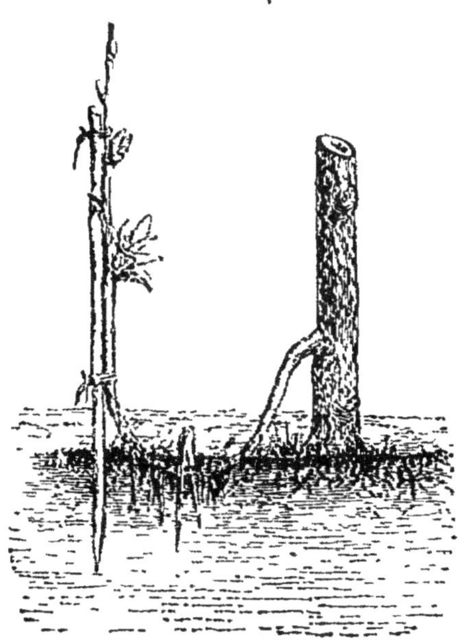

Fig. 9. — Marcottes.

centrées, que par l'épaisseur de la paroi cellulaire. Par un phénomène d'osmose (fig. 10), ces solutions pénètrent dans les poils à mesure que ceux-ci cèdent aux cellules plus profondes le liquide qu'ils contenaient primitivement, et le phénomène se continue ainsi avec plus ou moins d'activité, suivant l'énergie de la nutrition, ou suivant les conditions extérieures dans lesquelles la plante est placée.

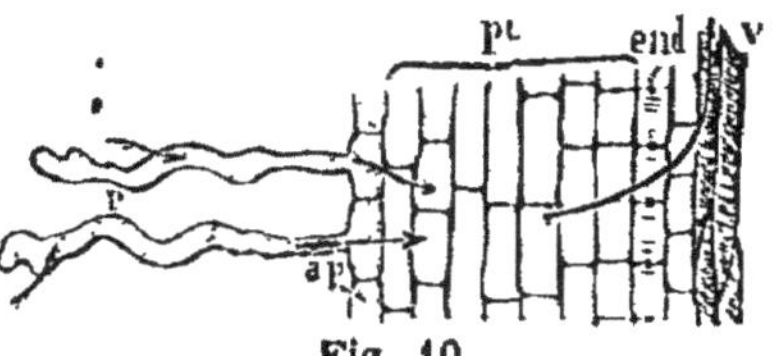

Fig. 10.

Figure théorique pour expliquer l'absorption par les racines.

p, poils absorbants remplis de protoplasma; *ap*, assise pilifère; *end*, endoderme; *v*, vaisseaux du bois; *pc*, parenchyme cortical.

13. Assolement.

— Les végétaux enlevant au sol des substances qui varient suivant l'espèce à laquelle appartient la plante que l'on cultive, on conçoit qu'un terrain serait vite épuisé si on ne variait la nature des végétaux qu'on veut y récolter. Aussi a-t-on soin, en pratique, de varier la succession des récoltes et de cultiver, par exemple, l'Orge et le Blé dans un champ qui aura donné des Betteraves l'année précédente. On donne à cette alternance de culture le nom d'*assolement*.

Cet épuisement du sol ne s'observe pas pour les plantes qui croissent à l'état sauvage, comme les *Chardons*, les *Orties*; car ces plantes, mourant à l'endroit même qu'elles ont épuisé, restituent au sol les matériaux qu'elles lui avaient empruntés.

14. Réserves nutritives. — Lorsque les matériaux absorbés par les racines ne sont pas immédiatement consommés, ils s'accumulent soit dans les racines elles-mêmes, soit en d'autres points du végétal, et forment ce qu'on appelle des *réserves nutritives* (fig. 6).

QUESTIONNAIRE. — Qu'est-ce que la racine? *Quels sont ses caractères extérieurs?* — Quelles sont les différentes parties d'une racine? — Qu'appelle-t-on chevelu? — Comment se subdivisent les racines quant à leur forme? Citez-en des exemples. — Qu'appelle-t-on racines adventives? — *Comment favorise-t-on le développement des racines adventives?* — *Comment fait-on une bouture, une marcotte?* — Quelles sont les principales fonctions des racines? — *Comment se fait l'absorption par les racines?* Qu'est-ce que l'assolement? — *Qu'appelle-t-on réserves nutritives?*

CHAPITRE III

LA TIGE

15. Définition. — La *tige* est la partie ordinairement aérienne du végétal, qui croît en sens inverse de la racine. Elle se distingue facilement en ce que seule elle porte des bourgeons. Sa structure varie suivant l'embranchement auquel appartient la plante.

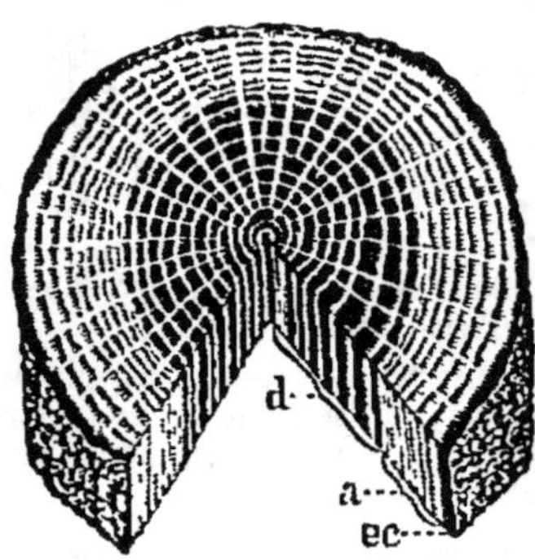

Fig. 11. — Tige ligneuse de dix ans. *d*, duramen; *a*, aubier; *ec*, écorce. Les rayons blancs sont les rayons médullaires.

16. Structure d'une tige ligneuse de Dicotylédone. — Nous prendrons comme type la tige d'un Chêne. Une coupe transversale (fig. 12) montre qu'elle est composée de trois parties bien distinctes : l'*écorce*, le *bois* ou *cylindre central* et la *moelle*.

17. Écorce. — L'écorce est formée de trois couches concentriques qui sont, de dehors en dedans : l'*épiderme*, l'*enveloppe herbacée* et la *couche subéreuse* ou *liège*.

L'*épiderme* est la couche qui revêt la partie de la tige exposée à l'action de l'air et de la lumière. Dans certaines tiges âgées (Chêne, Orme) il est fendillé, crevassé, et finit même par disparaître complètement.

L'enveloppe herbacée est formée de cellules remplies de chlorophylle; c'est elle qui donne la coloration verte aux jeunes tiges.

La couche *subéreuse* ou *liège*, qui n'existe que dans les tiges adultes, est constituée par du tissu cellulaire; tantôt elle est très réduite, tantôt elle prend un accroissement considérable en épaisseur, et forme le *liège*. La couche subéreuse du Chêne-Liège est surtout utilisée pour la fabrication des bouchons.

18. Bois. — Le *bois* ou *ligneux* est l'ensemble des couches concentriques comprises entre la moelle et l'écorce; elles sont sillonnées par les *rayons médullaires*. On donne le nom d'*étui médullaire* à la couche la plus profonde du bois.

Les couches internes sont en général plus foncées que les couches externes; leur tissu est plus compact, et le bois par conséquent plus dense; cette région, la plus dure de la tige, est appelée *duramen* ou *cœur du bois*, tandis que les couches externes, plus jeunes et plus tendres, forment l'*aubier*, appelé aussi *bois blanc*, à cause de sa couleur plus claire.

18 *bis*. La moelle. — La *moelle* est un tissu spongieux formé presque entièrement de cellules mortes ; elle est très abondante dans la tige du Sureau et dans les plantes herbacées, comme dans le Jonc des jardiniers (*Juncus glaucus*). Elle est nulle ou à peu près dans les tiges des arbres à bois dur (Chêne, Hêtre, etc.). On peut cependant la constater encore dans les rameaux en voie de croissance.

19. Différentes sortes de tiges. — La forme des tiges est ordinairement cylindrique. Elle peut être cependant quadrangulaire, comme dans les Labiées (*Sauge, Menthe, Ortie blanche*); triangulaire, comme dans certains *Carex;* cannelée, comme dans quelques Ombellifères (*Berce*).

Quant à leur direction, les tiges peuvent se subdiviser en tiges *flexibles* et en tiges *dressées*.

Les tiges flexibles peuvent être *rampantes* (Pervenche, Nummulaires), *traçantes* (Fraisier), *grimpantes* (Lierre, Bryone), *volubiles* (Liseron, Haricot).

Les principaux types de tiges dressées sont : la *tige proprement dite* (Ortie, Géranium), le *tronc* (Chêne, Orme), le *chaume* (Blé, Avoine) et le *stipe* (Palmier).

20. Tiges souterraines. — Les *tiges souterraines*, comme leur nom l'indique, se développent dans la terre et non dans l'atmosphère; ce sont les *rhizomes*, les *bulbes* et les *tubercules*

Les *rhizomes* (fig. 12) s'allongent obliquement ou horizontalement dans le sol, et émettent de loin en loin des bourgeons qui se développent verticalement et viennent s'épanouir dans l'air (Sceau de Salomon).

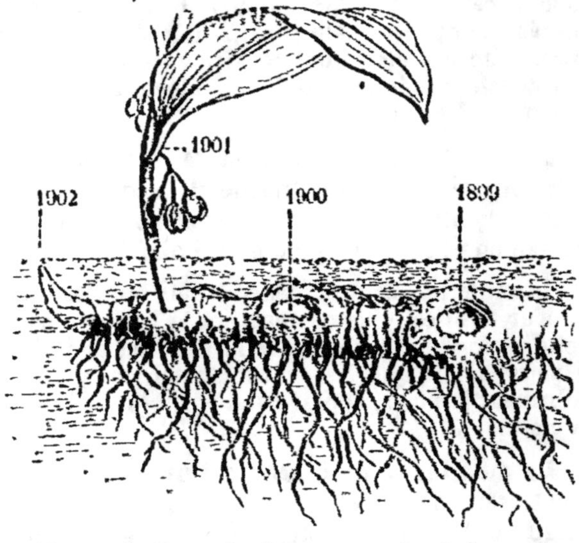

Fig. 12. — Rhizome du Sceau de Salomon, montrant de nombreuses racines adventives, ainsi que les cicatrices laissées par la destruction des tiges aériennes des années précédentes

Le *bulbe* (fig. 13) est composé d'une tige souterraine très raccourcie ou *plateau*, portant un gros bourgeon plus ou moins central, entouré d'écailles ou de tuniques fixées sur le plateau ; la partie inférieure du plateau donne naissance à de nombreuses racines.

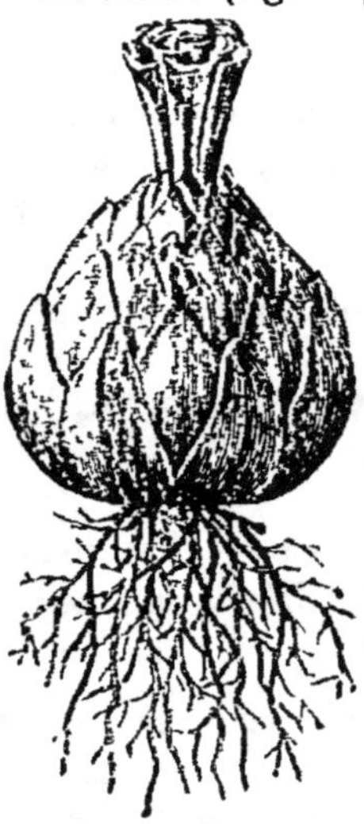

D'après la nature des enveloppes du bourgeon, on subdivise les bulbes en bulbes *écailleux* (Lis), *tuniqués* (Oignon) et *solides* (Colchique).

On appelle *caïeux* des bourgeons ou bulbes secondaires qui croissent à l'aisselle des écailles de certains bulbes, et qui peuvent se développer séparément après avoir été détachés de la plante mère ; tels sont les caïeux qui constituent les gousses d'*Ail*.

Les *tubercules* sont des renflements considérables des parties extrêmes de certaines tiges souterraines, qui prennent

Fig. 13. — Bulbe du Lis.

une consistance charnue et se chargent de matières féculentes.

Les plus connus et aussi les plus utiles sont ceux de la *Pomme de terre* et de la *Patate*.

21. Fonctions de la tige. — La principale fonction de la tige est de *conduire* les liquides nutritifs des racines vers les feuilles et de les *distribuer* à tous les organes. La tige sert encore à *supporter* les organes principaux de la respiration (*feuilles*) et de la reproduction (*fleurs* et *fruits*). Dans certains cas, elle peut accumuler des matières nutritives dans ses tissus, et devenir ainsi un organe de réserve (fig. 14).

22. Usage des tiges. — La *Pomme de terre* ou *Parmentière,* du nom de son vulgarisateur, est un aliment sain et agréable. La facilité avec laquelle on la cultive, son aptitude à se développer dans tous les terrains, les mille manières de la préparer pour la table, en font une précieuse ressource pour l'alimentation. Elle fournit abondamment de la *fécule,* et peut servir à la fabrication d'un alcool (*alcool de Pommes de terre*).

Les bulbes de l'*Ail,* de l'*Oignon,* du *Poireau,* de l'*Échalote,* sont de

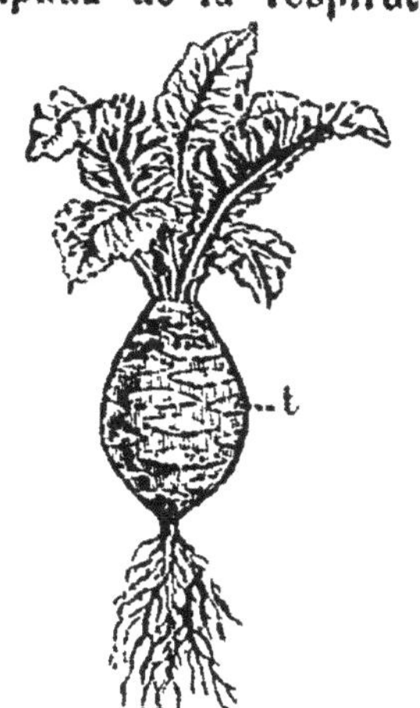

Fig. 14. — Chou rave.

t, tige aérienne renflée, constituant une réserve de matières nutritives.

condiments qui servent à relever le goût des aliments.

L'écorce de la *Cannelle* est utilisée comme substance aromatique ; celle du *Quinquina,* comme fébrifuge et fortifiante.

Le *liège,* qui sert à fabriquer des bouchons, est l'enveloppe subéreuse, considérablement développée, du *Chêne-liège.*

Le *tan,* employé dans la préparation des cuirs, n'est autre chose que l'écorce du *Chêne rouvre* réduite en poudre.

Les jeunes tiges de certains *Saules* sont utilisées dans la vannerie.

Le *foin,* employé pour la nourriture des bestiaux, est fourni par la tige de certaines plantes appelées *plantes fourragères.* La *paille,* qui est la tige des Graminées alimentaires (*Blé, Orge*), sert de litière.

Les fibres textiles du *Chanvre,* du *Lin,* servent à la fabrication des toiles, des étoffes.

La *Canne à sucre* fournit du sucre. Le jus qu'on en extrait, soumis à la fermentation, sert à la fabrication du *rhum.*

Le *bois de Santal* est travaillé pour la fabrication d'objets d'art. Le *Santal rouge* fournit une belle matière colorante, la *santaline.* Le *bois de Brésil,* le *bois d'Inde* ou de *Campêche,* sont des bois rouges très employés pour la teinture. Le *Quercitron* et le *Fustet* donnent des couleurs jaunes.

17

Les meilleurs bois de *construction* sont les bois de *Chêne*, de *Hêtre*, de *Châtaignier*. Les bois de *Sapin*, de *Pin*, de *Cèdre*, sont avantageusement employés pour les constructions maritimes; la *résine* dont ils sont imprégnés garantit les pièces submergées de l'action destructive des eaux. Le *Chêne*, le *Noyer*, l'*Orme*, le *Buis*, le *Houx*, l'*Acajou*, le *Palissandre*, sont recherchés en ébénisterie.

Le *Charbon de bois* est le produit de la calcination, à l'abri du contact de l'air, des branches et des tiges des arbres. Le charbon de *Fusain* est utilisé pour le dessin. Les cendres de bois soumises à des lavages méthodiques donnent, par évaporation, des eaux de lavage, du carbonate de potasse impur, connu sous le nom de *potasse du commerce*.

QUESTIONNAIRE. — Qu'est-ce que la tige? — Quelles sont les trois parties qui constituent une tige de Dicotylédone? — Quelles sont les trois parties de l'écorce? — Qu'est-ce que le bois? — Qu'est-ce que la moelle? — Quelles sont les différentes sortes de tiges relativement à leur forme et à leur direction? — Quelles sont les tiges souterraines? Citez-en des exemples. — Quelles sont les fonctions de la tige? — *Quelles sont les principales espèces dont on utilise les tiges?*

CHAPITRE IV

LES BOURGEONS

23. Nature des bourgeons. — Les bourgeons sont des organes formés de feuilles très petites groupées sur un axe extrêmement court; par leur développement, les bourgeons produisent des *branches* ou des *fleurs*.

Au point de vue physiologique, on peut les considérer comme des sortes de graines qui se développent sur la tige où ils sont fixés au lieu de germer dans le sol.

Normalement les bourgeons sont situés à l'aisselle des feuilles ou à l'extrémité des rameaux.

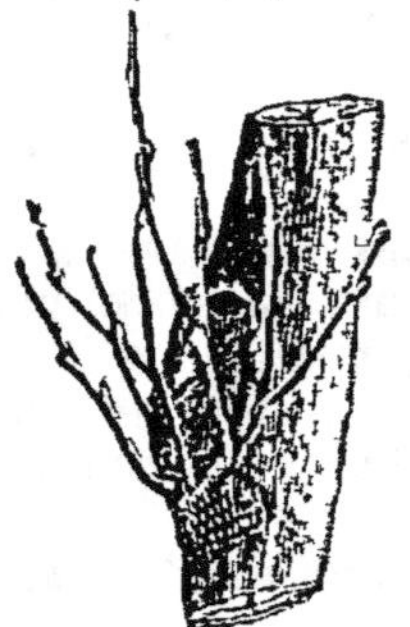

Fig. 15.
Bourgeons adventifs développés autour de la cicatrice d'une branche coupée.

24. Bourgeons adventifs. — On appelle *bourgeons adventifs* des bourgeons qui naissent quelquefois en des points d'un végétal autres qu'à l'aisselle des feuilles. Ces bourgeons peuvent se développer sur les tiges, les feuilles, sans raison apparente ou par suite de plaies faites à ces organes (fig. 15).

On appelle *drageons* les bourgeons adventifs qui se développent sur les racines traçantes des Acacias, des Peupliers, des Ormes, etc.

25. Recepage. — Le *recépage* est une opération de culture relative à la propriété qu'ont les végétaux de pouvoir émettre des bourgeons adventifs. Il consiste à couper un arbre au ras du sol; le pourtour de la section se couvre de bourgeons adventifs, parmi lesquels un certain nombre se développent en branches, de sorte que le pied, qui ne portait qu'une seule tige, devient une *souche* de laquelle partent un certain nombre de troncs de même âge, et par conséquent de même force.

Quand les plantations d'arbres n'ont pas subi l'opération du recépage, elles donnent des bois de *haute futaie,* employés dans la charpente et la construction; au contraire, quand, par un recépage pratiqué tous les cinq ou six ans, on multiplie les branches issues de la souche, on obtient des bois de *taillis,* qui servent à faire des clôtures, des fagots, des échalas, etc.

Les branches de Saule utilisées dans la vannerie ont besoin d'avoir toutes la même grosseur et d'être flexibles, par conséquent assez grêles; pour arriver à ce résultat, on recèpe ces arbres à une faible hauteur au-dessus du sol; des bourgeons adventifs se développent alors et donnent des scions que l'on coupe chaque année, et qui par conséquent repoussent de plus en plus nombreux.

26. Taille. — La *taille* consiste à couper un certain nombre de 'eunes branches très près de leur point d'insertion, de manière qu'il ne subsiste sur la partie restante que deux ou trois bourgeons, lesquels profiteront naturellement de la sève qui aurait été employée par la partie enlevée. C'est par la taille que l'on favorise le développement productif des arbres fruitiers.

27. Ébourgeonnement. — L'*ébourgeonnement* se pratique au printemps; il consiste à détacher simplement un certain nombre de bourgeons dont l'épanouissement commence. Quand cette opération se pratique à l'automne, alors que les bourgeons sont encore à l'état d'yeux, on lui donne le nom d'*éborgnage.*

Il va sans dire que les feuilles étant les organes essentiels à la vie du végétal, il serait très imprudent de supprimer tous les bourgeons à bois sous le mauvais prétexte de favoriser ainsi le développement des bourgeons à fruits.

28. Remarque. — La taille et l'ébourgeonnement sont des opérations qui ont pour but de diminuer le nombre des bourgeons sur un végétal, de manière à répartir les matières nutritives entre un moins grand nombre de bourgeons privilégiés, dont le développement peut être ainsi favorisé par les soins intelligents et intéressés de l'horticulteur.

29. Greffe. — La greffe consiste essentiellement à transporter un bourgeon, ou un rameau portant des bourgeons, d'un végétal sur un autre végétal. La partie détachée porte le nom de *greffon,* et la plante sur laquelle on la fixe, celui de *sujet.*

On appelle *sauvageons* les plantes qui n'ont pas été greffées. Les pieds obtenus par boutures ou par marcottes, sont dits *francs de pied*.

30. Conditions dans lesquelles doit se pratiquer la greffe. — On ne peut greffer l'une sur l'autre que des espèces appartenant au même genre ou à deux genres très voisins. Ainsi toutes les variétés de *Pommier* peuvent se greffer les unes sur les autres ; il en est de même des *Abricotiers*, des *Pruniers*, des *Poiriers*, etc. On pourra greffer des variétés de *Pommiers* sur des *Aubépines*, mais non un *Rosier* sur un *Lilas*, etc.

Pour assurer la réussite de la greffe, il faut choisir des espèces dans lesquelles les mouvements de la sève se font à la même époque.

Les principales sortes de greffe sont : la *greffe par bourgeons*, la *greffe par rameau* ou par *scion*, et la *greffe par approche*.

31. Greffe par bourgeons. — On distingue deux sortes de greffe par bourgeons : la greffe en *écusson* et la greffe en *flûte*.

La *greffe en écusson* consiste à détacher, en forme d'écusson, un lambeau d'écorce portant un ou plusieurs bourgeons. On fait dans l'écorce du sujet une incision en forme de T, on en relève les bords, et on glisse l'écusson de manière à le mettre en contact avec l'aubier du sujet ; on rapproche ensuite les bords de la plaie, et on les maintient en place par des ligatures (fig. 16). Ce mode de greffe s'emploie au printemps (greffe *à œil poussant*) ou à l'automne (greffe *à œil dormant*).

Dans la *greffe en flûte*, on enlève au sujet un anneau d'écorce que l'on remplace par un anneau de même dimension portant des bourgeons et détaché de la plante que l'on veut greffer.

32. Greffe par rameau ou par scion. — La *greffe par rameau* se fait en transportant sur le sujet un rameau jeune et vigoureux ; on la pratique au printemps. Suivant la manière de placer les rameaux sur le sujet, on donne à ce mode de greffage le nom de *greffe en fente* (fig. 16) ou celui de *greffe en couronne*.

33. Greffe par approche. — Dans la *greffe par approche*, on met en contact deux rameaux flexibles appartenant à des pieds voisins l'un de l'autre, après les avoir entaillés plus ou moins profondément, de façon que les deux entailles se correspondent exactement. Au bout d'un certain temps, parfois assez long, la soudure est

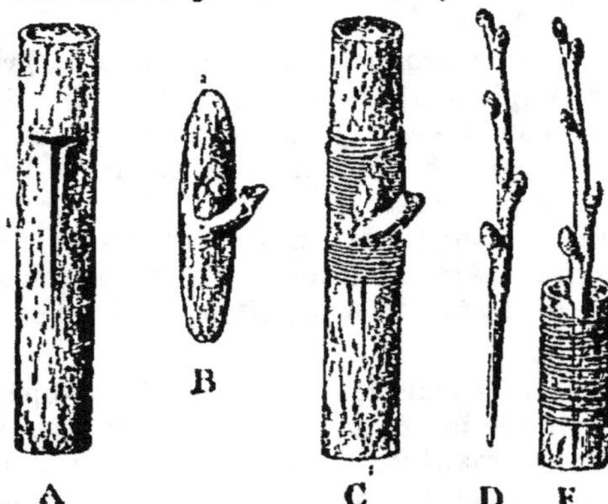

Fig. 16. — Greffe.

A, B, C, greffe par bourgeon (en écusson) ;
D, E, greffe par rameau (greffe en fente).

faite, et l'on peut séparer l'un des deux rameaux de la plante à laquelle il appartient. La nature offre assez souvent des exemples de soudure analogue.

34. Utilité de la greffe. — La greffe des arbres fruitiers a pour avantage d'*améliorer* la qualité des fruits, d'*avancer* l'époque de leur *maturité*; enfin, c'est le seul moyen de *conserver les variétés*. En effet, en vertu de la grande loi du retour à l'espèce, une bonne variété que l'on voudrait perpétuer par des semis donnerait des fruits de moins en moins bons, et finirait par retourner complètement à l'état sauvage.

QUESTIONNAIRE. — Que sont les bourgeons? — Qu'appelle-t-on bourgeons adventifs? — Qu'est-ce que le recépage? — Qu'appelle-t-on futaies et taillis? — En quoi consiste la taille? l'ébourgeonnement? Quel est leur but? — En quoi consiste la greffe? — Peut-on greffer une espèce sur une autre espèce? — Quelles sont les différentes sortes de greffe? — Comment les pratique-t-on? — Quelle est l'utilité de la greffe?

CHAPITRE V

LA FEUILLE

I. Caractères généraux de la feuille.

35. Nature de la feuille. — La *feuille* est l'un des organes les plus importants de la plante, à cause du rôle considérable qu'elle remplit dans la vie végétale, et de la facilité avec laquelle elle se transforme en une foule d'autres organes.

Les feuilles sont d'abord renfermées dans le bourgeon à l'état rudimentaire; il n'y a donc que les rameaux développés dans l'année qui portent des feuilles.

36. Parties constitutives de la feuille. — Les parties constitutives d'une feuille (fig. 17) sont : le *limbe*, portion élargie et aplatie de la feuille; le *pétiole*, appelé vulgairement la *queue*, qui rattache la feuille au rameau; la *gaine*, formée par une dilatation de la base du pétiole.

Les feuilles qui manquent de pétiole, et dont le limbe est par conséquent directement fixé sur la tige, sont dites *sessiles* (Giroflée).

37. Limbe. — Le *limbe*, dont les décou-

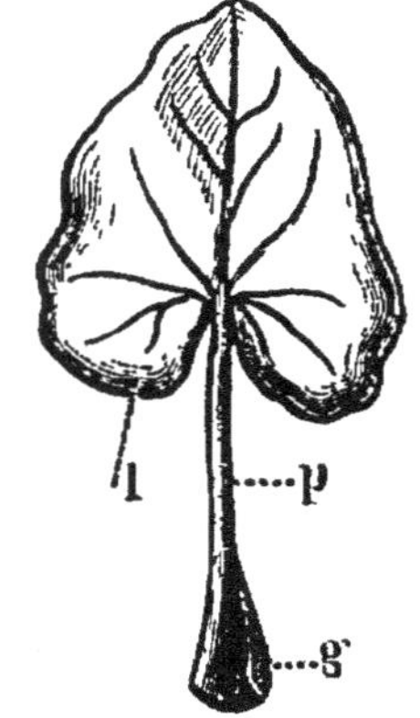

Fig. 17.

Feuille de la Ficaire.

l, limbe; p, pétiole; g, gaine.

pures sont extrêmement variées, est la partie la plus importante de la feuille. Il est sillonné par les *nervures*, qui sont les ramifications du pétiole. Les intervalles des nervures sont remplis par le *parenchyme*, tissu cellulaire d'une structure et d'une organisation spéciales, renfermant les organes actifs des fonctions que la feuille doit remplir.

Les plus importants de ces organes sont les *stomates* (fig. 18), petites ouvertures microscopiques que l'on observe à la surface de la feuille et par lesquelles s'effectue la fonction principale de la nutrition de la plante (*fonction chlorophyllienne*).

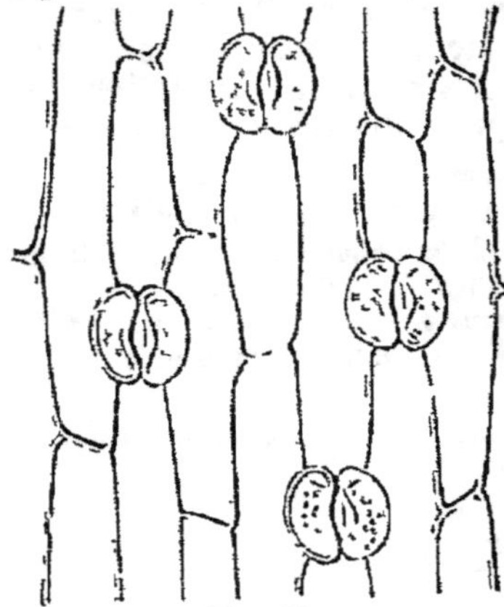

Fig. 18.

Épiderme de la feuille de l'Iris, présentant quatre stomates très grossis.

38. Différentes sortes de feuilles. — Il arrive fréquemment que le contour du limbe, au lieu d'être continu, présente des échancrures plus ou moins profondes.

Lorsque les échancrures vont jusqu'au pétiole (Marronnier) ou jusqu'à la nervure médiane (Acacia), on dit que la feuille est *composée;* elle est alors, dans ce cas, formée de petites feuilles secondaires appelées *folioles*, qui sont fixées au pétiole ou à la nervure médiane par de petits pétioles particuliers ou *pétiolules*. Toutes les feuilles dans lesquelles les échancrures n'atteignent ni le pétiole ni la nervure médiane sont dites *simples* (Ficaire, fig. 17).

Quand les échancrures ne sont pas aussi accentuées, mais sont cependant assez profondes, on dit que la feuille est *lobée* (Vigne). La feuille est *entière* lorsque le contour du limbe ne présente ni dentelures ni échancrures (Lilas).

Les *feuilles composées* peuvent être *pennées* ou *digitées* (fig. 19).

Les *feuilles pennées* sont celles dans lesquelles les folioles sont fixées de chaque côté de la nervure médiane (Acacia). Les *feuilles digitées* ont leurs folioles fixées au sommet du pétiole commun, de sorte qu'elles divergent autour de ce point (Marronnier). Le Trèfle a des feuilles digitées comprenant trois folioles; ses feuilles sont trifoliolées.

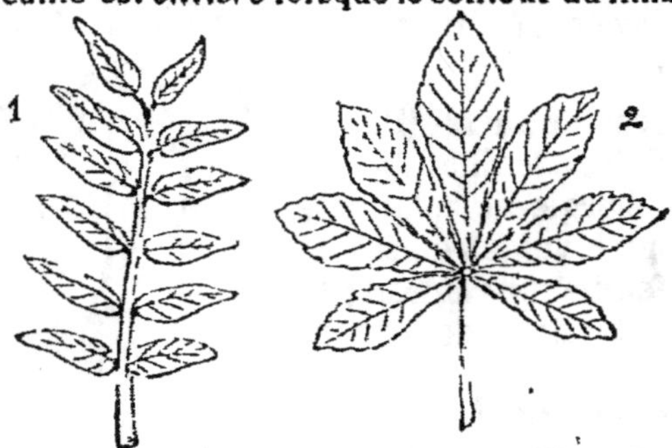

Fig. 19. — Feuilles composées.
1, feuille pennée. — 2, feuille digitée

39. Disposition des feuilles sur la tige. — On appelle *feuilles radicales* celles qui naissent sur la partie de la tige la plus voisine de la racine; feuilles *caulinaires*, celles qui occupent la région comprise entre la base et le sommet des rameaux; ce sont les plus nombreuses. On donne le nom de feuilles *florales* ou *bractées* aux feuilles qui sont situées dans le voisinage des fleurs.

Relativement aux positions respectives que les feuilles peuvent occuper les unes par rapport aux autres, on les subdivise en feuilles *opposées, verticillées* et *alternes* (fig. 20).

40. Feuilles opposées. — Les *feuilles opposées* sont celles dont les points d'insertion sont situés aux extrémités d'un même diamètre. Ces feuilles sont ainsi placées par paires autour de la tige, et sont orientées de telle sorte, que deux paires consécutives sont en croix l'une sur l'autre (Lilas, Sureau).

41. Feuilles verticillées. — Les *feuilles verticillées* sont groupées autour de la tige de manière que leurs

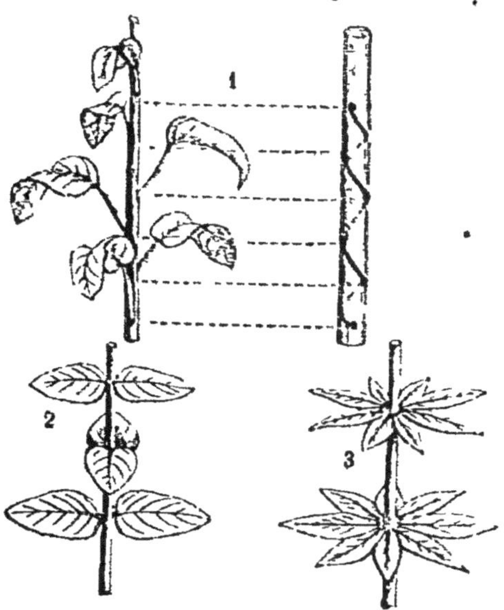

Fig. 20. — Disposition des feuilles sur la tige
1, feuilles alternes; 2, feuilles opposées;
3, feuilles verticillées.

points d'insertion sont situés sur des circonférences dont le plan est perpendiculaire à l'axe de la tige. L'ensemble des feuilles situées sur une même circonférence constitue un *verticille*. Ainsi les feuilles du Laurier-rose sont verticillées par trois; celles du Caille-lait (Croisette) le sont par quatre.

42. Feuilles alternes. — Les *feuilles alternes* sont disséminées autour de la tige de manière à se trouver toutes à des hauteurs différentes.

II. Fonctions de la feuille.

43. Idée générale. — Les feuilles sont, avec les racines, les organes importants qui concourent à la nutrition de la plante. Elles sont le siège d'échanges incessants de gaz et de vapeurs : elles absorbent certains éléments puisés dans l'atmosphère, et elles rejettent à l'extérieur différents produits provenant du travail de la nutrition.

44. Fonctions essentielles. — Les fonctions essentielles de la feuille sont : la *respiration*, la *fonction chlorophyllienne* et la *transpiration*.

La *respiration* est une absorption constante et permanente d'oxygène accompagnée d'un dégagement correspondant d'acide carbonique.

La *fonction chlorophyllienne* (fig. 21) est une fonction par laquelle les parties vertes des végétaux absorbent de l'acide carbonique, le décomposent, fixent le carbone dans leurs tissus et exhalent l'oxygène provenant de cette décomposition. Cette fonction, intermittente, ne s'accomplit qu'avec l'intervention de la chlorophylle et de la lumière ; elle s'effectue par les stomates (fig. 18).

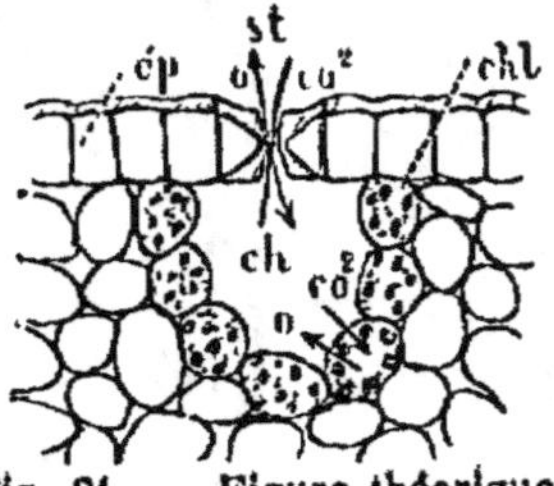

Fig. 21. — Figure théorique pour expliquer le mécanisme de la fonction chlorophyllienne.

st, stomate ; *ch*, chambre stomatique limitée par des cellules à chlorophylle *chl* ; *ép*, épiderme de la feuille.

L'action de la lumière est indispensable à la formation de la chlorophylle dans les tissus végétaux. Les parties plongées dans l'obscurité ne deviennent jamais vertes, mais restent blanches, jaunes ou violettes. Tout le monde a remarqué que les tiges de *Pomme de terre* qui s'allongent dans les caves humides sont complètement blanches ; c'est pour la même raison qu'on lie la salade, afin de la rendre blanche et tendre.

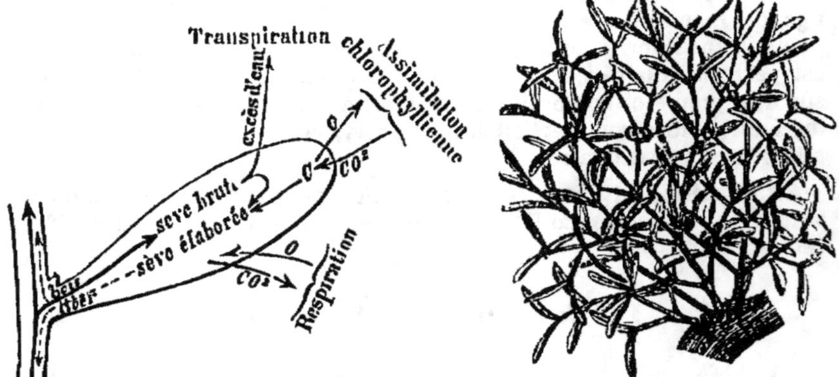

Fig. 22. — Figure théorique pour expliquer les trois fonctions principales de la feuille. Les flèches indiquent la marche des liquides et des gaz.

Fig. 23.
Gui, parasite sur une branche de Pommier.

La *transpiration* (fig. 22) consiste à rejeter au dehors de la vapeur d'eau. Cette fonction est d'autant plus active, que la lumière est plus vive ; elle diminue par un ciel nuageux et cesse à peu près pendant la nuit.

45. Plantes parasites. — Les *plantes parasites* sont des plantes qui se fixent sur d'autres végétaux et y implantent leurs racines. Il ne faut pas les confondre avec celles qui ne réclament, de la part de la plante sur laquelle elles se fixent, que le support. Le Lierre, les Orchidées, les Mousses, les Lichens sont dans ce cas, tandis que le Gui (fig. 23), la Cuscute, les Orobanches, etc., sont de vrais parasites.

III. La sève.

46. Nature de la sève. — La *sève* est un liquide aqueux, puisé par les racines et destiné à nourrir la plante. Ce liquide contient en dissolution des gaz et des sels dont la nature et les proportions varient évidemment suivant la composition du sol et l'espèce du végétal.

47. Sève brute ou sève ascendante. — Au printemps, dès que les rayons du soleil élèvent la température, l'activité physiologique des racines se réveille; elles puisent avec avidité les sucs nutritifs qui doivent servir au développement des différents organes, et la circulation des liquides séveux prend une énergie particulière qui rend la vigueur aux tissus végétaux. C'est alors qu'une entaille faite dans les couches ligneuses de la Vigne, par exemple, la laisse échapper en abondance. On donne à cette première sève le nom de *sève brute* ou *sève ascendante*.

Ce mouvement d'ascension se continue jusqu'au complet développement des rameaux et des feuilles, puis se ralentit et finit par s'arrêter complètement à la chute des feuilles.

Il peut cependant arriver qu'à la fin d'un été chaud et humide une nouvelle ascension de la sève se manifeste; les bourgeons qui ne devaient se développer que l'année suivante s'épanouissent alors, l'arbre se couvre de feuilles et quelquefois de fleurs. On donne à cette sève tardive, particulière aux espèces dont la végétation est précoce, le nom de *sève du mois d'août* ou *sève d'automne*.

Ce mouvement d'ascension de la sève dans les tissus résulte de causes multiples, dont les principales sont: 1º les phénomènes de *nutrition* et de *croissance* des tissus ; 2º l'*évaporation*, qui s'effectue par les feuilles; 3º l'action des forces physiques, *capillarité, endosmose,* etc.

48. Sève élaborée ou sève descendante. — La sève ascendante, arrivée dans les feuilles, y subit d'importantes transformations qui la rendent propre à servir à la nutrition des tissus. Elle se dirige ensuite vers les organes qu'elle doit nourrir, ou vers les tubercules, les bulbes, les graines, où s'accumulent les réserves qui seront consommées plus tard. Le liquide provenant de la sève ascendante élaborée par les feuilles porte le nom de *sève élaborée* ou *sève descendante*.

La plupart des végétaux donnent naissance, par l'élaboration de leur sève, à différents produits qui circulent dans les vaisseaux, s'accumulent dans les organes ou sont rejetés au dehors. Les principaux produits ainsi formés sont : le *latex* ou *suc propre* de la plante, la *fécule*, le *sucre*, les *gommes*, les *résines*, les *huiles*, la *cire*, le *caoutchouc*, l'*opium*, le *camphre*, et les *matières colorantes*.

QUESTIONNAIRE. — Quelles sont les parties constitutives de la feuille? — Que forment les ramifications du pétiole? — Que sont les stomates? — *De quoi est formée une feuille composée? — Qu'entend-on par feuilles pennées et par feuilles digitées? feuilles radicales, caulinaires, florales? — Comment sont disposées les feuilles opposées? les feuilles verticillées? les feuilles alternes? —* Quelles sont les fonctions essentielles de la feuille? — Qu'est-ce que la fonction chlorophyllienne? — En quoi consiste la transpiration? *Que sont les plantes parasites?*

Qu'est-ce que la sève? *Qu'entend-on par sève ascendante et par sève descendante? — Quelles sont les causes de la circulation de la sève? — Quels sont les principaux produits résultant de l'élaboration de la sève?*

CHAPITRE VI

LA FLEUR

I. La fleur en général.

49. Définition.—La *fleur* est une réunion d'organes provenant de feuilles modifiées, dont la fonction est de former la graine et de la rendre propre à reproduire le végétal. La graine est renfermée dans le fruit, qui n'est lui-même que le développement de l'ovaire, l'une des parties de la fleur.

50. Préfloraison. — On appelle *préfloraison* la disposition spéciale que présentent les organes floraux avant l'épanouissement de la fleur; les différentes parties qui la constituent sont alors pressées les unes contre les autres,

Fig. 24. — A, sommité fleurie d'un pied de renoncule portant des fleurs pédonculées. B, un rameau d'amandier à fleurs sessiles.

et forment un petit organe arrondi auquel on donne le nom de *bouton floral*.

51. Épanouissement. — L'*épanouissement* est l'apparition des organes constitutifs de la fleur renfermés dans le bouton. Quand l'écartement naturel des pièces extérieures du bouton permet à ces organes de se développer, ceux-ci s'étalent au jour ; on dit que la fleur *s'épanouit*.

52. Bractées. — On appelle *bractées* des feuilles situées dans le voisinage des fleurs, et qui ont subi des changements de forme ou de coloration. Comme les feuilles, les bractées peuvent être *alternes, opposées* ou *verticillées*.

Les principaux types de bractées sont : l'*involucre*, la *spathe*, la *cupule* et la *calicule.*

53. Inflorescence. — On donne le nom d'*inflorescence* à la distribution spéciale des fleurs sur l'axe qui les porte.

On appelle *pédoncule* le support de la fleur ; il peut être

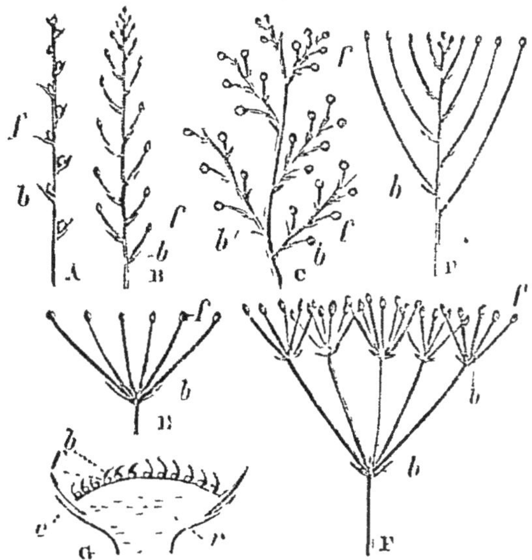

Fig. 25.

Figure théorique résumant les principaux types d'inflorescence indéfinie.
A, épi ; B, grappe simple ; C, grappe composée ; D, corymbe simple ; E, ombelle simple ; F, ombelle composée ; G, capitule coupé en long ; *e*, écaille de l'involucre ; *b*, bractée de la fleur ; *f*, fleur ; *r*, réceptacle.

simple ou ramifié, axillaire ou terminal. Ses ramifications forment les axes secondaires, tertiaires, etc. ; on désigne sous le nom de *pédicelles* les subdivisions qui portent les fleurs. Une fleur dépourvue de pédoncule est dite *sessile ;* dans le cas contraire, la fleur est dite *pédonculée* ou *pédicellée* (fig. 24).

Les principaux types d'inflorescence sont : la *grappe,* le *corymbe,* l'*épi,* l'*ombelle* et le *capitule.*

TYPES D'INFLORESCENCES

INFLORESCENCE INDÉFINIE

Axe prim. allongé.

GRAPPE — A. secondaires égaux.
- A. secondaires simples . . . . GRAPPE, *Groseillier.*
- — — ramifiés { Forme pyramidale. . PANICULE, *Avoine.*
- { — ovoïde . . . . THYRSE, *Lilas.*

CORYMBE — A. secondaires allongés, inégaux.
- A. secondaires simples . . . . CORYMBE SIMPLE, *Poirier.*
- — — ramifiés . . . . CORYMBE COMPOSÉ, *Millefeuille.*

ÉPI — A. secondaires raccourcis.
- Fleurs ordinairement hermaphrodites. { A. second. simples. . ÉPI SIMPLE, *Plantain.*
- { — — ramifiés . ÉPI COMPOSÉ, *Blé.*
- Pédoncule articulé, caduc . . . . CHATON, *Noisetier.*
- — non articulé, persistant . . . . . CÔNE, *Sapin.*
- Fl. enveloppées d'une spathe. { non ramifiée. . . . . SPADICE, *Arum.*
- { ramifiée. . . . . . . RÉGIME, *Palmier.*

Axe prim. raccourci.

OMBELLE — A. secondaires allongés, égaux.
- A. secondaires simples . . . . OMBELLE SIMPLE, *Oignon.*
- — — ramifiés . . . . OMBELLE COMPOSÉE, *Carotte.*

CAPITULE — A. secondaires raccourcis.
- Sans plateau terminal . . . . CAPITULE, *Trèfle.*
- Plateau terminal { Plan . . . . CALATHIDE, *Artichaut.*
- { Concave. . . . . . . SYCÔNE, *Figuier.*

INFLORESCENCE DÉFINIE — CYME
- Les axes naissant un à un d'un seul côté. . CYME UNIPARE, *Myosotis.*
- Les axes naissant deux à deux et terminés par une fleur . . . CYME BIPARE, *Céraiste.*

84. Organes constitutifs de la fleur. — La fleur se compose généralement de quatre séries d'organes disposés autour d'un axe central; on donne à ces séries le nom de *verticilles floraux;* ce sont le *calice*, la *corolle*, les étamines, dont l'ensemble forme l'*androcée,* et le *pistil* ou *gynécée* (fig. 26).

Le *calice* est l'enveloppe la plus externe de la fleur; il est ordinairement vert et formé de petites feuilles modifiées appelées *sépales.* Si les sépales sont soudés les uns aux autres, le calice est *monosépale* ou *gamosépale* (Primevères); s'ils sont libres de toute adhérence entre eux, il est dit *polysépale* ou *dialysépale* (Giroflée).

La *corolle* est la deuxième

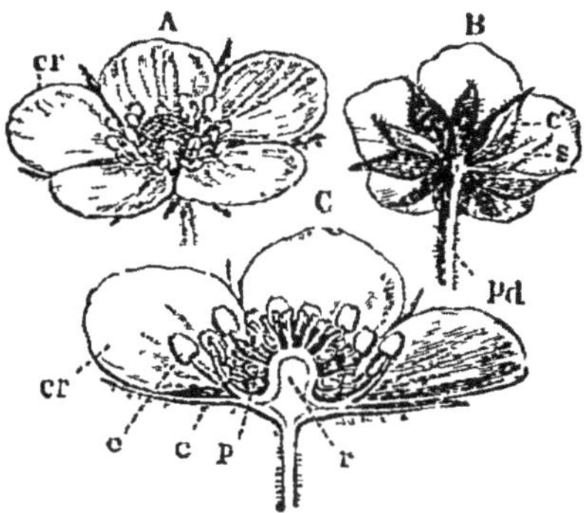

Fig. 26. — Fleur de Fraisier.

A, fleur entière; B, fleur montrant le pédoncule *pd,* le calicule *s* et le calice *c;* C, coupe longitudinale montrant le calice *c,* la corolle *cr,* l'anthère d'une étamine *e,* l'ovule de l'un des carpelles qui constituent le pistil *p,* le réceptacle *r.*

enveloppe florale; c'est la partie ordinairement colorée et odorante de la fleur, les pièces qui la constituent sont appelées *pétales.* La corolle est *monopétale* ou *gamopétale* (Liseron), si les pétales sont soudés les uns aux autres, et *polypétale* ou *dialypétale* (Rose), s'ils sont libres.

L'ensemble des deux premiers verticilles, calice et corolle, forme le *périanthe,* qui ne joue qu'un rôle secondaire dans les fonctions essentielles de la fleur.

L'*androcée* comprend les *étamines.* L'étamine est le plus souvent formée d'une sorte de petit sac, l'*anthère,* terminant un support grêle plus ou moins long, auquel on donne le nom de *filet* (fig. 27).

L'anthère renferme une poussière colorée, le plus souvent jaune, qu'on appelle *pollen,* et qui s'échappe lorsque la fleur est épanouie.

Le *pistil* est formé de *carpelles* libres ou soudés. Il présente ordinairement l'apparence d'une petite colonnette, le *style,* dont la base renflée est l'*ovaire,* dans lequel se trouvent les *ovules* ou futures graines; le sommet du style, de forme très variable, porte le nom de *stigmate* (fig. 28).

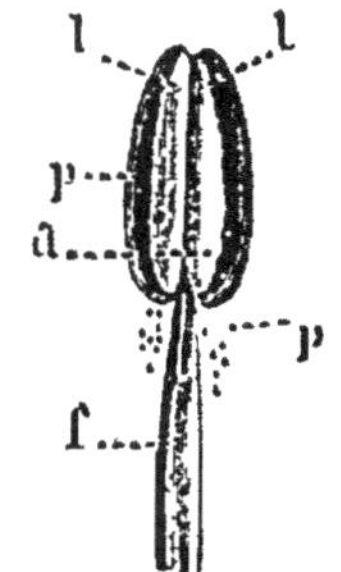

Fig. 27. — Étamine. *f,* filet; *a,* anthère; *l,* loges de l'anthère renfermant le pollen *p.*

Les quatre verticilles floraux sont fixés sur un support commun, le *réceptacle*, qui n'est que l'épanouissement du sommet du pédoncule; c'est le réceptacle qui constitue la partie alimentaire qu'on appelle le fond de l'Artichaut.

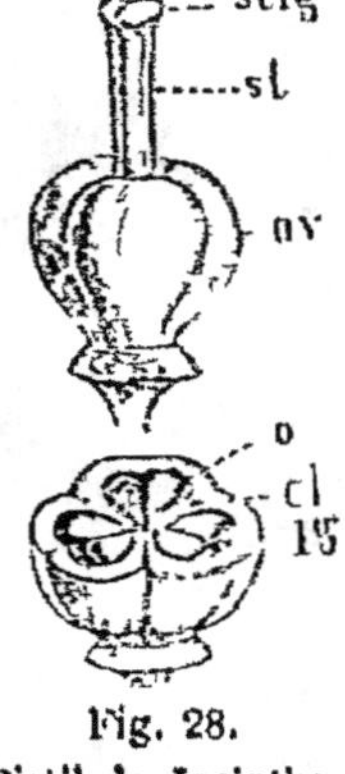

Fig. 28.

Pistil de Jacinthe.

ov, ovaire; st, style; stig, stigmate. Coupe transversale du même ovaire. On voit qu'il est formé de trois carpelles soudées; lg, loges; cl, cloison; o, ovules.

On appelle fleur *complète* une fleur pourvue des quatre verticilles dont nous venons de parler, c'est-à-dire d'un calice, d'une corolle, d'une androcée et d'un pistil. Une fleur est dite *incomplète* lorsqu'il lui manque un ou plusieurs verticilles.

Si l'un seulement des deux verticilles du périanthe vient à manquer, il est de convention que celui qui subsiste est un calice, qu'il soit coloré ou non. Ainsi le Lis, la Tulipe, ont un calice et pas de corolle.

Les fleurs qui sont pourvues d'étamines et de pistil sont appelées *hermaphrodites*, qu'elles aient ou non une enveloppe florale. Celles qui ont un pistil et pas d'étamines sont des fleurs *pistillées*, et celles qui ont des étamines et pas de pistil sont des fleurs *staminées*.

Si les fleurs staminées et pistillées se trouvent sur le même pied, la plante est *monoïque* (Noyer, Maïs); si ces fleurs sont sur deux pieds distincts, la plante est *dioïque* (Chanvre, Dattier).

II. Fonctions de la fleur.

55. Formation de l'œuf végétal. — La *formation de l'œuf végétal* est le phénomène par lequel le pollen déposé sur le stigmate détermine dans l'ovule la formation de l'embryon, et par suite la transformation de l'ovule en graine et de l'ovaire en fruit.

Le liquide visqueux dont le stigmate est imprégné retient facilement les grains de pollen qui s'échappent des anthères au moment de leur déhiscence et qui viennent le toucher. Sous l'influence de l'humidité, les grains se gonflent et émettent des prolongements (*tubes polliniques*) qui s'insinuent dans le style et se trouvent bientôt en contact avec l'ovule dans lequel se forme l'œuf végétal.

Aussitôt l'œuf formé, toute la vitalité de la plante se concentre dans l'ovaire, la corolle se flétrit, la fleur se dessèche et tombe, l'ovaire seul subsiste et continue son développement; on dit que le fruit se *noue*.

56. Circonstances qui influent sur la pollinisation. — Dans les fleurs hermaphrodites, la pollinisation est facile, r ' 'es anthères sont toujours voisines des stigmates; mais dans les fleurs qui ne possèdent chacune que des étamines ou des pistils, le transport du pollen des anthères sur le stigmate ne peut se faire qu'artificiellement, soit par le vent, soit par les insectes, les abeilles et les papillons surtout.

Les Arabes favorisent la fécondation des Dattiers, qui sont des plantes dioïques, en secouant le pollen des fleurs staminées sur les stigmates des fleurs pistillées.

Quand la saison a été pluvieuse, l'eau ayant entraîné les grains de pollen, la fécondation s'est trouvée en partie supprimée, et bon nombre d'ovules restent stériles. Cette stérilité, regrettable surtout pour la Vigne, est désignée par les vignerons sous le nom de *coulure de la Vigne*.

QUESTIONNAIRE. — Qu'est-ce que la fleur? — *Qu'appelle-t-on préfloraison?* — *Qu'est-ce que l'épanouissement?* — *Qu'appelle-t-on bractées?* — A quoi donne-t-on le nom d'inflorescence? — Comment s'appelle le support de la fleur? — Faites le tableau synoptique des principaux types d'inflorescence. — Quelles sont les verticilles de la fleur? — Que comprend une étamine? — Quelles sont les parties qui constituent le pistil? — Qu'est-ce que le réceptacle? — Qu'appelle-t-on fleur complète? — Quand dit-on qu'une plante est monoïque ou dioïque?

Que deviennent les grains de pollen quand ils s'échappent des anthères? Quelles sont les causes qui influent sur la pollinisation? — A quoi est due la coulure de la Vigne?

CHAPITRE VII

LE FRUIT ET LA GRAINE

I. Le fruit.

57. Constitution du fruit. — On appelle *fruit* l'ovaire fécondé et mûri.

Le fruit comprend deux parties : le *péricarpe* et la *graine*. Certaines parties accessoires accompagnent souvent le péricarpe et subissent en même temps que l'ovaire des transformations considérables à la suite de la pollinisation. On est convenu de désigner sous le nom de fruit l'ensemble des graines, du péricarpe et des organes qui l'accompagnent.

58. Péricarpe. — Le *péricarpe* (fig. 29) est la portion du fruit qui forme les parois de l'ovaire grossi. Il comprend trois parties : 1° une couche externe, *l'épicarpe*, formant la pelure des Pommes, des Prunes, des Pêches; 2° une couche interne nommée *endocarpe;* c'est elle qui constitue les membranes coriaces qui entourent les pépins de la Pomme et le noyau qui enveloppe l'amande dans les Prunes, les Cerises, les Abricots ; 3° un parenchyme cellulaire, souvent pulpeux, compris entre les deux couches précédentes, et que l'on désigne sous le nom de *mésocarpe* ; il constitue la partie charnue et succulente des Pommes, des Cerises, des Pêches.

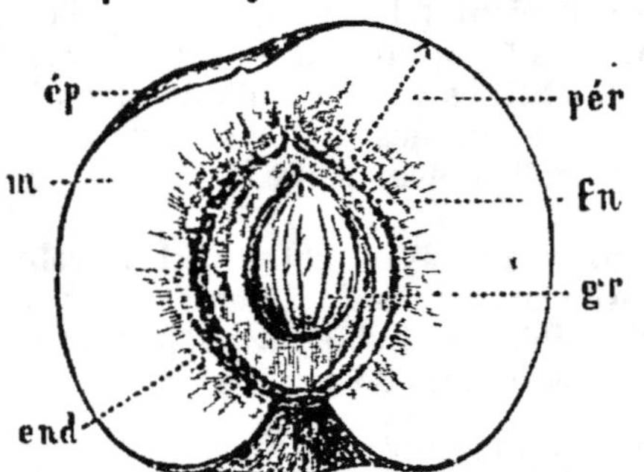

Fig. 29. — Section longitudinale d'une pêche, pour montrer la structure de ce fruit à noyau.

pér, péricarpe comprenant : l'épicarpe *ép*, le mésocarpe *m*, l'endocarpe *end*, formant ici le noyau ; *gr*, graine montrant le funicule *fn*, qui relie la graine à la paroi du péricarpe.

89. Déhiscence. — La *déhiscence* du fruit est l'acte par lequel le fruit s'ouvre pour laisser échapper les graines. La plupart des fruits charnus sont indéhiscents ; ils tombent sur le sol, et les graines n'arrivent en contact avec la terre qu'après la destruction des enveloppes. Cependant la *Balsamine*, le *Concombre sauvage*, ont des fruits charnus qui éclatent et projettent leurs graines à une grande distance.

60. Classification des fruits. — D'après la consistance du

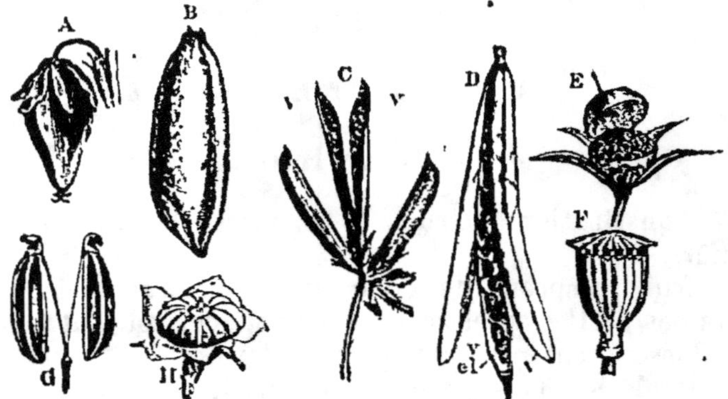

Fig. 30. — Exemples de fruits secs.

A, akène du Blé noir ; B, caryopse du Blé ; C, gousses du Lotier corniculé dont l'une est ouverte ; D, silique de la Giroflée ; *v*, valves ; *cl*, cloison ; E, pyxide du mouron rouge ; F, capsule du Pavot ; G, diakène du Fenouil ; H, polyakène de la petite Mauve.

péricarpe, on peut diviser les fruits en trois groupes : les fruits secs, les fruits *charnus* et les fruits à *noyau*.

Un fruit sec est un *akène* s'il est indéhiscent (Blé noir), et une capsule s'il est déhiscent (Pavot).

TABLEAU SYNOPTIQUE DE LA CLASSIFICATION DES FRUITS

FRUITS			
SECS	INDÉHISCENTS (Akène).	AKÈNE proprement dit (Sarrasin, Laitue); *diakène* (Carotte); *triakène* (Capucine); *polyakène* (Mauve). GLAND (Chêne, Châtaignier). CARYOPSE (Blé, Seigle). SAMARE (Orme, Érable).
	DÉHISCENTS (Capsule).	CAPSULE proprement dite (Lis, Datura, Violette). FOLLICULE (Aconit, Pivoine). LÉGUME ou GOUSSE (Haricot, Genêt). SILIQUE (Chou); *silicule* (Pastel, Bourse à pasteur). PYXIDE (Mouron rouge, Plantain).
CHARNUS	INDÉHISCENTS	BAIE (Raisin, Cassis, Tomate). MÉLONIDE (Melon, Citrouille). PÉPONIDE (Pomme, Poire). HESPÉRIDIE (Orange, Citron).
	DÉHISCENTS	CAPSULE CHARNUE (Balsamine, Marronnier).
A NOYAU	INDÉHISCENTS	DRUPE (Prune, Pêche, Cerise, Olive).
	DÉHISCENTS	CAPSULE DRUPACÉE (Noix, Amande).

II. La graine.

61. Organisation de la graine. — Une graine complète se compose de trois parties : une enveloppe simple ou multiple, formant ce qu'on appelle les *téguments* de la graine; un *albumen*, et un *embryon* ou plantule.

62. Embryon. — L'*embryon* (fig. 31) est la partie essentielle de la graine; il se compose de trois parties : la *radicule*, la *tigelle* et la *gemmule*, formant par leur ensemble une petite plante rudimentaire.

La *radicule* donne naissance à la racine. La *tigelle* fait suite à la radicule; c'est la future tige. La *gemmule* est un petit bourgeon formé de feuilles ébauchées. Elle est

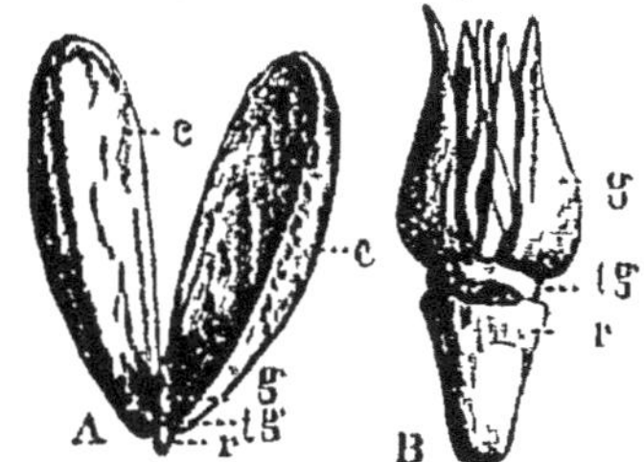

Fig. 31.

A, plantule de l'Amandier; *c*, cotylédons; *r*, radicule; *tg*, tigelle; *g*, gemmule; B, plantule grossie et dont on a détaché les deux cotylédons; *r*, radicule; *tg*, tigelle; *g*, gemmule.

tantôt visible, tantôt cachée avant son développement. En enlevant l'écorce d'une graine fraîche de Haricot, ou que l'on a laissé tremper dans l'eau pendant quelque temps si elle est sèche, elle se sépare en deux parties, au milieu desquelles on aperçoit très visiblement l'embryon (fig. 32, A).

63. Cotylédons. — Les *Cotylédons* sont des appendices latéraux fixés à la base de la tigelle. Ils constituent des organes de réserve destinés à fournir les aliments nécessaires au développement de l'embryon.

Quand il n'existe qu'un seul cotylédon, celui-ci s'insère ordinairement autour de la tigelle, qu'il entoure et recouvre comme une feuille engainante.

64. Germination. — La *germination* est l'acte par lequel l'embryon se développe.

Une graine mûre peut rester un temps considérable dans un état stationnaire sans que ses propriétés germinatives soient altérées ; de sorte qu'elle pourra être conservée des années et même des siècles sans perdre la faculté de pouvoir germer lorsqu'elle se trouvera dans des conditions favorables.

65. Conditions nécessaires à la germination. — Pour que la graine puisse germer, il faut d'abord qu'elle soit *mûre*, et ensuite qu'elle trouve en quantité suffisante de l'*eau*, de l'*air* et de la *chaleur*.

L'*eau*, en pénétrant les tissus de la graine, les gonfle et les ramollit ; les sucs nutritifs qu'ils renferment se dissolvent et fournissent la première nourriture destinée à la jeune plante. Trop d'humidité nuirait à la germination, excepté évidemment pour les plantes aquatiques, dont les graines germent dans l'eau.

L'*air* est absolument indispensable à la germination ; dans le vide, les graines restent indéfiniment inertes. Des graines enfouies profondément dans le sol y demeurent sans germer tant qu'une circonstance particulière ne vient pas les ramener à la surface.

Fig. 32.

Germination d'une graine.

A, moitié d'une graine de Haricot ; *c*, cotylédon ; *r*, radicule ; *t*, tigelle ; *g*, gemmule ; B, première phase de la germination.

La graine ne peut germer si le milieu dans lequel elle se trouve n'atteint pas une certaine *température*. La limite inférieure de cette température varie avec l'espèce végétale : ainsi le Lin, la Moutarde, le Blé, l'Orge, peuvent germer à des températures inférieures à 10 degrés, tandis que la température doit être au moins de 18 degrés pour le Melon. La température moyenne la plus favorable à la germination est comprise entre 12 et 25 degrés.

La terre favorise la germination en réalisant les conditions d'humidité, d'aération et de chaleur convenables.

66. Phénomènes chimiques de la germination. — Les cotylédons qui accompagnent l'embryon ont leurs cellules remplies de grains d'amidon, de fécule, de matières grasses. Sous l'influence de l'humidité et de l'oxygène de l'air, les matières azotées qu'elles renferment donnent naissance à un ferment important, la *diastase*, qui, agissant sur les substances féculentes, les transforme en une matière sucrée, facilement absorbable, la *glycose*, qui nourrit l'embryon jusqu'à ce que ses racines et ses premières feuilles soient suffisamment développées.

Pendant la germination, les graines dégagent du gaz carbonique provenant des combustions partielles qui se font dans les tissus.

QUESTIONNAIRE. — Qu'appelle-t-on fruit? — Combien de parties comprend le fruit? —.Qu'est-ce que le péricarpe? — Quelles sont les couches qui le constituent? — Qu'est-ce que la déhiscence? — Faites le tableau de la classification des fruits.

De quoi se compose une graine complète? — Quelles sont les trois parties de l'embryon? *Que sont les cotylédons?* — Qu'est-ce que la germination? — Dans quelles conditions doit se trouver une graine pour pouvoir germer? — *Quels sont les phénomènes chimiques qui accompagnent la germination?*

CHAPITRE VIII

CLASSIFICATION

67. Classifications artificielles. — Les deux classifications artificielles les plus célèbres sont celles de *Tournefort* (1694) et de *Linné* (1735).

Le *système de Tournefort*, aujourd'hui abandonné, est établi d'après les caractères tirés de la corolle et de la consistance de la tige. Il comprend deux groupes : les *herbes* et les *arbres et arbustes*, le tout subdivisé en 22 classes.

Le *système de Linné* repose entièrement sur les modifications que présentent les organes reproducteurs de la fleur, étamines et pistil. Les végétaux sont d'abord sectionnés en deux groupes, les *Phanérogames* et les *Cryptogames* : les Phanérogames comprennent les plantes dans lesquelles les étamines et le pistil sont visibles, et correspondent aux plantes Dicotylédones et Monocotylédones; les Cryptogames sont des plantes qui n'ont ni étamines ni pistil, et dont les organes de reproduction ne sont pas apparents; ils correspondent aux végétaux Acotylédones.

68. Classification naturelle. — La méthode naturelle généralement adoptée aujourd'hui est celle de *Laurent de Jussieu* (1789).

Dans cette méthode, le règne végétal se subdivise en trois grands embranchements, suivant la présence ou l'absence des cotylédons dans la graine; ce sont les végétaux *Dicotylédones, Monocotylédones* et *Acotylédones* ou *Cryptogames*.

69. Caractères généraux des trois embranchements. — L'embryon des *végétaux Dicotylédones* est muni normalement de deux cotylédons. La racine est pivotante; la tige, ordinairement ramifiée, est formée de fibres et de vaisseaux disposés en couches concentriques autour d'un canal médullaire; leurs feuilles sont simples ou composées, à nervures réticulées, offrant souvent des échancrures plus ou moins profondes. Les fleurs sont généralement complètes, et les pièces qui les constituent, sépales, pétales, étamines, etc., sont souvent au nombre de 5. Le *Haricot*, le *Hêtre*, le *Chêne*, sont des plantes Dicotylédones.

Les *végétaux Monocotylédones* ont un embryon qui n'a qu'un seul cotylédon. Leurs racines sont fibreuses; leur tige est généralement simple; elle est formée de fibres et de vaisseaux épars dans une masse de tissu cellulaire, et porte des feuilles presque toujours simples, souvent engaînantes, à nervures parallèles. Les fleurs ont généralement un calice pétaloïde, et les différentes pièces qui constituent les verticilles floraux sont le plus souvent au nombre de 3 ou de 6. Le *Blé*, le *Lis*, le *Dattier*, appartiennent à cet embranchement.

Les végétaux *Acotylédones* sont caractérisés par leurs organes reproducteurs peu apparents. Leur structure est très variée; les uns sont vasculaires et sont désignés sous le nom de *Cryptogames vasculaires* (Fougères, Prêles); les autres, de beaucoup plus nombreux, ont une structure entièrement cellulaire, ce sont les *Cryptogames cellullaires* (Mousses, Lichens, Algues, Champignons).

Les *Dicotylédones* sont surtout abondantes dans les régions tempérées, les *Monocotylédones* dans la zone équatoriale, et les *Cryptogames* dans les régions froides et humides.

70. Nomenclature botanique. — En Botanique comme en Zoologie, on emploie, pour désigner les différents groupes végétaux, un certain nombre de termes qui sont : l'*embranchement*, la *classe*, la *famille*, le *genre*, l'*espèce*, la *variété* et l'*individu*.

La *famille* est un groupe essentiellement naturel, dont les individus présentent dans leur structure et leur aspect extérieur un certain air de ressemblance que l'on saisit immédiatement. C'est ainsi qu'il est facile de voir que la Sauge, la Mélisse, appartiennent à la même famille (famille des Labiées), qu'il en est de même du Mélèze, du Pin, du Sapin (famille des Conifères).

Le genre comprend des espèces qui se ressemblent par leur port extérieur, et chez lesquelles la forme et la disposition des différentes parties de la fleur et du fruit sont les mêmes ; ainsi l'Ail, le Poireau, la Ciboule, l'Oignon, appartiennent au même genre (genre *Allium*).

L'espèce est composée d'individus qui se ressemblent entre eux jusqu'à l'identité d'organisation, et qui, par la reproduction, donnent naissance à une suite d'individus toujours semblables. Ainsi un champ de Trèfle incarnat est composé d'individus qui appartiennent tous à la même espèce.

Pour désigner l'espèce, on emploie deux mots latins, comme en zoologie ; le premier est celui du genre, et le deuxième détermine l'espèce. Le genre *Viola*, par exemple, comprend plusieurs espèces, dont les principales sont : *Viola odorata* (Violette odorante), *Viola canina* (Violette des chiens), *Viola tricolor* (Pensée), *Viola arvensis* (Pensée sauvage).

QUESTIONNAIRE. — *Quelles sont les classifications artificielles les plus célèbres en Botanique ? — Sur quels principes sont fondés les systèmes de Tournefort et de Linné ? — Comment se subdivise le règne végétal dans la méthode naturelle de de Jussieu ? — Quels sont les caractères généraux des végétaux dans chacun des trois embranchements ? — Quels noms donne-t-on aux différents groupes de la subdivision des embranchements ? — Comment définit-on la famille, le genre et l'espèce ?*

CHAPITRE IX

PRINCIPALES FAMILLES VÉGÉTALES

I. Dicotylédones.

71. RENONCULACÉES. — Plantes herbacées rarement ligneuses, à fleurs généralement régulières et souvent à calice pétaloïde ; étamines indéfinies.

72. Principales espèces. — Les *Clématites*, les *Renoncules*, les *Ellébores*.

Les *Clématites* ont une tige ligneuse et sarmenteuse. La plus commune est la *Clématite des haies*, arbrisseau grimpant que l'on trouve fréquemment dans les haies ; ses feuilles renferment un principe âcre qui irrite la peau. Son nom vulgaire d'*Herbe aux gueux* vient précisément de ce qu'autrefois les mendiants s'en servaient pour produire des ulcères factices afin d'exciter la commisération publique.

Les *Renoncules*, plus généralement connues sous le nom de *Boutons d'or*, sont des plantes à fleurs souvent jaunes ; les unes sont terrestres, et les autres aquatiques. Les principales sont : la *Renoncule rampante*, la *Renoncule bulbeuse*, la *Renoncule âcre* et la *Renoncule scélérate*.

Les *Ellébores* avaient autrefois la réputation de guérir de la folie ; ce qui explique ces deux vers de La Fontaine dans la fable *le Lièvre et la Tortue* :

> Ma commère, il vous faut purger
> Avec quatre grains d'ellébore.

L'*Ellébore fétide* ou *Pied de griffon* croît dans les lieux secs. L'*Ellébore noir* fleurit en décembre et se cultive dans les jardins sous le nom de *Rose de Noël*.

73. CRUCIFÈRES. — Les Crucifères forment une famille des plus faciles à reconnaître. Ce sont des plantes herbacées, dont la fleur comprend 4 sépales, 4 pétales *en croix* et 6 étamines, dont 2 plus petites. Pour fruit, une silique ou une silicule.

74. Principales espèces. — Le *Chou*, la *Rave*, le *Navet*, le *Radis*, le *Raifort*, la *Moutarde*, le *Cresson*, le *Colza*, la *Giroflée*.

Le *Chou* est un des meilleurs légumes ; il en existe un grand nombre de variétés : *Chou de Milan*, *Chou pommé*, *Chou de Bruxelles*, *Chou-fleur*, etc.

La racine du *Raifort* est excessivement âcre, elle sert de base à la fabrication du sirop antiscorbutique.

La graine de *Moutarde noire*, réduite en poudre, donne la farine de Moutarde avec laquelle on fait les sinapismes. Cette farine, délayée dans l'huile et aromatisée convenablement, constitue la moutarde de table. La *Moutarde blanche* est moins commune.

75. LÉGUMINEUSES. — La famille des *Légumineuses* comprend des herbes, des arbustes et des arbres qui peuvent atteindre de grandes dimensions. Les feuilles sont ordinairement composées, et les fleurs solitaires ou en grappes. Le fruit est une *gousse*.

Cette famille comprend plus de 4 000 espèces, que l'on a subdivisées en trois tribus, suivant la forme de la corolle : la tribu des *Papilionacées*, celle des *Cassiées* et celle des *Mimosées*.

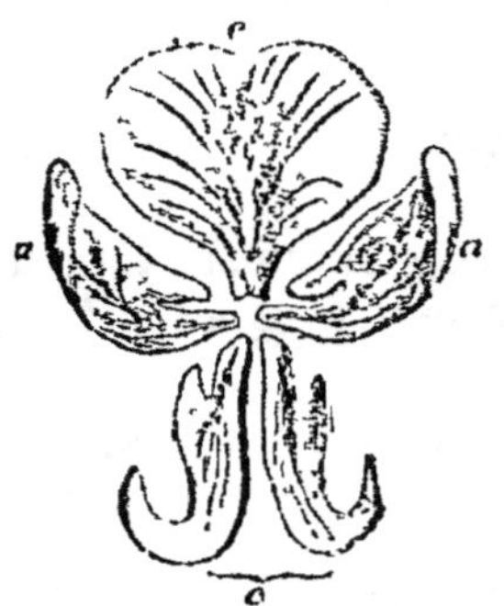

Fig. 33. — Corolle papilionacée (pétales étalés).

a, a, ailes; *é,* étendard; *c,* carène.

76. Principales espèces. — Les espèces principales de la tribu des *Papilionacées* sont : le *Trèfle*, la *Luzerne*, le *Sainfoin*, la *Gesse*, les *Pois*, les *Haricots*, les *Lentilles*, les *Fèves*.

Le *Trèfle*, la *Luzerne* et le *Sainfoin*, sont des plantes fourragères que l'on cultive en prairies artificielles.

La *Gesse odorante* est une plante d'ornement plus connue sous le nom de *Pois de senteur*.

Les *Pois*, les *Lentilles*, les *Haricots* et les *Fèves* sont des plantes alimentaires très importantes.

Parmi les espèces appartenant à la tribu des *Cassiées*, on peut citer les bois de *Fernambouc*, de *Brésil*, de *Campêche*, fréquemment employés en teinturerie ; le *Séné* et la *Casse*.

Le *Séné*, ainsi que les fruits desséchés de la *Casse*, sont utilisés comme purgatifs.

Les espèces les plus remarquables de la tribu des *Mimosées* sont : la *Sensitive* et les *Acacias*. Les plantes appartenant aux tribus des Cassiées et des Mimosées sont exotiques.

77. Rosacées. — Plantes herbacées ou ligneuses à feuilles alternes. Fleurs régulières à 5 divisions. Corolle *rosacée*. Étamines en nombre indéfini.

78. Principales espèces. — Les principales espèces sont : l'*Amandier*, le *Pêcher*, l'*Abricotier*, le *Prunier*, le *Cerisier*, le *Laurier-Cerise*, la *Ronce*, le *Framboisier*, le *Fraisier*, l'*Églantier*, le *Pommier*, le *Poirier*, le *Cognassier*, l'*Aubépine*.

L'*Amandier* est un arbre à floraison très précoce ; le fruit renferme une amande douce ou amère. Les amandes douces servent à la fabrication des nougats, du sirop d'orgeat, des loochs médicamenteux ; on en extrait l'huile d'amandes douces. Les amandes amères renferment de l'acide cyanhydrique, qui leur communique une saveur particulière et les rend vénéneuses.

Les *Cerisiers* fournissent plusieurs variétés de cerises, dont les principales sont la *Cerise* proprement dite, à courte queue, et dont on fait des conserves dans l'eau-de-vie ; la *Guigne* et le *Bigarreau*.

Les feuilles du *Laurier-Cerise* contiennent de l'acide cyanhydrique ; l'eau de Laurier-Cerise est employée en médecine comme calmant.

La *Ronce* est une plante à longue tige ligneuse et rampante, hérissée d'aiguillons ; les fruits, connus sous le nom de *mûres*, sont comestibles ; ils passent du rouge au noir en mûrissant.

Fig. 34. — Fleur d'églantier.

Le *Framboisier* est une Ronce à tige dressée et à rameaux arqués, qui produit des fruits rafraîchissants et parfumés.

Le *Fraisier* est une plante herbacée à tige stolonifère. Les fruits sont des akènes fixés sur un réceptacle charnu, de couleur rouge, qui est la partie comestible de la fraise.

Les *Rosiers* (fig. 34) sont des plantes d'ornement dont les variétés sont extrêmement nombreuses ; les plus connues sont : la *Rose à cent feuilles*, la *Rose mousseuse*, la *Rose de Bengale*, la *Rose de Provins*. Les pétales de la Rose de Provins sont employés pour la préparation du miel rosat, de l'eau et de l'essence de rose.

Les usages économiques des *pommes*, des *poires*, des *prunes*, des *pêches*, etc., sont connus de tout le monde.

79. OMBELLIFÈRES. — Plantes herbacées à tige fistuleuse. Feuilles ordinairement découpées et engainantes. Fleurs très petites, réunies en *ombelles*. Pour fruit, deux akènes sillonnés de côtes longitudinales se séparant à la maturité et restant suspendus à l'extrémité d'un petit support.

Fig. 35. — Persil cultivé.
A, une fleur isolée ; B, fruit.

Beaucoup d'Ombellifères renferment un principe vireux et un principe aromatique. Certaines espèces sont vénéneuses, et d'autant plus toxiques qu'elles croissent dans des climats plus chauds.

80. Principales espèces. — Le *Fenouil*, l'*Anis*, le *Persil*, le *Cerfeuil*, le *Céleri*, le *Panais*, la *Carotte*, la *Ciguë*.

Les graines de *Fenouil*, d'*Anis*, renferment une huile essentielle aromatique qui les fait employer dans la fabrication des liqueurs.

Le *Persil* et le *Cerfeuil* sont utilisés comme condiments.

Le *Céleri* cultivé donne des pétioles blancs, tendres, aromatiques, que l'on mange en salade. L'*Ache* est un Céleri sauvage. Le *Panais*, la *Carotte*, sont des espèces alimentaires.

La *Grande* et la *Petite Ciguë* sont des plantes extrêmement vénéneuses ; la Petite Ciguë peut être facilement confondue avec le Persil. La Grande Ciguë se reconnaît à la présence de taches rougeâtres qui maculent ses tiges.

81. CUCURBITACÉES. — Plantes herbacées, à tige grimpante et rampante couverte de poils rudes. Feuilles alternes et portant souvent des vrilles à leur aisselle. Le fruit offre souvent une cavité centrale dans laquelle les graines semblent éparses au milieu des filaments provenant de la destruction des cloisons.

82. Principales espèces. — Les principales espèces sont : le Melon, le *Concombre*, le *Potiron*, la *Calebasse*, la *Bryone*.

Le fruit du *Melon* est sucré et rafraîchissant; la variété la plus estimée est le *Melon cantaloup*.

Le *Concombre* donne des fruits comestibles; cueillis très jeunes et confits dans le vinaigre, on leur donne le nom de *cornichons*.

Le *Potiron* et le *Giraumont* ont des fruits volumineux qui servent à faire des potages. Le fruit de la *Calebasse* est une coque dure et coriace avec laquelle on fait des gourdes.

La *Bryone* est une plante grimpante excessivement commune dans les buissons, et qui porte quelquefois le nom de *Navet du diable*.

83. COMPOSÉES. — La famille des *Composées* est très nombreuse et comprend à elle seule la 10e partie des plantes Phanérogames. Les espèces qui la composent sont caractérisées par l'inflorescence, qui consiste en un grand nombre de petites fleurs réunies en capitules sur un réceptacle élargi, entouré d'un involucre (fleurs composées, fig. 36, E).

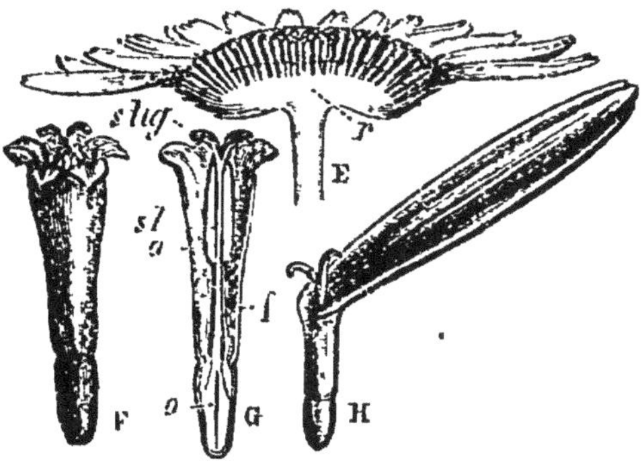

Les fleurs qui constituent le capitule sont souvent de deux sortes : les unes, appelées *fleurons*, ont une corolle régulière, le plus souvent à 5 dents; les autres, appelées *demi-fleurons*, ont une corolle monopétale ligulée (fig. 36).

Fig. 36.

E, capitule de Radiée (Leucanthème commun) coupé en long, montrant le réceptacle *r*, les fleurs tubuleuses au centre et les fleurs ligulées à la circonférence; F, une fleur tubuleuse; on voit le limbe à cinq dents et les deux branches stigmatiques courbées en dehors; G, la même fleur coupée en long pour montrer l'ovaire *o*, le style *st* et le stigmate à deux branches *stig*; les anthères soudées *a*, et les filets libres *f*; H, une fleur ligulée.

La famille des Composées se subdivise en trois tribus, d'après la constitution du capitule. La tribu des *Tubuliflores* comprend les espèces dont les capitules sont uniquement formés de fleurons; la tribu des *Liguliflores* comprend celles dont les capitules sont exclusivement composés de demi-fleurons; enfin la tribu des *Radiées* est formée des espèces dont les capitules portent des fleurons au centre et des demi-fleurons sur la circonférence.

84. Principales espèces. — Tribu des Tubuliflores : les *Chardons*, l'*Artichaut*, les *Centaurées*, le *Bluet*, l'*Absinthe*.

Tribu des Liguliflores : la *Chicorée*, la *Laitue*, le *Pissenlit*, le *Laiteron*, le *Salsifis*.

Tribu des Radiées : la *Pâquerette*, le *Grand-Soleil*, les *Dahlias*, les *Seneçons*, la *Camomille*.

Les *Chardons* sont de mauvaises herbes qui se multiplient rapidement dans les champs incultes. L'*Artichaut* est une espèce de chardon cultivé dont on mange la base des bractées et le réceptacle charnu.

L'*Absinthe* sert à la préparation d'une liqueur dont l'abus exerce une très funeste influence sur l'organisme.

La *Chicorée sauvage* est amère et tonique. On cultive dans les jardins la *Chicorée endive* et quelques-unes de ses variétés (Escaroles, Chicorée frisée), que l'on mange en salade. Les racines de la Chicorée, torréfiées et pulvérisées, sont trop souvent ajoutées au café. La *Laitue* et le *Pissenlit* se mangent aussi en salade. On cultive trois variétés de laitue : la *Laitue romaine*, la *Laitue pommée* et la *Laitue frisée*.

La *Pâquerette* doit son nom à l'époque de sa floraison, qui a toujours lieu vers le temps de Pâques. Elle est très commune dans les prairies. Les *Chrysanthèmes*, les *Soleils*, les *Dahlias*, sont cultivés comme plantes d'ornement.

Fig. 37. — Le Tabac, exemple de Solanée.

A, un rameau fleuri; B, fleur isolée; C, la même fleur dont on a enlevé la partie antérieure; *ov*, ovaire; *st*, style; *e*, étamines.

85. SOLANÉES. — Plantes herbacées à fleurs solitaires ou disposées en grappes ou en épis. Corolle infundibuliforme; 5 étamines. Pour fruit, une capsule ou une baie.

Les plantes appartenant à la famille des Solanées ont en général un aspect sombre et une odeur repoussante; le plus grand nombre renferment des principes vireux qui en font des plantes très vénéneuses.

86. Principales espèces. — La *Pomme de terre*, la *Tomate*, le *Piment*, la *Belladone*, la *Jusquiame*, le *Tabac*.

La *Pomme de terre* est originaire du Pérou ; ses tubercules sont sains et nourrissants (n° 22).

La *Belladone* est une Solanée très vénéneuse ; ses baies noires sont de la grosseur et de la forme d'une cerise. Elle renferme un alcaloïde, l'*atropine*, employé dans les maladies des yeux.

Le *Tabac* ou *Nicotiane* (fig. 37), originaire du Mexique, a été importé en France en 1560 par Jean Nicot, ambassadeur de France en Portugal. Ses feuilles, après avoir subi certaines préparations, donnent le tabac à priser et à fumer. Le tabac renferme une substance toxique, la *nicotine*, qui est excessivement pernicieuse.

87. Labiées. — Plantes herbacées à tige généralement carrée et à feuilles opposées. Fleurs réunies en groupe à l'aisselle des feuilles ; corolle labiée (fig. 38). Pour fruit, 4 akènes situés au fond d'un calice persistant.

La plupart des Labiées possèdent des propriétés toniques, aromatiques, qui les font utiliser en médecine. Un grand nombre d'entre elles fournissent des essences aromatiques.

88. Principales espèces. — Les *Sauges*, le *Romarin*,

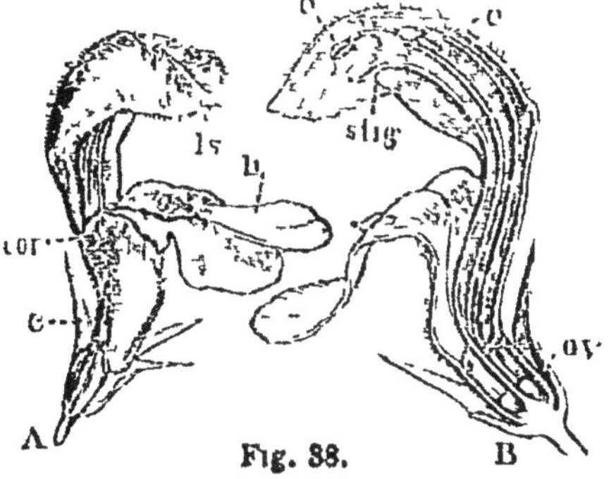

Fig. 38.

A, fleur labiée du Lamier blanc ; c, calice ; cor, corolle ; ls, lèvre supérieure ; li, lèvre inférieure ; B, la même fleur coupée en long ; e, étamine ; stig, stigmate ; ov, ovaires.

les *Menthes*, la *Lavande*, le *Thym*, le *Serpolet*, la *Mélisse*, le *Lierre terrestre*, les *Lamiers* rouge et blanc.

Les *Sauges* se rencontrent partout. La *Sauge des prés* a de grandes fleurs d'un beau bleu disposées en long épi dressé ; elle est commune dans les prairies, sur les pelouses.

Les *Menthes* croissent dans les lieux incultes et humides ; elles exhalent, lorsqu'on les froisse, une odeur forte et aromatique. La plus employée est la *Menthe poivrée*.

La *Lavande* fournit une essence utilisée en parfumerie.

Le *Thym* et le *Serpolet* se rencontrent sur les pelouses et les coteaux secs, et sont recherchés par les lièvres et les lapins.

La *Mélisse* ou *Citronnelle* exhale une forte odeur de citron ; elle jouit de propriétés stimulantes et énergiques, et sert à la préparation d'un alcoolat connu sous le nom d'*eau de Mélisse*.

89. Amentacées. — Arbres et arbrisseaux monoïques ou

dioïques, à feuilles munies de deux stipules caduques. Les fleurs staminées sont ordinairement disposées en chatons, et les fleurs pistillées sont souvent solitaires. Pour fruit, un gland.

Presque toutes les espèces des Amentacées sont des arbres forestiers.

90. Principales espèces. — Le *Chêne*, le *Hêtre*, le *Châtaignier*, le *Noisetier*, le *Charme*, le *Noyer*, le *Bouleau*, les *Saules*, les *Peupliers*.

Le *Chêne rouvre*, le *Chêne pédonculé* (fig. 39), le *Chêne vert*, occupent le premier rang parmi les arbres de nos forêts. Le *Chêne liège* fournit le liège avec lequel on fait des bouchons. La *noix de galle* est une excroissance produite sur les Chênes par la piqûre d'un insecte (*Cynips*).

Le *Hêtre* donne un bois de qualité un peu inférieure à celle du Chêne. Ses graines, connues sous le nom de *faines*, sont recherchées par les animaux ; on en fait de l'huile.

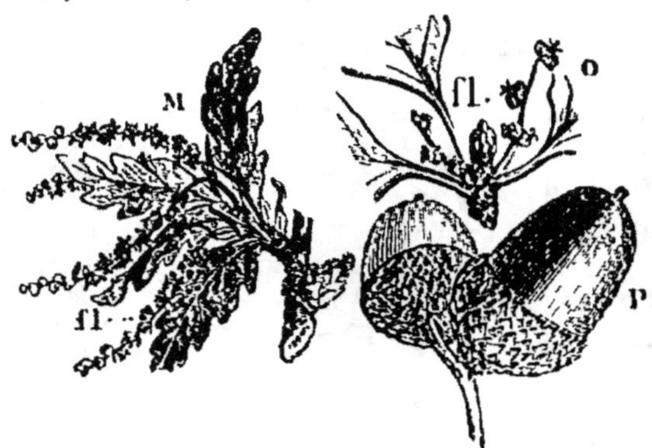

Fig. 39. — Le Chêne pédonculé.

M, fragment d'un rameau à fleurs staminées *fl* ; O, fragment d'un rameau à fleurs pistillées *fl* ; P, deux fruits dans leur cupule.

Le bois de *Charme* est blanc, employé dans le charronnage ou comme combustible. On utilise le Charme pour l'établissement des allées de parcs, des bosquets (charmilles).

Le *Noyer* fournit un bois flexible, élégamment veiné, que l'on emploie dans la fabrication des meubles et des montures de fusil. L'amande de son fruit est comestible ; on en extrait une huile excellente, mais qui rancit très vite.

Les noix fraîches se nomment *cerneaux* ; le péricarpe vert qui les entoure (*brou de noix*) sert à la fabrication d'une liqueur digestive.

Le bois de *Bouleau* est employé par les tourneurs, les sabotiers et les menuisiers.

Les *Saules* croissent de préférence dans les endroits humides, au bord des étangs ou des cours d'eau. Certaines espèces fournissent des *osiers* pour la vannerie. On retire de l'écorce du *Saule blanc* un produit médicinal, le salicylate de soude, très employé aujourd'hui contre les douleurs rhumatismales.

91. Conifères. — Arbres et arbrisseaux résineux, monoïques ou dioïques, à feuillage toujours vert. Les fleurs staminées, formées d'étamines nombreuses, sont insérées sur l'axe floral sans bractées de séparation; les fleurs pistillées sont réunies en chatons et formées par des écailles portant à leur aisselle un où plusieurs ovules. Pour fruit, un *cône* (fig. 40).

92. Principales espèces. — Le *Sapin*, le *Pin*, le *Cèdre*, le *Mélèze*, le *Cyprès*, le *Genévrier*, l'*If*.

Les *Pins* et les *Sapins* sont communs sur les montagnes et fournissent des bois de charpente pour la marine et la menuiserie. On en retire de la résine et de la térébenthine. Le *Cèdre* ne croît spontanément que dans le Liban, l'Himalaya et quelques forêts de l'Algérie. Il est connu pour sa longévité et l'ampleur de ses ramifications.

Le *Genévrier* est un petit arbuste à feuilles atténuées en épines, dont le fruit sert à fabriquer la liqueur de genièvre.

Fig. 40. — Cône de Pin.
La partie supérieure est coupée verticalement pour laisser voir les graines G, situées à la base des écailles E.

II. Monocotylédones.

93. LILIACÉES. — Les Liliacées sont des plantes herbacées à souche souvent bulbeuse. Leur tige est ordinairement simple, et les nervures de leurs feuilles droites et parallèles. Périanthe à 6 divisions; 6 étamines, stigmate trilobé. Pour fruit, une capsule à 3 loges ou une baie.

94. Principales espèces. — Le *Lis*, la *Tulipe*, l'*Ail*, le *Poireau*, l'*Oignon*, l'*Échalote*, l'*Aloès*.

Le *Lis*, la *Tulipe*, sont de jolies fleurs, remarquables par l'élégance de leurs formes et de leurs couleurs.

L'*Ail*, le *Poireau*, l'*Oignon*, l'*Échalote*, sont journellement employés dans l'économie domestique.

L'*Aloès* est une plante à feuilles épaisses et épineuses qui croît dans l'Afrique centrale et qui fournit une résine que l'on emploie comme purgatif. Cette résine sert de base à la préparation d'une liqueur amère connue sous le nom d'*élixir de longue vie*.

95. Graminées. — Les Graminées sont des plantes herbacées rarement ligneuses, a tige cylindrique, creuse et noueuse. Feuilles alternes, munies d'une gaine fendue. Fleurs réunies en petits groupes nommés *épillets*, lesquels sont disposés en épi ou en panicule. Étamines en nombre variable, ordinairement 3; style plumeux, ovaire simple, uniloculaire.

96. Principales espèces. — Le *Froment*, le *Seigle*, le *Chiendent*, l'*Orge*, l'*Avoine*, le *Riz*, le *Maïs*, l'*Alfa*, la *Phléole*, la *Flouve*, les *Paturins*, les *Agrostis*, le *Ray-grass*, les *Fétuques*, le *Millet*, les *Roseaux*, la *Canne à sucre*.

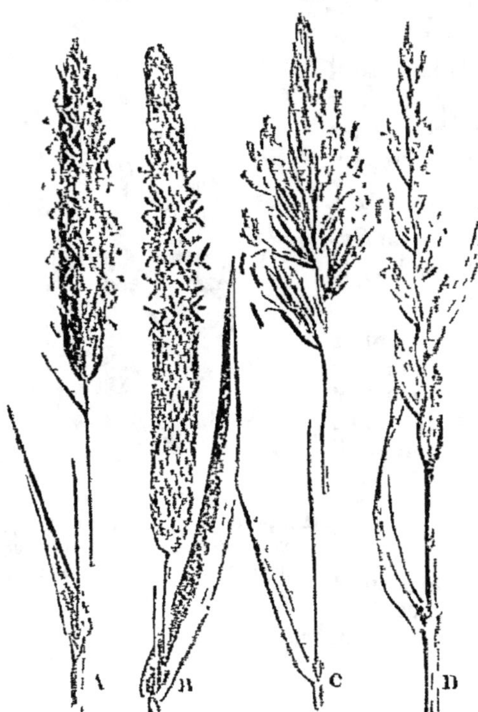

Fig. 41.

A, Vulpin des prés; B, Phléole des prés;
C, Flouve odorante; D, Ivraie vivace.

Le *Froment* ou *Blé*, le *Seigle*, l'*Orge*, l'*Avoine*, le *Maïs*, sont désignés sous le nom de *céréales alimentaires*. Le *Froment* est certainement l'une des plantes les plus utiles à l'homme. Le *Seigle* donne une farine moins estimée que celle du Froment. Dans les terrains médiocres on sème souvent un mélange de Froment et de Seigle, dont le produit récolté prend le nom de *méteil*.

Le *Chiendent* est une Graminée dont les tiges souterraines sont tenaces, difficiles à extirper des champs qu'elles envahissent, et qui font un véritable tort aux récoltes. On en fait une tisane rafraîchissante.

L'*Orge* et l'*Avoine* sont réservées pour la nourriture des animaux domestiques. L'Orge sert à la fabrication de la bière.

La farine de *Maïs* se prête mal à la panification; les feuilles des jeunes pieds fournissent un très bon fourrage.

L'*Alfa*, très commun sur les plateaux de l'Algérie et de l'Espagne, sert à la fabrication des nattes et des paillassons; on en fait du papier.

Les *Phléoles*, la *Flouve*, les *Paturins*, les *Agrostis*, les *Fétuques*, servent à la formation des prairies naturelles.

La *Canne à sucre* renferme un jus visqueux que l'on extrait en écrasant les tiges entre des cylindres; il renferme 20 pour 100 de sucre cristallisable, que l'on appelle *sucre de canne*. C'est avec les mélasses que l'on prépare le *rhum*.

97. PALMIERS. — Plantes ligneuses, dont la tige, appelée *stipe*, d'une structure particulière, est terminée par un large bouquet de feuilles. Fleurs réunies en spadice ou en régime. Le fruit est une noix ou un drupe.

Tous les Palmiers habitent les pays chauds; les plus remarquables sont : le *Dattier*, le *Cocotier* et le *Sagoutier*.

III. Cryptogames.

98. **Reproduction des Cryptogames.** — Toutes les Cryptogames se reproduisent par des corpuscules très petits auxquels on a donné le nom de *spores*. Les spores sont renfermées dans des poches membraneuses, appelées *sporanges*, d'où elles s'échappent lorsqu'elles sont mûres.

99. **Fougères.** — Les *Fougères* (fig. 42) sont des plantes généralement herbacées, mais qui, dans les régions chaudes, deviennent arborescentes comme les Palmiers. Leurs feuilles sont souvent très divisées et portent le nom de *frondes;* elles sont roulées en crosse avant leur épanouissement.

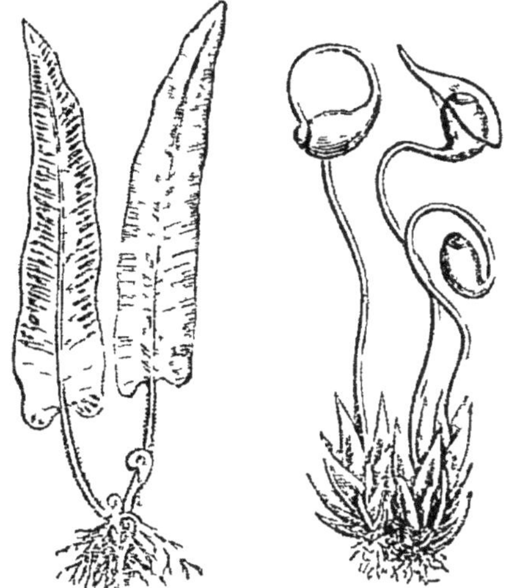

Fig. 42.
Scolopendre officinale
(Fougère).

Fig. 43.
Funaire hygrométrique
(Mousse).

100. **Mousses.** — Les *Mousses* (fig. 43) sont de petites plantes à texture entièrement cellulaire qui croissent en abondance dans les lieux humides et ombragés. Leur tige, couverte de feuilles imbriquées, est grêle, simple ou rameuse.

101. **Algues.** — Toutes les *Algues* sont aquatiques. Celles qui vivent dans les eaux douces sont généralement de couleur verte (*Conferves*); celles qui croissent dans les eaux salées sont le plus souvent brunes (*Fucus*), rouges (*Ceranium*), etc.

On range parmi les Algues les *Microbes*, organismes microscopiques qui sont les agents des épidémies et des maladies infectieuses.

102. Lichens. — Les *Lichens* (fig. 44) vivent généralement sur l'écorce des arbres, sur la terre humide; souvent on les voit s'étaler sur les murs, les rochers, sous forme de croûtes sèches nommées *thalles*, de couleur verte, jaune, grise ou blanchâtre. Bien qu'ils ne vivent point aux dépens des végétaux sur lesquels ils se développent souvent, on les regarde comme nuisibles aux fonctions de l'écorce.

Fig. 44.
Fragment du Lichen des Rennes.

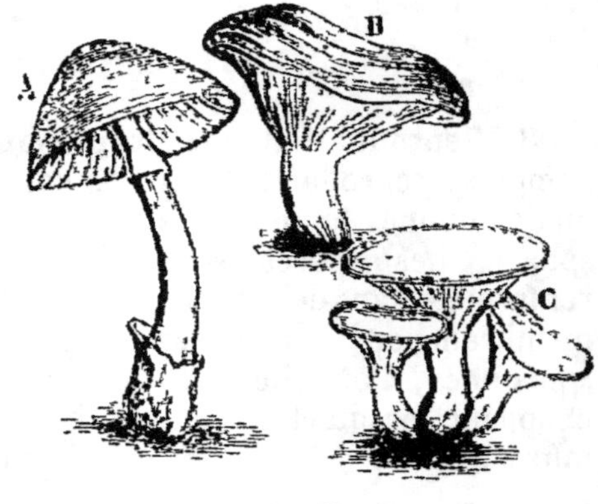

Fig. 45.
A, Agaric bulbeux; B, Agaric meurtrier;
C, Agaric styptique.

103. Champignons. — Les *Champignons* (fig. 45) sont des végétaux cellulaires dépourvus de chlorophylle.

Les Champignons, ne contenant pas de chlorophylle, peuvent végéter dans l'obscurité; mais, étant par là même dans l'impossibilité d'assimiler le carbone, ils ne peuvent vivre qu'aux dépens d'autres organismes. C'est pourquoi ils remplissent surtout le rôle de destructeurs et d'épurateurs en se fixant sur les plantes et les animaux en décomposition. Ils peuvent aussi se développer sur les organismes vivants.

Certaines espèces de Champignons sont comestibles, d'autres sont très vénéneuses. Parmi les Champignons comestibles on peut citer : l'*Agaric commun* ou *Champignon de couche*, la *Truffe*, le *Cèpe* ou *Bolet comestible*, la *Morille*, l'*Oronge vraie*, les *Clavaires*, etc.

L'*Ergot du Seigle*, la *Rouille du Blé*, l'*Oïdium* de la Vigne, sont des Champignons parasites.

On range également parmi les Champignons certains ferments végétaux tels que : la *Levure de bière*, le *Micoderme du vinaigre*, etc.

USAGE DES PLANTES

PLANTES ALIMENTAIRES
- CÉRÉALES : Blé, Seigle, Orge, Avoine, Millet, Riz, Maïs.
- TUBERCULES : Pomme de terre, Topinambour, Patate.
- RACINES : Rave, Navet, Betterave, Carotte, Panais, Salsifis.
- LÉGUMES
  - verts : Choux, Épinard, Oseille, Laitue, Chicorée, Mâche, Cresson, Oignon, Poireau, Artichaut, Asperge, Champignons, Truffe.
  - secs : Fèves, Pois, Lentilles, Haricots.
- CONDIMENTS : Ail, Oignon, Échalote, Ciboule, Cerfeuil, Persil, Thym, Estragon.
- FRUITS : Courges, Concombres, Melon, Tomate, Aubergine.

PLANTES OLÉAGINEUSES : Olivier, Colza, Pavot, Ricin, Noyer, Arachide, Lin, Hêtre.

PLANTES TEXTILES : Lin, Chanvre, Coton, Alfa, Ramie.

PLANTES TINCTORIALES : Garance, Gaude, Pastel, Safran, bois de Campêche, Orcanette, Orseille.

PRODUITS AROMATIQUES : Anis, Cumin, Coriandre, Menthe, Citron.

ÉPICES : Poivre, Girofle, Vanille, Cannelle, Muscade.

PRODUITS DIVERS : Osiers, Liège, Soude, Canne à sucre, Houblon, Tabac, Thé, Cacaoyer.

PLANTES FOURRAGÈRES : Trèfle, Luzerne, Sainfoin, Vesce, Ray-grass, Paturins, Phléole, etc.

FRUITS DE TABLE
- FRUITS PULPEUX
  - *Baies :* Raisin, Groseille, Cassis.
  - *Fruits à pépins :* Pomme, Poire, Orange.
  - *Fruits à noyau :* Prune, Cerise, Pêche, Abricot.
- FRUITS NON PULPEUX
  - *Fruits oléagineux :* Olive, Amande, Noix, Noisette.
  - *Fruits farineux :* Pois, Haricots, Châtaignes.

BOIS DE CONSTRUCTION : Chêne, Hêtre, Orme, Frêne, Charme, Tilleul, Érable, Platane, Châtaignier, Aulne, Peuplier.

BOIS D'ŒUVRE : Acajou, Palissandre, Ébène, Buis, Noyer.

PLANTES MÉDICINALES
- NARCOTIQUES : Pavot, Tabac, Jusquiame, Belladone.
- FÉBRIFUGES : Quinquina, Petite Centaurée, Camomille.
- VOMITIVES ET PURGATIVES : Jalap, Ipécacuana, Rhubarbe, Casse, Ricin, Aloès.
- CALMANTES : Digitale pourprée, Pavot, Laurier-Cerise.
- AROMATIQUES : Menthe, Mélisse, Oranger.
- PECTORALES : Mauve, Guimauve, Bouillon-blanc, Lichen d'Islande, Capillaire, Réglisse.
- AMÈRES · Gentiane, Houblon.

QUESTIONNAIRE. — Indiquez les caractères les plus saillants des familles végétales suivantes, et citez des espèces dans chacune d'elles :

Dicotylédones. — Renonculacées, Crucifères, Légumineuses, Rosacées, Ombellifères, Cucurbitacées, Composées, Solanées, Labiées, Amentacées, Conifères.

Monocotylédones. — Liliacées, Graminées, Palmiers.

Cryptogames. — Fougères, Mousses, Algues, Lichens. — Comment se reproduisent les Cryptogames ?

Faites un tableau synoptique des principales plantes utiles.

GÉOLOGIE

CHAPITRE I
AGENTS EXTERNES

1. Stabilité apparente du relief du sol. — La surface de la Terre est très accidentée ; on y observe des *plaines*, des *vallées*, des *plateaux*, des *collines*, de *hautes montagnes*, etc., dont la situation nous paraît tout à fait stable. Cependant il existe des agents *mécaniques*, *physiques* et *chimiques*, qui en modifient peu à peu l'aspect, et si les modifications qu'ils produisent ne sont pas toujours apparentes, c'est qu'elles se font avec une lenteur telle, qu'elles ne sont pas sensibles dans le courant d'une vie d'homme.

Parmi les agents qui modifient sans cesse le relief terrestre, les uns sont *externes* à notre globe (vent, pluie, etc.), les autres ont leur siège dans les profondeurs de l'écorce terrestre encore à l'état de fusion ignée ; ce sont les agents *internes*.

I. Agents atmosphériques.

2. Action des agents atmosphériques. — Les principaux *agents atmosphériques* qui concourent à modifier la surface du globe sont de deux sortes : les uns, comme les *vents*, et par suite les *ouragans*, produisent des *effets mécaniques*; les autres, comme l'air, la *chaleur*, l'*humidité*, altèrent la nature des éléments superficiels de l'écorce, et y déterminent ainsi des *phénomènes chimiques* qui les modifient profondément.

3. Action des vents. — Les vents effectuent des transports de matériaux meubles à la surface de la terre, ou mettent en mouvement les vagues qui désagrègent peu à peu les rivages de la mer.

Fig. 1. — Aspect des dunes.

On appelle *dunes* (fig. 1) de petites collines de sable formées sous l'action des vents dans l'intérieur des terres meubles et sèches, ou sur les plages peu inclinées quand le vent souffle de la mer vers la terre.

4. Action de la chaleur. — La chaleur, en produisant des contractions et des dilatations alternatives, désagrège peu à peu les roches, et prépare ainsi leur destruction prochaine par les autres agents atmosphériques.

5. Action chimique de l'air. — L'air humide agit sur les roches d'une façon énergique. Le granit, par exemple, malgré son extrême dureté, s'émiette peu à peu et se réduit en argile et en sable. Sous l'action de l'air et des eaux pluviales, les blocs granitiques isolés s'arrondissent et finissent par chanceler sur leur base (roches branlantes, pierres qui virent, etc.).

L'air attaque encore les métaux en les oxydant, les matières sulfureuses sont transformées en sulfates.

6. La pluie. — Dans une même région, la *pluie* est d'autant plus abondante que les vents y sont plus chargés d'humidité, et qu'ils y rencontrent des chaînes de montagnes qui leur barrent le passage et les obligent à s'élever jusque dans les régions froides de l'atmosphère, où ils se condensent et se résolvent en pluie.

Une partie de l'eau de pluie qui tombe sur le sol repasse à l'état gazeux par évaporation ; le reste *s'infiltre* dans la terre si celle-ci est perméable, ou *ruisselle* à la surface si elle est imperméable ou si la pente est trop forte.

II. Eaux d'infiltration et de ruissellement.

7. Sources. — Dans les terrains perméables (sables, sol volcanique, grès et calcaires fissurés), les eaux d'infiltration trouvent un écoulement naturel dans le fond des vallées et donnent naissance aux *ruisseaux*.

Si la couche perméable repose sur un lit d'argile qui s'oppose à l'infiltration, l'eau s'écoule sur les flancs des vallées aux endroits où affleure la couche argileuse, ou bien s'accumule dans les dépressions de cette couche en formant des *sources* souterraines (on atteint ces sources par la perforation des puits).

8. Sources jaillissantes. — Si l'eau d'infiltration s'introduit et s'accumule entre deux couches imperméables, elle y forme une nappe sans écoulement, dont l'eau peut être sous une pression considérable. Il suffira donc de percer la couche supérieure pour que l'eau jaillisse à la surface du sol. Tel est le principe sur lequel repose l'établissement des *puits artésiens* (fig. 2).

Les puits artésiens de Grenelle et de Passy, à Paris, recueillent, à 5 ou 600 mètres de profondeur, les eaux tombées dans les Ardennes, la Champagne et la Bourgogne.

9. Effets du ruissellement. — Dans son mouvement, l'eau entraîne les débris des rochers que les agents atmosphériques ont préalablement désagrégés, ou élargit les fissures dans lesquelles elle coule, et produit alors des découpures bizarres, des piliers isolés, des ponts naturels, des grottes, etc.

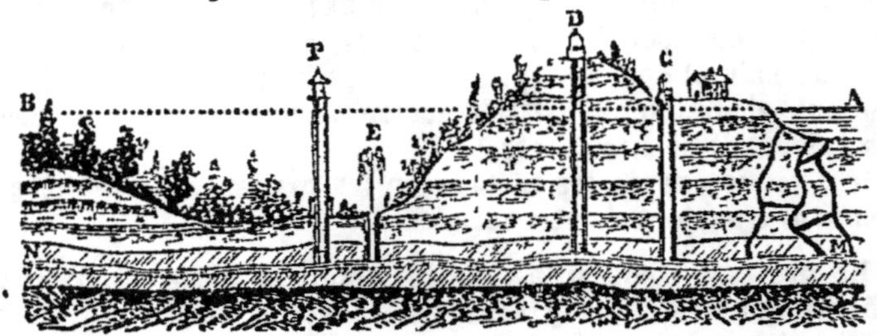

Fig. 2. — E, jet d'eau; P, puits artésien; D, C, puits ordinaires; A, niveau de la source; NM, nappe souterraine entre deux couches imperméables.

Les dégradations produites par le ruissellement sont considérablement diminuées par la végétation, car chaque brin d'herbe amortit le choc des gouttes de pluie et favorise l'infiltration, tandis que les racines, formant un réseau serré, maintiennent la terre et s'opposent à sa dégradation.

10. Les torrents. — Les *torrents* sont des cours d'eau très rapides. Ils ne se forment que pendant les grandes pluies ou à la fonte des neiges, et n'ont pour cette raison qu'une durée temporaire.

11. Rivières et fleuves. — Les rivières sont des cours d'eau naturels recueillant les eaux de ruissellement; elles se jettent dans les fleuves, qui conduisent directement toutes les eaux à la mer.

Les rivières coulent au fond des *vallées* qu'elles ont creusées, et que l'on appelle pour cette raison *vallées d'érosion*.

12. Alluvionnement. — L'*alluvionnement* est le travail par lequel les eaux courantes laissent déposer les matériaux qu'elles entraînent. Les terrains d'alluvions sont abondants sur les rives et surtout à l'embouchure de certains fleuves, où ils forment des *deltas*.

Ces terrains sont constamment remaniés par l'irrégularité du débit. Les cailloux, roulant sans cesse les uns sur les autres, s'arrondissent et forment les *cailloux roulés*.

13. Marais. — Les *marais* peuvent être produits par l'eau pluviale s'accumulant dans les dépressions d'un sol argileux, par des sources ou des infiltrations de rivières ou de lacs.

14. Étangs. — Les *étangs* sont des nappes d'eau plus ou moins profondes, à bords bien déterminés. Leurs eaux, ordinairement dépourvues de sels calcaires, sont chargées de matières organiques en décomposition; elles sont excellentes pour le blanchissage du linge, mais sont désagréables comme boisson.

15. Lacs. — Les *lacs* sont des nappes assez étendues d'eau douce ou salée, alimentées par des sources ou des cours d'eau plus ou moins considérables. Ils peuvent disparaître ou être déplacés par des dépôts qui peu à peu remplissent leur bassin, par des éboulements de montagnes ou par la rupture de leurs digues.

16. Eau de la mer. — L'eau de la mer, mise en mouvement par les vents et les marées, vient battre les rivages et ronge peu à peu les roches qui les constituent (fig. 3). Les matériaux les plus durs

Fig. 3. — Grotte de Fingall.

restent sur les rives, et, constamment roulés les uns sur les autres, arrondissent leurs angles et forment les *galets;* les menus fragments, emportés par le flot de retour, se déposent à une distance d'autant plus éloignée du rivage qu'ils sont plus légers, c'est-à-dire plus fins, et forment les plages de sable et de graviers.

Cette puissance destructive de la vague est accrue par le choc répété des galets, qu'elle projette avec violence contre les rochers lorsqu'elle est agitée.

17. Action chimique des eaux. — L'eau de mer est riche en substances minérales; par évaporation, elle donne successivement des *sulfates de chaux* et de *soude*, des *bromures* et des *chlorures de potassium*, de *magnésium* et de *sodium;* par son action sur les roches, elle se charge de *carbonate de chaux* et de *silicates alcalins*. En régularisant l'évaporation des eaux marines, on peut isoler les principaux sels qu'elles renferment et surtout le chlorure de sodium (*marais salants*).

Les eaux d'infiltration, renfermant presque toujours de l'*acide carbonique* provenant de l'air atmosphérique qu'elles ont, pour ainsi dire, lavé, dissolvent, dans leurs parcours souterrains, des substances minérales, surtout du carbonate de chaux, qu'elles laissent ensuite déposer peu à peu lorsqu'elles arrivent au grand air, où elles abandonnent l'acide carbonique qu'elles tiennent en dissolution (*stalactites et stalagmites*).

Les *fontaines incrustantes* sont des sources alimentées par des eaux chargées de carbonate de chaux, qu'elles laissent déposer en fines granulations sur les objets exposés à leur action. L'une des plus connues est celle de Saint-Alyre, à Clermont (Puy-de-Dôme).

L'eau de pluie, toujours chargée d'oxygène, oxyde les roches ferrugineuses, qui prennent alors la couleur jaune ou rouge caractéristique des oxydes de fer.

III. Action des êtres vivants.

18. Tourbe. — La *tourbe* résulte de la décomposition sous l'eau de certains végétaux, tels que les Mousses et surtout les Sphaignes. Si la température ne dépasse pas 8 à 10 degrés, et si l'eau est limpide, ces végétaux croissent avec vigueur et bientôt meurent du pied, tandis que la partie supérieure continue à vivre. Alors la partie submergée se décomposant sous l'eau, c'est-à-dire à l'abri de l'air, donne pour produit final une matière combustible de couleur brune, qui est la tourbe.

Lorsque la tourbe s'est accumulée sur une certaine épaisseur et que le sol est suffisamment exhaussé, les Bruyères prennent possession du terrain, et la formation de la tourbe est désormais arrêtée.

19. Travail des coraux. — Les *Polypes coralligènes* et *madréporiques* sont des Zoophytes vivant en société, tantôt sous forme arborescente, tantôt en masses sphéroïdales nommées *polypiers*.

Les polypiers se développent naturellement au voisinage des côtes, et, bien que leur croissance se fasse avec une certaine lenteur (1 à 2 millim. par an), le sommet de la colonie finit cependant par atteindre le niveau des basses mers. A partir de ce moment l'accroissement en hauteur s'arrête, car ces animaux ne peuvent résister à une émersion prolongée, et le récif forme alors une ligne de brisants très dangereux pour la navigation.

20. Iles madréporiques. — Les tempêtes détachant de temps en temps les parties supérieures des récifs, souvent perforées par les Mollusques, en rejettent les débris à la surface et les accumulent de manière à former bientôt une masse qui émerge au-dessus des hautes mers : le vent et les vagues y apportent des graines, et la végétation en prend bientôt possession. Telle est l'origine des *îles madréporiques*, que l'on ne trouve que dans les mers chaudes et peu profondes.

IV. Glaciers.

21. Formation des glaciers. — Les cristaux de neige tombant sur les hautes montagnes subissent, sous l'action des rayons solaires, un commencement de fusion qui les transforme en granules arrondis, dont l'ensemble forme une poussière blanche, sèche, mobile comme du sable. Ces grains, roulant, les uns sur les autres, s'accumulent dans des réservoirs naturels plus ou moins encaissés, où ils commencent à s'agglomérer ; l'eau qui provient de la fusion des couches superficielles se congèle dans les interstices, et transforme peu à peu la masse en un amas granuleux parsemé de bulles d'air : c'est le *névé*.

Les couches profondes du névé, soumises à une pression considérable exercée par le poids des couches supérieures, deviennent peu à peu compactes, translucides, et présentent l'aspect d'une masse fissurée et parfois azurée qui caractérise la glace des glaciers.

22. Mouvement des glaciers. — Les réservoirs dans lesquels la glace s'est accumulée présentent toujours un débouché à pente plus ou moins inclinée ; la glace, sollicitée d'une part par son propre poids, d'autre part par la poussée qu'exercent les couches plus élevées, descend peu à peu vers les régions inférieures.

23. Front du glacier. — On appelle *front du glacier* son extrémité inférieure.

Quand le front du glacier arrive dans des régions dont la température est supérieure à 0°, il entre en fusion et donne naissance à un torrent tumultueux, dont les eaux sont rendues noires et boueuses par les particules des roches que le glacier a désagrégées et entraînées dans sa descente.

Les glaciers polaires se déplacent en s'avançant vers l'équateur ; leur front, après avoir flotté quelque temps, se fractionne et donne naissance aux *glaces flottantes* ou *ice-bergs,* qu'il ne faut pas confondre avec les *banquises,* qui proviennent de la congélation de la mer au voisinage des côtes.

24. Effets de transports. Moraines. — Dans son mouvement, la glace emporte les débris de toutes sortes qu'elle détache des pentes abruptes entre lesquelles elle est encaissée. Ces débris forment de chaque côté deux traînées qu'on appelle *moraines latérales* (fig. 4).

Si deux glaciers se rencontrent dans leur descente de manière à n'en former plus qu'un, la moraine droite de l'un se joint à la moraine gauche de l'autre, et leur jonction forme, au milieu du nouveau glacier, une *moraine médiane* plus volumineuse que les moraines latérales.

25. Blocs erratiques. — Les *blocs erratiques* sont des pierres énormes que l'on rencontre isolément, aussi bien dans les

Fig. 4. — Vue d'un glacier avec moraine médiane et moraines latérales.

plaines que sur les collines, et dont la nature est toute différente de celle du terrain sur lequel elles reposent. Ces blocs ont été transportés par d'anciens glaciers qui, en se retirant, les ont abandonnés à la place où nous les voyons aujourd'hui.

QUESTIONNAIRE. — *Quelle est l'action des agents atmosphériques? — Quel est l'effet de la chaleur sur les roches? — Quelle action chimique l'air exerce-t-il sur les roches? — Que devient l'eau de pluie qui tombe sur le sol?*

Expliquez la formation des sources souterraines. — Quelle est la cause du jaillissement de l'eau dans les puits artésiens? — Quels sont les effets du ruissellement? — Que sont les torrents, les rivières? — Qu'est-ce que l'alluvionnement? *Quelle est l'action mécanique des eaux de la mer sur les rivages? — Quelles substances trouve-t-on en dissolution dans l'eau de la mer? — Expliquez la formation des stalactites et des stalagmites.*

Comment se forme la tourbe? — Qu'appelle-t-on polypiers? — Où se développent les polypiers? — Expliquez la formation des îles madréporiques.

Comment se forment les glaciers? Sont-ils immobiles? — Qu'appelle-t-on front du glacier? — Qu'appelle-t-on moraines? — D'où proviennent les blocs erratiques?

CHAPITRE II

AGENTS INTERNES

26. Augmentation de la température avec la profondeur. — C'est un fait d'expérience que la température s'accroît à mesure que l'on descend dans les profondeurs du sol. La température de certaines mines de houille atteint jusqu'à 50 degrés.

Cet accroissement de température est d'environ 1 degré par 30 mètres, et s'observe à l'équateur comme aux pôles, loin des volcans aussi bien que dans leur voisinage.

27. Hypothèse d'un noyau terrestre fluide. — Un calcul fort simple montre qu'à 3000 mètres de profondeur la température doit être celle de l'eau bouillante; à 50 kilomètres, elle atteint 1700°, et à une profondeur de 100 kilomètres, on peut être certain qu'aucune substance n'existe à l'état solide.

Nous arrivons donc à cette conclusion que l'épaisseur solide de la couche terrestre est relativement très faible, et que la masse centrale conserve une fluidité ignée, reste de son état primitif.

I. Volcans.

28. Description. — Un *volcan* est un appareil naturel qui met en communication permanente ou intermittente avec l'extérieur les matières fluides renfermées sous l'écorce terrestre.

L'aspect des volcans est très varié; le plus souvent ils se présentent sous la forme d'une montagne plus ou moins haute, dont le sommet tronqué présente une excavation en forme d'entonnoir; c'est le *cratère*. Le cratère communique avec le *foyer* interne par une *cheminée* ou canal d'ascension des matières vomies par le cratère.

A l'origine le volcan n'est qu'une fracture du sol, et la lave qui s'en échappe, retombant autour de l'ouverture, y fait naître une montagne conique dont les pentes sont plus ou moins inclinées. Ces montagnes, formées par l'accumulation des laves, peuvent à la longue atteindre une hauteur considérable; celle de l'Etna dépasse 3000 mètres.

Il existe en France un grand nombre de volcans éteints. La

chaîne des Puys, en Auvergne (fig. 5), est formée d'une soixantaine de cratères d'anciens volcans distribués sur une longueur de plusieurs lieues.

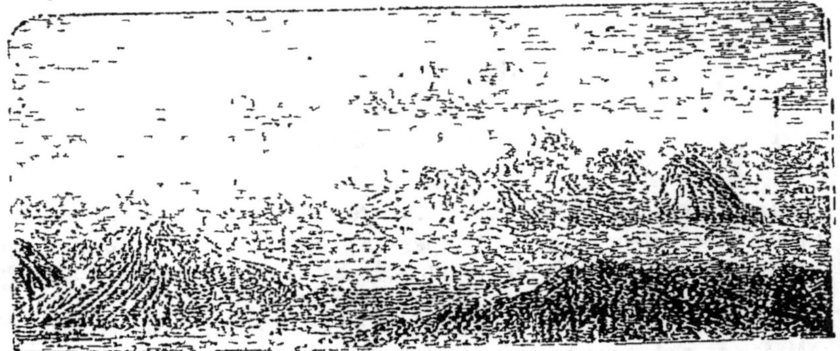

Fig. 5. — Chaîne des puys d'Auvergne, vue du puy Chopine.

29. Composition des laves. — Les *laves*, de composition très variable, sont cependant toujours formées de silicates analogues au laitier des hauts fourneaux et aux scories des forges; elles donnent toutes par refroidissement des roches solides.

30. Produits volcaniques secondaires. — Outre les laves, il existe de nombreux produits volcaniques dont les uns sont solides et les autres gazeux. Parmi les autres produits solides on peut citer les *cendres volcaniques*, les *ponces* et les *bombes volcaniques*. Les principaux produits gazeux sont les *fumerolles*, les *solfatares* et les *mofettes*.

Les *cendres volcaniques* sont formées de petites esquilles vitreuses résultant de la solidification, dans les hautes régions, de la lave réduite en gouttelettes par la vapeur d'eau.

Les cendres forment des nuages épais qui sont emportés par les vents à des distances souvent considérables.

Les *ponces* sont des substances filamenteuses, grisâtres, soyeuses, produites par la solidification de laves à base feldspathique.

On appelle *fumerolles* les fumées blanches qui s'échappent de la lave encore très chaude.

Les *solfatares* sont des fumerolles sulfureuses ayant la température de l'eau bouillante et chargées d'acide sulfhydrique, dont l'hydrogène, au contact de l'air, se combine avec l'oxygène pour former de l'eau; il en résulte par conséquent un dépôt de soufre. Les solfatares ou *soufrières* sont exploitées surtout en Sicile pour l'extraction du soufre.

Les *mofettes* sont les produits gazeux qui se dégagent de la lave lorsque sa température est descendue au-dessous de 100 degrés, et qui consistent surtout en vapeur d'eau et en gaz carbonique. Le gaz carbonique, étant plus pesant que l'air, s'accumule dans les basfonds en y formant une atmosphère irrespirable (*grotte du Chien*, près de Naples, et à Royat, près de Clermont-Ferrand)

II. Phénomènes qui se rattachent aux volcans.

31. Geysers. — Les *geysers* sont des appareils analogues aux volcans et qui lancent par intermittence des colonnes d'eau chaude qui peuvent s'élever à plus de cinquante mètres (fig. 6).

32. Sources thermales. — Les *sources thermales* sont des sources d'eau chaude dont l'origine est volcanique. Elles doivent leur échauffement à la température des couches profondes qu'elles ont traversées, et dissolvent facilement dans leur parcours des matières minérales qui leur donnent une composition et des propriétés particulières.

Les principales sources thermales sont celles de Barèges et de Cauterets (Hautes-Pyrénées), de Plombières (Vosges), d'Aix-la-Chapelle (Prusse rhénane) et de Chaudes-Aigues (Cantal), les plus chaudes de l'Europe.

33. Salzes. — Les *salzes* sont des volcans boueux qui vomissent constamment de la vase accompagnée d'hydrocarbures gazeux ou liquides.

Leur nom vient de ce que les matières qu'ils rejettent contiennent une assez grande quantité de sel marin.

34. Tremblements de terre. — Les *tremblements de terre* sont des ondulations ou plus souvent des secousses durant à peine quelques secondes, mais suffisantes pour ébranler les édifices et amener le crevassement du sol.

Fig. 6. — Geyser d'Islande.

QUESTIONNAIRE. — *La température du sol varie-t-elle avec la profondeur ? — Quelle conséquence en tire-t-on ?* — Qu'est-ce qu'un volcan ? Décrivez-le. — De quoi sont formées les laves ? — *Quels sont les produits volcaniques secondaires ?*

Qu'est-ce qu'un geyser ? — A quoi est due la température des eaux thermales ? — Quelles sont les principales sources thermales ? — Que sont les salzes ? Les tremblements de terre ?

CHAPITRE III

STRUCTURE DE L'ÉCORCE TERRESTRE

I. Des roches.

35. Matériaux terrestres. — On appelle *roches* les matériaux solides dont le globe terrestre est formé, que ces matériaux soient durs, tendres ou pulvérulents.

36. Roches éruptives et roches stratifiées. — Lorsqu'on fait une coupe dans l'écorce terrestre, on constate que les matériaux dont elle se compose affectent toujours deux modes particuliers de distribution; de là deux sortes de roches : les roches *éruptives* ou *plutoniennes*, et les roches *stratifiées* ou *neptuniennes*, reposant les unes et les autres sur le terrain primitif.

Les *roches éruptives* ou *plutoniennes* sont des roches massives, sans disposition régulière, souvent cristallines; leur structure et leur disposition indiquent évidemment une formation ignée.

Les *roches stratifiées* ou *neptuniennes* sont superposées en couches parallèles horizontales, inclinées ou ondulées exactement comme les dépôts qui se forment sur les rivages (*dépôts de sédiments*); leur origine aqueuse est donc incontestable.

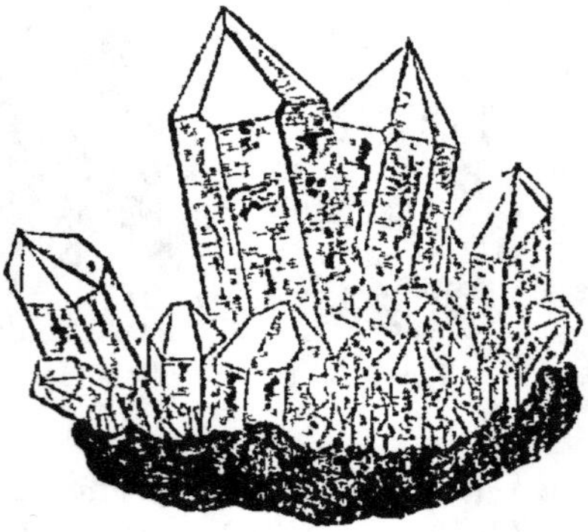

37. MATÉRIAUX DU TERRAIN PRIMITIF. — Les principaux éléments du terrain primitif sont : le *quartz*, les *feldspaths* et les *micas*.

Le *quartz* (SiO^2) ou *cristal de roche* est formé de silice pure, substance la moins fusible et n'ayant pour les autres corps qu'une affinité extrêmement faible. On le rencontre souvent cristallisé en prismes hexagonaux, terminé par des pyramides, et dont les faces latérales sont sillonnées de stries transversales (fig. 7).

Fig. 7. — Cristaux de quartz.

Le *quartz* est employé en joaillerie pour imiter les brillants. On en fait aussi des lentilles.

Les principales variétés de quartz sont : le *quartz hyalin* (incolore), le *quartz enfumé* (noirâtre ou diamant d'Alençon), l'*améthyste* (violet), l'*opale* (silice hydratée); l'*agate*, à texture rubanée; l'*onyx*, sorte d'agate à bandes rubanées, et dont on fabrique des médaillons sculptés qu'on appelle *camées*.

Le *silex* se présente en masses onduleuses, que l'on rencontre en cordons alignés ou en couches horizontales au milieu des roches; il est abondant dans les roches crayeuses de Meudon.

La *meulière* est du silex criblé de cavités, de forme irrégulière, et extrêmement dure. Elle est employée pour les constructions et la fabrication des meules de moulin.

Les *feldspaths* sont des minéraux durs, brillants, à cassure vitreuse. Ils ont ordinairement la forme de prismes aplatis, blancs ou rosés, tous clivables, rayant le verre et l'acier, mais rayés par le quartz. Ils se distinguent du quartz en ce qu'ils sont fusibles et facilement attaqués par l'air et l'eau de pluie (*kaolinisation*).

Les principaux feldspaths sont : l'*orthose* (silicate d'alumine et de potasse (fig. 8), l'*oligoclase* (silicate d'alumine et de soude), le *labrador* (silicate d'alumine et de chaux).

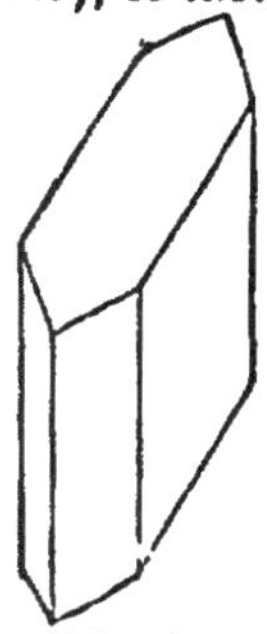

Les *micas* sont des minéraux brillants, lamelleux, pouvant se débiter en lames extrêmement minces, souples et élastiques; ils affectent une forme hexagonale, et sont tantôt blancs, à reflets argentés (micas potassiques); tantôt noirs, à reflets métalliques (micas ferro-magnésiens).

38. Roches éruptives. — Les *roches éruptives* sont des roches provenant des parties profondes du sol, encore liquides, et qui se sont introduites dans les fractures des couches solides qui les recouvraient.

Fig. 8.

Cristal de feldspath orthose.

Au lieu de s'étendre en nappes comme celles du terrain primitif, elles s'élèvent sous des inclinaisons très différentes, et se rencontrent souvent intercalées entre des couches stratifiées ou étalées à leur surface.

39. Principales roches éruptives. — Les principales roches éruptives sont : le *granit* et les *roches granitoïdes: pegmatite, protogyne, syénite, diorite;* les *porphyres*, les *trachytes*, les *basaltes* et les *laves*.

40. Roches sédimentaires. — Les éléments des *roches sédimentaires* proviennent évidemment de l'action destructive exercée par l'eau sur les roches précédentes, et par conséquent sont peu nombreuses; ce sont : la *silice*, le plus souvent à l'état de sable; le *calcaire* et l'*argile*.

On peut donc diviser les roches sédimentaires en trois groupes : les *roches siliceuses*, les *roches calcaires* et les *roches argileuses*.

Les roches siliceuses se reconnaissent à leur dureté ; elles rayent le verre, sont infusibles et inattaquables par les acides. Les roches calcaires font effervescence avec les acides ; leur calcination donne la *chaux* pour produit final. Les roches argileuses sont tendres, durcissent au feu, et fournissent le plus souvent, lorsqu'elles sont délayées dans l'eau, un pâte onctueuse au toucher.

41. Roches siliceuses. — Les *sables* sont formés de petits grains de silice indépendants les uns des autres ; ils peuvent être colorés en jaune, en rouge, en noir, par des oxydes métalliques ou des matières charbonneuses. Rendus fusibles par l'addition de potasse, de soude ou de chaux, ils constituent la matière fondamentale de la fabrication du *verre*.

Les *grès* sont formés par des grains de sable agglomérés par un ciment calcaire ou siliceux ; ils sont plus ou moins durs, et servent au pavage des rues.

Les *galets* peuvent s'agglutiner de la même façon et donner naissance aux *conglomérats,* qui prennent le nom de *poudingues* quand les fragments sont arrondis, et celui de *brèches* quand ils sont anguleux.

42. Roches calcaires. — Le *marbre blanc* est un calcaire cristallisé, dont la principale variété est le *marbre statuaire,* employé par les sculpteurs ; sa texture est saccharoïde, et sa couleur d'un blanc éclatant translucide. Les *marbres colorés* sont des marbres tantôt micacés (*cipolin*), tantôt mélangés de noyaux argileux rouges (*marbre griotte*) ou verts (*marbre de Campan*). Les marbres noirs sont colorés par des matières charbonneuses ; le plus renommé est le *Portor,* rehaussé par des veines d'un beau jaune doré. Les marbres rayés de noir et de blanc sont assez communs.

La *pierre lithographique* est un calcaire à texture homogène et serrée d'une finesse extrême.

Les *calcaires grossiers* sont communs dans le bassin de Paris. Leur structure est plus ou moins homogène ; ils sont le plus souvent criblés de petites cavités que l'on reconnaît facilement être des empreintes de coquilles (*calcaire coquillier*), et sont très employés pour les constructions.

La *craie* est un calcaire tendre très répandu dans la nature et formé par les débris de coquilles microscopiques (*Foraminifères*).

Certains calcaires mélangés d'argile fournissent la *chaux hydraulique* et les *ciments.* Si l'argile y entre au moins dans la proportion d'un tiers, le calcaire prend le nom de *marne.*

Les *marnes* sont des roches friables, tendres, prenant souvent une structure feuilletée. Elles sont colorées en rouge, en jaune, en vert, par des oxydes ferrugineux. On les utilise comme amendements.

On peut ranger parmi les roches sédimentaires à base de chaux certaines roches accidentelles comme la *dolomie* (calcaire magnésien) et le *gypse* (sulfate de chaux).

La *dolomie* est un carbonate double de chaux et de magnésie formé primitivement de carbonate de chaux, et altéré peu à peu par des infiltrations d'eau chargée de sels magnésiens.

Le *gypse* ou *pierre à plâtre* existe en couches importantes que l'on exploite pour la fabrication du plâtre. Il est blanc ou jaunâtre, en cristaux distincts affectant la forme d'un fer de lance, ou en masses cristallines à facettes miroitantes, d'un clivage facile, enchevétrées les unes dans les autres.

L'*albâtre* est une variété de gypse assez rare employée comme pierre d'ornement.

43. Roches argileuses. — L'argile est une roche très tendre qui développe, sous l'insufflation, une odeur particulière dite *odeur argileuse*. Elle est délayable dans l'eau, avec laquelle elle forme une pâte imperméable, onctueuse, liante, qui peut être facilement façonnée (*argile plastique*) et qui durcit au feu. C'est l'argile qui constitue, dans les mauvais chemins et dans les terres remuées, la boue qui s'attache aux pieds ou qui s'accumule dans les ornières après la pluie. On lui donne vulgairement le nom de *terre glaise*.

On l'utilise, suivant sa couleur et sa pureté, pour la fabrication des briques, des tuiles, des tuyaux de drainage, etc.

Le *kaolin* est une argile douce au toucher, d'une blancheur éclatante quand il est pur, mais le plus souvent coloré par des matières étrangères. C'est un produit de décomposition des roches feldspathiques; on l'emploie dans la fabrication des porcelaines.

La *terre à foulon*, ou *argile smectique*, ressemble, par sa coloration et son toucher, à l'argile plastique, mais s'en distingue en ce qu'au lieu de former une pâte liante et de se durcir au feu, elle reste en grumeaux dans l'eau et se réduit en poussière quand on la fait cuire.

L'argile smectique jouit de l'importante propriété d'absorber facilement les corps gras; aussi l'emploie-t-on pour le dégraissage des étoffes, surtout des étoffes de laine. On vend parfois sur la voie publique, sous le nom de *savon de soldat*, de petites pierres servant à enlever les taches, et qui ne sont autre chose que des morceaux d'argile smectique.

II. Stratification.

44. Dispositions des terrains sédimentaires. — Les terrains sédimentaires, ayant été formés par des matières en suspension dans les eaux, sont naturellement disposés en couches parallèles. Leurs éléments proviennent de la destruction des roches par les eaux et les agents atmosphériques; ce sont surtout la *silice*, le *calcaire* et l'*argile*.

Les terrains stratifiés les plus anciens ont été généralement déposés par les eaux marines, ainsi que le prouve la nature des nombreux débris organiques qu'ils renferment; ce n'est que dans les couches de formation relativement récente que l'on rencontre des restes d'animaux terrestres, de mollusques d'eaux douces et de végétaux à fleurs et à fruits.

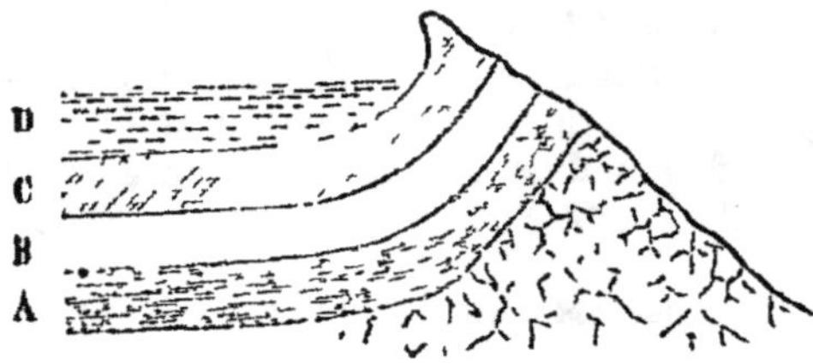

Fig. 9. — Stratification.
A, B, C sont en stratification concordante.

45. Stratification concordante. — La stratification est dite *concordante* lorsque les couches superposées sont toutes parallèles entre elles, quelle que soit leur direction, horizontale ou oblique (fig. 9).

46. Stratification discordante. — La stratification est *discordante* lorsque les couches ne sont pas toutes parallèles entre elles.

La discordance de stratification résulte de ce que les strates déjà formées, ayant été soulevées et disposées dans une direction, ont été ensuite recouvertes par les eaux, au sein desquelles de nouvelles strates se sont déposées horizontalement, de sorte que les strates récentes viennent, pour ainsi dire, buter contre les strates anciennes qu'elles recouvrent.

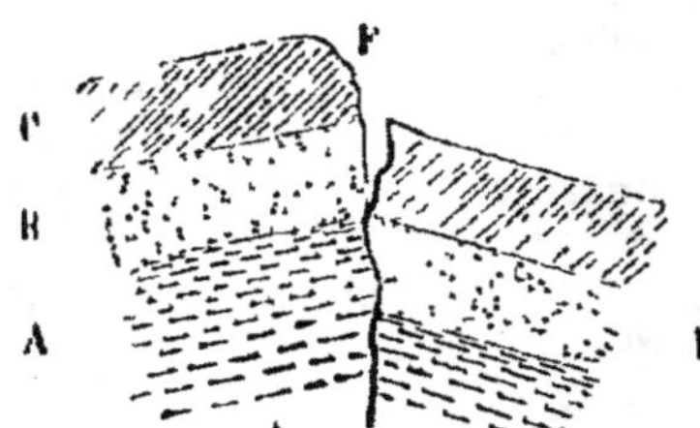

Fig. 10. — Fracture avec faille.

Les stratifications discordantes peuvent encore être produites par des failles.

Les *failles* sont des affaissements brusques de terrains qui ont brisé les couches sédimentaires de manière que les strates de même composition ne se correspondent plus (fig. 10).

47. Fossiles. — Les *fossiles* sont des débris d'animaux et de plantes que l'on trouve au milieu des dépôts sédimentaires, et qui sont évidemment contemporains des couches dans lesquelles ils sont ensevelis; ils peuvent donc servir à déterminer l'âge relatif des terrains sédimentaires.

On range aussi parmi les fossiles les *empreintes* produites par le pied des animaux, le clapotement des vagues, et même celles qui résultent de la chute des gouttes de pluie sur le sol.

Ces empreintes, ayant été remplies par des matières qui se sont ensuite durcies, ont ainsi conservé la forme du moule.

La *Paléontologie* est la science qui s'occupe de l'étude des fossiles.

48. Faune et flore. — On appelle *faune* l'ensemble des espèces animales appartenant à une même époque géologique, et *flore* l'ensemble des espèces végétales qui vivaient à la même époque.

QUESTIONNAIRE. — Qu'appelle-t-on roches ? — Comment subdivise-t-on les roches relativement à leur origine ? — *Quels sont les matériaux du terrain primitif ?* — *A quoi sert le quartz ?* — *Quelles sont ses principales variétés ?* — Comment sont disposées les roches éruptives ? Quelles sont les plus communes ? — D'où proviennent les éléments des roches sédimentaires ? Quels sont ces éléments ? — *De quoi sont formés les sables et les grès ?* — *Quelles sont les principales roches calcaires et argileuses ? A quoi sert le kaolin ?*

Comment sont disposés les terrains sédimentaires ? — Quand la stratification est-elle concordante ? Quand est-elle discordante ? — Qu'entend-on par fossiles ? — Qu'est-ce que la Paléontologie ? — Qu'appelle-t-on faune et flore ?

CHAPITRE IV

CLASSIFICATION DES TERRAINS

49. Terrains. — On appelle *terrains* chaque groupe de couches formées à une même époque géologique.

Les terrains se subdivisent d'abord en trois catégories : les *terrains primitifs*, les *terrains sédimentaires* et les *terrains éruptifs*.

Les terrains primitifs et sédimentaires se succèdent à la surface du globe, superposés les uns aux autres, pour en constituer l'écorce ; mais les terrains éruptifs se rencontrent dans les deux précédents et sont par conséquent de toutes les époques.

Les terrains sédimentaires comprennent : les *terrains primaires*, qui reposent immédiatement sur le terrain primitif ; puis les *terrains secondaires*, *tertiaires* et *quaternaires* ; leur formation correspond aux périodes géologiques de même nom.

50. TERRAINS PRIMITIFS. — Les terrains primitifs forment partout la base de l'écorce terrestre. L'assise primordiale est constituée par de puissantes couches de gneiss, de micaschistes et de schistes chloriteux.

Les terrains primitifs ne renferment absolument aucune trace d'organismes végétaux ou animaux, et sont quelquefois pour cette raison désignés sous le nom de terrains azoïques.

51. Terrains primaires. — Les roches primaires sont compactes, à texture souvent cristalline, surtout celles qui sont situées dans les régions inférieures.

Les principales roches qui constituent les terrains primaires sont les *schistes*, les *grès*, les *conglomérats* et la *houille*. Les schistes sont des roches feuilletées qui ne présentent jamais de structure cristalline ; les plus connus sont les *ardoises*.

Les terrains primaires renferment fréquemment des roches éruptives dont les principales sont : le *granit*, la *syénite*, la *diorite*, le *porphyre* et des *filons métallifères*. On y trouve également du *sel gemme*, du *gypse* et de la *dolomie*.

52. Subdivision. — Les terrains primaires se subdivisent en quatre autres terrains, qui sont : le *silurien*, le *dévonien*, le *carbonifère* et le *permien*.

Le *terrain carbonifère* renferme les mines de charbon, si abondantes dans certains bassins. La *houille* résulte de la décomposition des végétaux enfouis dans la vase, où ils ont subi, à l'abri du contact de l'air, une altération lente, analogue à celle que produit la tourbe. Certaines houilles, soumises aux températures élevées des roches éruptives, ayant perdu par distillation une partie de leurs principes volatils, ont donné pour résultat l'*anthracite*.

Le terrain houiller est très répandu en Angleterre et en Belgique. La France possède les riches bassins du Nord et ceux de Saint-Étienne et de Rive-de-Gier. La Suède, la Russie et l'Italie, ne possèdent que quelques dépôts d'anthracite.

53. Faune et Flore. — Il n'existe aucun vestige de Mammifères ni d'Oiseaux dans les terrains primaires. Les *Poissons*, les *Insectes*, les *Crustacés*, y sont très nombreux.

Les Crustacés les plus communs sont les *Trilobites*, qui caractérisent l'époque primaire ; leur nom vient de ce que leur corps, de forme ovale, est divisé en trois lobes ou segments (fig. 11), par deux sillons longitudinaux.

Parmi les végétaux de ces âges lointains, on peut citer : des *Algues*, des *Lycopodes*, des *Fougères*, des *Calamites*, etc.

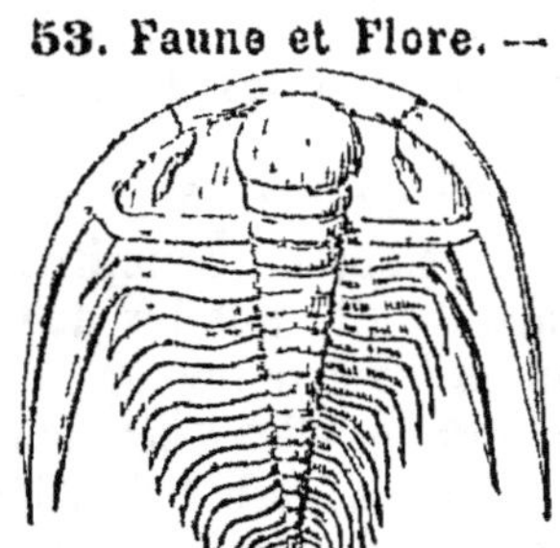

Fig. 11. — Trilobite restauré.

54. Terrains secondaires. — Les roches secondaires sont en grande partie formées de sédiments ; les roches éruptives y sont très rares, ce qui montre que ces terrains se sont formés dans une période relativement calme.

Les principales roches secondaires sont : des *calcaires*, la *marne*, la *dolomie*, le *grès*, etc. On y rencontre fréquemment

du *gypse*, du *sel gemme*, de la *limonite* (oxyde de fer hydraté)
et des filons de *cuivre* et de *plomb*.

55. Subdivision. — Les terrains secondaires se subdivisent en trois
systèmes : 1° le terrain *triasique*, ou simplement *trias*, ainsi nommé
parce qu'il se subdivise en trois étages ; 2° le terrain *jurassique*, très
développé dans le Jura ; 3° le terrain *crétacé*, formé d'immenses
couches dans lesquelles dominent les roches crayeuses.

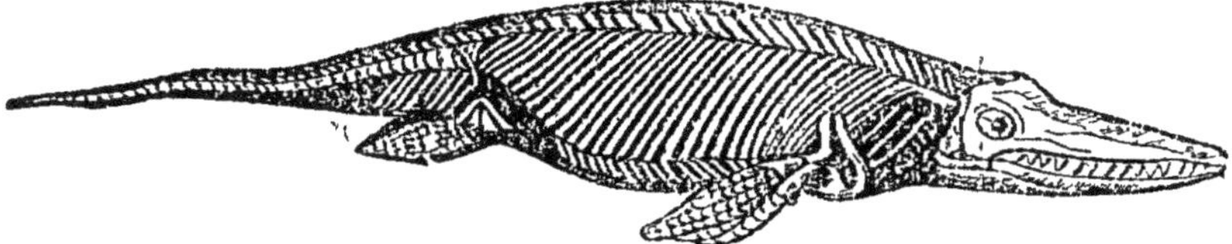

Fig. 12. — Ichtyosaure du lias.

Le *terrain jurassique* comprend deux systèmes : le *lias* à la base,
et le *jurassique proprement dit* à la partie supérieure.

Le *terrain crétacé* se subdivise en
deux systèmes : l'*infracrétacé* et le
crétacé proprement dit. Il occupe
en général les plateaux élevés, où il
forme le plus souvent des plaines arides
(Champagne pouilleuse), et s'étale
presque partout autour des bandes
jurassiques.

56. Faune et Flore. — Les *Reptiles* sont en grand nombre, ainsi
que les *Ammonites* et les *Bélemnites*.

Les Ammonites (fig. 13) étaient des
Céphalopodes dont la coquille, contournée en spirale, est divisée par
des cloisons transversales en compartiments traversés par un siphon.

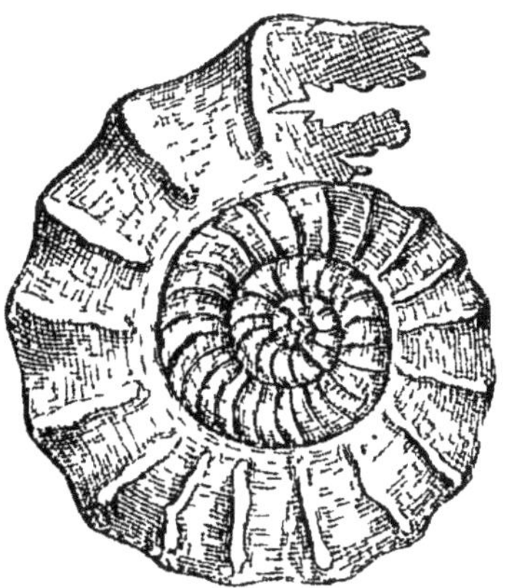

Fig. 13. — Ammonite.

Les Bélemnites (fig. 14) étaient aussi des Céphalopodes, analogues

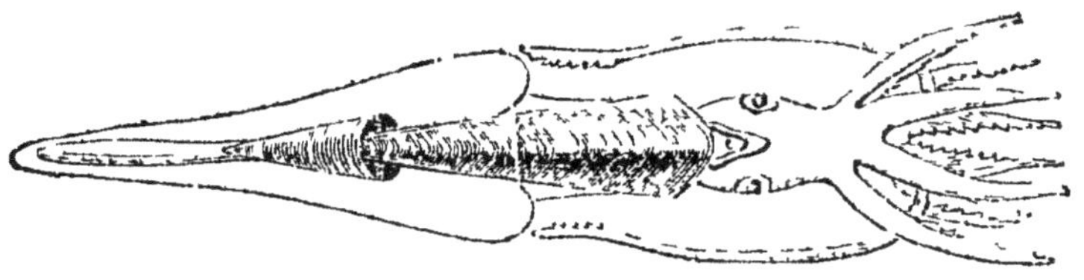

Fig. 14. — Bélemnite restaurée.

aux Seiches, et portant postérieurement une pointe cylindro-conique
qui est la seule partie conservée dans les couches géologiques.

Les principales espèces végétales, caractéristiques de l'époque secondaire, appartiennent aux genres *Figuier, Saule, Platane, Cycas;* les familles des *Fougères,* des *Équisétacées* et des *Conifères* nous ont aussi légué de nombreux représentants.

57. TERRAINS TERTIAIRES. — Les roches des terrains tertiaires ont beaucoup moins de consistance que celles des terrains plus anciens, ce sont des *sables,* des *graviers,* des *calcaires,* faciles à tailler, et fournissent des matériaux de construction, des couches de *fer pisolithique* ou minerai de fer en grains. Les couches de *lignites* y sont nombreuses.

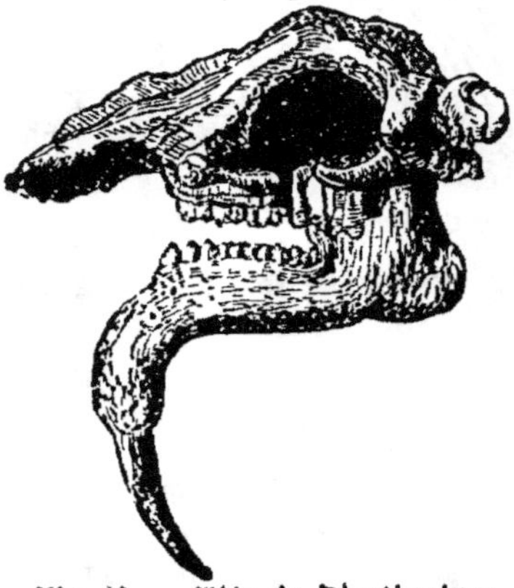

Les principales roches éruptives qu'on y trouve sont : les *trachytes,* les *basaltes,* les filons *aurifères.*

58. Subdivision. — Les terrains tertiaires se subdivisent en trois groupes : l'*éocène,* le *miocène* et le *pliocène.*

59. Faune et Flore. — La faune de l'époque tertiaire est caractérisée par un grand développement des *Mammifères.* Les *Oiseaux,* les *Reptiles,* les *Poissons* et les *Insectes* y sont en grand nombre.

Fig. 15. — Tête de Dinotherium (époque miocène).

Les végétaux tertiaires caractéristiques les plus remarquables sont des *Fougères,* des *Palmiers,* des *Lauriers,* des *Chênes,* des *Érables,* des *Acacias,* etc.

60. TERRAINS QUATERNAIRES. — Les dépôts formés pendant la période quaternaire sont presque tous des dépôts d'*alluvions,* ce qui fait donner à ces terrains le nom de terrains *diluviens,* sous lesquels on les désigne quelquefois.

Les principaux éléments des terrains quaternaires sont les *sables* et les *graviers,* le *limon,* les *tufs calcaires* et les *dépôts erratiques.*

61. Faune et Flore. — La plus grande partie des espèces animales et végétales de l'époque quaternaire constituent la flore et la faune actuelles. Parmi les Mammifères disparus, il faut citer le *Mastodonte,* le *Mammouth* (fig. 16) et l'*Ours des cavernes.*

62. Apparition de l'Homme. — C'est dans les terrains quaternaires seulement que l'on commence à trouver les premiers vestiges certains de l'existence de l'Homme sur la terre. Toutes les créatures attendaient un maître. Il manquait à l'univers un être capable de comprendre la splendeur de ses merveilles et d'admirer l'œuvre sublime sortie des mains du Créateur; il manquait une âme pour l'adorer et le remercier; c'est alors que Dieu dit : « Faisons l'Homme à notre image et à notre ressemblance, et qu'il commande aux Poissons de la mer, aux Oiseaux du ciel, aux bêtes, à toute la terre et à tous les Reptiles qui se meuvent sur la terre, » et il créa l'Homme, à qui il donna une âme capable de le connaître et de l'aimer.

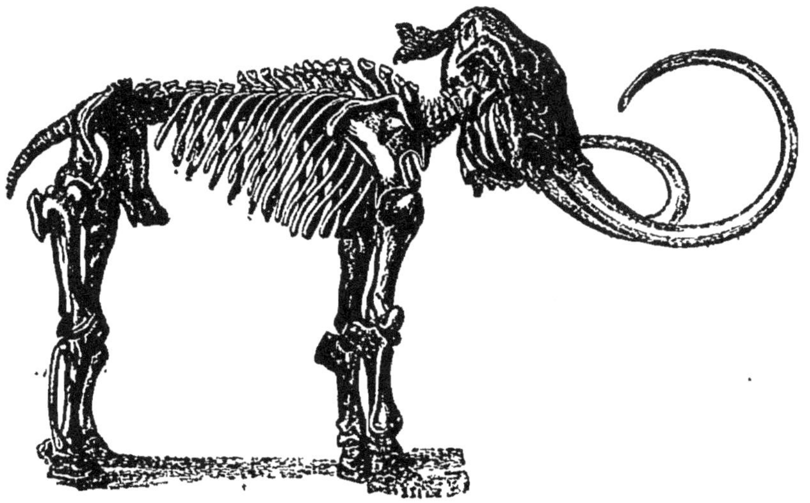

Fig. 16. — Mammouth (époque quaternaire).
Atteint 6 à 8 mètres de hauteur ; ses défenses pèsent 200 kilogrammes.

L'*Homme primitif* habitait les cavernes, demandant à la chasse la nourriture de chaque jour. Ses armes, ses outils, consistaient en fragments d'os ou de silex grossièrement façonnés (*âge de pierre*). Il avait à se défendre des animaux sauvages, de la rigueur des climats, des inondations diluviennes, et se retirait alors sur les hauteurs et dans les cavernes, où nous retrouvons ses ossements avec les débris des instruments dont il se servait.

Un peu plus tard, il polit la pierre (*âge de la pierre polie*); il descendit dans les vallées, confectionna des harpons, des radeaux; il creusa des troncs d'arbres pour en faire des canots, et devint pêcheur. Il se construisit des habitations en bois qu'il installait sur des pilotis (*cités lacustres*, fig. 17), et se mettait ainsi à l'abri des surprises des animaux carnassiers. Il apprit bientôt à façonner l'argile et à faire des vases qu'il durcissait au feu, à filer les fibres textiles des végétaux; il asservit les animaux domestiques et commença à utiliser le bronze (*âge de bronze*) pour en faire des armes, des ustensiles et des ornements.

L'emploi du fer ne parut que longtemps après (*âge du fer*). C'est de cette époque que datent les *tumuli*, les *dolmens*, qui témoignent de son caractère religieux. L'histoire écrite, la tradition, commencent alors à éclairer ces temps lointains, qui précèdent la période historique (*temps préhistoriques*).

63. Conclusion. — « Nous venons de voir que Dieu termina l'œuvre de la création par la formation et la création de l'espèce humaine.

Fig. 17. — Habitation lacustre

« On n'introduit un roi dans son palais que lorsqu'il est entièrement bâti et que tout est en état de le recevoir; c'est ainsi que Dieu a disposé toutes choses avant de créer l'Homme, qui devait être le roi de l'univers et commander en maître à toute la nature. La Terre, en effet, par sa constitution géologique, par la composition minérale de son écorce solide, par la variété des accidents que présente sa surface, offre à l'Homme un vaste théâtre où il peut à son gré manifester les merveilles de son intelligente activité, et passer le plus heureusement possible le temps d'exil auquel il est soumis, avant de retrouver le Ciel, sa véritable patrie. »

QUESTIONNAIRE. — Qu'appelle-t-on terrain? — Comment se subdivisent les terrains? — Que savez-vous des terrains primitifs? — Quelles sont les roches principales des terrains primaires? *Quels débris animaux y rencontre-t-on? — Comment se subdivisent-ils? — D'où provient la houille?* — Quelles sont les principales roches des terrains secondaires? — *Quels céphalopodes les caractérisent? Comment se subdivisent-ils?* Mêmes questions pour les terrains tertiaires. — Quels sont les principaux éléments des terrains quaternaires? — *Que savez-vous de l'existence de l'Homme pendant les premiers âges du monde?*

TABLEAU GÉNÉRAL DE LA COMPOSITION DES TERRAINS

TERRAINS			ROCHES	FAUNE		FLORE	ROCHES éruptives.
		T. Quaternaire.	Alluvions. Iles madréporiques. Formation volcan.	Faune actuelle.		Flore actuelle.	Laves. Tufs.
TERRAINS SÉDIMENTAIRES	T. TERTIA'RES	PLIOCÈNE	Sables, — Argiles, calcaires et marnes.	Mammouth. Mastodonte. — Proboscidiens actuels.	Nummulites. Mammifères nombreux.	Débris de végétaux dicotylédones.	Trachytes et basaltes
		MIOCÈNE	Meulières. — Calcaire d'eau douce. — Sables et grès marins.	Mammifères ongulés. — Squales.		Fougères, Palmiers, Érables, Chênes, Acacias.	
		ÉOCÈNE	Calcaire gross. — Gypse. — Argile plastique.	Mammifères tapiridés et porcinés.		Palmiers. Laurinées. Quercinées.	
	T. SECONDAIRES	CRÉTACÉ	Craie blanche. — Sables et grès verts. — Sables ferrugineux.	Sauriens gigantesques. — Oiseaux et Poissons.	Bélemnites et Ammonites. Règne des grands reptiles et des grands batraciens.	Fougères. Équisétacées. Cycadées. Conifères.	Période de repos.
		T. JURASSIQUE — Jurassique proprem. dit.	Calcaires lithographiques. — Sables. — Minerais métalliques.	Petits Marsupiaux.		Magnolias. Platanes. Saules. Figuiers.	Absence de roches éruptives.
		T. JURASSIQUE — Lias.	Schistes et calcaires à *gryphées.* — Grès grossiers.	Grands reptiles aquatiques. — 1er mammifère : *Microlestes antiquus.*		Apparition des premiers végétaux monocotylédones.	
		TRIAS	Gypse et sel gemme. — Marnes irisées. — Grès bigarré.	*Labyrinthodon. — Cheirotherium.*		Fougères arborescentes.	Fin des éruptions porphyriques.
	T. PRIMAIRES	PERMIEN	Grès vosgien. — Calcaires compacts. — Grès rouge.	*Paleonicus. — Productus horridus.*	Poissons nombreux.	Fougères rabougries.	Éruptions porphyriques.
		CARBONIFÈRE	Schistes bitumineux. — Houille. — Marbres noirs. — Calcaires carbonifères.	Premiers reptiles. — *Productus.* — Derniers trilobites. — Insectes abondants.	Règne des Trilobites.	Cryptogames vasculaires nombreuses.	
		DÉVONIEN	Anthracite. — Filons métallifères.	Poissons hétérocerques. — Disparition des Graptolithes.		Fucus. Quelques Calamites.	Dioryte-Syénite-Granit. Roches granitoïdes.
		SILURIEN	Schistes argil. — Roches métamorphiques. — Filons métallifères.	*Graptolithes. — Trilobites.*		Prédomin. des Algues. Quelques Lycopodiacées.	
		T. PRIMITIF	Micaschistes. — Gneiss.	Pas de faune.		Pas de flore.	

D'AGRICULTURE

I. — Nature du sol.

1. L'Agriculture ; définition. — *L'Agriculture* ou culture du sol est l'ensemble des travaux qui ont pour but de faire produire à la terre les meilleures récoltes, avec le moins de frais possible.

2. Sol. — Le *sol végétal* est une couche de terre meuble dans laquelle les plantes fixent leurs racines et puisent leur nourriture.

On appelle *couche arable* la partie qui est remuée par les instruments de labour, et *sous-sol* la partie plus profonde.

Le sol, comme les plantes, comprend une partie organique, l'*humus*, résultant de la décomposition des végétaux ; et une partie inorganique ou minérale, plus considérable, composée surtout de *sable*, d'*argile* et de *calcaire*.

3. Classification des terrains. — Selon la prédominance des éléments du sol, on distingue les *terrains sablonneux, argileux, calcaires* et *limoneux*.

Le *sable* ou *silice*, à grain plus ou moins grossier, forme la base solide de la plupart des sols, et leur donne un caractère de rudesse au toucher.

Lorsqu'un sol contient au moins 60 % de sable, il est dit *sablonneux*. Ce terrain est léger, sans consistance ; il sèche et s'épuise rapidement.

L'*argile* ou *terre glaise*, dont la base est l'alumine, a des propriétés contraires à celles du sable : elle donne de la consistance au sol. Les terrains *argileux* contiennent au plus 30 à 40 % d'argile ; ils sont gras, compacts, humides, et donnent d'abondantes récoltes lorsqu'on les sature d'engrais.

Le *calcaire* divise le sol, le réchauffe et active l'action des engrais. Les terrains calcaires contiennent de 50 à 80 % de carbonate de chaux ; ils perdent facilement leur humidité et nécessitent des fumures fréquentes.

Les *limons* ou *alluvions* sont des terres déposées dans les parties basses des continents, plaines et vallées, par les eaux marines ou fluviales, soit dans les temps géologiques, soit dans les temps actuels. Les limons sont généralement fertiles et d'une culture avantageuse.

L'humus naturel est une substance noirâtre, légère et spongieuse, résultant de la décomposition sur place des plantes et des feuilles d'arbres.

L'humus doux formé dans les sols cultivés, par la décomposition des engrais, est riche en principes azotés et minéraux ; c'est la partie nutritive du sol arable. *L'humus acide* résulte de la décomposition des plantes marécageuses et des bruyères.

Une *terre franche* est celle qui contient, en proportion convenable, les quatre éléments du sol ; soit environ 5 à 10 % d'argile, 50 à 60 %, de silice, 15 à 30 % de calcaire et 5 à 20 % d'humus. Cette terre convient à toutes les cultures.

4. Sous-sol. — Le *sous-sol* est la couche de terre, de sable, de pierres, qui se trouve immédiatement au-dessous du sol labouré. Les sous-sols deviennent très utiles quand ils peuvent corriger le sol par des propriétés contraires aux siennes. Ainsi un sous-sol sablonneux, tourbeux, ou schisteux, corrigera l'excès d'humidité d'un sol trop argileux, et réciproquement.

II. — Amendements et engrais.

5. Nécessité des amendements et des engrais. — Le sol, pour être productif, doit être composé d'un mélange intime d'humus, de sable, d'argile, de calcaire et autres substances, dans certaines proportions. Ce mélange n'étant pas toujours l'œuvre de la nature, l'homme y supplée au moyen d'*amendements* et d'*engrais*.

L'amendement prépare *physiquement* le sol à produire, et l'engrais le dispose *chimiquement* à nourrir la plante.

6. Amendements. — Les *amendements* sont ordinairement des substances minérales que l'on ajoute au sol, non pas précisément pour nourrir la plante, mais dans le but d'améliorer ou de changer la constitution physique du sol, soit en donnant du corps aux terres trop légères, soit en ameublissant celles qui sont trop fortes, soit en neutralisant les principes acides qui nuisent à la végétation, soit enfin en provoquant la solubilité des engrais.

On peut diviser en quatre classes les substances employées comme amendements :

1° La *chaux :* elle rend les terres argileuses moins compactes, plus chaudes, et hâte la décomposition des engrais.

2° La *marne :* mélange d'argile et de calcaire, employé dans les terres argileuses.

3° Les *calcaires marins :* vases draguées, sables de la mer, coquillages, etc., qui sont utilisés sur les côtes.

4° Les *cendres* et le *plâtre,* propres surtout aux prairies naturelles et artificielles. Ces substances servent aussi d'engrais par la potasse et la chaux qu'elles contiennent.

7. Engrais. — On désigne sous le nom d'*engrais* tous les débris animaux et végétaux qui peuvent restituer au sol les substances enlevées par les récoltes, et qui sont nécessaires à la production de nouvelles cultures.

Les meilleurs engrais sont ceux qui renferment proportionnellement, au poids, le plus d'*azote*, de *phosphore*, de *potasse* et de *chaux* diversement combinés et *solubles*.

D'après leur origine, on peut distinguer quatre sortes d'engrais : *animaux, végétaux, mixtes, chimiques*.

8. Engrais animaux. — Ils sont riches surtout en azote, acide phosphorique et potasse ; ils comprennent :

1º Les *déjections humaines*. — Recueillies ordinairement dans des tonneaux recouverts de paille, puis desséchées à l'air libre et mélangées avec de la terre : elles constituent la *poudrette* qui, à cause de sa décomposition rapide, est employée au moment des semailles.

2º L'*engrais flamand*, formé des déjections solides et liquides, désinfectées par du plâtre ou du sulfate de fer. On le répand au pied des plantes au moment de la végétation.

3º La *colombine* ou excrément de volaille : engrais très riche en azote et en acide phosphorique.

4º Le *guano* du Pérou, plus riche encore que le précédent en azote et en acide phosphorique, mais qui devient rare.

5º Les *os*, le *sang*, les *poils*, les *plumes*, les *cornes* et *chairs* desséchées des animaux.

9. Engrais végétaux, verts et secs. — 1º On utilise comme *engrais verts :* le sarrasin, le trèfle rouge, les pois, le lupin blanc, la luzerne, la vesce ; toutes plantes riches en azote et qu'on enfouit à l'époque de la floraison.

2º Les *engrais secs* les plus connus sont les varechs, les feuilles sèches, les bruyères, les tourteaux, les marcs et les cendres de bois.

10. Engrais mixtes. — Ces engrais, formés des déjections solides et liquides des animaux, mêlées à la litière, sont aussi appelés *fumiers de ferme*. Ils sont excellents parce qu'ils contiennent de l'acide phosphorique, de l'azote et de la potasse.

Le *purin* ou jus de fumier est une des substances les plus riches en principes fertilisateurs.

11. Engrais chimiques ou commerciaux. — Ils agissent spécialement par l'acide phosphorique l'azote ou la potasse qu'ils contiennent. On les divise en trois classes : phosphatés, azotés et potassiques.

1° Les *engrais phosphatés* comprennent les phosphates organiques : os verts, noir animal ; les phosphates naturels, nodules, sables, coquilles, faluns ; les scories fournies par les usines métallurgiques ; les superphosphates qui résultent de la transformation des phosphates naturels insolubles en phosphates solubles par l'acide sulfurique.

2° Les *engrais azotés*, comme le *sulfate d'ammonium* que l'on extrait des eaux-vannes, et qui contient 20 % d'azote. L'azotate de sodium (Pérou, Chili), et l'azotate de potassium ou salpêtre.

3° Les *engrais potassiques*, comme le sulfate et le carbonate de potassium qui sont contenus dans les cendres de bois et le fumier.

En dehors des amendements et des engrais, les assolements sont de nature à améliorer les terrains.

III. — Assolements.

12. Définition. — L'*assolement* consiste à partager un terrain en *soles*, ou portions, destinées à produire alternativement les mêmes récoltes.

Si l'on cultive plusieurs fois de suite la même plante dans le même terrain, elle épuise ce terrain en l'appauvrissant des éléments spéciaux qu'elle tire du sol, et malgré les fumures, la récolte diminue d'une année à l'autre : il y a donc nécessité d'alterner les cultures.

13. Sortes d'assolements. — L'*assolement* peut être biennal, triennal, quadriennal, quinquennal, etc.

Dans un assolement triennal, on pourrait répartir ainsi les récoltes :

1re *année*	2e *année*	3e *année*
blé | avoine | trèfle	avoine | trèfle | blé	trèfle | blé | avoine

Dans les assolements, on fait succéder, aux *plantes épuisantes* comme les céréales, qui laissent le sol couvert de parasites végétaux et d'insectes, les *plantes améliorantes :* le trèfle, la luzerne qui enrichissent le sol de débris organiques. Aux *plantes salissantes*, telles que les céréales qui facilitent la croissance des nielles, coquelicots, ivraies, etc., on fait succéder les *plantes nettoyantes* telles que la pomme de terre, la betterave, etc., qui réclament des sarclages et des binages.

Deux autres modes d'assolements sont aujourd'hui peu employés : la jachère et la terre en friche.

Une terre en jachère ne porte aucune récolte pendant un ou deux ans, mais reçoit des labours et des engrais qui la préparent à la récolte de l'année suivante. Une *terre en friche* ne reçoit aucun labour.

IV. — Assainissement du sol.

14. Procédés d'assainissemeut. — Pour produire convenablement, les terrains ont souvent besoin d'être assainis. On y parvient par l'*irrigation*, le *drainage*, le *déboisement*, l'*épierrement*.

15. Irrigation. — *L'irrigation* consiste à capter une eau courante et à la conduire par des rigoles, de manière qu'elle se répande sur un terrain pour l'arroser à volonté.

16. Drainage. — Le *drainage* consiste à débarrasser un terrain des eaux courantes ou stagnantes qui l'envahissent, en creusant des fossés et des rigoles pour les faire écouler. Les fossés ouverts ne donnent qu'un assainissement superficiel et imparfait. Il est préférable d'employer des *drains* ou tuyaux, ajustés bout à bout, et recouverts d'une couche de pierrailles.

17. Déboisement. — On *déboise* un terrain lorsque les arbres maintiennent le sol trop frais en empêchant l'air, la lumière et la chaleur d'y parvenir. Toutefois le déboisement des montagnes est un procédé désastreux : il produit le ravinement du terrain et la dénudation des roches sous l'action de la pluie et des torrents.

18. Épierrement. — Les pierres qu'il faut surtout enlever sont les rochers à fleur de terre au milieu d'un champ. Quant aux pierrailles qui se rencontrent dans les terres légères, elles sont plutôt utiles que nuisibles.

V. — Labours et instruments aratoires.

19. Utilité des labours. — Les *labours* consistent en une série d'opérations mécaniques ayant pour but de préparer le sol à recevoir des cultures.

Ils rendent le sol plus productif, car 1° ils l'aèrent et l'ameublissent : ce qui permet aux racines d'absorber les gaz de l'atmosphère et de faciliter le travail des microbes nitrifiants; 2° ils le nettoient, en détruisant les plantes nuisibles ; 3° ils recouvrent les semences et les préservent contre les oiseaux et les intempéries; 4° ils servent à enfouir les engrais.

20. Instruments aratoires. — Les divers travaux du sol emploient trois genres d'instruments : 1° la *charrue*, la *bêche* et la *houe;* 2° la *herse* et le *râteau;* 3° les *rouleaux*.

21. Charrue. — La *charrue*, pour les champs, et la *bêche*, pour le jardin, coupent par tranches la couche arable du sol, la retournent ou la déplacent en la brisant le mieux possible, en même temps qu'elles enfouissent les engrais.

Les principales parties d'une charrue sont :

1° Les *pièces d'assemblage* : l'*âge* ou pièce principale, le *sep* qui fait suite au soc et glisse au fond du sillon, et le *talon* qui termine le sep;

2° *Les pièces de direction* : les *mancherons*, les *roues*, le *régulateur* qui permet de creuser plus ou moins profond;

3° Les *pièces de travail* : le *coutre* ou couteau qui tranche la terre en avant du soc; le *soc*, coin triangulaire à pointe effilée, qui tranche la terre horizontalement, et le *versoir*, qui repose sur le sep, retourne la terre et ouvre le sillon.

Parmi les charrues : on distingue, l'*araire* ou charrue sans roue, les *charrues Brabant simple* et *double*, la *charrue fouilleuse*, les *butteuses*, les *bineuses* et *arracheuses de pommes de terre*, etc.

22. Herse. — La *herse* se compose d'un châssis à une ou plusieurs pièces, munies de fortes dents qui déchirent le sol déjà labouré, et achèvent son ameublissement en émiettant les mottes de terre.

23. Rouleau. — Le *rouleau* est un cylindre en bois, en pierre ou en fer, d'une ou plusieurs pièces, muni de tourillons et d'un châssis d'attache pour la traction. Il écrase les mottes dures, resserre le sol trop léger ou soulevé par les gelées, et rechausse les plantes.

Il y a des rouleaux unis et des rouleaux à surface cannelée ou armée de dents (*croskills*).

VI. — Semis et récoltes.

24. Conservation des graines. — Pour conserver les graines et leur éviter les moisissures, la fermentation ou les ravages des insectes, il faut les mettre en petits tas et les remuer souvent.

On emploie aussi très avantageusement : 1° le *chaulage*, qui consiste à saupoudrer la graine avec de la chaux éteinte, après l'avoir préalablement mouillée; 2° le *vitriolage*, qui consiste à verser sur les grains une dissolution de vitriol bleu (sulfate de cuivre) ou de vitriol vert (sulfate de fer); 3° le *pralinage*, qui consiste à brasser la graine avec un mélange intime de chaux, de phosphate et de poudrette. Le grain est ainsi préservé de la carie et du charbon; il germe mieux et trouve une nourriture toute préparée.

25. Semailles et semis. — Les ensemencements dans les grandes cultures portent le nom de *semailles*. Les *semis* appartiennent plus spécialement au jardinage. On sème à la *volée*, en *lignes* ou en *poquets*.

Avant de semer, il faut débarrasser le terrain des mauvaises racines et des mauvaises herbes qu'il contient, l'ameublir par des hersages ou des roulages, et lui avoir donné préalablement les engrais nécessaires.

26. Récoltes. — La *récolte* consiste à recueillir les fruits de la terre. Elle prend le nom de *moisson* pour les céréales; *fenaison* pour le foin; *vendange* pour le raisin; *cueillette* pour les fruits; *arrachage* pour les tubercules et les racines.

27. Instruments pour la moisson. — Les principaux instruments employés pour la moisson sont : la faux, la faucille, la sape, et surtout les moissonneuses lieuses. Pour dégager les graines de leur enveloppe, on emploie le fléau, la batteuse-vaneuse, le van ou tarare.

VII. — Principales cultures.

28. Les principales cultures sont celles des céréales, des plantes sarclées, des plantes fourragères et des plantes industrielles. La culture de la vigne porte le nom de *viticulture*.

29. Céréales. — Parmi les céréales on distingue : le blé ou froment, le seigle, l'avoine, l'orge, le maïs, le sorgho, le sarrasin, le millet.

30. Plantes sarclées. — Les *plantes sarclées* ne croissent que dans une terre bien nettoyée, à forte fumure; elles demandent le binage et le buttage. Les principales sont : la pomme de terre, la betterave, la carotte, les navets, les raves, les choux, etc.

31. Plantes fourragères. — On appelle ainsi celles qui sont destinées à la nourriture des animaux.

On les récolte pour la plupart dans les *prairies*. Il y a des prairies naturelles et des prairies artificielles.

Les *prairies naturelles permanentes* sont situées en sol humide ou sur le bord des eaux. Elles produisent surtout des graminées, le pâturin, la flouve, le vulpin, la fléole, le fromental, etc.

Les *prairies artificielles* sont formées de plantes légumineuses : elles demandent peu d'entretien et améliorent le sol. On y cultive : la luzerne, la minette, le sainfoin, les trèfles, etc.

32. Plantes industrielles. — Les *plantes industrielles* sont destinées à être transportées en dehors de la ferme pour être transformées en produits industriels.

On peut les diviser en trois classes : 1° les plantes *textiles* : lin, chanvre, ramie; 2° les plantes *tinctoriales* : garance, safran, gaude, pastel, indigo; 3° les plantes *oléagineuses* : olivier, œillette, colza, navette, moutarde.

33. Viticulture. — La *vigne* se reproduit par semis, bouture, marcotte et greffe. La terre d'un vignoble reçoit chaque année des labours, des binages et des fumures. Il faut entretenir la vigne en état de porter des fruits, par la taille, le palissage, et prévenir le ravage des maladies par des traitements spéciaux.

Les principaux de ces traitements sont : le *soufrage* contre l'oïdium, le *sulfatage* à la bouillie bordelaise contre le mildiou, le black rot et le white rot.

Pour prévenir les vignobles des ravages du *phylloxéra,* on greffe la vigne sur des *plants américains* dont les racines sont suffisamment résistantes aux ravages de cet insecte.

VIII. Horticulture.

34. Définition. — L'*Horticulture* est l'art de cultiver les *jardins* et de leur faire produire des légumes, des fleurs et des fruits. On appelle aussi la culture des légumes *culture maraîchère,* parce qu'autrefois les environs des grandes villes étaient des marais que le travail des jardiniers a convertis en riches potagers.

35. Bêchage. — Le *bêchage,* ou labour à la bêche, est le meilleur pour un jardin. Il se pratique pendant toute l'année, aussi profondément que possible, dès qu'une récolte est enlevée.

36. Binage. — Le *binage,* ou labour à la *binette,* à la *houe,* consiste à ameublir la couche superficielle d'un terrain déjà planté ou semé, afin de la rendre perméable aux gaz atmosphériques, et lui conserver sa fraîcheur.

37. Sarclage. — Par le *sarclage* on fait disparaître les mauvaises herbes qui croissent parmi les jeunes plantes et à leurs dépens. On sarcle à la *main,* au *sarcloir* ou à la *binette. Râtisser* une allée, c'est la nettoyer ou la sarcler avec la *râtissoire.*

38. Buttage. — *Butter,* c'est amonceler de la terre autour de la tige des plantes, soit pour les mettre à l'abri de la gelée, soit pour favoriser l'émission de nouvelles racines, soit pour blanchir ou étioler leurs feuilles.

39. Semis. — Les *semis* demandent une terre bien préparée, meuble, fraîche, peu humide. Une terre labourée depuis quelques jours vaut mieux qu'une terre récemment remuée, surtout si elle est légère.

40. Repiquage. — Le *repiquage* consiste à transplanter à demeure des jeunes plantes qui ont été semées sur couche ou même en pleine terre. Certaines espèces, comme les choux, les poireaux, les salades, gagnent à être repiquées.

41. Abris. — On entend par *abri* tout ce qui peut préserver les plantes des vents froids, des pluies battantes, des gelées ou des effets d'un soleil ardent. Tels sont les murs, les haies, les brise-vents formés de rangées d'arbres, les paillassons, les couvertures.

42. Cloches. — Les *cloches* servent à abriter les jeunes plantes qui craignent les variations de la température, surtout au printemps.

Les cloches sont ordinairement en verre ; les cloches obscures sont des pots de terre, des paniers en jonc, etc.

43. Couches. — Les couches sont des lits de fumier, recouverts de terreau, et servant aux semis. La fermentation des substances animales et végétales qui les composent produit une chaleur douce et de longue durée, en même temps qu'elle exhale une certaine humidité, propre à favoriser une rapide végétation.

44. Châssis et bâches. — Sur les couches chaudes, on pose souvent un *châssis* en bois, espèce de coffre sans fond, supportant un panneau vitré qui s'ouvre et se ferme à volonté. Lorsque le châssis est très élevé, on le nomme *bâche*.

45. Réchauds. — On appelle ainsi le fumier que l'on tasse autour des couches, afin d'y conserver la chaleur pendant les grands froids.

46. Serres. — Les *serres* sont des constructions peu élevées, à toiture vitrée, exposées de manière à recevoir les rayons du soleil pendant la plus grande partie de la journée. Elles entretiennent les plantes dans une végétation vigoureuse et continuelle.

On distingue les *serres chaudes* (20 à 30°), les *serres tempérées* (15 à 20°) ; les *serres froides*, comme les orangeries, qui servent seulement à garantir les plantes contre les gelées.

47. Taille des arbres. — La *taille des arbres* fruitiers a pour but de les débarrasser des branches inutiles, de leur donner une forme agréable, et d'en obtenir des fruits plus gros et meilleurs.

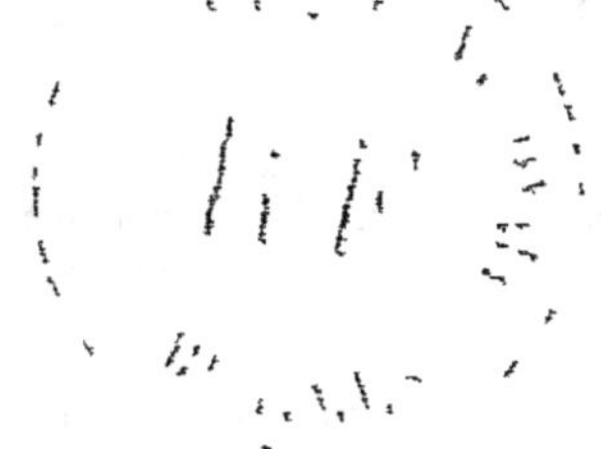

36517 — Tours, impr. Mame.

www.ingramcontent.com/pod-product-compliance
Lightning Source LLC
LaVergne TN
LVHW021921030726

842523LV00001B/24